普通高等教育“十三五”规划教材

机械设计基础

主　编　黄秀琴
副主编　伊启平　李晓贞
参　编　门艳忠　孙海林　陈兴江　黄银江

机械工业出版社

本书是按照教育部机械基础课程教学指导分委员会颁布的《机械设计基础课程教学基本要求》编写的，全书始终贯穿从认识机械入手，分析机器的组成，常用机构的运动特点及设计方法，通用零部件的功能、结构与设计，直至完成传动装置设计的指导思想，并且对本课程所讲授的知识与方法在产品全生命周期设计中所处的地位进行了论述。这样的编排，有利于提高学生综合分析问题和进行复杂机械设计的能力。

本书可作为高等工科院校非机械类各专业机械设计基础课程的教材，也可供有关工程技术人员和大、中专学生参考使用。

图书在版编目（CIP）数据

机械设计基础/黄秀琴主编. —北京：机械工业出版社，2019.11（2023.1 重印）

普通高等教育“十三五”规划教材

ISBN 978-7-111-63592-5

Ⅰ.①机… Ⅱ.①黄… Ⅲ.①机械设计-高等学校-教材 Ⅳ.①TH122

中国版本图书馆 CIP 数据核字（2019）第 188967 号

机械工业出版社（北京市百万庄大街 22 号 邮政编码 100037）

策划编辑：余 皞 责任编辑：余 皞

责任校对：张晓蓉 封面设计：张 静

责任印制：郜 敏

北京盛通商印快线网络科技有限公司印刷

2023 年 1 月第 1 版第 3 次印刷

184mm×260mm · 21.75 印张 · 537 千字

标准书号：ISBN 978-7-111-63592-5

定价：54.80 元

电话服务
客服电话：010-88361066
010-88379833
010-68326294

网络服务
机 工 官 网：www.cmpbook.com
机 工 官 博：weibo.com/cmp1952
金 书 网：www.golden-book.com
机工教育服务网：www.cmpedu.com

前　言

近年来，我国高等教育发展迅速，教学模式、教学方法不断创新。在本书的编写过程中，编者参照目前高等学校非机械类和近机械类专业机械设计基础课程教学基本要求，以培养应用型人才思想为指导，结合应用型本科院校的人才培养目标及教学特点，结合编者二十多年本课程的教学经验，从如何有利于教学这一基本目标出发，删繁求简，着重讲清有关机械设计基础的基本概念、基本理论和基本方法，强调整体概念，简化理论论证和设计计算，适当扩大知识面，增强与工程实际的联系，力求全书简明易懂、好教好学和更具启迪性。同时，本书还吸收了其他应用型高校机械类专业的教学改革成果，在内容组织和编排上力求科学合理，便于阅读和教学。本教材在编写过程中，深入企业一线调研，邀请企业高工参加编写教材，实现了产教融合。

本书的主要特点有：

1）遵循“以应用为目的”“够用”的原则，突出内容的实用性，在内容的安排和取舍上，删去了一些以学生自学为主的章节，既缩减了篇幅，又使教材内容更具有实用性。

2）较好地把机械原理和机械设计的内容进行了有机的结合，以适应目前教学改革的要求。

3）以高等学校机械类专业应用型人才培养目标为前提，突出常用机构的设计与分析，机械通用零部件的材料选择、失效形式、设计准则、结构形式及工作能力计算等最基本的内容，减少有关公式的推导过程，注重公式在设计中的灵活应用和相关参数的选择，重点培养学生对图表、公式的应用能力和对常用机构及通用零部件的设计能力。

4）在突出重点、保证主要内容的同时，依据“浅而广”的原则增加知识点，扩大知识面。

5）力求概念准确，在叙述上追求深入浅出、详略得当、主次分明、通顺流畅，体现可教性和可学性。各章精选的例题、习题覆盖了各章的主要知识点，体现了各章的重点、难点和要点。

全书共 19 章，第 0 章为绪论，第 1 章~第 8 章为常用机构的设计与分析及机械的动力学分析和机械的平衡；第 9 章~第 18 章主要论述一般参数下通用零部件的设计。在本书的编写过程中，编者参考了相关教材的内容，在此对这些教材的编者表示衷心的感谢！

参加本书编写的有：黄秀琴（第 0~3 章、第 9、12、13 章），伊启平（第 4、5、6、8 章），李晓贞（第 7、10、11 章），门艳忠（第 14、15 章），孙海林（第 16 章），陈兴江（第 17 章），黄银江（第 18 章）。全书由黄秀琴任主编，并负责统稿工作。

由于编者水平所限，书中难免存在不足和问题，恳请广大读者批评指正。

编　者

目 录

Chapter 0

第0章 绪　论

机械是人类用以转换能量和借以减轻人类劳动、提高生产率的主要工具，也是社会生产力发展水平的重要标志。机械是国民经济发展的基础技术，不论传统产业还是新兴产业，其进步与发展都离不开机械技术的支持。当今社会高度的物质文明是以近代机械工业的飞速发展为基础建立起来的，人类生活的不断改善也与机械工业的发展紧密相连。早年的杠杆、滑轮，近代的汽车、轮船，到现代的机器人、航天器，机械不断更新换代，发展日新月异，在生产力发展中一直扮演着重要角色。

0.1　机器的组成及特征

在人们的生产和生活中广泛使用着各种机器。生产活动中常见的机器有起重机、拖拉机、机器人及各种机床等。生活中常见的机器有空调、洗衣机等。机器的种类繁多，结构形式和用途也各不相同，但它们都具有共同的特征。

1. 内燃机

图 0.1 所示为单缸四冲程内燃机，它是由气缸体 8、活塞 7、进气阀 10、排气阀 9、连杆 2、曲轴 3、凸轮 4、顶杆 5 和 6、齿轮 1 和 11 等组成。燃气推动活塞作往复移动，经连杆转变为曲轴的连续转动。凸轮和顶杆是用来起闭进气阀和排气阀的。为了保证曲轴每转两周进、排气阀各起闭一次，曲轴和凸轮轴之间安装了齿数比为 1∶2 的齿轮。这样，当燃气推动活塞运动时，各构件协调地动作，进、排气阀有规律地起闭，加上汽化点火等装置的配合，就把热能转化为曲轴回转的机械能。

2. 工件自动载送装置

如图 0.2 所示，该装置包含着带传动机构、蜗杆传动机构、凸轮机构和连杆机构等。由电动机通过各机构的传动使滑杆向左移动时，滑杆上的动爪和定爪将工件夹住。当滑杆带着工件向右移动（图 0.2b）到一定位置时，夹持器的动爪受挡块的压迫将工件松开，于是工件落于载送器上，被送到下道工序。

通过上面两个实例可以总结一下机器的共有特征：①人造的实物组合体；②各部分有确定的相对运动；③代替或减轻人类劳动完成有用功或实现能量的转换。

机器是由零件组成的执行机械运动的装置，用来完成有用的机械功或转换机械能。机构是多个构件的组合，能实现预期的机械运动。如图 0.1 所示的内燃机中，曲轴、连杆、活塞和气缸体组成连杆机构，凸轮、顶杆和气缸体组成凸轮机构等。由此可见，一部机器可能由一种机构或多种机构所组成。但从运动观点来看机器与机构并无差别，因此，习惯上用“机械”一词作为机器和机构的总称。

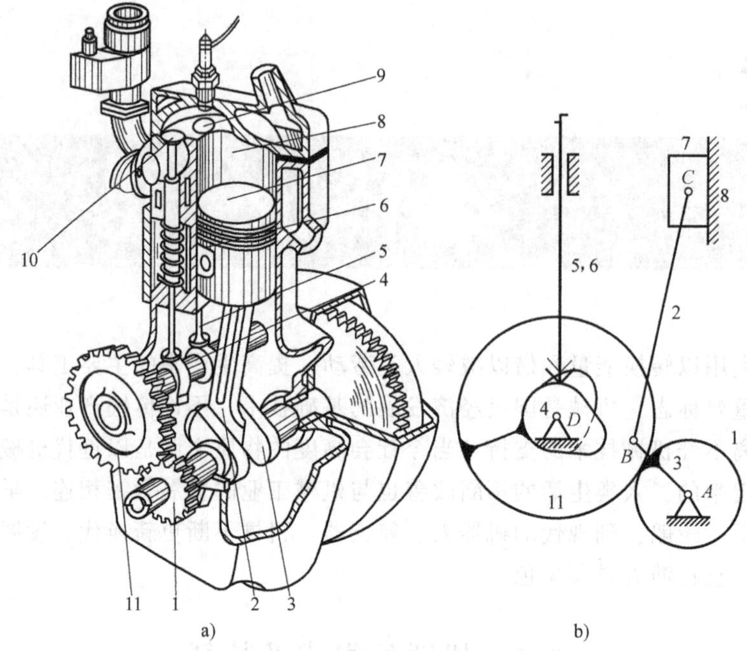

图 0.1　内燃机

1、11—齿轮　2—连杆　3—曲轴　4—凸轮　5、6—顶杆　7—活塞　8—气缸　9—排气阀　10—进气阀

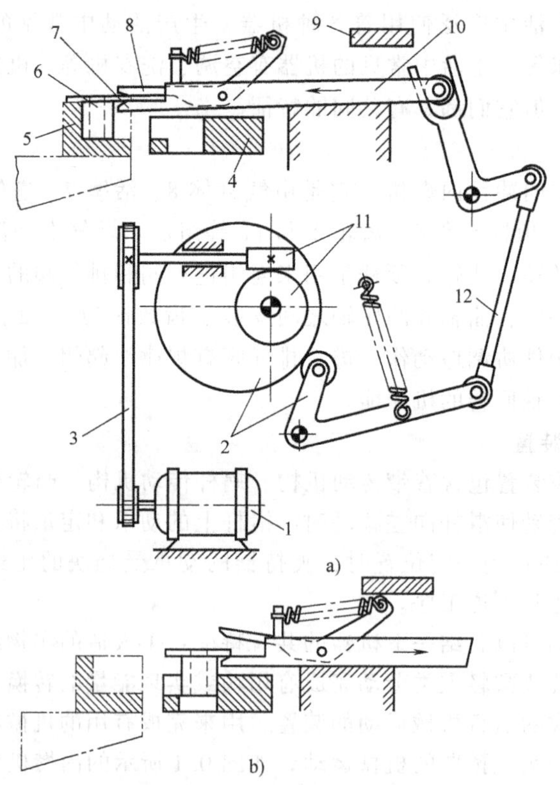

图 0.2　工件自动载送装置

1—电动机　2—凸轮机构　3—带传动　4—工件装载器　5—装配夹具　6—工件　7—定爪
8—动爪　9—挡块　10—滑杆　11—蜗杆传动　12—连杆机构

组成机械的各个相对运动的运动单元称为构件。机械中不可拆的制造单元称为零件，构件可以是单一的零件，如内燃机的曲轴（图 0.3）；也可以是几个零件组成的刚性体，如内燃机的连杆（图 0.4），就是由连杆体 2、连杆盖 5、螺栓 3 以及螺母 7 等几个零件刚性连接而成，这些零件形成一个整体而进行运动，所以称为一个构件。由此可见，构件是机械中独立的运动单元，零件是机械中的制造单元。

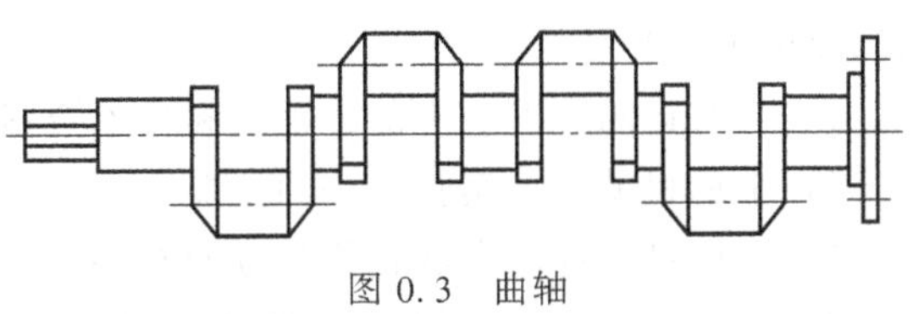

图 0.3　曲轴

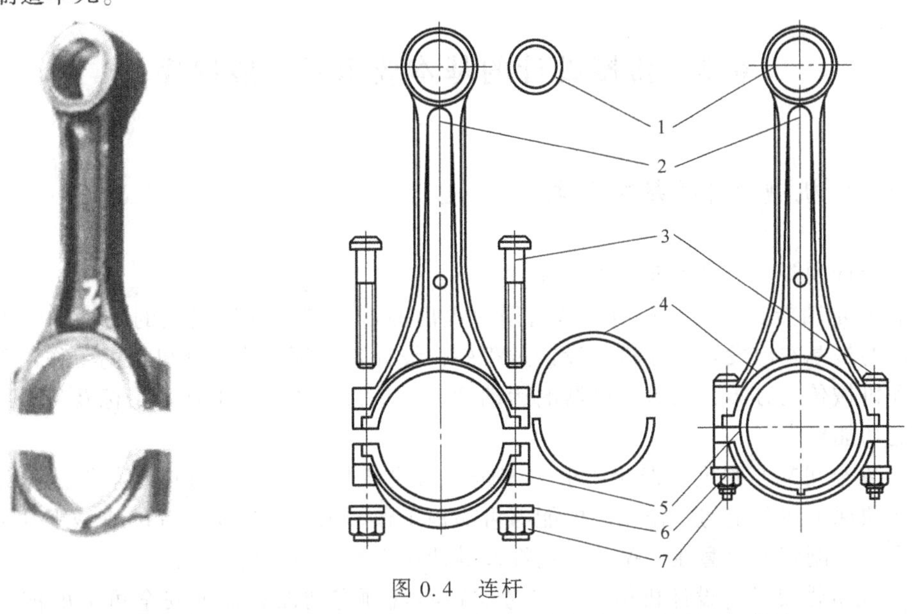

图 0.4　连杆

1—套筒　2—连杆体　3—螺栓　4—轴瓦　5—连杆盖　6—垫圈　7—螺母

各种机器中普遍使用的机构称为常用机构，例如，平面连杆机构、凸轮机构、齿轮机构和间歇运动机构等。

零件可分为两类：一类是通用零件，是在各种机器中都经常使用的零件，如螺栓、齿轮等；另一类是专用零件，是仅在特定类型机器中使用的零件，如活塞、曲轴等。

0.2　课程的内容、性质和任务

本课程作为机械设计的基础，研究对象为机械中的常用机构和一般工作条件下常用参数范围内的通用零部件，包括其工作原理、运动特性、结构特点、使用和维护、标准和规范以及设计计算的基本理论和方法。

本课程是一门重要的技术基础课，是专门培养学生机械设计能力的课程，它综合地应用各先修课程的基础理论和生产实践知识，解决常用机构和通用零部件的分析和设计问题。

本课程的主要任务：

1）树立正确的设计思想，培养机械设计能力和创新设计能力。

2）掌握机械设计的一般规律和常用机构、通用零件的设计原理与方法，能进行一般机构和简单机械装置的设计。

3）具有运用标准、规范、手册和技术资料的能力。

4）掌握机械设计实验方法的技能。

5）对机械设计的发展趋势和方向有一定的了解。

总之，本课程是理论性和实践性很强的机械类及近机械类专业的主干课程，在教学中具有承上启下的作用，是机械工程师的必修课程。

在学习本课程以前，应具备必要的基础理论知识。这需要通过工程制图、工程力学等先修课程学习才能获得。

0.3 机械设计的基本要求及一般程序

0.3.1 机械设计的基本要求

机械设计的基本要求主要有以下几方面：

（1）预定功能要求　所谓功能是指用户提出的需要满足的使用上的特性和能力。它是机械设计的最基本出发点。在机械设计过程中，设计者必须正确选择机器的工作原理、机构的类型和机械传动方案，以满足机器的运动性能、动力性能、基本技术指标及外形结构等方面的预定功能要求。

（2）安全可靠与强度、寿命要求　安全可靠是机械正常工作的必要条件，因此，设计的机械必须保证在预定的工作期限内能够可靠地工作。为此应使所设计的机械零件结构合理并满足强度、刚度、耐磨性、振动稳定性及其使用寿命等方面的要求。

（3）经济性要求　设计机械时，应考虑在实现预定功能和保证安全可取的前提下，尽可能做到经济合理，力求投入的费用少、工作效率高且维修简便等。

（4）工艺性及标准化、系列化、通用化的要求　机械及其零部件应具有良好的工艺性，即考虑零件的制造方便，加工精度及表面粗糙度适当，易于装拆。设计时零件、部件和机器参数应尽可能标准化、通用化、系列化，以提高设计质量，降低制造成本，并可使设计者将主要精力用在关键零件的设计上。

（5）其他特殊要求　某些机械由于工作环境和要求的不同，而对设计提出某些特殊要求。例如，高级轿车的变速器齿轮有低噪声的要求，机床有较长期保持精度的要求，食品、纺织机械有不得污染产品的要求等。

总之，设计时要根据机械的实际情况，分清应满足的各项主、次要求，尽量做到结构上可取、工艺上可能、经济上合理。

0.3.2 机械零件的工作能力准则

机械零件由于某些原因而不能正常工作称为失效。其主要失效形式有：断裂、过量变形、磨损、表面疲劳等。为防止零件产生各种可能的失效，而制定的计算该零件工作能力所应依据的基本原则称为工作能力准则或设计准则。机械零件常用的设计准则如下：

（1）强度准则　强度是指零件受载后，抵抗断裂、塑性变形及表面破坏的能力。它是机械零件首先应满足的基本要求。强度条件为$\sigma \leqslant [\sigma]$。

（2）刚度准则 刚度是机械零件受载后抵抗弹性变形的能力。刚度准则为零件在载荷作用下产生的弹性变形量小于或等于机器工作时的许用变形量，其表达式为$y \leqslant [y]$。

（3）寿命和可靠性准则 影响零件寿命的主要因素是磨损、腐蚀和疲劳。按磨损和腐蚀计算寿命，目前尚无实用的计算方法和数据。关于疲劳寿命，通常是求出使用寿命时的疲劳极限作为计算依据。

可靠性是保证机械零件正常工作的关键。可靠性的定量尺度是可靠度，它是指机械零件在规定的条件下和规定的时间内，能够正常工作的概率。

（4）振动稳定性准则 当机械零件的自振频率与周期性干扰力的频率相等或成整数倍等关系时就会发生共振，此时不仅影响机器的运转质量和工作精度，甚至会造成事故。所谓振动稳定性就是在设计时必须使零件的自振频率远高于干扰力频率，以避免产生共振。为此可用增加或减少零件的刚度、增添弹性零件等办法解决。

0.3.3 机械设计的一般程序

设计一种新的机械产品是一项复杂细致的工作，要提供性能好、质量高、成本低、竞争能力强、受用户欢迎的新的机械产品，必须有一套科学的工作程序。

（1）制定设计任务书 首先应根据用户的需要与要求，确定所要设计机械的功能和有关指标，研究分析其实现的可能性，然后确定设计课题，制定产品设计任务书。

（2）总体方案设计 根据设计任务书，拟定出总体设计方案，进行运动学和动力学分析，从工作原理上论证设计任务的可行性，必要时对某些技术经济指标作适当修改，然后绘制机构简图。

（3）技术设计 在总体方案设计的基础上，确定机械各部分的结构和尺寸，绘制总装配图、部件装配图和零件图。为此，必须对所有零件进行结构设计（标准件合理选择），并对主要零件的工作能力进行计算，完成机械零件设计。

机械零件的设计常按以下步骤进行：①根据零件的使用要求，选择零件的类型和结构；②拟定零件的计算简图，计算作用在零件上的载荷；③根据零件的工作条件，选择适当的材料和热处理方法；④根据零件可能的失效形式确定计算准则，根据计算准则进行计算，确定出零件的基本尺寸；⑤根据工艺性及标准化等原则，进行零件的结构设计；⑥绘制零件图，写出计算说明书。

（4）样机的试制和鉴定 设计的机械是否能满足预定功能要求，需要进行样机的试制和鉴定。样机制成后，可通过生产运行，进行性能测试，然后便可组织鉴定，进行全面的技术评价。

思 考 题

0.1 试说明机械、机构的概念及其特征，并各举一例。

0.2 试说明构件与零件的区别。

0.3 试说明专用零件和通用零件的区别，并各举一例。

0.4 机械零件常用的设计准则有哪几种？

0.5 机械零件的一般设计步骤是什么？

Chapter 1

第1章 机构的结构分析

机构是具有确定运动的人为的实物组合体，因此需要弄清机构包含哪几个部分，各部分如何相连，以及怎样的结构才能保证具有确定的相对运动，这对于设计新的机构显得尤其重要。不同的机构都有各自的特点，把各种机构按结构加以分类，其目的是按其分类建立运动分析和动力分析的一般方法，并通过绘制机构运动简图为机构的运动学分析和动力学分析作准备。机构有简有繁，构件有多有少，而运动确定是它们的共同特征，研究的目的是搞清楚按何种规律组成的机构能满足运动确定性的要求。

1.1 机构的组成

1.1.1 运动副

机器中的最小制造单元是零件，最小运动单元是构件。构件与构件之间需要彼此连接并能相对运动，这种两个构件直接接触组成的、仍能产生某些相对运动的连接称为运动副。形成运动副必须要有三个条件：①两个构件；②直接接触；③有相对运动。这三个条件缺一不可。运动副中直接接触的部分（点、线、面）称为运动副元素，例如，如图 0.1 所示内燃机中的活塞与气缸的连接、曲轴与连杆的连接、凸轮轴与顶杆的连接、两齿轮轮齿的啮合等均为运动副。

1.1.2 自由度和约束

构件所具有的独立运动的数目（确定构件位置所需要的独立参变量的数目）称为构件的自由度。一个构件在未与其他构件连接前，在空间可产生 6 个独立运动，即有 6 个自由度（沿着 x、y、z 坐标轴方向的三个移动和绕着这三个轴的转动）。而作平面运动的自由构件则只具有三个独立运动，如图 1.1 所示，它在平面上的位置可用 x、y、θ 三个独立的参数来描述。

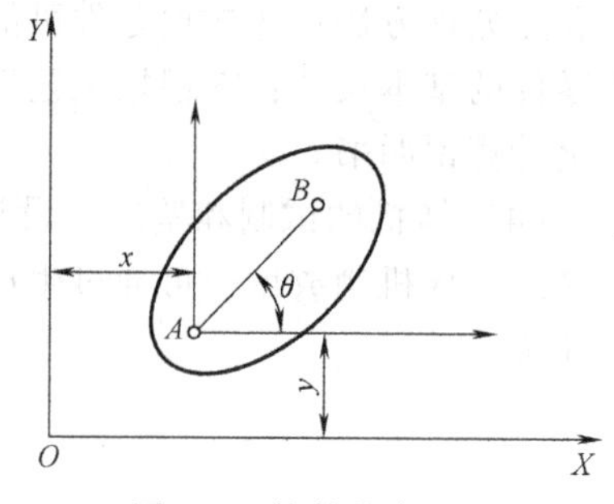

图 1.1　构件的自由度

1.1.3 运动副分类

1. 低副

两构件通过面接触而构成的运动副统称为低副。平面机构的低副又可分为转动副和移动

副。转动副：两构件间的相对运动为转动，如图 1.2a 所示。移动副：两构件间的相对运动为移动，如图 1.2b 所示。

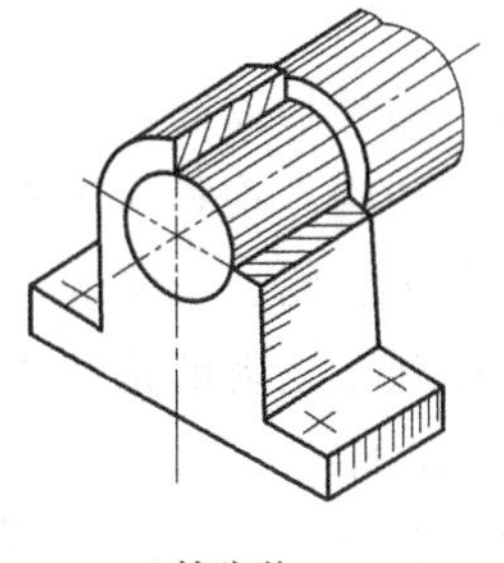

a) 转动副　　b) 移动副

图 1.2　低副

2. 高副

凡两构件是通过点或线接触而构成的运动副统称为高副，如图 1.3a 所示的凸轮副、1.3b 所示的齿轮副。

除上述的平面运动副之外，机械中还经常用到如图 1.4a 所示的螺旋副和图 1.4b 所示的球面副。这些运动副两构件间的相对运动是空间运动，属于空间运动副。空间运动副不在本章讨论的范围。

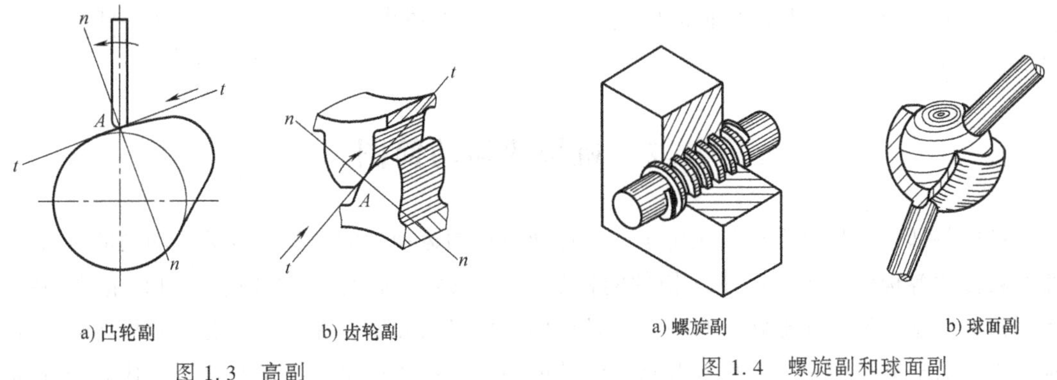

a) 凸轮副　　b) 齿轮副

图 1.3　高副

a) 螺旋副　　b) 球面副

图 1.4　螺旋副和球面副

1.1.4　运动链和机构

1. 运动链

把若干个构件通过运动副连接而构成的相对可动的系统称为运动链。如组成运动链的各构件构成了首末封闭的系统称为闭式链，如图 1.5a 所示；未形成封闭系统的则称为开式链，如图 1.5b 所示。闭式链和开式链在机器中各有不同的应用，而一般机械中闭式链应用较多，开式链多用于机器人、挖掘机等多自由度的机械中。此外，根据运动链中各构件间的相对运动为平面运动还是空间运动，也可以把运动链分为平面运动链和空间运动链两类，分别如图 1.5a、1.5c 所示。

a) 闭式链　　b) 开式链　　c) 空间运动链

图 1.5　运动链

2. 机构

在运动链中，如果将其中某一构件加以固定而成为机架，且各构件具有确定的运动，则该运动链便成为机构，机构中的其余构件均相对于机架运动。一般情况下，机架相对于地面是固定不动的，但若机械是安装在车、船、飞机等上时，那么机架相对于地面则可能是运动的。机构中按给定的已知运动规律独立运动的构件称为原动件，而其余活动构件则称为从动件。从动件的运动规律决定于原动件的运动规律、机构的结构和构件的尺寸。

根据组成机构的各构件之间的相对运动为平面运动或空间运动，机构可分为平面机构（图 1.6a）和空间机构（图 1.6b）两类，其中平面机构应用最为广泛。

a) 平面机构

b) 空间机构

图 1.6 平面机构和空间机构

1.2 机构的运动简图

机构各部分的相对运动只决定于各构件间组成的运动副的类型、各类运动副的数目、构件的数目和各构件的运动尺寸（构件的杆长尺寸、移动副导路的方向、高副的轮廓曲线），而与构件的截面尺寸和形状、材料、运动副的具体形状和结构无关，故在绘制机构运动简图时，为了图形简单明了，需抛弃与运动无关的因素，仅用简单的线条和符号来代表构件和运动副，并按一定比例表示各运动副的相对位置。这种说明机构各构件间相对运动关系的简单图形称为机构运动简图。在对现有机械进行分析或设计新机械时，都需要绘出其机构运动简图。

机构运动简图可以简明地表达一部复杂机器的传动原理，还可用于图解法求机构上各点的轨迹、位移、速度和加速度。实际应用的机器虽千差万别，但从运动学来考虑，许多机器都有共同点。例如，压力机、空气压缩机和活塞式内燃机，尽管它们的外形和功用各不相同，但它们的主要传动机构的机构运动简图都是相同的，可以用同一种方法来研究它们的运动。因此，机构运动简图还可以使人们在研究各种不同机械的运动时收到举一反三的效果。

在绘制机构运动简图时，首先要搞清楚所要绘制机械的结构和动作原理，然后从原动件开始，按照运动传递的顺序，仔细分析各构件相对运动的性质，确定运动副的类型及数目。在此基础上，合理选择视图平面，通常选择与大多数构件的运动平面相平行的平面为视图平面。最后选取适当的长度比例尺 [μ_l=实际尺寸（m）/图示长度（mm）]，按一定的顺序进行绘图，并将比例尺标注在图上。绘制机构示意图的方法与上面所述类似，但不需按比例绘图。

为了便于绘制机构运动简图，运动副常常用简单的符号来表示（已制定有国家标准，见 GB/T 4460—2013）。常用运动副的符号见表 1.1（图中画有斜线的构件代表固定构件），一般构件的表示方法见表 1.2，常用机构运动简图符号见表 1.3。

表 1.1 常用运动副的符号

运动副名称		两运动构件构成的运动副	两构件之一为固定件的运动副
平面运动副	转动副	(Ⅴ级)	(Ⅴ级)
	移动副	(Ⅴ级)	(Ⅴ级)
	平面高副	(Ⅳ级)	(Ⅳ级)
空间运动副	点接触高副与线接触高副	(Ⅰ级) (Ⅱ级)	(Ⅰ级) (Ⅱ级)
	圆柱副	(Ⅳ级)	(Ⅳ级)
	球面副及球销副	(Ⅲ级) (Ⅳ级)	(Ⅲ级) (Ⅳ级)
	螺旋副	(Ⅴ级)	(Ⅴ级)

表 1.2 一般构件的表示方法

杆、轴类构件	
固定构件	
同一构件	
两副构件	
三副构件	

注：画构件时应撇开构件的实际外形，而只考虑运动副的性质，如图 1.7 所示不同结构的一杆二副。

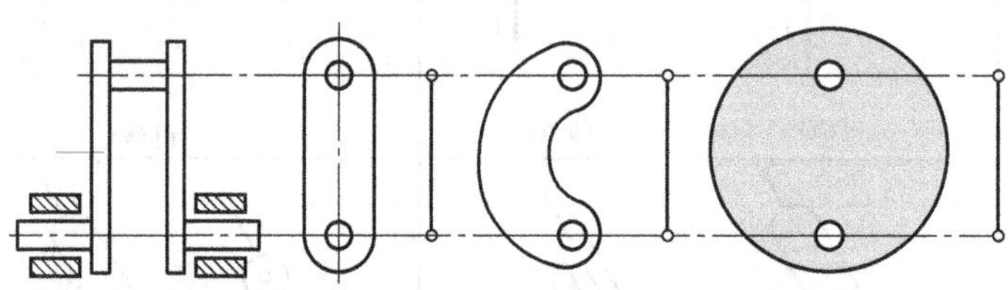

图 1.7 不同结构的一杆二副

表 1.3 常用机构运动简图符号

在机架上的电动机		齿轮齿条传动	
带传动		锥齿轮传动	

（续）

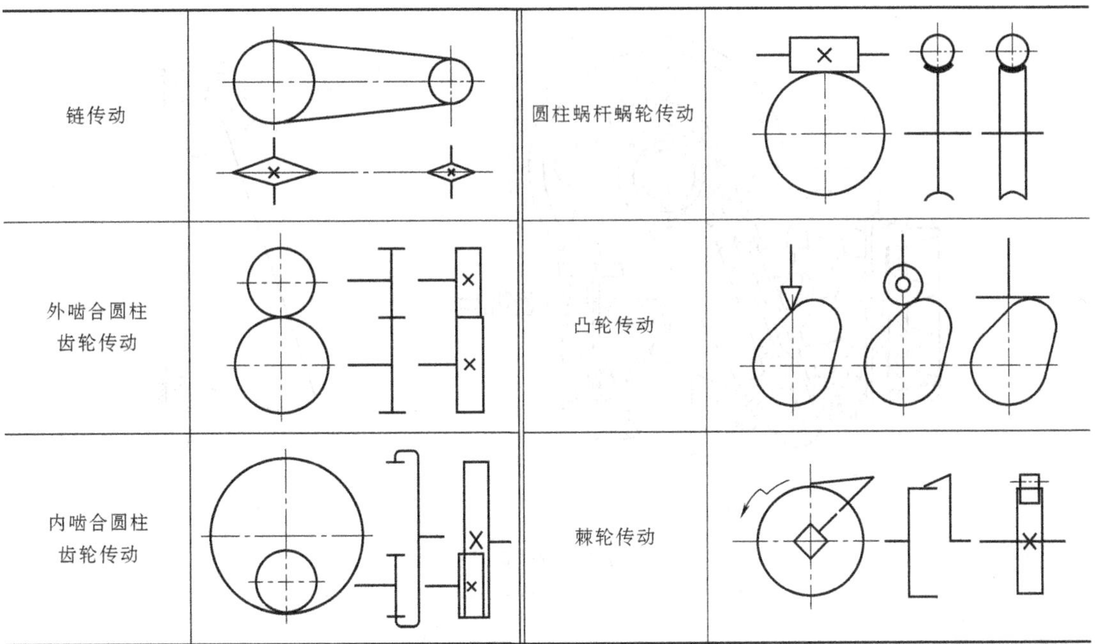

下面举例说明机构运动简图的绘制方法。

例 1.1　绘制如图 1.8a 所示颚式破碎机主体机构运动简图。

解：（1）分析机构的运动，识别机构的结构　图示的颚式破碎机中，带轮 5 和偏心轴 2 固接在一起绕轴心 A 转动，偏心轴 2 带动动颚 3，而动颚 3 与机架 1 之间装有肘板 4，动颚 3 运动时就可不断地破碎矿石。由此可知，机架 1、偏心轴（原动件）2、动颚（从动件）3 和肘板 4 四个构件组成四杆机构。偏心轴 2 与机架 1 绕轴心 A 相对转动，偏心轴 2 与动颚 3 绕轴心 B 相对转动，动颚 3 与肘板 4 绕轴心 C 相对转动，肘板 4 与机架 1 绕轴心 D 相对转动。由此可知，整个机构有 A、B 、C、D 四个转动副。

（2）选择视图平面、比例尺，绘制机构运动简图　对于平面机构，选择构件运动平面为视图平面，因其已可将平面机构表达清楚，故不需再选辅助视图平面。所以本例选择如图 1.8b）所示平面为视图平面。

以图纸的大小、实际机构的大小和能清楚表达机构的结构为依据，选择长度比例尺

$$\mu_l=\frac{\text{构件的实际长度 m}}{\text{构件的图示长度 mm}}$$

如图 1.8b 所示，过机架 A、D 两点作坐标系 xAy，画转动副 A、B、C、D，各转动副间距离

$$\overline{AD}=\frac{L_{AD}}{\mu_l},\overline{AB}=\frac{L_{AB}}{\mu_l},\overline{BC}=\frac{L_{BC}}{\mu_l},\overline{CD}=\frac{L_{CD}}{\mu_l}$$

原动件 2 与 y 轴的夹角 φ 可自行决定。用简单线条连成构件 2、3、4 及机架 1，在原动件 2 上标注带箭头的圆弧，在机架 1 上画出斜线，便得到如图 1.8b 所示的机构运动简图。

例 1.2　试绘制如图 1.9a 所示的活塞式内燃机的机构示意图。

解：（1）分析机构的运动，识别机构的结构　图示活塞式内燃机中，活塞 1 的运动通过

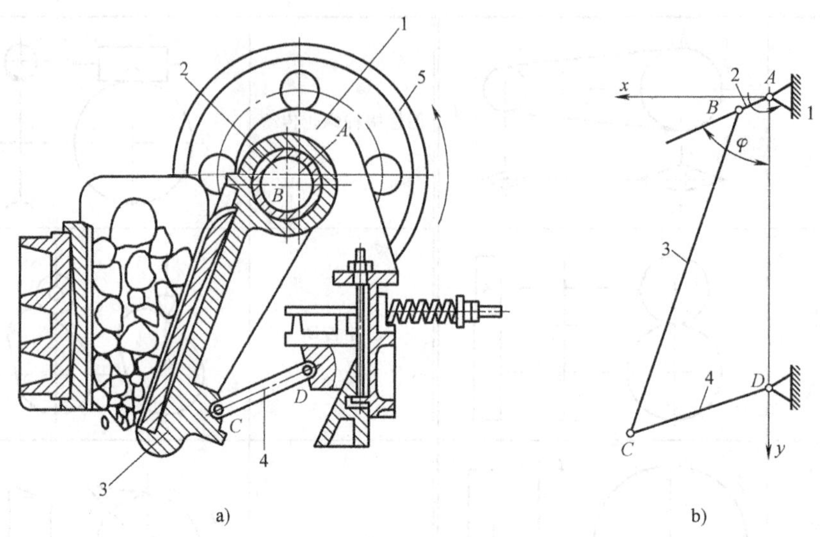

图 1.8　颚式破碎机

1—机架　2—偏心轴　3—动颚　4—肘板　5—带轮

连杆 2 推动安装在气缸体（机架）4 上的曲轴 3 转动。由此可知，该机构由曲轴 3（称为曲柄）、活塞 1（称为滑块）、连杆 2 和机架 4 四个构件组成曲柄滑块机构。

与曲轴 3 固接在一起的齿轮 5 推动齿轮 6，使其绕机架 4 转动，故齿轮 5、6 与机架 4 三个构件组成齿轮机构。

与齿轮 6 固接在一起的凸轮 7 推动气阀顶杆 8，使其相对机架 4 移动，故凸轮 7、顶杆 8 与机架 4 三个构件组成凸轮机构。

由上述可知，各构件之间组成的运动副如下：构件 5 与 6、构件 7 与 8 均组成高副，构件 1 与 4、构件 8 与 4 均组成移动副，构件 7 与 4、构件 2 与 1、构件 3 与 2、构件 4 与 3 均组成转动副。

（2）选择视图平面，绘制机构示意图　选择如图 1.9a 所示的各构件的运动平面为视图平面，绘制各运动副。其中齿轮 5、6 组成的高副按规定画成细点画线的一对圆，如图 1.9b 所示，凸轮 7、顶杆 8 组成的高副画出全部轮廓曲线。再用简单线条画出各个构件，便得到机构示意图。

绘制机构运动简图及机构示意图的注意事项如下：

1）首先搞清机械的实际构造和运动情况。找出机架、原动件和从动件，顺着运动传递的路线，看看运动是怎么从原动件传到从动件的。从而搞清该机械由多少个构件组成，各构件之间构成何种运动副。

2）选择机械多数构件所在的运动平面为视图平面，必要时把机械不同部分的不同视图展开在同一视图上，或把主运动简图视图上难以表达清楚的部分另绘一张局部简图。

3）机构运动简图及机构示意图不同于装配图。它具有“透明功能”，即不管一个构件是否被其他构件挡住，均视为可见而画出。

4）原动件上标有表示运动方向的箭头。

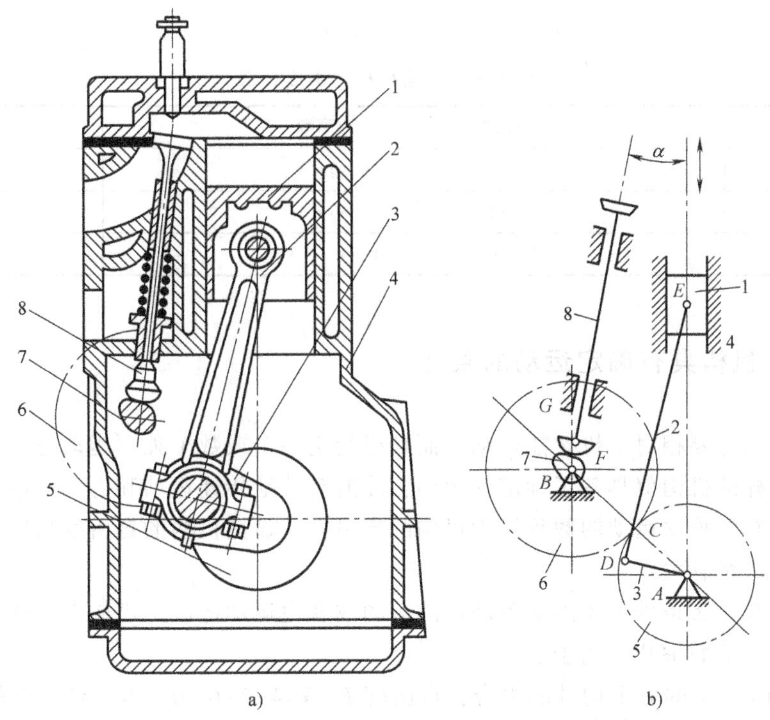

图 1.9　活塞式内燃机

1—活塞　2—连杆　3—曲轴　4—气缸体　5、6—齿轮　7—凸轮　8—顶杆

1.3　机构的自由度分析

1.3.1　平面机构自由度的计算公式

设某一平面运动链，共包含 N 个构件、P_L 个低副和 P_H 个高副。现假定其中某个构件固定（机架），则余下 $n=N-1$ 个可动构件，在未组成运动链之前，共有 $3n$ 个自由度；当组成运动链后，两个构件之间通过运动副相连后自由度数减少了，如图 1.10 所示。具体见表 1.4。

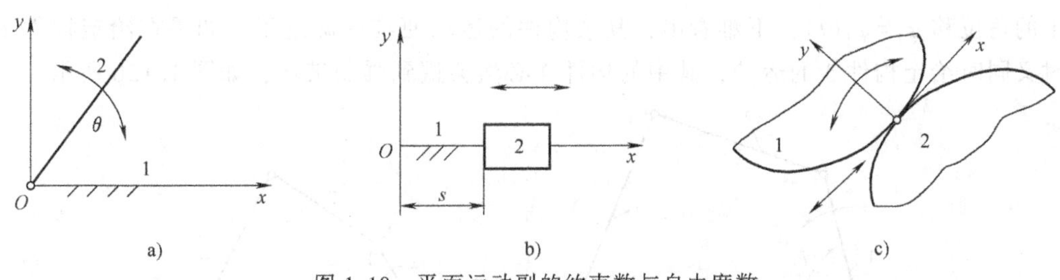

图 1.10　平面运动副的约束数与自由度数

可见一平面运动链引入一个低副带来两个约束，引入一个高副带来一个约束，则总共有 $2P_L+P_H$ 个约束，整个运动链相对于机架的自由度（也就是机构自由度）为

$$F=3n-2P_L-P_H \tag{1.1}$$

表 1.4 平面机构自由度计算

运动副	自由度数 + 约束数	图例
转动副	$1(\theta)$ + $2(x,y)=3$	图 1.10a
移动副	$1(x)$ + $2(y,\theta)=3$	图 1.10b
高副	$2(x,\theta)$ + $1(y)$ $=3$	图 1.10c

1.3.2 机构具有确定运动的条件

机构的各构件要相对于机架能运动，而且当给定一个或数个独立运动时，各构件的运动是确定的，这样的机构就具备了确定的运动，才能有效地传递运动和力。机构中各构件相对于机架的所能有的独立运动的数目称为机构的自由度。显然机构的自由度与构件的总数、运动副的类型和数量有关。

一个机构在什么条件下才能实现确定的运动或者说运动链成为机构需要什么条件？为了说明这个问题，下面举几个例子。

如图 1.11a 所示的五个构件的组合，自由度 $F=3\times4-2\times6=0$。该构件组合的自由度等于零，说明各构件之间没有相对运动，称为刚性桁架。如图 1.11b 所示的三个构件的组合，自由度 $F=3\times2-2\times3=0$，该构件的组合也是刚性桁架。如图 1.11c 所示的四个构件的组合，自由度 $F=3\times3-2\times5=-1$，说明该构件组合的约束过多，称为超静定桁架。

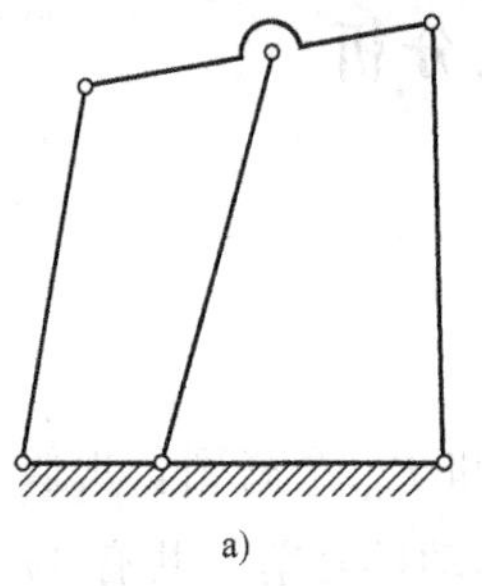

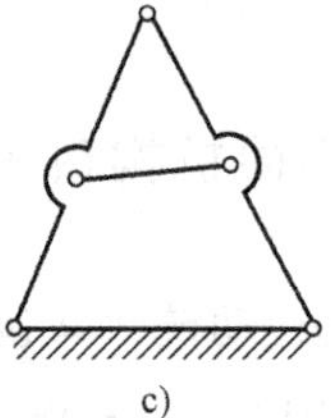

图 1.11 机构举例一

如图 1.12a 所示的四杆机构，其自由度 $F=3\times3-2\times4=1$。如果给定一个独立参数，例如杆 1 的角位移 $\varphi_1=\varphi_1(t)$，不难看出，其余构件的运动便唯一确定了。如果在给定构件 1 运动时又同时给定构件 3 的运动，其中的构件 2 必然会遭到强制破坏，如图 1.12b 所示。

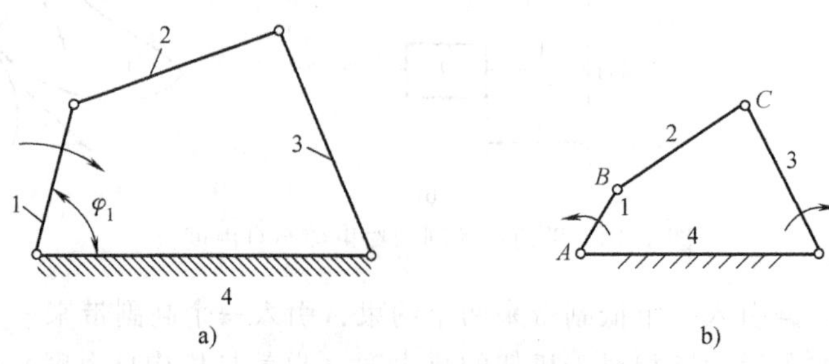

图 1.12 机构举例二

如图 1.13a 所示的五杆机构中，其自由度 $F=3\times4-2\times5=2$。如果给定两个独立参数，如杆 1 的角位移 $\varphi_1=\varphi_1(t)$，杆 4 的角位移 $\varphi_4=\varphi_4(t)$，不难看出，其余构件的运动便唯一确定。如果只给定构件 1 运动，很显然其余构件的运动便不能完全确定，如图 1.13b 所示。

经过上述举例可知，机构自由度 $F>0$，且等于原动件个数，是机构具有确定相对运动的必要条件。由于机构的自由度就是运动链相对于固定构件的自由度，所以也可以说，该条件也是运动链成为机构的必要条件。

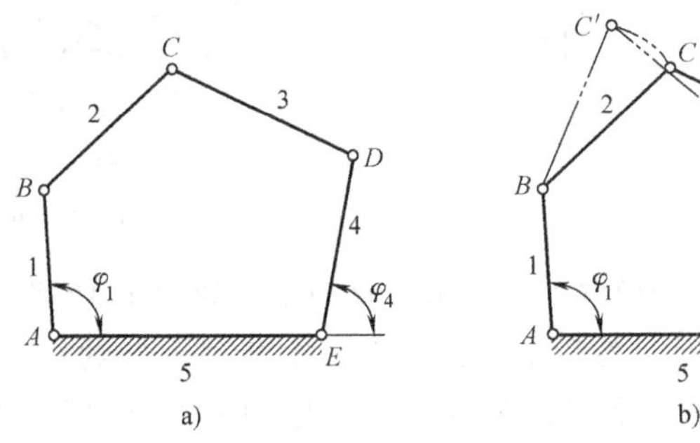

图 1.13　机构举例三

1.3.3　自由度计算中的特殊问题

为了改善机构的使用性能，有时在机构中采用一些特殊结构。对于这些特殊结构，必须经过适当的处理，才能运用式（1.1）计算机构的自由度。

1. 复合铰链

如图 1.14a 所示的机构，有三个构件在 B 处组成转动副，其实际构造如图 1.14b 所示。它是由构件 3 与 4、2 与 4 分别组成的两个转动副，而不是一个转动副。这种由两个以上的构件，在一处组成的多个转动副，称为复合铰链。易知，由 m 个构件组成的复合铰链，共有（$m-1$）个转动副。在计算机构的自由度时，应注意机构中是否存在复合铰链。采用复合铰链，可以使机构结构紧凑。

2. 局部自由度

如图 1.15a 所示的凸轮机构，凸轮 2 为主动件，滚子 3 绕其轴线自由转动，不影响从动件 4 的输出运动，这种不影响机构输出运动的自由度，称为局部自由度。计算机构的自由度时，须把滚子与从动件看成固接在一起的整体，如图 1.15b 所示，以消除局部自由度。采用滚子结构，目的在于改善高副间的摩擦。

3. 虚约束

在机构中，如果某个约束与其他约束重复，而不起独立限制运动的作用，则该约束称为虚约束。虚约束常出现于下列情况。

1）两构件在同一轴线上形成多个转动副。如图 1.16 所示，齿轮和轴用键固接在一起而成为构件 1，它与机架 2 在同一轴线上的 A、B 两处构成两个转动副。从运动关系来看，只需一个转动副的约束，便可使构件 1 只能绕其轴线转动，余下的一个转动副，只起重复的约束作用，故是虚约束。这里采用两个转动副是为了避免转轴处于悬臂状态，改善受力情况。

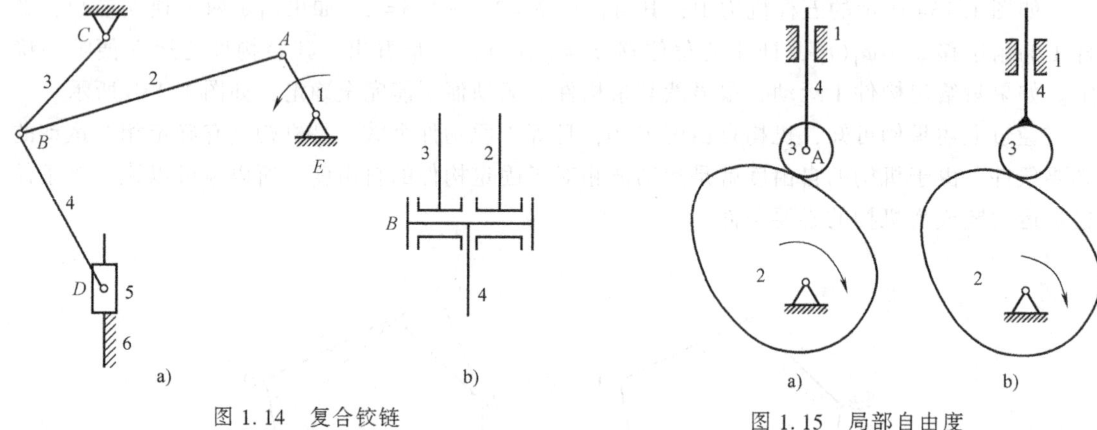

图 1.14　复合铰链

图 1.15　局部自由度

2）两构件在同一导路或平行导路上形成多个移动副。如图 1.17 所示，构件 1 与机架 2 组成三个移动副 A、B、C。从运动关系来看，只需一个移动副的约束，便可使压板只能沿其导路移动，其余的移动副，由于各导路平行，只起重复的约束作用，故也是虚约束。采用三个移动副，可使压板导向稳定可靠。

3）用一个构件和两个转动副去连接两构件上距离始终不变的两个动点。如图 1.18 所示，其中 $AB \mathrel{\underline{\parallel}} CD$、$AE \mathrel{\underline{\parallel}} DF$。由此几何关系可知，构件 1 上的动点 E 与构件 3 上的动点 F 之间的距离始终保持不变，若用构件 5（图中虚线所示）在 E、F 两点连接成转动副，则由此引起的约束也是只起重复约束作用，故也是虚约束。采用这种结构，可使机构在从动件 3 与机架 4 共线的瞬时转向确定。

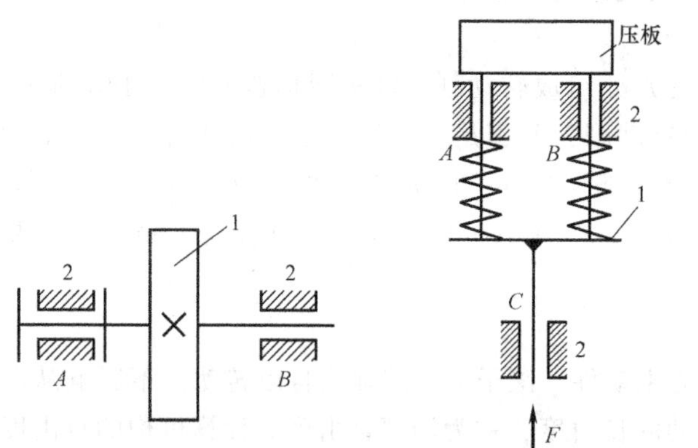

图 1.16　同一轴线上形成多个转动副

图 1.17　同一导路或平行导路上形成多个移动副

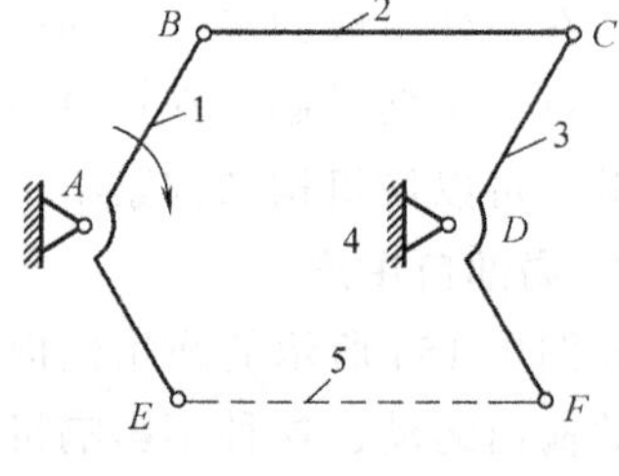

图 1.18　用一个构件和两个转动副去连接两构件上距离始终不变的两个动点

4）用一个构件和两个转动副去连接两构件上距离始终不变的一个动点和一个固定点。如图 1.19a 所示，其中 F 点为固定点，E 为动点，$AB \mathrel{\underline{\parallel}} CD \mathrel{\underline{\parallel}} EF$，因构件 2 必与构件 4 保持平行而作平移运动（平动），其上各点的轨迹，都是以 AB 为半径、圆心在 AD 直线上的圆周，所以 E、F 两点之间的距离始终保持不变。若用构件 5（如图 1.19a 中所示的虚线）在 E、F 两点连接成转动副，则由此引起的约束也是只起重复约束的作用，故也是虚约束。采用这种结构，也是使从动件 3 在与机架 4 共线时转向确定。

采用这种虚约束时必须满足条件 $EF \mathbin{\underline{\parallel}} AB \mathbin{\underline{\parallel}} CD$，如果不满足，如图 1.19b 所示的情形，则该构件组合的自由度 $F=3\times4-2\times6=0$，故不能成为机构。

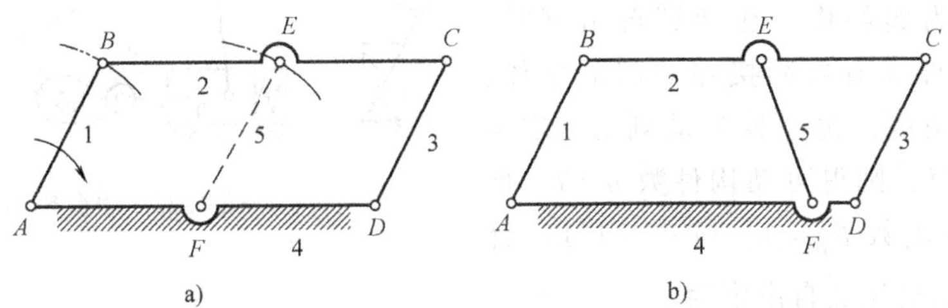

图 1.19　点之间的距离始终保持不变的虚约束

5）如果两构件在多处相接触而构成平面高副，且各接触点处的公法线彼此重合，如图 1.20a 所示，则只能算一个平面高副。但各点接触处的公法线方向并不彼此重合时（图 1.20b、c），则相当于一个低副（图 1.20b 所示相当于一个转动副，图 1.20c 所示相当于一个移动副）。

6）原动件与输出构件之间采用多组完全相同的运动链。如图 1.21 所示的行星轮系，采用两个完全相同的行星轮 2、2′，并使它们的轮心均匀地分布在同一圆周上。其实只需一个行星轮便可传递运动，其余的行星轮的约束作用是重复的，故是虚约束。行星轮系采用两个完全相同的行星轮，其目的是为了受力均衡。

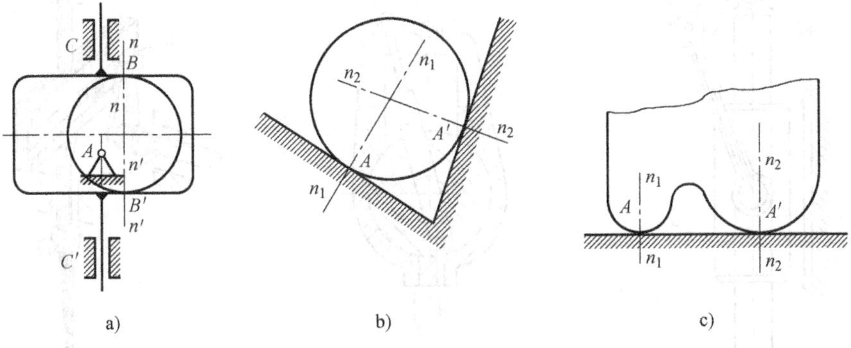

图 1.20　两构件在多处组成高副

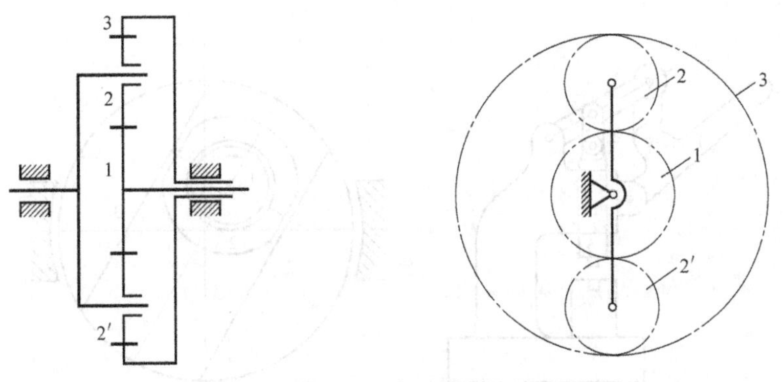

图 1.21　行星轮系

例 1.3　试计算如图 1.22 所示的运动链相对机架的自由度，并判断其是否为机构？

解：(1) 检查运动链的结构，可知 C 处为复合铰链，滚子 F 存在局部自由度，移动副 E、E'之一为虚约束。在计算自由度时，将滚子 F 与构件 3 看成固接在一起的整体，即消除局部自由度，再去掉移动副 E、E'中的任一个虚约束，则得可动构件数 $n=7$，低副数 $P_L=9$，高副数 $P_H=1$，按式（1.1）计算得运动链相对机架的自由度为

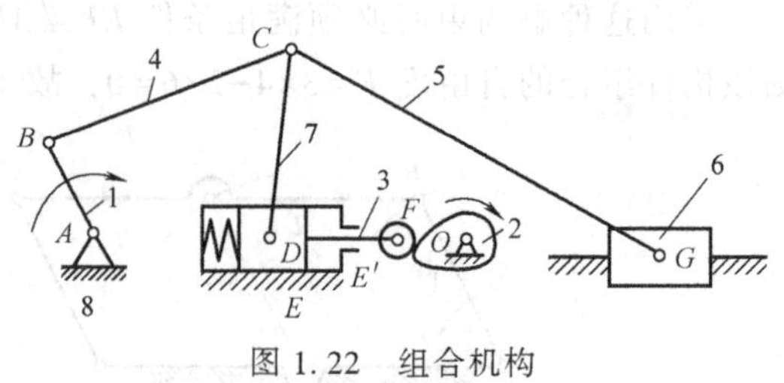

图 1.22 组合机构

$$F=3n-2P_L-P_H=3\times7-2\times9-1=2$$

(2) 由图 1.22 所示得知，共有两个原动件（构件 1 和 2），即自由度与原动件数目相等，且大于零，所以该运动链是具有确定运动的机构。

习 题

1.1 试绘制如图 1.23 所示机构的机构运动简图，尺寸由图中直接量出，长度比例尺自选。

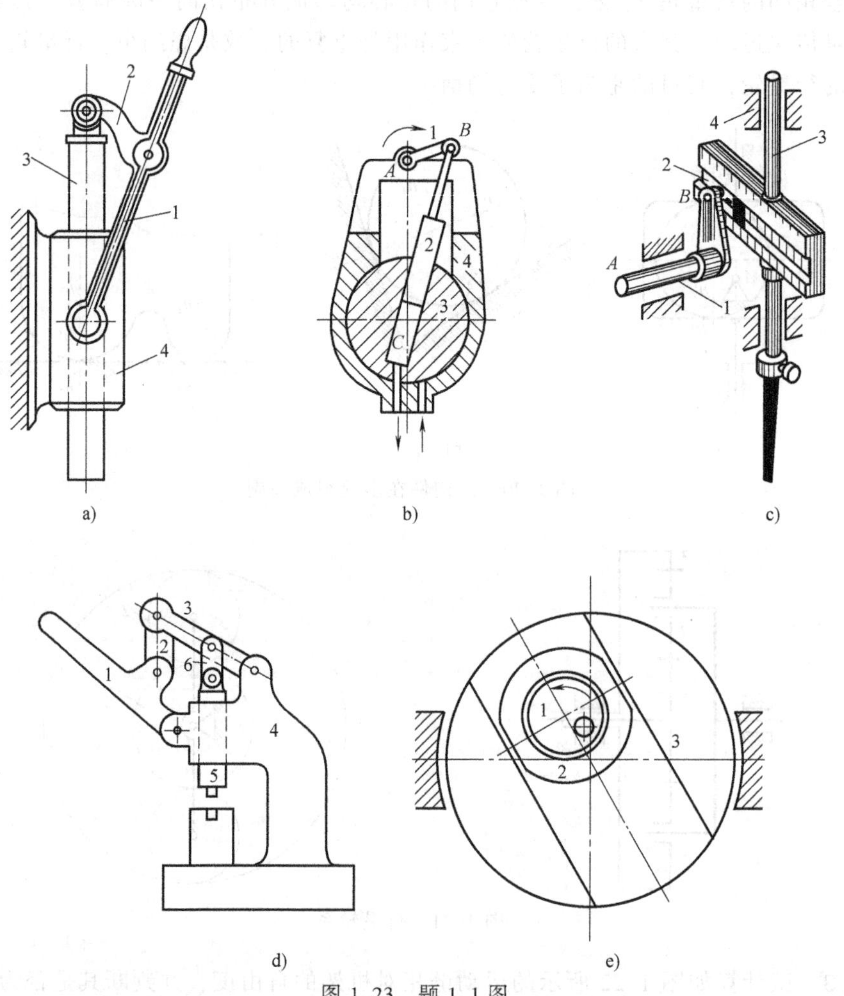

图 1.23 题 1.1 图

1.2　如图 1.24 所示为一小型压力机。图中齿轮 1 与偏心轮 1′为同一构件，绕固定轴心 O 连续转动。在齿轮 5 上开有凸轮凹槽，摆杆 4 上的滚子 6 嵌在凹槽中，从而使摆杆 4 绕 C 轴上下摆动。同时，又通过偏心轮 1′、连杆 2、滑杆 3 使 C 轴上下移动；最后，通过在摆杆 4 的叉槽中的滑块 7 和铰链 G 使冲头 8 实现冲压运动。试绘制该压力机的机构运动简图，并计算其机构自由度。

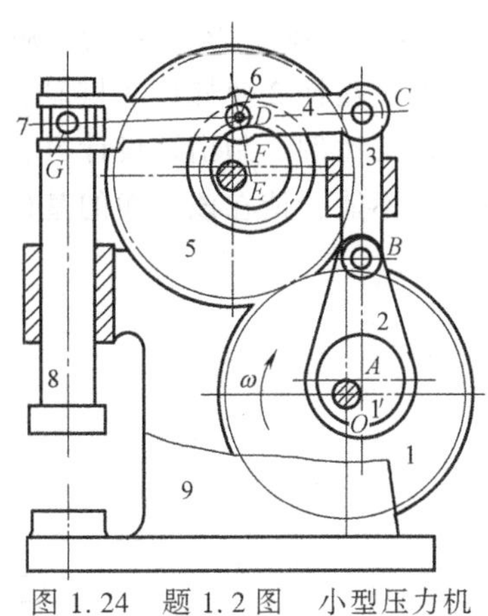

图 1.24　题 1.2 图　小型压力机

1.3　计算如图 1.25 所示的机构自由度。有复合铰链、虚约束、局部自由度应明确指出，并判断该机构是否具有确定的运动？

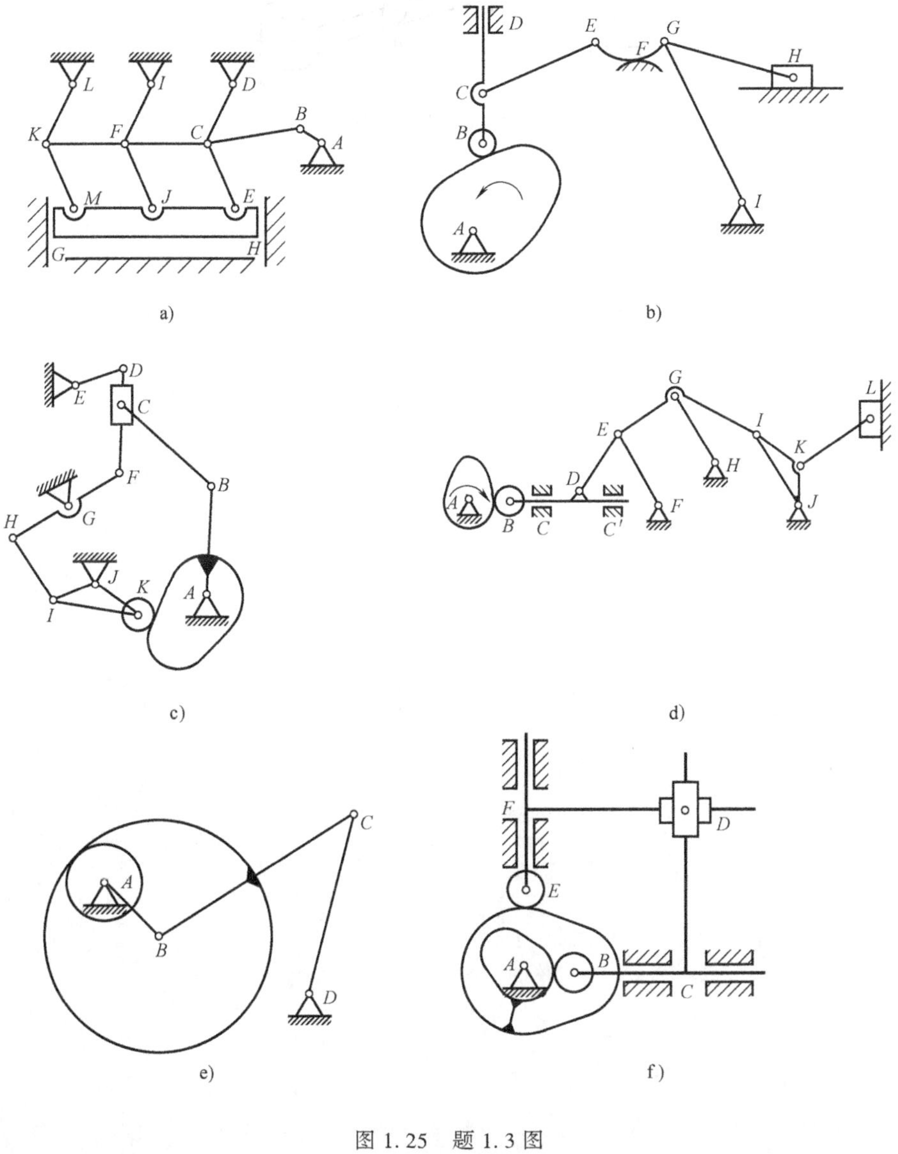

a)　b)

c)　d)

e)　f)

图 1.25　题 1.3 图

1.4　如图 1.26 所示为一脚踏式推料机设计方案示意图。设计思路是：动力由踏板 1 输入，通过连杆 2 使杠杆 3 摆动，进而使推板 4 沿导轨直线运动，完成输送工件或物料的工作。试按比例绘制出该设计方案的机构运动简图，分析该方案能否实现设计意图，并说明理由。若不能，请在该方案的基础上提出修改方案，画出修改后方案的机构运动简图。

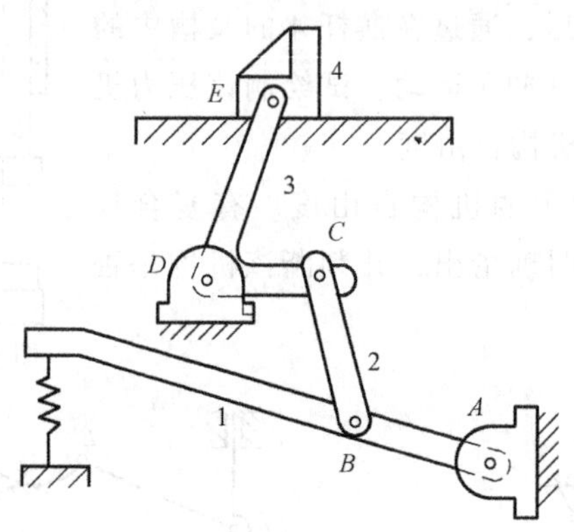

图 1.26　题 1.4 图

第2章 平面连杆机构

平面连杆机构是由一些刚性构件用转动副和移动副相互连接而组成的在同一平面或相互平行的平面内运动的机构。由于平面连杆机构是由若干构件用平面低副连接而成的机构，故又称之为低副机构。平面连杆机构构件运动形式多样，可实现转动、摆动、移动和平面复杂运动，从而可用于实现已知运动规律和已知轨迹。因此，平面连杆机构是应用最早也是应用很广泛的机构。

平面连杆机构的构件形状是多种多样的，但大多为杆状的，最常用的是四根杆，也就是四个构件组成的平面四杆机构。

2.1 平面四杆机构的基本形式及其应用

平面四杆机构种类繁多，按照所含移动副数目的不同，可分为全转动副的铰链四杆机构、含一个移动副的四杆机构和含两个移动副的四杆机构。

2.1.1 铰链四杆机构

在铰链四杆机构中，与机架相连的构件称为连架杆，不与机架相连的构件称为连杆。在一般情况下，连杆作复杂的平面运动。能作整周回转的连架杆称为曲柄，只能在一定角度范围内摆动的连架杆称为摇杆。以转动副相连的两构件如果能整周相对转动，则此转动副称为周转副，不能作整周相对转动的称为摆转副。按运动形式可将铰链四杆机构分为以下三种类型。

1. 曲柄摇杆机构

铰链四杆机构的两连架杆中，若一杆为曲柄，另一杆为摇杆，则此机构称为曲柄摇杆机构。搅拌器机构（图 2.1）和雷达天线机构（图 2.2）都是以曲柄为原动件的曲柄摇杆机构的应用实例。前者利用连杆 2 上 E 点的轨迹（点画线所示的曲线）以及容器绕 z-z 轴的转动，而将溶液搅拌均匀；后者利用主动曲柄 1 带动与天线固接的从动摇杆 3 摆动，以达到调节天线角度的目的。图 2. 3a 所示为缝纫机脚踏驱动机构，它是以摇杆为原动件的曲柄摇杆机构。脚踩踏板 1（摇杆）作往复摆动，通过连杆 2 使下带轮 3（固接在曲柄上）转动。图 2. 3b 所示是该机构的机构运动简图。

2. 双曲柄机构

若铰链四杆机构的两连架杆均为曲柄，则该机构称为双曲柄机构，如图 2. 4 所示。惯性

筛的铰链四杆机构 *ABCD* 便是双曲柄机构的应用实例，如图 2.5 所示。该机构的特点是当主动曲柄 1 等速回转一周时，从动曲柄 3 将以变速回转一周，因此使筛 6 获得较大的加速度，被筛的材料将因惯性而被筛选。

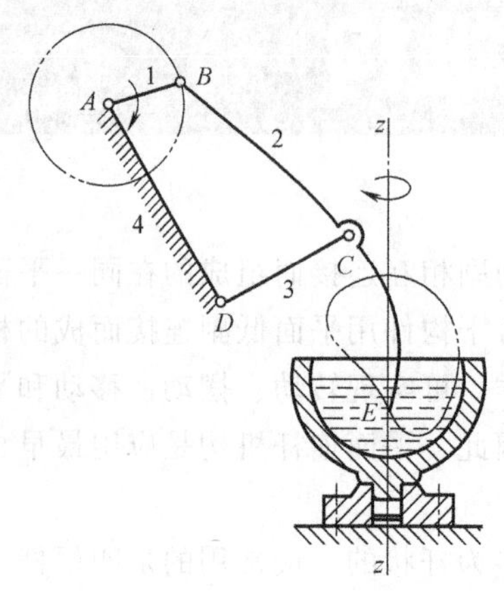

图 2.1　搅拌器机构

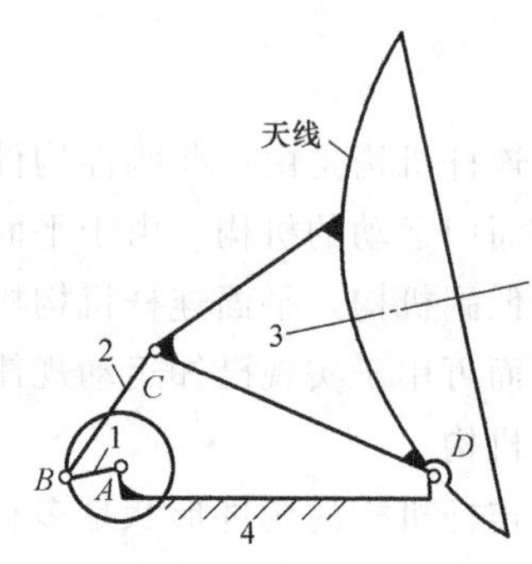

图 2.2　雷达天线机构

在双曲柄机构中，若连杆与机架的长度相等，两个曲柄的长度也相等，且作同向转动，则该机构称为平行四边形机构，如图 2.6 所示。该机构的运动特点是：两个曲柄在任何位置，总是保持平行，如 *AB*//*CD*，*AB'*//*C'D*，所以两曲柄的角速度始终相等，连杆在运动过程中始终作平移运动。

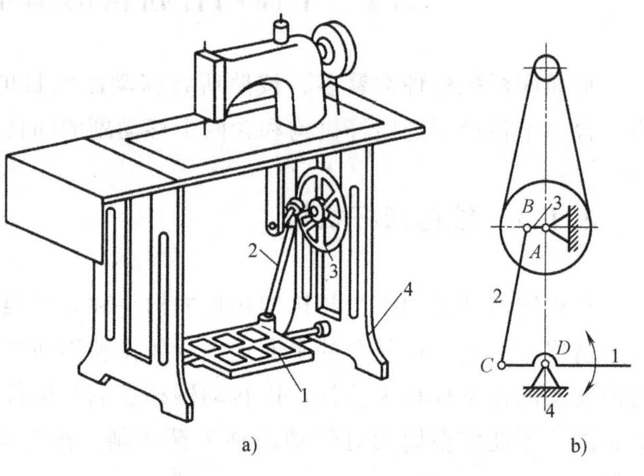

图 2.3　缝纫机脚踏驱动机构

双曲柄机构有两个显著特征：一是两曲柄以相同速度同向转动，另一个是连杆作平动。此两特征在机械工程上均已获得广泛应用。如图 2.7 所示的机车车轮的联动机构就利用了其第一个特征，而摄影平台升降机构则是利用了其第二个特征，如图 2.8 所示。

两曲柄长度相同，而连杆与机架不平行的铰链四杆机构，称为反平行四边形机构，如图 2.9 所示。这种机构原、从动曲柄转向相反，如图 2.10 所示的汽车车门开闭机构即为其应用实例。

3. 双摇杆机构

若铰链四杆机构的两连架杆均为摇杆，则称为双摇杆机构。如图 2.11 所示的铸造用的造型机翻箱机构就是双摇杆机构。砂箱 2′与连杆 2 固接，当它在实线位置进行造型震实后，转动主动摇杆 1，使砂箱移至细双点画线位置，以便进行起模。图 2.11b 所示是该机构的机

构运动简图。如图 2.12 所示的鹤式起重机中也应用了一个双摇杆机构。当摇杆 *AB* 摆动时，连杆 *BC* 延长部分上的 *E* 点作近似水平直线运动，使重物避免不必要的升降，以减少能量消耗。

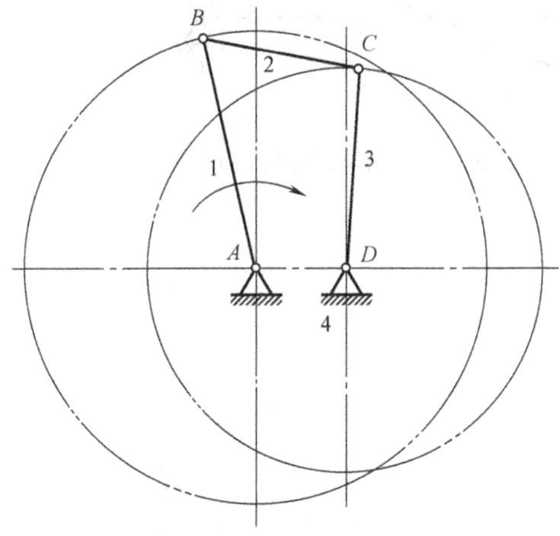

图 2.4　双曲柄机构

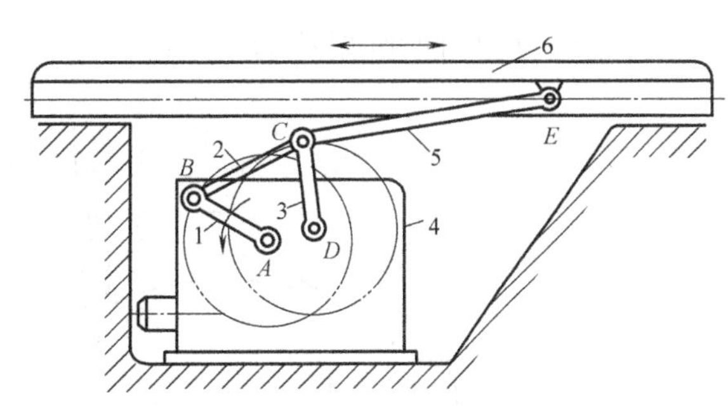

图 2.5　惯性筛机构

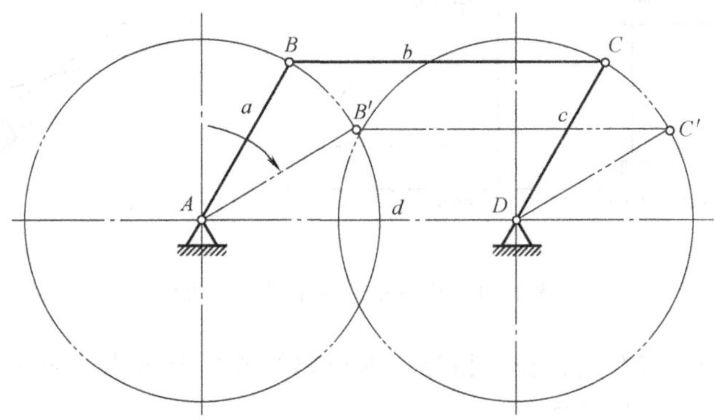

图 2.6　平行四边形机构

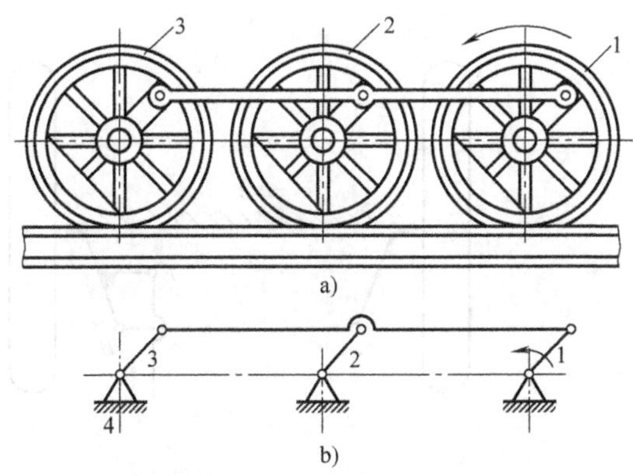

图 2.7　机车车轮的联动机构

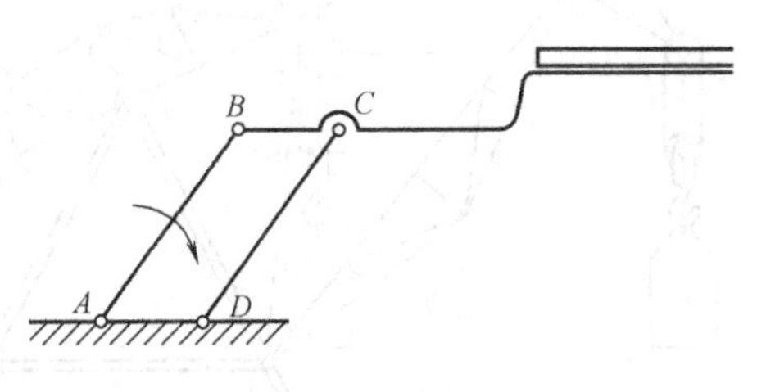

图 2.8　摄影平台升降机构

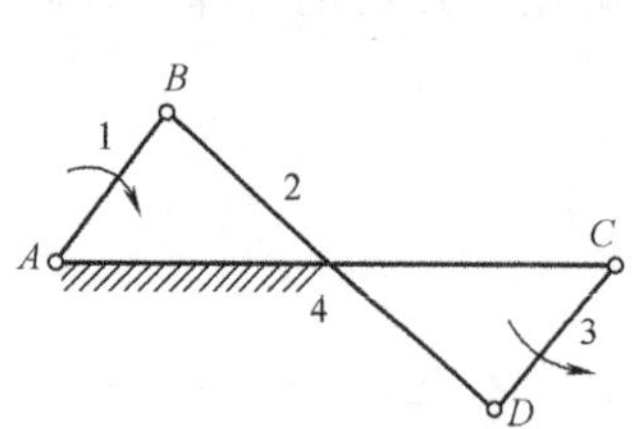

图 2.9 反平行四边形机构

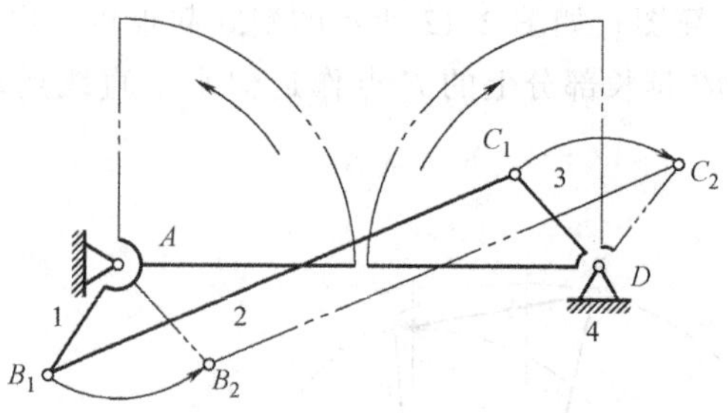

图 2.10 汽车车门开闭机构

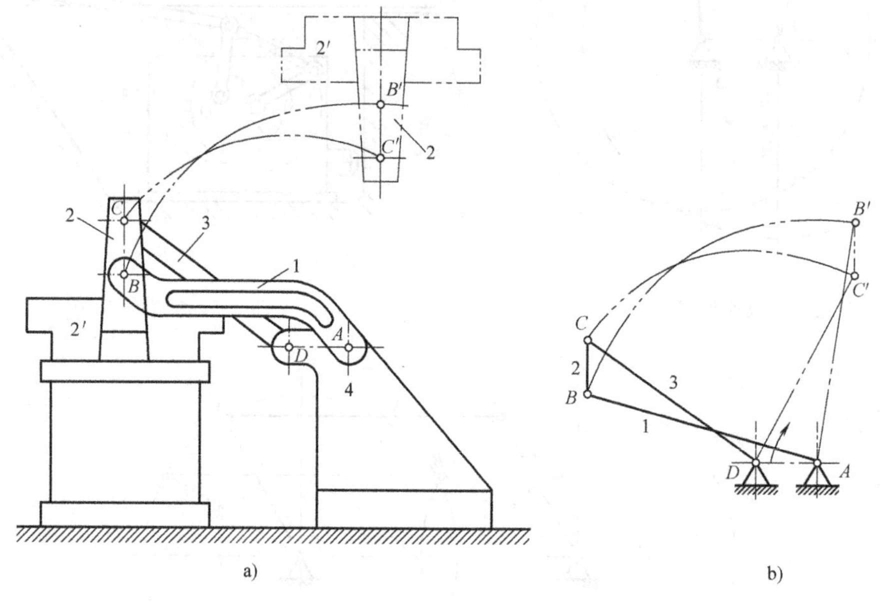

图 2.11 铸造用的造型机翻箱机构

在双摇杆机构中，若两摇杆长度相等，则形成等腰梯形机构。如图 2.13 所示的汽车前轮的转向机构，即为其应用实例。

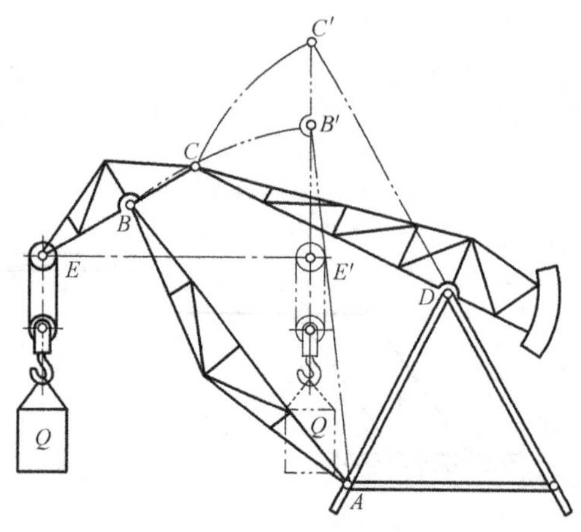

图 2.12 鹤式起重机

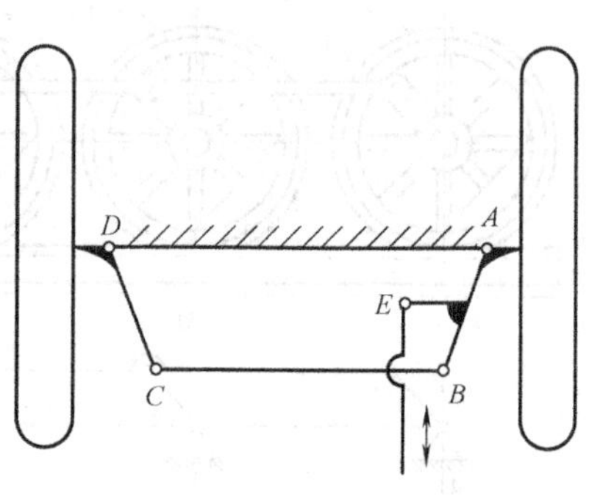

图 2.13 汽车转向机构

除上述三种类型的铰链四杆机构之外，在机械中还广泛采用其他类型的四杆机构。这些机构可以看成是由铰链四杆机构通过某种方式演化而来的。四杆机构的演化，不但是为了满足运动方面的要求，而且是为了改善受力状况以及满足结构设计上的需要等。各种演化机构的外形虽然各不相同，但它们的性质以及分析和设计的方法却常常是相同的或类似的，这有利于连杆机构进行创新设计。

2.1.2　平面四杆机构的演化

1. 改变构件的形状和运动尺寸

如图 2.14a 所示的曲柄摇杆机构中，当曲柄 1 绕轴 4 回转时，铰链 C 将沿圆弧 β—β 作往复运动。如图 2.14b 所示，如将摇杆 3 做成滑块形式，使其沿圆弧导轨 β—β 作往复滑动，显然其运动性质并未发生改变，但此时铰链四杆机构已演化为具有曲线导轨的曲柄滑块机构。

又若将图 2.14a 中所示摇杆 3 的长度增至无限大，则如图 2.14b 中所示的曲线导轨将变成直线导轨，于是铰链四杆机构就演化成为常见的曲柄滑块机构（图 2.15）。图 2.15a 所示为具有偏距的偏置曲柄滑块机构，图 2.15b 所示为无偏距的对心曲柄滑块机构。

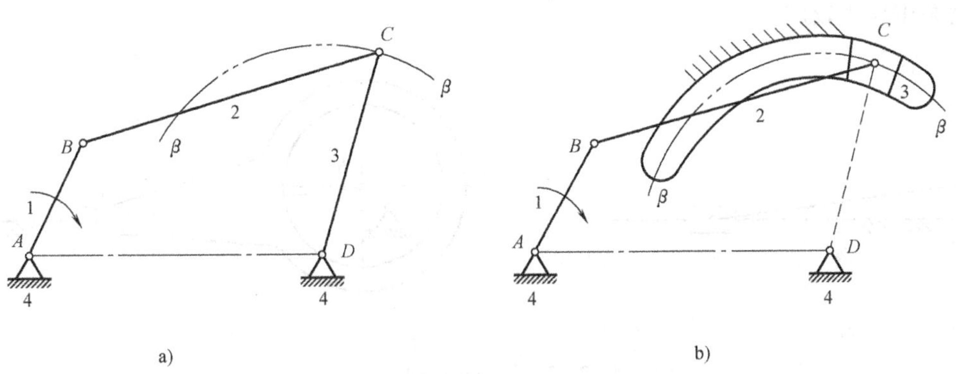

图 2.14　曲柄摇杆机构演化成曲柄滑块机构

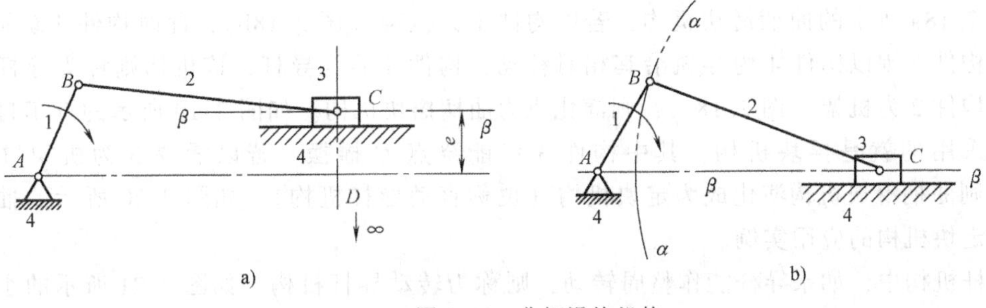

图 2.15　曲柄滑块机构

如图 2.15b 所示的曲柄滑块机构还可以进一步演化为如图 2.16 所示的双滑块四杆机构。在如图 2.16b 所示机构中，从动件 3 的位移与原动件 1 的转角的正弦成正比（$s=l_{AB}\sin\varphi$），故称为正弦机构。

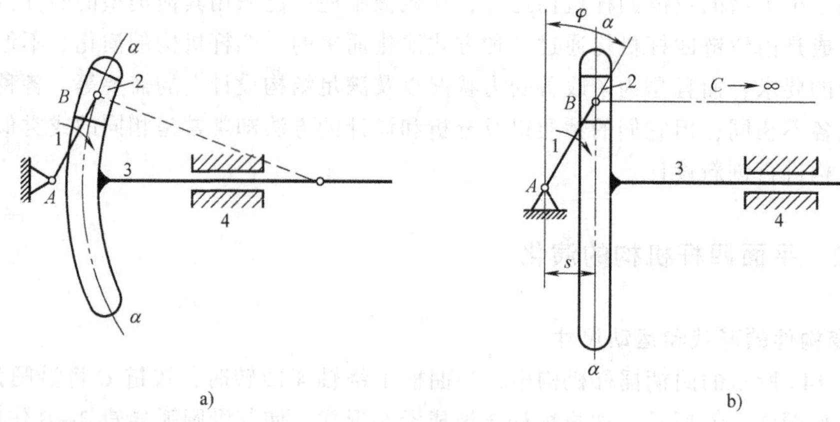

图 2.16　双滑块四杆机构

2. 改变运动副的尺寸

在如图 2.17a 所示的曲柄滑块机构中，当曲柄 AB 的尺寸较小时，由于结构的需要，常将曲柄改为如图 2.17b 所示的偏心圆盘，其回转中心至几何中心的偏心距等于曲柄的长度，这种机构称为偏心轮机构，其运动特性与曲柄滑块机构完全相同。偏心轮机构可认为是将曲柄滑块机构中的转动副 B 的半径扩大，使之超过曲柄长度演化而成。偏心轮机构在锻压设备和柱塞泵中应用较广。

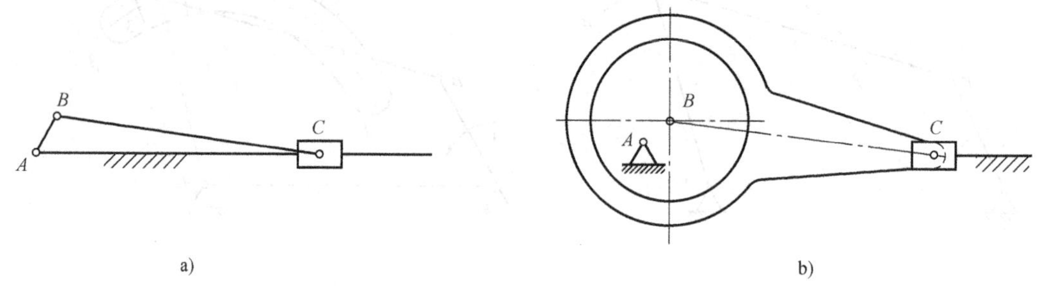

图 2.17　偏心轮机构

3. 选取不同的构件为机架

如图 2.18a 所示的曲柄滑块机构，若以构件 1 为机架（图 2.18b），此时构件 4 绕轴 A 转动，而构件 3 则以构件 4 为导轨沿其相对移动，构件 4 称为导杆，该机构则称为导杆机构。若以构件 2 为机架（图 2.18c），则演化成为曲柄摇块机构。如图 2.19 所示的汽车自动卸料机构采用的就是摇块机构，其中构件 3 仅能绕点 C 摇摆。若以滑块 3 为机架（图 2.18d），则曲柄滑块机构演化成为定块机构（也称直动导杆机构）。如图 2.20 所示的抽水唧筒就是定块机构的应用实例。

在导杆机构中，如果导杆能作整周转动，则称为转动导杆机构。如图 2.21 所示的小型刨床中的 ABC 部分即为转动导杆机构。如果导杆仅能在某一角度范围内摆动，则称为摆动导杆机构，如图 2.22 所示牛头刨床的导杆机构 ABC 即为应用实例。

选取运动链中不同构件作为机架以获得不同机构的演化方法称为机构的倒置。铰链四杆机构、双滑块四杆机构等同样可以经过机构的倒置来获得不同形式的四杆机构。

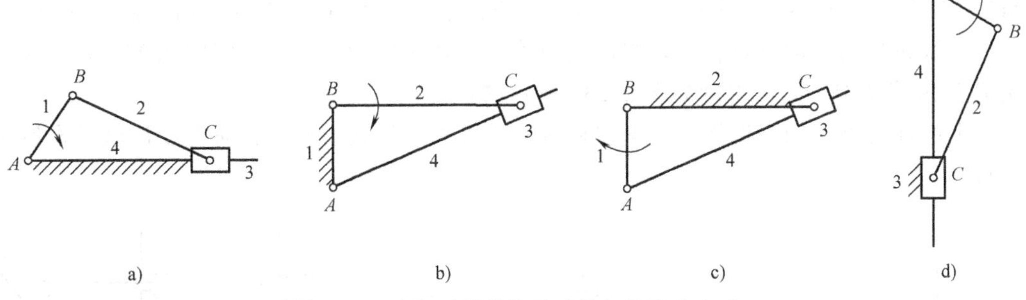

图 2.18　选取不同的构件为机架的演化方式

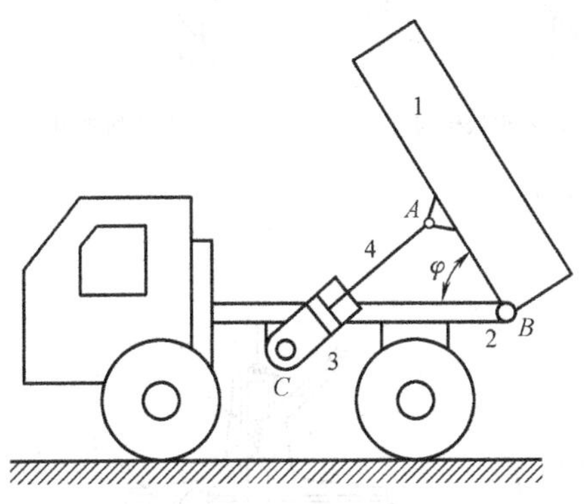

图 2.19　汽车自动卸料机构

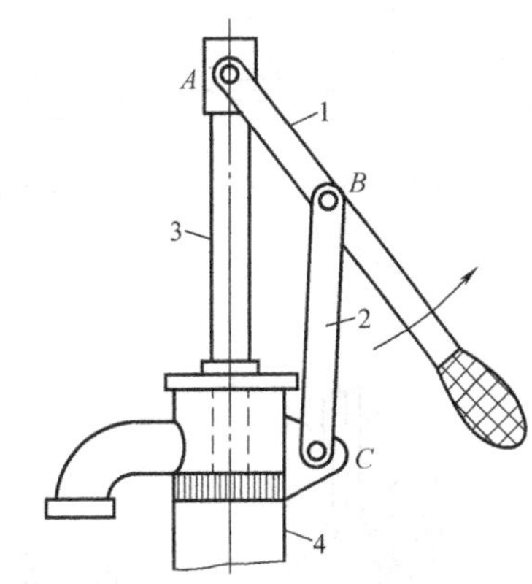

图 2.20　抽水唧筒

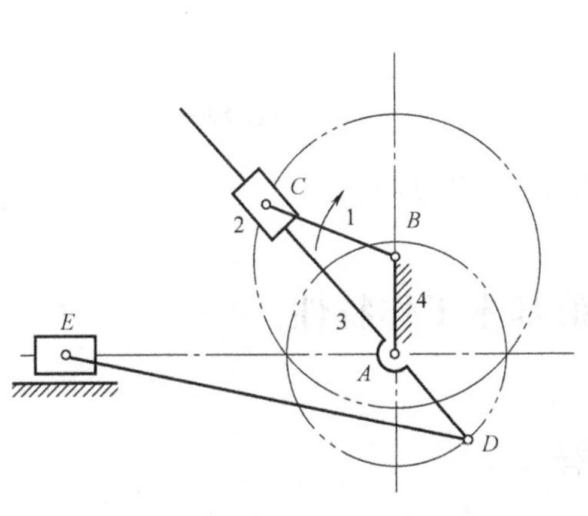

图 2.21　小型刨床

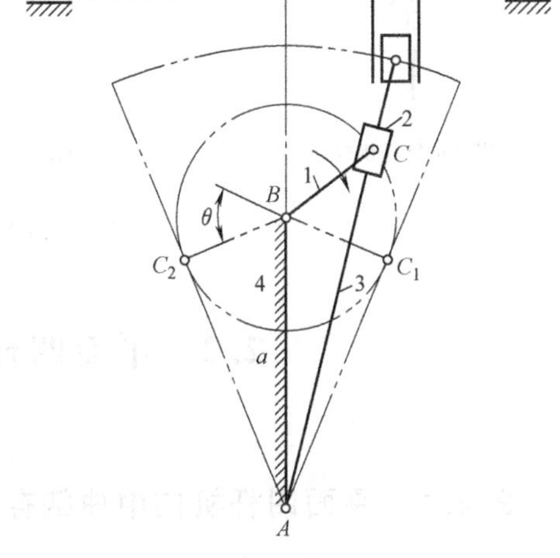

图 2.22　牛头刨床

4. 含有两个移动副的四杆机构的演化

图 2.23a 所示为含有两个移动副的正弦机构，如缝纫机中的针杆机构（图 2.24a）。选用不同的构件为机架或将转动副演变成移动副即可得到不同的机构。选用构件 1 为机架得到如图 2.23b 所示的双转块机构，如十字滑块联轴器（图 2.24b）；若选用构件 3 为机架得到

如图 2. 23c 所示的双滑块机构，常应用它作椭圆仪。如图 2. 24c 所示，*AB* 直线上任意点 *C* 的轨迹为椭圆，图中 *A*、*C* 两点的距离为椭圆的长半径，*B*、*C* 两点的距离为椭圆的短半径，利用双滑块机构的运动特点，可以很简便地绘制各种规格的椭圆。若将图 2. 23a 中所示的转动副 *B* 变为移动副，则可得到如图 2. 23d 所示的正切机构。

由上所述可见，四杆机构的类型多种多样，可根据演化的概念，研究设计出形式各异的四杆机构。

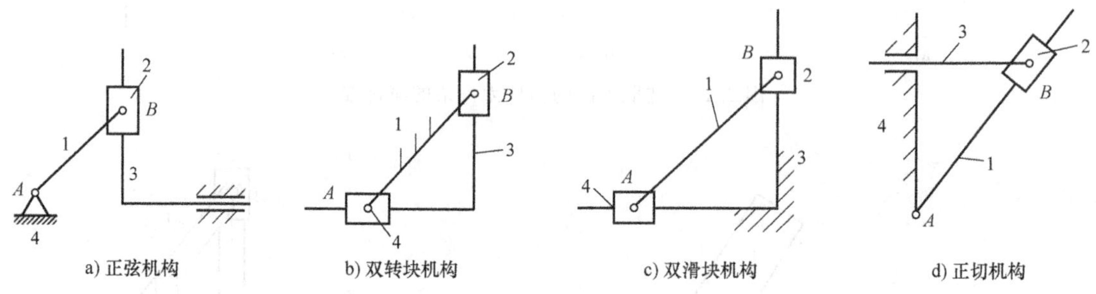

图 2. 23　正弦机构的演化

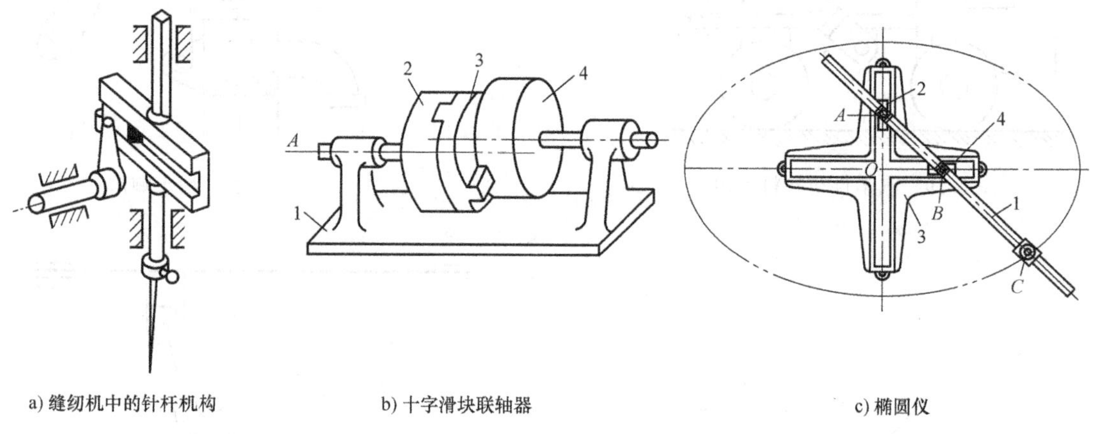

图 2. 24　含有两个移动副的四杆机构的应用

2. 2　平面四杆机构的基本工作特性

2. 2. 1　平面四杆机构中曲柄存在的条件

如图 2. 25 所示的四杆机构中，要使杆 *AB* 成为曲柄，转动副 *A* 就应为周转副，下面介绍确定转动副成为周转副的条件。

设如图 2. 25 所示四杆机构各杆的长度分别为 a、b、c、d，并且 $a<d$。要转动副 *A* 成为周转副，*AB* 杆应能占据在整周回转中的任何位置，由 *AB* 杆与 *AD* 杆两次共线的位置可分别得到 $\triangle DB'C'$ 和 $\triangle DB''C''$，由两三角形边长的关系可得

$$a+d \leqslant b+c \quad (2.1)$$

$$b \leqslant (d-a)+c \quad \text{即} \quad a+b \leqslant d+c \quad (2.2)$$

$$c \leqslant (d-a)+b \quad \text{即} \quad a+c \leqslant b+d \quad (2.3)$$

将式（2.1）、式（2.2）、式（2.3）分别两两相加，则得

$$a \leqslant b, a \leqslant c, a \leqslant d \quad (2.4)$$

即 AB 杆为最短杆。

若 $d<a$，用同样的方法可以得到构件 AB 能绕铰链 A 作整周转动的条件

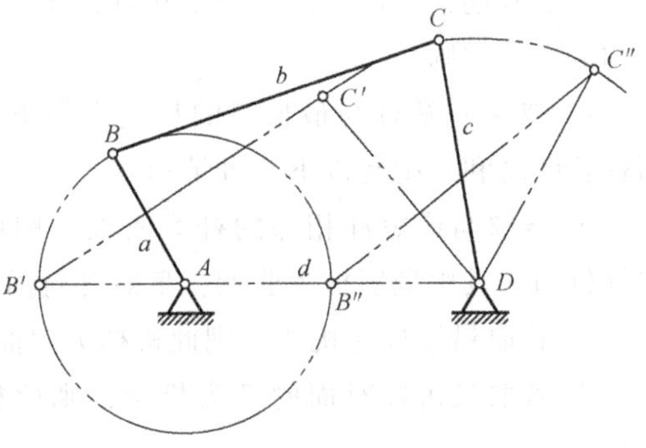

$$d+a \leqslant b+c \quad (2.5)$$

$$d+b \leqslant a+c \quad (2.6)$$

图 2.25　曲柄存在条件

$$d+c \leqslant a+b \quad (2.7)$$

$$d \leqslant b, d \leqslant c, d \leqslant a \quad (2.8)$$

即 AD 杆为最短杆。

分析上述各式，可得出曲柄存在的条件是：

1）最短杆与最长杆的长度之和小于或等于其余两杆长度之和，此条件为杆长条件。

2）组成该周转副的两杆中必有一杆为最短杆。

上述条件表明：当四杆机构各杆的长度满足杆长条件时，有最短杆参与构成的转动副都是周转副（如图 2.25 所示的 A、B 副），而其余的转动副（如图 2.25 所示 C、D 副）则是摆转副。于是，四杆机构有曲柄的条件是各杆的长度应满足杆长条件，且其最短杆为连架杆或机架。当最短杆为连架杆时，机构为曲柄摇杆机构，如图 2.26a、c 所示，当最短杆为机架时则为双曲柄机构，如图 2.26b 所示。

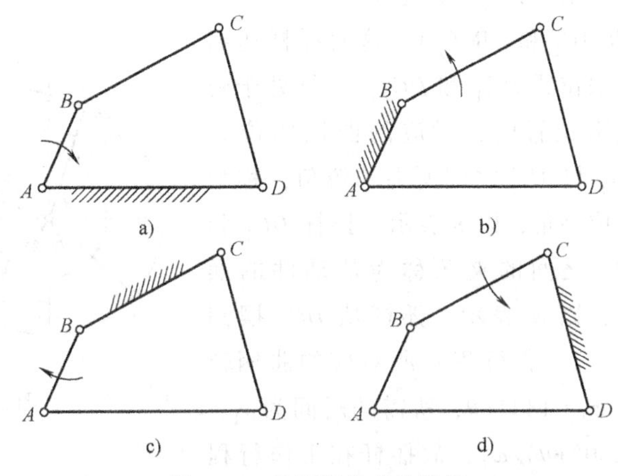

图 2.26　取不同构件为机架

在满足杆长条件的四杆机构中，如以最短杆为连杆，则机构为双摇杆机构，如图 2.26d 所示。但这时由于作为连杆的最短杆上的两个转动副都是周转副，故该连杆能相对于两连架杆作整周回转。如图 2.27 所示的风扇摇头机构，就利用了双摇杆机构这种运动特性。如图所示，在风扇轴上装有蜗杆，风扇转动时蜗杆带动蜗轮（即连杆 AB）回转，使连架杆 AD 及固装于该杆上的风扇壳体绕 D 往复摆动，以实现风扇摇头的功能。

如果铰链四杆机构各杆的长度不满足杆长条件，则无周转副，此时不论以何杆为机架均为双摇杆机构。如图 2.13 所示的等腰梯形机构即为应用实例。

对于含有移动副的四杆机构，根据机构演化原理，可认为移动副是转动中心在无穷远处（在工程实践上可理解为足够远处）的转动副，从而将机构转化为铰链四杆机构来分析其曲柄存在的条件。

综上所述，可以归纳出如下几点，作为判断铰链四杆机构类型的准则。

1）如果最短杆与最长杆的长度之和小于或等于其他两杆长度之和，则有以下三种情形：

① 若取与最短杆相邻的杆为机架，则此机构为曲柄摇杆机构，其中最短杆为曲柄，最短杆对面的杆为摇杆。

② 若取最短杆为机架，则此机构为双曲柄机构。

③ 若取最短杆对面的杆为机架，则此机构为双摇杆机构。

2）如果最短杆与最长杆的长度之和，大于其他两杆长度之和，则不论取哪一杆为机架，均为双摇杆机构。

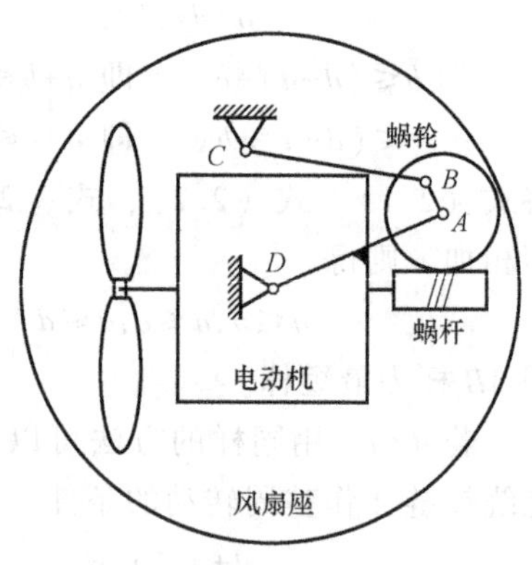

图 2.27　风扇摇头机构

2.2.2　平面四杆机构的运动特性

图 2.28 所示为一曲柄摇杆机构。设曲柄 AB 为原动件，曲柄 AB 以等角速度 ω_1 按顺时针方向转动，它在转动一周的过程中，有两次与连杆 BC 共线（B_1AC_1 和 AB_2C_2），这时摇杆达到极限位置 DC_1 和 DC_2。摇杆处于两极限位置时，对应的曲柄两位置 AB_1 与 AB_2 之间所夹的锐角，称为极位夹角，以 θ 表示。摇杆 DC_1 和 DC_2 之间的夹角称为从动件的摆角，以 ψ 表示。摇杆从 DC_1 摆到 DC_2（工作行程）所对应的曲柄转角 $\varphi_1=180°+\theta$，所需的时间为 $t_1=(180°+\theta)/\omega_1$，故摇杆在工作行程中的平均速度 v_1 为

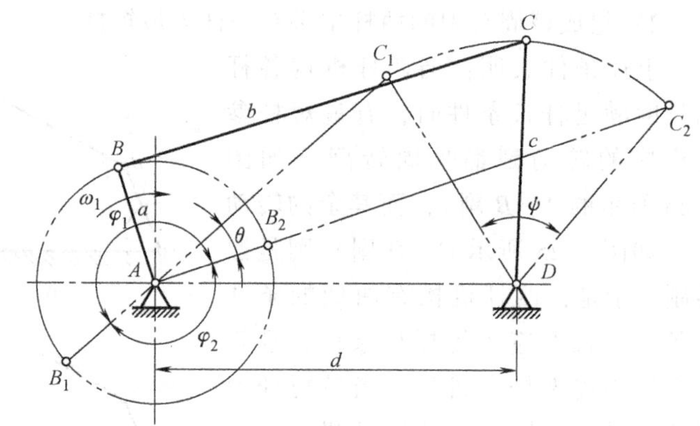

图 2.28　曲柄摇杆机构的急回特性

$$v_1=\frac{\psi}{t_1}=\frac{\psi}{(180°+\theta)/\omega_1}=\frac{\psi\omega_1}{180°+\theta} \tag{2.9}$$

同理摇杆从 DC_2 摆到 DC_1（空行程）所对应的曲柄转角 $\varphi_2=180°-\theta$，所需的时间为 $t_2=(180°-\theta)/\omega_1$，故摇杆在空回行程中的平均速度 v_2 为

$$v_2=\frac{\psi}{t_2}=\frac{\psi}{(180°-\theta)/\omega_1}=\frac{\psi\omega_1}{180°-\theta} \tag{2.10}$$

由于曲柄为等速转动，由以上分析得到 $t_1>t_2$，$v_2>v_1$，摇杆的这种运动性质称为急回特性。为了表明急回特性的急回程度，可用行程速度变化系数 K 来衡量，由式（2.9）、式（2.10）得

$$K=\frac{v_2}{v_1}=\frac{180°+\theta}{180°-\theta} \tag{2.11}$$

在设计时，要根据所需要的行程速度变化系数 K 来设计，这时应先利用式（2.12）求出极位夹角 θ，然后再设计各构件的尺寸

$$\theta=180°\frac{K-1}{K+1} \tag{2.12}$$

以上分析表明：若极位夹角 $\theta=0°$、$K=1$，则机构无急回特性；反之，若 $\theta>0°$、$K>1$，则机构有急回特性。θ（或 K）越大，机构的急回程度越明显。

在工程上，往往要求作往复运动的从动件，在工作行程时的速度慢些，而空回行程时的速度快些，以缩短非生产时间，提高生产率，如牛头刨床、插床、往复式运输机等。如图 2.29a 所示的偏置曲柄滑块机构，其极位夹角 $\theta>0°$，故该机构具有急回特性。如图 2.29b 所示的摆动导杆机构，当主动曲柄两次转到与从动件导杆垂直时，导杆就摆到了两个极限位置，由于极位夹角大于零，故该机构有急回特性。且该机构的极位夹角 θ 与导杆的摆角 ψ 相等。

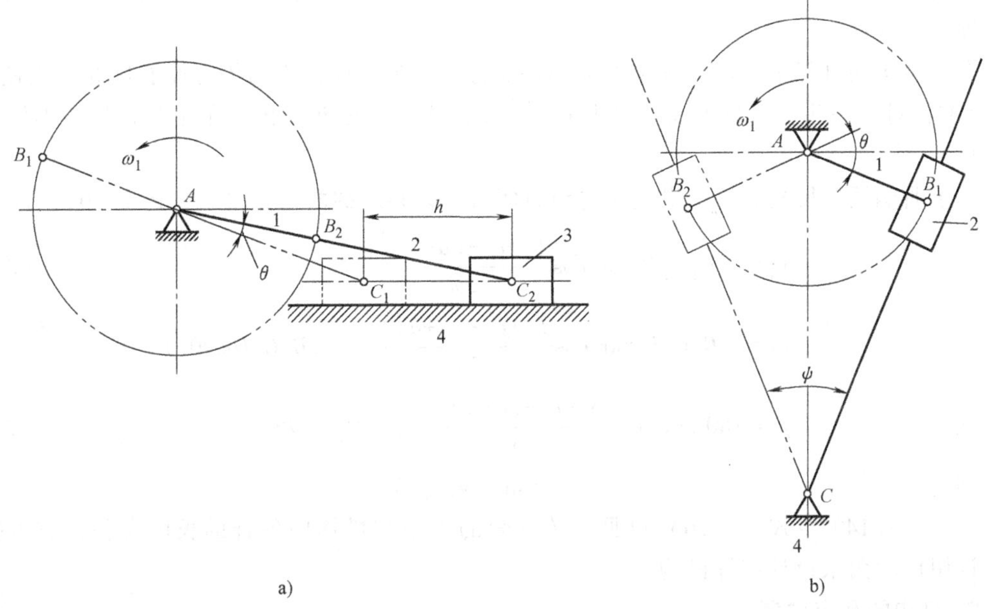

图 2.29　机构的极位夹角

2.2.3　传力特性

1. 压力角、传动角

实际使用的连杆机构，不仅要保证实现预期的运动，而且要求传动时，具有轻便省力、效率高等良好的传力性能。因此，要对机构的传力情况进行分析。表征机构传力性能优劣的物理量用压力角和传动角表示。

如图 2.30 所示的四杆机构中，若不考虑各运动副中的摩擦力及构件重力和惯性力的影响，则连杆 BC 是二力共线的构件（二力杆）。由原动件 AB 经连杆 BC 传递到从动件 CD 上点 C 的力 F，将沿 BC 方向，力 F 与点 C 速度方向之间所夹的锐角 α，称为机构在此位置时的压力角。而连杆 BC 和从动件 CD 之间所夹的锐角 γ 称为连杆机构在此位置时的传动角。γ 和 α 互为余角。

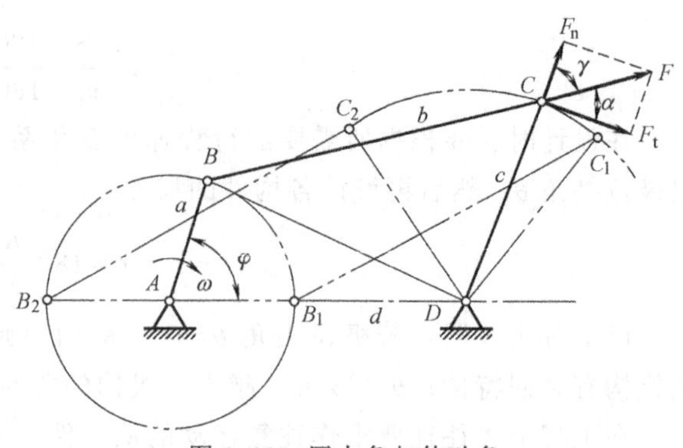

图 2.30　压力角与传动角

由图 2.30 所示受力分析可以看出，沿 BC 方向的力 F 可分解为

$$\begin{cases} F_t = F\cos\alpha = F\sin\gamma \\ F_n = F\sin\alpha = F\cos\gamma \end{cases} \tag{2.13}$$

由式（2.13）力的分解可看出，F_t 是使传动件转动的有效分力，这个力越大越好；F_n 则是转动副 D 中产生径向压力的分力，该分力越小越好。显然，α 越小 γ 越大对机构的传动越有利，机构的效率也越高。因此，在连杆机构中，常用传动角的大小及其变化情况来衡量机构传力性能的好坏。

在机构运动过程中，传动角 γ 的大小是变化的，为了保证机构传力性能良好，应使 $\gamma \geq 40° \sim 50°$；对于一些受力很小或不常使用的操纵机构，则可允许传动角小些，只要不发生自锁即可。

对于曲柄摇杆机构，γ_{min} 出现在主动曲柄与机架共线的两位置之一（图 2.30），这时有

$$\gamma_1 = \angle B_1C_1D = \arccos\frac{b^2+c^2-(d-a)^2}{2bc} \tag{2.14}$$

$$\gamma_2 = \angle B_2C_2D = \arccos\frac{b^2+c^2-(d+a)^2}{2bc} \quad (\angle B_2C_2D<90°) \tag{2.15}$$

或

$$\gamma_2 = 180°-\arccos\frac{b^2+c^2-(d+a)^2}{2bc} \quad (\angle B_2C_2D>90°) \tag{2.16}$$

则

$$\gamma_{min} = \min(\gamma_1, \gamma_2)$$

由式（2.14）~式（2.16）可见，传动角的大小与机构中各杆的长度有关，故可按给定的许用传动角来设计四杆机构。

2. 机构的死点位置

如图 2.31 所示的曲柄摇杆机构中，设以摇杆 CD 为原动件，则当连杆与从动曲柄共线时（细双点画线位置），机构的传动角 $\gamma=0°$。这时原动件 CD 通过连杆作用于从动件 AB 上的力恰好通过其回转中心，所以出现了不能使构件 AB 转动的“顶死”现象，机构的这种位置称为死点。同样，对于曲柄滑块机构，当

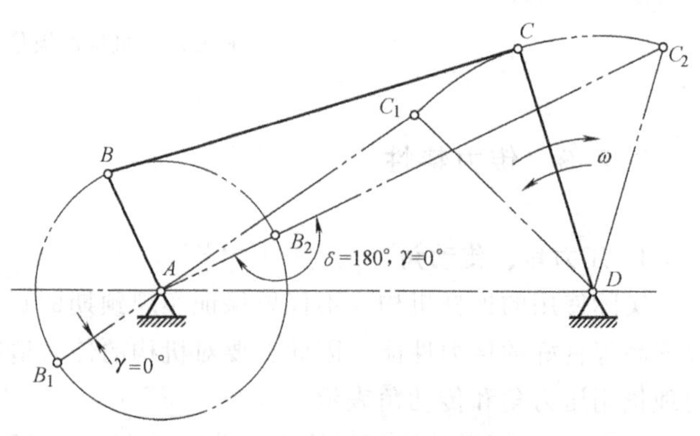

图 2.31　机构的死点位置

以滑块为原动件时，若连杆与从动曲柄共线，机构也处于死点位置。

对于传动机构来说，死点对机构是不利的，在实际设计时，应该采取措施使机构能顺利通过死点位置。

为了使机构能顺利地通过死点而正常运转，必须采取适当的措施。例如，可采用将两组以上的同样机构相互错开排列组合使用（如图 2.32 所示的机车车轮联动机构，其两侧的曲柄滑块机构的曲柄位置相互错开了 90°）；也可采用安装飞轮加大惯性的方法，借惯性作用使机构闯过死点（如图 2.3 所示的缝纫机踏板机构中的大带轮即兼有飞轮的作用）等。

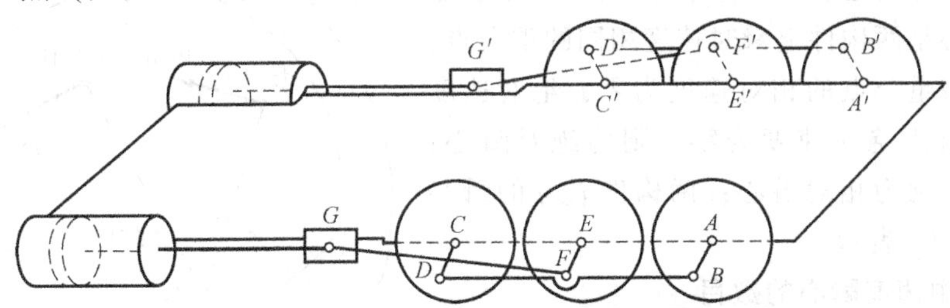

图 2.32 机车车轮联动机构（包括曲柄滑块机构）

机构中的死点位置并非都是不利的，在工程实践中，常利用死点来实现特定的工作要求。如图 2.33 所示的飞机起落架机构，在飞机轮放下时，杆 BC 与 CD 成一直线，此时飞机轮上虽受到很大的力，但由于机构处于死点位置，起落架不会反转（折回），这可使飞机起落和停放更加可靠。图 2.34 所示为轮椅的制动装置，顺时针扳动小手柄使制动刀压住车轮，可防止轮椅沿斜坡自动下滑。因机构处于自锁位置，不会在制动力的作用下自动松脱，可始终维持制动状态。如图 2.35 所示的工件夹紧机构中，工件被夹紧后，A、B、C 三点成一直线，即机构在工件反力的作用下处于死点，可保证在加工时，工件不会松脱。

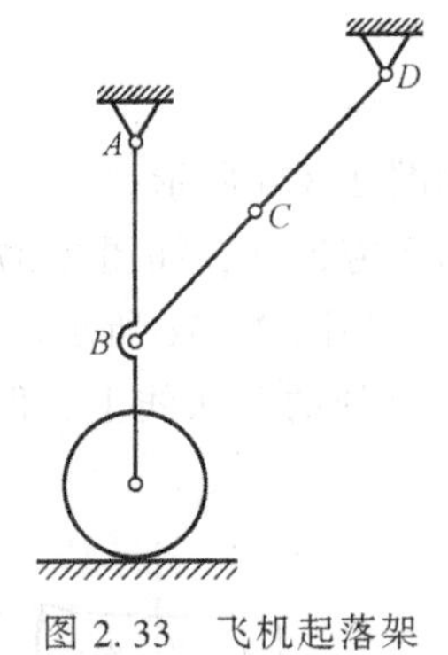

图 2.33 飞机起落架

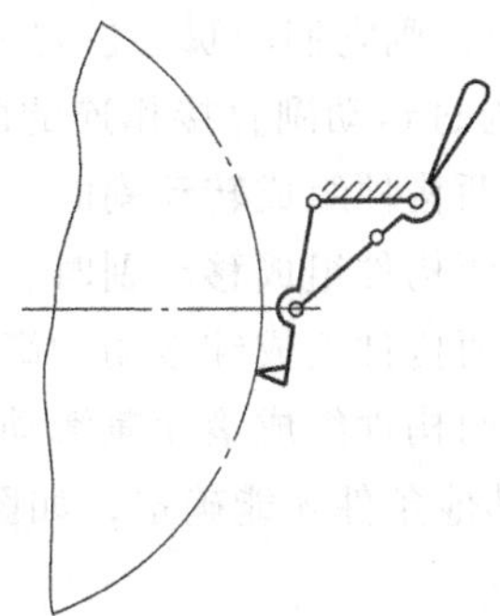

图 2.34 轮椅的制动装置

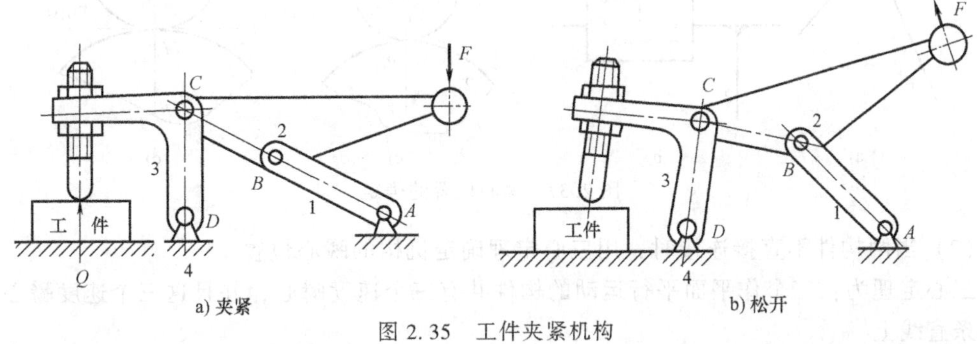

图 2.35 工件夹紧机构

2.3　速度瞬心法在平面机构运动分析中的应用

1. 速度瞬心的概念

如图 2.36 所示，当两构件 1、2 作平面相对运动时，在任一瞬时，都可以认为它们是绕某一重合点作相对转动，而该重合点则称为瞬时速度中心，简称瞬心，以 P_{12}（或 P_{21}）表示。显然，速度瞬心是两构件上瞬时速度相同的重合点，即两构件在该重合点的相对速度为零，绝对速度相等；若重合点绝对速度为零，则为绝对瞬心；若不等于零，则为相对瞬心；两构件 i、j 的瞬心用符号 P_{ij} 或 P_{ji} 表示。

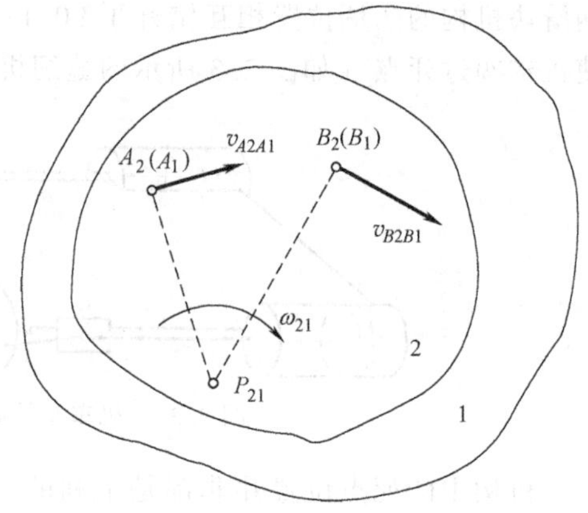

图 2.36　速度瞬心

2. 机构中速度瞬心的数目

因产生相对运动的任意两构件之间具有一个速度瞬心，如果机构由 N 个构件（包含机架）组成，则机构的瞬心总数 K 根据排列组合原理为

$$K=\frac{N(N-1)}{2} \tag{2.17}$$

3. 机构中瞬心位置的确定

如上所述，机构中任何两个构件之间有一个瞬心，如果两个构件是通过运动副直接连接在一起的，那么其瞬心的位置，根据瞬心的定义可以很容易确定。如果两构件并非直接连接形成运动副，则它们的瞬心位置需要用三心定理来确定。

（1）通过运动副直接相连的两构件的瞬心

1）当两构件组成转动副时，瞬心位于转动副的中心，如图 2.37a 所示。

2）当两构件组成移动副时，瞬心位于垂直于导路方向的无穷远处，如图 2.37b 所示。

3）当两构件组成纯滚动的高副时，瞬心位于其接触点上，如图 2.37c 所示。

4）当两构件组成滚动兼滑动的高副时，瞬心位于其接触点处的公法线上，但具体位置需要借助其他条件才能确定。如图 2.37d 所示。

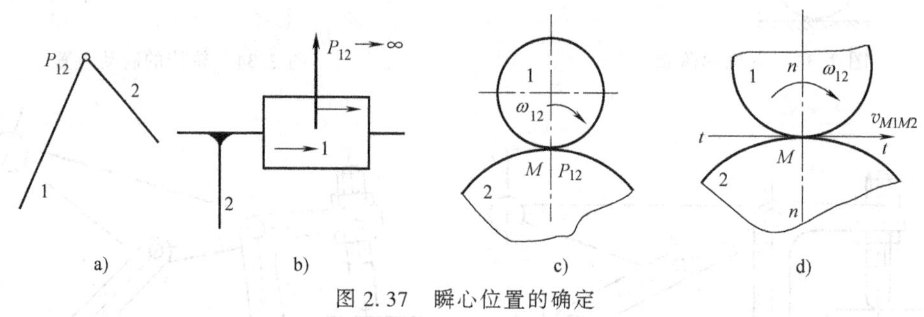

图 2.37　瞬心位置的确定

（2）当两构件不直接连接时，用三心定理确定机构的瞬心位置

三心定理为：三个作平面平行运动的构件共有三个速度瞬心，并且这三个速度瞬心必在同一条直线上。

根据式（2.17），三个构件共有三个速度瞬心 P_{13}、P_{23} 和 P_{12}，为了简单起见，设构件1是固定件。证明如下：

如图2.38所示有三个作相对平面运动的构件，它们共有三个瞬心，瞬心 P_{12} 和 P_{13} 分别位于两个转动副的中心，现需求瞬心 P_{23} 的位置。若瞬心 P_{23} 的位置不在 P_{12} 和 P_{13} 连线上或其延长线上的某任意点 K 处，则不可能满足瞬心为同速重合点的条件，因此它们的三个瞬心 P_{12}、P_{13}、P_{23} 必位于同一直线上。

4. 速度瞬心法在机构速度分析上的应用

例2.1 如图2.39所示的四杆机构中，已知各构件的长度、原动件1的角速度 ω_1，试确定机构在图示位置的所有瞬心、构件3的角速度 ω_3 以及构件1和构件3的角速度之比 ω_1/ω_3。

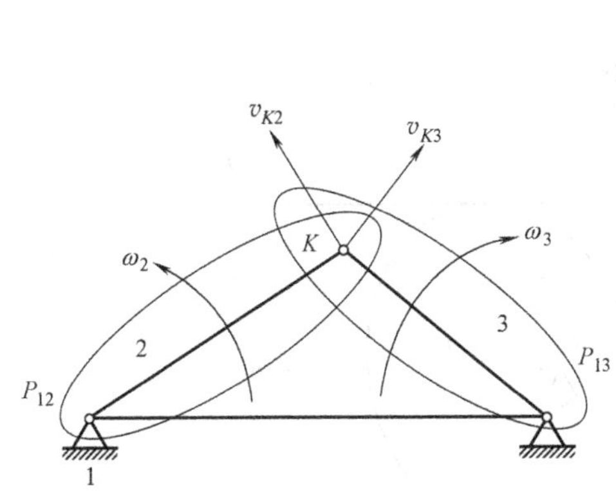

图2.38 三心定理

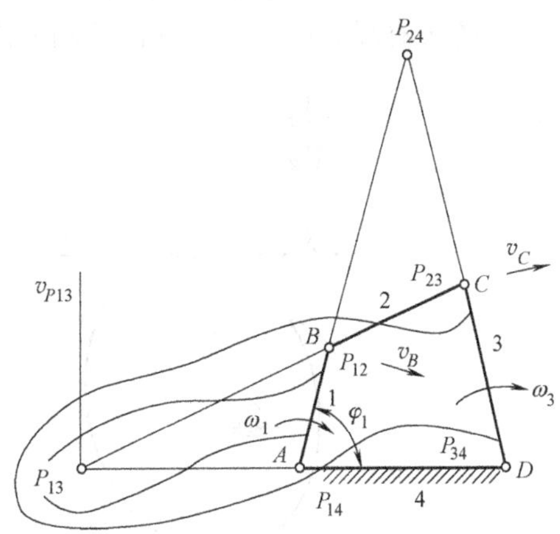

图2.39 铰链四杆机构的速度瞬心

解：(1) 求机构的全部瞬心　根据式（2.17）可知，该机构共有6个瞬心，即 P_{12}、P_{23}、P_{34}、P_{14}、P_{24}、P_{13}，其位置如图2.39所示。

(2) 求构件3的角速度 ω_3 以及构件1和构件3的角速度之比 ω_1/ω_3　由瞬心的概念可知，P_{13} 为构件1和3的等速重合点，其绝对速度相等，因此有

$$v_{P_{13}}=\mu_L\omega_1\overline{P_{13}P_{14}}=\mu_L\omega_3\overline{P_{13}P_{34}}$$

式中，μ_L 为长度比例尺，单位为m/mm。

由上式可求得

$$\omega_3=\frac{\overline{P_{13}P_{14}}}{\overline{P_{13}P_{34}}}\omega_1 \qquad \frac{\omega_1}{\omega_3}=\frac{\overline{P_{13}P_{34}}}{\overline{P_{13}P_{14}}}$$

由上式可见，原、从动件传动比 ω_1/ω_3 等于该两构件的绝对瞬心（P_{14}、P_{34}）至其相对瞬心（P_{13}）距离的反比，构件3的转向与构件1一致。

例2.2 如图2.40a所示，已知各构件的长度、位置及构件1的角速度 ω_1，求滑块3的速度 v_C。

解：为求 v_C，可根据三心定理求构件1、3的相对瞬心 P_{13}。滑块3作直线运动，其上各点的速度相等，将 P_{13} 看成是滑块上的一点，根据瞬心的定义 $v_C=v_{P_{13}}$。所以 $v_C=\mu_L\omega_1\overline{P_{13}P_{14}}$，式中，$\mu_L$ 为机构的长度比例尺，如图2.40b所示。

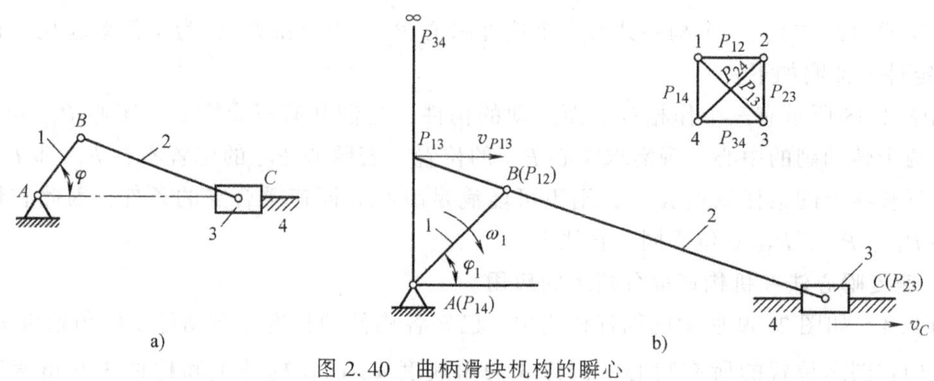

图 2.40 曲柄滑块机构的瞬心

例 2.3 如图 2.41a 所示的凸轮机构中，已知凸轮的转动角速度是 ω_1，试确定机构在图示位置的所有瞬心以及从动件的移动速度 v_2。

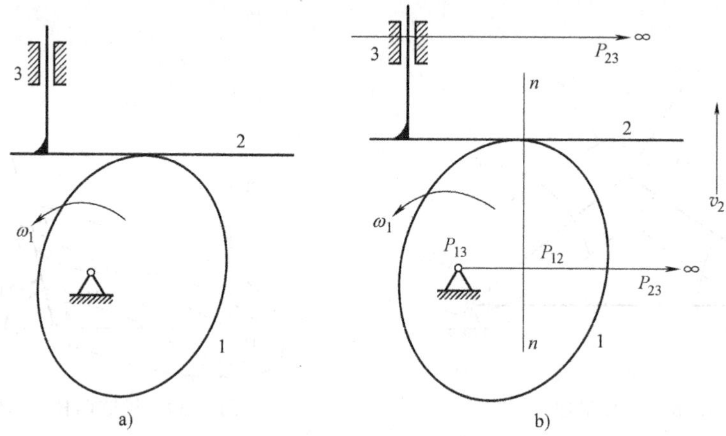

图 2.41 平面高副机构的速度分析

解：(1) 求该机构的全部瞬心 该机构共有三个瞬心，P_{13} 就在构件 1、3 的转动副处，P_{23} 在垂直于构件 2、3 组成的移动副导路的无穷远处，而 P_{12} 既要在过接触点的法线 $n—n$ 上，又要在 P_{13} 和 P_{23} 的连线上，则公法线 $n—n$ 与 P_{13} 和 P_{23} 的连线的交点即为 P_{12}。如图 2.41b 所示。

(2) 求从动件的移动速度 v_2 图中 P_{12} 为两构件的相对瞬心，故得从动件的移动速度 v_2 为

$$v_2 = v_{P_{12}} = \omega_1 \mu_L \overline{P_{12}P_{13}}$$

通过上述例题分析可知，当机构的构件数目较少时，利用瞬心法进行速度分析很方便。但对于多杆机构的速度分析，由于其瞬心数目较多，找起来很繁琐。其次速度瞬心法的应用仅限于速度分析，这种方法无法对机构进行加速度分析。

2.4 平面四杆机构的设计

2.4.1 平面四杆机构设计的基本问题及设计方法

连杆机构设计的基本问题是根据给定的要求选定机构的形式，确定各构件的尺寸，同时

还要满足结构条件（如曲柄存在、杆长比恰当等）、动力条件（如适当的传动角等）和运动连续条件等。

根据机械的用途和性能要求的不同，对连杆机构设计的要求是多种多样的，但这些设计要求可归纳为以下三类问题。

1. 实现给定连杆位置设计

即要求连杆能占据一系列的预定位置。因这类设计问题要求机构能引导连杆按一定方位通过预定位置，故又称为刚体导引问题。

2. 实现预定运动规律的要求

如要求两连架杆的转角能够满足预定的对应位置关系，或要求在原动件运动规律一定的条件下，从动件能够准确地或近似地满足预定的运动规律要求。这类设计问题通常称为函数生成机构的设计。

3. 实现预定轨迹的要求

即要求在机构运动过程中，连杆上某些点的轨迹能符合预定的轨迹要求。如图 2.12 所示的鹤式起重机构，为避免货物作不必要的上下起伏运动，连杆上吊钩滑轮的中心点 E 应沿水平直线 EE' 移动；而图 2.1 所示的搅拌器机构，应保证连杆上的 E 点能按预定的轨迹运动，以完成搅拌动作等。这类设计问题通常称为轨迹生成机构的设计。

设计四杆机构的方法有解析法、图解法和实验法。解析法精度高，但解题方程的建立和求解有时不易，随着数学手段的发展和电子计算机的普遍应用，求解变得迅速方便了，便于进行优选，该法的应用日趋广泛。图解法直观，易理解，但精度较低。实验法简易，但常需试凑，费时较多，精度也不太高。设计时采用哪种方法，主要取决于所给定的条件和机构的实际工作要求。

2.4.2　图解法设计平面四杆机构

1. 按给定连杆位置的设计

在生产实践中，常需要根据连杆的两个位置或三个位置来设计平面四杆机构。图 2.42 所示为铸造厂的震实造型机的翻转机构，当翻台 2 处于位置Ⅰ时，砂箱 7 和翻台 2 固连，在砂箱 7 内填砂造型，震实砂型后起模时，需要翻转砂箱，使翻台 2 转至位置Ⅱ，托台 10 上升，接触砂箱，解除砂箱和翻台间的连接并起模，即要求放置砂箱的翻台 2 实现翻转动作。因此，该机构的设计是属于实现连杆两个位置的设计问题。

（1）根据连杆的两个位置设计平面四杆机构　如图 2.42 所示，已知连杆长度 L_{BC} 及两个位置 B_1C_1 和 B_2C_2，设计的实质是确定连架杆 AB 和 CD 与机架组成的铰链中心 A 和 D 的位置，并由此求出两连架杆及机架的长度。具体设计步骤如下：

1）由已知条件绘出连杆的两个位置 B_1C_1 和 B_2C_2。

2）连接 B_1B_2 和 C_1C_2，并分别作它们的垂直平分线 b_{12} 和 c_{12}。

3）由于连杆上的铰链中心 B 和 C 的运动轨迹分别是以 A 和 D 为圆心的圆弧，故可在 b_{12} 上任选一点 A，在 c_{12} 上任选一点 D 作为机架的两个铰链点，因而有无穷多解。在设计时，可考虑其他辅助条件，例如，最小传动角、各杆尺寸所允许的范围或其他结构上的要求等。震实造型机要求 A 和 D 两点在同一水平线上，且 $AD=BC$，则可确定铰链中心 A、D 的位置。

4）连接 AB_1 和 DC_1，则 AB_1C_1D 即为所求的铰链四杆机构，在图中即可量得各构件的长度。

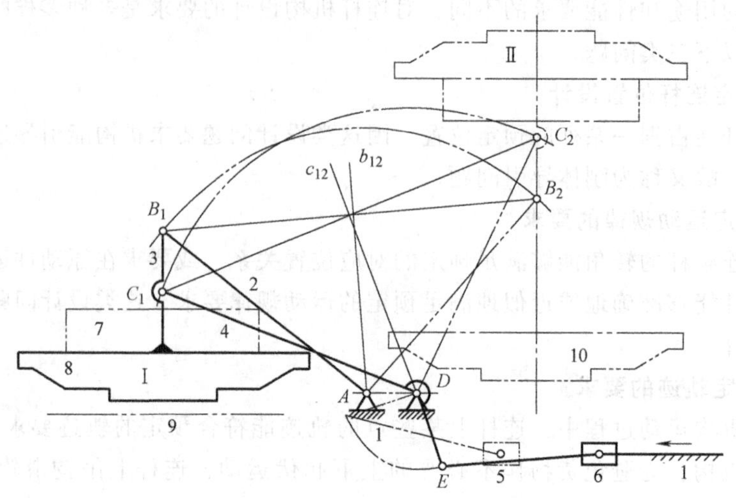

图 2.42　震实造型机的翻转机构

（2）按给定连杆的长度及三个位置设计四杆机构　已知连杆 BC 的长度 b 及其三个位置 B_1C_1、B_2C_2 和 B_3C_3。设计此铰链四杆机构。

该机构设计方法与给定连杆两个位置时相同。如图 2.43 所示，选取适当的长度比例尺 μ_l，画出连杆的三个给定位置。然后分别作出 B_1、B_2 点和 B_2、B_3 点连线的中垂线 b_{12} 和 b_{23}；再作 C_1C_2 点和 C_2C_3 点连线的中垂线 c_{12} 和 c_{23}，则中垂线 b_{12} 与 b_{23} 的交点 A 以及 c_{12} 与 c_{23} 的交点 D，即为所要求的机架上两个转动副的中心，从而得到图示的铰链四杆机构 AB_2C_2D。将由图量得的长度乘以比例尺 μ_l，即可得到所求各杆的长度。

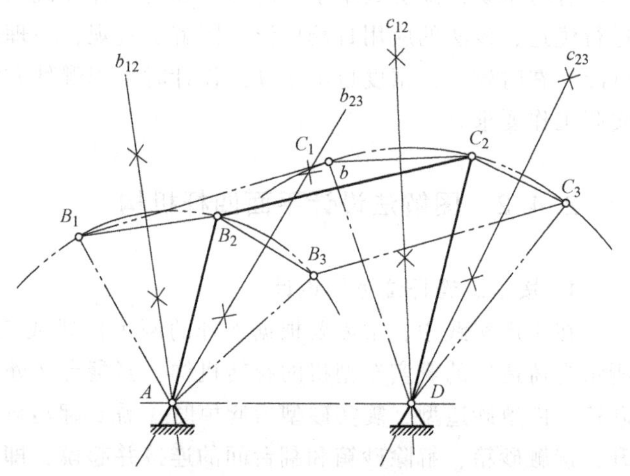

图 2.43　已知连杆的三个位置设计平面四杆机构

由上可知，当已知连杆长度及其三个位置时，所求得的四杆机构是唯一解。如果要求满足某些附加条件，则可按这些条件进行检验。当不能满足时，可根据实际设计课题改变连杆长度或改变某些不必满足的位置，使其满足必需的附加条件。

例 2.4　试设计一曲柄滑块机构，利用连杆来实现车门启闭过程中到达的三个给定位置Ⅰ、Ⅱ、Ⅲ，如图 2.44a 所示。其中位置Ⅰ是车门关闭状态，位置Ⅱ是中间的一个状态，位置Ⅲ是车门全开状态。连杆上铰链中心 B、C 的三个位置分别为 B_1、C_1；B_2、C_2；B_3、C_3。

解：该题是按给定连杆的三个位置来设计曲柄滑块机构，C 点是滑块与连杆组成的铰链点，B 点是曲柄与连杆组成的铰链点。因此，只要分别作 B_1、B_2 和 B_2、B_3 连线的中垂线

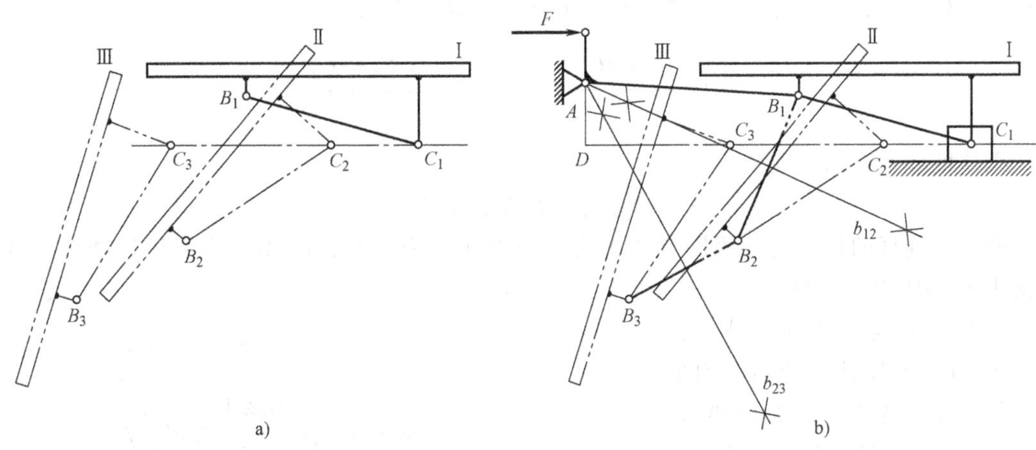

图 2.44　利用连杆来实现车门启闭过程

b_{12} 和 b_{23}，它们的交点 A 即为所要求的曲柄与机架组成的铰链中心，如图 2.44b 所示。AB_1C_1 即为所要设计的曲柄滑块机构。由图上量得的尺寸乘以比例尺 μ_l，即可得曲柄的长度 a 和偏距 e

$$a = \mu_l \overline{AB_1}$$

$$e = \mu_l \overline{AD}$$

2. 按给定行程速度变化系数 K 设计平面四杆机构

按照给定的行程速度变化系数设计四杆机构，实际上就是按照对机构急回特性的要求，根据夹角设计四杆机构。

（1）曲柄摇杆机构　设已知摇杆的长度 L_{CD}，摇杆的摆角 ψ 及行程速度变化系数 K，试设计此曲柄摇杆机构。

设计原理：摇杆在两极限位置时，曲柄与连杆两次共线，其夹角即为极位夹角 θ。根据此特性，结合同一圆弧所对应的圆周角相等的几何学知识来设计四杆机构。设计步骤如下：

1）由给定的行程速度变化系数 K 求极位夹角，即

$$\theta = 180° \frac{K-1}{K+1}$$

2）任选一点为固定铰链 D 的位置，选取长度比例尺 μ_l，并根据摇杆长度 L_{CD} 和摆角 ψ 作摇杆的两个极限位置 C_1D 和 C_2D。

3）连接 C_1C_2，过 C_2 作 C_1C_2 的垂线 C_2M，过 C_1 点作 $\angle C_2C_1N = 90° - \theta$，两条直线相交于 P，则 $\angle C_2PC_1 = \theta$。

4）以 C_1P 为直径作 $\triangle C_1PC_2$ 的外接圆。在圆周上任取一点 A 作为曲柄的转动中心，并分别连接 C_1A 和 C_2A，则 $\angle C_2AC_1 = \theta$。

5）由图 2.45 所示可知，摇杆在两极限位置时

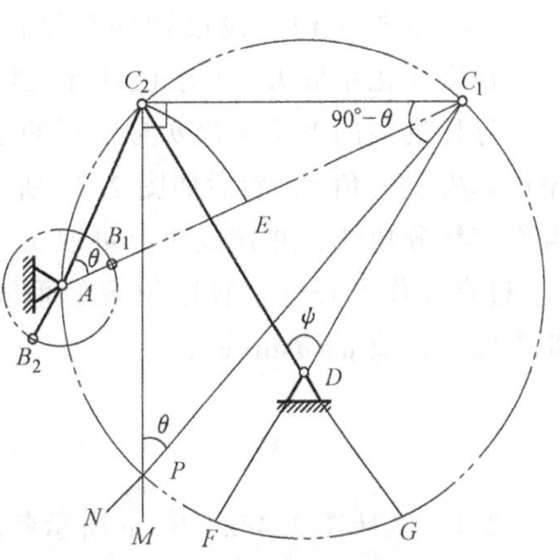

图 2.45　按 K 值设计曲柄摇杆机构

曲柄和连杆共线，因此有 $AC_1=AB+BC$，$AC_2=BC-AB$。由此可得

$$AB=\frac{AC_1-AC_2}{2}\qquad BC=\frac{AC_1+AC_2}{2}$$

则曲柄和连杆的长度为

$$L_{AB}=\mu_l AB,L_{BC}=\mu_l BC$$

曲柄和连杆的长度也可用图解法求得，即以 A 点为圆心，以 AC_2 为半径作圆弧与 AC_1 相交于 E，则 $EC_1=2AB$。

若不给出其他条件，只要在圆周 C_2PC_1 上任选一点 A，均能满足行程速度变化系数 K 的要求，则有无穷解，所以设计时要给出其他要求，如机架的长度、最小传动角等，以得到唯一解。

（2）曲柄滑块机构　设已知其行程速度变化系数 K、行程 H 和偏距 e，要求设计该曲柄滑块机构。该机构的作图方法与曲柄摇杆机构类似，如图 2.46 所示，其设计步骤如下：

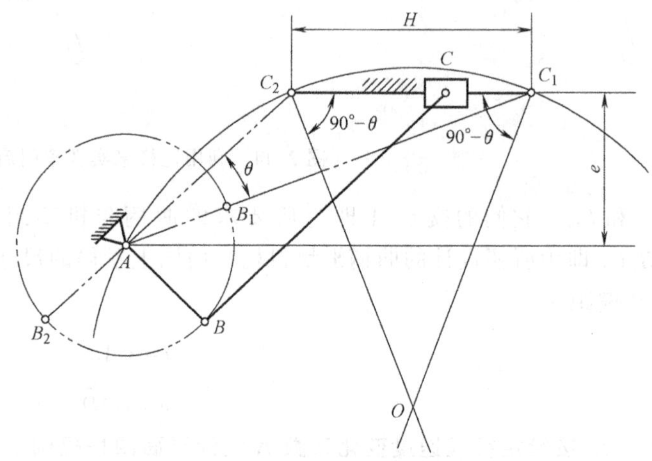

图 2.46　按 K 值设计曲柄滑块机构

1）由已知 K 值计算极位夹角 θ。

2）选取比例尺 μ_l，在图纸上作水平直线 $C_1C_2=H$，过点 C_1 和 C_2 分别作 $\angle OC_2C_1=90°-\theta$、$\angle OC_1C_2=90°-\theta$。以交点 O 为圆心，OC_1 为半径作圆。

3）作一条直线与 C_1C_2 平行，使两直线之间的距离为 e，则该直线与圆的交点即为曲柄 AB 的铰链点 A 的位置。

4）与曲柄摇杆机构设计方法相同，利用曲柄与连杆共线的几何条件便可求得曲柄和摇杆的长度。

（3）导杆机构　设已知摆动导杆机构的机架长度 d，行程速度变化系数 K，要求设计此机构。

导杆机构的极位夹角 θ 与导杆的摆角 φ 相等。设计时先计算极位夹角 θ，然后如图 2.47 所示，作 $\angle mDn=\varphi=\theta$，再作其等分角线，并在该线上量取 $L_{DA}=d$，得曲柄的中心 A。过点 A 作导杆任一极限位置的垂线 AC_1（或 AC_2），其即为曲柄，故 $a=d\sin(\varphi/2)$。

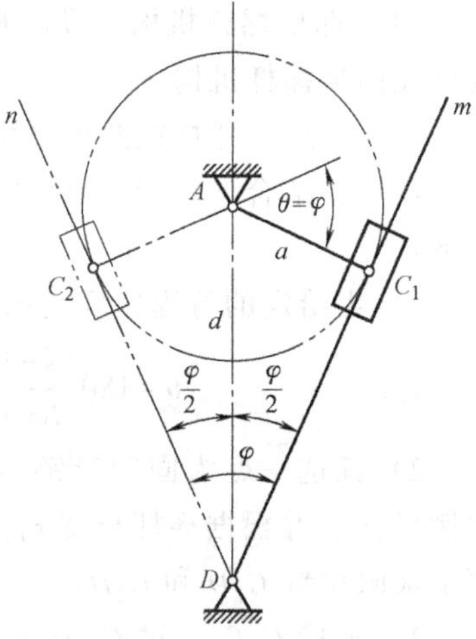

图 2.47　按 K 值设计摆动导杆机构

习　题

2.1　试从图 2.48a、b、c 所示各液压泵构件的运动来分析它们分别属于何种机构？

2.2　如图 2.49 所示的压力机刀架装置中，当偏心轮 1 绕固定中心 A 转动时，构件 2 绕

活动中心 C 摆动，同时推动后者带着刀架 3 上下移动，B 点为偏心轮的几何中心。问该装置是何种机构？它是如何演化出来的？

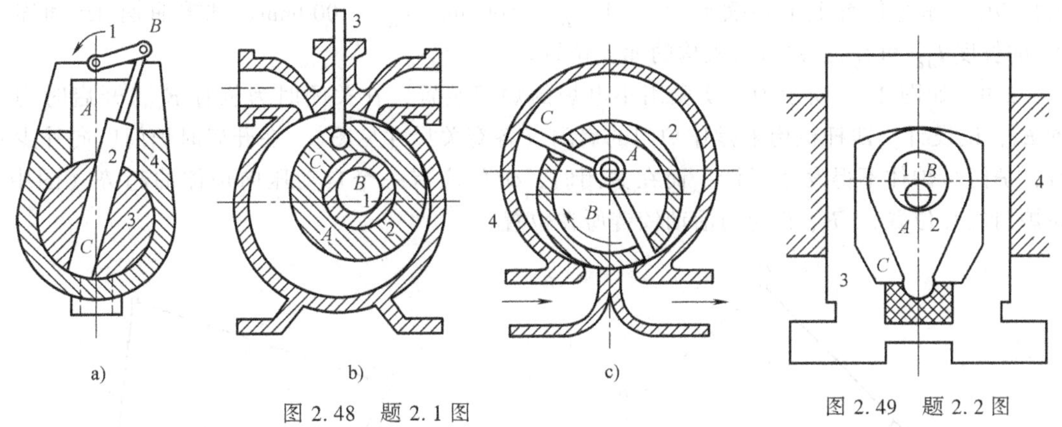

图 2.48　题 2.1 图　　图 2.49　题 2.2 图

2.3　试根据图 2.50 所示的尺寸判断铰链四杆机构是曲柄摇杆机构、双曲柄机构，还是双摇杆机构。

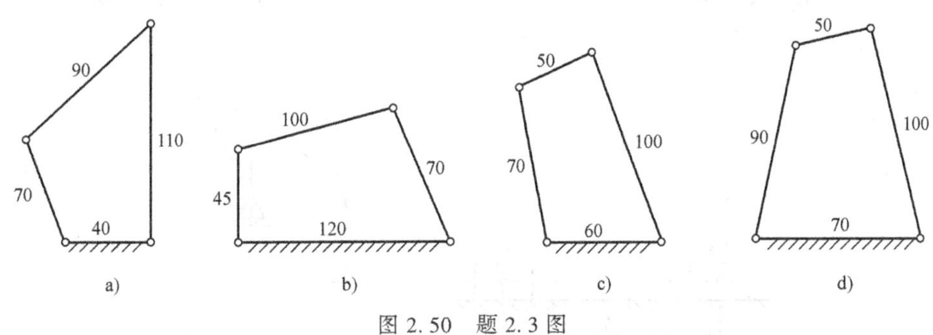

图 2.50　题 2.3 图

2.4　设计一个铰链四杆机构，如图 2.51 所示。已知摇杆 CD 的长度为 75mm，机架 AD 的长度为 100mm，摇杆的一个极限位置与机架之间的夹角为 45°，构件 AB 单向匀速转动。试按下列情况确定构件 AB 和 BC 的杆长，以及摇杆的摆角。

1）行程速度变化系数 $K=1$。

2）行程速度变化系数 $K=1.5$。

2.5　如图 2.52 所示，设已知四杆机构各构件的长度 $a=240\text{mm}$，$b=600\text{mm}$，$c=400\text{mm}$，$d=500\text{mm}$。试回答下列问题：

1）杆 4 为机架时，是否有曲柄存在？

2）若各杆长度不变，能否以选不同杆为机架的方法获得双曲柄机构和双摇杆机构？如何获得？

2.6　设计一个偏心曲柄滑块机构，如图 2.53 所示。已知滑块两极限位置之间的距离 $h=50\text{mm}$，导路的偏距 $e=20\text{mm}$，机构的行程速度变化系数 $K=1.5$。试确定曲柄和连杆的长度。

2.7　试设计一曲柄摇杆机构。已知行程速度变化系数 $K=1.2$，摇杆长 $L_{CD}=300\text{mm}$，其最大摆角 $\varphi_{\max}=35°$，曲柄长 $L_{AB}=80\text{mm}$。求连杆长 L_{BC}，并验算最小传动角 $\gamma_{\min}$ 是否在允

许的范围内。

2.8 如图 2.54 所示为脚踏轧棉机的曲柄摇杆机构。铰链中心 A、B 在铅垂线上，要求踏板 DC 在水平位置上下各摆动 10°，且 $l_{DC}=500\text{mm}$，$l_{AD}=1000\text{mm}$。试求曲柄 AB 和连杆 BC 的长度 l_{AB} 和 l_{BC}，并画出机构的死点位置。

2.9 如图 2.55 所示为一实验用小电炉的炉门装置，在关闭时为位置 E_1，开启时为位置 E_2，试设计一四杆机构来操作炉门的启闭（各有关尺寸见图）。在开启时炉门应向外少开启，炉门与炉体不得发生干涉。而在关闭时，炉门应有一个自动压向炉体的趋势（图中 S 为炉门质心位置）。B、C 为两活动铰链所在位置。

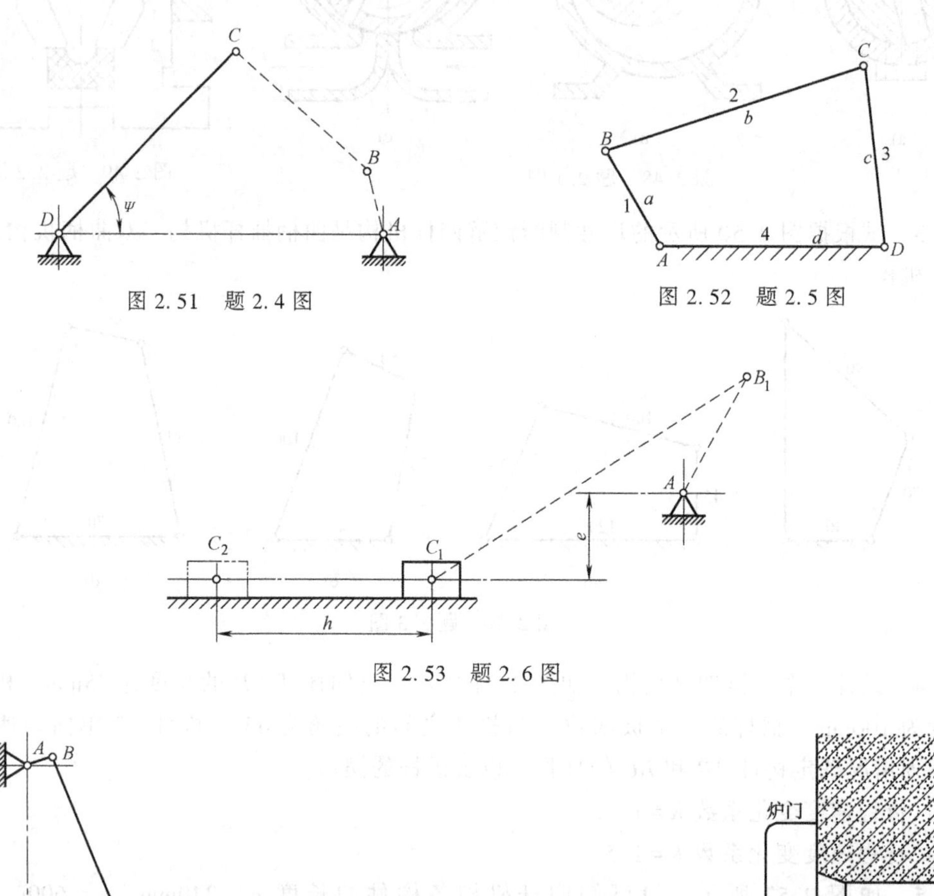

图 2.51 题 2.4 图

图 2.52 题 2.5 图

图 2.53 题 2.6 图

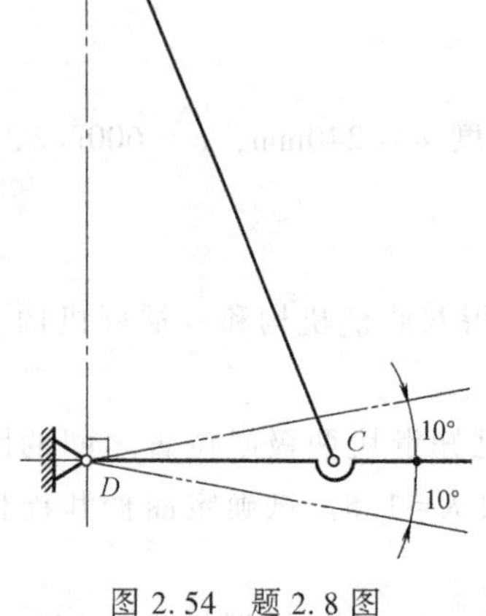

图 2.54 题 2.8 图

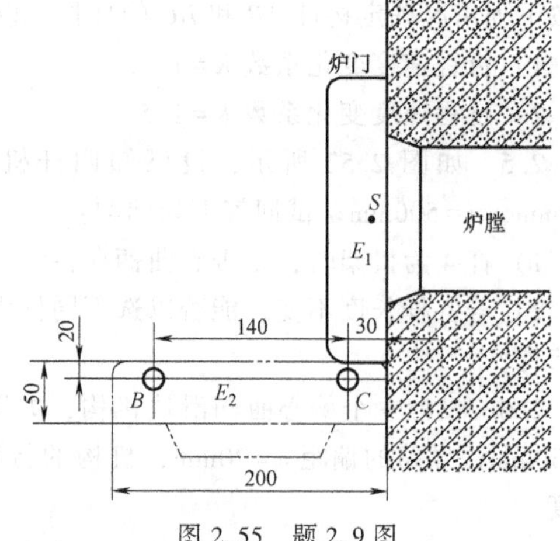

图 2.55 题 2.9 图

2.10 试求如图 2.56 所示各机构在图示位置时的全部瞬心。

2.11　如图 2.57 所示的机构中，已知曲柄 2 顺时针方向匀速转动，角速度 $\omega_2=100\text{rad/s}$，试求在图示位置导杆 4 的角速度 ω_4 的大小和方向。

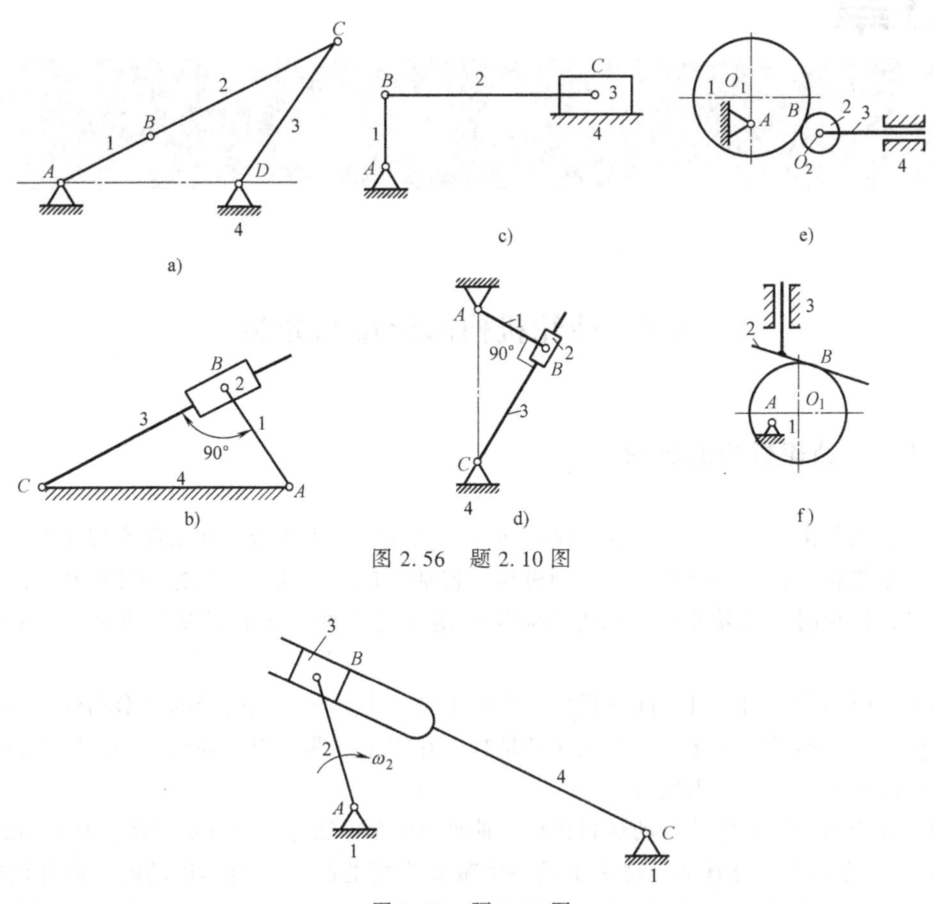

图 2.56　题 2.10 图

图 2.57　题 2.11 图

Chapter 3

第3章 凸轮机构

3.1 凸轮机构的应用和分类

3.1.1 凸轮机构的应用

凸轮机构是由具有曲线轮廓或凹槽的构件，通过高副接触带动从动件实现预期运动规律的一种高副机构。它广泛地应用于各种机械，特别是自动机械、自动控制装置和装配生产线中。在设计机械时，当需要其从动件必须准确地实现某种预期的运动规律时，常采用凸轮机构。

图 3.1 所示为一内燃机的配气机构。凸轮 1 是一个具有变化向径的盘形构件，当凸轮回转时，随着凸轮向径的变化，迫使气阀的推杆 3 在固定导路 2 内作往复运动，以控制燃气在预定的时间进入气缸或排出废气。

图 3.2 所示为压力机的自动送料机构。曲柄 AB 为主动件，通过曲柄滑块机构 ABC 使滑块 1 沿 y—y 方向作往复移动。滑块 1 是一个带有沟槽的凸轮，当其运动时，嵌在沟槽中的滚子迫使送料杆 5 沿 x—x 方向作往复移动。凸轮每往复运动一次，送料杆 5 即从储料器 2 中推出一个工件 4，并将它送到预定的位置，以备冲头 3 进行冲压。

图 3.3 所示为录音机卷带装置中的凸轮机构，凸轮 1 随放音键上下移动。放音时，凸轮 1 处于图示最低位置，在弹簧 5 的作用下，安装于带轮轴上的摩擦轮 3 紧靠卷带轮 4，从而将磁带卷紧。停止放音时，凸轮 1 随按键上移，其轮廓压迫从动件 2 顺时针摆动，使摩擦轮与卷带轮分离，从而停止卷带。

图 3.4 所示为自动机床的进刀机构，利用凸轮机构来控制进刀机构的自动进、退刀，其刀架的运动规律完全取决于凸轮 1 上曲线凹槽的形状。

从以上所举的例子可以看出，凸轮机构主要由凸轮、从动件和机架三个基本构件组成。凸轮是一个具有曲线轮廓的构件，当它运动时，通过其上的曲线轮廓与从动件的高副接触，使从动件获得预期的运动。凸轮机构在一般情况下，其凸轮是原动件且作等速转动，从动件则按预定的运动作直线移动或摆动。凸轮机构的最大优点是：只要适当设计凸轮的轮廓曲线，从动件便可以获得任意预定的运动规律，而且结构简单紧凑，因此它在各种机械中得到了广泛的应用。凸轮机构的缺点是：凸轮和从动件之间为高副接触，压强较大、易于磨损。故这种机构一般只用于传递动力不大的场合。

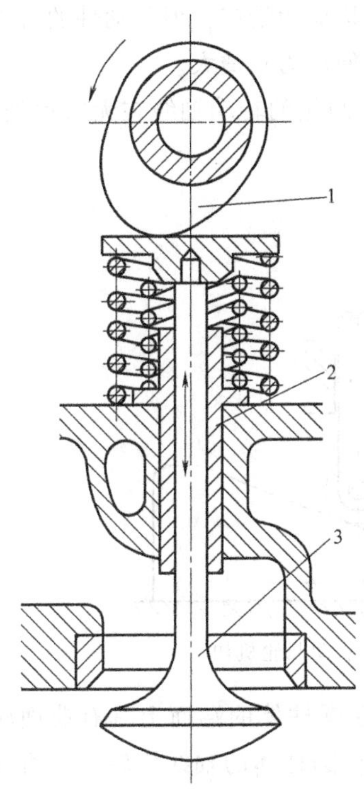

图 3.1　内燃机配气机构

1—凸轮　2—固定导路　3—推杆

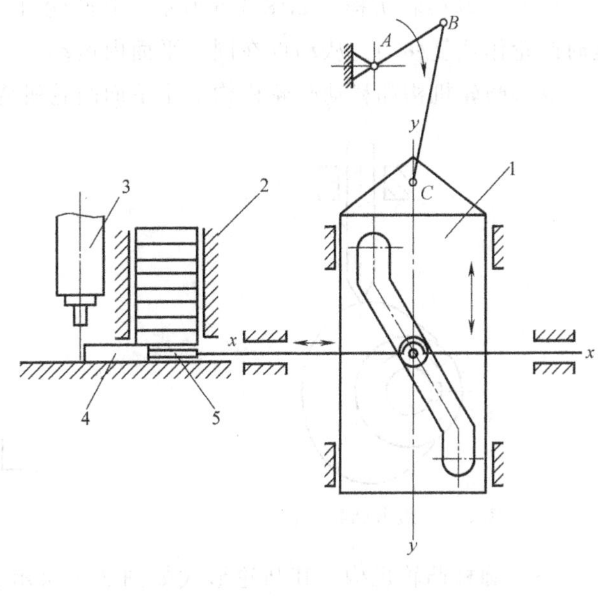

图 3.2　压力机的自动送料机构

1—滑块　2—储料器　3—冲头　4—工件　5—送料杆

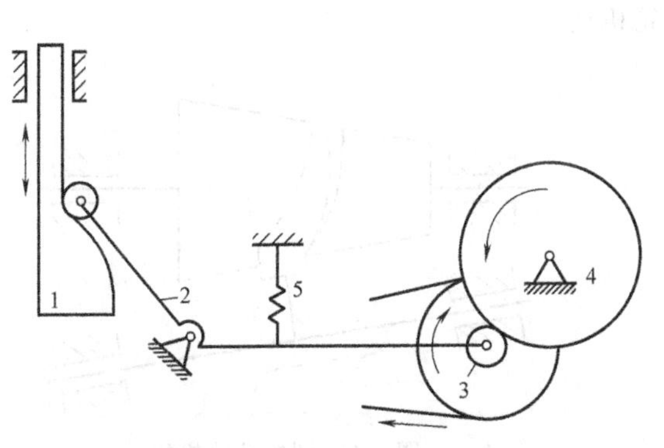

图 3.3　录音机卷带机构

1—凸轮　2—从动件　3—摩擦轮　4—卷带轮　5—弹簧

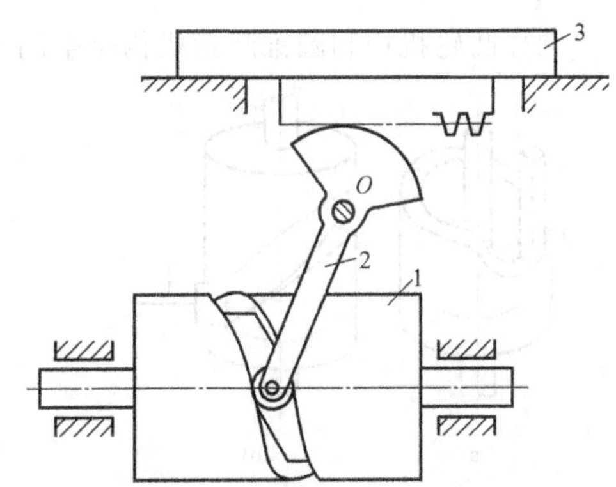

图 3.4　自动机床的进刀机构

3.1.2　凸轮机构的分类

工程实际中所使用的凸轮机构形式多种多样，常以凸轮和从动件的形状及其运动形式等来分类。

1. 按照凸轮的形状分

（1）盘形凸轮机构　如图 3.5 所示，其凸轮是绕固定轴转动且具有变化向径的盘形构件，而且从动件在垂直于凸轮轴线的平面内运动。这种凸轮机构应用最广，但从动件的行程较大时，则凸轮径向尺寸变化较大，而当推程运动角较小时会使压力角增大。

（2）移动凸轮机构　如图 3.6 所示，其凸轮可看成是盘形凸轮的转动轴线在无穷远处，这时凸轮作往复移动，从动件在同一平面内运动。

盘形凸轮机构和移动凸轮机构都是平面凸轮机构。

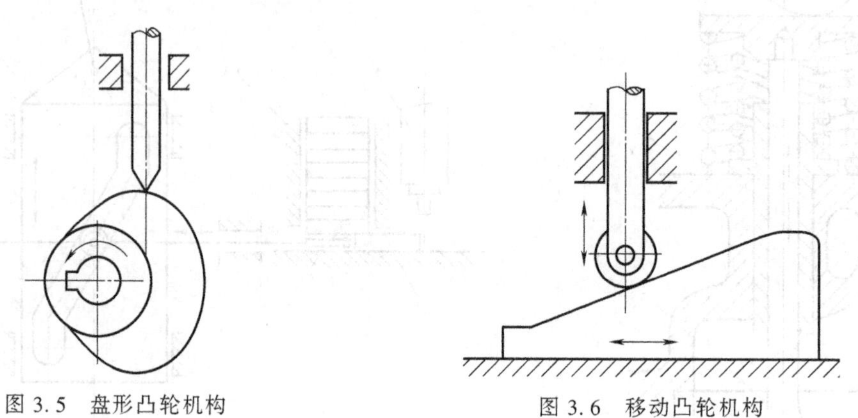

图 3.5　盘形凸轮机构

图 3.6　移动凸轮机构

（3）圆柱凸轮机构　其凸轮形式如图 3.7 所示，是一个在圆柱体的端面上具有曲面轮廓（图 3.7a）或圆柱面上具有曲面凹槽（图 3.7b）的构件，绕圆柱体的轴线旋转。它可视为将移动凸轮轮廓绕在圆柱体上而形成的。

（4）圆锥凸轮机构　其凸轮形式如图 3.8 所示，与圆柱凸轮相似，只是其轮廓位于圆锥面上。

圆柱凸轮机构和圆锥凸轮机构是空间凸轮机构。

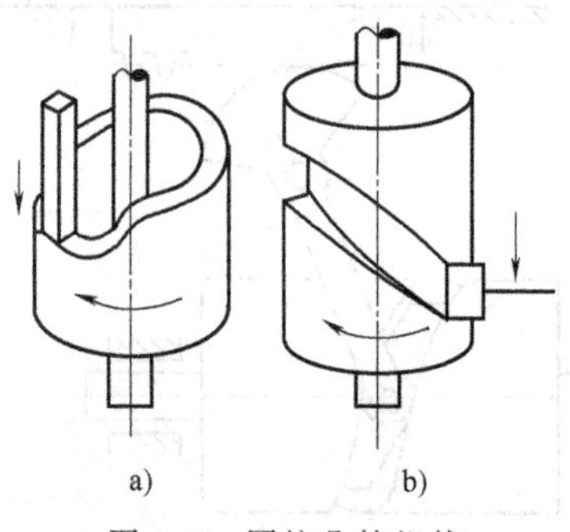

图 3.7　圆柱凸轮机构

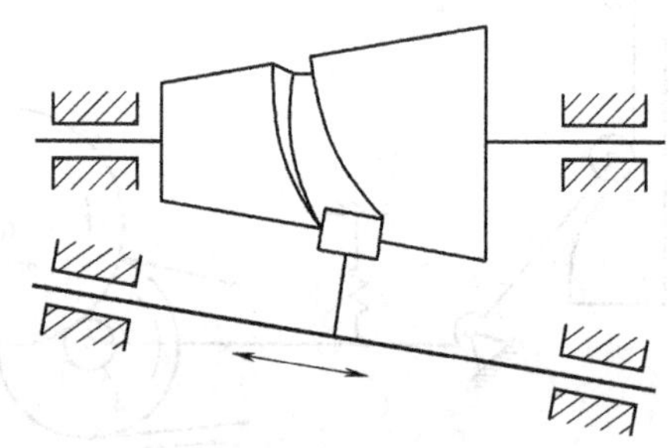

图 3.8　圆锥凸轮机构

2. 按从动件形状分

（1）尖顶从动件　如图 3.9a、b 所示，这种从动件的结构最简单，能与任意形状的凸轮轮廓保持接触，但因尖顶易于磨损，故只适用于传力不大的低速凸轮机构中。

（2）滚子从动件　如图 3.9c、d 所示，这种从动件与凸轮轮廓之间为滚动摩擦，耐磨损，可承受较大的载荷，故应用最广。

（3）平底从动件　如图 3.9e、f 所示，这种从动件的优点是凸轮对从动件的作用力始终垂直于从动件的底部（不计摩擦时），故受力比较平稳，而且凸轮轮廓与平底的接触面间容易形成楔形油膜，润滑情况良好，常用于高速凸轮机构中。

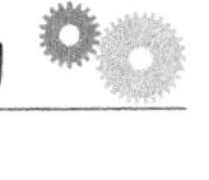

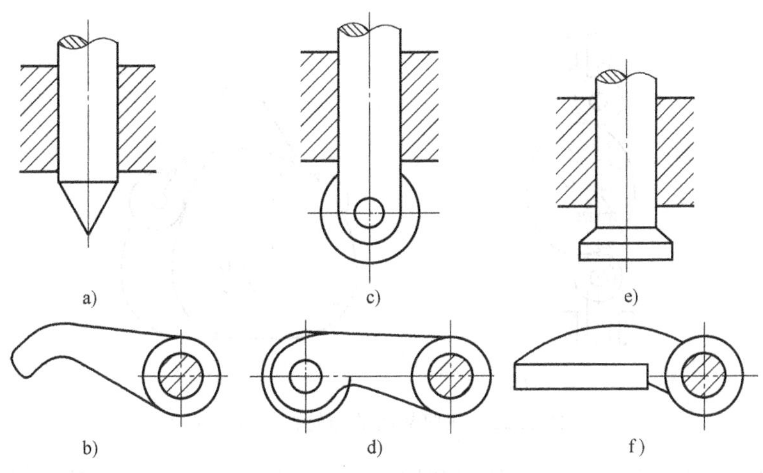

图 3.9 从动件种类

另外根据从动件相对于机架的运动形式的不同，有作往复直线移动和往复摆动两种，分别称为直动从动件（图 3.9a、c、e）和摆动从动件（3.9b、d、f）。在直动从动件中，如果从动件的轴线通过凸轮回转轴心，称为对心直动从动件，否则称为偏置直动从动件，其偏置量称为偏距 e。

3. 按凸轮与从动件保持接触的方式分

凸轮机构在运转过程中，其凸轮与从动件必须始终保持高副接触，以使从动件实现预定的运动规律。保持高副接触常有以下几种方式：

（1）几何封闭 几何封闭利用凸轮或从动件本身的特殊几何形状使从动件与凸轮保持接触。如图 3.10a 所示的凸轮机构中，凸轮轮廓曲线做成凹槽，从动件的滚子置于凹槽中，依靠凹槽两侧的轮廓曲线使从动件与凸轮在运动过程中始终保持接触。如图 3.10b 所示的等宽凸轮机构中，因与凸轮轮廓线相切的任意两平行线间的距离始终相等，且等于从动件内框上、下壁间的距离，所以凸轮和从动件可以始终保持接触。而在如图 3.10c 所示的等径凸轮机构中，因在过凸轮轴心所作任一径向线上与凸轮轮廓线相切的两滚子中心间的距离处处相等，故可以使凸轮与从动件始终保持接触。又如图 3.10d 所示的共轭凸轮（又称主回凸轮）机构中，用两个固结在一起的凸轮控制一个具有两滚子的从动件，从而形成几何形状封闭，使凸轮与从动件始终保持接触。

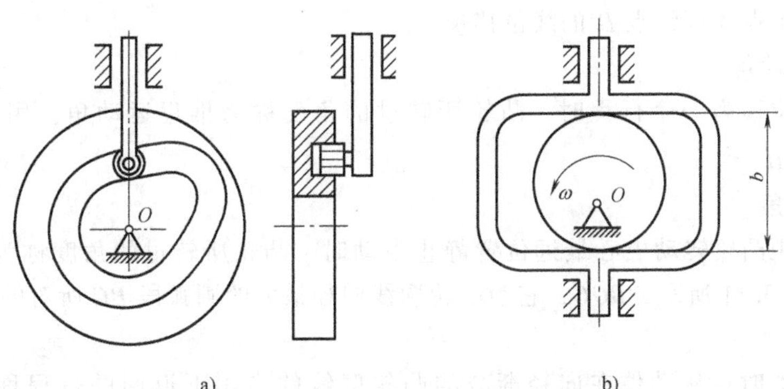

图 3.10 几何封闭的凸轮机构

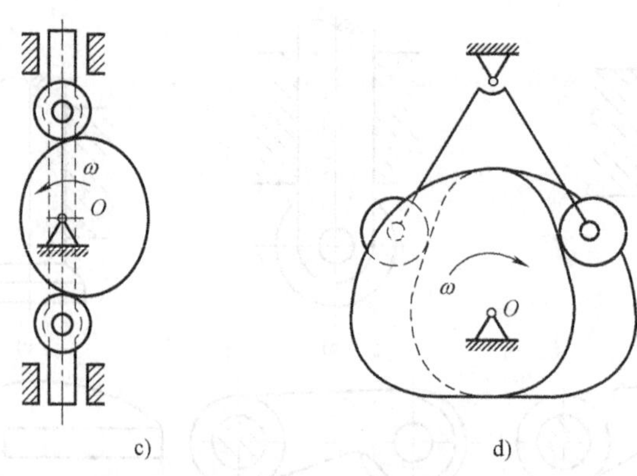

图 3.10 几何封闭的凸轮机构（续）

（2）力封闭 力封闭凸轮机构是指利用重力、弹簧力或其他外力使从动件与凸轮保持接触。如图 3.1 所示的凸轮机构是利用弹簧力来维持高副接触。

以上介绍了凸轮机构的几种分类方法。将不同类型的凸轮和从动件组合起来，就可以得到各种不同形式的凸轮机构。设计时，可根据工作要求和使用场合的不同加以选择。

3.2 从动件的运动规律

3.2.1 凸轮机构的基本名词术语

图 3.11a 所示为一对心尖顶直动从动件盘形凸轮机构，其一些基本术语有：

1. 基圆

以凸轮转动中心为圆心，以凸轮轮廓曲线上的最小向径为半径所作的圆，称为凸轮的基圆，基圆半径用 r_0 表示。它是设计凸轮轮廓曲线的基准。

2. 推程

从基圆开始，向径渐增的凸轮轮廓推动从动件，使其位移渐增的过程。

3. 行程

推程中从动件的最大位移称为行程。直动从动件的行程用 h 表示，如图 3.11 所示，它为从动件端部始点 A 到终点 B' 的线位移。

4. 推程运动角

从动件的位移为一个行程时，凸轮所转过的角度称为推程运动角，用 δ_0 表示，如图 3.11 所示 $\angle AOB$。

5. 远休止角

从动件在距凸轮转动中心最远位置静止不动时，凸轮所转过的角度称为远休止角，用 δ_{01} 表示，如图 3.11 所示 $\angle BOC$，它为凸轮廓线向径最大的圆弧段 BC 所对的圆心角。

6. 回程

当凸轮转动时，从动件在向径渐减的凸轮廓线的作用下返回的过程称为回程，如图 3.11 所示，从动件在 CD 廓线的作用下，返回至原来最低位置。

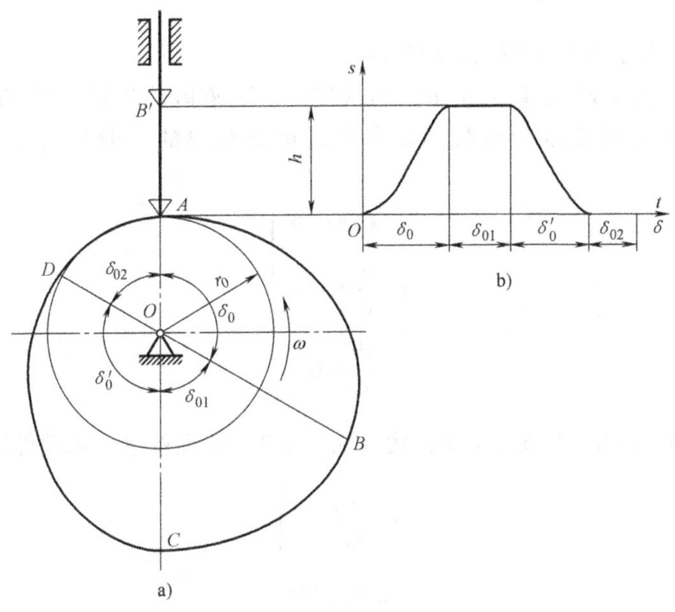

图 3.11 对心尖顶直动从动件盘形凸轮机构

7. 回程运动角

从动件从距凸轮转动中心最远的位置运动到距凸轮转动中心最近位置时，凸轮所转过的角度称为回程运动角，用 δ'_0 表示，如图 3.11 所示。

8. 近休止角

从动件在距凸轮转动中心最近位置 A 静止不动时，凸轮所转过的角度称为近休止角，用 δ_{02} 表示，如图 3.11 所示。此时从动件与凸轮的基圆廓线接触。

所谓从动件运动规律，是指从动件在推程或回程时，其位移 s、速度 v 和加速度 a 随时间 t 变化的规律。又因绝大多数凸轮作等速转动，其转角 δ 与时间 t 成正比，所以从动件的运动规律常表示为从动件的上述运动参数随凸轮转角 δ 变化的规律。表明从动件的位移随凸轮转角而变化的线图称为从动件的位移线图，如图 3.11b 所示。通过上面分析可知：从动件的位移曲线取决于凸轮轮廓曲线的形状，也就是说，从动件的运动规律与凸轮轮廓曲线相对应。因此在设计凸轮时，应先根据工作要求确定从动件的运动规律，绘制从动件的位移线图，它是凸轮轮廓曲线设计的依据。

3.2.2 从动件的几种常用运动规律

按照从动件运动方程的形式不同，常用运动规律主要有两大类：多项式运动规律和三角函数运动规律。

1. 多项式运动规律

从动件的运动规律用多项代数式表示时，多项式的一般表达式为

$$s = C_0 + C_1\delta + C_2\delta^2 + \cdots + C_n\delta^n \tag{3.1}$$

式中，δ 是凸轮转角；s 是从动件位移；C_1、C_2、C_3、…、C_n 是待定系数，可利用边界条件

来确定。

较为常用的有以下几种多项式运动规律。

(1) 一次多项式运动规律（等速运动规律） 等速运动规律是指凸轮以等角速度 ω 转动时，从动件的运动速度为常数。在多项式运动规律的一般形式中，当 $n=1$ 时，则有下式

$$\left.\begin{aligned} s &= C_0 + C_1\delta \\ v &= \frac{\mathrm{d}s}{\mathrm{d}t} = C_1\omega \\ a &= \frac{\mathrm{d}v}{\mathrm{d}t} = 0 \end{aligned}\right\} \tag{3.2}$$

取边界条件：$\delta=0$，$s=0$；$\delta=\delta_0$，$s=h$；代入式（3.2）整理可得，从动件推程的运动方程为

$$\left.\begin{aligned} s &= \frac{h}{\delta_0}\delta \\ v &= \frac{\mathrm{d}s}{\mathrm{d}t} = \frac{h\omega}{\delta_0} \\ a &= \frac{\mathrm{d}v}{\mathrm{d}t} = 0 \end{aligned}\right\} \tag{3.3a}$$

在回程时，因规定推杆的位移总是由其位于基圆弧处的最低位量算起，故推杆的位移 s 是逐渐减小的，而其运动方程为

$$\left.\begin{aligned} s &= h\left(1-\frac{\delta}{\delta'_0}\right) \\ v &= \frac{\mathrm{d}s}{\mathrm{d}t} = -\frac{h\omega}{\delta'_0} \\ a &= \frac{\mathrm{d}v}{\mathrm{d}t} = 0 \end{aligned}\right\} \tag{3.3b}$$

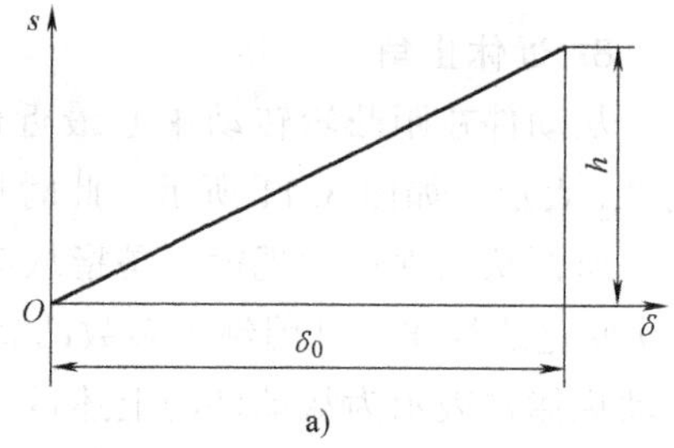

式（3.3b）中 δ'_0 为凸轮的回程运动角，注意凸轮的转角 δ 总是从该段运动规律的起始位置计量起。

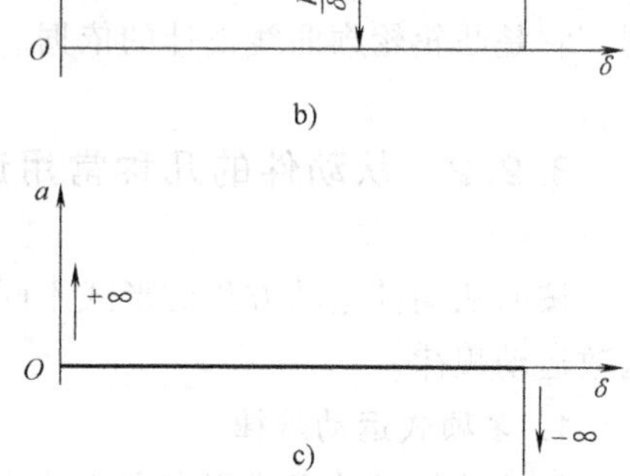

图 3.12　等速运动的运动曲线

由上所述可知，推杆此时作等速运动，故又称为等速运动规律。图 3.12 所示为推程段的运动线图。由图可见，其推杆在运动的开始和终止的瞬时，因速度有突变，所以这时推杆在理论上将出现无穷大的加速度和惯性力，因而会使凸轮机构受到极大冲击，这种冲击称为刚性冲击。因此，等速运动规律只适用于低速轻载场合。

(2) 等加速等减速运动规律 等加速等减速运动规律是指从动件在一个运动行程中，前半个行程作等加速运动，后半个行程作等减速运动，且加速度的绝对值相等。在多项式运动规律的一般形式中，当 $n=2$ 时，则有下式

$$\left.\begin{aligned}s&=C_0+C_1\delta+C_2\delta^2\\v&=\frac{\mathrm{d}s}{\mathrm{d}t}=C_1\omega+2C_2\delta\\a&=\frac{\mathrm{d}v}{\mathrm{d}t}=2C_2\omega^2\end{aligned}\right\}\tag{3.4}$$

取边界条件：$\delta=0$，$s=0$；$\delta=\delta_0/2$，$s=h/2$；代入式（3.4）整理可得，从动件推程的运动方程为

$$\left.\begin{aligned}s&=\frac{2h}{\delta_0^2}\delta^2\\v&=\frac{\mathrm{d}s}{\mathrm{d}t}=\frac{4h\omega}{\delta_0^2}\delta\\a&=\frac{\mathrm{d}v}{\mathrm{d}t}=\frac{4h\omega^2}{\delta_0^2}\end{aligned}\right\}\tag{3.5a}$$

根据位移曲线的对称性，可得从动件作等减速运动时的运动方程为

$$\left.\begin{aligned}s&=h-\frac{2h}{\delta_0^2}(\delta_0-\delta)^2\\v&=\frac{\mathrm{d}s}{\mathrm{d}t}=\frac{4h\omega}{\delta_0^2}(\delta_0-\delta)\\a&=\frac{\mathrm{d}v}{\mathrm{d}t}=-\frac{4h\omega^2}{\delta_0^2}\end{aligned}\right\}\tag{3.5b}$$

由于从动件的位移与凸轮转角 δ 的平方成正比，所以其位移曲线为一抛物线，故又称抛物线运动规律，其运动线图如图 3.13 所示。由图可见，这种运动规律的速度图是连续的，不会产生刚性冲击，但在 A、B、C 三点加速度曲线有突变，且为有限值，由此所产生的惯性力为一限值，将对机构产生一定的冲击，这种冲击称为柔性冲击，因此等加速等减速运动规律也只适宜用于中速场合。

（3）5 次多项式运动规律　在多项式运动规律的一般形式中，当 $n=5$ 时，其方程式为

$$\left.\begin{aligned}s&=C_0+C_1\delta+C_2\delta^2+C_3\delta^3+C_4\delta^4+C_5\delta^5\\v&=\frac{\mathrm{d}s}{\mathrm{d}t}=C_1\omega+2C_2\omega\delta+3C_3\omega\delta^2+4C_4\omega\delta^3+5C_5\omega\delta^4\\a&=\frac{\mathrm{d}v}{\mathrm{d}t}=2C_2\omega^2+6C_3\omega^2\delta+12C_4\omega^2\delta^2+20C_5\omega^2\delta^3\end{aligned}\right\}\tag{3.6}$$

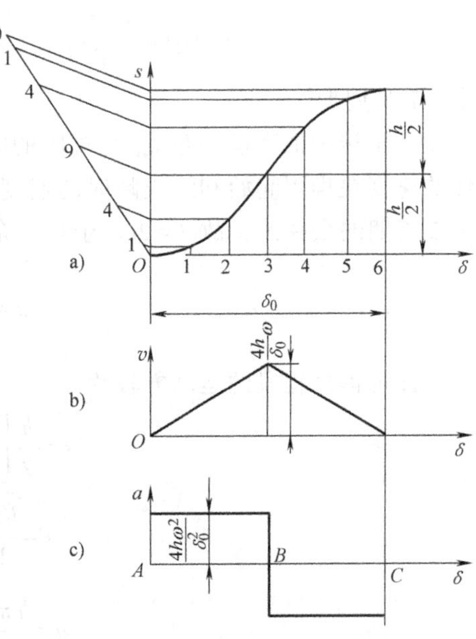

图 3.13　等加速等减速运动的运动曲线

取边界条件：$\delta=0$，$s=0$，$v=0$，$a=0$；$\delta=\delta_0$，$s=h$，$v=0$，$a=0$；代入式（3.6）整理可得，从动件推程的运动方程为

$$\left.\begin{aligned} s&=h\left(\frac{10}{\delta_0^3}\delta^3-\frac{15}{\delta_0^4}\delta^4+\frac{6}{\delta_0^5}\delta^5\right)\\ v&=h\omega\left(\frac{30}{\delta_0^3}\delta^2-\frac{60}{\delta_0^4}\delta^3+\frac{30}{\delta_0^5}\delta^4\right)\\ a&=h\omega^2\left(\frac{60}{\delta_0^3}\delta-\frac{180}{\delta_0^4}\delta^2+\frac{120}{\delta_0^5}\delta^3\right)\end{aligned}\right\}\tag{3.7}$$

式（3.7）称为五次多项式（或 3-4-5 多项式），图 3.14 所示为其运动线图，由图可见，此运动规律既无刚性冲击也无柔性冲击，因而运动平稳性好，可用于高速凸轮机构。

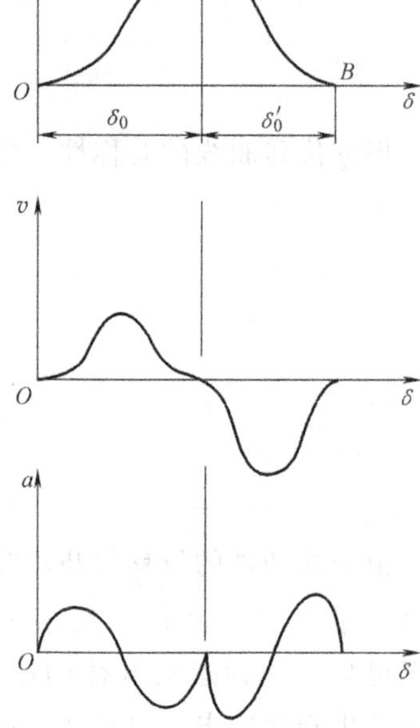

图 3.14　五次多项式运动曲线

如果工作中有多种要求，只需把这些要求列成相应的边界条件并增加多项式中的方次，即可求得推杆相应的运动方程。不过，方次越高，方程越复杂，带来的动力性能就越好，但设计计算复杂，加工精度也难以达到。故工程实际中通常不宜采用大于 3 次的多项式。

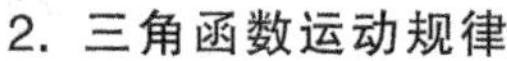

2. 三角函数运动规律

三角函数运动规律是指从动件的加速度按余弦曲线或正弦曲线变化。

（1）余弦加速度运动规律　余弦加速度运动规律又称为简谐运动规律。其一般形式为

$$a=C_1\cos\left(\frac{2\pi}{T}t\right)$$

式中，T 为周期。

设凸轮转过推程运动角 δ_0 所对应的时间为 t，由于从动件的速度在推程起始和终止瞬时的速度为零，因此在一个行程中所采用的加速度曲线只能为 1/2 周期的余弦波，故 $T=2t$。于是，余弦加速度运动方程的表达式为

$$a=C_1\cos\left(\frac{\pi}{\delta_0}\delta\right)$$

由此可得推程段的运动方程为

$$\left.\begin{aligned} s&=\frac{h}{2}\left[1-\cos\left(\pi\frac{\delta}{\delta_0}\right)\right]\\ v&=\frac{h\pi\omega}{2\delta_0}\sin\left(\pi\frac{\delta}{\delta_0}\right)\\ a&=\frac{h\pi^2\omega^2}{2\delta_0^2}\cos\left(\pi\frac{\delta}{\delta_0}\right)\end{aligned}\right\}\tag{3.8a}$$

回程段的运动方程为

$$\left.\begin{aligned}s&=\frac{h}{2}\left[1+\cos\left(\pi\frac{\delta}{\delta'_0}\right)\right]\\v&=-\frac{h\pi\omega}{2\delta'_0}\sin\left(\pi\frac{\delta}{\delta'_0}\right)\\a&=-\frac{h\pi^2\omega^2}{2\delta'^2_0}\cos\left(\pi\frac{\delta}{\delta'_0}\right)\end{aligned}\right\}\tag{3.8b}$$

根据运动方程可画出推程的运动线图，如图 3.15 所示。由图中可见，位移曲线是一条简谐线，故又称简谐运动规律。另由图示可知，这种运动规律在开始、终止两点加速度曲线有突变，且为有限值，故也会产生柔性冲击，因此余弦加速运动规律也只适宜用于中速场合。若从动件用此运动规律作升→降→升的循环运动，则无冲击，故可用于高速凸轮机构。

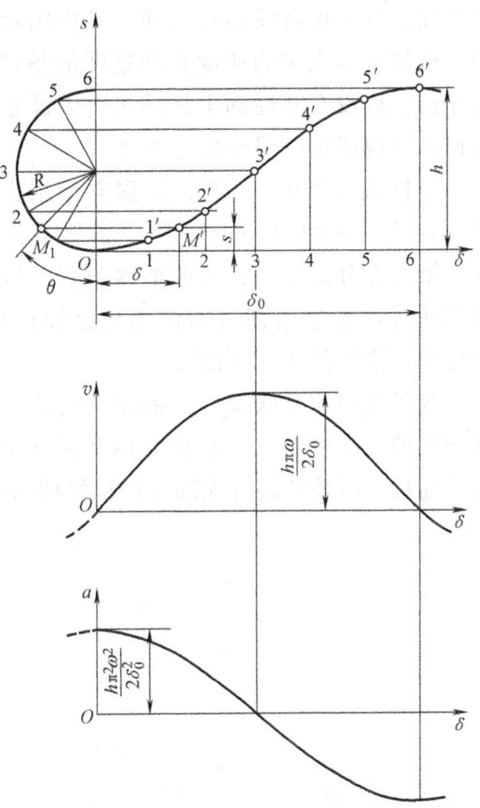

图 3.15 余弦加速度运动规律的运动曲线

(2) 正弦加速度运动规律 这种运动规律是指从动件的加速度按整周期的正弦曲线变化，其加速度一般方程为

$$a=C_1\sin\left(\frac{2\pi}{T}t\right)$$

同理，由于从动件的速度在推程起始和终止瞬时的速度为零，因此在一个行程中所采用的加速度曲线应该是一个完整的正弦波，于是，正弦加速度运动方程的表达式为

$$a=C_1\sin\left(\frac{\pi}{\delta_0}\delta\right)$$

由此可得推程段的运动方程为

$$\left.\begin{aligned}s&=h\left[\frac{\delta}{\delta_0}-\frac{1}{2\pi}\sin\left(2\pi\frac{\delta}{\delta_0}\right)\right]\\v&=\frac{h\omega}{\delta_0}\left[1-\cos\left(2\pi\frac{\delta}{\delta_0}\right)\right]\\a&=\frac{2h\pi\omega^2}{\delta_0^2}\sin\left(2\pi\frac{\delta}{\delta_0}\right)\end{aligned}\right\}\tag{3.9a}$$

回程段的运动方程为

$$\left.\begin{aligned} s &= h\left[1-\frac{\delta}{\delta'_0}+\frac{1}{2\pi}\sin\left(2\pi\frac{\delta}{\delta'_0}\right)\right] \\ v &= -\frac{h\omega}{\delta'_0}\left[1-\cos\left(2\pi\frac{\delta}{\delta'_0}\right)\right] \\ a &= -\frac{2h\pi\omega^2}{{\delta'}_0^2}\sin\left(2\pi\frac{\delta}{\delta'_0}\right) \end{aligned}\right\} \quad (3.9b)$$

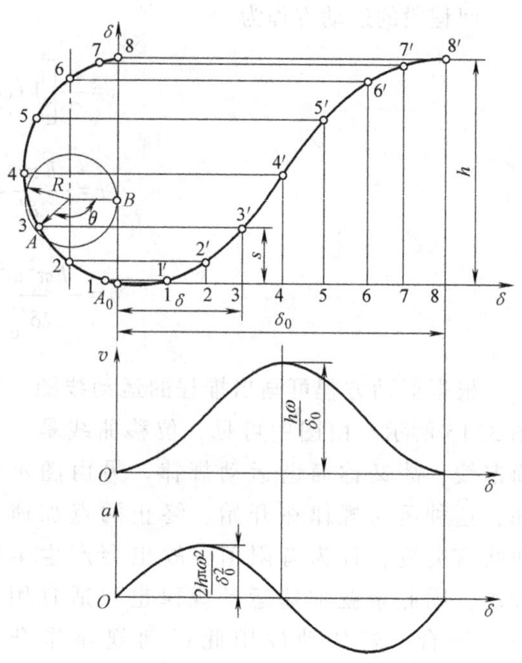

图 3.16　正弦加速度运动规律的运动曲线

根据运动方程可画出推程的运动线图，如图 3.16 所示。由图中可见，位移曲线是一条摆线，故又称摆线运动规律。又由图示可知，这种运动规律的速度和加速度都是连续变化的，故没有刚性和柔性冲击，因此正弦加速运动规律可适用于高速场合。

分析式（3.9）可知，位移方程系由两部分组成，其中第一部分是一条斜直线方程，第二部分则是一条正弦曲线方程。因此位移曲线可把这两部分用作图法叠加而成。其作图步骤如图 3.17 所示。

为了进一步降低 a_{max} 或满足某些特殊要求，近代高速凸轮的运动线图还采用多项式曲线或几种曲线的组合。如图 3.18 所示运动线图便是由等速运动和正弦加速度两种运动规律组合而成。既使从动件大部分行程保持匀速运动，又能避免起始和终止阶段产生冲击。

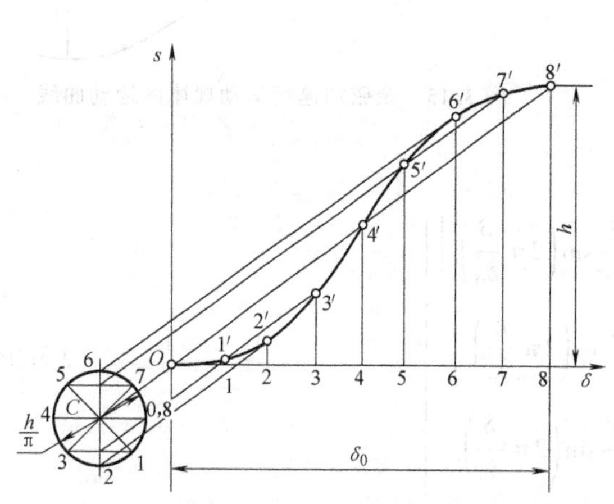

图 3.17　正弦加速度运动规律位移曲线作图方法

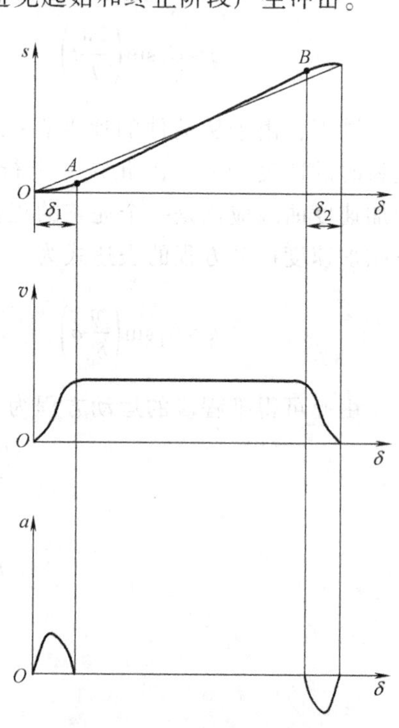

图 3.18　组合运动规律

3.3　凸轮轮廓曲线的设计

当根据使用场合和工作要求选定了凸轮机构的类型和从动件的运动规律后，即可根据选定的基圆半径等参数，进行凸轮轮廓曲线的设计。凸轮轮廓曲线的设计方法有作图法和解析法，但无论使用哪种方法，它们所依据的基本原理都是相同的。故首先介绍凸轮轮廓曲线设计的基本原理，然后分别介绍作图法和解析法设计凸轮轮廓曲线的方法和步骤。

3.3.1　凸轮轮廓曲线设计的基本原理

凸轮机构工作时，凸轮和从动件都在运动，为了在图纸上绘制出凸轮的轮廓曲线，希望凸轮相对于图纸平面保持静止不动，为此可采用反转法。下面以图 3.19 所示的对心直动尖顶从动件盘形凸轮机构为例来说明这种方法的原理。

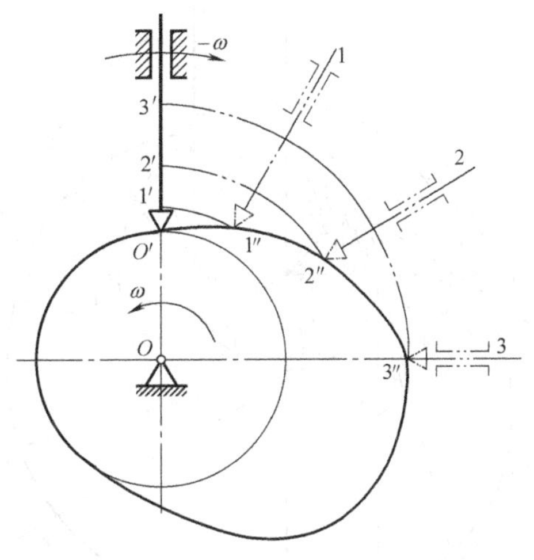

图 3.19　反转法原理

如图 3.19 所示，当凸轮以等角速度 ω 绕轴心 O 逆时针转动时，从动件在凸轮的推动下沿导路上、下往复移动实现预期的运动。现设想将整个凸轮机构以 $-\omega$ 的公共角速度绕轴心 O 反向旋转，显然这时从动件与凸轮之间的相对运动并不改变，但是凸轮此时则固定不动了，而从动件将一方面随着导路一起以等角速度 $-\omega$ 绕凸轮轴心 O 旋转，同时又按已知的运动规律在导路中作反复相对移动。由于从动件尖顶始终与凸轮轮廓相接触，所以反转后尖顶的运动轨迹就是凸轮轮廓曲线。

凸轮机构的形式多种多样，反转法原理适用于各种凸轮轮廓曲线的设计。

3.3.2　用作图法设计凸轮轮廓曲线

1. 直动尖顶从动件盘形凸轮轮廓曲线的设计

图 3.20a 所示为一偏置直动尖顶从动件盘形凸轮机构。设已知凸轮基圆半径 r_0、偏距 e、从动件的运动规律如图 3.20b 所示，凸轮以等角速度 ω 沿逆时针方向回转，要求绘制凸轮轮廓曲线。凸轮轮廓曲线的设计步骤如下。

1）选取位移比例尺 μ_s，根据从动件的运动规律作出位移曲线 s-δ，如图 3.20b 所示，并将推程运动角 δ_0 和回程运动角 δ'_0 分成若干等分。

2）选定长度比例尺 $\mu_l=\mu_s$ 作基圆，取从动件与基圆的接触点 A 作为从动件的起始位置。

3）以凸轮转动中心 O 为圆心，以偏距 e 为半径所作的圆称为偏距圆。在偏距圆沿 $-\omega$ 方向量取 δ_0、δ_{01}、δ'_0、δ_{02} 并在偏距圆上作等分点，即得到 K_1、K_2、…、K_{15} 各点。

4）过 K_1、K_2、…、K_{15} 作偏距圆的切线，这些切线即为从动件轴线在反转过程中所占据的位置。

5）上述切线与基圆的交点 B_0、B_1、…、B_{15} 则为从动件的起始位置，故在量取从动件位移量时，应从 B_0、B_1、…、B_{15} 开始，使 $A_1B_1=1'1$、$A_2B_2=2'2$、…，得到与之对应的 A_1、A_2、…、A_{15} 各点。

6）将 A、A_1、A_2、…、A_{15} 各点光滑地连成曲线，便得到所求的凸轮轮廓曲线，其中 $A_8 \sim A_9$ 间和 $A_{15} \sim A$ 间均为以 O 为圆心的圆弧。

对于对心直动尖顶从动件盘形凸轮机构，可以认为是 $e=0$ 时的偏置凸轮机构，其设计方法与上述方法基本相同，只需将过偏距圆上各点作偏距圆的切线改为过基圆上各点作基圆的射线即可。

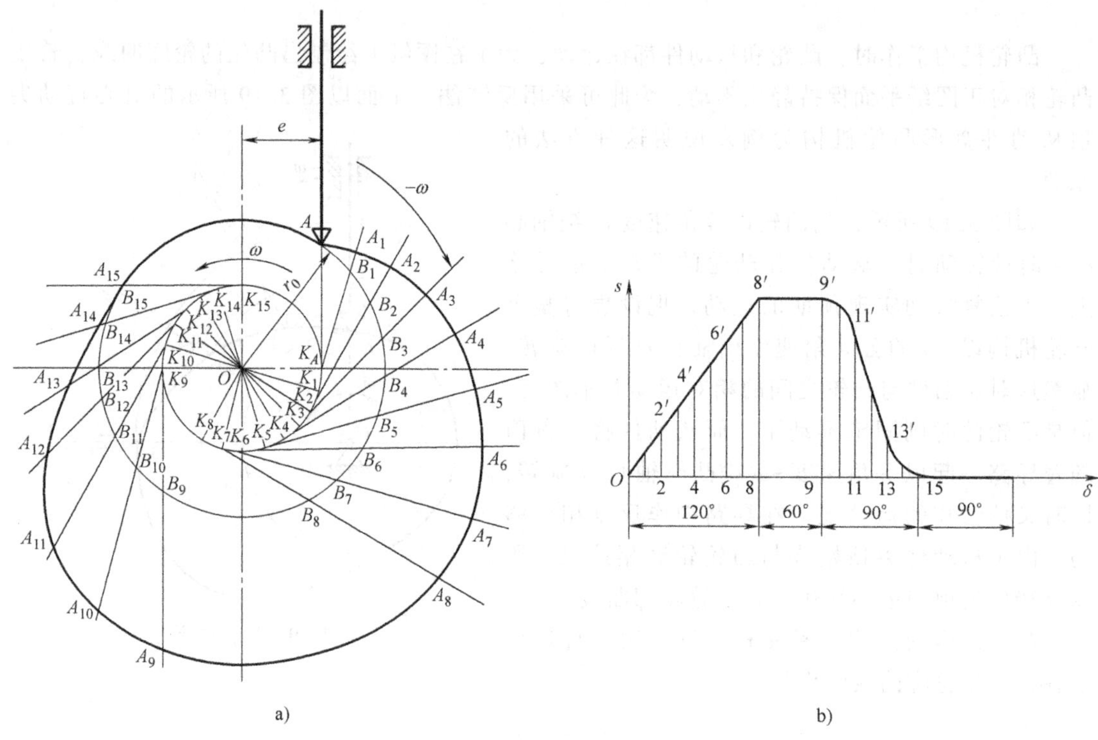

图 3.20　偏置直动尖顶从动件盘形凸轮轮廓的设计

2. 直动滚子从动件盘形凸轮轮廓曲线的设计

图 3.21 所示为偏置直动滚子从动件盘形凸轮机构，其轮廓曲线具体作图步骤如下：将滚子中心 A 当作从动件的尖顶，按照上述尖顶从动件盘形凸轮轮廓曲线的设计方法作出曲线 β_0，这条曲线是反转过程中滚子中心的运动轨迹，称为凸轮的理论轮廓曲线。以理论轮廓曲线上各点为圆心，以滚子半径 r_r 为半径，作一系列的滚子圆，然后作这簇滚子圆的内包络线 β，它就是凸轮的实际轮廓曲线。很显然，该实际轮廓曲线与理论轮廓曲线是两条法向等距曲线，且其距离与滚子半径 r_r 相等。

须注意的是：在滚子从动件盘形凸轮机构的设计中，其基圆半径 r_0 应为理论轮廓曲线的最小向径，而在尖顶从动件盘形凸轮机构中，可以将尖顶看成半径为 0 的滚子，因而凸轮的实际廓线与理论廓线是重合的，基圆半径 r_0 既是理论轮廓线的最小半径也是实际廓线的最小半径。

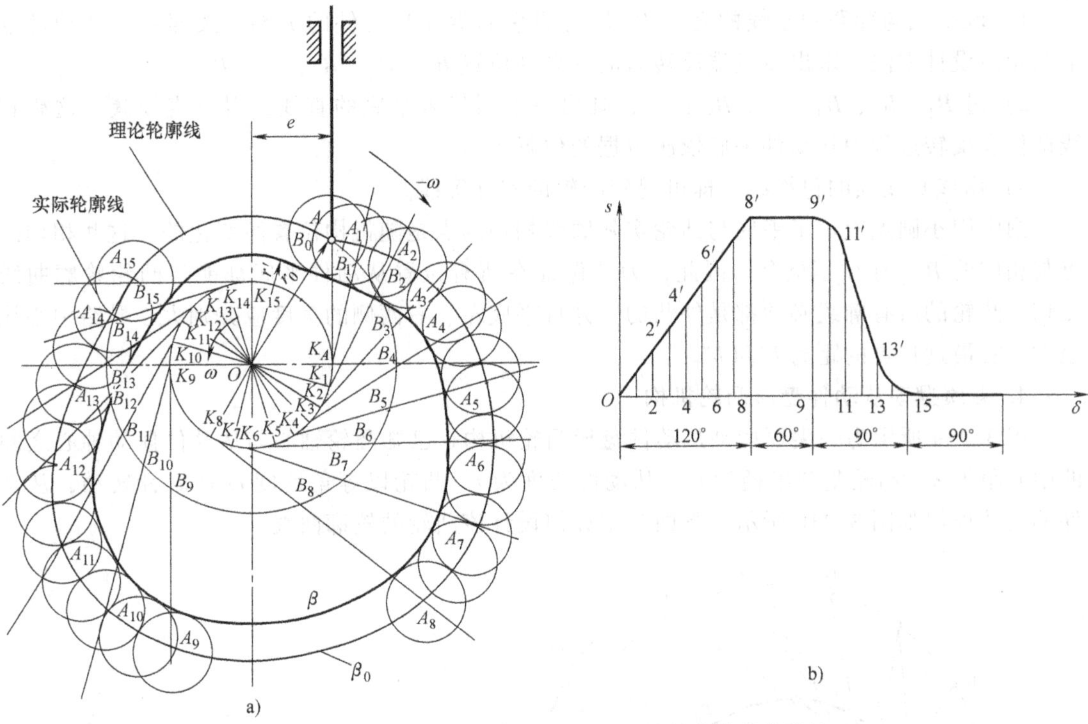

图 3.21　偏置直动滚子从动件盘形凸轮轮廓曲线的设计

3. 对心直动平底从动件盘形凸轮机构

平底从动件盘形凸轮机构凸轮轮廓曲线的设计方法，可用图 3.22 来说明。其基本思路与上述滚子从动件盘形凸轮机构相似，不同的是取从动件平底表面上的 B_0 点作为假想的尖端从动件的尖顶。具体设计步骤如下。

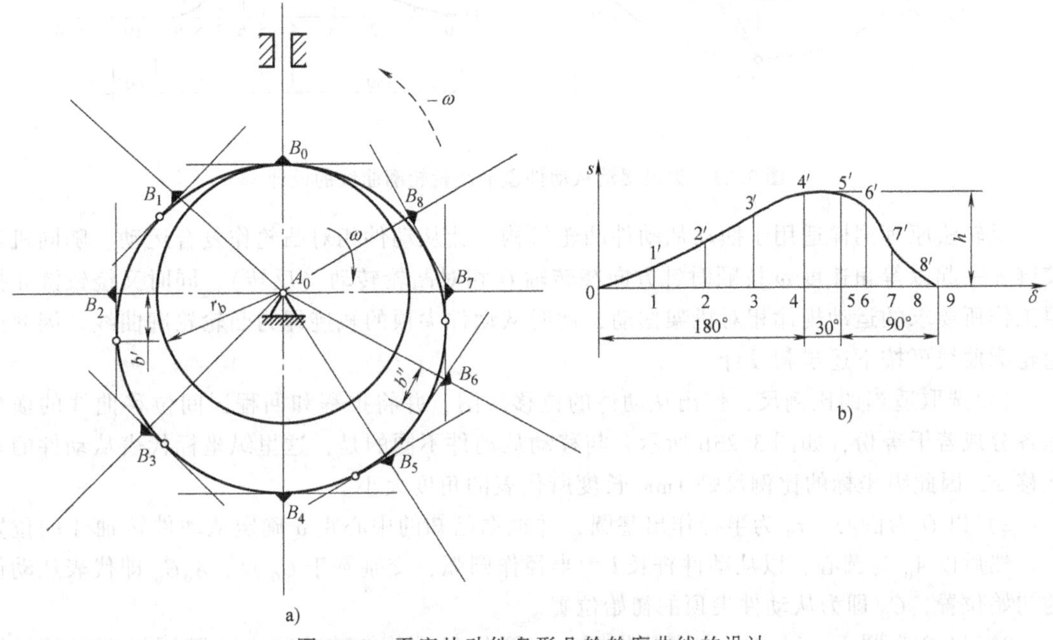

图 3.22　平底从动件盘形凸轮轮廓曲线的设计

1）取平底与导路中心线的交点 B_0 作为假想的尖端从动件的尖端，按照尖端从动件盘形凸轮的设计方法，求出该尖端反转后的一系列位置 B_1、B_2、B_3、…、B_8。

2）过 B_1、B_2、B_3、…、B_8 各点，画出一系列代表平底的直线，得一直线簇。这簇直线即代表反转过程中从动件平底依次占据的位置。

3）作该直线族的包络线，即可得到凸轮的实际廓线。

图中用小圆点表示了平底与凸轮实际廓线相切的点是随机构位置而变化的，这些相切的点与相应的 B 点往往不重合。因此，为了保证在所有位置从动件平底都能与凸轮轮廓曲线相切，凸轮的所有廓线必须都是外凸的，并且平底左、右两侧的宽度应分别大于导路中心线至左、右最远切点的距离 b'和 b''。

4. 尖顶摆动从动件盘形凸轮机构

图 3.23a 所示为一尖顶摆动从动件盘形凸轮机构。已知凸轮轴心与从动件摆动轴心之间的中心距为 a，凸轮基圆半径为 r_0，从动件长度为 l。凸轮以等角速度 ω 逆时针转动，从动件的运动规律如图 3.23b 所示。下面介绍如何设计该凸轮的轮廓曲线。

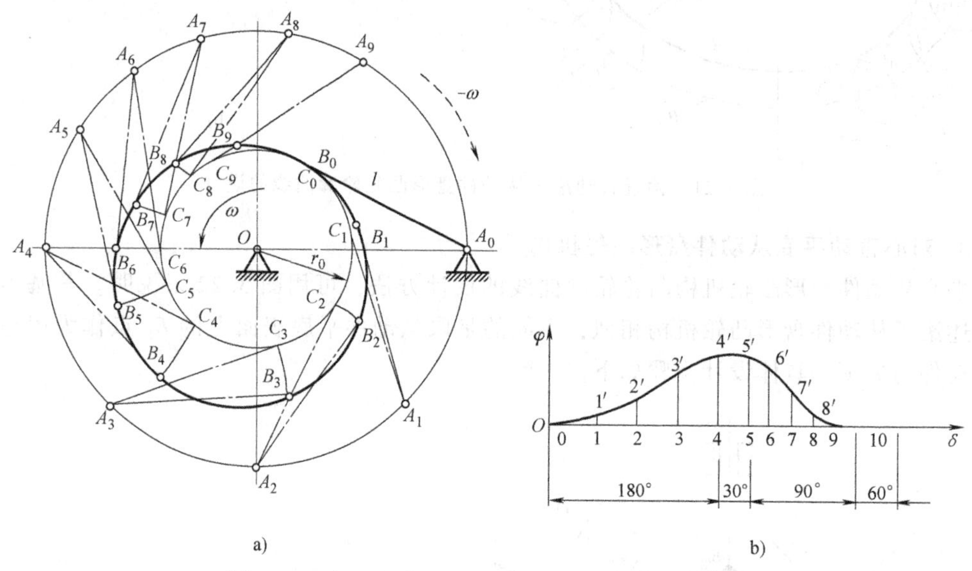

图 3.23　尖顶摆动从动件盘形凸轮轮廓曲线的设计

反转法原理同样适用于摆动从动件凸轮机构。让从动件相对凸轮作复合运动：随同机架铰链 A 一起以等角速度 ω 按顺时针方向绕转轴 O 相对凸轮转动（反转），同时又绕铰链 A 按照工作所要求的运动规律相对机架摆动，此时从动件尖顶的轨迹即为凸轮轮廓曲线。因此凸轮轮廓曲线可按下述步骤设计。

1）选取适当的比例尺，作出从动件的位移线图，并将推程和回程区间位移曲线的横坐标各分成若干等份，如图 3.23b 所示。与移动从动件不同的是，这里纵坐标代表从动件的角位移 φ，因此纵坐标的比例尺是 1mm 长度所代表的角度大小。

2）以 O 为圆心，r_0 为半径作出基圆，并根据已知的中心距 a 确定从动件转轴 A 的位置 A_0。然后以 A_0 为圆心，以从动件杆长 l 为半径作圆弧，交基圆于 C_0 点，A_0C_0 即代表从动件的初始位置，C_0 即为从动件尖顶的初始位置。

3）以 O 为圆心，以 OA_0 为半径作圆，该圆代表从动件转动轴心 A 随同机架反转的轨

迹，自 A_0 点开始沿着 $-\omega$ 方向将该圆分成与图 3.23b 中所示横坐标对应的区间和等份。得点 A_1、A_2、…，它们代表反转过程中从动件转轴 A 依次占据的位置。

4）分别以点 A_1、A_2、…为圆心，以从动件杆长 l 为半径作圆弧，交基圆于 C_1、C_2、…各点，得线段 A_1C_1、A_2C_2、…，以 A_1C_1、A_2C_2、… 为一边，分别作角 $\angle B_1A_1C_1$、$\angle B_2A_2C_2$、…，使它们分别等于如图 3.23b 中所示对应点的纵坐标所代表的角位移，且使得 $B_1A_1=C_1A_1$、$B_2A_2=C_2A_2$、…，得线段 B_1A_1、B_2A_2、…。这些线段即代表反转过程中从动件依次占据的位置，B_1、B_2、…即为反转过程中从动件尖顶依次占据的位置。

5）将 B_0、B_1、B_2、…连成光滑的曲线，即得凸轮的轮廓曲线。由图 3.23 可以看出，该廓线与代表从动件的各线段 B_1A_1、B_2A_2、…在某些位置已经相交，这表示凸轮与从动件可能发生空间位置干涉，故在设计机构的具体结构时，应将从动件做成弯杆形式，或使凸轮的运动平面与从动件的运动平面相互错开一定距离。

需要注意的是，在摆动从动件的情况下，位移曲线纵坐标的长度代表的是从动件的角位移，因此，在绘制凸轮轮廓曲线时，需要先把这些长度转换成角度，然后才能一一对应地把它们转移到凸轮轮廓设计图上。

若采用滚子或平底从动件，则上述连接 B_0、B_1、B_2、…各点所得的光滑曲线为凸轮的理论廓线。过这些点作一系列滚子圆或平底，然后作它们的包络线即可求得凸轮的实际廓线。

5. 直动和摆动从动件圆柱凸轮轮廓曲线设计简介

图 3.24a 所示为一直动从动件圆柱凸轮机构，设计其轮廓曲线时，可将此圆柱凸轮的中径 R_m（凸轮凹槽深度一半位置处的半径）的圆柱面展成平面，得到一个长度为 $2\pi R_m$ 的移动凸轮，如图 3.24b 所示，其移动速度为 $v=\omega R_m$。然后，应用反转法原理，将此整个凸轮机构加上一个公共线速度 $-v$，使之反向移动。此时凸轮将静止不动，而从动件则一方面随其导路沿 $-v$ 方向移动，同时又在导路中按预期的运动规律往复移动。在从动件的复合运动中，从动件的滚子中心 B 描出的轨迹（图中的点画线 β）即为凸轮的理论轮廓；切于滚子圆簇的两条包络线 β'、β''为凸轮的实际轮廓。

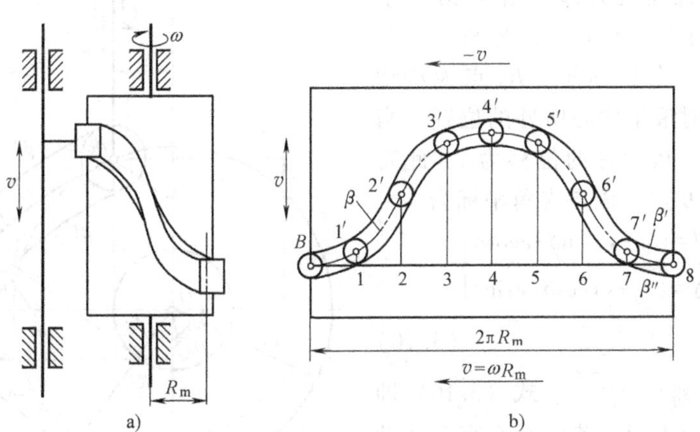

图 3.24　直动从动件圆柱凸轮轮廓曲线的设计

图 3.25a 所示为一摆动从动件圆柱凸轮机构。凸轮轮廓曲线的设计步骤与上述直动从动件的基本相同，不同的只是在反转运动中，摆杆一方面随轴心 A 沿线 AH（图 3.25b）以速

度$-v$移动，一方面绕其轴心A按预期的运动规律摆动，滚子中心描出的轨迹即为凸轮的理论轮廓曲线。

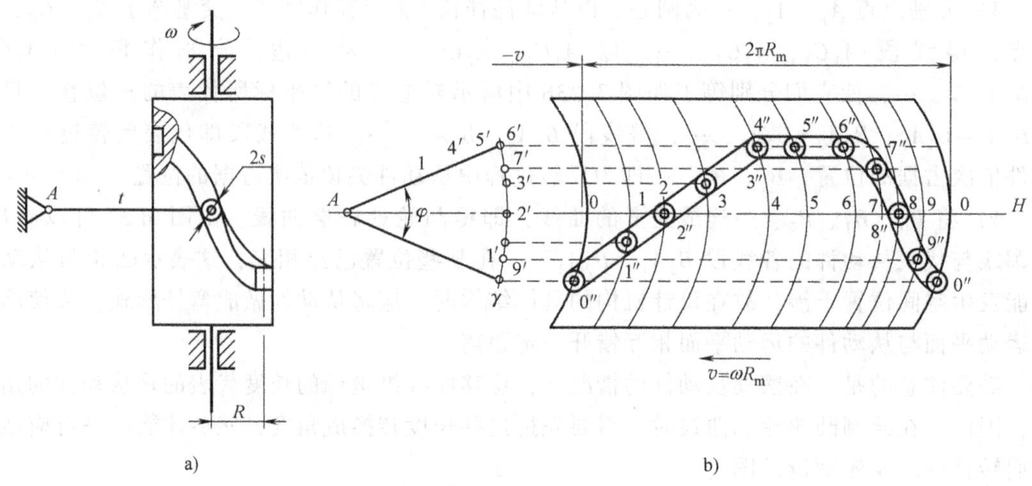

图 3.25　摆动从动件圆柱凸轮轮廓曲线的设计

3.3.3　用解析法设计凸轮轮廓曲线

随着近代工业的不断进步，机械也日益朝着高速、精密、自动化方向发展，因此对机械中的凸轮机构的转速和精度要求也不断提高，用作图法设计凸轮的轮廓曲线已难以满足要求。另外随着凸轮加工越来越多地使用数控机床，以及计算机辅助设计的应用日益普及，凸轮轮廓曲线设计已更多地采用解析法。用解析法设计凸轮轮廓曲线的实质是建立凸轮理论轮廓曲线、实际轮廓曲线及刀具中心轨迹线等曲线方程，以精确计算曲线各点的坐标。

1. 偏置直动滚子从动件盘形凸轮机构

（1）理论轮廓曲线方程　图 3.26 所示为一偏置直动滚子从动件盘形凸轮机构。选取直角坐标系 Oxy 如图所示，B_0 点为从动件处于起始位置时滚子中心所处的位置。当凸轮转过 δ 角后，从动件的位移为 s。此时滚子中心将处于 B 点，该点直角坐标为

$$\left.\begin{aligned} x &= KN+KH=(s_0+s)\sin\delta+e\cos\delta \\ y &= BN-MN=(s_0+s)\cos\delta-e\sin\delta \end{aligned}\right\} \tag{3.10}$$

式中，e 为偏距，$s_0=\sqrt{r_0^2-e^2}$。式（3.10）即为凸轮的理论轮廓方程。若为对心直动从动件，由于 $e=0$，$s_0=r_0$ 故式（3.10）可写成

$$\left.\begin{aligned} x &= (r_0+s)\sin\delta \\ y &= (r_0+s)\cos\delta \end{aligned}\right\} \tag{3.11}$$

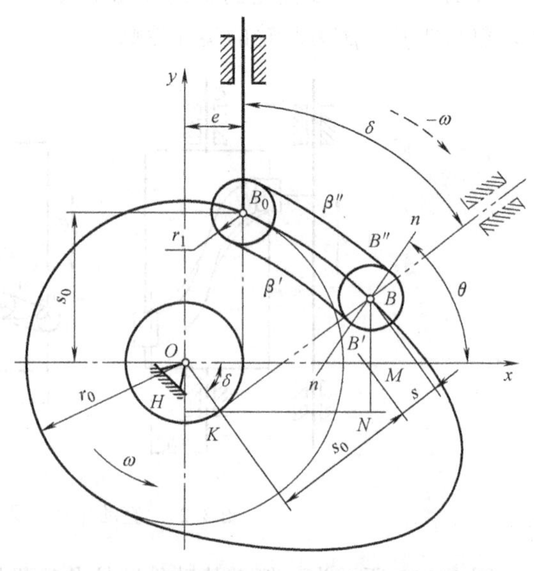

图 3.26　偏置直动滚子从动件盘形凸轮的轮廓曲线解析法设计

(2) 实际轮廓曲线方程　对于滚子从动件的凸轮机构，由于实际轮廓曲线是以理论轮廓曲线上各点为圆心作一系列滚子圆然后作滚子圆的包络线得到的，因此实际轮廓曲线与理论轮廓曲线在法线方向上处处等距，且该距离等于滚子半径 r_r。故当已知理论轮廓曲线上任一点 $B(x, y)$ 时，沿理论轮廓曲线在该点的法线方向取距离为 r_r，即可得实际轮廓曲线上的相应点 $B'(x', y')$。过理论轮廓曲线 B 点处作法线 $n—n$，其斜率 $\tan\theta$ 与该点处切线之斜率 dy/dx 应互为负倒数，即

$$\tan\theta=\frac{dx}{-dy}=\frac{\frac{dx}{d\delta}}{-\frac{dy}{d\delta}}=\frac{\sin\theta}{\cos\theta} \tag{3.12}$$

根据式（3.10）有

$$\left.\begin{aligned}\frac{dx}{d\delta}&=\left(\frac{ds}{d\delta}-e\right)\sin\delta+(s_0+s)\cos\delta\\\frac{dy}{d\delta}&=\left(\frac{ds}{d\delta}-e\right)\cos\delta-(s_0+s)\sin\delta\end{aligned}\right\} \tag{3.13}$$

可得

$$\left.\begin{aligned}\sin\theta&=\frac{\frac{dx}{d\delta}}{\sqrt{\left(\frac{dx}{d\delta}\right)^2+\left(\frac{dy}{d\delta}\right)^2}}\\\cos\theta&=\frac{-\frac{dy}{d\delta}}{\sqrt{\left(\frac{dx}{d\delta}\right)^2+\left(\frac{dy}{d\delta}\right)^2}}\end{aligned}\right\} \tag{3.14}$$

当求出 θ 角后，则实际轮廓曲线上对应点 $B'(x', y')$ 的坐标为

$$\left.\begin{aligned}x'&=x\mp r_r\cos\theta\\y'&=y\mp r_r\sin\theta\end{aligned}\right\} \tag{3.15}$$

此式即为凸轮的实际轮廓曲线方程。式中“-”号用于内等距曲线，“+”号用于外等距曲线，式（3.13）中 e 为代数值，其规定见表 3.1。

表 3.1　偏距 e 正负号的规定

凸轮转向	从动件位于凸轮转动中心右侧	从动件位于凸轮转动中心左侧
逆时针	+	-
顺时针	-	+

(3) 刀具中心运动轨迹方程　当在数控铣床上铣削凸轮或在凸轮磨床上磨削凸轮时，需要求出刀具中心运动轨迹的方程式。对于滚子从动件盘形凸轮，若刀具的半径 r_c 和滚子半径 r_r 相同时，刀具中心运动轨迹与凸轮的理论轮廓曲线重合，则凸轮的理论轮廓曲线方程式即为刀具中心运动轨迹的方程式。如果使用的刀具半径 r_c 不等于滚子半径 r_r，由于刀具的外圆总是与凸轮的实际轮廓曲线相切，则刀具中心的运动轨迹应是与凸轮实际轮廓曲线

的等距曲线。由图 3.27a 所示可以看出，当刀具半径 r_c 大于滚子半径 r_r 时，刀具中心的运动轨迹 β_c 为凸轮理论轮廓曲线 β 的等距曲线。它相当于以 β 上各点为圆心、以 r_c-r_r 为半径所作一系列滚子圆的外包络线。由图 3.27b 所示可以看出，当刀具半径 r_c 小于滚子半径 r_r 时，刀具中心的运动轨迹 β_c 相当于以理论轮廓曲线 β 上各点为圆心、以 r_r-r_c 为半径所作一系列滚子圆的内包络线。因此，只要用 $|r_c-r_r|$ 代替 r_r，便可由式（3.15）得到刀具中心轨迹方程为

$$\left.\begin{aligned} x_c &= x \mp |r_c-r_r|\cos\theta \\ y_c &= y \mp |r_c-r_r|\sin\theta \end{aligned}\right\} \tag{3.16}$$

当 $r_c>r_r$ 时，式（3.16）取下面一组加号，$r_c<r_r$ 时，则取上面一组减号。

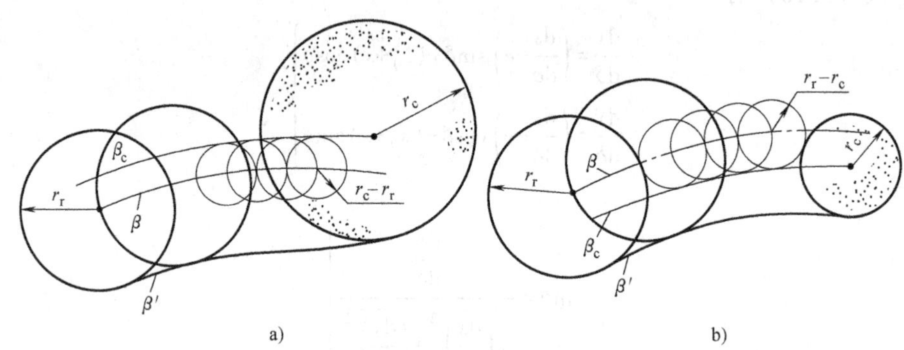

图 3.27　刀具中心轨迹

2. 对心平底从动件盘形凸轮机构（平底与从动件轴线垂直）

图 3.28 所示为一对心平底从动件盘形凸轮机构。选取直角坐标系 Oxy 如图所示，B_0 点为从动件处于起始位置时平底与凸轮轮廓线的接触点，当凸轮转过 δ 角后，从动件的位移为 s。此时从动件平底与凸轮轮廓线的接触点处于 B 点，该点直角坐标 $(x,\ y)$ 可用下列方法求得。

由图 3.28 所示可知，P 点为该瞬时从动件与凸轮的相对瞬心，故从动件此时的移动速度为

$$v = v_P = \overline{OP}\omega \qquad 即\ \overline{OP} = \frac{v}{\omega} = \frac{ds}{d\delta}$$

由图 3.28 所示得 B 点的坐标 $(x,\ y)$ 为

$$\left.\begin{aligned} x &= OD+EB = (r_0+s)\sin\delta + \frac{ds}{d\delta}\cos\delta \\ y &= CD-CE = (r_0+s)\cos\delta - \frac{ds}{d\delta}\sin\delta \end{aligned}\right\} \tag{3.17}$$

此即为凸轮理论轮廓曲线的方程式。

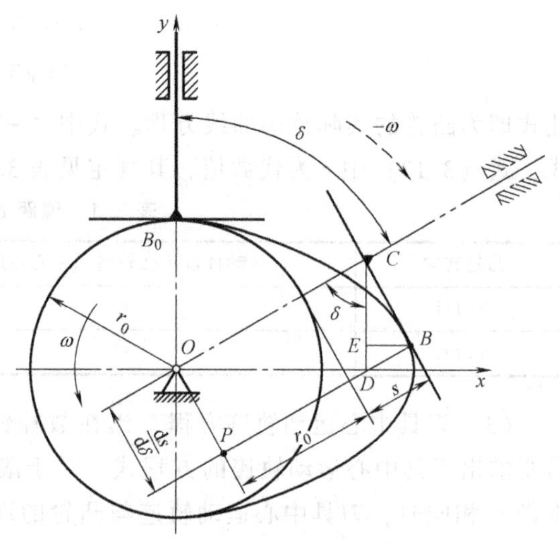

图 3.28　对心平底从动件盘形凸轮的轮廓曲线解析法设计

3.4 凸轮机构基本尺寸的确定

凸轮机构的基本尺寸有：基圆半径 r_0、滚子半径 r_r、偏距 e、直动从动件导路长度、摆动从动件的摆杆长度 l 和中心距 a。这些基本尺寸对凸轮机构的结构、传力性能都有重要的影响，且这些基本尺寸相互制约、相互影响，如何合理地确定这些基本尺寸，是凸轮机构设计中要解决的重要问题。

3.4.1 凸轮机构的压力角及其校核

在设计凸轮机构的基本尺寸时，影响凸轮机构传力性能的一个非常重要的参数是压力角 α。压力角 α 是一个表征机构传力性能的参数，机构的压力角 α 是指在不计摩擦情况下从动件所受驱动力的方向与从动件上受力点的速度方向之间夹的锐角。图 3.29 所示为一偏置尖顶直动从动件盘形凸轮机构在推程的一个任意位置，F_Q 为推杆所承受的外载荷（从动件的自重和弹簧压力等），当不计凸轮与从动件之间的摩擦时，凸轮给从动件的力 F 是沿法线 $n—n$ 方向的，它与过凸轮轴心 O 且垂直于从动件导路的直线相交于 P，P 就是凸轮和从动件的相对速度瞬心，则 $l_{OP}=v/\omega=\mathrm{d}s/\mathrm{d}\delta$。因此由图可得偏置尖顶直动从动件盘形凸轮机构的压力角计算公式为

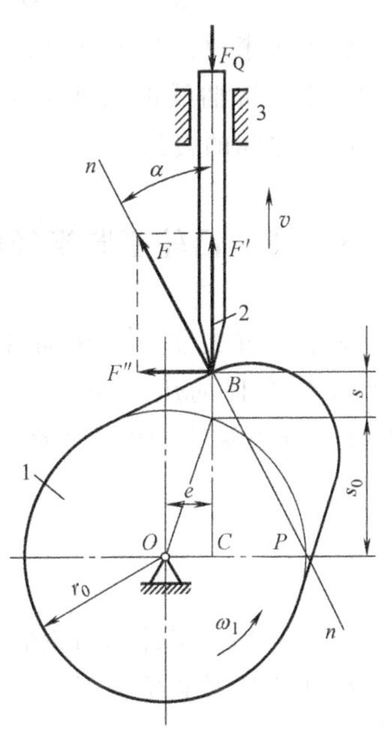

图 3.29 偏置尖顶直动从动件盘形凸轮机构的压力角

$$\tan\alpha=\frac{OP\pm e}{s_0+s}=\frac{\dfrac{\mathrm{d}s}{\mathrm{d}\delta}\pm e}{s+\sqrt{r_0^2-e^2}} \tag{3.18}$$

在式（3.18）中，当导路和瞬心 P 在凸轮轴心 O 同侧时，式中取“-”号，可使压力角减少；反之，当导路和瞬心 P 在凸轮轴心 O 的异侧时，取“+”号，压力角将增大。

由图 3.29 所示可以看出，凸轮对从动件的作用力 F 可以分解成两个分力，即沿着从动件运动方向的分力 F' 和垂直于运动方向的分力 F''。F' 是推动从动件克服载荷的有效分力，而 F'' 将增大从动件与导路间的滑动摩擦，它是一种有害分力，即

$$\left.\begin{aligned}F'&=F\cos\alpha\\F''&=F\sin\alpha\end{aligned}\right\} \tag{3.19}$$

式（3.19）表明，在驱动力 F 一定的条件下，压力角 α 越大，有害分力 F'' 越大，所引起的摩擦阻力越大，机构的效率就越低。当 α 增大到某一数值时，有效分力 F' 减小到与从动件的外载荷 F_Q 相平衡状态，这时无论凸轮给从动件的作用力有多大，从动件都不能运动，这种现象称为自锁。为了保证凸轮机构正常工作且具有一定的传动效率，设计时应对压力角有所限制。由于凸轮轮廓上各点的压力角通常是变化的，为了提高机构效率、改善传力性能，确定基本尺寸时务必使凸轮机构的最大压力角 α_{max} 小于或等于许用压力角 $[\alpha]$，即 $\alpha_{max}\leqslant$

$[\alpha]$。

根据理论力学分析和实际经验，工作行程和非工作行程的许用压力角推荐值如下：

(1) 工作行程　对直动从动件，$[\alpha]=30°\sim38°$；对摆动从动件 $[\alpha]=40°\sim45°$。

(2) 非工作行程　无论是直动从动件还是摆动从动件，$[\alpha]=70°\sim80°$。

对于如图 3.30 所示的直动滚子从动件盘形凸轮机构来说，其压力角 α 应为过滚子中心所作理论轮廓曲线的法线 $n—n$ 与从动件的运动方向线之间的夹角。

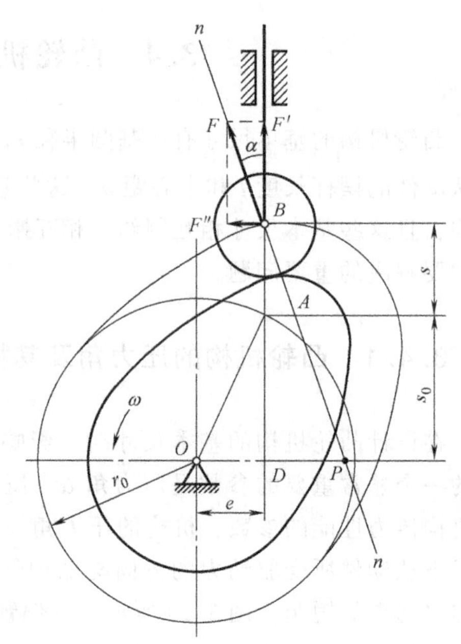

图 3.30　直动滚子从动件盘形凸轮机构的压力角

3.4.2　凸轮基圆半径的确定

对于偏置尖顶直动从动件盘形凸轮机构，如果限制推程的压力角 $\alpha\leqslant[\alpha]$，则可由式 (3.18) 导出基圆半径的计算公式为

$$r_0\geqslant\sqrt{\left(\frac{\frac{\mathrm{d}s}{\mathrm{d}\delta}\pm e}{\tan[\alpha]}-s\right)^2+e^2} \tag{3.20}$$

当用式 (3.20) 来计算凸轮的基圆半径时，由于凸轮轮廓曲线上各点的 $\mathrm{d}s/\mathrm{d}\delta$、$s$ 值不同，计算得到的基圆半径也不同。所以在设计时，需确定基圆半径的极值，这就给应用上带来不便。

为了使用方便，在工程上现已制备了根据从动件几种常用运动规律确定许用压力角和基圆半径关系的诺模图，图 3.31 所示即为用于对心直动滚子从动件盘形凸轮机构的诺模图，供近似确定凸轮的基圆半径或校核凸轮机构最大压力角时使用。这种图有两种用法：既可根据工作要求的许用压力角近似地确定凸轮的最小基圆半径，也可以根据所选用的基圆半径来校核最大压力角是否超过了许用值。需要指出的是，上述根据许用压力角确定的基圆半径是为了保证机构能顺利工作的凸轮最小基圆半径。在实际设计工作中，凸轮基圆半径的最后确定，还需要考虑机构的具体结构条件等。例如，当凸轮与凸轮轴作成一体时，凸轮的基圆半径必须大于凸轮轴的半径；当凸轮是单独加工，然后装在凸轮轴上时，凸轮上要作出轴毂，凸轮的基圆直径应大于轴毂的外径。通常可取凸轮的基圆直径大于或等于轴径的 1.6~2 倍。若上述根据许用压力角所确定的基圆半径不满足该条件，则应加大基圆半径。

3.4.3　滚子从动件滚子半径的选择

当采用滚子从动件时，应注意滚子半径的选择，否则从动件有可能实现不了预期的运动规律。如图 3.32 所示，设凸轮的理论轮廓曲线的最小曲率半径为 $\rho_{\min}$，凸轮的实际轮廓曲线的曲率半径为 ρ_a，滚子半径为 r_r，则两者之间的关系有以下几种情况。

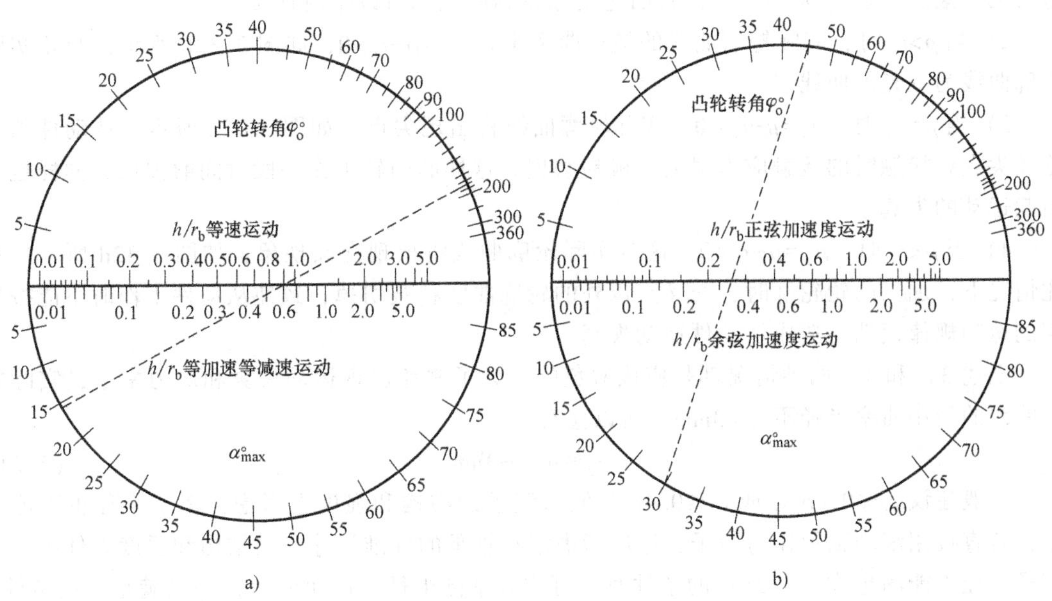

图 3.31 诺模图

1）图 3.32a 所示为内凹型的凸轮轮廓曲线，a 为实际轮廓曲线，b 为理论轮廓曲线。实际轮廓曲线的曲率半径 ρ_a 等于理论轮廓曲线的曲率半径 ρ 与滚子半径 r_r 之和，即 $\rho_a=\rho+r_r$。

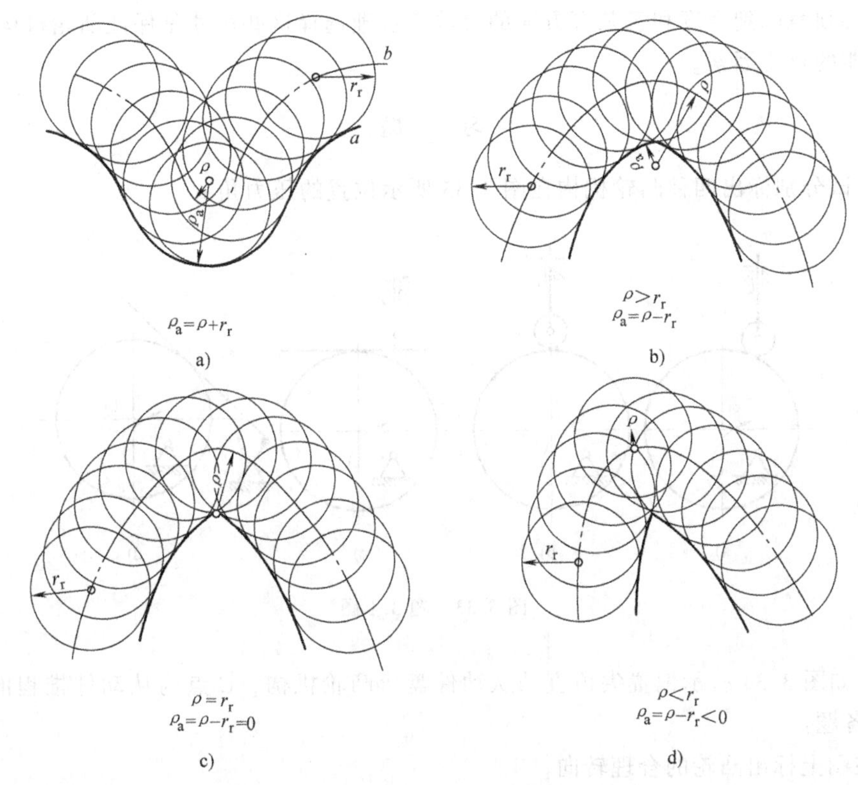

图 3.32 滚子半径的选择

这时无论滚子半径 r_r 大小如何，其凸轮实际轮廓曲线总可以平滑连接。

2）当 $\rho>r_r$ 时，实际轮廓曲线的最小曲率半径 $\rho_a=\rho-r_r>0$，如图 3.32b 所示，凸轮实际轮廓曲线为一光滑曲线。

3）当 $\rho=r_r$ 时，$\rho_a=\rho-r_r=0$，实际轮廓曲线将出现尖点，如图 3.32c 所示。从动件与凸轮在尖点处接触时的接触应力很大，极易磨损。这样的凸轮工作一段时间磨损后，同样也会引起运动的失真。

4）当 $\rho<r_r$ 时，$\rho_a=\rho-r_r<0$，这时实际轮廓曲线将出现交叉现象，如图 3.32d 所示。在此情况下，加工凸轮轮廓时，交叉点以外的轮廓曲线将被切掉，致使从动件工作时不能按预期的运动规律运动，造成从动件运动失真。

上述 3）和 4）两种情况都是应该避免的。为了避免出现运动失真和应力集中，实际轮廓曲线的最小曲率半径不应<3mm，所以应有

$$r_r\leqslant\rho_{min}-3\text{mm} \tag{3.21}$$

一般建议 $r_r\leqslant0.8\rho_{min}$ 或 $r_r\leqslant0.4r_0$。但从滚子的结构和强度上考虑，滚子半径也不能太小，若直接用滚动轴承作为滚子，还应考虑滚动轴承的标准尺寸。当结构和强度条件决定的滚子半径不能满足式（3.21）的条件时，可增大基圆半径，从而增大 ρ_{min} 以满足上述条件。

根据以上的讨论，在进行凸轮轮廓曲线设计之前，需先选定凸轮基圆的半径，而凸轮基圆半径的选择，需考虑到实际的结构条件、压力角以及凸轮的工作轮廓曲线是否会出现变尖和失真等因素。除此之外，当为直动从动件时，应在结构许可的条件下，尽可能取较大的导轨长度和较小的悬臂尺寸；当为滚子从动件时，应恰当地选取滚子半径；而上述这些尺寸的确定，还必须考虑到强度和工艺等方面的要求。合理选择这些尺寸是保证凸轮机构具有良好的工作性能的重要因素。

习　题

3.1　试分别标出四种凸轮机构在图 3.33 所示位置的压力角 α。

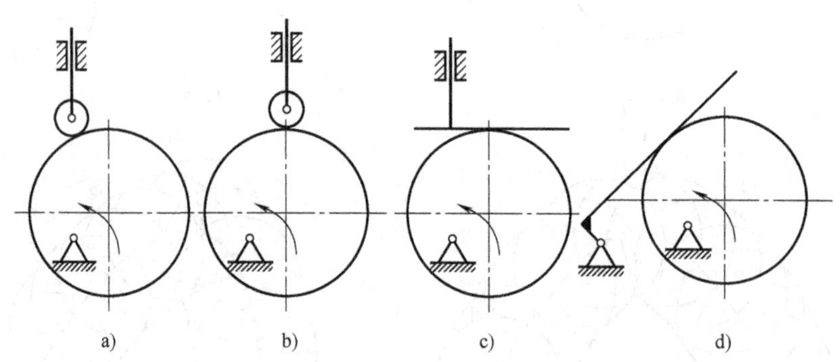

图 3.33　题 3.1 图

3.2　如图 3.34 所示偏置尖顶直动从动件盘形凸轮机构，C 点为从动件推程的起始点。完成下列各题：

1）在图上标出凸轮的合理转向。

2）试在图上作出凸轮的基圆与偏心圆，并标注其半径 r_0 与 e 。

3）在图上作出轮廓上 D 点与从动杆尖顶接触时的位移 s 和压力角 α 。

4）在图上画出凸轮机构的推程运动角 δ_0。

3.3　如图 3.35 所示对心尖顶直动从动件盘形凸轮的轮廓曲线，在图上画出此凸轮的基圆半径 r_0，各运动角即推程运动角 δ_0、远休止角 δ_{01}、回程运动角 δ'_0 和近休止角 δ_{02} 及从动件行程 h 。

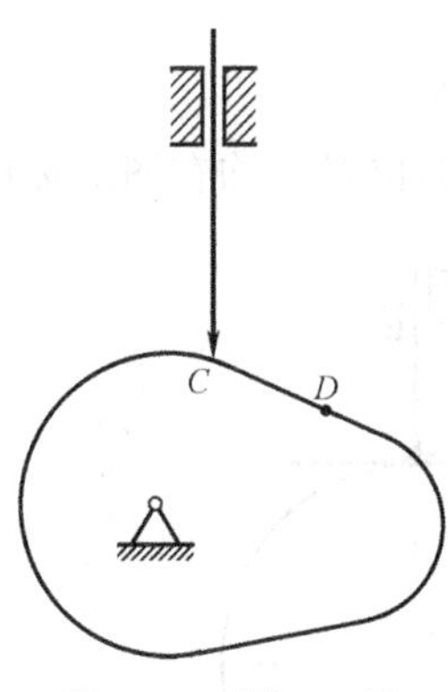

图 3.34　题 3.2 图

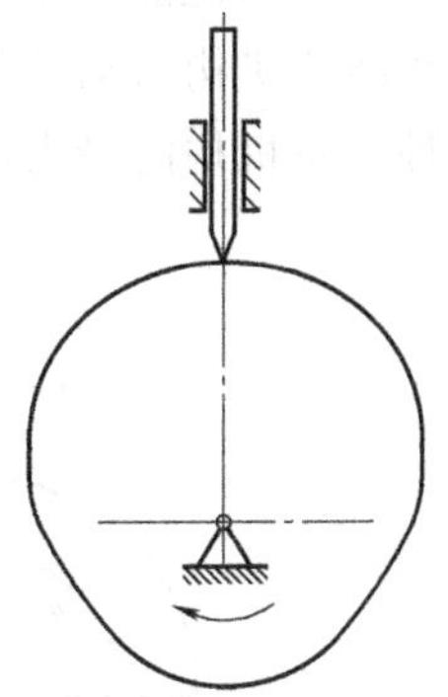

图 3.35　题 3.3 图

3.4　如图 3.36 所示的对心滚子直动从动件盘形凸轮机构中，凸轮的实际轮廓为一圆，圆心在 A 点，半径 $R=40\text{mm}$，凸轮转动方向如图所示，$l_{OA}=25\text{mm}$，滚子半径 $r_r=10\text{mm}$，试问：

1）凸轮的理论曲线为何种曲线？

2）凸轮的基圆半径 r_0 为多少？

3）在图上标出图示位置从动件的位移 s，并计算从动件的行程 h？

4）用反转法作出当凸轮沿 ω 方向从图示位置转过 90°时凸轮机构的压力角。

3.5　如图 3.37 所示偏置滚子直动从动件盘形凸轮机构。已知凸轮实际轮廓线为一圆心在 O 点的偏心圆，其半径为 R，从动件的偏距为 e，试用图解法：

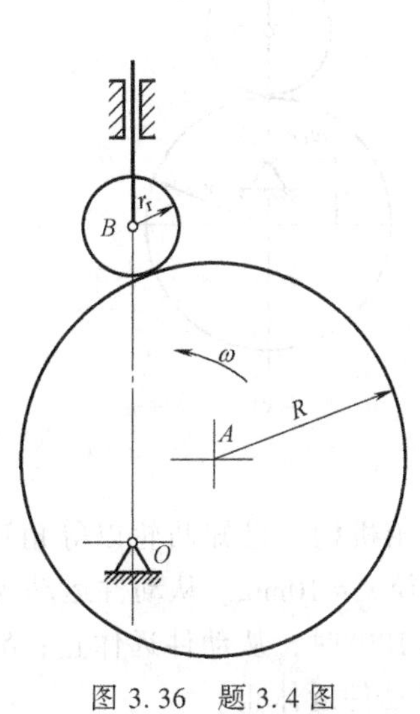

图 3.36　题 3.4 图

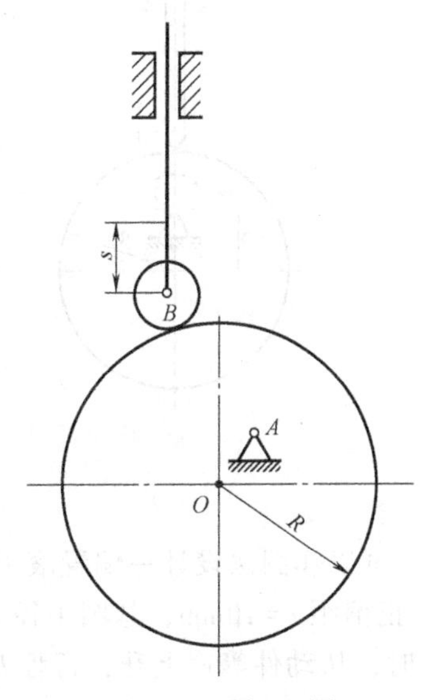

图 3.37　题 3.5 图

1）确定凸轮的合理转向。

2）画出凸轮的基圆。

3）标出当从动件从图示位置上升位移 s 时，对应凸轮机构的压力角 α（要求量出具体的数值）。

3.6 如图 3.38 所示的两种凸轮机构均为偏心圆盘。圆心为 O，半径 $R=30\text{mm}$，偏心距 $l_{OA}=10\text{mm}$，偏距 $e=10\text{mm}$。试求：

1）这两种凸轮机构从动件的行程 h 和凸轮的基圆半径 r_0。

2）这两种凸轮机构的最大压力角 α_{max} 的数值及发生的位置（均在图上标出）。

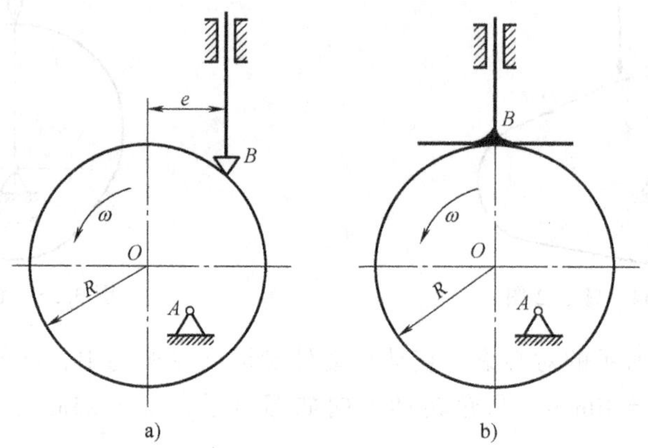

图 3.38 题 3.6 图

3.7 如图 3.39 所示的三个凸轮机构中，已知 $R=40\text{mm}$，$a=20\text{mm}$，$e=15\text{mm}$，$r_r=20\text{mm}$。试用反转法求从动件的位移曲线 s-$s(\delta)$，并比较之（要求选用同一比例尺，画在同一坐标系中，均以从动件最低位置为起始点）。

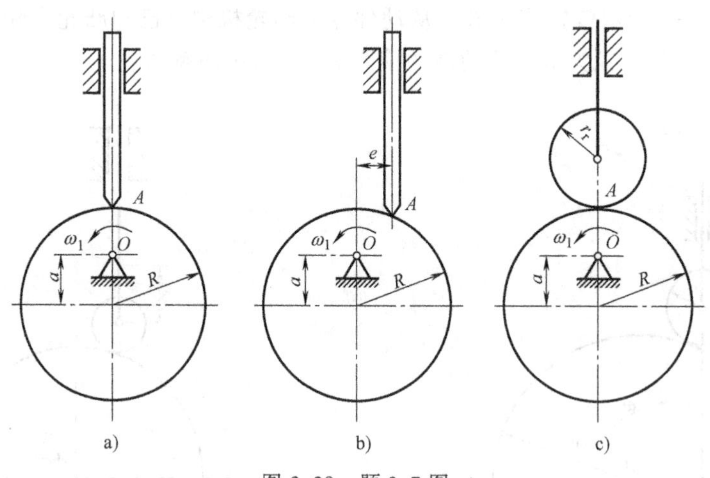

图 3.39 题 3.7 图

3.8 试以作图法设计一偏置滚子直动从动件盘形凸轮机构。已知凸轮以等角速度逆时针回转，正偏距 $e=10\text{mm}$，基圆半径 $r_0=30\text{mm}$，滚子半径 $r_r=10\text{mm}$。从动件运动规律：$\delta=0°\sim150°$时，从动件等速上升，行程 $h=16\text{mm}$；$\delta=150°\sim180°$时，从动件远休止；$\delta=180°\sim300°$时，从动件等加速等减速返回；$\delta=300°\sim360°$时，从动件近休止。

3.9　试用图解法设计一平底直动从动件盘形凸轮机构。已知基圆半径 $r_0=30$mm，凸轮以等角速度顺时针回转，从动件运动规律为：凸轮转角 $\delta=0°\sim150°$时，从动件以余弦加速度运动上升 20mm；$\delta=150°\sim180°$时，从动件远休止；$\delta=180°\sim300°$时，从动件等加速等减速下降 20mm；$\delta=300°\sim360°$时，从动件近休止（求位移，计算、作图均可）。

3.10　试用图解法设计一滚子摆动从动件盘形凸轮机构。已知 $l_{OA}=55$mm，$l_{AB}=50$mm，$r_0=25$mm，滚子半径 $r_r=8$mm。凸轮以等角速度逆时针回转，从动件运动规律为：凸轮转角 $\delta=0°\sim180°$时，从动件以余弦加速度运动顺时针摆动，最大摆动角度 $\varphi_m=20°$；$\delta=180°\sim300°$时，从动件等加速等减速摆回原位；$\delta=300°\sim360°$时，从动件静止。

Chapter 4

第4章 齿轮机构

4.1 齿轮机构的特点和分类

齿轮机构是一种高副机构，它通过轮齿的直接接触来传递两轴间的运动和动力。其优点是：传递功率的范围广、圆周速度的范围大、传动效率高、传动比准确、使用寿命长、工作可靠，因此，它是应用最为广泛的传动机构之一。其缺点是：制造和安装精度高，需用专用机床加工，加工成本高，不适宜远距离传动（如单车）。

按照两轴的相对位置和齿向，齿轮机构分类如图 4.1 所示。

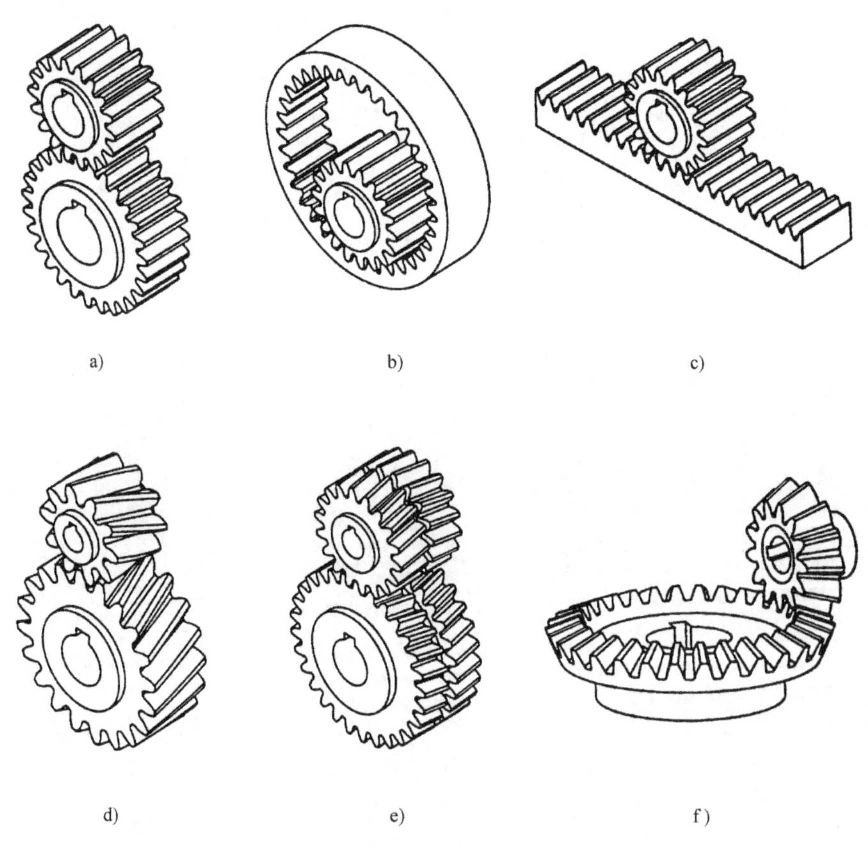

图 4.1　齿轮机构的类型

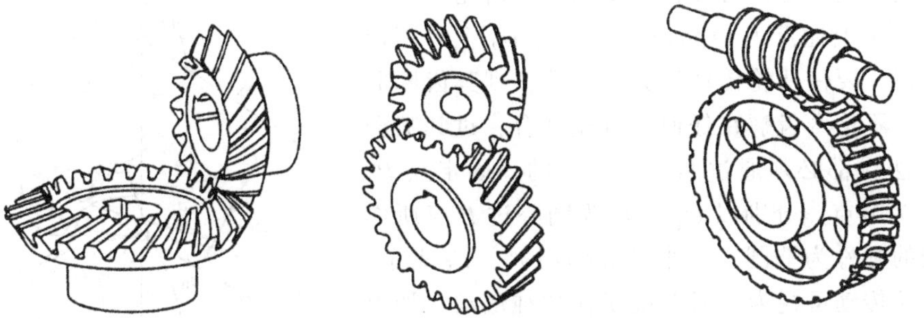

g)　　h)　　i)

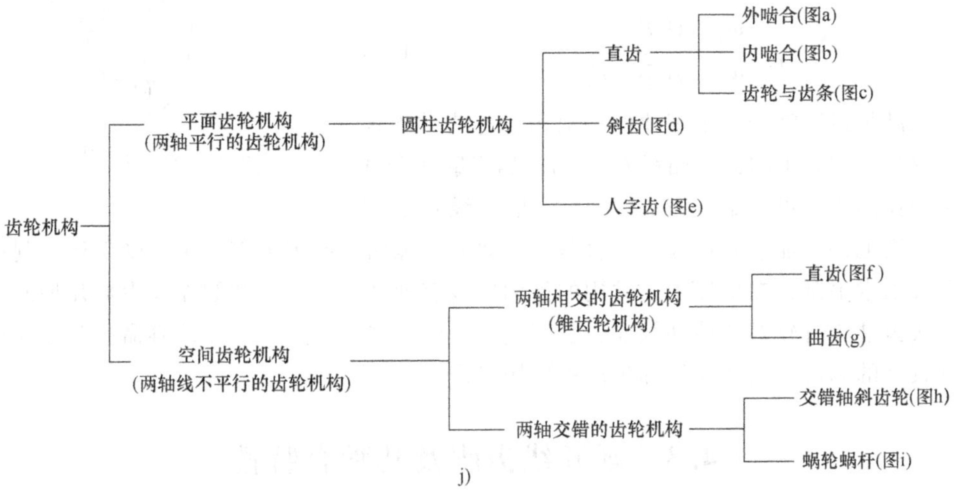

- 齿轮机构
  - 平面齿轮机构（两轴平行的齿轮机构）
    - 圆柱齿轮机构
      - 直齿
        - 外啮合(图a)
        - 内啮合(图b)
        - 齿轮与齿条(图c)
      - 斜齿(图d)
      - 人字齿(图e)
  - 空间齿轮机构（两轴线不平行的齿轮机构）
    - 两轴相交的齿轮机构（锥齿轮机构）
      - 直齿(图f)
      - 曲齿(g)
    - 两轴交错的齿轮机构
      - 交错轴斜齿轮(图h)
      - 蜗轮蜗杆(图i)

j)

图 4.1　齿轮机构的类型（续）

4.2　齿廓啮合基本定律

一对齿轮传动，是通过主动轮轮齿的齿廓推动从动轮轮齿的齿廓来实现的。对齿轮传动最基本的要求是传动准确、平稳，即要求瞬时传动比必须保持不变。否则，当主动轮以等角速度回转时，从动轮作变角速度转动，所产生的惯性力不仅影响齿轮的使用寿命，而且还会引起机器的振动和噪声，影响工作精度。为此，需要研究轮齿的齿廓形状应符合什么条件才能满足齿轮瞬时传动比保持不变的要求，即齿廓啮合基本定律。

图 4.2 所示为两齿廓曲线 G_1、G_2 某一瞬时在 K 点啮合，设主、从动轮角速度为 ω_1、ω_2，过 K 点作两齿廓的公法线 n—n，其与两轮连心线 O_1、O_2 的交点为 P。由三心定理可知 P 点为两轮的相对瞬心，故 $v_{P1}=v_{P2}$，所以该对齿轮的传动比为

$$i_{12}=\frac{\omega_1}{\omega_2}=\frac{\overline{O_2P}}{\overline{O_1P}} \tag{4.1}$$

式（4.1）表明：一对齿轮传动在任意瞬时的传动比等于其连心线 O_1、O_2 被接触点的公法线 n—n 所分割的线段的反比，这个规律称为齿廓啮合基本定律。

由齿廓啮合基本定律可知，若要求一对齿轮的传动比恒定不变，则上述点 P 应为连心线 O_1、O_2 上一固定点。由此可得，要使两轮传动比为一常数，则其齿廓曲线必须符合：不论两齿廓在任何位置相啮合，过其啮合点所作的公法线都必须通过两连心线上的一固定点 P。通常称 P 点为节点，分别以 O_1、O_2 为圆心过 P 点所作的两个相切的圆称为节圆，其半径分别用 r'_1、r'_2 表示。一对圆柱齿轮传动可视为一对节圆所作的纯滚动。如果两轮中心 O_1、O_2 发生改变，两轮节圆的大小也将随之改变，所以

$$i_{12}=\frac{\omega_1}{\omega_2}=\frac{\overline{O_2P}}{\overline{O_1P}}=\frac{r'_2}{r'_1} \tag{4.2}$$

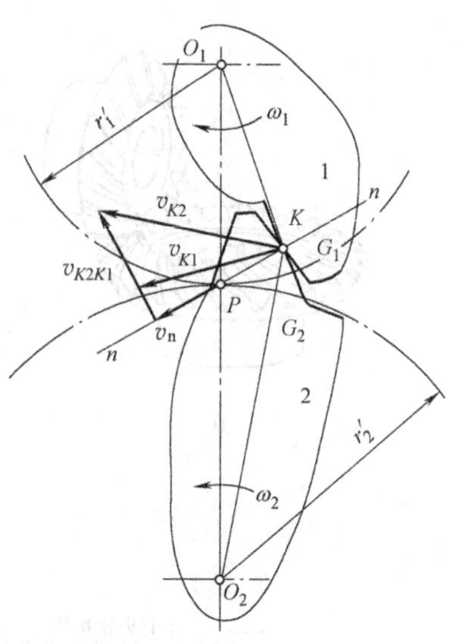

图 4.2　齿廓啮合基本定律

凡能满足齿廓啮合基本定律的一对齿廓称为共轭齿廓。只要给定齿轮 1 的齿廓曲线 G_1，则根据齿廓啮合基本定律用作图法就可确定齿轮 2 的共轭齿廓曲线 G_2，因此，从理论上讲，能够满足齿廓啮合基本定律的共轭曲线有无穷多。由于受设计、制造、测量等多种因素限制，在机械中，常用的齿廓曲线有渐开线、摆线和圆弧等少数几种曲线。由于渐开线齿廓具有较好的传动性能，且制造、安装、强度、效率、使用寿命以及互换性等都能得到较好的满足，因此在实际生产中应用最广。

4.3　渐开线齿廓及其啮合特性

4.3.1　渐开线的形成及其性质

如图 4.3 所示，当一直线 BK 在圆周上作纯滚动时，其上任意点 K 的轨迹 AK 即为该圆的渐开线，该圆称为渐开线的基圆，其半径用 r_b 表示。直线 BK 称为渐开线的发生线，角 $\theta_K=\angle AOK$ 称为渐开线上点 K 的展角。

根据渐开线的形成过程可知，渐开线具有下列特性：

1）发生线在基圆上滚过的长度 $\overline{BK}$ 等于基圆上被滚过的弧长 $\widehat{AB}$，即 $\overline{BK}=\widehat{AB}$。

2）当发生线沿基圆作纯滚动时，切点 B 为其转动中心，故发生线上点 K 的速度方向与渐开线在该点的切线 t—t 方向重合，即发生线 $\overline{BK}$ 是渐开线在 K 点的法线。又因为发生线总是基圆的切线，故渐开线上任意点的法线必与基圆相切。

3）发生线与基圆的切点 B 是渐开线上 K 点的曲率中心，而线段 $\overline{BK}$ 是其曲率半径。由此可知 $\rho_K=\overline{BK}$。渐开线离基圆愈远曲率半径越大，而离基圆越近曲率半径越小，在基圆上曲率半径为零。

4）渐开线形状完全取决于基圆的大小，基圆半径越大，曲率半径 $\overline{BK}$ 越大，渐开线越

平直，当基圆半径趋于无穷大时，渐开线则成为与发生线 $\overline{BK}$ 垂直的一条直线（如齿条的直线齿廓也为渐开线），如图 4.4a 所示。

5）基圆内无渐开线。

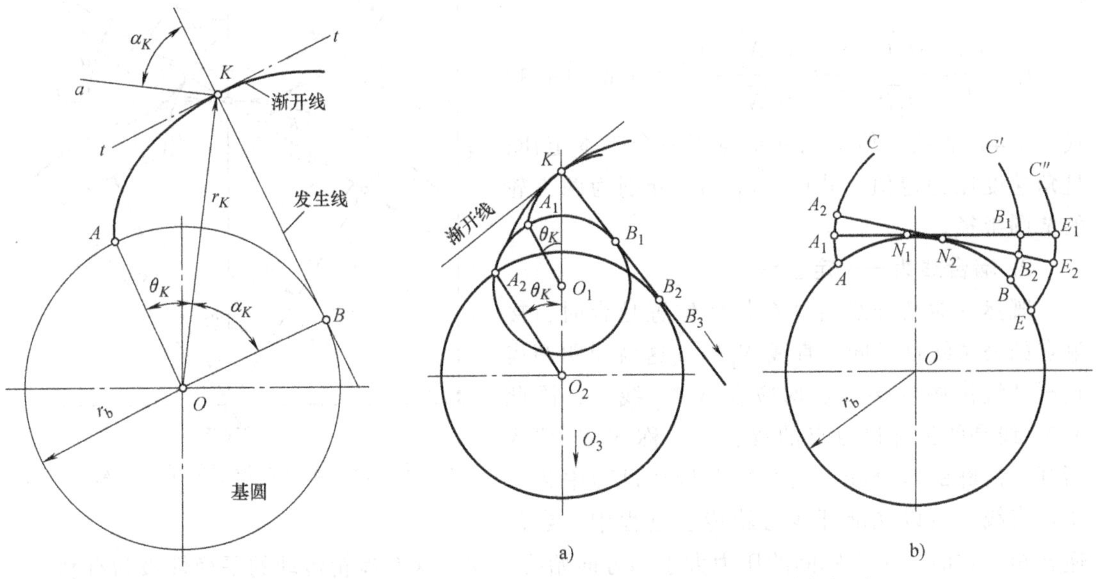

图 4.3　渐开线齿廓的形成

图 4.4　渐开线的性质

6）同一基圆上任意两条渐开线的公法线处处相等，如图 4.4b 所示，两条反向的公法线 $\overline{A_1B_1}=\overline{A_2B_2}$，两条同向的公法线 $\overline{B_1E_1}=\overline{B_2E_2}$。

4.3.2　渐开线的极坐标方程

如图 4.3 所示，取 OA 为极坐标轴，O 为极点。渐开线上任意点 K 的极坐标分别用 r_K（任意圆半径或极径）和 θ_K 表示。取渐开线的基圆半径为 r_b，齿廓上任意点 K 的速度为 v_K，K 点的压力角为 α_K，$\angle BOK=\alpha_K$（压力角），则以 θ_K 为参数的渐开线极坐标参数方程为

$$\cos\alpha_K=\frac{r_b}{r_K}$$

$$r_K=\frac{r_b}{\cos\alpha_K} \tag{4.3}$$

由式（4.3）可知：渐开线上各点的压力角不相等，离基圆越远压力角越大，基圆处压力角为零。

4.3.3　渐开线齿廓的啮合特性

1. 满足定传动比要求

如图 4.5 所示，一对齿轮的渐开线齿廓在任意 K 点接触，过接触点作其公法线 n—n。根据渐开线特性 2）可知，这一公法线必为两齿轮基圆的内公切线，切点分别为 N_1 和 N_2。

在啮合过程中两齿轮接触点都在内公切线上，内公切线也是两齿轮的啮合线。内公切线和两齿轮的连心线都为定直线，两线的交点 P 为定点，即传动比

$$i_{12}=\frac{\omega_1}{\omega_2}=\frac{\overline{O_2P}}{\overline{O_1P}}=\frac{r'_2}{r'_1}=\frac{\overline{O_2N_2}}{\overline{O_1N_1}}=\frac{r_{b2}}{r_{b1}}=\text{常量} \quad (4.4)$$

式（4.4）表明：传动比满足齿廓啮合基本定律，且角速度比为定值。式中，r'_1、r'_2 分别为两齿轮的节圆半径。

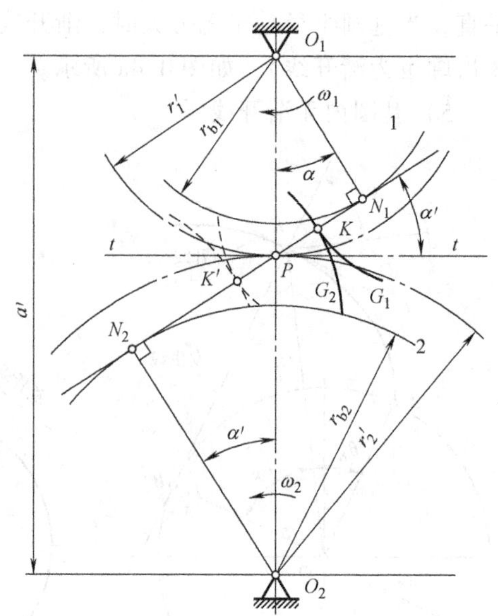

图 4.5 渐开线齿廓的啮合传动

2. 啮合线为一条定直线

既然一对渐开线齿廓在任何位置啮合时，接触点的公法线都是同一直线 N_1N_2，这就说明两齿轮渐开线齿廓的接触点均应在 N_1N_2 线上，因此 N_1N_2 线是两齿廓接触点的集合，故称 N_1N_2 线为渐开线齿廓的啮合线。它在整个传动过程中为一条定直线，所以在渐开线齿轮传动过程中，当传递转矩一定时，则齿廓间的压力大小和方向始终不变，这对齿轮传动的平稳性极为有利。

3. 啮合角恒等于节圆压力角

如图 4.5 所示，过节点作两节圆的公切线 t—t，它与啮合线 N_1N_2 之间所夹的锐角 α'称为啮合角，它的大小标志着齿轮传动的动力特性。由于啮合线的方位在传动过程中始终不变，公切线 t—t 也不变，故啮合角 α'在传动过程中为常数。另外两节圆在节点 P 相切，所以当一对渐开线齿廓在节点 P 处啮合时，啮合点 K 与节点 P 重合，这时的压力角称为节圆压力角。从图 4.5 所示可知，$\triangle N_1O_1P \backsim \triangle N_2O_2P$，即 $\alpha=\alpha'$，因此可得出如下结论：一对相啮合的渐开线齿廓的啮合角，其大小恒等于一对齿轮传动的节圆压力角。

4. 中心距可分性

由式（4.4）可知，渐开线齿轮的传动比取决于两齿轮基圆半径的大小，因为基圆大小一定，所以即使在安装中使两齿轮实际中心距 a'与所设计的中心距 a 有偏差，也不会影响两齿轮的传动比，渐开线传动的这一特性称为中心距可分性。这一性质对于渐开线齿轮的加工、装配都十分有利。但中心距的变动，可使传动产生过紧或过松的现象。

4.4 渐开线标准直齿圆柱齿轮各部分名称和尺寸

图 4.6 所示为渐开线标准直齿圆柱外齿轮的一部分，齿轮上每个凸起部分称为轮齿。

1. 各部分的名称和符号

（1）分度圆　为了便于齿轮各部分尺寸的计算，在齿轮上选择一个圆作为计算的基准，称该圆为齿轮的分度圆，其直径和半径分别以 d 和 r 表示。

（2）齿顶圆　过齿轮各齿顶所作的圆称为齿顶圆，其直径和半径分别以 d_a 和 r_a 表示。介于分度圆与齿顶圆之间的轮齿部分称为齿顶，其径向高度称为齿顶高，以 h_a 表示。

(3) 齿根圆 过齿轮各齿槽底部所作的圆称为齿根圆，其直径和半径分别以 d_f 和 r_f 表示。介于分度圆与齿根圆之间的轮齿部分称为齿根，其径向高度称为齿根高，以 h_f 表示。

(4) 齿全高 齿顶圆与齿根圆之间的径向距离，即齿顶高与齿根高之和称为齿全高，以 h 表示，则

$$h = h_a + h_f \tag{4.5}$$

(5) 齿厚 在任意半径 r_K 的圆周上，一个轮齿两侧齿廓所截该圆的弧长，称为该圆周上的齿厚，以 s_K 表示。

(6) 齿槽宽 相邻左右两齿廓之间的空间称为齿槽，一个齿槽两侧齿廓所截任意圆周的弧长，称为该圆周上的齿槽宽，以 e_K 表示。

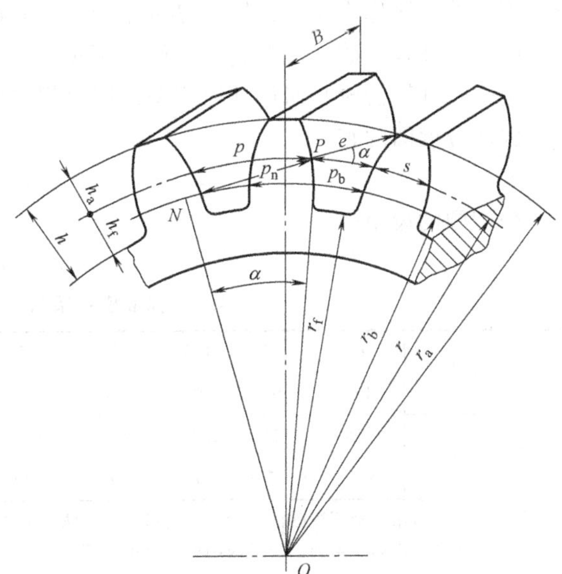

图 4.6 外齿轮各部分的名称和符号

(7) 齿距 任意圆上相邻两齿同侧齿廓所截任意圆周的弧长，称为该圆周上的齿距，以 p_K 表示。由图 4.6 所示可见，在同一圆周上，齿距等于齿厚与齿槽宽之和，即

$$p_K = s_K + e_K \tag{4.6}$$

在分度圆上的齿距、齿厚和齿槽宽，分别用 p、s 和 e 表示，且 $p = s + e$。基圆上的齿距、齿厚和齿槽宽，分别用 p_b、s_b 和 e_b 表示，且 $p_b = s_b + e_b$。

(8) 法向齿距 相邻两齿同侧齿廓之间在法线 $n—n$ 上所截线段的长度称为法向齿距，以 p_n 表示，由渐开线性质可知 $p_n = p_b$。

(9) 顶隙（径向间隙） 指一对齿轮啮合时一个齿轮的齿顶圆到另一个齿轮的齿根圆之间的径向间隙，以 c 表示，其值为 $c = c^* m$。

2. 基本参数

(1) 齿数 在齿轮整个圆周上轮齿的总数称为齿数，用 z 表示。

(2) 分度圆模数 如上所述，齿轮的分度圆是计算齿轮各部分尺寸的基准，若已知齿轮的齿数 z 和分度圆齿距 p，分度圆的直径即为

$$d = \frac{p}{\pi} z \tag{4.7}$$

式 (4.7) 中所含的无理数 π，给齿轮的计算、制造和测量带来不便，因此人为地把 p/π 规定为标准值，此值称为

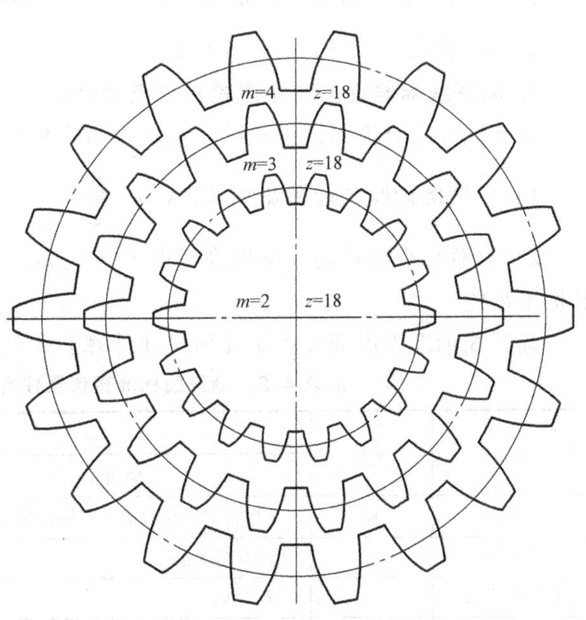

图 4.7 齿轮不同模数的比较

分度圆模数，简称为模数，用 m 表示，即 $m=p/\pi$，单位为毫米（mm）。模数是齿轮尺寸计算中的一个基本参数，模数越大，则齿距越大，轮齿也就越大（图 4.7），轮齿的抗弯曲能力便越强。计算齿轮几何尺寸时应采用国家规定的标准模数系列，见表 4.1。

因此分度圆的直径

$$d=mz$$

分度圆的齿距

$$p=\pi m$$

表 4.1　标准模数系列（GB/T 1357—2008）　　　　（单位：mm）

第一系列	1	1.25	1.5	2	2.5	3	4	5	6	8	10
	12	16	20	25	32	40	50				
第二系列	1.75	2.25	2.75	(3.25)	3.5	(3.75)	4.5				
	5.5	(6.5)	7	9	(11)	14	18	22	28	36	45

注：1. 本表适用于渐开线圆柱齿轮，对斜齿轮是指法向模数，对锥齿轮取大端模数为标准模数。
2. 优先采用第一系列，括号内的模数尽可能不用。

（3）分度圆压力角　轮齿的渐开线齿廓位于分度圆周上的压力角称为该齿轮的压力角，用 α 表示。如图 4.6 所示，过分度圆与渐开线交点 P 作基圆切线得切点 N，OP 与 NO 线之间的夹角，其大小与分度圆周上压力角相等。国家标准规定压力角为标准值，一般为 20°。在某些装置中，也有用压力角为 14.5°、15°、22.5°和 25°等的齿轮。

由上述可知，分度圆周上的模数和压力角均为标准值。

（4）齿顶高系数 h_a^*　齿顶高 h_a 用齿顶高系数 h_a^* 与模数 m 的乘积表示，即 $h_a=h_a^* m$。

（5）齿根高 h_f　齿根高 h_f 用齿顶高系数 h_a^* 与顶隙系数 c^* 之和乘以模数 m 表示，即 $h_f=(h_a^*+c^*)m$。国家标准规定了齿顶高系数 h_a^* 和顶隙系数 c^* 的标准值。

1）正常齿制，当 $m\geqslant 1$mm 时，$h_a^*=1$，$c^*=0.25$；当 $m<1$mm 时，$c^*=0.35$。

2）短齿制，$h_a^*=0.8$，$c^*=0.3$。

3. 渐开线标准直齿圆柱齿轮几何尺寸计算

渐开线标准直齿圆柱齿轮除了基本参数是标准值外，还有两个特征。

1）分度圆齿厚与齿槽宽相等，$s=e=\dfrac{p}{2}$。

2）具有标准齿顶高和齿根高，即 $h_a=h_a^* m$，$h_f=(h_a^*+c^*)m$。不具备上述特征的称为非标准齿轮。

渐开线标准直齿圆柱齿轮几何尺寸计算公式见表 4.2。

表 4.2　渐开线标准直齿圆柱齿轮几何尺寸计算公式

名称	符号	计算公式	
		小齿轮	大齿轮
模数	m	（根据齿轮受力情况和结构确定，选取标准值）	
压力角	α	选取标准值	
分度圆直径	d	$d_1=mz_1$	$d_2=mz_2$
齿顶高	h_a	$h_{a1}=h_{a2}=h_a^* m$	

（续）

名称	符号	计算公式	
		小齿轮	大齿轮
齿根高	h_f	$h_{f1}=h_{f2}=(h_a^*+c^*)m$	
齿全高	h	$h_1=h_2=(2h_a^*+c^*)m$	
齿顶圆直径	d_a	$d_{a1}=(z_1+2h_a^*)m$	$d_{a2}=(z_2+2h_a^*)m$
齿根圆直径	d_f	$d_{f1}=(z_1-2h_a^*-2c^*)m$	$d_{f2}=(z_2-2h_a^*-2c^*)m$
基圆直径	d_b	$d_{b1}=d_1\cos\alpha$	$d_{b2}=d_2\cos\alpha$
齿距	p	$p=\pi m$	
基圆齿距	p_b	$p_b=p\cos\alpha$	
法向齿距	p_n	$p_n=p\cos\alpha$	
齿厚	s	$s=\dfrac{\pi m}{2}$	
齿槽宽	e	$e=\dfrac{\pi m}{2}$	
顶隙	c	$c=c^* m$	
标准中心距	a	$a=\dfrac{m(z_1\pm z_2)}{2}$ “+” 为外啮合；“-”为内啮合	
节圆直径	d'	（当中心距为标准中心距 a 时）$d'=d$	
传动比	i_{12}	$i_{12}=\dfrac{\omega_1}{\omega_2}=\dfrac{z_2}{z_1}=\dfrac{d'_2}{d'_1}=\dfrac{d_2}{d_1}=\dfrac{d_{b2}}{d_{b1}}$	

4.5　渐开线直齿圆柱齿轮的啮合传动

4.5.1　一对渐开线直齿圆柱齿轮正确啮合的条件

一对轮齿能否正确进入和退出啮合是齿轮传动的必要条件。如图 4.8 所示，一对轮齿在 K 点开始进入啮合，经过一段时间啮合传动，这对轮齿到达 K'点啮合，这时一对轮齿接替进入 K 点啮合。为了保证前后两对轮齿能同时在啮合线上接触，相邻两齿同侧齿廓沿法线的距离要相等，即 $\overline{K_1K_1'}=\overline{K_2K_2'}=\overline{KK'}$。根据渐开线的特性 1）可知

$$KK'=p_{n1}=p_{n2}=p_{b1}=p_{b2} \tag{4.8}$$

由式（4.8）推导可得

$$p_1\cos\alpha_1=p_2\cos\alpha_2$$

$$\pi m_1\cos\alpha_1=\pi m_1\cos\alpha_1$$

$$m_1\cos\alpha_1=m_2\cos\alpha_2$$

渐开线齿轮的模数和压力角已经标准化，若

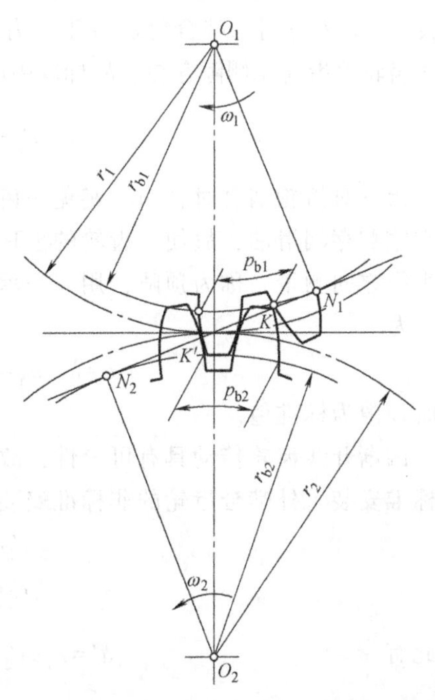

图 4.8　渐开线直齿圆柱齿轮正确啮合条件

满足上式关系必须使两齿轮的模数和压力角分别相等，因此，可得一对渐开线齿轮正确啮合的条件是：

$$\left.\begin{aligned} m_1 = m_2 = m \\ \alpha_1 = \alpha_2 = \alpha \end{aligned}\right\} \tag{4.9}$$

故一对渐开线标准直齿圆柱齿轮正确啮合的条件是两齿轮的模数和压力角分别相等。

4.5.2 齿轮传动的无侧隙啮合及标准齿轮的安装

1. 齿轮传动的无侧隙啮合

一对齿轮传动时，为了在齿廓间能形成润滑油膜，避免因轮齿受力变形、摩擦发热而膨胀所引起的挤轧现象，在齿廓间必须留有间隙，此间隙称为齿侧间隙，简称侧隙。但侧隙的存在却会产生齿间冲击，影响齿轮传动的平稳性。因此，这个侧隙只能很小，通常由齿轮的制造公差来保证。对于齿轮的运动设计仍是按无侧隙啮合（侧隙为零）进行的。因此可得

$$s'_1 = e'_2 \text{ 或 } s'_2 = e'_1$$

即齿轮传动的无侧隙啮合条件是：一个齿轮节圆上的齿厚等于另一个齿轮节圆上的齿槽宽。由上所述可知，实际存在的侧隙是影响齿轮传动质量的重要因素之一。

2. 标准齿轮的安装

对于一对模数、压力角分别相等的外啮合标准渐开线齿轮，因其分度圆上的齿厚等于齿槽宽，即：$s_1 = e_1 = s_2 = e_2 = \dfrac{\pi m}{2}$。若把两齿轮安装成其分度圆相切的状态，也就是两齿轮的分度圆与节圆重合，则 $s'_1 = s_1 = e_2 = e'_2$，所以能实现无侧隙啮合传动。标准齿轮的这种安装称为标准安装，如图 4.9a 所示。过节点 P 作两齿轮分度圆的公切线，它与啮合线的夹角称为啮合角，用 α'表示。显然这时的啮合角 α'等于压力角（分度圆压力角）α，而中心距 a 称为标准中心距。因两齿轮轮齿间无侧隙存在，故标准中心距是标准齿轮外啮合时的最小中心距，其值为

$$a = r'_1 + r'_2 = r_1 + r_2 = \frac{m}{2}(z_1 + z_2) \tag{4.10}$$

当一对齿轮啮合时，为了避免一齿轮的齿顶端与另一齿轮的齿槽底相抵触，并能有一定的空隙贮存润滑油，故使一齿轮的齿顶圆与另一齿轮的齿根圆之间留有一定的空隙，此空隙沿半径方向测量，称为顶隙，用 c 表示。由图 4.9a 所示可知，标准齿轮在标准安装时的顶隙 c 为

$$c = h_f - h_a = (h_a^* + c^*)m - h_a^* m = c^* m$$

此时顶隙为标准值。

因渐开线齿轮传动具有可分性，故齿轮安装的中心距可以不等于标准中心距，这时称为非标准安装。外啮合齿轮的非标准安装如图 4.9b 所示，显然其中心距 a'只有加大。又因

$$r'_1 \cos\alpha' = r_1 \cos\alpha = r_{b1}$$

$$r'_2 \cos\alpha' = r_2 \cos\alpha = r_{b2}$$

因此有

$$a' = r'_1 + r'_2 = \frac{r_1 \cos\alpha}{\cos\alpha'} + \frac{r_2 \cos\alpha}{\cos\alpha'} = a\frac{\cos\alpha}{\cos\alpha'}$$

所以

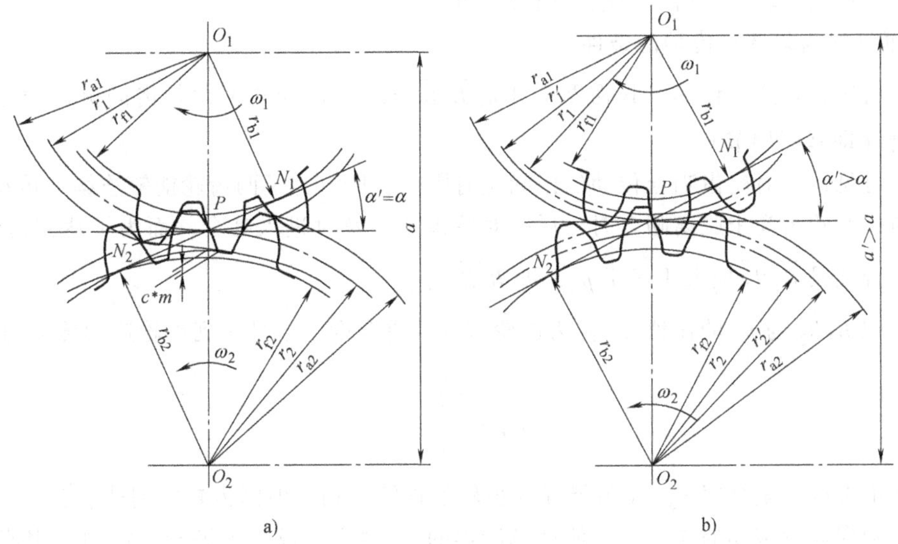

图 4.9　标准齿轮外啮合传动

$$a'\cos\alpha' = a\cos\alpha \tag{4.11}$$

注意，分度圆和节圆是两个不同性质的圆，对单个齿轮不存在节圆只有分度圆，只有当一对齿轮进行安装后，出现节点 P 时才存在节圆，若为标准安装时两者才重合，此时 $a=a'$、$\alpha=\alpha'$；若为非标准安装时两者不重合，此时两节圆相切，其 $a\neq a'$、$\alpha\neq\alpha'$。

由式（4.10）及图 4.9b 所示可知，一对外啮合标准齿轮非标准安装时某些参数变化的情况：因 $a'>a$，故 $\alpha'>\alpha$，$r'_1>r_1$，$r'_2>r_2$，$c>c^*m$，故有侧隙。但无论是标准安装还是非标准安装，其传动比都为

$$i_{12} = \frac{\omega_1}{\omega_2} = \frac{z_2}{z_1} = \frac{d'_2}{d'_1} = \frac{d_2}{d_1} = \frac{d_{b2}}{d_{b1}} \tag{4.12}$$

4.5.3　渐开线齿轮的啮合过程及连续传动的条件

1. 一对轮齿的啮合过程

如图 4.10 所示，一对齿廓开始进入啮合时是主动轮 1 的齿根部分与从动轮 2 的齿顶接触，所以，起始啮合点是从动轮的齿顶圆与啮合线的交点 B_2。两齿轮继续转动，啮合点的位置沿啮合线向 N_2 方向移动，从动轮齿廓上的接触点由齿顶向齿根移动，而主动轮齿廓上的接触点则由齿根向齿顶移动。一对齿廓终止啮合点是主动轮的齿顶圆与啮合线的交点 B_1。

一对齿廓啮合点的实际轨迹是 $\overline{B_1B_2}$，故 $\overline{B_1B_2}$ 为实际啮合线。当两齿轮的齿顶圆加大时，点 B_2 和点 B_1 趋近于点 N_1 和点 N_2（因基圆以内无渐开线，$\overline{B_1B_2}$ 不会超过 N_1 点和 N_2 点），线段 $\overline{N_1N_2}$ 称为理论啮合线。

另外在两轮齿啮合过程中，轮齿的齿廓并非全部参加啮合，只是从齿顶到齿根的一段参加接触，该段称为齿廓的工作段。由图 4.10 所示可看出，主动轮和从动轮的齿廓工作段长度并不相等，这说明两齿轮齿廓在啮合过程中其相对运动为滚动兼滑动（节点除外），而齿

根部分的工作段又较短，所以齿根磨损最严重。

2. **渐开线齿轮连续传动的条件**

一对齿轮若要连续传动，其临界条件是 $\overline{B_1B_2}=p_b$，p_b 为相邻两轮齿同侧齿廓之间的法向的距离（即基圆周节）。

由此可见，一对轮齿啮合传动的区间是有限的，所以为了两齿轮能够连续地传动，必须保证在前一对轮齿尚未脱离啮合时，后一对轮齿就要及时进入啮合。而为了达到这一目的，则实际啮合线段 $\overline{B_1B_2}$ 应大于等于 p_b，即 $\overline{B_1B_2}>p_b$。

通常把 $\overline{B_1B_2}$ 与 p_b 的比值 ε_α 称为齿轮传动的重合度。于是得到齿轮连续传动的条件为

$$\varepsilon_\alpha=\frac{\overline{B_1B_2}}{p_b}\geqslant 1 \tag{4.13}$$

从理论上讲，重合度 $\varepsilon_\alpha=1$ 就能保证齿轮的连续传动。但因齿轮的制造、安装不免有误差，为了确保齿轮传动的连续，应使计算所得的 ε_α 值大于或至少等于一定的许用值 $[\varepsilon_\alpha]$，即 $\varepsilon_\alpha\geqslant[\varepsilon_\alpha]$。

$[\varepsilon_\alpha]$ 是随齿轮传动的使用要求和制造精度而定的，常用的推荐值见表 4.3。

表 4.3 $[\varepsilon_\alpha]$ 的推荐值

使用场合	一般机械制造业	汽车拖拉机	金属切削机床
$[\varepsilon_\alpha]$	1.4	1.1~1.2	1.3

3. **重合度的计算**

外啮合标准直齿轮传动的重合度计算，可由图 4.11 所示推导而得

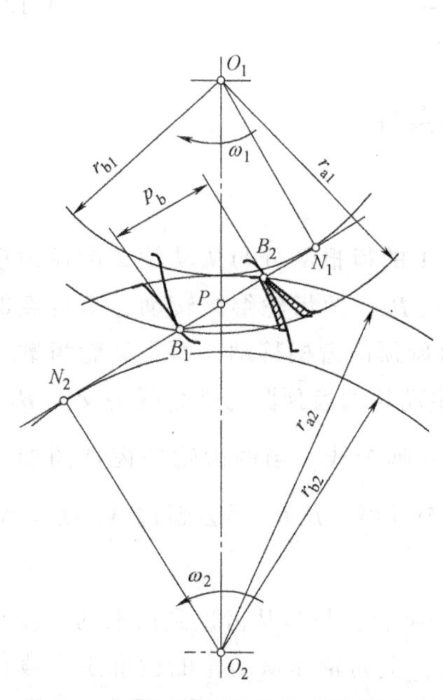

图 4.10　渐开线齿轮连续传动的条件

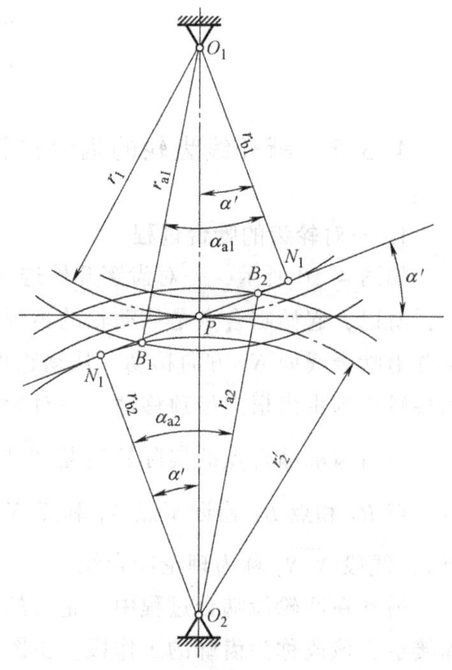

图 4.11　外啮合齿轮传动的重合度

$$\varepsilon_{\alpha}=\frac{\overline{B_1B_2}}{p_{\mathrm{b}}}=\frac{\overline{PB_1}+\overline{PB_2}}{\pi m\cos\alpha}=\frac{1}{2\pi}[z_1(\tan\alpha_{\mathrm{a1}}-\tan\alpha')+z_2(\tan\alpha_{\mathrm{a2}}-\tan\alpha')] \tag{4.14}$$

式中，α'为啮合角，z_1、z_2 及 α_{a1}、α_{a2} 分别为齿轮 1、2 的齿数及齿顶圆压力角。

而
$$\alpha_{\mathrm{a}}=\arccos\frac{r_{\mathrm{b}}}{r_{\mathrm{a}}}=\arccos\frac{z\cos\alpha}{z+2h_{\mathrm{a}}^{*}}$$

一对齿轮传动时，其重合度的大小，实质上表明了同时参与啮合的轮齿对数的平均值。增大齿轮传动的重合度，意味着同时参与啮合的轮齿对数增多，这对于提高齿轮传动的平稳性，提高承载能力都有重要意义。

4.6　渐开线齿廓的加工及根切现象

渐开线齿轮的加工有很多方法，如切削、铸造、冲压、成形加工等。切削是一种常用的齿轮加工方法，按其加工原理可分为仿形法和展成法两类。

4.6.1　仿形法

仿形法加工所用的刀具有指形齿轮铣刀和盘状铣刀两种，刀具的刃口与所加工的渐开线齿轮齿槽形状相同，如图 4.12 所示。

加工时，铣刀绕本身轴线旋转，同时轮坯沿齿轮轴线方向直线移动。铣出一个齿槽后，将轮坯转过一定角度再铣第二个齿槽，直至加工完成所有齿槽。这种切齿方法简单，普通机床就可进行加工，但生产效率低，故仅适用于单件生产。

齿廓渐开线的形状决定于基圆大小，压力角一定，同一模数下不同齿数的齿轮，其基圆大小不同齿廓渐开线形状就不同。机器中常用的齿轮齿数为 17~150，因此，要想加工精确渐开线齿形，就需要大量的铣刀，这实际上是做不到的。为了节省刀具数量，工程中规定相同模数的铣刀为 8 把（分别称 1~8 号铣刀），每号铣刀对应加工不同齿数范围的齿轮，刀号及其加工齿数的范围见表 4.4。采用仿形法加工齿轮，理论上就存在一定的误差。故此，仿形法加工的齿轮精度低。

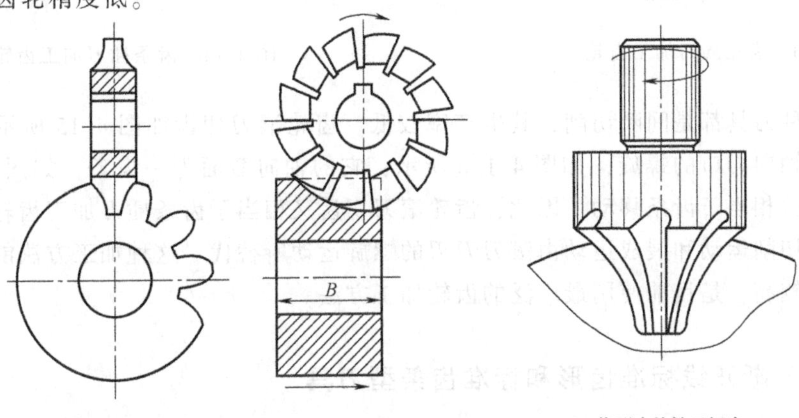

a) 盘状铣刀切齿　　b) 指形齿轮铣刀切齿

图 4.12　仿形法切齿

表 4.4 刀号及其加工齿数的范围

铣刀号数	1	2	3	4	5	6	7	8
加工齿数的范围	12~13	14~16	17~20	21~25	26~34	35~54	55~134	≥135

4.6.2 展成法

展成法也称为范成法，是根据一对齿轮互相啮合时其齿廓曲线共轭互为包络线（因此展成法又称为共轭法或包络法）的原理来切齿的。用展成法切齿的常用刀具有齿轮插刀、齿条插刀和齿轮滚刀三种。

齿轮插刀加工齿轮如图 4.13 所示。插齿时，插刀沿轮坯轴线方向作往复切削运动，同时保证插刀与轮坯按一对齿轮啮合传动（展成运动），直至全部齿槽切削完毕。根据正确啮合条件，只要一对齿轮的模数和压力角相等就能实现啮合。因此，理论上一把插刀可以加工同一模数的所有齿数的齿轮。

用齿条插刀加工齿轮，如图 4.14 所示。其相对运动及相互啮合与齿轮插刀加工齿轮相似，区别在于齿轮插刀的展成回转运动变为齿条插刀的直线运动。

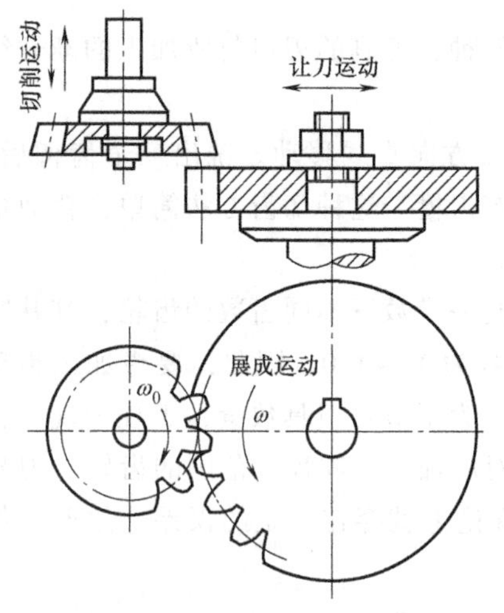

图 4.13 齿轮插刀加工齿轮

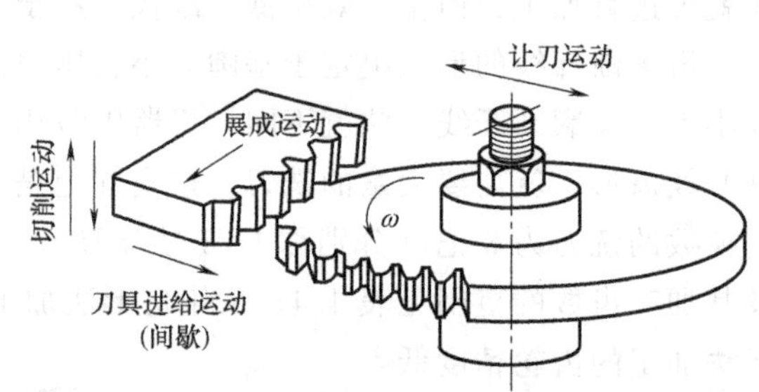

图 4.14 齿条插刀加工齿轮

以上两种刀具都是间断切削，其生产率较低。齿轮滚刀切齿如图 4.15 所示。滚刀形状为一个具有轴向刃口的螺旋，如图 4.15b 所示；它的轴向截面为一齿条，如图 4.15a 所示。滚刀的转动就相当于齿条移动，因此，齿轮滚刀切齿又相当于齿条插刀加工齿轮。不同的是齿条插刀的切削运动和展成运动由滚刀刀刃的螺旋运动所替代。这种加工方法能实现连续切削，生产率较高，是目前使用最广泛的齿轮加工方法。

4.6.3 渐开线标准齿形和标准齿条型刀具

GB/T 1356—2001 规定，标准齿条的齿形根据渐开线圆柱齿轮的标准齿形设计，如图

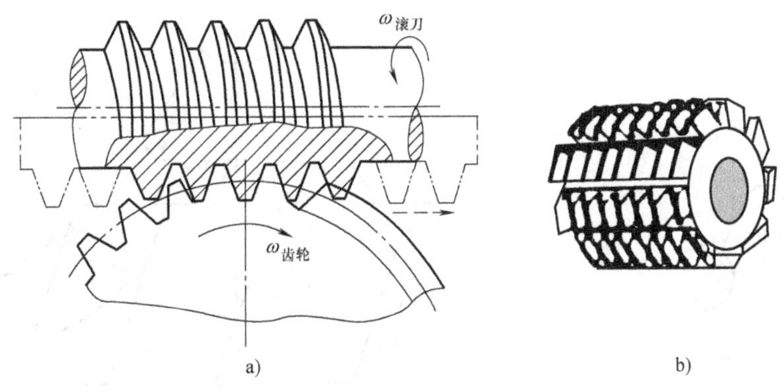

图 4.15 齿轮滚刀加工齿轮

4.16a 所示，刀具的分度线与被加工齿轮分度圆相切并作纯滚动，刀具的分度线与节线是重合的。为保证齿轮传动时具有标准的顶隙，齿条型刀具的齿形比标准齿形高出 $c^* m$ 长度，如图 4.16b 所示。由于这部分刀刃是圆弧，所以这部分刀刃加工出的不是渐开线。因此在下面讨论渐开线齿廓的切削时，刀具顶部的这部分高度就不再计入。

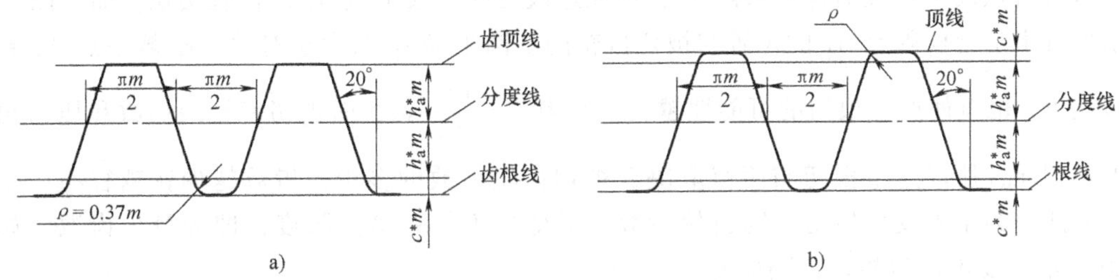

图 4.16 渐开线标准齿形和标准齿条型刀具

4.6.4 根切现象及其产生的原因

1. 根切现象

用展成法切制齿轮，当被加工齿轮的齿数较少时，其轮齿根部的渐开线齿廓会被切去一部分，如图 4.17 所示，这种现象被称为根切。产生根切的齿轮，除其轮齿的强度被严重削弱外，还会使齿轮传动的重合度下降，对传动极为不利。

2. 根切产生的原因

刀具的齿顶线与啮合线的交点超过了理论啮合线的极限点 N_1，如图 4.18（刀具实线位置）所示。由基圆内无渐开线的性质可知，超过 N_1 点的刀刃切不出渐开线齿廓，而是将根部已加工出的渐开线切去一部分（如图中阴影部分）。由此可知，要避免根切，则刀具的齿顶线与啮合线的交点不能超过理论啮合线的极限点 N_1。当被加工齿轮的齿数较多时，则刀具的齿顶线与啮合线的交点不会超过理论啮合线的极限点 N_1，因此就不会产生根切。

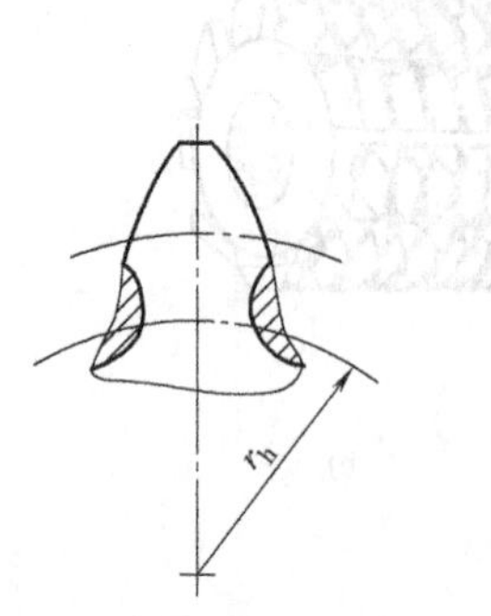

图 4.17　轮齿根切现象

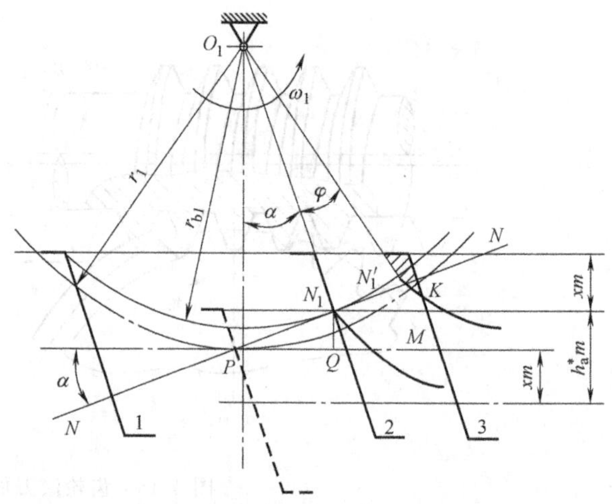

图 4.18　根切原因

3. 渐开线标准齿轮不发生根切的条件及最少齿数

由上述分析可知，要避免根切应使刀具齿顶线不超过啮合极限点 N_1，当用标准齿条插刀切削齿轮时，刀具的分度线必须与被切齿轮的分度圆相切，即刀具齿顶线位置一定，因而要使刀具齿顶线不超过啮合极限点 N_1，可通过改变啮合极限点 N_1 的位置实现。而由图 4.19 所示可看出啮合极限点 N_1 的位置与被切齿轮的基圆半径 r_b 的大小有关，r_b 越小点 N_1 越接近节点 P，也就使产生根切的可能性越大。又因 $r_b=\dfrac{mz}{2}\cos\alpha$，而被切齿轮的模数和压力角均与刀具相同，所以产生根切与否就取决于被切齿轮齿数的多少，齿数越少就越容易产生根切。因此，为了不发生根切，则齿轮齿数 z 不得少于某一最少限度，即为最少齿数。如图 4.20 所示，要不产生根切，则应使

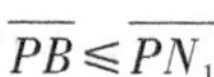

$$\overline{PB}\leqslant\overline{PN_1}$$

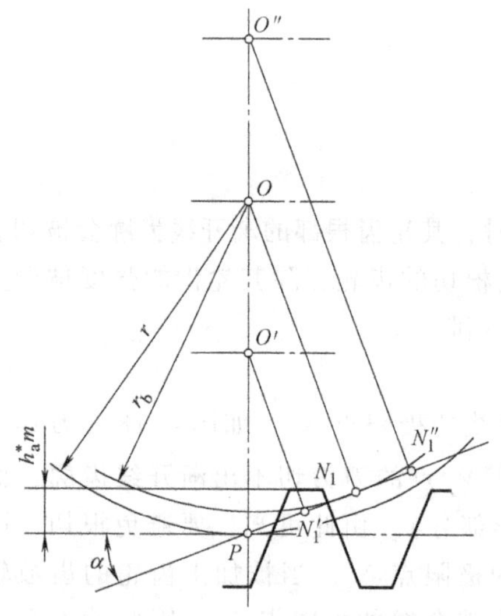

图 4.19　啮合极限点与基圆半径的关系

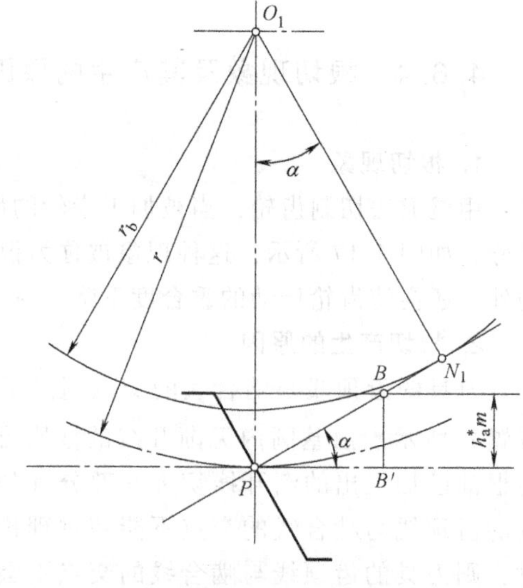

图 4.20　不发生根切的条件

在△PO_1N_1中
$$\overline{PN_1}=r\sin\alpha=\frac{mz}{2}\sin\alpha$$

又在△$BB'P$中
$$\overline{PB}=\frac{h_a}{\sin\alpha}=\frac{h_a^* m}{\sin\alpha}$$

所以
$$\frac{h_a^* m}{\sin\alpha}\leqslant\frac{mz\sin\alpha}{2}$$

$$z_{\min}=\frac{2h_a^*}{\sin^2\alpha} \tag{4.15}$$

当 $\alpha=20°$，$h_a^*=1$ 时，则 $z_{\min}=17$，即标准齿轮不发生根切现象的最少齿数为 17。

4.7 渐开线直齿圆柱齿轮的变位修正与变位齿轮

4.7.1 齿轮的变位

为了改善齿轮的传动性能而对齿轮进行修正时，可采用多种方法，应用最广泛的方法是变位修正法。

若齿条刀具按标准位置（如图 4.21 所示虚线位置）安装切齿时，刀具的齿顶线超过了轮坯的点 N_1，将产生根切现象。为避免此现象的产生，可考虑将刀具的安装位置沿轮坯径向远离轮坯中心 O_1 一个距离 xm，使其齿顶线刚好通过 N_1 点或在 N_1 点以下，如图 4.21 所示，这样切制出的齿轮便不会产生根切。当然，为保证切出完整的轮齿，这时轮坯的外圆也应相应大些。这种改变刀具与轮坯的相对位置切制齿轮的方法，即所谓变位修正法。用这种方法切制的齿轮称为变位齿轮。以切制标准齿轮时刀具的位置为基准，刀具所移动的距离 xm 称为变位量，其中 x 称为变位系数，而 m 为被切齿轮的模数。

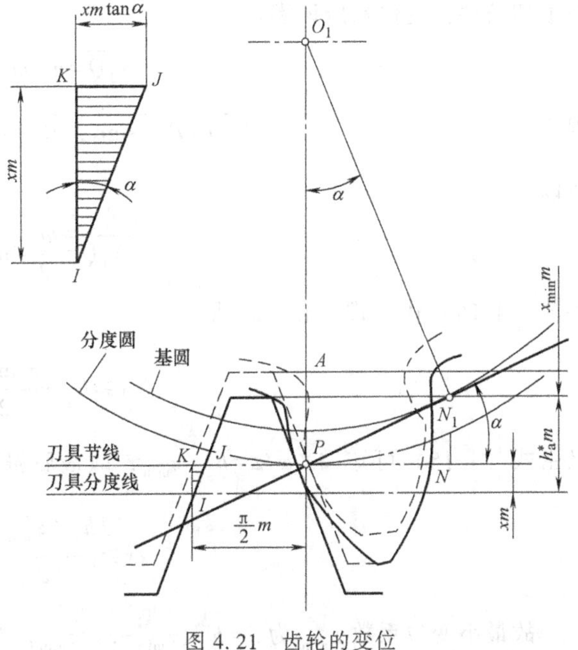

图 4.21 齿轮的变位

切制齿轮时，刀具由标准位置远离轮坯中心的变位称为正变位，变位系数 $x>0$，切出的齿轮为正变位齿轮；刀具向轮坯中心接近的变位称为负变位，变位系数 $x<0$，切出的齿轮为负变位齿轮。

由图 4.21 所示可知，正变位时，因刀具远离轮坯中心，轮坯分度圆将与齿条刀具上分度线至齿顶线之间的某一刀具节线相切，刀具节线上齿槽宽增大而齿厚减小。因此，如图

4.22 所示，切出的齿轮其分度圆上齿厚增大而齿槽宽减小。此外齿顶圆、齿根圆均增大，齿根高则减小。负变位时，因刀具向轮坯中心移近，故其齿形及尺寸变化情况与正变位时恰好相反，如图 4.22 所示。

由图 4.22 所示还可看出，正变位齿轮齿根厚度增大，抗弯强度提高，但其齿顶厚度减小。负变位齿轮的情形则恰好相反，抗弯强度有所削弱，故尽量不采用。

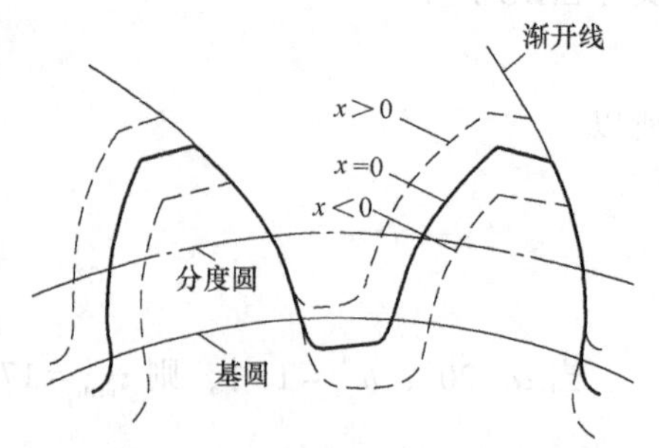

图 4.22 标准齿形与变位齿形的比较

此外，不论齿轮变位系数 $x>0$、$x=0$ 或 $x<0$，用展成法加工得到的三种齿廓仅是同一基圆同一条渐开线上的不同部位。变位系数越大的齿廓，其渐开线段越远离基圆，而离基圆越远的渐开线的曲率半径则越大，因而其齿廓接触应力越小，即齿廓接触强度越高。所以，正变位还有利于提高齿面接触疲劳强度，负变位则相反。

4.7.2 不根切的最小变位系数

用展成法加工齿数 $z<z_{\min}$ 的齿轮时，为避免根切，须做正变位。如图 4.18 所示，根据不根切条件，变位量应该满足

$$\overline{N_1Q}=h_a^*m-xm \tag{4.16}$$

因为

$$\overline{N_1Q}=\overline{PN_1}\sin\alpha,\quad \overline{PN_1}=r\sin\alpha=\frac{mz\sin\alpha}{2}$$

所以

$$\overline{N_1Q}=\frac{mz}{2}\sin^2\alpha \tag{4.17}$$

将式（4.16）代入式（4.17）得

$$x\geqslant h_a^*-\frac{z\sin^2\alpha}{2}$$

又由式（4.15）可知 $\sin^2\alpha/2=h_a^*/z_{\min}$，故最后得出

$$x\geqslant\frac{h_a^*(z_{\min}-z)}{z_{\min}} \tag{4.18}$$

故最小变位系数 $x_{\min}$ 为 $x=h_a^*(z_{\min}-z)/z_{\min}$。当用 $\alpha=20°$，$h_a^*=1$ 的齿条插刀或滚刀切制齿轮时，被切齿轮的最少齿数 $z_{\min}=17$，故标准齿轮最小变位系数为

$$x_{\min}=\frac{17-z}{17}$$

由式（4.18）可知，当齿轮的齿数 $z<z_{\min}$ 时，最小变位系数 $x_{\min}$ 为正值，这说明为了避免发生根切，刀具应由标准位置向远离轮坯中心方向移动一段距离 xm。而当 $z>z_{\min}$ 时，最小变位系数 $x_{\min}$ 为负值，这表明在此情况下，如有必要，即使将刀具由标准位置向轮坯中心

方向移进一段距离 xm，且 $xm \leqslant x_{\min}m$，仍然不会发生根切，这种形式称为负变位。采用刀具相对被切齿轮外移（或内移）方法加工的齿轮统称为变位齿轮。

与标准齿轮相比变位齿轮的各圆处的齿厚发生变化，为保证一定的全齿高，变位齿轮的齿顶高和齿根高也需要作相应变化，一对变位齿轮啮合传动的相互关系也随之相应变化，如传动的中心距、啮合角等。

4.7.3 变位齿轮的几何尺寸

由于加工变位齿轮和加工标准齿轮的刀具一样，所以变位齿轮的基本参数 m、z、α 与标准齿轮相同，故 d、d_b 与标准齿轮也相同，齿廓曲线取自同一条渐开线的不同段。

1. 分度圆齿厚和齿槽宽

变位齿轮与标准齿轮相比，其齿厚、齿间、齿顶高及齿根高都发生了变化。如图 4.21 所示，由于刀具在其节线上的齿间宽度较分度线上增加了 $2\overline{KJ}$，因此与刀具节线作纯滚动的被切齿轮分度圆上的齿厚也增加了 $2\overline{KJ}$。由 $\triangle IJK$ 可知，$\overline{KJ}=xm\tan\alpha$，所以正变位齿轮的齿厚 s 为

$$s=\frac{\pi}{2}+2\overline{KJ}=\left(\frac{\pi}{2}+2x\tan\alpha\right)m \tag{4.19}$$

变位齿轮的齿槽宽为

$$e=\frac{\pi}{2}-2\overline{KJ}=\left(\frac{\pi}{2}-2x\tan\alpha\right)m \tag{4.20}$$

由图 4.21 所示可见，正变位的齿轮，其齿顶高较标准齿轮增加了 xm，而齿根高则减少了 xm。为了保证齿全高不变，仍为 $h=(2h_a^*+c^*)m$，对正变位齿轮，其齿顶圆半径应较标准齿轮增大 xm。如切制负变位齿轮，则情况恰好相反。

2. 齿根高和齿顶高

由图 4.21 所示可知，加工正变位齿轮时，刀具相对齿坯中心往外移动 xm 距离，则切出的齿轮齿根圆半径增大 xm，而分度圆半径不变，故应有齿根高为

$$h_f=(h_a^*+c^*)m-xm \tag{4.21}$$

齿根高减小时，为保证变位齿轮齿全高不变，则齿顶圆半径就须增加 xm 距离，故有齿顶高为

$$h_a=h_a^*m+xm=(h_a^*+x)m \tag{4.22}$$

其齿顶圆半径为

$$r_a=r+(h_a^*+x)m \tag{4.23}$$

对于负变位齿轮，上述公式同样适用，只需要注意其变位系数 x 为负即可。

4.7.4 变位齿轮传动的类型及其特点

一对变位齿轮相互啮合需要满足的正确啮合条件和连续传动条件与标准齿轮传动相同，

按照相互啮合的两齿轮的变位系数和 x_1+x_2 之值的不同，可将变位齿轮传动分为三种基本类型。

1. 零传动

当 $x_1+x_2=0$ 时，称为零传动。它又可分为两种情况：若 $x_1=x_2=0$，即为标准齿轮传动；若 $x_1=-x_2\neq 0$，则安装中心距 $a'=a$，啮合角 $\alpha'=\alpha$，但两个齿轮的齿顶高和齿根高都发生了变化，全齿高不变，这种变位又称为高度等变位齿轮传动。从强度观点出发，显然小齿轮采用正变位，而大齿轮应采用负变位，这样可使大、小齿轮的强度趋于接近，从而使一对齿轮的承载能力可以相对地提高。而且，因为采用正变位可以制造 $z_1<z_{\min}$ 而无根切的小齿轮，因而可以减少齿轮的齿数。这样，在模数和传动比不变的情况下，能使整个机构的尺寸更加紧凑。

2. 正传动

当 $x_1+x_2>0$ 时称为正传动。此时 $a'>a$，$\alpha'>\alpha$，故又称为正角度变位齿轮传动。变位系数适当配置的正角度变位齿轮传动有利于提高强度和使用寿命，因此，正变位齿轮在机械中得到广泛应用。

3. 负传动

当 $x_1+x_2<0$ 时称为负传动。此时 $a'<a$，$\alpha'<\alpha$，故又称为负角度变位齿轮传动。负传动的优缺点正好与正传动的优缺点相反，即其重合度略有增加，但轮齿的强度有所下降，所以负传动只用于配凑中心距这种特殊需要的场合中。

4.8 斜齿圆柱齿轮机构

4.8.1 斜齿圆柱齿轮的共轭齿廓曲面的形成

如图 4.23a、图 4.24a 所示，圆柱齿轮无论是直齿轮还是斜齿轮，其齿廓曲面都是发生面在基圆柱上作纯滚动时，发生面上的一条直线 $K—K$ 在空间所走过的轨迹所形成的渐开面。所不同的是：当发生面上的直线 $K—K$ 与基圆柱母线相平行时，则形成直齿轮的齿廓曲面；当发生面上的直线 $K—K$ 与基圆柱母线相交成一定角度，则形成斜齿轮的齿廓曲面。

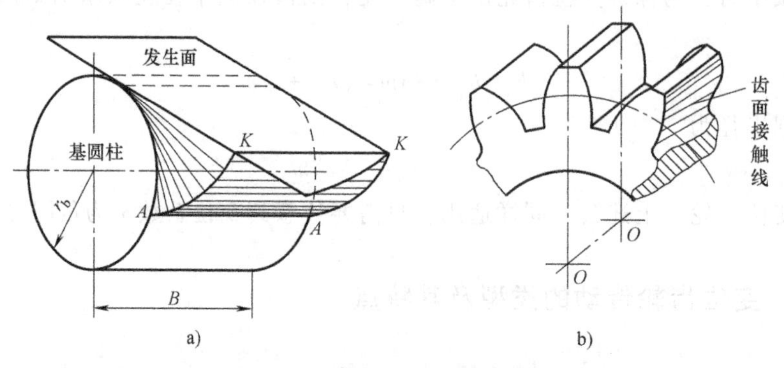

图 4.23 直齿轮齿廓曲面形成

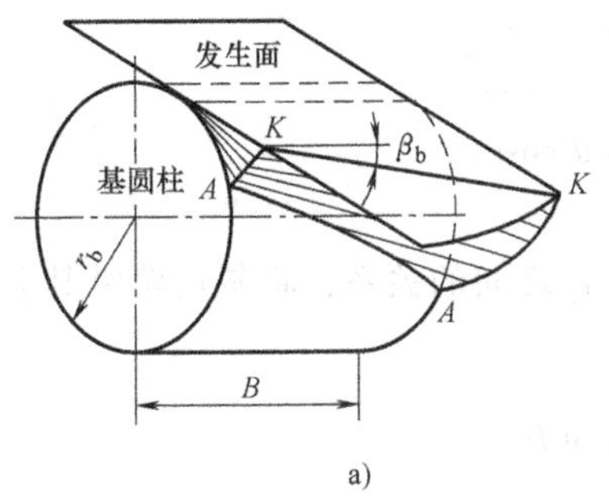

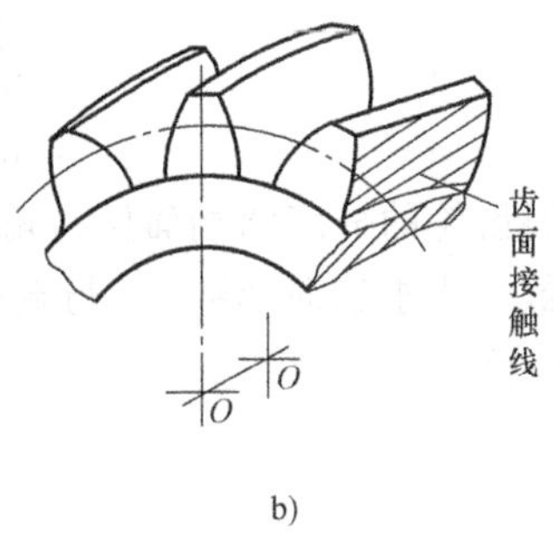

a)　　　　b)

图 4.24　斜齿轮齿廓曲面形成

4.8.2　斜齿轮的基本参数和几何尺寸计算

1. 斜齿轮的基本参数

由于斜齿轮的齿廓曲面是一渐开线的螺旋面，因而在不同方向的截面上其轮齿的齿形各不相同，故斜齿轮主要有以下两类基本参数，即在垂直于齿轮回转轴线的截面内定义的端面参数（下角标为 t）与在垂直于轮齿方向的截面内定义的法向参数（下角标为 n）。由于在制造斜齿轮时，刀具通常是沿着螺旋线方向进刀的，所以斜齿轮的法向参数与刀具参数相同，因此国家标准规定斜齿轮法向的参数为标准值。但是在计算斜齿轮的大部分几何尺寸时却需要按端面参数进行计算，因此必须建立法向参数与端面参数之间的换算关系。

（1）螺旋角　螺旋角是斜齿轮的一个重要参数，当斜齿轮的螺旋角为零时该斜齿轮就成了直齿轮。如图 4.24 所示，发生面上的直线 K—K 与基圆柱母线相交成角度 β_b，其生成的渐开面与基圆柱的交线 A—A 为一螺旋线。该螺旋线的螺旋角等于 β_b，即斜齿轮基圆柱上的螺旋角。斜齿轮的齿廓曲面与分度圆柱面相交为螺旋线，其螺旋角为分度圆柱上的螺旋角，简称斜齿轮的螺旋角，用 β 表示。斜齿轮的螺旋线旋向有左旋和右旋之分，如图 4.25 所示。

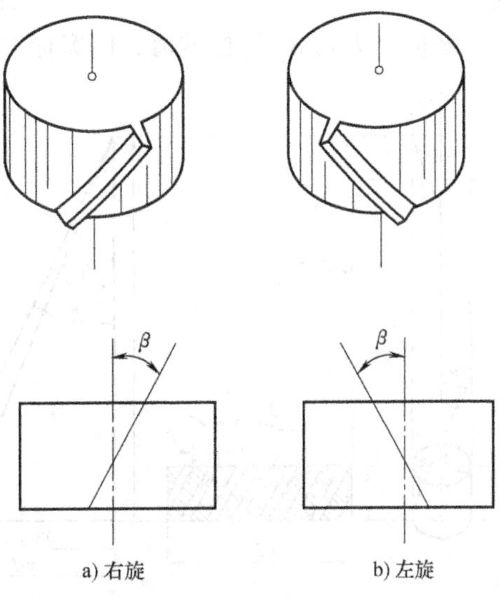

图 4.25　斜齿轮的旋向

设想把斜齿轮的分度圆柱面展开成一个长方形，如图 4.26 所示。设螺旋线的导程为 l，则由图 4.26b 所示可知

$$\tan\beta = \frac{\pi d}{l}$$

对于同一个斜齿轮，任意圆柱面上螺旋线的导程 l 都是相等的，故基圆柱面上的螺旋角 β_b 为

$$\tan\beta_b = \frac{\pi d_b}{l}$$

将上述两式相除可得

$$\frac{\tan\beta}{\tan\beta_b}=\frac{d}{d_b}=\frac{1}{\cos\alpha_t}$$

即
$$\tan\beta_b=\tan\beta\cos\alpha_t \tag{4.24}$$

式中，α_t 为斜齿轮的分度圆端面压力角。

（2）模数　为求法向模数 m_n 与端面模数 m_t 之间的关系，将斜齿轮沿其分度圆柱展开，如图 4.26a 所示。

$$p_n=p_t\cos\beta$$

$$p_n=\pi m_n,\ p_t=\pi m_t$$

$$m_n=m_t\cos\beta \tag{4.25}$$

（3）压力角　图 4.27 所示为一斜齿条，图中 ABB' 为端面，ACC' 为法面，$\angle BB'A$ 为端面压力角 α_t，$\angle CC'A$ 为法向压力角 α_n，$\angle BAC$ 为分度圆柱上的螺旋角 β，所以

$$\tan\alpha_n=\frac{\overline{AC}}{\overline{CC'}},\ \tan\alpha_t=\frac{\overline{AB}}{\overline{BB'}}$$

$$\overline{AC}=\overline{AB}\cos\beta,\ \overline{BB'}=\overline{CC'}$$

故
$$\frac{\tan\alpha_n}{\tan\alpha_t}=\frac{\overline{AC}}{\overline{AB}}=\cos\beta$$

则
$$\tan\alpha_n=\tan\alpha_t\cos\beta \tag{4.26}$$

法向压力角 α_n 为标准值，国家标准规定为 20°。

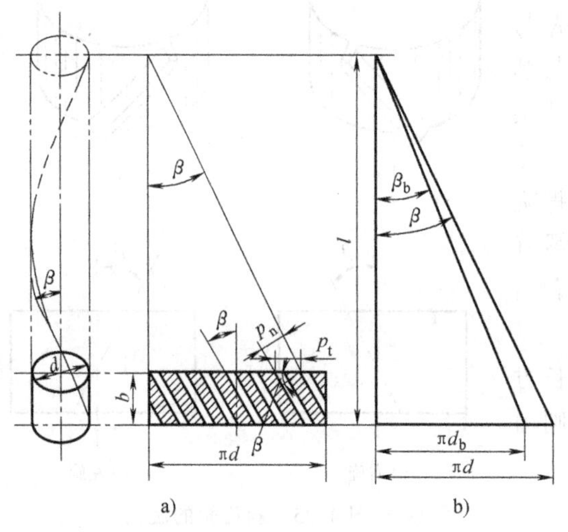

图 4.26　斜齿轮展开图

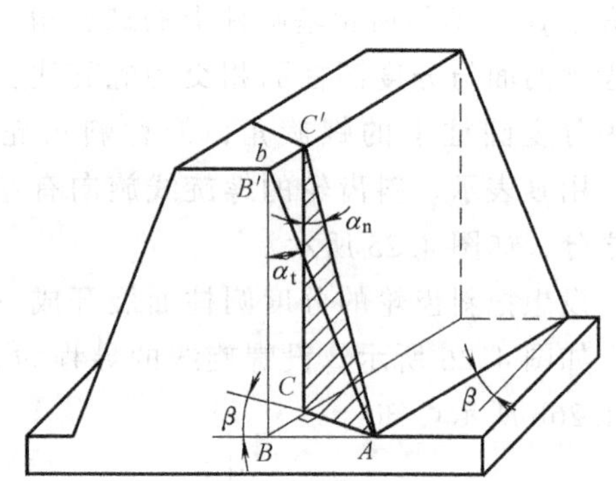

图 4.27　斜齿条的法面齿形角和端面压力角

2. 斜齿轮传动的几何尺寸计算

在端面上，斜齿轮与直齿轮完全相同。因此，斜齿轮几何尺寸计算用斜齿轮的端面参数参照直齿轮几何尺寸计算公式进行计算。其中斜齿轮的齿顶高和齿根高，无论是从法向还是从端面上看其高度都是相同的。标准斜齿轮传动的几何尺寸计算公式见表 4.5。

表 4.5　标准斜齿轮传动的几何尺寸计算公式

名　　称	符号	计 算 公 式
螺旋角	β	通常取 $\beta=8°\sim20°$
基圆螺旋角	β_b	$\tan\beta_b=\tan\beta\cos\alpha_t$
法向模数	m_n	按表 4.1,取标准值
端面模数	m_t	$m_t=\dfrac{m_n}{\cos\beta}$
法向压力角	α_n	$\alpha_n=20°$
端面压力角	α_t	$\tan\alpha_t=\dfrac{\tan\alpha_n}{\cos\beta}$
法向齿距	p_n	$p_n=\pi m_n$
端面齿距	p_t	$p_t=\pi m_t=\dfrac{p_n}{\cos\beta}$
法向基圆齿距	p_{bn}	$p_{bn}=p_n\cos\alpha_n$
法向齿顶高系数	h_{an}^*	$h_{an}^*=1$
法向顶隙系数	c_n^*	$c_n^*=0.25$
分度圆直径	d	$d=m_tz=\dfrac{m_nz}{\cos\beta}$
基圆直径	d_b	$d_b=d\cos\alpha_t$
最少齿数	z_{min}	$z_{min}=z_{vmin}\cos^3\beta$
齿顶高	h_a	$h_a=m_nh_{an}^*$
齿根高	h_f	$h_f=m_n(h_{an}^*+c_n^*)$
齿顶圆直径	d_a	$d_a=d+2h_a$
齿根圆直径	d_f	$d_f=d-2h_f$
标准中心距	a	$a=\dfrac{d_1+d_2}{2}=\dfrac{m_t(z_1+z_2)}{2}=\dfrac{m_n(z_1+z_2)}{2\cos\beta}$

4.8.3　斜齿轮的啮合传动

直齿圆柱齿轮啮合时两齿面的接触线是与齿轮轴线平行的直线，如图 4.23b 所示，整个齿宽同时进入啮合也同时退出啮合，因此其传动平稳性较差。由于斜齿轮的齿廓沿齿宽方向倾斜，啮合时两齿面的接触线与齿轮轴线不平行，如图 4.24b 所示，齿廓啮合时，一对轮齿的一端先进入啮合，然后沿齿宽方向逐渐啮合至另一端。两齿廓啮合过程中，齿面接触线的长度逐渐变化，说明斜齿轮的齿廓是逐渐进入接触，逐渐脱离接触的。因此斜齿轮传动比直齿轮平稳，冲击、振动和噪声较小，适宜于高速、重载传动。

1. 正确啮合的条件

在端面上，斜齿轮与直齿轮的正确啮合的条件相同，即两斜齿轮的端面模数 m_t 和端面压力角 α_t 相等即可满足斜齿轮正确啮合的条件。但是，斜齿轮的法向模数是标准值，所以正确啮合的条件是；两斜齿轮的法向模数 m_n 和法向压力角 α_n 分别相等。外啮合时其螺旋角 β 大小相等，方向相反；内啮合时方向相同。即

$$m_{n1}=m_{n2}=m_n;\alpha_{n1}=\alpha_{n2}=\alpha_n;\beta_1=\pm\beta_2(\text{“+”内啮合，“-”外啮合})$$

2. 重合度

从端面上看斜齿轮的重合度与直齿轮相同，但由于啮合时其轮齿沿齿宽方向逐渐进入啮合并逐渐脱离啮合，因此斜齿轮啮合时走过的实际啮合线的长度增加了。如图4.28所示，从端面Ⅰ上看一对轮齿从 B_2 点进入啮合到 B_1 点退出了啮合，但从齿宽方向上看这对轮齿并未退出啮合，只有当端面Ⅱ上的同一对轮齿到达 B_1 点时才退出啮合。因此斜齿轮一对轮齿的实际啮合线比直齿轮多了 ΔL 长度。比照直齿轮重合度的计算方法有：

$$\varepsilon=\frac{L+\Delta L}{p_{bt}}=\frac{L}{p_{bt}}+\frac{\Delta L}{p_{bt}}=\varepsilon_\alpha+\varepsilon_\beta$$

$$\left.\begin{aligned}\varepsilon_\alpha&=\frac{1}{2\pi}[z_2(\tan\alpha_{at2}-\tan\alpha'_t)\pm z_1(\tan\alpha_{at1}-\tan\alpha'_t)]\\ \varepsilon_\beta&=\frac{B\sin\beta}{\pi m_n}\end{aligned}\right\}\tag{4.27}$$

式中，ε_α 为端面重合度，式（4.27）中除代入的是斜齿轮的端面参数外，与直齿轮重合度计算相同。ε_β 为轴面重合度。

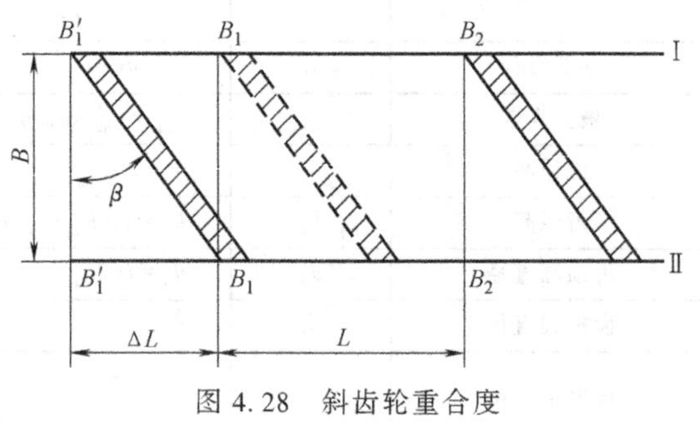

图4.28　斜齿轮重合度

4.8.4　斜齿轮的当量齿数

用仿形法加工斜齿轮时，刀具是沿齿槽（螺旋线）方向作切削运动，切出的齿形在法向上与刀具的刀刃形状相对应。因此，用仿形法加工斜齿轮选择铣刀时须要知道斜齿轮的法向齿形。通常采用下面近似方法进行研究。

如图4.29所示，过斜齿轮分度圆柱上齿廓的任意点 C 作轮齿螺旋线的法面 n—n，该法面与分度圆柱的交线为一椭圆。其长半轴为 a，短半轴为 b。由高等数学可知，椭圆在 C 点的曲率半径 ρ 为

$$\rho=\frac{a^2}{b}=\frac{d}{2\cos^2\beta}$$

若以 ρ 为分度圆半径，以斜齿轮法向模数 m_n 为计算模数，取标准压力角 α 作一直齿圆柱齿轮；该直齿轮的齿形即可认为近似于斜齿轮的法向齿形。该直齿轮被称为斜齿轮的当量齿轮，该齿轮的齿数为斜齿轮的当量齿数。显然，若按斜齿轮的当量齿数选择铣刀型号即可加

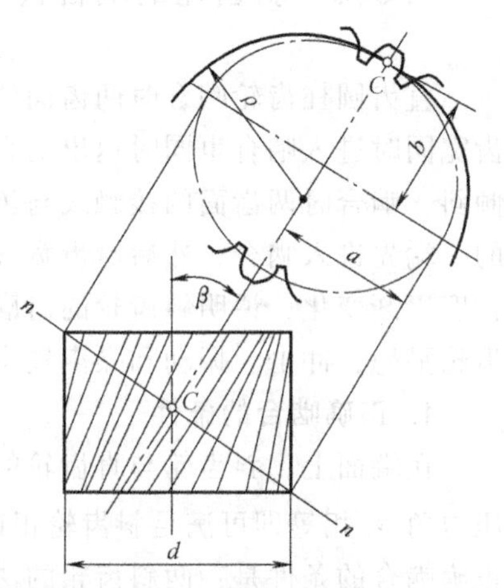

图4.29　斜齿轮的当量齿数

工出近似于斜齿轮的法向齿形的斜齿轮。用 z_v 表示斜齿轮的当量齿数，因为

$$m_n z_v = 2\rho$$

所以

$$z_v = \frac{2\rho}{m_n} = \frac{d}{m_n \cos^2\beta} = \frac{m_t z}{m_n \cos^2\beta} = \frac{m_n z}{m_n \cos^3\beta} = \frac{z}{\cos^3\beta} \tag{4.28}$$

斜齿轮的当量齿数除用于选择铣刀型号外，在进行斜齿轮的强度计算时还用于选择相关的系数。

4.8.5 斜齿轮传动的优缺点

与直齿轮相比，斜齿轮具有下列主要优点：

(1) 传动平稳　一对轮齿是逐渐进入啮合并逐渐脱离啮合的，故啮合时冲击小、噪声低，适用于高速传动。

(2) 承载能力大　随着斜齿轮的齿宽和螺旋角的增大，其重合度增大，即同时参与啮合的轮齿对数增加，适用于重载荷。

(3) 结构更紧凑　斜齿轮可以加工出齿数较少的齿轮而不产生根切。

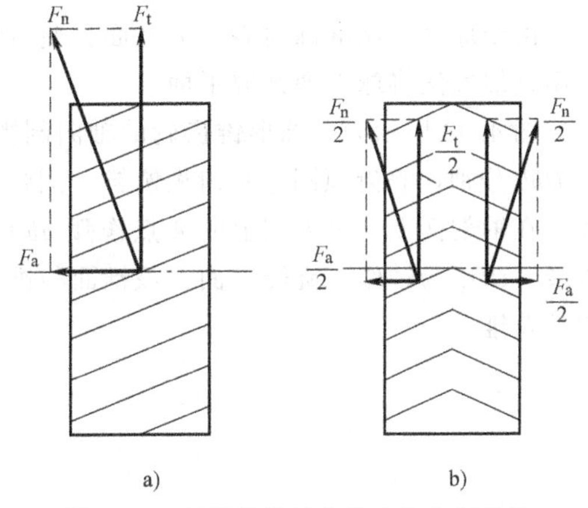

图 4.30　斜齿轮的轴向分力和人字齿轮

斜齿轮的主要缺点是在啮合时会产生轴向分力，如图 4.30a 所示。当传递功率一定时，轴向力随着螺旋角 β 的增大而增大，使传动效率下降，且轴的支撑需采用向心推力轴承，因而结构设计就更复杂。

综上考虑，在斜齿轮设计时，通常取其螺旋角 $\beta = 8° \sim 20°$。为消除斜齿轮传动的这一缺点，可采用人字齿轮，如图 4.30b 所示。人字齿轮的轮齿左右完全对称，啮合时所产生的轴向力相互抵消；因此，人字齿轮可以采用较大的螺旋角。但人字齿轮制造较困难、成本较高，主要用于高速、重载的传动中。

4.9 锥齿轮机构

锥齿轮可用于两相交轴之间的传动，两相交轴之间的夹角可以根据需要选取，常用的是 90°。锥齿轮的轮齿是分布在一个圆锥面上，如图 4.1f 所示。因此，前面各节所述齿轮的各种“圆柱”在锥齿轮里全部变为“圆锥”，如基圆锥、齿根圆锥、分度圆锥、齿顶圆锥等。由于锥齿轮两端的尺寸不同，为了测量方便取大端参数为标准值按表 4.6 选取，其压力角一般为 20°。

表 4.6　锥齿轮模数（摘注 GB 12368—1990）　　（单位：mm）

…	1	1.125	1.25	1.375	1.5	1.75	2	2.25	2.5	2.75	3	3.25	3.5	4	4.5	5	5.5	6
6.5	7	8	9	10	…													

4.9.1 齿廓曲面的形成

如图 4.31 所示，一发生面 S（圆平面，半径为 R'）在基圆锥（锥距 $R=R'$）上作纯滚动，发生面上一条过 O 点（发生面上与基圆锥顶点相重合的点）的直线 OK 在空间所形成的轨迹即为直齿锥齿轮的齿廓曲面。在纯滚动过程中 O 点是一固定点，直线 OK 上任意点的轨迹是一球面曲线，称之为球面渐开线，如图中 AK 即为一球面渐开线。因此，直齿锥齿轮的齿廓曲面也可以看成是由一簇球面渐开线集聚而成。

4.9.2 背锥和当量齿数

由于球面不能准确地展开成平面，使得锥齿轮设计计算以及加工产生了很多困难，因此采用近似方法将球面展开成平面。

图 4.32 所示为一球形锥齿轮的轴向剖视图，三角形 OAB 表示分度圆锥，而三角形 Oaa 及 Obb 分别代表齿顶圆锥和齿根圆锥。圆弧 ab 是其轮齿大端齿廓球面渐开线与轴剖面的交线，在轴剖面上，过大端上的 A 点作弧 ab 的切线，该切线与轴线相交于 O_1 点；以 O_1A 为母线，OO_1 为轴作一旋转锥面，该锥面与锥齿轮的大端球面相切，称这一旋转锥面为该锥齿轮的背锥。

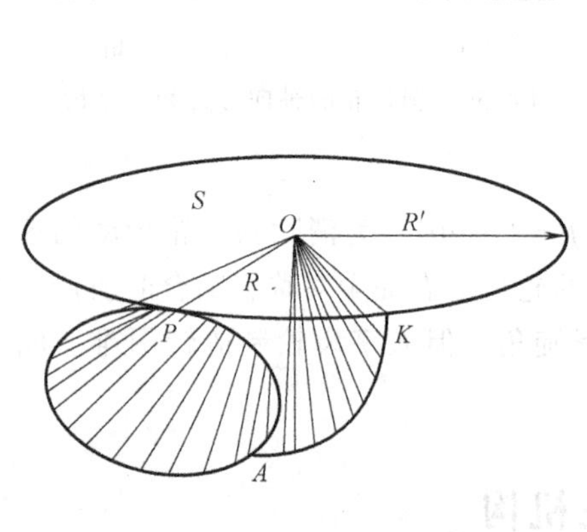

图 4.31 直齿锥齿轮齿廓曲面的形成

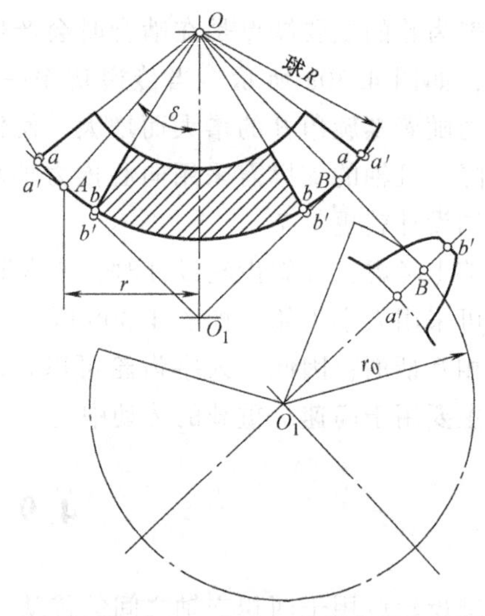

图 4.32 背锥和当量齿数

由于背锥可以展开为一平面，将球面上的渐开线齿廓向背锥上投影，可得一投影曲线。这一投影曲线为平面曲线，且与锥齿轮大端齿廓球面渐开线的误差很小（当球面半径 R 与齿轮模数 m 的比值越大时，误差越小），因此在锥齿轮的齿廓分析中用背锥上的投影曲线近似代替球面渐开线。

如将背锥展开，可得一扇形齿轮。将这一扇形齿轮补足使其成为一完整的圆形齿轮，称这一完整的圆形齿轮为锥齿轮的当量齿轮。当量齿轮的半径为 r_v，齿数为 z_v，z_v 为锥齿轮的

当量齿数。如图 4.32 所示，可以求得当量齿数 z_v

$$mz_v = 2r_v = \frac{2r}{\cos\delta} = \frac{mz}{\cos\delta}$$

$$z_v = \frac{z}{\cos\delta} \tag{4.29}$$

一对锥齿轮的啮合就相当于一对当量齿轮的啮合，因此一对锥齿轮的正确啮合条件是其大端的模数和压力角分别相等，此外其两齿轮的锥距还必须相等。

4.9.3 直齿锥齿轮的几何尺寸计算

由于锥齿轮的大端参数为标准值，因此在计算锥齿轮的几何尺寸时，是以其大端的尺寸为计算基准。如图 4.33 所示，直齿锥齿轮的几何尺寸计算见表 4.7。

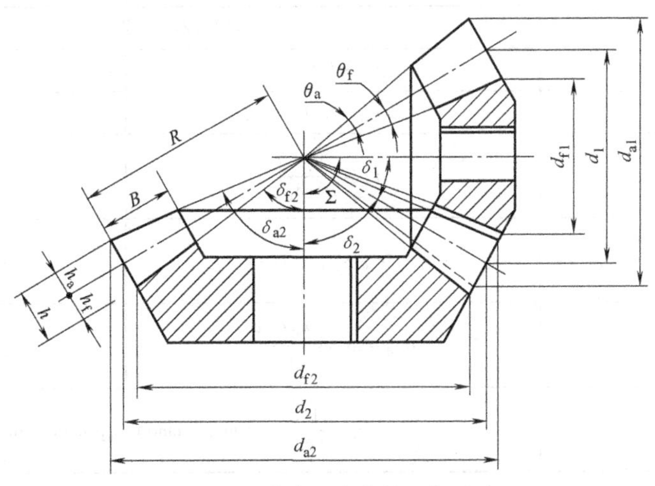

图 4.33 直齿锥齿轮的几何尺寸

表 4.7 标准直齿锥齿轮机构几何尺寸计算公式（$\Sigma = 90°$）

名称	符号	计算公式	
		小齿轮	大齿轮
分度圆锥角	δ	$\delta_1 = \arctan\frac{z_1}{z_2}$	$\delta_2 = 90° - \delta_1$
齿顶高	h_a	$h_{a1} = h_{a2} = h_a^* m$	
齿根高	h_f	$h_{f1} = h_{f2} = (h_a^* + c^*)m$	
分度圆直径	d	$d_1 = mz_1$	$d_2 = mz_2$
齿顶圆直径	d_a	$d_{a1} = d_1 + 2h_a\cos\delta_1$	$d_{a2} = d_2 + 2h_a\cos\delta_2$
齿根圆直径	d_f	$d_{f1} = d_1 - 2h_f\cos\delta_1$	$d_{f2} = d_2 - 2h_f\cos\delta_2$
锥距	R	$R = \frac{mz}{2\sin\delta} = \frac{m}{2}\sqrt{z_1^2 + z_2^2}$	
齿顶角	θ_a	(不等顶隙收缩齿传动) $\tan\theta_{a1} = \tan\theta_{a2} = \frac{h_a}{R}$	

（续）

名称	符号	计算公式	
		小齿轮	大齿轮
齿根角	θ_f	$\tan\theta_{f1}=\tan\theta_{f2}=\dfrac{h_f}{R}$	
分度圆齿厚	s	$s=\dfrac{\pi m}{2}$	
顶隙	c	$c=c^* m$	
当量齿数	z_v	$z_{v1}=\dfrac{z_1}{\cos\delta_1}$	$z_{v2}=\dfrac{z_2}{\cos\delta_2}$
顶锥角	δ_a	（不等顶隙收缩齿传动）	
		$\delta_{a1}=\delta_1+\theta_{a1}$	$\delta_{a2}=\delta_2+\theta_{a2}$
		（等顶隙收缩齿传动）	
		$\delta_{a1}=\delta_1+\theta_{f1}$	$\delta_{a2}=\delta_2+\theta_{f2}$
根锥角	δ_f	$\delta_{f1}=\delta_1-\theta_{f1}$	$\delta_{f2}=\delta_2-\theta_{f2}$
当量齿轮分度圆半径	r_v	$r_{v1}=\dfrac{d_1}{2\cos\delta_1}$	$r_{v2}=\dfrac{d_2}{2\cos\delta_2}$
当量齿轮齿顶圆半径	r_{va}	$r_{va1}=r_{v1}+h_{a1}$	$r_{va2}=r_{v2}+h_{a2}$
当量齿轮齿顶压力角	α_{va}	$\alpha_{va1}=\arccos\dfrac{r_{v1}\cos\alpha}{r_{va1}}$	$\alpha_{va2}=\arccos\dfrac{r_{v2}\cos\alpha}{r_{va2}}$
重合度	ε_α	$\varepsilon_\alpha=\dfrac{1}{2\pi}[z_{v1}(\tan\alpha_{va1}-\tan\alpha)+z_{v2}(\tan\alpha_{va2}-\tan\alpha)]$	
齿宽	b	$b\leqslant\dfrac{R}{3}$（取整数）	

对于直齿锥齿轮的几何尺寸计算应注意其齿顶圆和齿根圆以及传动比的不同。

4.10　蜗轮蜗杆机构

蜗轮蜗杆机构是用来传递空间交错轴之间运动和动力的齿轮机构，如图 4.1i 所示，最常见的轴的交错角是$\Sigma=\beta_1+\beta_2=90°$。该机构具有传动比大，结构紧凑，传动平稳等优点，因此，在各种机械和仪器中得到广泛的应用。

1. 蜗轮蜗杆的形成

如图 4.1h 所示，螺旋齿轮传动又称交错轴斜齿轮传动。就单个齿轮而言，螺旋齿轮与斜齿轮完全相同，但其传动时与斜齿轮传动却有较大区别。其传动的两齿轮齿廓相同，但两轮螺旋角大小可以不等，旋向可以相同或相反。其次，螺旋齿轮传动齿面之间是点接触，接触应力高，且齿面沿螺旋线方向还存在相当大的滑动，功率损失大。因此它主要用于小功率传动。

若将交错轴斜齿轮机构中的小齿轮齿数减少到一个或很少几个，分度圆直径也减小，并将螺旋角 β_1 和齿宽 B 增大，这时轮齿将绕在分度圆柱上，形成连续不断的螺旋齿，形状如螺杆，这就是蜗杆；将大齿轮的螺旋角 β_2 减小，齿数增加，使分度圆直径增大，即为齿数较多的斜齿轮，称为蜗轮，如图4.34所示。蜗轮蜗杆机构可以看成是螺旋齿轮机构的演化。

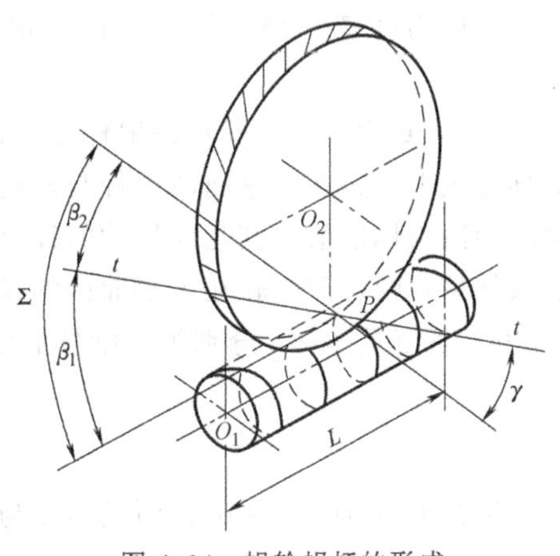

图 4.34 蜗轮蜗杆的形成

与螺旋齿轮相同，蜗轮蜗杆传动时其齿廓的啮合为点接触。为了改善接触情况，将蜗轮圆柱表面的母线制成圆弧形，部分包住蜗杆，用与蜗杆形状相似、齿顶高比蜗杆齿顶高多出一个顶隙的蜗轮滚刀来加工蜗轮。这样蜗轮蜗杆间啮合便可得到线接触，接触应力降低，承载能力提高。蜗轮的齿廓形状由蜗杆齿廓形状决定，所以蜗杆的齿形不同，蜗轮的齿形则不同。常见的蜗杆是圆柱形，最常用的是阿基米德蜗杆。此外，还有渐开线蜗杆和圆弧齿蜗杆等。

2. 导程角

导程角用 γ 表示。导程角 γ 为蜗杆螺旋角的余角，当 $\Sigma=90°$ 时，γ 数值上等于蜗轮的螺旋角 β_2。设蜗杆的齿数（又称为头数）为 z_1，导程为 l，轴向齿距为 p_{x1}，分度圆直径为 d_1，将蜗杆沿分度圆柱面展开，如图4.35所示。由图可知

$$\tan\gamma=\frac{l}{\pi d_1}=\frac{z_1 p_{x1}}{\pi d_1}=\frac{z_1 m}{d_1} \qquad (4.30)$$

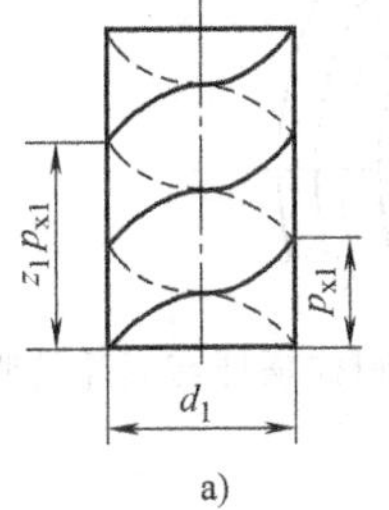

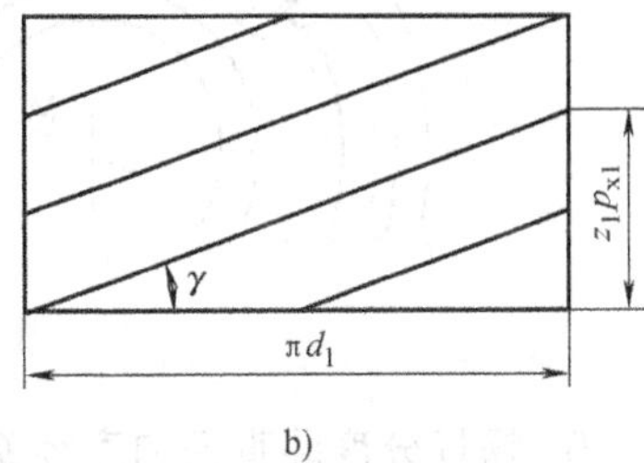

图 4.35 蜗杆分度圆柱面的展开图

导程角 γ 的大小与蜗轮蜗杆传动的效率关系极大。γ 越大效率越高，显然增加蜗杆齿数可以提高传动效率，国家标准（GB/T 10085—2018）规定蜗杆的齿数只能在1、2、4、6四个数字中选一，工程实际中常取 $z_1=1$ 或2。因此，蜗轮蜗杆传动的效率是较低的。由机械自锁的概念可知，当 γ 小于蜗轮蜗杆啮合时轮齿之间的当量摩擦角 φ_v 时，机构将具有反向自锁性。

3. 压力角和模数

GB/T 10087—2018 规定，阿基米德蜗杆的压力角 $\alpha=20°$。在动力传动中，允许增大压力角，推荐用 $\alpha=25°$；在分度传动中，允许减小压力角，推荐用 $\alpha=15°$ 或 $12°$。蜗杆模数系列与齿轮模数系列有所不同，蜗杆模数 m 见表4.8。

表 4.8 蜗杆模数 m 值　　（单位：mm）

第一系列	1;1.25;1.6;2;2.5;3.15;4;5;6.3;8;10;12.5;16;20;25;31.5;40
第二系列	1.5;3;3.5;4.5;5.5;6;7;12;14

注：摘自 GB/T 10087—2018，优先采用第一系列。

4. 正确啮合条件

阿基米德蜗杆在其轴向截面上齿廓为直线，在轮齿法向截面上为外凸曲线齿形，在端面

上的齿形为阿基米德螺旋线。这种蜗杆可以采用车削方法加工，制造方便，故其应用最广泛。

图 4.36 所示为阿基米德蜗杆与蜗轮的啮合情况。垂直于蜗轮轴线并包含蜗杆轴线的截面称为主平面，在主平面内蜗杆与蜗轮的啮合，相当于齿条与齿轮的啮合。蜗轮蜗杆以主平面的参数为标准值，其几何尺寸的计算也以主平面内的计算为基准，因此蜗轮蜗杆正确啮合的条件是：蜗杆与蜗轮在主平面内的模数和压力角分别相等，且为标准值。蜗轮的端面模数 m_{t2} 和端面压力角 α_{t2} 分别等于蜗杆的轴面模数 m_{x1} 和轴面压力角 α_{x1}，即

$$\left.\begin{aligned} m_{x1} = m_{t2} = m \\ \alpha_{x1} = \alpha_{t2} = \alpha \end{aligned}\right\} \tag{4.31}$$

当 $\Sigma = 90°$ 时，$\gamma_1 = \beta_2$，而且蜗轮与蜗杆旋向相同。

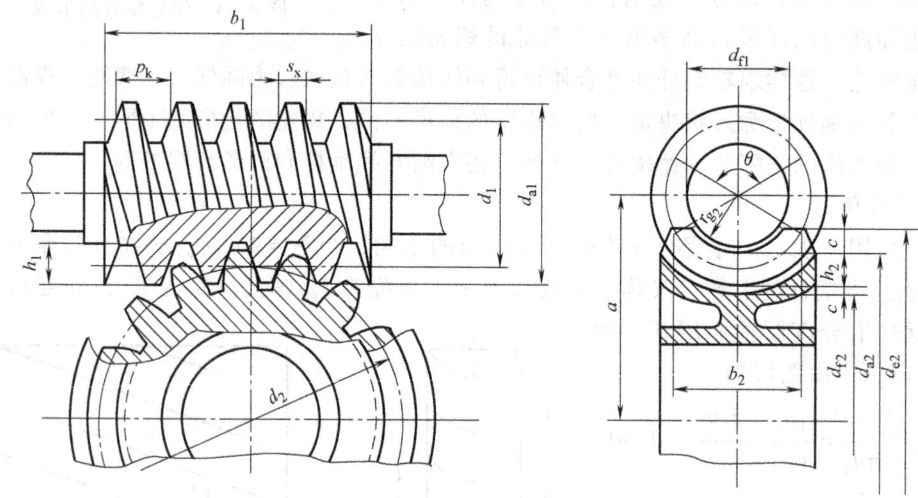

图 4.36　圆柱蜗杆与蜗轮的啮合传动

5. 蜗杆分度圆直径和直径系数

加工蜗轮时，是用与蜗杆相当的滚刀来切制的，蜗轮滚刀的齿形参数和分度圆直径必须与相应的蜗杆相同。从式（4.30）可知，即使是对于同一模数和齿数的蜗杆，其分度圆直径也可能不同。为了限制蜗轮滚刀的数量，国家标准规定了蜗杆的分度圆直径系列，且与其模数相对应，并令 $q = d_1/m$，q 称为蜗杆的直径系数。部分 d_1 与 m 对应的标准系列见表 4.9。

表 4.9　蜗杆分度圆直径与其模数的匹配标准系列　（单位：mm）

m	1	1.25	1.6	2	2.5	3.15	4	5	6.3	8	10
d_1	18	20 22.4	20 28	(18) 22.4 (28) 35.5	(22.4) 28 (35.5) 45	(28) 35.5 (45) 56	(31.5) 40 (50) 71	(40) 50 (63) 90	(50) 63 (80) 112	(63) 80 (100) 140	(71) 90 (112) 160

注：摘自 GB/T 10085—2018，括号中的数字尽可能不采用。

6. 蜗轮蜗杆的传动比及蜗轮的转向

蜗轮蜗杆的传动比仍可按下式计算，即

$$i_{12} = \frac{\omega_1}{\omega_2} = \frac{z_2}{z_1} = \frac{d_2 \cos\beta_2}{d_1 \cos\beta_1} = \frac{d_2 \sin\beta_1}{d_1 \cos\beta_1} = \frac{d_2}{d_1}\tan\beta_1 = \frac{d_2}{d_1}\cot\beta_2 \tag{4.32}$$

式中，z_1 为蜗杆的头数，z_2 为蜗轮的齿数。

蜗杆蜗轮机构中，通常蜗杆为主动件，蜗轮的转向取决于蜗杆的转向及蜗轮蜗杆的旋向。蜗轮的转向也可运用相对速度关系来确定。如图 4.37a 所示的蜗轮蜗杆，两者都是右旋，蜗杆为主动件，其角速度为 ω_1，转向如图所示。啮合点 P 的公切线为 t-t，其速度关系为

$$\boldsymbol{v}_{P2}=\boldsymbol{v}_{P1}+\boldsymbol{v}_{P1P2}$$

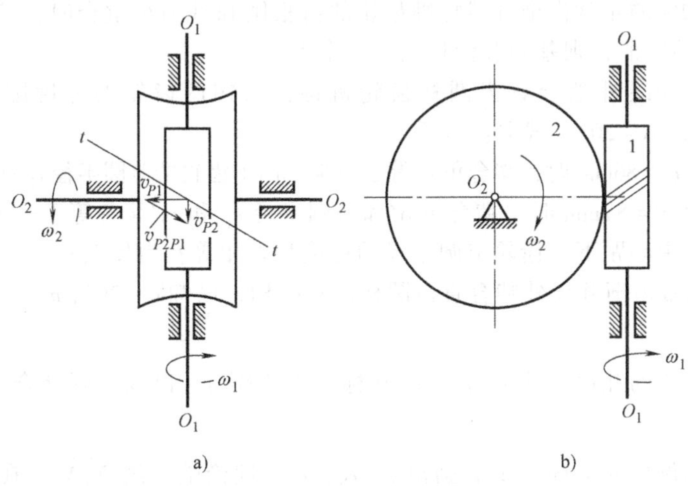

图 4.37 蜗轮转向的判断

由图上画出的速度三角形，便可知道蜗轮上 P 点的速度 $\boldsymbol{v}_{P2}$ 的方向，据此便可确定蜗轮的转向，如图 4.37b 所示。

判断蜗轮的转向，还可用左右手定则来确定。如图 4.37b 所示，先判断蜗杆（蜗轮）的旋向，左旋用右手，右旋用左手，四指方向表示蜗杆的转向，大拇指方向即为蜗轮圆周速度方向，由此圆周速度方向即可确定蜗轮的转向。

7. 蜗轮蜗杆机构的几何尺寸计算

蜗杆分度圆直径 d_1 根据其模数 m 由表 4.9 选定，其余尺寸见表 4.10。

表 4.10 蜗轮蜗杆机构的几何尺寸计算

	符合	公式	
		蜗 杆	蜗 轮
分度圆直径	d	$d_1=mq$	$d_2=mz_2$
齿顶圆直径	d_a	$d_{a1}=m(q+2h_a^*)$ $h_a^*=1$	$d_{a2}=m(z_2+2h_a^*)$
齿根圆直径	d_f	$d_{f1}=m(q-2h_a^*-2c^*)$ $c^*=0.25$	$d_{f2}=m(z_2-2h_a^*-2c^*)$
齿顶高	h_a	$h_a=h_a^*m$	
齿根高	h_f	$h_f=(h_a^*+c^*)m$	
中心距	a	$a=\frac{d_1+d_2}{2}=\frac{m}{2}(z_2+q)$	
传动比	i_{12}	$i_{12}=\frac{n_1}{n_2}=\frac{z_2}{z_1}=\frac{d_2}{d_1\tan\gamma_1}$	

习　题

4.1　已知一条渐开线，其基圆半径为 $r_b=50\text{mm}$，试求：

1）渐开线在向径 $r_K=65\text{mm}$ 的点 K 处的曲率半径 ρ_K、压力角 α_K 及展角 θ_K。

2）渐开线在展角 $\theta_K=10°$时的压力角 α_K 及向径 r_K。

4.2　当 $\alpha=20°$的正常齿渐开线标准齿轮的齿根圆和基圆相重合时，其齿数为多少？又若齿数大于求出的数值，则基圆和齿根圆哪一个大？

4.3　一对渐开线外啮合直齿圆柱齿轮机构，已知两齿轮的分度圆半径分别为 $r_1=30\text{mm}$，$r_2=54\text{mm}$，$\alpha=20°$，试求：

1）当中心距 $a'=86\text{mm}$ 时，啮合角 α'等于多少？两个齿轮的节圆半径 r_1'和 r_2'各为多少？

2）当中心距 $a'=87\text{mm}$ 时，啮合角 α'和节圆半径 r_1'和 r_2'又各等于多少？

3）以上两种中心距下，齿轮节圆半径的比值是否相等？为什么？

4.4　一对正常齿渐开线外啮合直齿圆柱齿轮机构，已知 $\alpha=20°$，$m=5\text{mm}$，$z_1=19$，$z_2=42$，试求：

1）计算两齿轮的几何尺寸 r、r_b、r_a 和标准中心距 a，以及实际啮合线段 $\overline{B_1B_2}$ 的长度和重合度 ε_α。

2）用长度比例尺 $\mu_l=1\text{mm/mm}$ 画出 r、r_b、r_a、理论啮合线 $\overline{N_1N_2}$，在其上标出实际啮合线 $\overline{B_1B_2}$，并标出单齿啮合区和双齿啮合区。

4.5　已知某六角车床推动刀盘的一对外啮合标准直齿圆柱齿轮传动的参数为：$z_1=24$，$z_2=120$，$m=2\text{mm}$，$\alpha=20°$，$h_a^*=1$，$c^*=0.25$。试求两齿轮的节圆直径 d_1'和 d_2'，齿顶圆直径 d_{a1} 和 d_{a2}，齿根圆直径 d_{f1} 和 d_{f2}，基圆直径 d_{b1} 和 d_{b2}，中心距 a。

4.6　有一齿条刀具，$\alpha=20°$，$m=4\text{mm}$，$h_a^*=1$，$c^*=0.25$，刀具在切制齿轮时的移动速度 $v_{刀}=1\text{mm/s}$。试求：

1）用这把刀具切制 $z=14$ 的标准齿轮时，刀具中线距轮坯中心的距离 L 为多少？轮坯的转速 n 为多少？

2）若用这把刀具切制 $z=14$ 的变位齿轮，其变位系数 $x=0.5$，则刀具中线距轮坯中心的距离 L 为多少？轮坯的转速 n 为多少？

4.7　如图 4.38 所示回归轮系中，已知直齿圆柱齿轮，$z_1=15$，$z_2=32$，$z_3=30$，$z_4=20$，$m=2\text{mm}$，中心距 $a'=50\text{mm}$，问：

1）齿轮 1、2 与齿轮 3、4 应选什么传动类型最好？为什么？

2）若齿轮 1、2 改为斜齿轮传动来凑中心距，当齿数不变，模数不变时，斜齿轮的螺旋角应为多少？

3）若齿轮 1 为斜齿轮其当量齿数是多少？

4）若已知斜齿圆柱齿轮 z_1、z_2 的参数为：$\alpha_n=20°$，$h_{an}^*=1$，$c_n^*=0.25$，齿宽 $b=30\text{mm}$，试计算该对齿轮的重合度 ε_γ。

4.8　已知一对外啮合标准直齿圆柱齿轮传动的中心距 $a=160\text{mm}$，齿数 $z_1=20$，$z_2=60$，试求两轮的 i、m、d_1、d_2、d_{a1}、d_{a2}、d_{f1}、d_{f2}、d_1'、d_2'。

4.9　已知某对渐开线直齿圆柱齿轮传动，中心距 $a=350\text{mm}$，传动比 $i=2.5$，$\alpha=20°$ $h_a^*=1$，$c^*=0.25$，根据强度等要求模数必须在 5mm、6mm、7mm 三者中选择，试设计此对

齿轮的以下参数和尺寸。

1）齿轮的齿数 z_1、z_2，模数 m。

2）分度圆直径 d_1、d_2，齿顶圆直径 d_{a1}、d_{a2}，齿根圆直径 d_{f1}、d_{f2}，节圆直径 d'_1、d'_2，啮合角 α'。

3）若要求安装中心距 $a=351\text{mm}$，则该齿轮传动应如何设计？

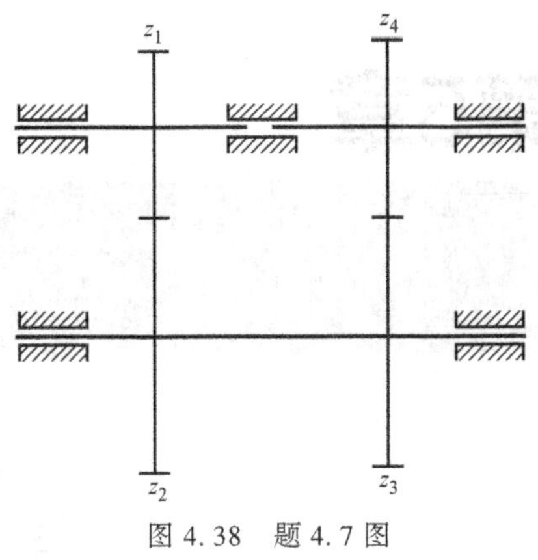

图 4.38　题 4.7 图

4.10　一对 $z_1=24$，$z_2=96$，$m=4\text{mm}$，$\alpha=20°$，$h_a^*=1$，$c^*=0.25$ 的标准安装的渐开线外啮合标准直齿圆柱齿轮传动。因磨损严重，维修时拟利用大齿轮齿坯，将大齿轮加工成变位系数 $x_2=-0.5$ 的负变位齿轮。试求：

1）新配的小齿轮的变位系数 x_1。

2）大齿轮齿顶圆直径 d_{a2}。

4.11　已知一对斜齿圆柱齿轮传动，$z_1=18$，$z_2=36$，$m_n=2.5\text{mm}$，$a=68\text{mm}$，$\alpha=20°$，$h_a^*=1$，$c^*=0.25$。试求：

1）这对斜齿轮螺旋角 β。

2）两齿轮的分度圆直径 d_1、d_2 和齿顶圆直径 d_{a1}、d_{a2}。

4.12　一对斜齿圆柱齿轮传动，已知小齿轮齿数 $z_1=21$，大齿轮齿数 $z_2=56$，法向模数 $m_n=2.5$，螺旋角 $\beta=12°17'$，试求两齿轮的传动比 i 及中心距 a，并求小齿轮的分度圆、齿顶圆和齿根圆直径。

4.13　如图 4.39 所示的蜗轮蜗杆传动中，蜗杆的螺旋线方向与转动方向如图所示，试画出各个蜗轮的转动方向。

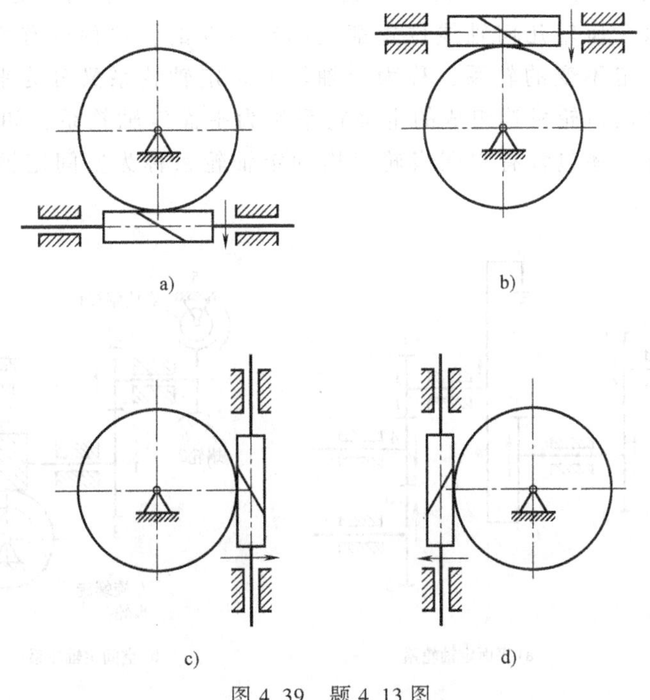

图 4.39　题 4.13 图

Chapter 5

第5章 轮 系

5.1 轮系及其分类

在第 4 章已经详细地研究了一对齿轮的啮合原理和有关几何尺寸的计算，但是在实际机械中，为了满足不同的工作需要，仅用一对齿轮组成的齿轮机构往往是不够的。例如，在机床中为了使主轴获得多级转速，在钟表中为了使时针、分针和秒针的转速具有一定的比例关系，在汽车后轮的传动中，为了根据汽车转弯半径的不同，使两个后轮获得不同的转速等，都需要由一系列齿轮所组成的齿轮机构来实现。这种由一系列的齿轮所组成的齿轮传动系统称为齿轮系，简称轮系。而仅由一对齿轮组成的齿轮机构则可认为是最简单的轮系。

根据轮系运动时各轮轴线的位置是否固定，可以将轮系分为下列三大类：

1. 定轴轮系

如图 5.1a 所示的轮系中，设运动由齿轮 1 输入，经一系列齿轮，从齿轮 5 输出。在这个轮系中，每个齿轮几何轴线位置都是固定不变的，这种所有齿轮几何轴线位置在运转过程中均固定不变的轮系，称为定轴轮系。定轴轮系又分为平面定轴轮系和空间定轴轮系。由平面齿轮机构组成的定轴轮系称为平面定轴轮系，如图 5.1a 所示。除了平面齿轮机构外，还包含有空间齿轮机构的定轴轮系称为空间定轴轮系，如图 5.1b 所示。

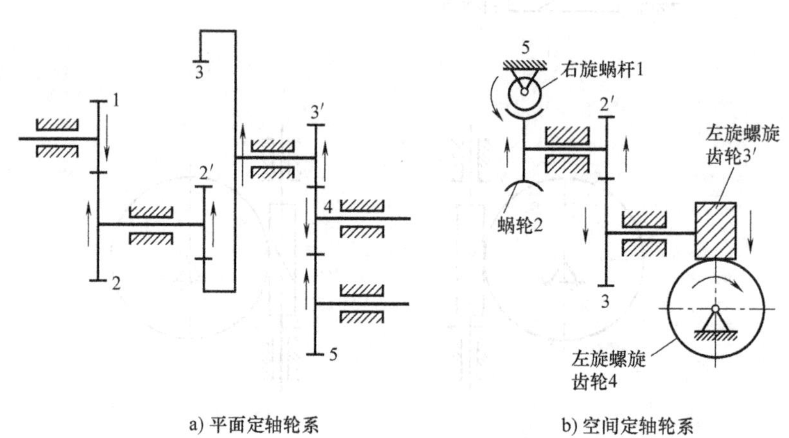

图 5.1　轮系

2. 周转轮系

如图 5.2 所示的轮系中，齿轮 1、3 和构件 H 分别绕互相重合的固定轴线 O_1、O_3、O_H 转动，而齿轮 2 空套在构件 H 上，并与齿轮 1、3 相啮合，所以齿轮 2 一方面绕其轴线 O_2 回转（自转），同时又随构件 H 绕轴线 O_H 回转（公转），因此，齿轮 2 称为行星轮，支撑行星轮 2 的构件 H 称为行星架或系杆，与行星轮 2 相啮合，且作定轴转动的齿轮 1 和 3 称为中心轮或太阳轮。在周转轮系中，由于一般都以太阳轮和行星架作为运动的输入和输出构件，故又常称它们为周转轮系的基本构件。基本构件都是绕着同一固定轴线回转的。

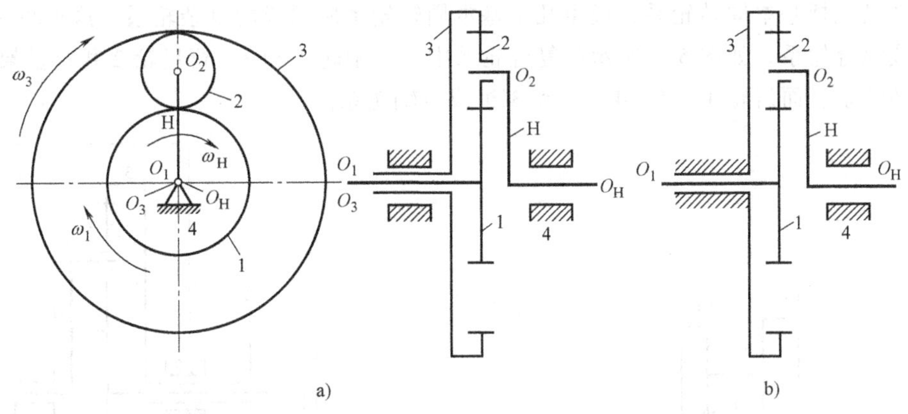

图 5.2 周转轮系

综上所述，一个周转轮系必定具有一个行星架，一个或几个固连的行星齿轮，以及与行星齿轮相啮合的太阳轮。这种周转轮系称为基本周转轮系。根据周转轮系所具有的自由度的数目不同，周转轮系可分为下列两类。

（1）差动轮系　如图 5.2a 所示轮系中，太阳轮 1 和 3 都是活动的，该轮系的自由度为 2，这种自由度为 2 的周转轮系称为差动轮系。

（2）行星轮系　如图 5.2b 所示轮系中，若将太阳轮 3（或 1）固定不动，该轮系的自由度为 1，这种自由度为 1 的周转轮系称为行星轮系。

根据周转轮系中基本构件的不同，周转轮系还可以分为下列两类。

（1）2K-H 型周转轮系　它由两个太阳轮（2K）和一个行星架（H）组成。图 5.3 所示

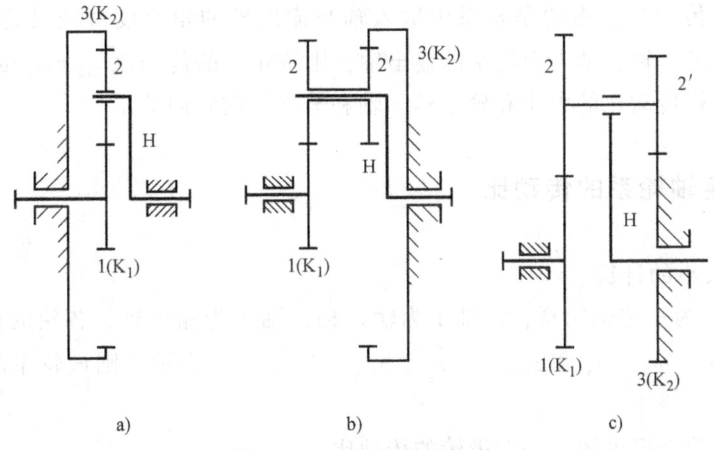

图 5.3 2K-H 型周转轮系

是 2K-H 型周转轮系的几种不同形式，其中 5.3a 所示为单排形式（行星轮只有一个），5.3b 和 5.3c 所示为双排形式（行星轮为双联齿轮）。

（2）3K 型周转轮系　它是由三个太阳轮（3K）和一个行星架组成的，行星架 H 仅起支撑行星轮使其与太阳轮保持啮合的作用，不起传力作用，故在轮系的型号中不含“H”，如图 5.4 所示。

3. 复合轮系

在工程实际中，除了采用单一的定轴轮系和单一的基本周转轮系外，还广泛采用既包括定轴轮系又包括基本周转轮系，或由几个基本周转轮系所组成的复杂轮系，这种轮系称为复合轮系或混合轮系。如图 5.5 所示的复合轮系中，太阳轮 1 和 3、行星轮 2 和行星架 H 组成一个差动轮系；而齿轮 1′、5、4′、4 和 3′组成定轴轮系。

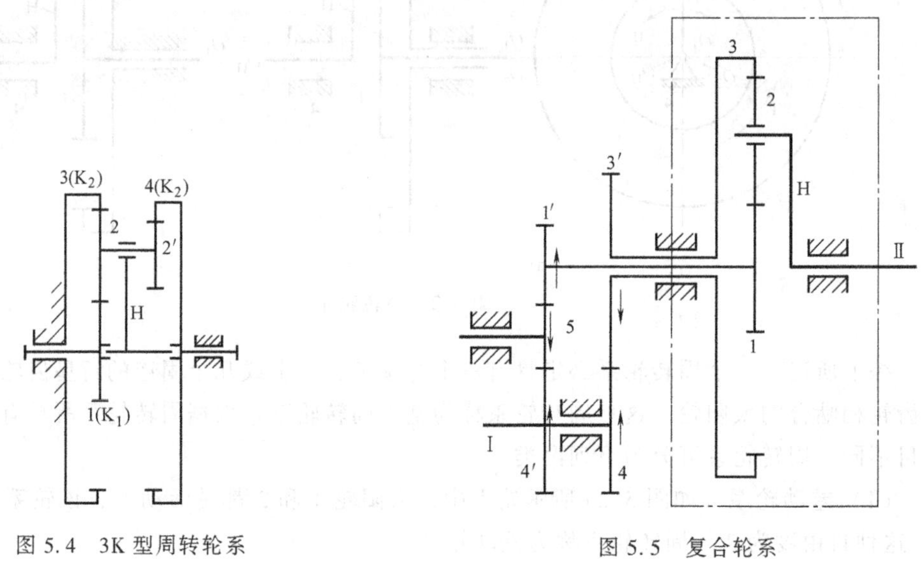

图 5.4　3K 型周转轮系　　　　图 5.5　复合轮系

5.2　轮系传动比的计算

所谓轮系的传动比，指的是轮系中输入轴与输出轴的角速度（或转速）之比。例如，设轴 1 为轮系的输入轴，轴 k 为轮系的输出轴，则该轮系的传动比 $i_{1k}=\omega_1/\omega_k=n_1/n_k$。传动比的确定包括计算传动比的大小和确定输入轴和输出轴的转向关系。

5.2.1　定轴轮系的传动比

1. 传动比大小的计算

图 5.1a 所示为一定轴轮系，设轴 1 为输入轴，轴 5 为输出轴，各轮的角速度和齿数分别用 ω_1、ω_2、ω_3、ω_4、ω_5 和 z_1、z_2、$z_2{'}$、z_3、$z_3{'}$、z_4、z_5 表示。则该轮系的传动比大小为 $i_{15}=\omega_1/\omega_5$。

由齿轮传动的知识可知，一对齿轮的传动比

$$i_{12}=\frac{\omega_1}{\omega_2}=\frac{z_2}{z_1} \tag{a}$$

$$i_{2'3}=\frac{\omega_{2'}}{\omega_3}=\frac{z_3}{z_{2'}} \tag{b}$$

$$i_{3'4}=\frac{\omega_{3'}}{\omega_4}=\frac{z_4}{z_{3'}} \tag{c}$$

$$i_{45}=\frac{\omega_4}{\omega_5}=\frac{z_5}{z_4} \tag{d}$$

又因 $\omega_2=\omega_{2'}$、$\omega_3=\omega_{3'}$，所以将以上各式两边分别连乘后得

$$i_{12}\cdot i_{2'3}\cdot i_{3'4}\cdot i_{45}=\frac{\omega_1}{\omega_2}\cdot\frac{\omega_2}{\omega_3}\cdot\frac{\omega_3}{\omega_4}\cdot\frac{\omega_4}{\omega_5}=\frac{\omega_1}{\omega_5}=i_{15}$$

$$i_{15}=\frac{\omega_1}{\omega_5}=\frac{z_2z_3z_4z_5}{z_1z_{2'}z_{3'}z_4}=\frac{z_2z_3z_5}{z_1z_{2'}z_{3'}}$$

上式表明：定轴轮系的传动比等于组成该轮系的各对啮合齿轮传动比的连乘积；其大小等于各对啮合齿轮中所有从动轮齿数的连乘积与所有主动轮齿数的连乘积之比。

综上所述，设轴 1 为定轴轮系的输入轴，轴 k 为轮系的输出轴，则定轴轮系传动比计算的一般公式为

$$i_{1k}=\frac{\omega_1}{\omega_k}=\frac{\text{所有从动轮齿数的连乘积}}{\text{所有主动轮齿数的连乘积}} \tag{5.1}$$

由图 5.1 所示可以看出，齿轮 4 同时与齿轮 3′和齿轮 5 相啮合，对于齿轮 3′来讲，它是从动轮，对于齿轮 5 来讲，它又是主动轮，因此，其齿数 z_4 在式（5.1）的分子、分母中同时出现，可以约去，表明齿轮 4 的齿数不影响该轮系传动比的大小，仅仅是改变齿轮 5 的转向，这种齿轮通常称为过轮，又称惰轮。过轮虽然不影响传动比的大小，但可以改变传动方向，在生产实际中经常应用。

2. 转动方向的确定

（1）平面定轴轮系　由于平面定轴轮系中各轮的轴线都是平行的，故其转向关系可以用“+”、“−”来表示，“+”表示转向相同，“−”表示转向相反。一对内啮合圆柱齿轮传动两轮的转向相同，不影响轮系传动比的符号，而一对外啮合圆柱齿轮传动两轮的转向相反，故如果轮系中有 m 次外啮合，则从输入轴到输出轴，其角速度方向应经过 m 次变号，因此这种轮系传动比的符号可用 $(-1)^m$ 来判定。如图 5.1a 所示的轮系中，$m=3$，因此

$$i_{15}=\frac{\omega_1}{\omega_5}=i_{12}\cdot i_{2'3}\cdot i_{3'4}\cdot i_{45}=(-1)^3\frac{z_2z_3z_4z_5}{z_1z_{2'}z_{3'}z_4}=-\frac{z_2z_3z_5}{z_1z_{2'}z_{3'}}$$

上式中“−”说明齿轮 1 与齿轮 5 转动方向相反。

平面定轴轮系传动比的正、负号也可以用画箭头的方法来确定，如图 5.1a 所示。

（2）空间定轴轮系　由于空间定轴轮系中包含有轴线不平行的空间齿轮机构，因此，不能说两轮的转向是相同还是相反，这种轮系中各轮的转向必须在图上用箭头表示，不能用 $(-1)^m$ 来判定。

当空间定轴轮系首、末两齿轮的轴线平行时，需要先通过画箭头判断两齿轮的转向后，

再在传动比计算式前加“+”“-”号。如图 5.6 所示轮系的传动比为

$$i_{14}=\frac{\omega_1}{\omega_4}=-\frac{z_2z_3z_4}{z_1z_{2'}z_{3'}}$$

当空间定轴轮系首、末两齿轮的轴线不平行时，在传动比计算式中不加符号，但必须在图中用箭头表示各轮的转向。如图 5.7 所示轮系的传动比的大小为

$$i_{14}=\frac{\omega_1}{\omega_4}=\frac{z_2z_3z_4}{z_1z_{2'}z_{3'}}$$

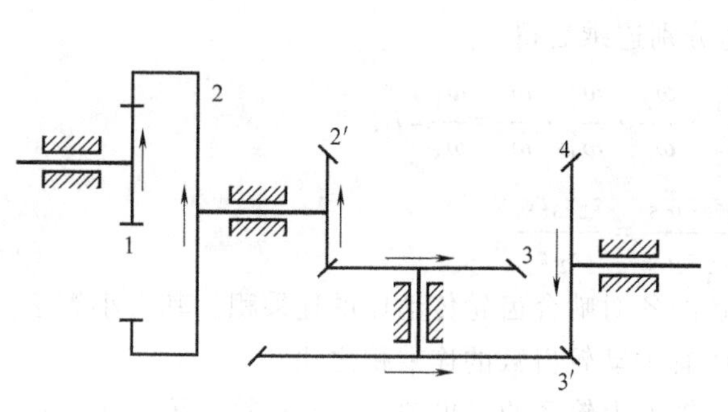

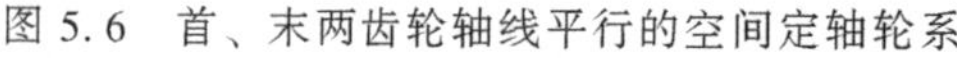

图 5.6 首、末两齿轮轴线平行的空间定轴轮系

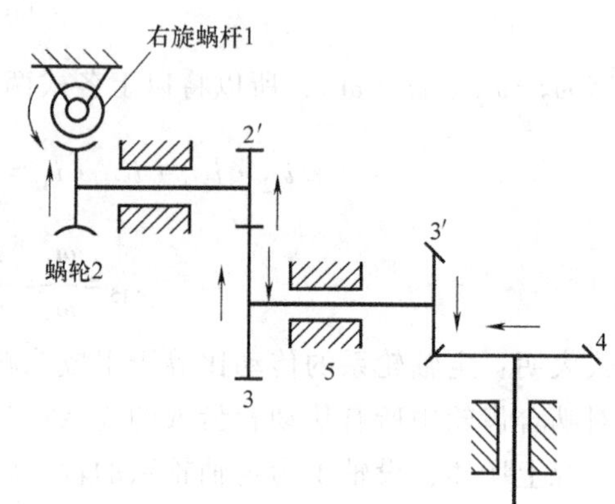

图 5.7 首、末两齿轮轴线不平行的空间定轴轮系

5.2.2 周转轮系的传动比

在周转轮系中，由于其行星轮的运动不是绕固定轴线的简单运动，所以周转轮系各构件间的传动比不能直接用求解定轴轮系传动比的方法来求。为了解决周转轮系的传动比计算问题，应当设法将周转轮系转化为定轴轮系，也就是设法让行星架固定不动。由相对运动原理可知，如果给整个周转轮系加上一个公共的角速度$-\omega_H$之后，各构件之间的相对运动关系并不改变，但行星架的角速度就变成了$\omega_H-\omega_H=0$，即行星架就变成固定不动。此时，整个周转轮系便转化为一个假想的定轴轮系，通常称此假想的定轴轮系为原周转轮系的转化机构。

如图 5.8a 所示单排 2K-H 型周转轮系，当给整个轮系加上一个$-\omega_H$的公共角速度后，其转化机构如图 5.8b 所示，各构件的角速度变化情况见表 5.1。

表 5.1 周转轮系转化机构中各构件的角速度

构件代号	原有角速度	在转化机构中的角速度(即相对于系杆的角速度)
1	ω_1	$\omega_1^H=\omega_1-\omega_H$
2	ω_2	$\omega_2^H=\omega_2-\omega_H$
3	ω_3	$\omega_3^H=\omega_3-\omega_H$
H	ω_H	$\omega_H^H=\omega_H-\omega_H=0$

由于周转轮系的转化机构是一个定轴轮系，因此该转化机构的传动比就可以按照定轴轮系传动比的计算方法来计算。转化轮系的传动比为

$$i_{13}^{H}=\frac{\omega_{1}^{H}}{\omega_{3}^{H}}=\frac{\omega_{1}-\omega_{H}}{\omega_{3}-\omega_{H}}=(-1)^{1}\frac{z_{3}}{z_{1}}=-\frac{z_{3}}{z_{1}}$$

式中，i_{13}^{H} 表示在转化机构中齿轮 1 与齿轮 3 的传动比。而 i_{13} 表示原周转轮系中齿轮 1 与齿轮 3 的传动比，两者是有区别的。式中齿数比前的“-”表示在转化机构中齿轮 1 与齿轮 3 的转向相反。

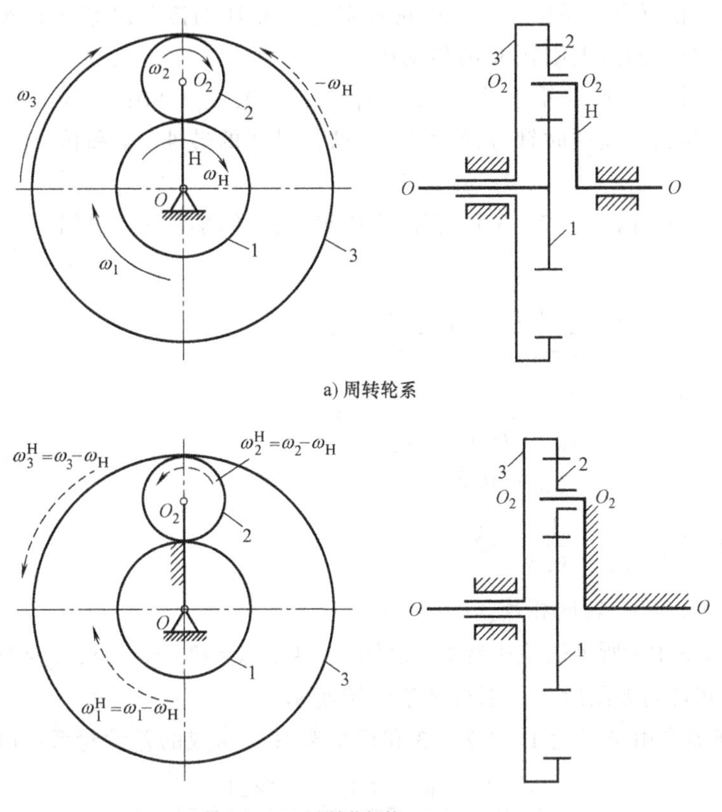

图 5.8 周转轮系及其转化机构

根据上述原理，可以写出周转轮系转化机构传动比计算的一般公式。设周转轮系中 ω_{G}、ω_{K}、ω_{H} 分别为齿轮 G、K 和系杆为 H 的角速度，则其转化机构的传动比 i_{GK}^{H} 可表示为

$$i_{GK}^{H}=\frac{\omega_{G}^{H}}{\omega_{K}^{H}}=\frac{\omega_{G}-\omega_{H}}{\omega_{K}-\omega_{H}}=(-1)^{m}\frac{\text{从齿轮 G 至 K 各对齿轮从动轮齿数的连乘积}}{\text{从齿轮 G 至 K 各对齿轮主动轮齿数的连乘积}}=f(z) \quad (5.2)$$

在利用式（5.2）计算周转轮系传动比时，需要注意以下几点：

1）式（5.2）只适用于转化机构中齿轮 G、齿轮 K 和行星架 H 轴线平行的情况。

2）齿数比 $f(z)$ 是带有符号的，其判断方法同定轴轮系一样。即如果转化机构为平面定轴轮系，则用 $(-1)^{m}$ 来判定，如果转化机构为空间定轴轮系，则用画箭头的方法来确定。

3）ω_{G}、ω_{K} 和 ω_{H} 是周转轮系中各基本构件的实际角速度，三者中必须有两个是已知的，才能求出第三个。若已知的两个转速方向相反，求解时一个代正值，一个代负值，第三个转速的转向，则根据计算结果的“+”“-”号来确定。

对于行星轮系来说，由于其中一个太阳轮是固定的，设其中 K 为固定太阳轮，即 $\omega_K=0$，可直接求出其余两个基本构件之间的传动比，由式（5.2）得

$$i_{GK}^{H}=\frac{\omega_G^H}{\omega_K^H}=\frac{\omega_G-\omega_H}{\omega_K-\omega_H}=\frac{\omega_G-\omega_H}{-\omega_H}=1-\frac{\omega_G}{\omega_H}=1-i_{GH}$$

则

$$i_{GH}=1-i_{GK}^{H} \tag{5.3}$$

式（5.3）表明：在行星轮系中，活动齿轮 G 对行星架 H 的传动比等于 1 减去行星架固定不动时活动齿轮 G 对原固定太阳轮 K 的传动比。

例 5.1 如图 5.9 所示轮系中，已知 $z_1=z_2=30$，$z_3=90$；$n_1=1\text{r/min}$，$n_3=-1\text{r/min}$（设逆时针方向为正）。求行星架的转速 n_H 和传动比 i_{1H}。

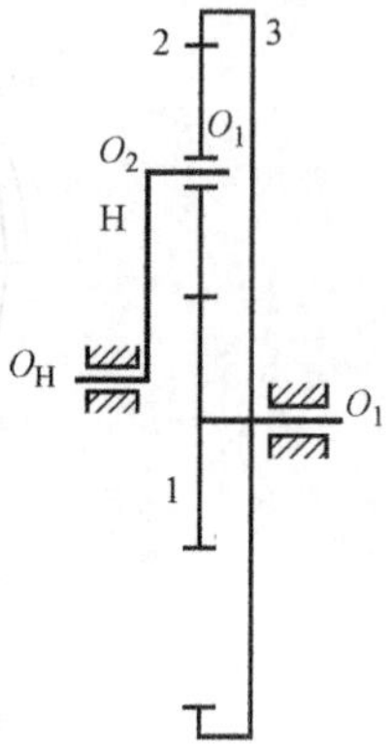

解：该轮系是由齿轮 1、2、3 和行星架 H 组成的差动轮系，根据式（5.2）得

$$i_{13}^{H}=\frac{n_1-n_H}{n_3-n_H}=(-1)\frac{z_2z_3}{z_1z_2}=-\frac{z_3}{z_1}$$

即

$$\frac{n_1-n_H}{n_3-n_H}=\frac{1-n_H}{-1-n_H}=-\frac{z_3}{z_1}=-3$$

解得

$$n_H=-0.5\text{r/min}$$

则传动比 i_{1H} 为 $i_{1H}=\frac{n_1}{n_H}=\frac{1}{-0.5}=-2$

其中“-”表示 n_H 与 n_1 转向相反。

图 5.9 例 5.1 图

例 5.2 如图 5.10a 所示的差速器中，已知 $z_1=49$，$z_2=42$，$z_{2'}=18$，$z_3=21$；$n_1=200\text{r/min}$，$n_3=100\text{r/min}$，其转向如图所示。求行星架的转速 n_H。

解：该差速器是由锥齿轮 1、2-2′、3 和行星架 H 所组成的差动轮系，由式（5.2）得

$$i_{13}^{H}=\frac{n_1-n_H}{n_3-n_H}=-\frac{z_2z_3}{z_1z_{2'}}=-\frac{42\times21}{49\times18}=-1$$

$$\frac{200-n_H}{-100-n_H}=-1$$

解得 $n_H=50\text{r/min}$。其结果为正，表明行星架 H 的转向和齿轮 1 的转向相同。

注意：式中齿数比前面的“-”号是由图 5.10b 所示转化机构中通过画箭头确定的。

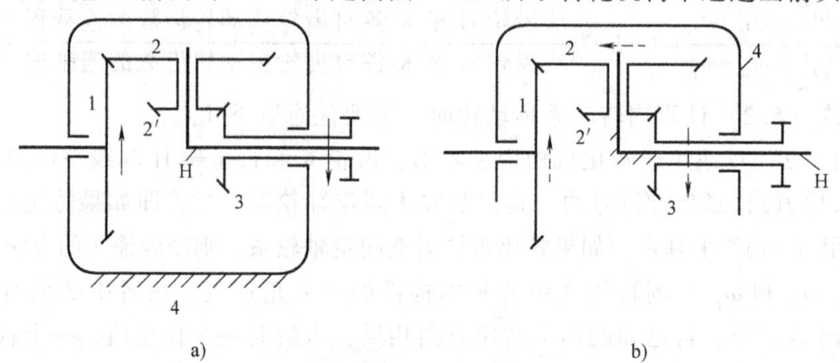

图 5.10 例 5.2 图

例 5.3　图 5.11 所示为一大传动比减速器，已知 $z_1=100$，$z_2=101$，$z_{2'}=100$，$z_3=99$。求传动比 i_{H1}。

解：该轮系是由齿轮 1、2-2′、3 和行星架 H 所组成的行星轮系，因为 $n_3=0$，有

$$i_{13}^{H}=\frac{n_1-n_H}{n_3-n_H}=\frac{n_1-n_H}{-n_H}=1-\frac{n_1}{n_H}=(-1)^2\frac{z_2z_3}{z_1z_{2'}}$$

$$i_{1H}=\frac{n_1}{n_H}=1-i_{13}^{H}=1-(-1)^2\frac{z_2z_3}{z_1z_{2'}}=1-\frac{101\times99}{100\times100}=\frac{1}{10000}$$

或者直接由式（5.3）得

$$i_{1H}=1-i_{13}^{H}=1-(-1)^2\frac{z_2z_3}{z_1z_{2'}}=1-\frac{101\times99}{100\times100}=\frac{1}{10000}=\frac{n_1}{n_H}$$

解得

$$i_{H1}=\frac{n_H}{n_1}=10000$$

传动比 i_{H1} 为 10000，说明当行星架转 10000r 时，齿轮 1 才转 1r，其转向与行星架 H 的转向相同，可见此轮系的传动比很大。注意该轮系只能用于减速，用于增速时会发生自锁，一般用于仪表中测量高速转动或作为精密的微调机构。

又若 z_3 由 99 改为 100，则 $i_{H1}=-100$。即当行星架转 100r 时，齿轮 1 反向转 1r。可见行星轮系中从动轮的转向不仅与主动轮的转向有关，而且与轮系中各轮的齿数有关。

比较两种结果可知，对于同一结构的行星轮系，当某一齿轮的齿数作较小变动，不仅可以导致轮系传动比的较大变化，甚至可以改变转动方向。这是与定轴轮系大不相同的地方。

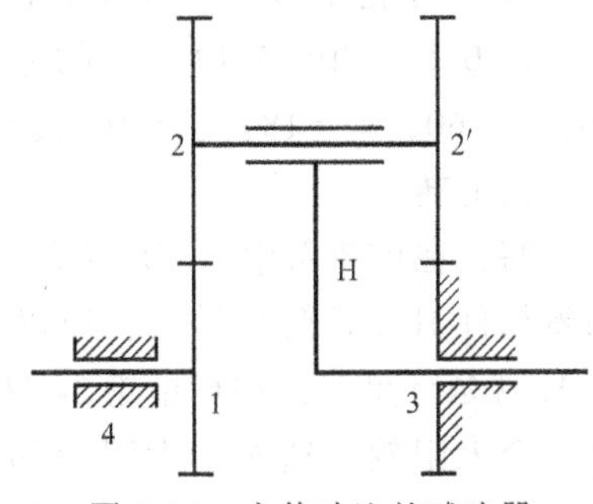

图 5.11　大传动比的减速器

5.2.3　复合轮系的传动比

由于复合轮系中包含有定轴轮系和周转轮系或包含几个基本周转轮系，因此，计算复合轮系的传动比时，既不能将整个轮系作为定轴轮系来处理，也不能将整个轮系作为周转轮系来处理。正确计算复合轮系传动比的步骤是：

1）正确划分定轴轮系和基本周转轮系。

2）分别列出各基本轮系传动比的计算方程式。

3）找出各基本轮系之间的联系。

4）联立方程式求解，即可求得复合轮系的传动比。

这里最为关键的是找基本周转轮系。找基本周转轮系的方法是：先找轴线活动的行星轮，支撑行星轮的构件就是行星架，与行星轮相啮合且轴线固定不动的齿轮便是太阳轮。这样，行星轮、行星架和太阳轮便组成一个基本周转轮系。其余的部分可按照上述同样的方法继续划分。找出各个基本周转轮系后，剩余的那些由定轴齿轮组成的部分就是定轴轮系。

例 5.4　如图 5.12 所示的轮系中，已知 $z_1=20$，$z_2=40$，$z_{2'}=20$，$z_3=30$，$z_4=80$。求传动比 i_{1H}。

解：从图 5.12 所示可以看出：齿轮 3 的轴线是不固定的，它是一个行星轮；支撑该行星轮的构件 H 就是行星架；与行星轮 3 相啮合的定轴齿轮 2′、4 为太阳轮，齿轮 2′、3、4 和行星架 H 组成一个基本周转轮系，且是一个行星轮系。剩下的齿轮 1、2 的轴线是固定不动的，组成一定轴轮系。所以该轮系是由一个定轴轮系和一个行星轮系串联而成的复合轮系。

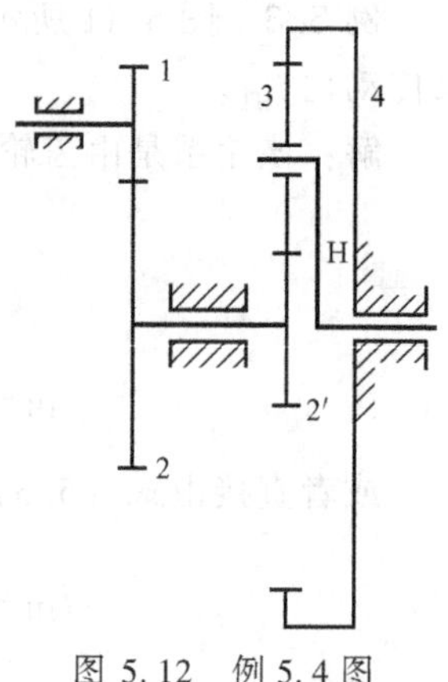

图 5.12　例 5.4 图

在定轴轮系 1、2 中，由式（5.1）得

$$i_{12}=\frac{n_1}{n_2}=-\frac{z_2}{z_1}=-\frac{40}{20}=-2$$

在行星轮系 2′、3、4 和 H 中，由式（5.3）得

$$i_{2'H}=\frac{n_{2'}}{n_H}=1-i_{2'4}^{H}=1-\left(-\frac{z_4}{z_{2'}}\right)=1+\frac{80}{20}=5$$

由于 $n_2=n_{2'}$，联立求解

$$i_{1H}=i_{12}\cdot i_{2'H}=-2\times5=-10$$

“-”表示齿轮 1 和行星架 H 的转向相反。

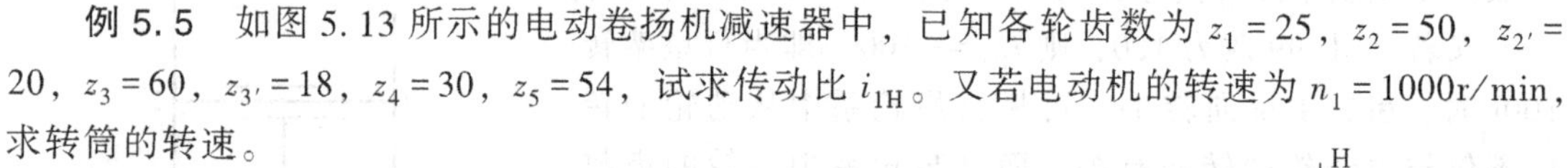

例 5.5　如图 5.13 所示的电动卷扬机减速器中，已知各轮齿数为 $z_1=25$，$z_2=50$，$z_{2'}=20$，$z_3=60$，$z_{3'}=18$，$z_4=30$，$z_5=54$，试求传动比 i_{1H}。又若电动机的转速为 $n_1=1000\text{r/min}$，求转筒的转速。

解：在该轮系中，双联齿轮 2-2′的几何轴线是不固定的，随着构件 H（转筒）转动，所以是行星轮；支撑它运动的构件 H 就是行星架；和行星轮 2-2′相啮合的定轴齿轮 1 和齿轮 3 是两个太阳轮，这两个太阳轮都能转动。所以齿轮 1、2-2′、3 和行星架 H 组成一个差动轮系；剩下的齿轮 3′、4、5 轴线都是固定的，组成定轴轮系。这个定轴轮系将差动轮系的太阳轮 3 和行星架 H 联系起来，组成一个封闭系统。这种通过定轴轮系或行星轮系把差动轮系的两个基本构件（太阳轮或行星架）联系起来形成自由度为 1 的复杂行星轮系称为封闭式行星轮系。

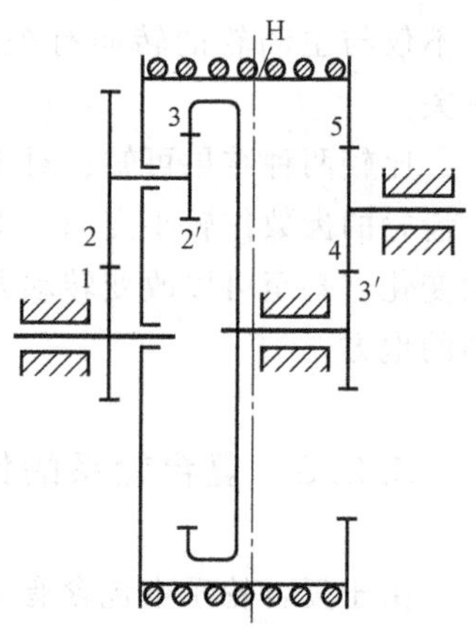

图 5.13　例 5.5 图

在差动轮系 1、2-2′、3 和行星架 H 中，有

$$i_{13}^{H}=\frac{n_1-n_H}{n_3-n_H}=-\frac{z_2z_3}{z_1z_{2'}}=-\frac{50\times60}{25\times20}=-6$$

在定轴轮系 3′、4、5 中，有

$$i_{3'5}=\frac{n_{3'}}{n_5}=-\frac{z_5}{z_{3'}}=-\frac{54}{18}=-3$$

又因为 $n_3=n_{3'}$，$n_5=n_H$，联立求解得

$$i_{1H}=\frac{n_1}{n_H}=25$$

$$n_H=\frac{n_1}{i_{1H}}=\frac{1000}{25}=40\text{r/min}$$

转筒 H 和齿轮 1 的转向相同。

5.3 轮系的功用

轮系广泛用于各种机械中，它的功用可概括为以下几个方面。

1. 实现较远距离的传动

如图 5.14 所示，在齿轮传动中，当输入轴和输出轴相距较远而传动比却不大时，若只用一对齿轮传动，两轮的尺寸很大，如图中虚线所示，当改用轮系来传动，就可使齿轮尺寸小得多，如图中实线所示。这样，既减小了机器的结构尺寸和质量，又节约了材料，且制造安装方便。

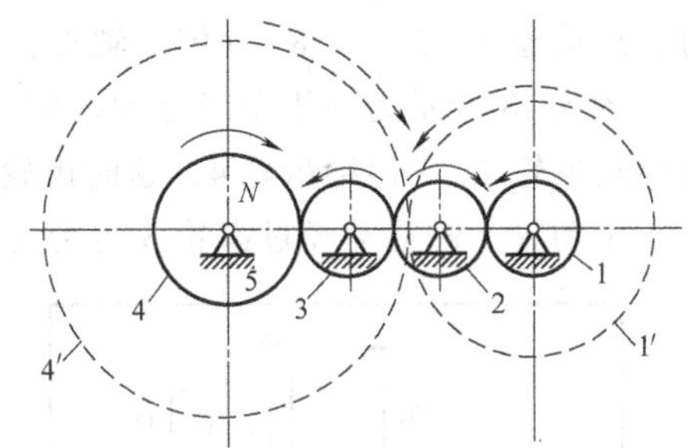

图 5.14 实现较远距离的传动

2. 实现大传动比传动

在工程实际中，输入轴和输出轴之间往往需要有较大的传动比，若仅用一对齿轮传动，则两轮齿数相差很大，尺寸相差悬殊，外廓尺寸庞大。若采用轮系，特别是采用周转轮系，可以用很少的齿数，并且在结构很紧凑的条件下，得到很大的传动比。图 5.15 所示为采用三对蜗轮蜗杆所组成的定轴轮系。蜗轮 1 为输入件，蜗轮 4 为输出件，三个蜗杆均采用双头左旋蜗杆，三个蜗轮的齿数均为 40，由式（5.1）得其传动比 $i_{14}=8000$。通过回转箭头可知蜗杆 1 和蜗轮 4 的转向相同。这是利用定轴轮系实现大传动比的例子，由此可见，若采用定轴轮系，只需适当选择齿轮的对数和各轮的齿数，就可得到所需的大传动比传动。

如图 5.16 所示为一大传动比减速器的运动简图，图中蜗杆 1 为输入件，行星架 H 为输出件，1 和 5 均为单头右旋蜗杆，各轮齿数 $z_1=101$，$z_2=99$，$z_{2'}=z_4$，$z_{4'}=100$，$z_{5'}=100$。该减速器是由两个定轴轮系 1、2 和 1′、5′、5、4′及一个差动轮系 2′、3、4、H 所组成的复合轮系，其传动比 $i_{1H}=1980000$。

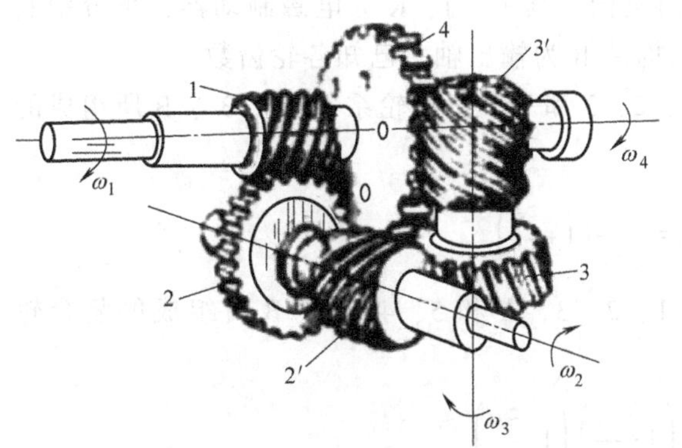

国 5.15 实现大传动比传动

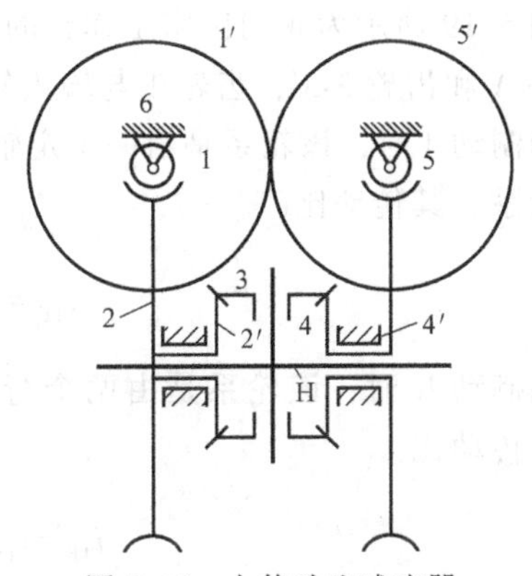

图 5.16 大传动比减速器

3. 实现变速与换向传动

输入轴的转动方向不变，利用轮系可使输出轴得到若干种转速或改变输出轴的转向，这种传动称为变速与换向传动。

图 5.17 所示为汽车上常用的三轴四速变速器的传动示意图。图中，牙嵌式离合器的一半 x 与齿轮 1 固连在输入轴 Ⅰ 上，其另一半 y 和双联齿轮 4、6 通过滑键与输出轴 Ⅲ 相连。齿轮 2、3、5、7 安装在轴 Ⅱ 上，齿轮 8 则安装在轴 Ⅳ 上，操纵变速杆拨动双联齿轮 4、6，使之与轴 Ⅱ 上不同齿轮啮合时，可得到不同的输出转速。例如，设 $n_{\mathrm{I}}=1000\mathrm{r/min}$，括号内数字为各轮齿数。当向右移动双联齿轮使离合器 x 和 y 接合时，$n_{\mathrm{III}}=n_{\mathrm{I}}=1000\mathrm{r/min}$，汽车以高速前进；当向左移动双联齿轮使 4 与 3 相啮合时，运动经 1、2、3、4 传给轴 Ⅲ，这时 $n_{\mathrm{III}}=596\mathrm{r/min}$，汽车以中速前进；当向左移动双联齿轮使 6 与 5 相啮合时，运动经 1、2、5、6 传给轴 Ⅲ，这时 $n_{\mathrm{III}}=292\mathrm{r/min}$，汽车以低速前进；当再向左移动双联齿轮使 6 与 8 相啮合时，运动经 1、2、7、8、6 传给轴 Ⅲ，这时 $n_{\mathrm{III}}=-194\mathrm{r/min}$，汽车以最低速倒车。

图 5.18 所示为用于车床上的换向机构。当手柄在图 5.18a 所示位置时，主动轮 1 的运动经过齿轮 2、3 传给齿轮 4，这时齿轮 4 与齿轮 1 的转向相反；当手柄在图 5.18b 所示位置时，主动轮 1 的运动经过齿轮 3 传给齿轮 4，这时轮齿 4 与齿轮 1 的转向相同。

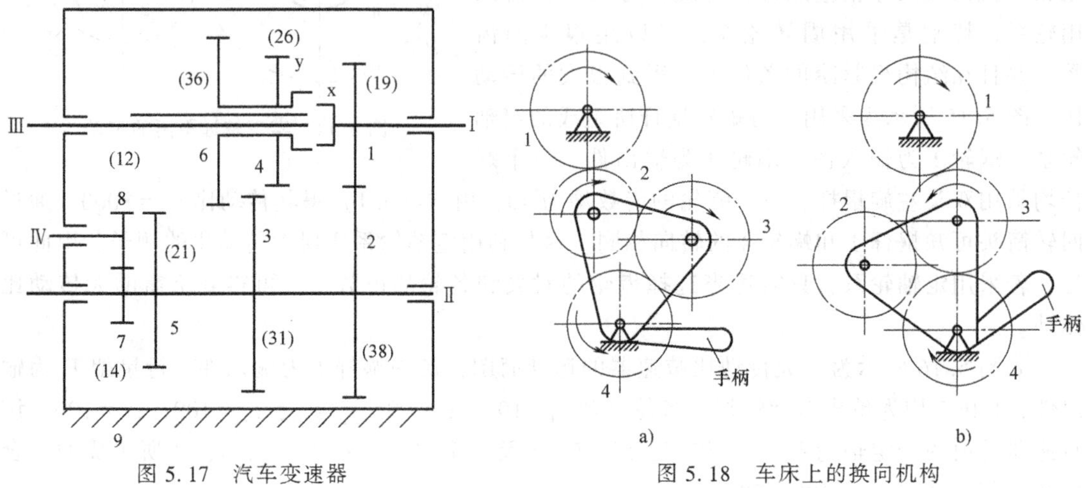

图 5.17　汽车变速器

图 5.18　车床上的换向机构

图 5.19 所示为龙门刨床工作台的变速换向机构。其中，J、K 为电磁制动器，可分别制动构件 A 和齿轮 3-3′，齿轮 1 与输入轴固连，构件 B 为输出轴，已知各轮齿数。

当制动 J 时，该轮系是由一个定轴轮系 1、2、3 和一个行星轮系 5、4、3′、B 所组成的复合轮系，其传动比

$$i_{1\mathrm{B}}=i_{13}\cdot i_{3'\mathrm{B}}=-\frac{z_3}{z_1}\left(1+\frac{z_5}{z_{3'}}\right)$$

当制动 K 时，该轮系是由两个行星轮系 1、2、3、A 和 5、4、3′、B 所组成的复合轮系，其传动比

$$i_{1\mathrm{B}}=i_{15}\cdot i_{5\mathrm{B}}=\left(1+\frac{z_3}{z_1}\right)\left(1+\frac{z_{3'}}{z_5}\right)$$

从计算结果可以看出，制动 J 时，传动比小，输出轴速度高，为空回行程，此时输出轴与输入轴转向相反；制动 K 时，传动比大，输出轴速度低，为工作行程，此时输出轴与输入轴转向相同。

4. 实现分路传动

在机械传动中，当只有一个原动件，而有多个执行构件时，原动件的运动可以通过多对啮合齿轮，从不同的传动路线传给执行构件，从而实现分路传动。如图 5.20 所示的轮系为某航空发动机附件传动系统图。当主动轴转动时，通过各对啮合齿轮可同时带动轴Ⅰ、Ⅱ、Ⅲ、Ⅳ、Ⅴ和Ⅵ转动。

5. 实现运动的合成和分解

由于差动轮系有两个自由度，当给定两个原动件的运动时，可以唯一确定第三个构件的运动，因此差动轮系可用来把两个运动合成为一个运动，反过来也可以把一个运动分解为两个运动。汽车后桥差速器就利用了差动轮系对运动进行分解的特性。

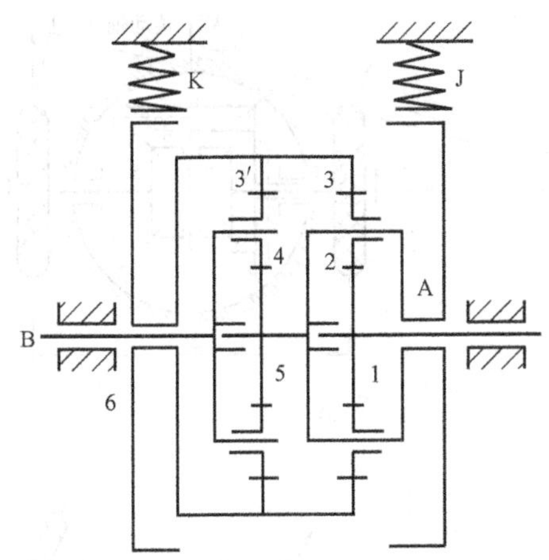

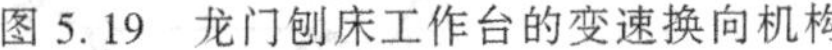

图 5.19 龙门刨床工作台的变速换向机构

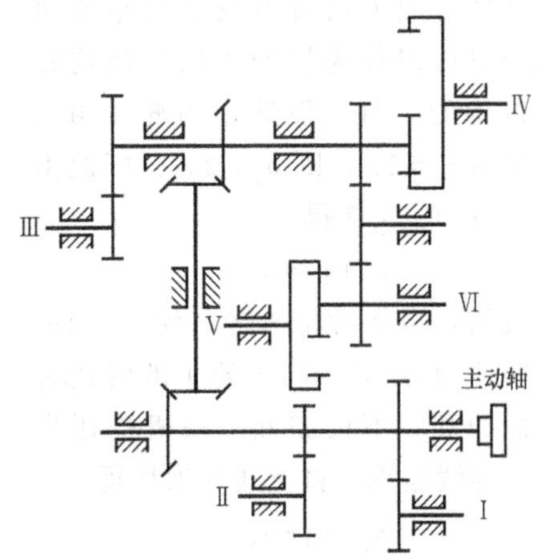

图 5.20 实现分路传动

图 5.21 所示为汽车后桥差速器。汽车发动机的运动从变速器经过传动轴传给齿轮 1，再带动齿轮 2 及固连在齿轮 2 上的行星架转动。对于汽车底盘来说，齿轮 1 和 2 的轴线是固定不动的，故齿轮 1、2 组成一个定轴轮系。中间齿轮 4 的轴线是随着齿轮 2 的轴线转动的，所以齿轮 4 是行星轮，支撑行星轮的齿轮 2 便是行星架，与齿轮 4 相啮合且轴线固定的齿轮 3 和 5 是两个太阳轮。由于齿轮 3 和齿轮 5 都是活动的，所以齿轮 3、4、5 和 2 便组成一个差动轮系。该差速器是由一个定轴轮系和一个差动轮系所组成的复合轮系。

在差动轮系 3、4、5 和 2 中，根据式（5.2）有

$$i_{35}^{2}=\frac{n_3-n_2}{n_5-n_2}=-\frac{z_5}{z_3}=-1$$

$$n_2=\frac{n_3+n_5}{2}$$

当汽车在平坦道路上直线行驶时，左右两车轮滚过的路程相等，所以转速也相等，因此有 $n_3=n_5=n_2$，表示齿轮 1 和齿轮 3 之间没有相对运动，这时齿轮 3、4、5 如同一整体，一起随齿轮 2 转动。当汽车向左转弯时，为减少轮胎与地面的磨损，要求右车轮比左车轮转得快，这时齿轮 3 和齿轮 5 之间发生相对运动，轮系才起到差速器的作用。设两轮中心距为 $2l$，转弯半径为 r，因为两车轮的直径大小相等，而它们与地面之间又是纯滚动（当机构的构造允许左、右两轮的转速不等时，轮胎与地面之间一般不会打滑），所以两车轮的转速与

转弯半径成正比。故有

$$\frac{n_3}{n_5}=\frac{r-l}{r+l}$$

将 $n_2=\dfrac{n_3+n_5}{2}$ 代入上式，求解得

$$n_3=\frac{r-l}{l}n_2,\quad n_5=\frac{r+l}{l}n_2$$

上式表明，汽车转弯时，差速器可以将传动轴的转动自动分解为两车轮的不同转动。

这种由锥齿轮所组成的汽车差速器机构也可以作为机械式加法机构和减法机构的一种。设选定齿轮 1 和 2 的齿数为 $z_2=2z_1$，则 $n_1=2n_2$，因此由式 $n_2=(n_3+n_5)/2$ 得

$$n_3+n_5=n_1$$

上式表明：当使齿轮 3 转速为 n_3 和齿轮 5 转速为 n_5 时，则齿轮 1 的转速就是它们的和。不仅如此，该机构还可以实现连续运算。将上式移项后得

$$n_3=n_1-n_5$$

该轮系也可以进行减法运算。

差动轮系这种合成运动的作用广泛用于机床、计算机构和补偿装置。

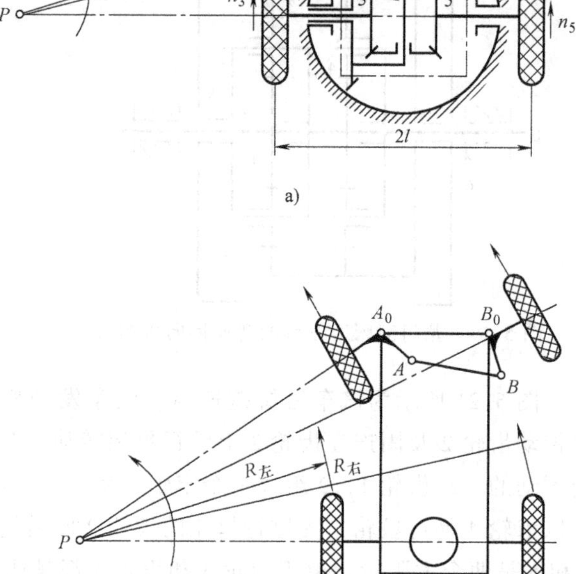

图 5.21　汽车后桥差速器

6. 在尺寸及质量较小的条件下，实现大功率传动

在周转轮系中，常采用多个行星轮均匀分布在太阳轮四周的结构形式，如图 5.22 所示。这样，不仅可大大提高承载能力，而且还可使行星轮因公转所产生的离心惯性力和各齿廓啮合处的径向分力得以平衡，从而大大改善受力状况。此外，采用内啮合又有效地利用了空间，加之其输入轴与输出轴共线，故可减小径向尺寸。因此可在结构紧凑的条件下，实现大功率传动。

7. 实现执行机构的复杂运动

由于在周转轮系中，行星轮既作自传又作公转，行星轮上各点的运动轨迹有多种形状和性质不同的摆线或变态摆线，因此，在工程实际中常利用行星轮的这一运动特点来实现一些特殊要求。如图 5.23 所示的隧道挖掘机，其铣刀刀盘与行星轮固连，刀盘一方面绕自己的轴线 O_6（也即 O_7）旋转，行星架 h 又绕垂直于轴线 O_6 的轴线 O_h 转动，同时轴线 O_h 又绕与其平行的主轴线 O_1 转动。这样铣刀刀尖的运动轨迹便是更为复杂的空间曲线。

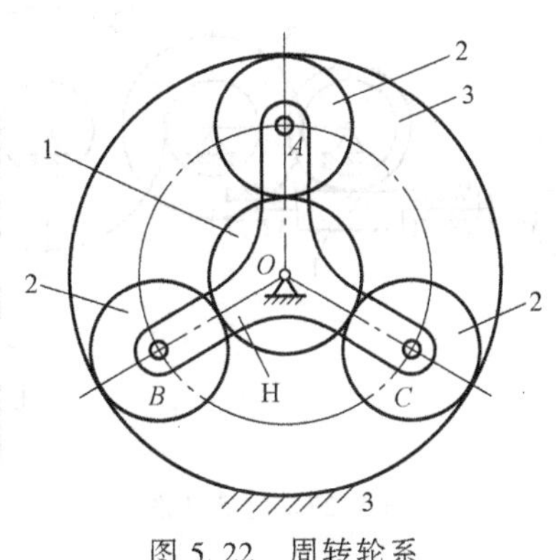

图 5.22 周转轮系

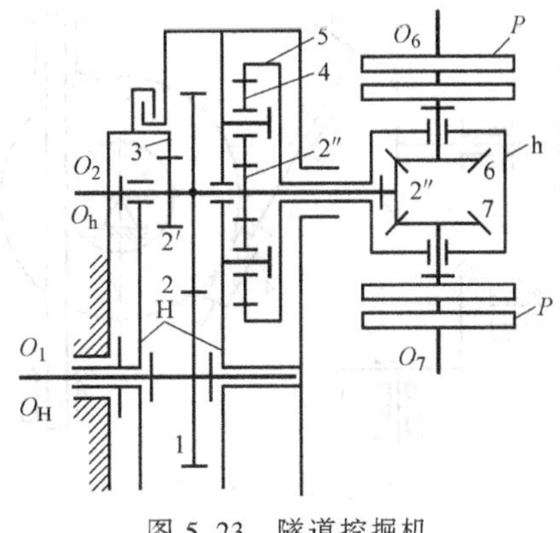

图 5.23 隧道挖掘机

习 题

5.1 在如图 5.24 所示的手摇提升装置中，已知各轮齿数 $z_1=20$，$z_2=50$，$z_3=15$，$z_4=30$，$z_6=40$。试求传动比 i_{16} 并指出提升重物时手柄的转向。

5.2 在如图 5.25 所示轮系中，已知各轮齿数 $z_1=20$，$z_2=40$，$z_{2'}=20$，$z_3=30$，$z_{3'}=20$，$z_4=40$。试求：

1）传动比 i_{14}。

2）如要变更 i_{14} 的符号，可采取什么措施？

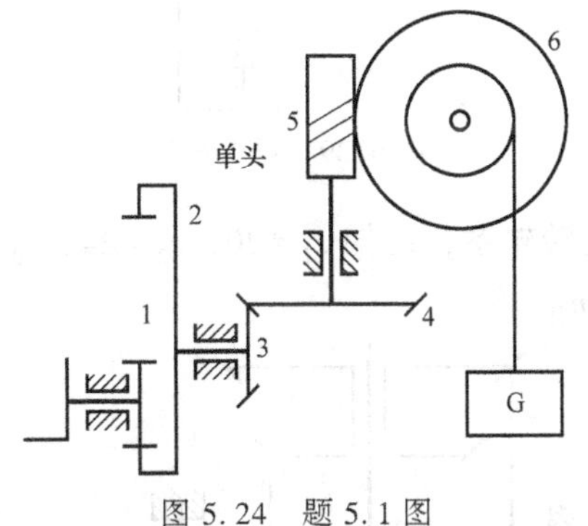

图 5.24 题 5.1 图

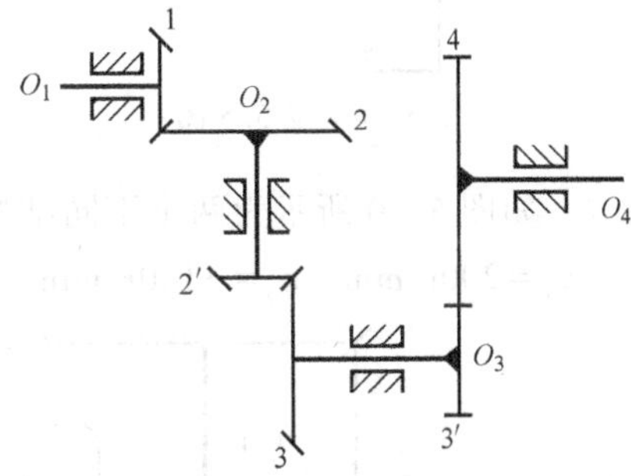

图 5.25 题 5.2 图

5.3 如图 3.26 所示某传动装置中，已知：$z_1=60$，$z_2=48$，$z_{2'}=80$，$z_3=120$，$z_{3'}=60$，$z_4=40$，蜗杆 $z_{4'}=2$（右旋），蜗轮 $z_5=80$，齿轮 $z_{5'}=65$，模数 $m=5$mm，主动轮 I 的转速为 $n_1=240$r/min，转向如图所示。试求齿条 6 的移动速度 v_6 的大小和方向。

5.4 如图 5.27 所示为一电动卷扬机的传动简图。已知蜗杆 1 为单头右旋蜗杆，蜗轮 2 的齿数 $z_2=42$，其余各轮齿数 $z_{2'}=18$，$z_3=78$，$z_{3'}=18$，$z_4=55$；卷筒 5 与齿轮 4 固连，其直径 $D_5=400$mm，电动机转速 $n_1=1500$r/min，试求：

1）转筒 5 的转速 n_5 的大小和重物的移动速度 v。

2）提升重物时，电动机应该以什么方向旋转？

5.5 在如图 5.28 所示周转轮系中，已知各轮齿数 $z_1=60$，$z_2=20$，$z_{2'}=20$，$z_3=20$，$z_4=20$，$z_5=100$，试求传动比 i_{41}。

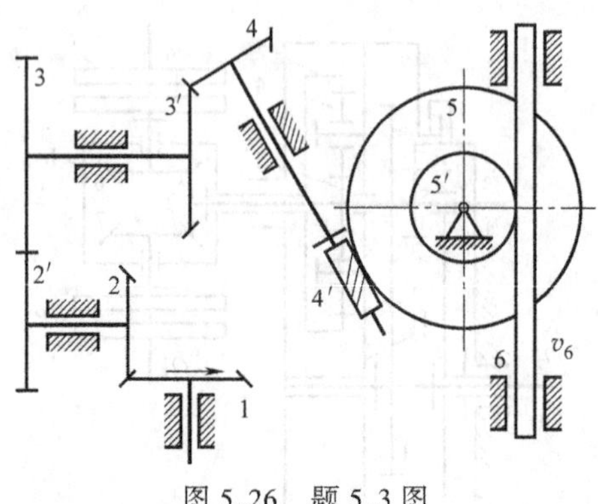

图 5.26　题 5.3 图

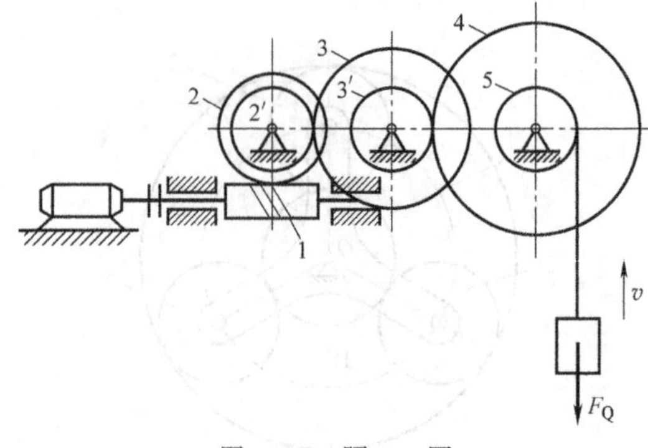

图 5.27　题 5.4 图

5.6　在如图 5.29 所示轮系中，已知各轮齿数 $z_1=26$，$z_2=32$，$z_{2'}=22$，$z_3=80$，$z_4=36$，又知 $n_1=300\text{r/min}$，$n_3=50\text{r/min}$，两者转向相反，试求齿轮的转速 n_4 的大小和方向。

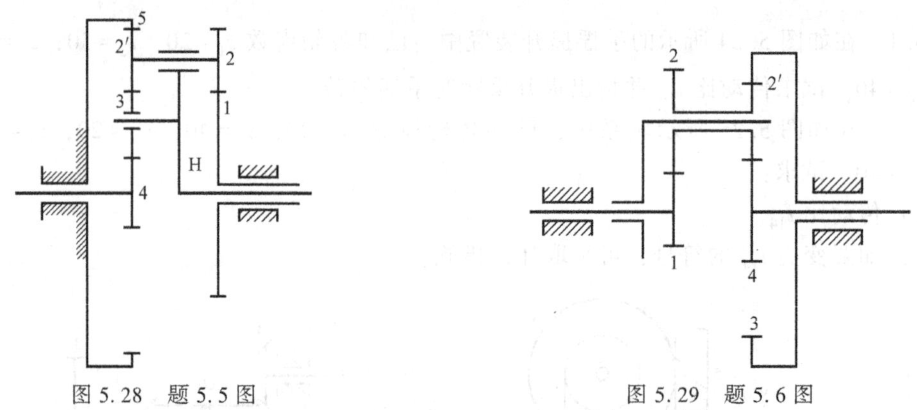

图 5.28　题 5.5 图

图 5.29　题 5.6 图

5.7　如图 5.30 所示为两个不同结构的锥齿轮周转轮系，已知 $z_1=20$，$z_2=24$，$z_{2'}=30$，$z_3=30$，$n_1=200\text{r/min}$，$n_3=-100\text{r/min}$。求两轮系的 n_H。

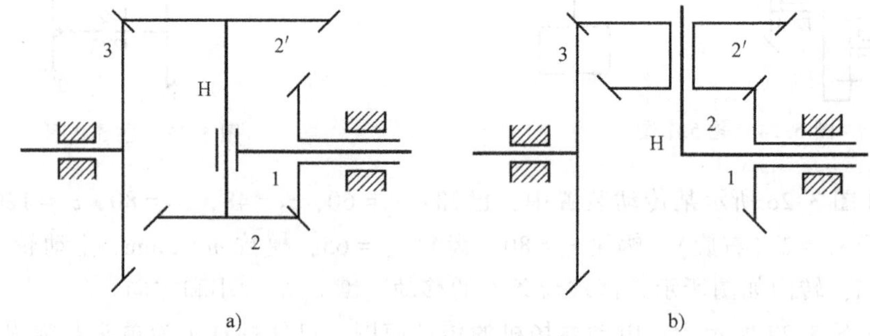

图 5.30　题 5.7 图

5.8　如图 5.31 所示差动轮系中，已知各轮的齿数 $z_1=30$，$z_2=25$，$z_{2'}=20$，$z_3=75$，齿轮 1 的转速为 200r/min（箭头朝上），齿轮 3 的转速为 50r/min，求行星架转速 n_H 的大小和方向。

5.9　如图 5.32 所示轮系，均采用标准齿轮传动。已知 $z_1=20$，$z_2=30$，$z_4=20$，$z_5=40$。求 i_{15}。

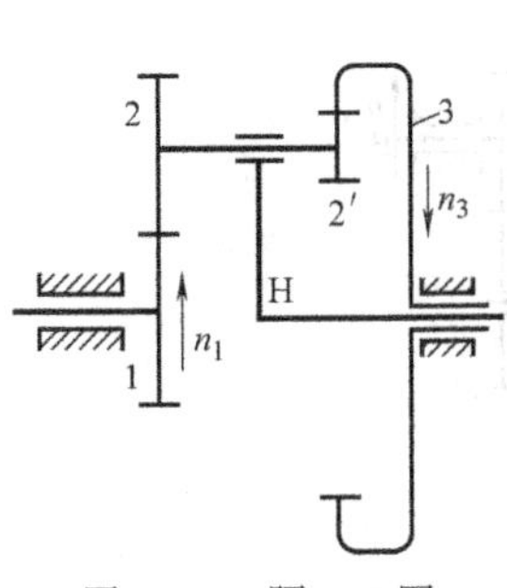

图 5.31 题 5.8 图

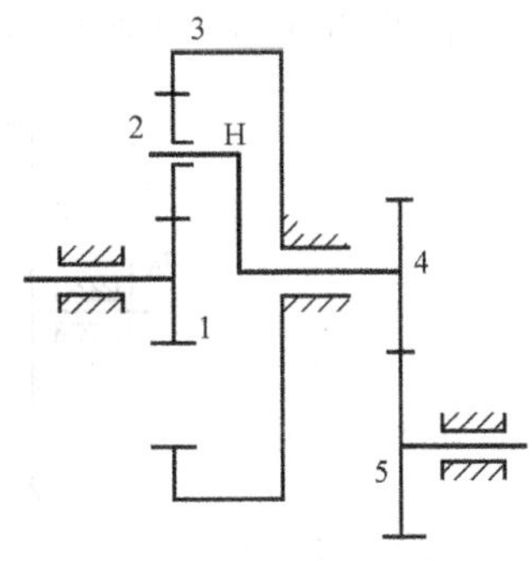

图 5.32 题 5.9 图

5.10 如图 5.33 所示轮系，均采用标准齿轮传动。已知各轮的齿数分别为 $z_1=80$，$z_{1'}=40$，$z_2=20$，$z_{2'}=30$，$z_3=40$，$z_4=30$。试求：z_3'及 i_{1H}。

5.11 已知如图 5.34 所示轮系中各轮齿数，$z_1=30$，$z_4=z_5=21$，$z_2=24$，$z_3=z_6=40$，$z_7=30$，$z_8=90$，$n_1=960\text{r/min}$，方向如图示，求 n_H 的大小和方向。

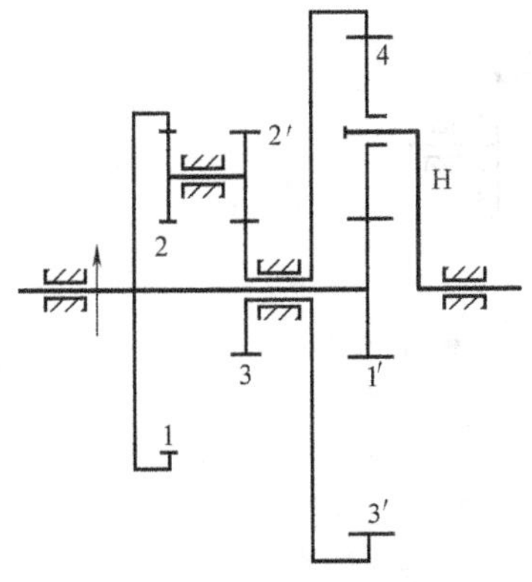

图 5.33 题 5.10 图

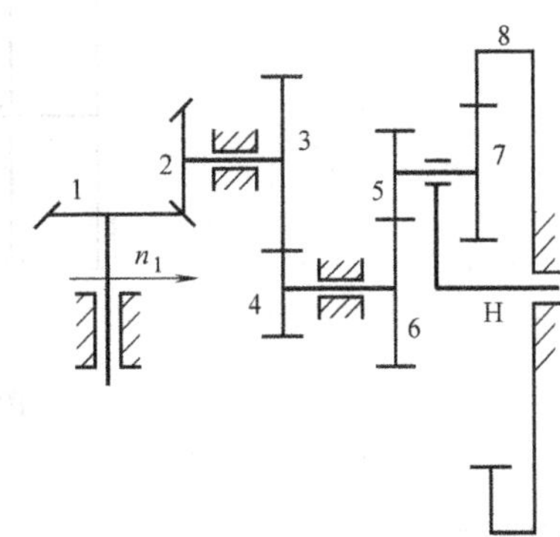

图 5.34 题 5.11 图

5.12 如图 5.35 所示轮系中，已知各齿轮的齿数：$z_1=34$，$z_5=50$，$z_6=18$，$z_7=36$，$z_3=z_4$，$n_1=1500\text{r/min}$，试求齿轮 7 的转速 n_7。

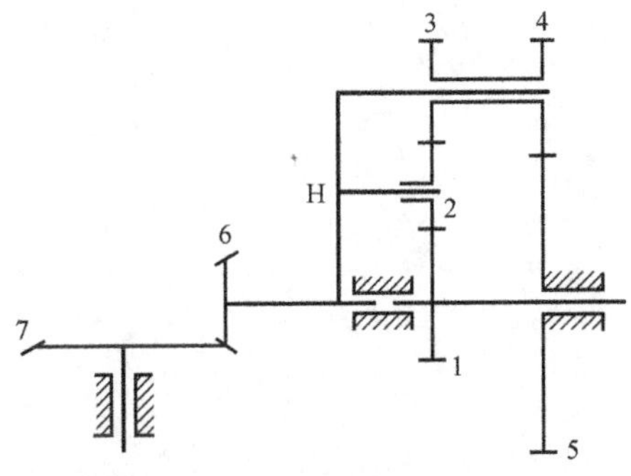

图 5.35 题 5.12 图

5.13 如图 5.36 所示的轮系中，已知各轮齿数：$z_1=90$，$z_2=60$，$z_{2'}=30$，$z_3=30$，$z_{3'}=24$，$z_4=18$，$z_5=60$，$z_{5'}=36$，$z_6=32$。运动从 A、B 两轴输入，由构件 H 输出。已知 $n_A=$

100r/min、$n_B = 900$r/min，转向如图所示，试求输出轴 H 的转速 n_H 的大小和方向。

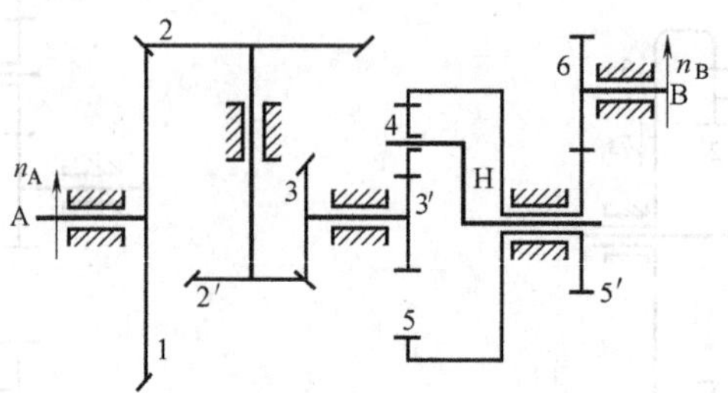

图 5.36　题 5.13 图

5.14　如图 5.37 所示轮系中，已知各齿轮的齿数 $z_1 = 24$，$z_{1'} = 30$，$z_2 = 95$，$z_3 = 89$，$z_{3'} = 102$，$z_4 = 80$，$z_{4'} = 40$，$z_5 = 17$，试求传动比 i_{15}。

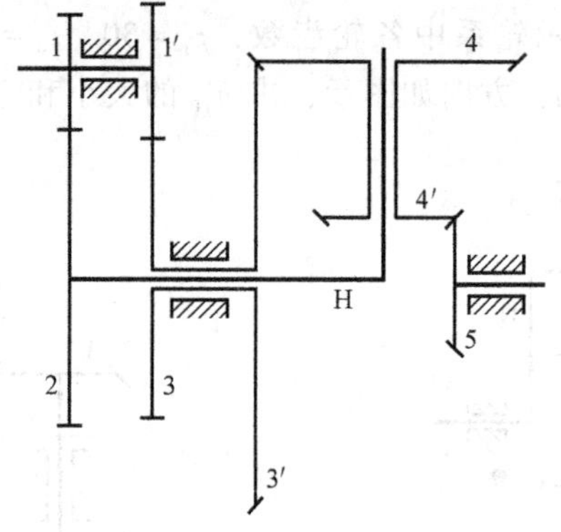

图 5.37　题 5.14 图

Chapter 6

第6章 间歇运动机构

在机械中，特别是在各种自动和半自动机械中，常常需要把原动件的连续运动变为从动件的周期性间歇运动，实现这种间歇运动的机构称为间歇运动机构。间歇运动机构的种类很多，本章将简单地介绍四种常用的间歇运动机构：棘轮机构、槽轮机构、凸轮式间歇运动机构和不完全齿轮机构。

6.1 棘轮机构

6.1.1 棘轮机构的组成及其工作原理

棘轮机构的典型结构形式如图6.1所示。它是由摇杆1、棘爪2、棘轮3和止动爪4等组成的。弹簧5用来使止动爪4和棘轮3保持接触。同样，可在摇杆1与棘爪2之间设置弹簧，以维持棘爪2与棘轮3的接触。棘轮3固装在机构的传动轴上，而摇杆1则是空套在传动轴上。当摇杆1逆时针摆动时，棘爪2便插入棘轮3的齿间，推动棘轮3转过某一角度。当摇杆1顺时针转动时，止动爪4阻止棘轮3顺时针转动，同时棘爪2从棘轮3的齿背上滑过，故棘轮3静止不动。这样，当摇杆1连续作往复摆动时，棘轮3便得到单向的间歇运动。

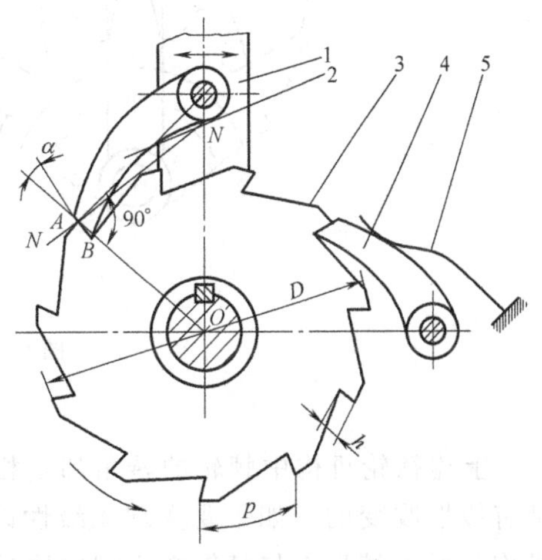

图6.1 棘轮机构

1—摇杆 2—棘爪 3—棘轮 4—止动爪 5—弹簧

改变原动件1的结构形状，可以得到如图6.2所示的双动式棘轮机构。原动件1的往复摆动均能使棘轮2沿原动件1同一方向转动。驱动棘爪3可以制成直的（图6.2b）或带钩的（图6.2a）。

当棘轮轮齿制成方形时，即成为可变向棘轮机构，如图6.3a所示。其特点是当棘爪1在实线位置时，棘轮2将沿逆时针方向作间歇运动；当棘爪1翻转到虚线位置时，棘轮2将沿顺时针方向作间歇运动。图6.3b所示为另一种可变向棘轮机构，当棘爪1在图示位置时，棘轮2将沿逆时针方向作间歇运动。若将棘爪提起并绕自身轴线转180°后再插入棘轮齿中，则可实现棘轮2沿顺时针方向的间歇运动。若将棘爪提起并绕本身轴线转 90°后放下，架在壳体顶部的平台上，使棘轮与棘爪脱开，则当棘爪往复摆动时，棘轮静止不动。这种棘轮机构常应用在牛头刨床工作台的进给装置中。

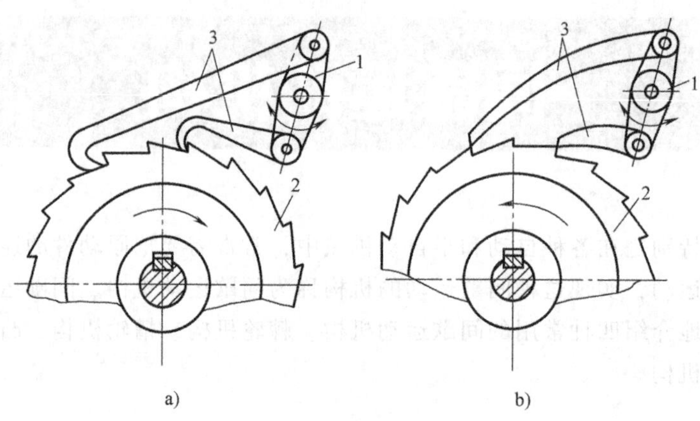

图 6.2　双动式棘轮机构

1—原动件　2—棘轮　3—驱动棘爪

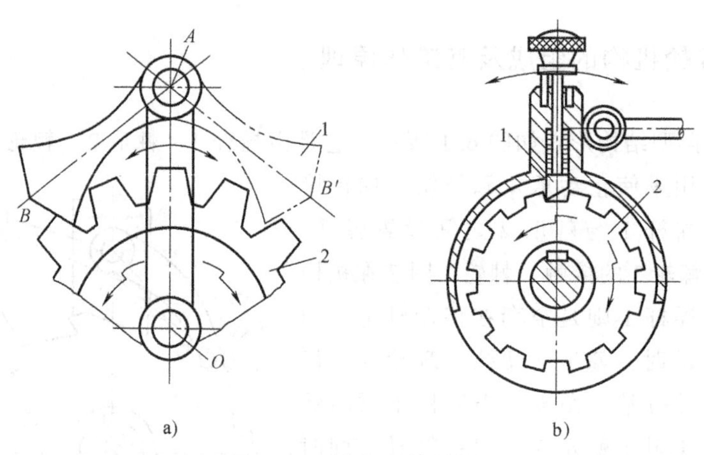

图 6.3　可变向棘轮机构

1—棘爪　2—棘轮

上述棘轮机构中棘轮的转角都是相邻齿所夹中心角的倍数，也就是说，棘轮的转角是有级性改变的。如果要实现无级性改变，就需要采用无棘齿的棘轮（图 6.4）。这种机构是通过棘爪 1 与棘轮 2 之间的摩擦力来传递运动的（件 3 为制动棘爪），故又称为摩擦式棘轮机构。这种机构传动较平稳，噪声小，但其接触表面间容易发生滑动，故运动准确性差。

棘轮机构除了常用于实现间歇运动外，还能实现超越运动。图 6.5 所示为自行车后轮轴上的棘轮机构。当脚蹬踏板时，经链轮 1 和链条 2 带动内圈具有棘轮的链轮顺时针转动，再通过棘爪 4 的作用，使后轮轴 5 顺时针转动，从而驱使自行车前进。自行车前进时，如果令踏板不动，后轮轴 5 便会超越链轮 3 而转动，让棘爪 4 在棘轮齿背上滑过，从而实现不蹬踏板的自由滑行。

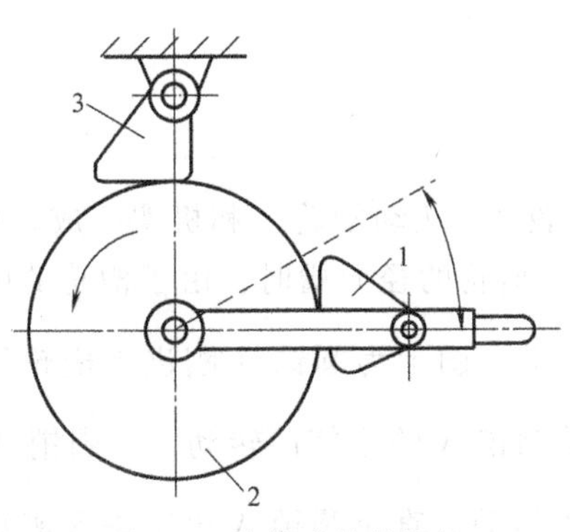

图 6.4 摩擦式棘轮机构
1—棘爪 2—棘轮 3—制动棘爪

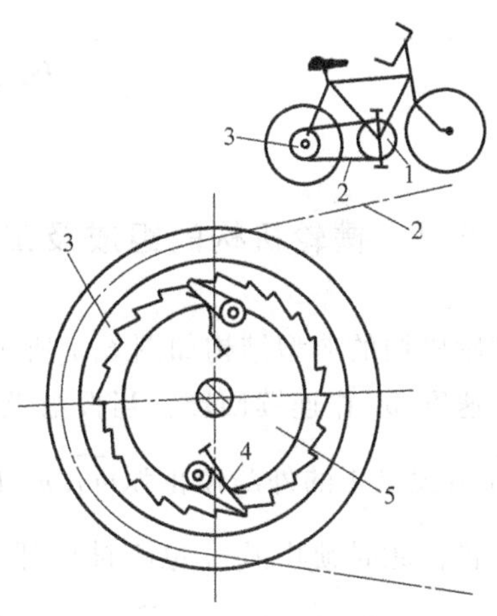

图 6.5 超越式棘轮机构
1—链轮 2—链条 3—链轮
4—棘爪 5—后轮轴

6.1.2 棘轮机构的设计要点

在设计棘轮机构时，首要的问题是确定棘轮轮齿的倾斜角，因为为了保证棘轮机构工作的可靠性，在工作行程中，棘爪应能顺利地滑入棘轮齿底。

如图 6.6 所示，设棘轮齿的工作齿面与向径 OA 倾斜 α 角，棘爪轴心 O'和棘轮轴心 O 与棘轮齿顶 A 点的连线之间的夹角为 Σ，若不计棘爪的重力和转动副中的摩擦，则当棘爪由棘轮齿顶沿工作齿面 AB 滑向齿底时，棘爪将受到棘轮轮齿对其作用的法向压力 F_n 和摩擦力 F_f。为了使棘爪能顺利进入棘轮的齿底而不致从棘轮轮齿上滑脱出来，则要求 F_n 和 F_f 的合力 F_R 对 O'的力矩方向应迫使棘爪进入棘轮齿底，即合力 F_R 的作用线应位于 OO'之间，也即应使

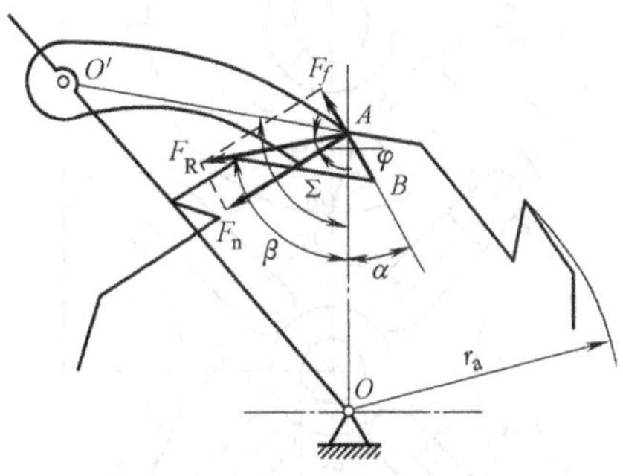

图 6.6 棘爪的受力分析

$$\beta<\Sigma \tag{6.1}$$

式中，β 是合力 F_R 与 OA 方向之间的夹角。又由图可知，$\beta=90°-\alpha+\varphi$（其中 φ 为摩擦角）。代入式（6.1）后得

$$\alpha>90°+\varphi-\Sigma \tag{6.2}$$

为了在传递相同的转矩时，棘爪受力最小，一般 $\Sigma=90°$，此时有

$$\alpha>\varphi \tag{6.3}$$

即棘轮齿的倾斜角 α 应大于摩擦角 φ，当 $f=0.2$ 时，$\varphi=11°30'$，故常取 $\alpha=20°$。

关于棘轮机构的其他参数和几何尺寸计算可参阅有关技术资料。

6.2 槽 轮 机 构

6.2.1 槽轮机构的组成及工作特点

槽轮机构的典型结构如图 6.7 所示。它由主动拨盘 1、从动槽轮 2 和机架组成。拨盘 1 以等角速度 ω_1 作连续回转，当拨盘上的圆销 A 未进入槽轮的径向槽时，由于槽轮的内凹锁止弧$\widehat{nn}$被拨盘 1 的外凸锁止弧$\widehat{mm'm}$卡住，故槽轮不动。图示为圆销 A 刚进入槽轮径向槽时的位置，此时锁止弧$\widehat{nn}$也刚被松开。此后，槽轮受圆销 A 的驱使而转动。当圆销 A 在另一边离开径向槽时，锁止弧$\widehat{nn}$又被卡住，槽轮又静止不动。直至圆销 A 再次进入槽轮的另一个径向槽时，又重复上述运动。所以槽轮作时动时停的间歇运动。

槽轮机构的结构简单，外形尺寸小，其机械效率高，并能较平稳地、间歇地进行转位。但因传动时尚存在柔性冲击，故常用于速度不太高的场合。

图 6.8 所示为外槽轮机构在电影放映机中的应用情况，图 6.9 所示为外槽轮机构在单轴六角自动车床转塔刀架的转位机构中的应用情况。

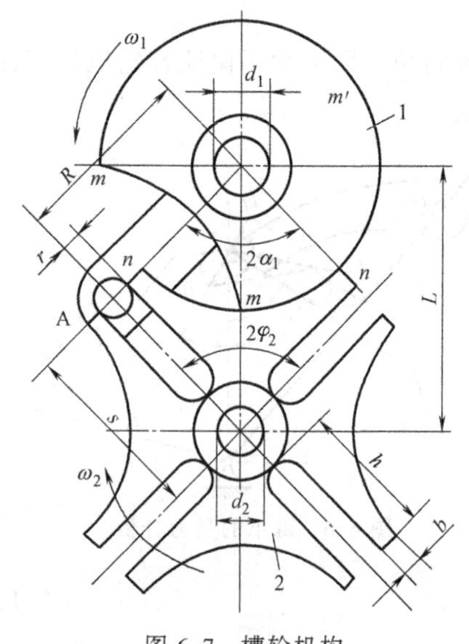

图 6.7　槽轮机构

1—主动拨盘　2—从动槽轮

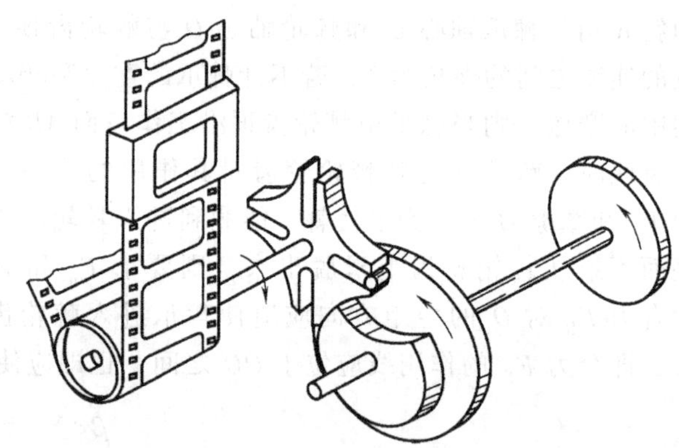

图 6.8　外槽轮机构在电影放映机中的应用

6.2.2 普通槽轮机构的运动系数

如图 6.7 所示的外槽轮机构中，当主动拨盘 1 回转一周时，从动槽轮 2 的运动时间 t_d 与主动拨盘转一周的总时间 t 之比，称为槽轮机构的运动系数，并以 k 表示，即

$$k=\frac{t_d}{t} \tag{6.4}$$

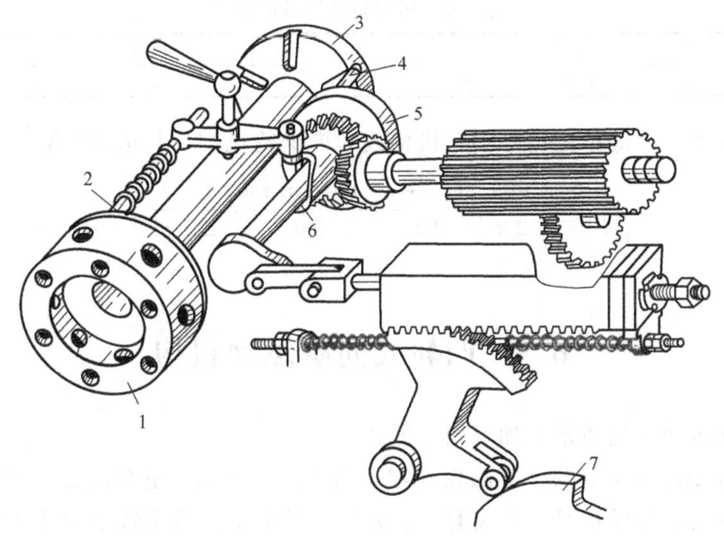

图 6.9　单轴六角自动车床转塔刀架的转位机构

1—转塔刀架　2—定位销　3—槽轮　4—销子　5—拨盘　6—圆柱凸轮　7—进刀凸轮

因为主动拨盘 1 一般为等速回转，所以时间可以用拨盘转角来表示。对于如图 6.7 所示的单圆销外槽轮机构，时间 t_d 与 t 所对应的拨盘转角分别为 $2\alpha_1$ 与 2π。又为了避免圆销 A 和径向槽发生刚性冲击，圆销开始进入或脱出径向槽的瞬时，其线速度方向应沿着径向槽的中心线。于是由图可知，$2\alpha_1=\pi-2\varphi_2$。其中 $2\varphi_2$ 为槽轮相邻两径向槽之间所夹的角。如设槽轮有 z 个均布槽，则 $2\varphi_2=2\pi/z$。将上述关系代入式（6.4）得外槽轮机构的运动系数为

$$k=\frac{t_d}{t}=\frac{2\alpha_1}{2\pi}=\frac{\pi-2\varphi_2}{2\pi}=\frac{\pi-(2\pi/z)}{2\pi}=\frac{1}{2}-\frac{1}{z} \tag{6.5}$$

因为运动系数 k 应大于零，所以由式（6.5）可知外槽轮的槽数 z 应大于或等于 3。又由式（6.5）可知，运动系数 k 总小于 0.5，故这种单销槽轮机构槽轮的运动时间总小于其静止时间。

如果在主动拨盘 1 上均匀地分布 n 个圆销，则当拨盘转动一周时，槽轮将被拨动 n 次，故运动系数是单销的 n 倍，即

$$k=n\left(\frac{1}{2}-\frac{1}{z}\right) \tag{6.6}$$

又因 k 值应小于或等于 1，即

$$n\left(\frac{1}{2}-\frac{1}{z}\right)\leqslant 1$$

由此得

$$n\leqslant\frac{2z}{z-2} \tag{6.7}$$

由式（6.7）可得槽数与圆销数的关系，见表 6.1。

表 6.1 槽数与圆销数的关系

槽数 z	3	4	5,6	≥7
圆销数 n	1~6	1~3	1~2	1~2

若将如图 6.7 所示的单圆销外槽轮机构改为内槽轮机构，其运动系数

$$k=\frac{2\alpha_1}{2\pi}=\frac{\pi+2\varphi_2}{2\pi}=\frac{\pi+(2\pi/z)}{2\pi}=\frac{1}{2}+\frac{1}{z} \tag{6.8}$$

显然 $k>0.5$。

6.3 凸轮式间歇运动机构

凸轮式间歇运动机构通常有如下两种形式。

（1）如图 6.10a 所示的圆柱形凸轮间隙运动机构 凸轮 1 呈圆柱形，滚子 3 均匀地分布在转盘 2 的端面上。假设转盘 2 上装有 z 个滚子，当主动件凸轮转过曲线槽所对应的角度 β 时，凸轮曲线槽推动滚子使得从动件转盘转过相邻两滚子所夹的中心角 $2\pi/z$。当凸轮继续转过其余（$2\pi-\beta$）角度时，转盘则静止不动。这样就实现了该机构的间歇运动。

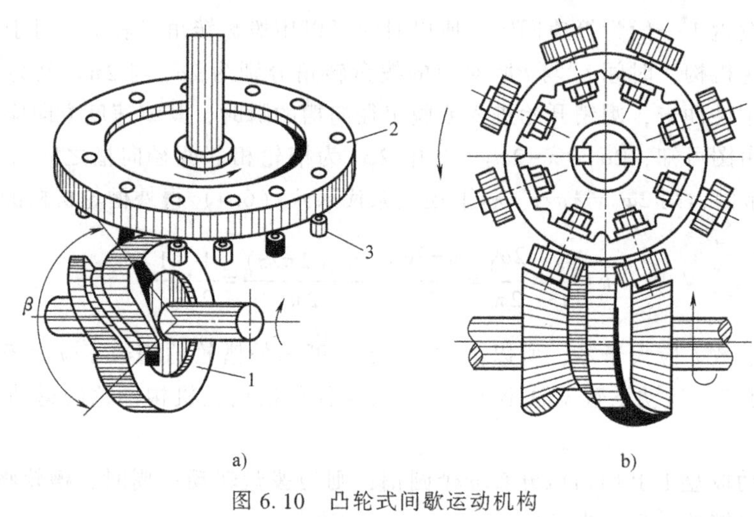

图 6.10 凸轮式间歇运动机构

1—凸轮 2—转盘 3—滚子

（2）如图 6.10b 所示的蜗杆形凸轮式间歇运动机构 凸轮形状如同圆弧面蜗杆一样，滚子均匀地分布在转盘的圆柱面上，犹如蜗轮的齿。这种凸轮间歇运动机构可以通过调整凸轮与转盘的中心距来消除滚子与凸轮接触面间的间隙以补偿磨损。

凸轮式间歇运动机构的优点是运转可靠、传动平稳、定位精度高，适用于高速传动，转盘可以实现任何运动规律，还可以通过改变凸轮推程运动角来得到所需要的转盘转动与停歇时间的比值。

6.4 不完全齿轮机构

图 6.11 所示为不完全齿轮机构。这种机构的主动轮 1 为只有一个齿或几个齿的不完全

齿轮，从动轮 2 由正常齿和带锁住弧的厚齿彼此相间地组成。当主动轮 1 的有齿部分作用时，从动轮 2 就转动，当主动轮 1 的无齿圆弧部分作用时，从动轮停止不动。因而当主动轮连续转动时，从动轮获得时转时停的间歇运动。不难看出，每当主动轮 1 连续转过一圈时，图 6.11a、b 所示机构的从动轮分别间歇地转过 1/8 圈和 1/4 圈。为了防止从动轮在停歇期间游动，两轮轮缘上各装有锁住弧。

当主动轮匀速转动时，这种机构的从动轮在运动期间也保持匀速转动，但是当从动轮由停歇而突然到达某一转速，以及由某一转速突然停止时，都会像等速运动规律的凸轮机构那样产生刚性冲击。因此，它不适用于主动轮转速很高的场合。

不完全齿轮机构常应用于计数器、电影放映机和某些具有特殊运动要求的专用机械中。如图 6.12 所示的机构，主动轴Ⅰ上装有两个不完全齿轮 A 和 B，当主动轴Ⅰ连续回转时，从动轴Ⅱ能周期性地输出正转→停歇→反转运动。为了防止从动轮在停歇期间游动，应在从动轴上加设阻尼装置或定位装置。

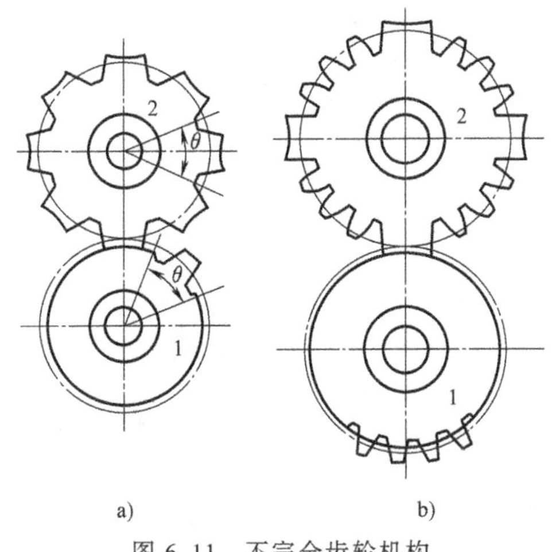

图 6.11 不完全齿轮机构

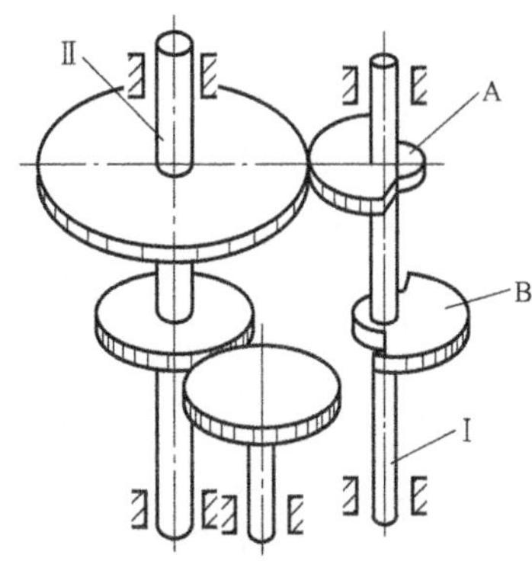

图 6.12 不完全齿轮的应用

习 题

6.1 在牛头刨床的横向送进机构中，已知工作台的横向送进量 $s=0.1\text{mm}$，送进螺杆的导程 $l=3\text{mm}$，棘轮模数 $m=6\text{mm}$。试求：

1）棘轮的齿数 z。

2）棘轮的齿顶圆直径 d_a、齿根圆直径 d_f 及周节 P。

3）确定棘爪的长度 L。

6.2 某打字机的换行机构，已知棘轮齿数为 60，棘轮带动的纸输送辊直径为 40mm，当棘轮每转过 2 齿或 3 齿时，打字机的行距分别是多少？（纸被压紧在输送辊表面，输纸时纸张与输送辊间无相对滑动）。

6.3 已知外槽轮机构的槽数 $z=4$，主动件 1 的角速度 $\omega_1=10\text{rad/s}$，试求：

1）主动件 1 在什么位置槽轮的角加速度最大？

2）槽轮的最大角加速度。

6.4 某加工自动线上有一工作台要求有 5 个转动工位，为了完成加工任务，要求每个工位需停歇的时间为12s，采用单销外槽轮机构来实现工作台的转位。试求：

1）槽轮机构的运动系数。

2）拨盘的转速。

3）槽轮的运动时间。

6.5　牛头刨床工作台的横向进给螺杆的导程 $l=3\mathrm{mm}$，与螺杆固连的棘轮齿数 $z=40$，试问棘轮的最小转动角度 $\varphi_{\min}$ 是多少？该牛头刨床的最小横向进给量 s 是多少？

6.6　在六角车床外接槽轮机构中，已知槽轮的槽数 $z=6$，槽轮静止时间 $t_j=5/6\mathrm{s/r}$，运动时间是静止时间的两倍，试求：

1）槽轮机构的运动系数 k。

2）所需的圆销数 n。

Chapter 7

第7章 机械运转速度波动的调节

7.1 机械运转速度波动调节的目的和方法

机械是在外力（驱动力和阻力）作用下运转的。驱动力所做的功是机械的输入功，阻力所做的功是机械的输出功。输入功与输出功之差形成机械动能的增减。如果输入功在某段时间都等于输出功（如用电动机驱动离心式鼓风机），则机械的主轴保持匀速转动。但是，有许多机械在某段工作时间内输入功不等于输出功（如用活塞式内燃机驱动离心式水泵）。当输入功大于输出功时，出现盈功。盈功转化为动能，促使机械动能增加。反之，当输入功小于输出功时，出现亏功，亏功需动能补偿，导致机械动能减小。机械动能的增减形成机械运转速度的波动。这种波动会使运动副中产生附加的作用力，降低机械效率和工作可靠性；会引起机械振动，影响零件的强度和使用寿命；还会降低机械的精度和工艺性能，使产品质量下降。因此，对机械运转速度的波动必须进行调节，使上述不良影响限制在允许范围之内。

机械运转速度的波动分如下两类：

1. 周期性速度波动

当外力作周期性变化时，机械主轴的角速度也做周期性的变化，如图 7.1 中虚线所示。机械的这种有规律的、周期性的速度变化称为周期性速度波动。由图可见，主轴的角速度，在经过一个运动周期 T 之后又回到初始状态，其动能没有增减。也就是说，在一个整周期中，驱动力所作的输入功与阻力所作的输出功是相等的，这是周期性速度波动的重要特征。但是，在周期中的某段时间内，输入功与输出功却是不相等的，因而出现速度的波动。运动周期 T 通常对应于机械主轴回转一周（如冲床）、两周（如四冲程内燃机）或数周（如轧钢机）的时间。

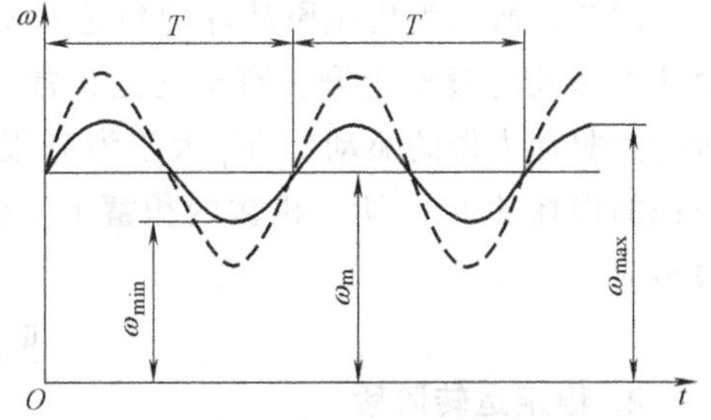

图 7.1 周期性速度波动

调节周期性速度波动的常用方法是在机械中加上一个转动惯量很大的回转件——飞轮。盈功使飞轮的动能增加，亏功使飞轮的动能减小，飞轮动能的变化 $\Delta E=1/2J(\omega^2-\omega_0^2)$。显然，动能变化数值相同时，飞轮的转动惯量 J 越大，角速度 ω 的波动越小。如图 7.1 中虚线所示为没有安装飞轮时主轴的速度波动，实线所示为安装飞轮后的速度波动。此外，由于飞轮能利用储蓄的动能克服短时过载，故在确定原动机额定功率时只需考虑它的平均功率，而不必考虑高峰负荷所需的瞬时最大功率。由此可知，安装飞轮不仅可避免机械运转速度发生过大的波动，而且可以选择功率较小的原动机。

2. 非周期性速度波动

如果输入功在很长一段时间内总是大于输出功，则机械运转速度将不断升高，直至超越机械强度所允许的极限转速而导致机械损坏。反之，若输入功总是小于输出功，则机械运转速度将不断下降，直至停车。汽轮发电机组在供气量不变而用电量突然增减时就会出现这种情况。这种速度波动是随机的，不规则的，没有一定的周期，因此称为非周期性速度波动。这种速度波动不能依靠飞轮进行调节，只能采用特殊的装置使输入功与输出功趋于平衡，以达到新的稳定运转，这种特殊装置称为调速器。

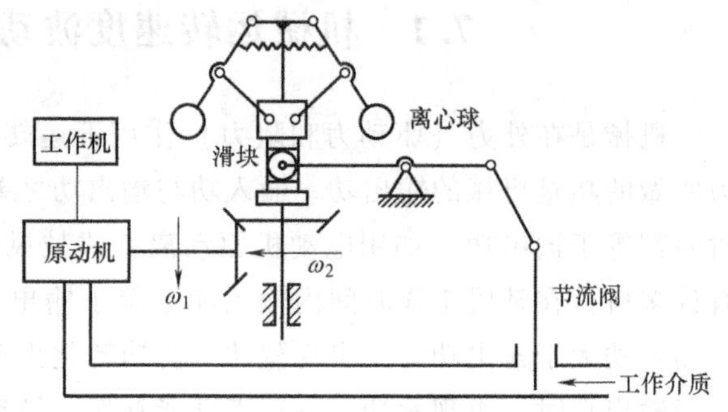

图 7.2　机械式离心调速器工作原理图

机械式离心调速器的工作原理如图 7.2 所示。当工作负荷减小时，机械系统的主轴 ω_1 转速升高，调速器中心轴的转速 ω_2 也将随之升高。此时，由于离心力的作用，两重球将随之飞起，带动滑块及滚子上升，并通过连杆机构关小节流阀，以减小进入原动机的工作介质（燃气、燃油等）。其调节结果是令系统的输入功与输出功相等，从而使机械在略高的转速下重新达到稳态。反之，机械可在略低的转速下重新达到稳定运动。因此，从本质上讲，调速器是一种反馈控制机构。

7.2　机械运转的三个阶段

1. 起动阶段

图 7.3 所示为机械原动件的角速度 ω 随时间 t 变化的曲线。在起动阶段，机械原动件的角速度 ω 由零逐渐上升，直至达到正常运转的平均角速度 ω_m 为止。在这一阶段，由于机械所受的驱动力做的驱动功 W_d 大于为克服生产阻抗力所需的有益功 W_r 和克服有害阻抗力所消耗的损耗功 W_f，所以机械内积蓄了动能 ΔE。根据动能定理，在起动阶段的动能关系可以表示为

$$W_d = W_r + W_f + \Delta E \tag{7.1}$$

2. 稳定运转阶段

继起动阶段以后，机械进入稳定运转阶段。在这一阶段，机械原动件的平均角速度 ω_m 保持稳定，即为一常数。

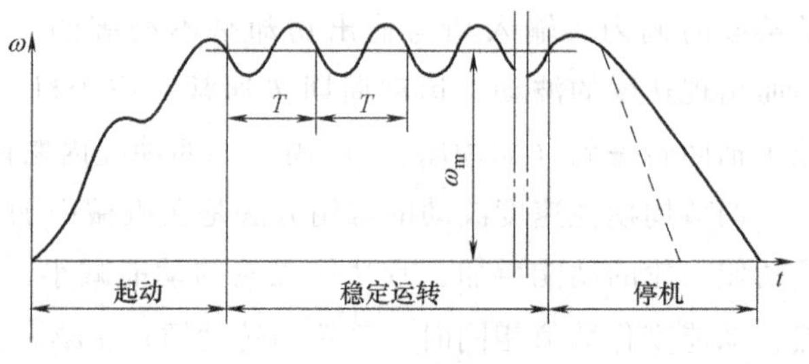

图 7.3　机械运转的全过程

一般情况下，在稳定运转阶段，机械原动件的角速度 ω 还会出现不大的周期性波动，即在一个周期 T 内的

各个瞬时 ω 值略有升降，但在一个周期 T 的始末，其角速度 ω 相等，机械的动能也相等(即 $\Delta E=0$)。所以在一个周期内，机械的总驱动功与总阻抗功相等。这可以表示为

$$W_d = W_r + W_f \tag{7.2}$$

机械在稳定运转时期的特点为：

1）匀速稳定运转：$\omega=$常数。只有在特殊情况下，原动件才作等角速度运动，如图 7.4 所示。

2）周期变速稳定运转：$\omega(t)=\omega(t+T)$，原动件将围绕某一平均角速度 ω_m 作周期性波动，如图 7.1 所示。

3）非周期变速稳定运转，如图 7.5 所示。非周期速度波动大多是由于外力发生突变造成的。

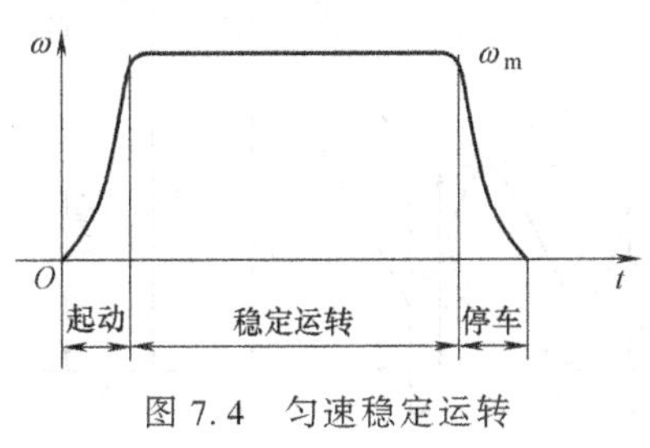

图 7.4　匀速稳定运转

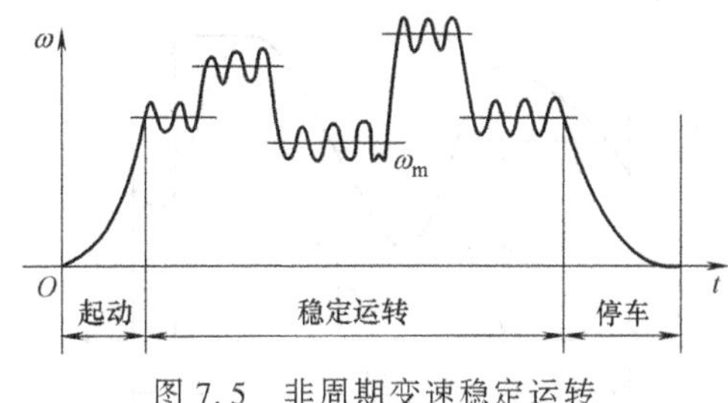

图 7.5　非周期变速稳定运转

3. 停机阶段

在机械趋于停止运转的过程中，一般已撤去驱动力，即驱动功 $W_d=0$，而且生产阻力一般也不再作用，W_r 也为零。因此，当损耗功逐渐将机械具有的动能消耗完时，机械便停止运转。这一阶段机械功能关系可表示为

$$W_f = -\Delta E \tag{7.3}$$

为了缩短停机所需的时间，可以在机器中安装制动装置，以增大损耗功 W_f。起动和停机阶段统称为机械运转的过渡阶段，为了缩短这一过程，在起动阶段，一般常使机械在空载下起动，或者另加一个起动电动机来加大输入功，以达到快速起动的目的。多数机械是在稳定运转阶段进行生产的，所以本章主要研究机械在稳定运转阶段的运转情况。

7.3　飞轮的近似设计方法

7.3.1　平均角速度 ω_m 和速度不均匀系数 δ

为了对机械稳定运转过程中出现的周期性速度波动进行分析，下面先介绍衡量速度波动程度的几个参数。

图 7.6 所示为在一个周期内等效构件角速度的变化。其平均角速度 ω_m 可用下式计算

$$\omega_m = \frac{1}{\varphi_T}\int_0^{\varphi_T} \omega \mathrm{d}\varphi \tag{7.4}$$

在实际机械工程中，ω_m 常近似地用算术平均值来计算，即

$$\omega_m=\frac{\omega_{max}+\omega_{min}}{2} \tag{7.5}$$

式中，ω_m 可以从机械的名牌上查得额定转速 n（单位为 r/min）后进行换算而得到。

一个运动循环内速度波动的绝对幅度并不能客观地反映机械运转的速度波动程度，如图 7.7 所示，还必须考虑 ω_m 的大小。例如，当 $\omega_{max}-\omega_{min}=5\text{rad/s}$ 时，对于 $\omega_m=10\text{rad/s}$ 和 $\omega_m=100\text{rad/s}$ 的机械，显然低速机械的速度波动要显著。因此，机械运转的速度波动程度用速度波动的绝对量与平均速度的比值反映，以 δ 表示，称为机械运转的速度不均匀系数。

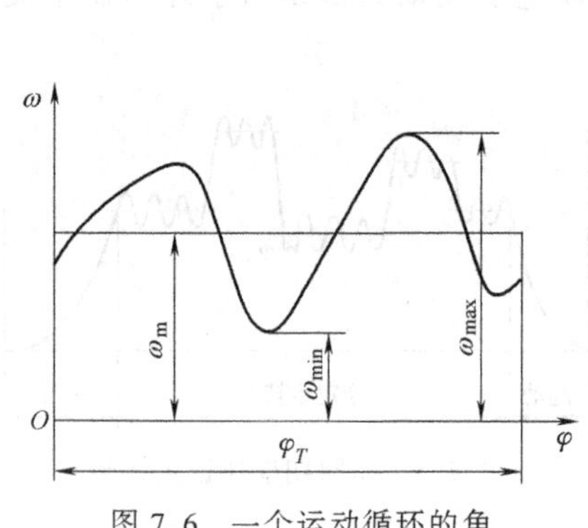

图 7.6　一个运动循环的角速度变化示意图

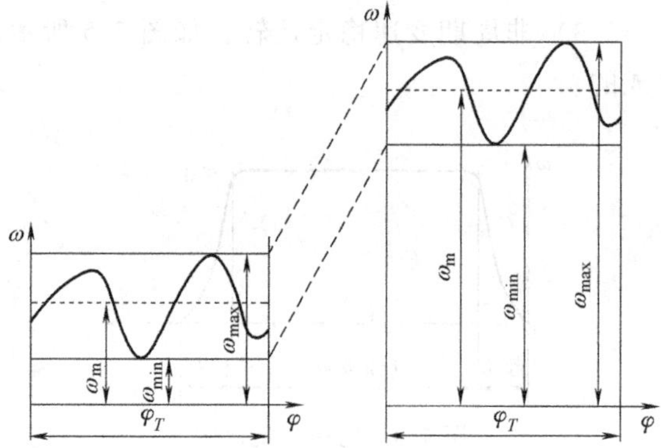

图 7.7　一个运动循环的速度波动程度示意图

$$\delta=\frac{\omega_{max}-\omega_{min}}{\omega_m} \tag{7.6}$$

由式（7.5）和式（7.6），可以导出

$$\omega_{max}=\omega_m\left(1+\frac{\delta}{2}\right) \tag{7.7}$$

$$\omega_{min}=\omega_m\left(1-\frac{\delta}{2}\right) \tag{7.8}$$

$$\omega_{max}^2-\omega_{min}^2=2\delta\omega_m^2 \tag{7.9}$$

当 ω_m 一定时，速度不均匀系数 δ 越小，$\omega_{max}-\omega_{min}$ 越小，机械越接近匀速运转。速度不均匀系数 δ 的大小反映了机械稳定运转过程中速度波动的大小，是后续内容中飞轮设计的重要指标。常用机械的许用速度不均匀系数 [δ] 见表 7.1。

表 7.1　常用机械速度不均匀系数的许用值 [δ]

机械的名称	[δ]	机械的名称	[δ]
碎石机	$\frac{1}{5}\sim\frac{1}{20}$	水泵、鼓风机	$\frac{1}{30}\sim\frac{1}{50}$
压力机、剪床	$\frac{1}{7}\sim\frac{1}{10}$	造纸机、织布机	$\frac{1}{40}\sim\frac{1}{50}$
轧压机	$\frac{1}{10}\sim\frac{1}{25}$	纺纱机	$\frac{1}{60}\sim\frac{1}{100}$
汽车、拖拉机	$\frac{1}{20}\sim\frac{1}{60}$	直流发电机	$\frac{1}{100}\sim\frac{1}{200}$
金属切削机床	$\frac{1}{30}\sim\frac{1}{40}$	交流发电机	$\frac{1}{200}\sim\frac{1}{300}$

机械的许用速度不均匀系数 $[\delta]$ 根据机械的工作要求而确定。例如，驱动发电机的活塞式内燃机，如果主轴的速度波动太大，势必影响输出电压的稳定性，如会使照明灯光忽明忽暗，所以应取较小的许用速度不均匀系数。而对于石料破碎机、压力机等机械，其速度波动对正常工作影响不大，所以可取较大的许用速度不均匀系数。

为了使机械的速度不均匀系数不超过允许值，应满足条件

$$\delta \leqslant [\delta] \tag{7.10}$$

7.3.2　飞轮设计的基本原理

1. 基本原理

飞轮设计的基本问题是：已知作用在主轴上的驱动力矩和阻力矩的变化规律，要求在机械运转速度不均匀系数 δ 的允许范围内，确定安装在主轴上的飞轮的转动惯量。

在一般机械中，飞轮所具有的动能比其他构件的动能之和要大得多，因此，可用飞轮的动能来代替整个机械的动能。当机械主轴角速度为 ω_{max} 时，飞轮具有最大动能 E_{max}，当机械主轴角速度为 ω_{min} 时，飞轮具有最小动能 E_{min}，机械在一个运动周期内从 ω_{min} 到 ω_{max} 过程中的能量变化称为最大盈亏功，以 W_{max} 表示，因此

$$\Delta W_{max} = E_{max} - E_{min} = \frac{1}{2} J_F (\omega^2_{max} - \omega^2_{min})$$

式中，ΔW_{max} 是最大盈亏功；J_F 是飞轮转动惯量。

将式（7.9）代入上式可得

$$J_F = \frac{\Delta W_{max}}{\omega^2_m [\delta]} = \frac{900 \Delta W_{max}}{\pi^2 n^2 [\delta]} \tag{7.11}$$

式中，$[\delta]$ 是速度不均匀系数的许用值（见表 7.1）；n 是飞轮转速，单位为 r/min。

由式（7.11）可知：

1）当 ΔW_{max} 与 ω_m 一定时，J_F-δ 的变化曲线为一等边双曲线，如图 7.8 所示。当 δ 很小时，略微减小 δ 的数值就会使飞轮转动惯量激增。因此，过分追求机械运转速度均匀将会使飞轮笨重，增加成本。

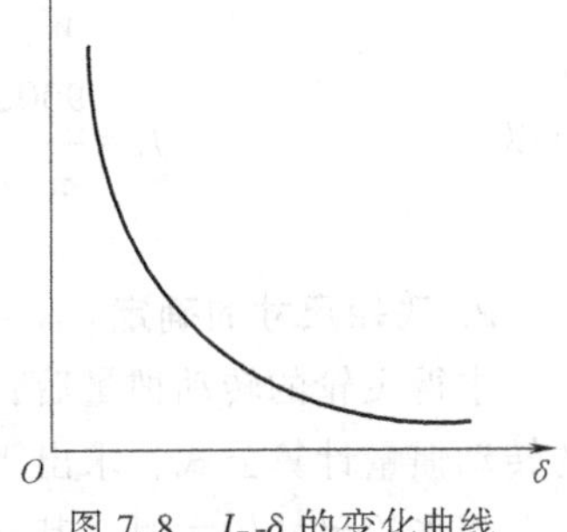

图 7.8　J_F-δ 的变化曲线

2）当 J_F 与 ω_m 一定时，ΔW_{max} 与 δ 成正比，即 ΔW_{max} 越大机械运转速度越不均匀。

3）由于 $J_F \neq \infty$，而 ΔW_{max} 和 ω_m 又为有限值，故 δ 不可能为 0，即使安装飞轮，机械也总是有波动。

4）J_F 与 ω_m 的平方成反比，即平均转速越高，所需飞轮的转动惯量越小。一般应将飞轮安装在高速轴上。

要计算飞轮的转动惯量，关键是要求出最大盈亏功 ΔW_{max}。图 7.9 所示为机械在稳定运转一个周期内驱动力矩 M_d 与阻力矩 M_r 的变化曲线，两曲线所包围的面积代表相应区间驱动功与阻力功差值的大小。在相应区间上，若驱动力矩大于阻力矩，则称之为盈功，若驱动力矩小于阻力矩，则称

之为亏功。最大盈亏功 ΔW_{max} 则为对应于机械主轴角速度从 ω_{min} 变化到 ω_{max} 过程中功的变化量。可用如图 7.10 所示的能量指示图来帮助确定 ΔW_{max}。任选一水平基线代表运动循环开始时机械的动能，依次作矢量 $\overrightarrow{ab}$、$\overrightarrow{bc}$、$\overrightarrow{cd}$、$\overrightarrow{de}$、$\overrightarrow{ea}$ 分别代表盈亏功 W_1、W_2、W_3、W_4、W_5，其中盈功为正，箭头向上，亏功为负、箭头向下，各段首尾相连，构成一封闭矢量图。由图中可以看出，点 e 处具有最大动能 E_{max}，对应于 W_{max}；点 b 处具有最小动能 E_{min}，对应于 W_{min}，则最大盈亏功 ΔW_{max} 为

$$\Delta W_{max}=W_2+W_3+W_4$$

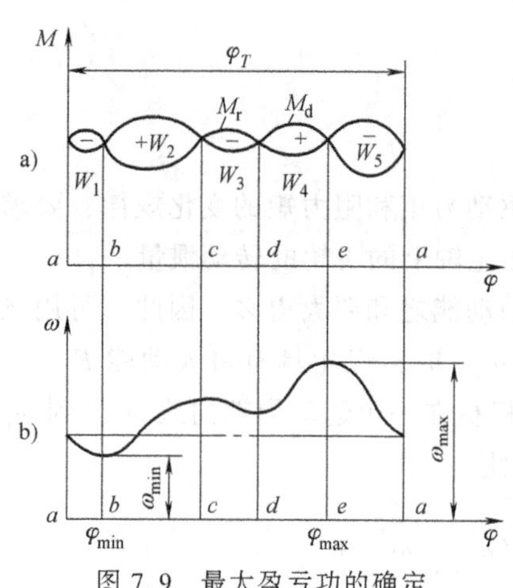

图 7.9　最大盈亏功的确定

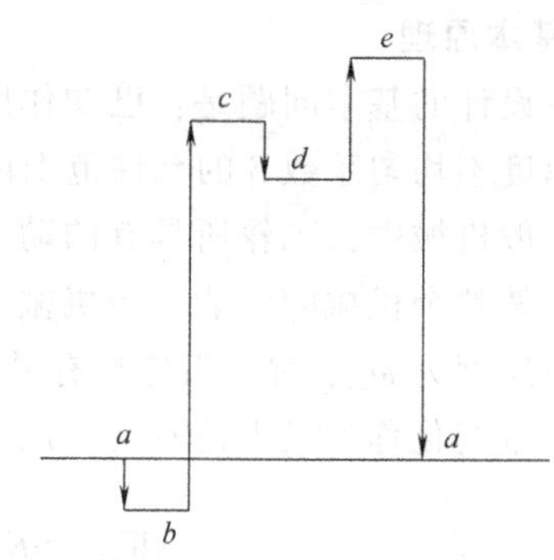

图 7.10　能量指示图

例 7.1　在柴油发电机机组中，设以柴油机曲轴为等效构件，其等效驱动力矩 M_{ed}-φ 曲线和等效阻力矩 M_{er}-φ 曲线如图 7.11a 所示。已知两曲线所围各面积代表的盈亏功为：$W_1=-50\text{N}\cdot\text{m}$、$W_2=+550\text{N}\cdot\text{m}$、$W_3=-100\text{N}\cdot\text{m}$、$W_4=+125\text{N}\cdot\text{m}$、$W_5=-500\text{N}\cdot\text{m}$、$W_6=+25\text{N}\cdot\text{m}$、$W_7=-50\text{N}\cdot\text{m}$；曲轴的转速为 600r/min；许用速度不均匀系数 $[\delta]=1/300$。若飞轮装在曲轴上，试确定飞轮的转动惯量 J_F。

解：取能量指示图的比例尺 $\mu_E=10\text{N}\cdot\text{m/mm}$，如图 7.11b 所示，以 a 为基点依次作矢量 $\overrightarrow{ab}$、$\overrightarrow{bc}$、…、$\overrightarrow{ga}$ 代表盈亏功 W_1、W_2、…、W_7。由图可见 b 点最低，e 点最高。故 $\varphi_{min}=\varphi_b$，$\varphi_{max}=\varphi_e$。则 W_{max} 即为盈亏功 W_2、W_3、W_4 的代数和。

$$W_{max}=(+550-100+125)\text{N}\cdot\text{m}=575\text{N}\cdot\text{m}$$

所以

$$J_F=\frac{900\Delta W_{max}}{\pi^2n^2[\delta]}=\frac{900\times575}{\pi^2\times600^2\times\frac{1}{300}}\text{kg}\cdot\text{m}^2=43.69\text{kg}\cdot\text{m}^2$$

2. 飞轮尺寸的确定

求得飞轮的转动惯量后，便可根据所希望的飞轮结构，按理论力学中有关不同截面形状的转动惯量计算公式，求出飞轮的主要尺寸。

当飞轮尺寸较大时，其结构可做成轮辐式。它由轮缘、轮辐和轮毂三部分组成，如图 7.12 所示。因与轮缘比较，轮辐和轮毂的转动惯量很小，故常常略去不计，即假定其轮缘的转动惯量就是整个飞轮的转动惯量。设 m 为轮缘的质量，D_1、D_2 为轮缘的外径、内径，则轮缘的转动惯量 J_F 为

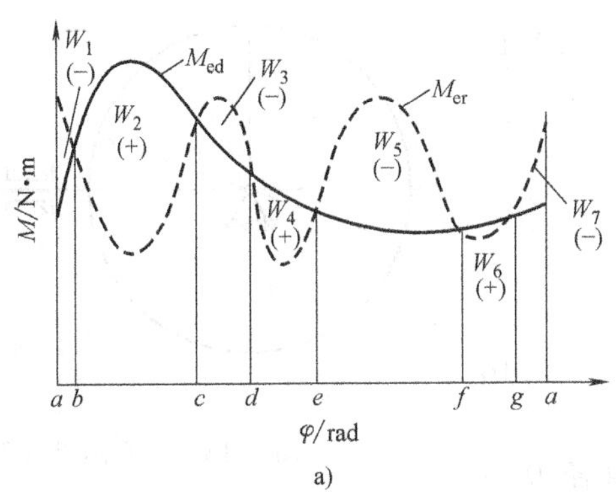

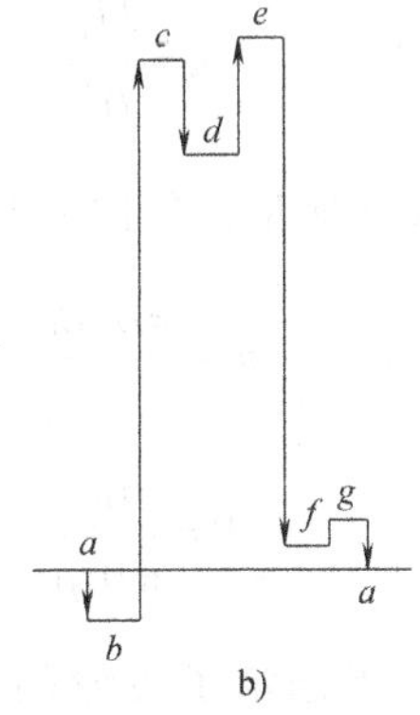

图 7.11　例 7.1 图

$$J_F=\frac{m}{2}\left(\frac{D_1^2+D_2^2}{4}\right)=\frac{m}{8}(D_1^2+D_2^2) \tag{7.12}$$

又因轮缘的厚度 H 与平均直径 $D=\frac{1}{2}(D_1+D_2)$ 相比较其值甚小，故可近似认为轮缘的质量集中在平均直径上。于是得

$$J_F=\frac{\pi D^2 m}{4} \tag{7.13}$$

式中，πD^2 为飞轮矩或飞轮特性，单位为 $kg \cdot m^2$。

对不同结构的飞轮，其飞轮力矩可从设计手册中查到。当选定了飞轮轮缘的平均直径后，即可求出飞轮轮缘的质量 m。至于平均直径 D 的选择，一方面需考虑飞轮在机械中的安装空间，另一方面还需使其圆周速度不致过大，以免轮缘因离心力过大而破裂。

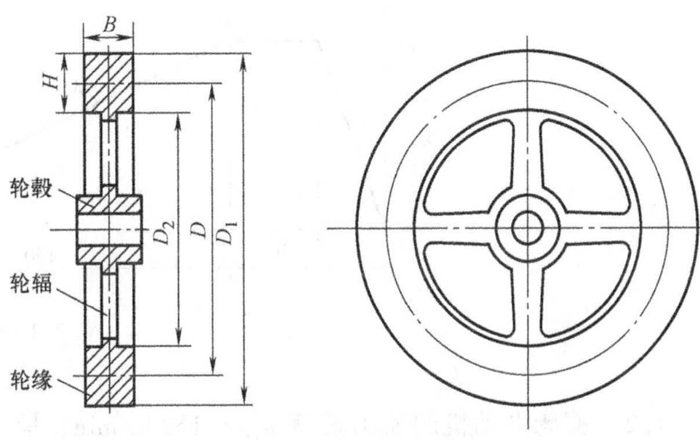

图 7.12　飞轮的结构

又设轮缘宽度为 B，单位为 m，高度为 H，单位为 m，飞轮材料的密度为 ρ，单位为 kg/m^2，则

$$m=\pi DHB\rho$$

于是

$$HB=\frac{m}{\pi D\rho} \tag{7.14}$$

式（7.14）中，当选定了飞轮的材料和比值 H/B 后，轮缘的截面尺寸 H 和 B 便可求出。一般取 $H/B=1.5\sim2$。对于较小飞轮，H/B 取较大值，对于较大的飞轮，H/B 取较小值。

当空间位置较小时，可做成小尺寸的实心圆盘式飞轮，如图 7.13 所示，其转动惯量为

$$J_F=\frac{m}{2}\left(\frac{D}{2}\right)^2=\frac{mD^2}{8}$$

于是
$$m=\frac{8J_F}{D^2} \tag{7.15}$$

式中，m 为飞轮质量，单位为 kg。

又
$$m=\frac{\pi D^2 B\rho}{4}$$

则
$$B=\frac{4m}{\pi D^2\rho} \tag{7.16}$$

与前面相同，当选定了飞轮的材料和直径 D 后，轮宽 B 便可求出。

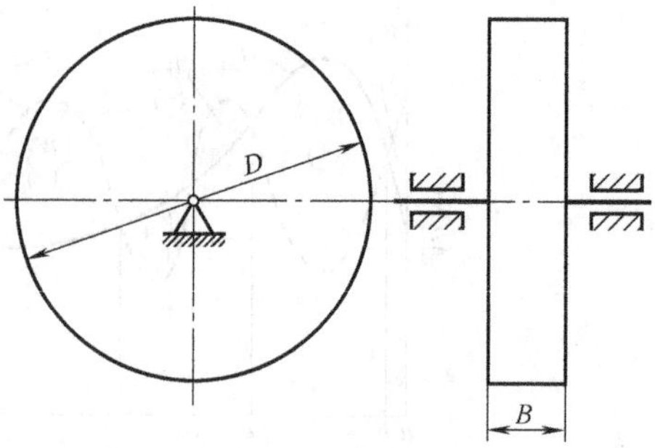

图 7.13　实心圆盘式飞轮

习　题

7.1　某四缸汽油发动机的曲柄输入力矩 M_d 随曲柄转角的变化曲线如图 7.14 所示，其运动周期 $\varphi_T=\pi$，曲柄的平均转速 $n_m=620\text{r/min}$。当用该汽油发动机驱动一个阻抗力矩为常数的机械时，如果要求其速度不均匀系数 $\delta=0.01$，试求：

1）装在曲柄上的飞轮的转动惯量 J_F（其他构件的转动惯量略去不计）。

2）飞轮的最大角速度 ω_{max} 与最小角速度 ω_{min} 及其对应的曲柄转角位置 φ_{max} 和 φ_{min}。

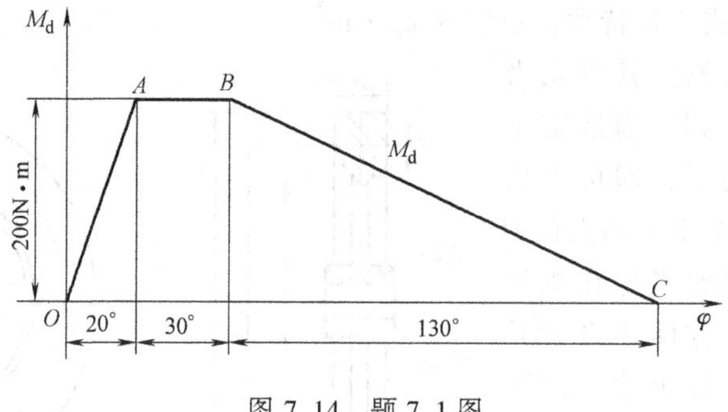

图 7.14　题 7.1 图

7.2　剪床电动机的输出转速 $n_m=1500\text{r/min}$，驱动力矩 M_{ed} 为常数；作用于剪床主轴的阻力矩 M_{er} 变化规律如图 7.15 所示；机械运转的速度不均匀系数 $\delta=0.05$；机械各构件的等效转动惯量忽略不计。试求：安装于电动机主轴的飞轮转动惯量 J_F；电动机的平均功率 P_d。

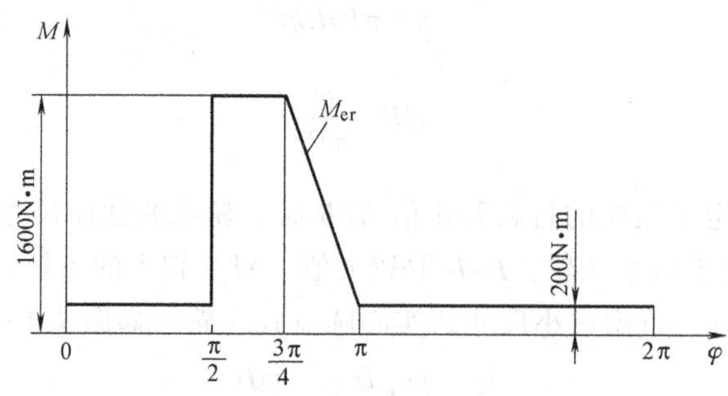

图 7.15　题 7.2 图

7.3　已知：等效阻力矩 M_{cr} 变化曲线如图 7.16 所示，等效驱动力矩 M_{ed} 为常数，$\omega_m=100\mathrm{rad/s}$，$[\delta]=0.05$，不计机器的等效转动惯量 J。试求：

1）$M_{ed}=?$

2）$\Delta W_{max}=?$

3）在图上标出 φ_{max} 和 φ_{min} 的位置。

4）$J_F=?$

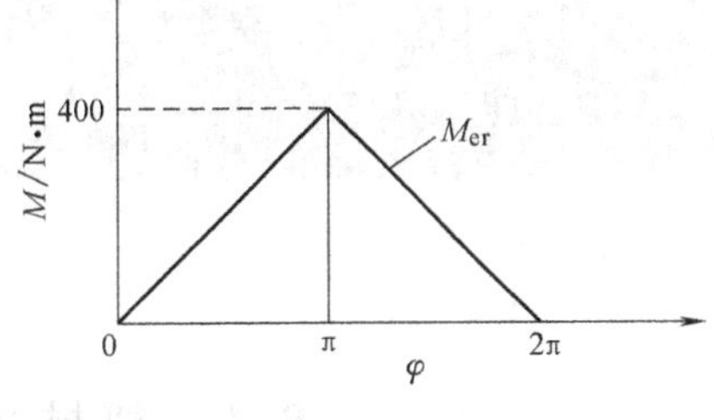

图 7.16　题 7.3 图

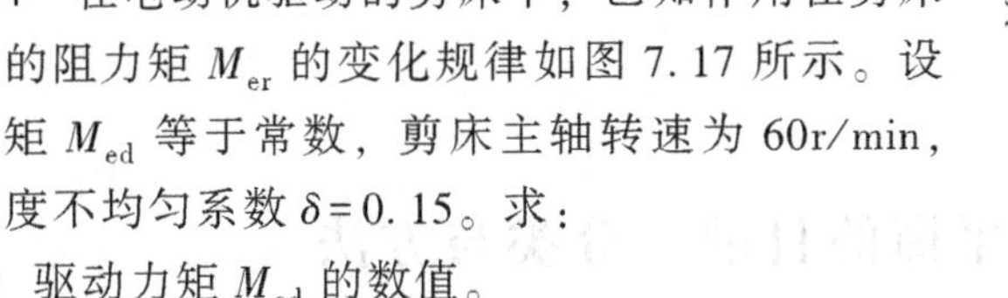

7.4　在电动机驱动的剪床中，已知作用在剪床主轴上的阻力矩 M_{er} 的变化规律如图 7.17 所示。设驱动力矩 M_{ed} 等于常数，剪床主轴转速为 60r/min，机械速度不均匀系数 $\delta=0.15$。求：

1）驱动力矩 M_{ed} 的数值。

2）安装在主轴上的飞轮转动惯量。

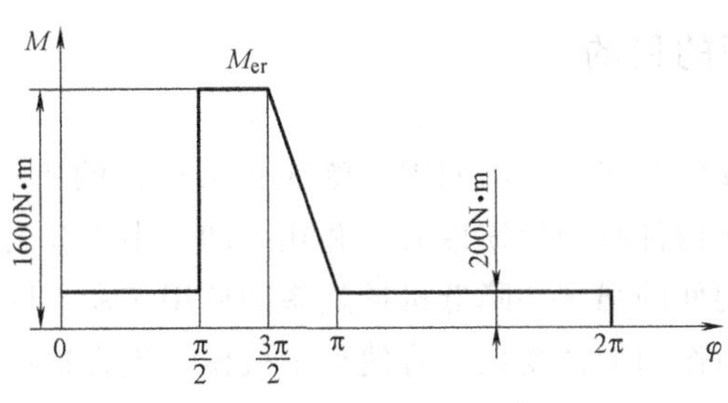

图 7.17　题 7.4 图

Chapter 8

第8章 机械的平衡

8.1 机械平衡的目的、分类与方法

8.1.1 机械平衡的目的

由于设计、制造和安装等多方面的原因，绝大多数构件的质心不在回转轴线上，因此，在机械运转过程中，这些构件将产生惯性力，并在运动副中引起附加的动压力，从而增大运动副的摩擦磨损，影响构件的强度并降低机械效率和使用寿命。同时，由于惯性力的大小和方向一般都随机械运转而作周期性变化，将使整个机械产生强迫振动，这不仅会导致机械的工作精度和可靠性下降，零件材料的疲劳损伤加剧，还会产生噪声污染，导致工作环境恶化。若振动频率接近机械系统的固有频率，还将引起共振，影响机械的正常工作，甚至危及人员和厂房安全。

机械平衡的目的就是设法使惯性力得到完全平衡或部分平衡，消除或减轻它的不良影响，以改善机械的工作性能，提高机械效率和延长使用寿命。研究机械的平衡问题在设计高速、重型及精密机械时具有特别重要的意义。

需要指出的是，有一些机械却是利用构件产生的不平衡惯性力所引起的振动来工作的，如按摩机、震实机、振动打桩机、蛙式打夯机等。对于这类机械，则是如何合理利用不平衡惯性力的问题。

8.1.2 机械平衡的分类

根据机械中各构件的运动形式和结构的不同，机械的平衡问题可分为转子的平衡和机构的平衡。

绕固定轴线回转的构件常称为转子，其惯性力、惯性力矩的平衡问题称为转子的平衡，根据工作转速的不同，转子的平衡又分为刚性转子的平衡和挠性转子的平衡。

(1) 刚性转子的平衡　当转子的工作速度与其一阶临界转速之比小于0.7时，其弹性变形可以忽略不计，这类转子称为刚性转子。其平衡问题可以利用理论力学中的力系平衡理论予以解决，本章将主要介绍这类转子的平衡原理与方法。

(2) 挠性转子的平衡　在机械中还有一类转子，如航空涡轮发动机、汽轮机、发电机

等中的大型转子，当转子的工作速度与其一阶临界转速之比等于或大于 0.7（高于一阶临界转速）时，质量和跨度很大，径向尺寸较小，运转过程中，在离心惯性力的作用下轴线产生明显的弯曲变形，被称为挠性转子。由于挠性转子在运转过程中会产生较大的弯曲变形，且由此所产生的离心惯性力也随之明显增大，所以挠性转子平衡问题的难度将会大大增加。关于挠性转子的平衡，已属于专门学科研究的问题，故本章不再涉及。

8.1.3　机械平衡的方法

1. 平衡计算

在机械的设计阶段，除了要完成运动设计，满足工作要求及制造工艺性等要求，还要考虑机械的动力学要求之一——机械的平衡。在机械的设计阶段考虑机械的平衡，主要是通过平衡计算，在结构上采取措施消除或减少产生的不平衡惯性力。

2. 平衡试验

经过平衡计算的机械，从理论上已经达到平衡，但是由于加工制造的误差、材料的不均匀及安装的不准确等非设计因素，实际安装后，投入生产前的机械可能还会出现不平衡现象。这种不平衡在设计阶段，是无法确定和消除的，只有通过平衡试验才能确定其不平衡惯性力的大小和方位，然后再加以平衡。

8.2　刚性转子的平衡计算

在转子的设计过程中，尤其是在对于高速转子或精密转子进行结构设计时，必须对其进行平衡计算，以检查其惯性力和惯性力矩是否平衡。若不平衡，则需要在结构上采取措施消除或减少不平衡惯性力的影响，这一过程称为转子的平衡设计。

8.2.1　刚性转子的静平衡计算

对于径宽比 $D/b \geqslant 5$ 的转子，如齿轮、盘形凸轮、砂轮、带轮、链轮及叶轮等构件，可近似地认为其不平衡质量分布在同一回转平面内。在此情况下，若其质心不在回转轴线上，当其转动时，其偏心质量就会产生离心惯性力。这种不平衡现象在转子静态时即可表现出来，所以称其为静不平衡。对于这类转子进行平衡，首先根据转子的结构定出偏心质量的大小及方位，然后计算与这些偏心质量平衡的平衡质量的大小和方位，最后根据转子的结构加上或去除该平衡质量，使其质心与回转轴线重合，从而使转子的离心惯性力达到平衡。该过程称为转子的静平衡计算。

图 8.1 所示为一盘状转子，其偏心质量分别为 m_1、m_2、m_3 及 m_4，回转半径分别为 r_1、r_2、r_3、r_4，方位如图所示。当此转子以角速度 ω 等速回转时，各偏心质量所产生的离心惯性力分别为 F_1、F_2、F_3、F_4，它们组成一个平面汇交力系。根据平面汇交力系的合成原理，为平衡离心惯性力，可在此转子上加上平衡质量 m，其回转半径为 r，使它所产生的离心惯性力 F 与 F_1、F_2、F_3、F_4 相平衡，也即使不平衡惯性力的矢量和为零，即

$$\overrightarrow{F}+\overrightarrow{F_1}+\overrightarrow{F_2}+\overrightarrow{F_3}+\overrightarrow{F_4}=0 \tag{8.1}$$

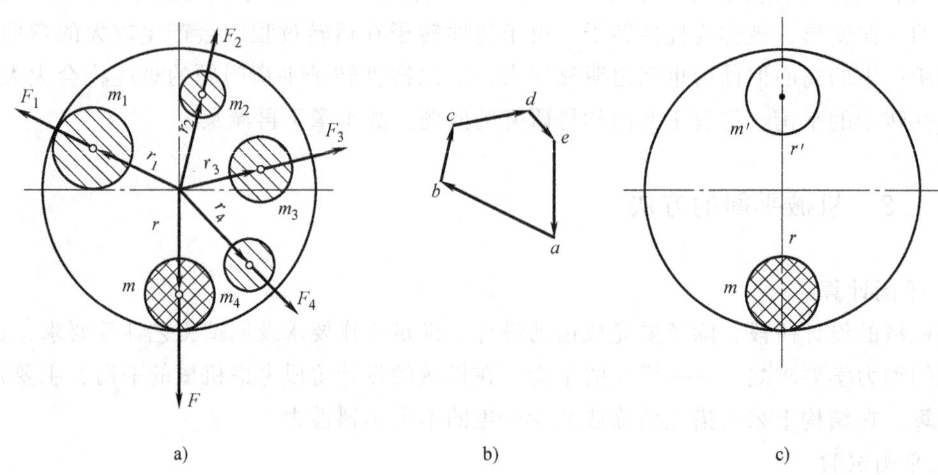

图 8.1 静平衡转子

则有
$$\sum F=m_1\omega^2 r_1+m_2\omega^2 r_2+m_3\omega^2 r_3+m_4\omega^2 r_4+m\omega^2 r=0$$

或表示为
$$\sum m_i\omega^2 r_i+m\omega^2 r=0 \tag{8.2}$$

消去 ω 得
$$\sum m_i r_i+mr=0 \tag{8.3}$$

式中，$m_i r_i$ 称为质径积，它相对地表示各偏心质量在同一转速下所产生的离心惯性力的大小和方向。质径积 mr 的大小和方位，可用图解法求得。如图 8.1b 所示，选定比例尺 μ［实际质径积大小（kg · m）/图上的尺寸（mm）］，从任意点 a 开始按向径 r_1、r_2、r_3、r_4 的方向连续作矢量 $\overrightarrow{ab}$、$\overrightarrow{bc}$、$\overrightarrow{cd}$、$\overrightarrow{de}$，分别代表质径积 mr_1、mr_2、mr_3、mr_4 得

$$mr=\mu\overrightarrow{ea} \tag{8.4}$$

当根据转子的结构选定半径 r 值后，即可由式（8.4）求出平衡质量 m 的大小，而其方位则由向径 r 确定，如图 8.1c 所示。

根据上面的实例分析推广可得，对于静不平衡的转子，不论它有多少个偏心质量，都只需要在同一平衡面内增加或去除一个平衡质量，使其离心惯性力的合力为零，即可获得平衡。故静平衡又称为单面平衡。

8.2.2 刚性转子的动平衡计算

1. 动平衡的概念

对于径宽比 $D/b<5$ 的转子，如图 8.2 所示内燃机的曲轴，其质量沿轴线一定宽度内分布，不平衡质量可认为分布在若干个互相平行的回转平面内。在这种情况下，即使转子的质心 S 在回转轴线上（图 8.3），但由于各偏心质量所产生的离心惯性力不在同一回转平面内，因而将形成惯性力矩，造成不平衡。这种不平衡，只有在转子运动的情况下才能显示出来，称其为动不平衡。所谓刚性转子的动平衡，就是不仅要平衡各偏心质量产生的惯性力，而且还要平衡这些惯性力所形成的惯性力矩。

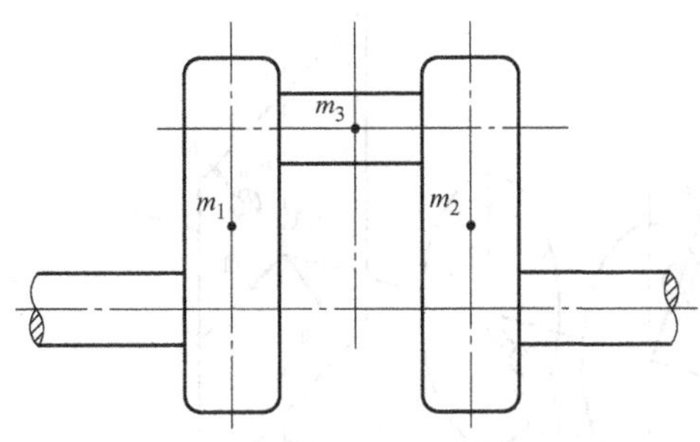

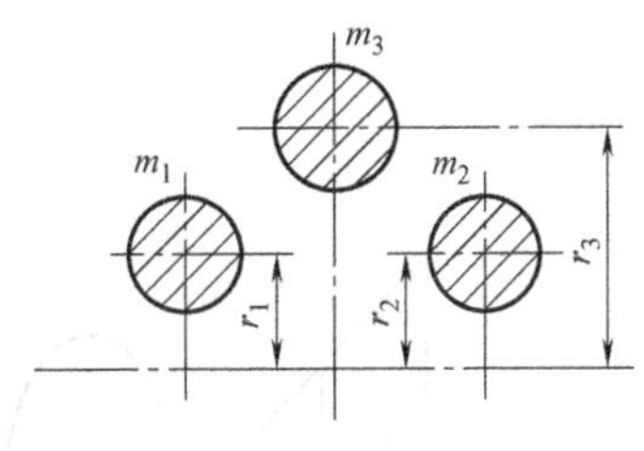

图 8.2　内燃机的曲轴

2. 动平衡的计算

结构上对其回转轴线不对称且轴向尺寸较大的转子，如图 8.2 所示的曲轴，在设计时应先根据其结构确定出在各个不同的回转平面内的偏心质量的大小和位置，然后再根据这些偏心质量的分布情况，计算出为使该转子得到动平衡所应加的平衡质量的数量、大小及方位，并将这些平衡质量加于该转子上，以便达到转子动平衡的目的。其具体计算方法如下。

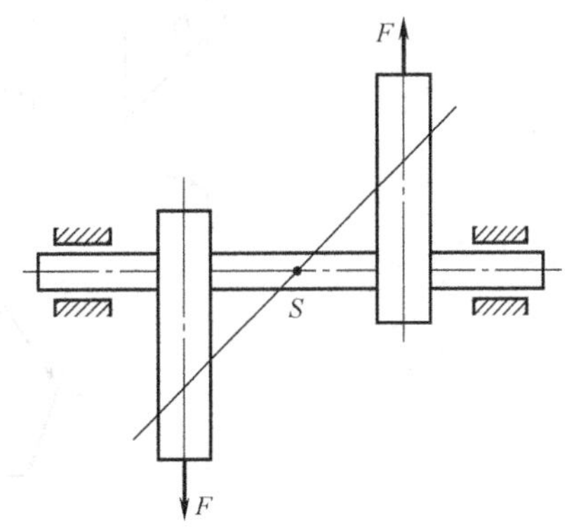

图 8.3　静平衡但动不平衡的转子

如图 8.4a 所示的长转子，具有偏心质量 m_1、m_2 及 m_3，并分别位于平面 1、2 及 3 内，其回转半径为 r_1、r_2 及 r_3，方位如图所示。当转子以等角速度回转时，它们产生的惯性力 F_1、F_2 及 F_3 将形成一空间力系。下面研究这些惯性力及它们所构成的惯性力矩的平衡问题。

由理论力学可知，一个力可以分解为与它相平行的两个分力。因此，可以根据该转子的结构，选定两个平衡基面Ⅰ及Ⅱ作为安装平衡质量的平面，并将上述的各个离心惯性力分解到平面Ⅰ及Ⅱ内，即将 F_1、F_2 及 F_3 分解为 $F_{1\mathrm{I}}$、$F_{2\mathrm{I}}$、$F_{3\mathrm{I}}$（在平面Ⅰ内）及 $F_{1\mathrm{II}}$、$F_{2\mathrm{II}}$、$F_{3\mathrm{II}}$（在平面Ⅱ内）。这样，就把空间力系的平衡问题转化为两个平面上的汇交力系的平衡问题。显然，只要在平面Ⅰ及Ⅱ内适当地各加一个平衡质量，使两平面内的惯性力之和均等于零，这个构件也就完全平衡了。

至于两个平衡基面Ⅰ及Ⅱ内的平衡质量 m_{I} 及 m_{II} 的大小及方位的确定，与前述静平衡计算方法完全相同。例如，就平衡基面Ⅰ而言，平衡条件是

$$\overrightarrow{F_{1\mathrm{I}}}+\overrightarrow{F_{2\mathrm{I}}}+\overrightarrow{F_{3\mathrm{I}}}+\overrightarrow{F_{\mathrm{I}}}=0$$

式中，F_{I} 为平衡质量 m_{I} 产生的离心惯性力，而各力的大小为

$$F_{1\mathrm{I}}=F_1\frac{l_1}{l}=m_1r_1\omega^2\frac{l_1}{l}$$

$$F_{2\mathrm{I}}=F_2\frac{l_2}{l}=m_2r_2\omega^2\frac{l_2}{l}$$

$$F_{3\mathrm{I}}=F_3\frac{l_3}{l}=m_3r_3\omega^2\frac{l_3}{l}$$

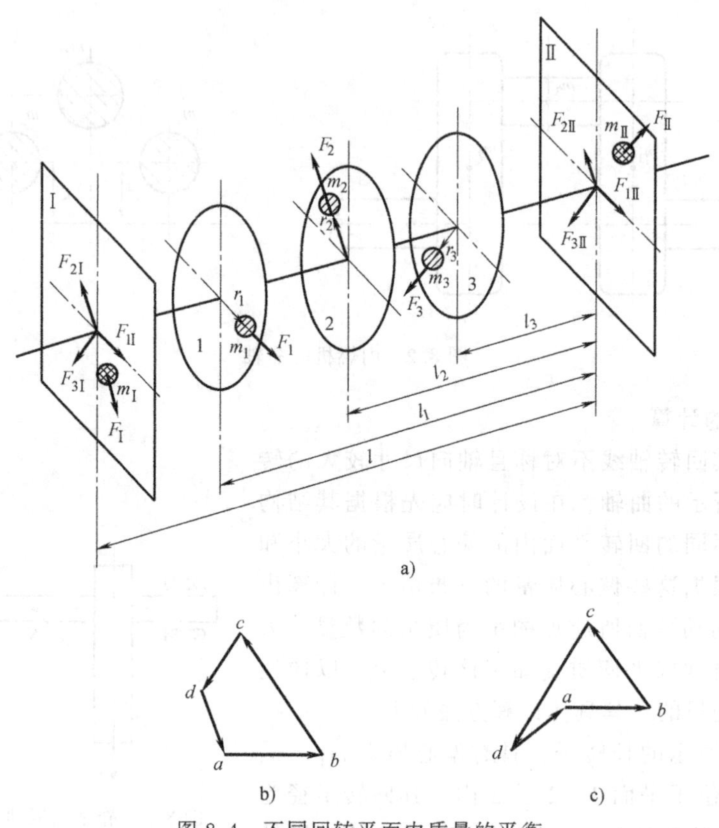

图 8.4　不同回转平面内质量的平衡

$$F_Ⅰ = m_Ⅰ r_Ⅰ \omega^2$$

将各力的大小代入平衡条件式并消去 ω^2，得

$$m_1 r_1 \frac{l_1}{l} + m_2 r_2 \frac{l_2}{l} + m_3 r_3 \frac{l_3}{l} + m_Ⅰ r_Ⅰ = 0 \tag{8.5}$$

选定比例尺 u，按向径 r_1、r_2、r_3 的方向作平衡基面 Ⅰ 的封闭矢量图，如图 8.4b 所示，可得质径积 $m_Ⅰ r_Ⅰ$ 大小，适当选定 $r_Ⅰ$ 后，即可由式（8.5）求出不平衡质量 $m_Ⅰ$ 的大小。而平衡质量的方位，则在该向径 $r_Ⅰ$ 的方向上。至于平面 Ⅱ 内的平衡质量 $m_Ⅱ$ 的大小和方位，可用同样方法确定，如图 8.4c 所示。

由上述分析可知，对于任何动不平衡的转子，无论具有多少个偏心质量，以及分布于多少个回转平面内，都只要在选定的两个平衡基面内分别加上或去除一个适当的平衡质量，即可得到完全平衡。故动平衡又称为双面平衡。另外，由于动平衡同时满足静平衡条件，所以经过动平衡的转子一定静平衡；但是，经过静平衡的转子则不一定是动平衡的。

8.3　刚性转子的平衡试验

经过平衡计算的刚性转子在理论上是完全平衡的，但是由于材质不均匀，制造误差等原因，实际生产出来的转子还可能会出现新的不平衡现象，由于这种不平衡现象在设计阶段是无法确定和消除的，因此需要采用试验的方法对其做进一步平衡。

8.3.1 刚性转子的静平衡试验

静平衡试验设备比较简单，常用的设备有导轨式静平衡试验机，如图 8.5 所示。试验前，首先调整两导轨为水平且互相平行，然后将要平衡的转子的轴放在导轨上，让其轻轻地自由滚动。如果转子有偏心质量存在，在重力作用下，转子停止滚动时，其质心必位于轴心的正下方，重复多次为同一位置。此时在轴心的正上方加装一平衡质量（一般先用橡皮泥），然后反复试验，增减平衡质量，直至转子在任何位置都能保持静止。这说明转子的质心已与其回转轴线重合，即转子已达到静平衡。

图 8.5 导轨式静平衡试验机

导轨式静平衡机设备简单，操作方便，精度较高，但效率较低，对于批量转子静平衡，可采用快速测定平衡的单面平衡机。

8.3.2 刚性转子的动平衡试验

动平衡试验一般需要在专门的动平衡机上进行，生产中使用的动平衡机种类很多，图 8.6 所示为一软支撑动平衡机的工作原理示意图。转子由弹簧软支撑构成弹性振动系统。当转子在电动机驱动下运转时，转子的不平衡质量所产生的离心惯性力将引起转子两端支撑的振动，振幅越大，表示不平衡量越大。

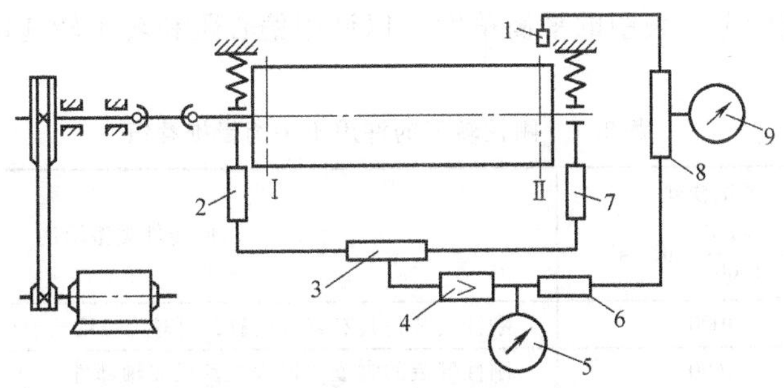

图 8.6 动平衡试验机工作原理图

1—光电传感器 2、7—测振传感器 3—解算电路 4—选频放大器 5—指示表 6—整形放大电路 8—鉴相器 9—相位指示表

选择转子两端Ⅰ、Ⅱ为两平衡基面，要实现转子动平衡，首先需要求得平衡基面上不平衡量的大小和方位。为此，在两端支撑处布置测振传感器 2、7，将拾取的信号同时加到解算电路 3 上进行信号处理，再经过选频放大器 4 选频放大后，从指示表 5 上显示出不平衡质径积的大小。由传感器 2 测得的是基面Ⅰ上的不平衡量，由传感器 7 测得的是基面Ⅱ上的不

平衡量。

但是，由于无论是基面Ⅰ还是基面Ⅱ上的不平衡量都会引起两支撑处的振动，因此，实际上传感器 2 和 7 上测得的信号同时含有两基面上的不平衡量的作用。为此，在电路中需要进行解算处理（解算电路 3 的工作原理见机械工程手册）以消除基面Ⅰ和基面Ⅱ之间的相互影响。不平衡量的相位由鉴相器 8 和相位指示表 9 读出，鉴相器的一端是由光电传感器 1 得到的基准脉冲信号，其相位与转子上的黑白标记相同；另一端是振动信号经整形放大电路 6 后得到的脉冲信号，其相位与不平衡量的相位相同。这样，由相位指示表 9 读到的数据就是鉴相器两端脉冲信号的相位差。即转子上的不平衡量与黑白标记之间的相位差。以白标记为基准，就确定了两平衡基面上不平衡量的方位。

8.3.3 转子的许用不平衡量

经过平衡试验的转子，其不平衡量大大减小，但是很难减小到零，过高的要求意味着成本的提高，因此根据工作要求，对转子规定适当的许用不平衡量是很有必要的。

转子的许用不平衡量有两种表示方法：质径积表示法和偏心距表示法。如果转子的质量为 m，其质心至回转轴线的许用偏心距为 $[e]$，以转子的许用不平衡质径积表示为 $[mr]$，两者的关系为

$$[e]=\frac{[mr]}{m}$$

可见，偏心距表示了单位质量的不平衡量，是一个与转子质量无关的绝对量，而质径积则是与转子质量有关的相对量。对于具体给定的转子，质径积的大小直接反映了不平衡量的大小，比较直观，便于使用。而在比较不同转子平衡的优劣或者衡量平衡的检测精度时，使用许用偏心距表示法比较方便。

国际标准化组织（ISO）制定了各种典型转子的平衡精度等级和许用不平衡量的标准，见表 8.1，供使用时参考。表中的平衡精度 A 以许用偏心距和转子转速的乘积表示，精度等级以 G 表示。

表 8.1 刚性转子的许用不平衡量推荐值

平衡等级 G	平衡精度 $A^{①}=\frac{[e]\omega}{1000}$/mm · s^{-1}	回转件类型示例
G4000	4000	刚性安装的具有奇数气缸的低速[②]船用柴油机曲轴部件[③]
G1600	1600	刚性安装的大型两冲程发动机曲轴部件
G630	630	刚性安装的大型四冲程发动机曲轴部件；弹性安装的船用柴油机曲轴部件
G250	250	刚性安装的高速四缸柴油机曲轴部件
G100	100	六缸和六缸以上高速柴油机曲轴部件；汽车、机车用发动机整机
G40	40	汽车轮、轮缘、轮组、传动轴；弹性安装的六缸和六缸以上高速四冲程发动机曲轴部件；汽车、机车用发动机曲轴部件
G16	16	特殊要求的传动轴（螺旋桨轴、万向节轴）；破碎机械和农业机械的零部件；汽车和机车用发动机特殊部件；特殊要求的六缸和六缸以上发动机的曲轴部件

（续）

平衡等级 G	平衡精度 $A^{①}=\frac{[e]\omega}{1000}$/mm·s^{-1}	回转件类型示例
G6.3	6.3	作业机械的回转零件，船用主汽轮机的齿轮；风扇；航空燃气轮机转子部件；泵的叶轮，离心机的鼓轮，机床及一般机械的回转零、部件；普通电动机转子；特殊要求的发动机回转零、部件
G2.5	2.5	燃气轮机和汽轮机的转子部件；刚性汽轮发电机转子，透平压缩机转子，机床主轴和驱动部件，特殊要求的大型和中型转子；小型电动机转子，透平驱动泵
G1.0	1.0	磁带记录仪及录音机驱动部件；磨床驱动部件，特殊要求的微型电动机转子
G0.4	0.4	精密磨床的主轴，砂轮盘及电动机转子；陀螺仪

① ω 为转子转动的角速度（rad/s），$[e]$ 为许用偏心距（μm）。

② 按国际标准，低速柴油机的活塞速度小于 9m/s，高速柴油机的活塞速度大于 9m/s。

③ 曲轴部件是指包括曲轴、飞轮、离合器、带轮等的组合件。

对于质量为 m 的转子，如果它是需要静平衡的盘状转子，其许用不平衡量由表 8.1 中查得相应的平衡精度值通过计算得到，许用不平衡质径积 $[mr]=m[e]=1000Am/\omega$；如果它是需要动平衡的厚转子，因为要在两个平衡平面进行平衡，需要将许用不平衡质径积 $[mr]=m[e]$ 分解到两个平衡平面上。设转子的质心距平衡平面Ⅰ、Ⅱ的距离分别为 a 和 b，则平衡平面Ⅰ、Ⅱ的许用不平衡质径积分别为

$$[mr]_{\mathrm{I}}=\frac{b}{a+b}[mr],[mr]_{\mathrm{II}}=\frac{a}{a+b}[mr]$$

习　题

8.1　如图 8.7 所示曲轴结构中，$m_1=m_2=m_3=m_4$，$r_1=r_2=r_3=r_4$，$l_{12}=l_{23}=l_{34}$，各曲拐的位置如图所示，试判断该曲轴是否达到静平衡？是否达到动平衡？为什么？

8.2　如图 8.8 所示的盘形转子中，有四个偏心质量位于同一回转平面内，其大小及回转半径分别为 $m_1=5$kg，$m_2=7$kg，$m_3=8$kg，$m_4=6$kg，$r_1=r_4=100$mm，$r_2=200$mm，$r_3=150$mm，方位如图所示。又设平衡质量 m 的回转半径 $r=250$mm，试求平衡质量 m 的大小及方位。

8.3　如图 8.9 所示的转子中，已知各偏心质量 $m_1=10$kg，$m_2=15$kg，$m_3=20$kg，$m_4=$

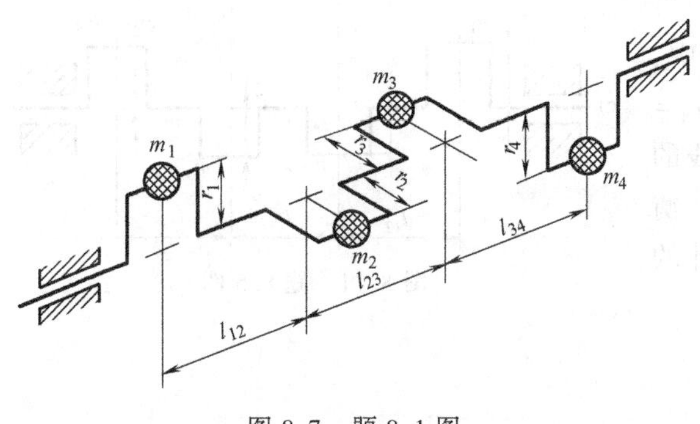

图 8.7　题 8.1 图

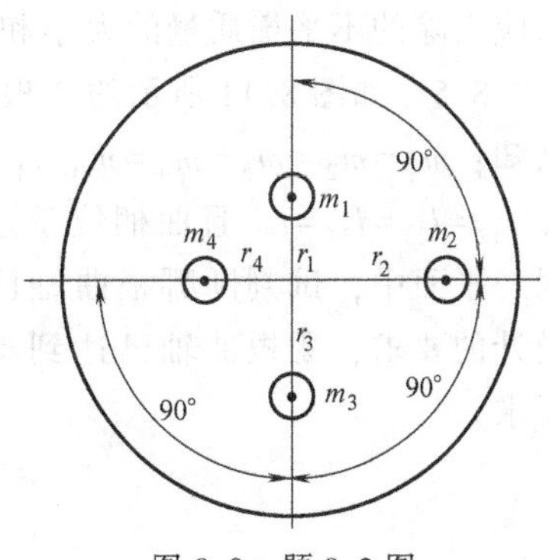

图 8.8　题 8.2 图

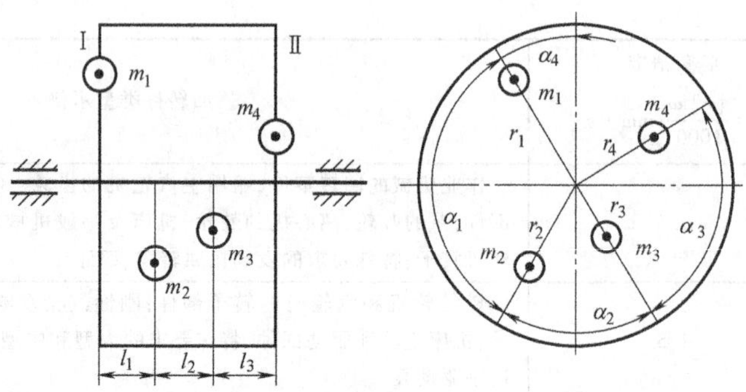

图 8.9 题 8.3 图

10kg，它们的回转半径分别为 $r_1 = 300\text{mm}$，$r_2 = r_4 = 150\text{mm}$，$r_3 = 100\text{mm}$，又知各偏心质量所在的回转平面间的距离为 $l_1 = l_2 = l_3 = 200\text{mm}$，各偏心质量间的方位角为 $\alpha_1 = 120°$，$\alpha_2 = 60°$，$\alpha_3 = 90°$，$\alpha_4 = 30°$。若置于平衡基面Ⅰ及Ⅱ中的平衡质量 m_{I} 和 m_{II} 的回转半径均为 400mm，试求 m_{I} 和 m_{II} 的大小和方位。

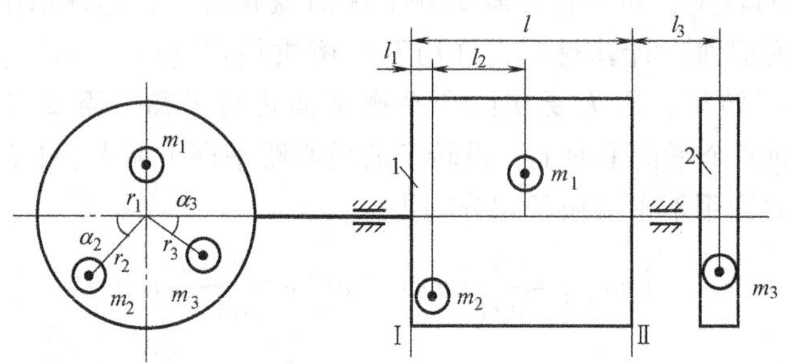

图 8.10 题 8.4 图

8.4 如图 8.10 所示用去重法平衡同轴转子 1 及带轮 2，已知其上三个偏心质量和所在半径分别为 $m_1 = 0.3\text{kg}$，$m_2 = 0.1\text{kg}$，$m_3 = 0.2\text{kg}$，$r_1 = 90\text{mm}$，$r_2 = 200\text{mm}$，$r_3 = 150\text{mm}$，$l_1 = 20\text{mm}$，$l_2 = 80\text{mm}$，$l_3 = 100\text{mm}$，$l = 300\text{mm}$，$\alpha_2 = 45°$，$\alpha_3 = 30°$。取转子两端面Ⅰ和Ⅱ为平衡基面，去重半径为 230mm。求应去除的不平衡质量的大小和方位。

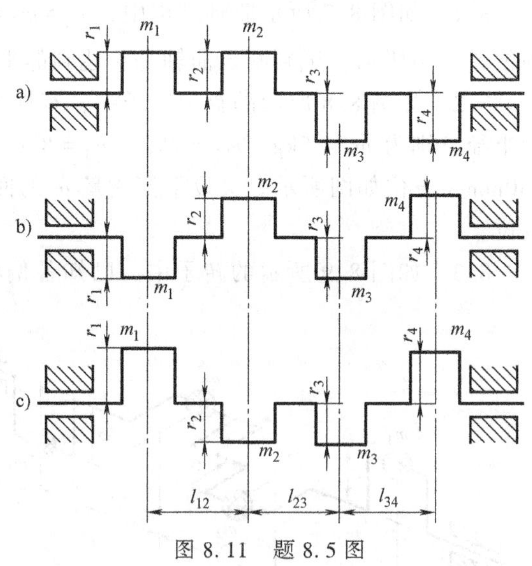

图 8.11 题 8.5 图

8.5 如图 8.11 所示的 3 根曲轴结构中，已知：$m_1 = m_2 = m_3 = m_4 = m$，$r_1 = r_2 = r_3 = r_4 = r$，$l_{12} = l_{23} = l_{34} = l$，且曲柄位于过回转曲线的同一平面中，试判断哪根曲轴已达到静平衡设计的要求，哪根曲轴已达到动平衡设计的要求。

第9章

机械零件设计概论

前面几章着重讲解了常用机构和机器动力学的基本知识。下面各章将主要从工作原理、承载能力、构造和维护等方面论述通用机械零件的设计问题。其中包括如何合理确定零件的形状和尺寸，如何适当选择零件的材料，以及如何使零件具有良好的工艺性等。本章将扼要阐明机械零件设计计算的共同性问题。

9.1 机械零件的强度

在理想的平稳工作条件下作用在零件上的载荷称为名义载荷。然而在机器运转时，零件还会受到各种附加载荷，通常用引入载荷系数 K（有时只考虑工作情况的影响，则用工作情况系数 K_A）的办法来估计这些因素的影响。载荷系数与名义载荷的乘积，称为计算载荷。按照名义载荷用力学公式求得的应力，称为名义应力；按照计算载荷求得的应力，称为计算应力。

当机械零件按强度条件判定时，可采用许用应力法或安全系数法。许用应力法是比较危险截面处的计算应力（σ、τ）是否小于零件材料的许用应力（$[\sigma]$、$[\tau]$），即

$$\left.\begin{aligned}\sigma\leqslant[\sigma],\text{而}[\sigma]=\frac{\sigma_{\lim}}{S}\\ \tau\leqslant[\tau],\text{而}[\tau]=\frac{\tau_{\lim}}{S}\end{aligned}\right\}\tag{9.1}$$

式中，$\sigma_{\lim}$、$\tau_{\lim}$ 分别为极限正应力和极限切应力；S 为安全系数。

安全系数法是危险截面处的安全系数 S 是否大于等于许用的安全系数 $[S]$，即

$$\left.\begin{aligned}S=\frac{\sigma_{\lim}}{\sigma}\geqslant[S]\\ S=\frac{\tau_{\lim}}{\tau}\geqslant[S]\end{aligned}\right\}\tag{9.2}$$

材料的极限应力一般都是在简单应力状态下用实验方法测出的。对于在简单应力状态下工作的零件，可直接按式（9.1）和式（9.2）进行计算；对于在复杂应力状态下工作的零件，则应根据材料力学中所述的强度理论确定其强度条件。许用应力取决于应力的种类、零件材料的极限应力和安全系数等。

为了简便，在以下的论述中只提正应力 σ，若研究切应力 τ 时将 σ 更换为 τ 即可。

9.1.1 应力的分类

按应力的大小和方向是否随时间而变化，将应力分为静应力和变应力。不随时间变化或变化缓慢的应力称为静应力，如图9.1a所示。静应力只能在静载荷作用下产生，零件的失效形式主要是断裂破坏或塑性变形。随时间变化的应力称为变应力，变应力可由变载荷产生，也可由静载荷产生，静载荷作用下产生变应力的例子如图9.2所示，零件的失效形式主要是疲劳失效。

变应力可归纳为非对称循环变应力、脉动循环变应力和对称循环变应力三种基本形式，它们的特征应力谱分别如图9.1b、c、d所示。图中最大应力 σ_{max}、最小应力 σ_{min}、平均应力 σ_m 及应力幅 σ_a 间有如下关系

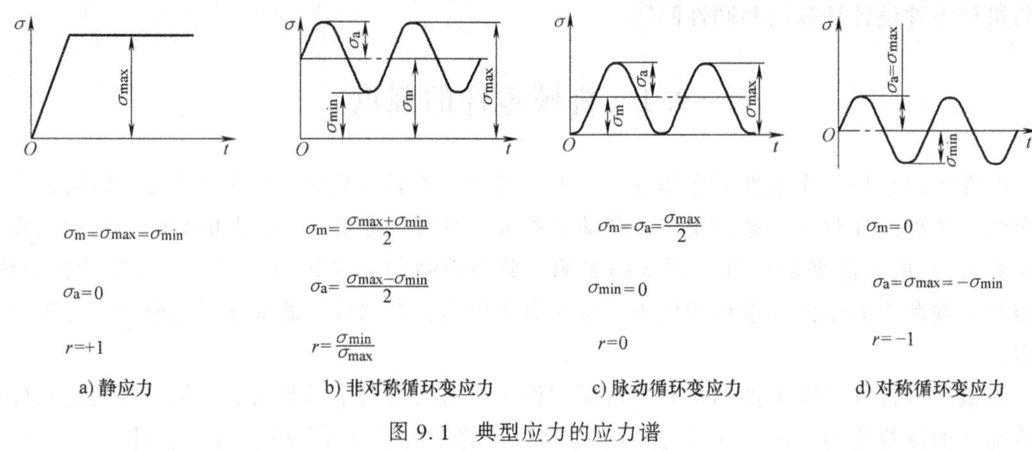

图9.1 典型应力的应力谱

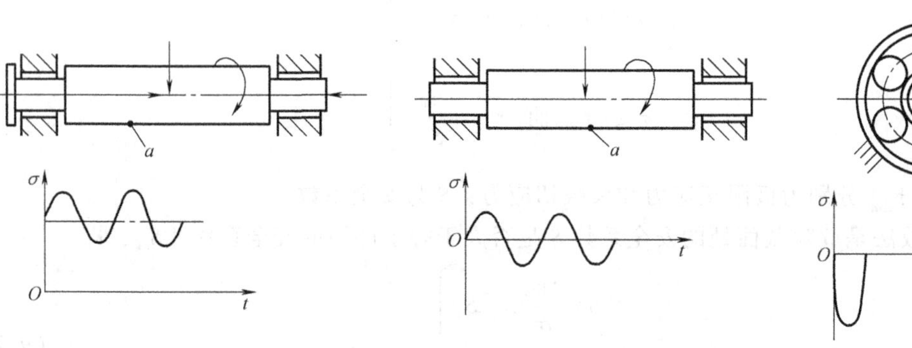

图9.2 静载荷作用下产生变应力的实例

$$\sigma_m=\frac{\sigma_{max}+\sigma_{min}}{2}$$

$$\sigma_a=\frac{\sigma_{max}-\sigma_{min}}{2} \qquad (9.3)$$

最小应力与最大应力的比，称为应力循环特性，用 r 表示，即

$$r=\frac{\sigma_{\min}}{\sigma_{\max}} \tag{9.4}$$

变应力特性可用 $\sigma_{\max}$、$\sigma_{\min}$、σ_{m}、σ_{a}、r 五个参数中的任意两个来描述，常用的有：① σ_{m} 和 σ_{a}；② $\sigma_{\max}$ 和 $\sigma_{\min}$；③ $\sigma_{\max}$ 和 σ_{m}。

9.1.2 静应力下的许用应力

静应力下，零件材料有两种损坏形式：断裂或塑性变形。对于塑性材料，可按不发生塑性变形的条件进行计算。这时应取材料的屈服极限 σ_{S} 作为极限应力，故许用应力为

$$[\sigma]=\frac{\sigma_{S}}{S} \tag{9.5}$$

对于用脆性材料制成的零件，应取强度极限 σ_{b} 作为极限应力，故许用应力为

$$[\sigma]=\frac{\sigma_{b}}{S} \tag{9.6}$$

对于组织均匀的脆性材料，如淬火后低温回火的高强度钢，还应考虑应力集中的影响。灰铸铁虽属脆性材料，但由于本身有夹渣、气孔及石墨存在，其内部组织的不均匀性已远大于外部应力集中的影响，故计算时不考虑应力集中。

9.1.3 变应力下的许用应力

在变应力条件下，零件的损坏形式是疲劳断裂。疲劳断裂具有以下特征：①疲劳断裂的最大应力远比静应力下材料的强度极限低；②不管是脆性材料或塑性材料，其疲劳断口均表现为无明显塑性变形的脆性突然断裂；③疲劳断裂是损伤的积累，它的初期现象是在零件表面或表层形成微裂纹，这种微裂纹随着应力循环次数的增加而逐渐扩展，直至余下的未裂开的截面积不足以承受外载荷时，零件就突然断裂。在零件的断口上可以清晰地看到这种情况。图 9.3 所示为轴的弯曲疲劳断裂的断口，微裂纹常起始于应力最大的断口周边。在断口上明显地有两个区域：一个是在变应力重复作用下裂纹两边相互摩擦形成的表面光滑区；一个是最终发生脆性断裂的粗粒状区。

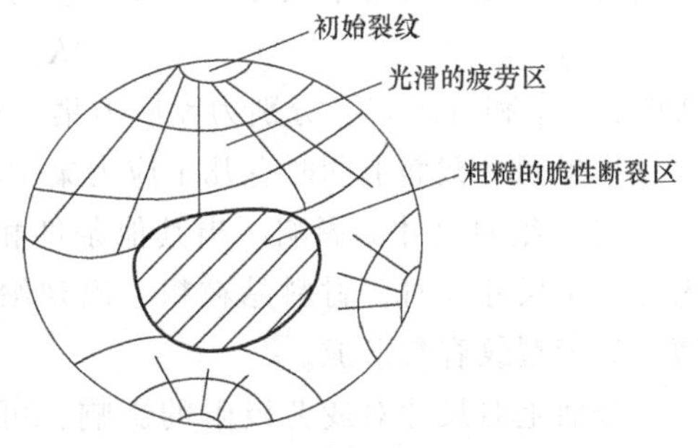

图 9.3 疲劳断裂的断口

疲劳断裂不同于一般静力断裂，它是损伤到一定程度后，即裂纹扩展到一定程度后，才发生的突然断裂。所以疲劳断裂与应力循环次数（即使用期限或寿命）密切相关。

1. 疲劳曲线

由材料力学可知，表示应力 σ 与应力循环次数 N 之间的关系曲线称为疲劳曲线。如图 9.4 所示，横坐标为循环次数 N，纵坐标为断裂时的循环应力 σ，从图中可以看出，应力越小，试件能经受的循环次数就越多。

从大多数黑色金属材料的疲劳试验可知，当循环次数 N 超过某一数值 N_0 以后，曲线趋向水平（图 9.4）。N_0 称为应力循环基数，对于钢通常取 $N_0=10^7\sim25\times10^7$。对应于 N_0 的应力称为材料的疲劳极限。通常用 σ_{-1} 表示材料在对称循环变应力下的弯曲疲劳极限。

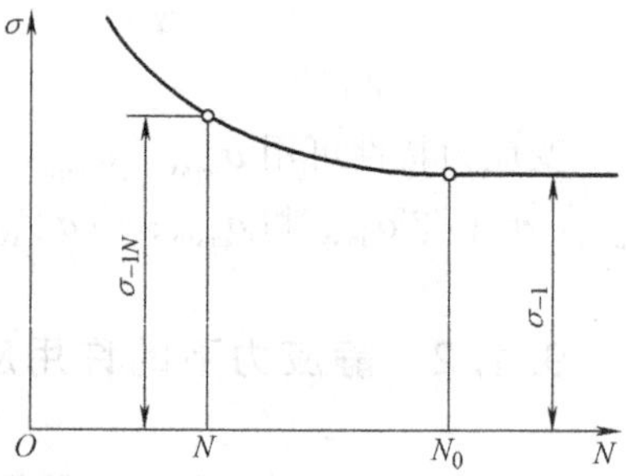

图 9.4 疲劳曲线

疲劳曲线的左半部（$N<N_0$），可近似地用下列方程式表示

$$\sigma_{-1N}^{m}N=\sigma_{-1}^{m}N_0=C \tag{9.7}$$

式中，σ_{-1N} 为对应于循环次数 N 的疲劳极限；C 为常数；m 为随应力状态而不同的幂指数，如对受弯的钢制零件，$m=9$。

从式（9.7）可求得对应于循环次数 N 的弯曲疲劳极限

$$\sigma_{-1N}=\sigma_{-1}\sqrt[m]{\frac{N_0}{N}}=K_N\sigma_{-1} \tag{9.8}$$

式中，K_N 是寿命系数，$K_N=\sqrt[m]{\frac{N_0}{N}}$，当 $N\geqslant N_0$ 时，取 $K_N=1$。

2. 影响机械零件疲劳强度的主要因素

在变应力条件下，影响机械零件疲劳强度的因素很多，有应力集中、零件尺寸、表面状况、环境介质、加载顺序和频率等，其中以前三种最为重要。

（1）应力集中的影响　由于结构要求，实际零件一般都有截面形状的突然变化处（如孔、圆角、键槽、缺口等），零件受载时它们都会引起应力集中。常用有效应力集中系数 K_σ 来表示疲劳强度的真正降低程度。有效应力集中系数定义为：材料、尺寸和受载情况都相同的一个无应力集中试样与一个有应力集中试样的疲劳极限的比值，即

$$K_\sigma=\sigma_{-1}/(\sigma_{-1})_K \tag{9.9}$$

式中，σ_{-1} 和 $(\sigma_{-1})_K$ 分别为无应力集中试样和有应力集中试样的疲劳极限。

如果同一截面上同时有几个应力集中源，应采用其中最大有效应力集中系数进行计算。

（2）绝对尺寸的影响　当其他条件相同时，零件尺寸越大，则其疲劳强度越低。其原因是由于尺寸大时，材料晶粒粗，出现缺陷的概率大，机械加工后表面冷作硬化层相对较薄，疲劳裂纹容易形成。

截面绝对尺寸对疲劳极限的影响，可用绝对尺寸系数 ε_σ 表示。绝对尺寸系数定义为：直径为 d 的试样的疲劳极限 $(\sigma_{-1})_d$ 与直径 $d_0=6\sim10\text{mm}$ 的试样的疲劳极限 $(\sigma_{-1})_{d0}$ 的比值，即

$$\varepsilon_\sigma=(\sigma_{-1})_d/(\sigma_{-1})_{d0} \tag{9.10}$$

（3）表面状态的影响　零件的表面状态包括表面粗糙度和表面处理的情况。零件表面光滑或经过各种强化处理（如喷丸、表面热处理或表面化学处理等），可以提高零件的疲劳强度。表面状态对疲劳极限的影响可用表面状态系数 β 表示。表面状态系数定义为：试样在某种表面状态下的疲劳极限 $(\sigma_{-1})_\beta$ 与精抛光试样（未经强化处理）的疲劳极限 $(\sigma_{-1})_{\beta0}$ 的比值，即

$$\beta=(\sigma_{-1})_\beta/(\sigma_{-1})_{\beta0} \tag{9.11}$$

3. 疲劳强度计算时的许用应力

在变应力下确定许用应力，应取材料的疲劳极限作为极限应力，同时还应考虑零件的切口和沟槽等截面突变、绝对尺寸和表面状态等影响。

当应力是对称循环变化时，许用应力为

$$[\sigma_{-1}]=\frac{\varepsilon_{\sigma}\beta\sigma_{-1}}{K_{\sigma}S} \tag{9.12}$$

当应力是脉动循环变化时，许用应力为

$$[\sigma_{0}]=\frac{\varepsilon_{\sigma}\beta\sigma_{0}}{K_{\sigma}S} \tag{9.13}$$

式中，S 为安全系数，σ_0 为材料的脉动循环疲劳极限；K_{σ}、ε_{σ} 及 β 分别为有效应力集中系数，绝对尺寸系数及表面状态系数，其数值可在材料力学或有关设计手册中查得。

以上所述为“无限寿命”下零件的许用应力。若零件在整个使用期限内，其循环总次数 N 小于循环基数 N_0 时，可根据式（9.8）求得对应于 N 的疲劳极限 σ_{-1N}，代入式（9.12）后，可得“有限寿命”下零件的许用应力。由于 σ_{-1N} 大于 σ_{-1}，故采用 σ_{-1N} 可得到较大的许用应力，从而减小零件的体积和重量。

9.1.4　安全系数

安全系数选得正确与否对零件尺寸有很大影响。如果安全系数选得过大将使结构笨重；如果选得过小，又可能不够安全。

在各个不同的机械制造部门，通过长期生产实践，都制定有适合本部门的安全系数（或许用应力）的表格。这类表格虽然适用范围较窄，但具有简单、具体及可靠等优点。本书中主要采用查表法选取安全系数（或许用应力）。

当没有专门的表格时，可参考下述原则选择安全系数。

1）静应力下，塑性材料以屈服极限为极限应力。由于塑性材料可以缓和过大的局部应力，故可取 $S=1.2\sim1.5$；对于塑性较差的材料或铸钢件可取 $S=1.5\sim2.5$。

2）静应力下，脆性材料以强度极限为极限应力，这时应取较大的安全系数。例如，高强度钢或铸铁可取 $S=3\sim4$。

3）变应力下，以疲劳极限作为极限应力，可取 $S=1.3\sim1.7$；材料不均匀或计算不准时可取 $S=1.7\sim2.5$。

安全系数也可用部分系数法来确定，即用几个系数的连乘积来表示总的安全系数：$S=S_1S_2S_3$。式中 S_1 考虑载荷及应力计算的准确性；S_2 考虑材料的力学性能的均匀性；S_3 考虑零件的重要性。关于各项系数的具体数值可参阅有关书刊。

9.2　机械零件的表面接触疲劳强度

零件在交变接触应力的作用下，表层材料产生塑性变形，进而导致表面硬化，并在表面接触处产生初始裂纹。当润滑油被挤入初始裂纹中后，与之接触的另一零件表面在滚过该裂纹时将裂纹口封住，使裂纹中的润滑油产生很大的压力，迫使初始裂纹扩展。当裂纹扩展到一定深度后，必将导致表层材料的局部脱落，在零件表面出现鱼鳞状的凹坑，这种现象称为疲劳点蚀。润滑油的黏度愈低，越易进入裂纹中，疲劳点蚀的发生也就越迅速。零件表面发生疲劳点蚀后，破坏了零件的光滑表面，减小了接触面积，因而降低了承载能力，并引起振动和噪声。疲劳点蚀裂纹常是齿轮、滚动轴承等零部件的主要失效形式。

如图 9.5 所示的计算模型，由弹性力学可知，当两曲率半径为 ρ_1、ρ_2 的圆柱体以力 F 压紧时，接触面呈狭带形，最大接触应力发生在狭带中线的各点上。根据赫兹（Hertz）公式，最大接触应力 σ_{Hmax} 为

$$\sigma_{\mathrm{Hmax}}=\sqrt{\frac{F}{\pi L}\left[\frac{\dfrac{1}{\rho_{\Sigma}}}{\dfrac{1-\mu_1^2}{E_1}+\dfrac{1-\mu_2^2}{E_2}}\right]} \tag{9.14}$$

式中，E_1、E_2 是两接触体材料的弹性模量；μ_1、μ_2 是两接触体材料的泊松比；ρ_{Σ} 是综合曲率半径，$1/\rho_{\Sigma}=1/\rho_1\pm1/\rho_2$，“+”为外接触（图 9.5a），“−”为内接触（图 9.5b）；L 是接触线长度。

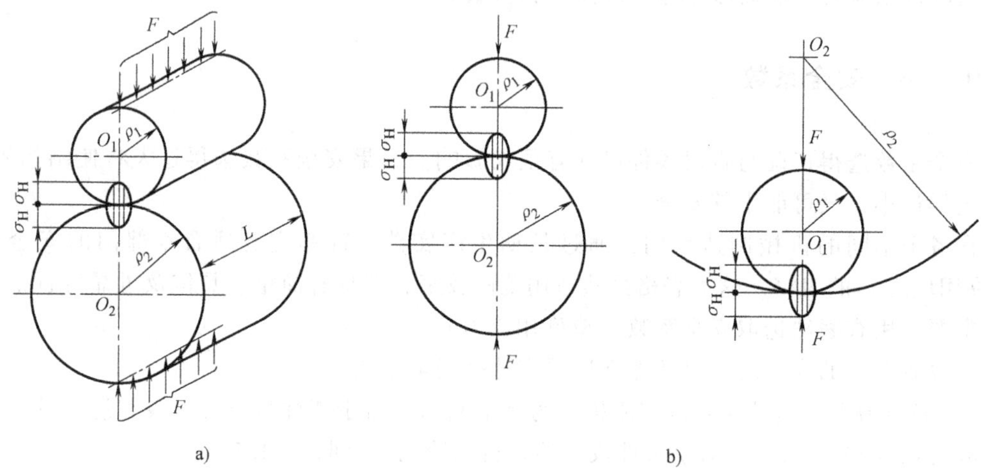

图 9.5　接触应力计算简图

于是，接触疲劳强度条件为

$$\sigma_{\mathrm{Hmax}}\leqslant[\sigma]_{\mathrm{H}} \tag{9.15}$$

提高表面接触强度的主要措施：

1）增大接触表面的综合曲率半径 ρ_{Σ}，以降低接触应力，如将标准齿轮传动改为正传动。

2）将外接触改成内接触。

3）在结构设计上将点接触改为线接触，如用圆柱滚子轴承代替球轴承。

4）提高零件表面硬度。

5）在一定范围内提高接触表面的加工质量，接触疲劳强度也随着提高。

6）采用黏度较高的润滑油，除降低渗入裂纹的能力外，还能在接触区形成较厚的油膜，增大接触面积，从而降低接触应力。

9.3　机械零件的刚度

刚度是指零件在载荷作用下抵抗弹性变形的能力。刚度大小常用产生单位弹性变形所需的外力或外力矩来表示。刚度的反义词是柔度，柔度大小常用单位外力或外力矩所产生的弹性变形来表示。

9.3.1　刚度的影响

凡是对弹性变形、变形稳定性、精度或振动有一定要求的零件，都应具有一定的刚度，分别说明如下。

1）如果某些零件刚度不足，将影响机器正常工作。例如，轴弯曲刚度不足时，轴颈将在轴承中倾斜而使两者接触不良。

2）刚度有时也是保证强度的一个重要条件。例如，受压的长杆、受外压力的容器，其承载能力决定于它们对变形的稳定性，所以要想提高其承载能力，一般要从提高其刚度着手。

3）为了保证机床的加工精度，被加工的零件和机床零件都应具有一定的刚度。被加工零件的变形（如夹持变形、进刀变形等）和机床零件（如主轴、刀架等）的变形都会引起制造误差。大量生产时，被加工零件的刚度还是决定进刀量和切削速度的重要因素，将直接影响生产率。

4）对于弹簧一类的弹性零件，其设计的出发点就是要在一定的载荷下产生一定的弹性变形（压缩或伸长量等），可以说满足柔度要求是这类零件的计算前提。

5）刚度会影响零件的自振频率。刚度小自振频率低，刚度大自振频率高。

9.3.2　刚度计算概述

刚度计算是利用材料力学公式计算零件的弹性变形量，如受拉杆件的伸长量、梁的挠度和转角、传动轴的扭角等，使其不超过相应的许用值。

形状简单的零件进行刚度计算一般不很困难，形状复杂的零件则很难进行精确的刚度计算。通常需要将复杂形状零件用简化的模型来代替。例如，用等直径轴代替阶梯轴作条件性计算，必要时通过实测对计算加以修正；也可以根据经验和资料对零件刚度进行类比设计。

按刚度计算所得的零件截面尺寸一般要比按强度计算的大，故满足刚度要求的零件往往也能同时满足强度要求。但对于尺寸较大的零件，当满足刚度要求时，强度也可能不足。

9.3.3　影响刚度的因素及其改进措施

1. 材料对刚度的影响

材料的弹性模量愈大，零件的刚度越大。金属的弹性模量一般远大于非金属的弹性模量。常用金属材料的弹性模量见表9.1。实际上零件所用的材料多决定于工作要求、制造方法和成本高低，所以单纯以弹性模量来选用零件材料往往不可能。

表 9.1 常用金属的弹性模量 E 及切变模量 G （单位：MPa）

金属材料	弹性模量 E	切变模量 G
钢	$(200\sim220)\times10^3$	81×10^3
铸钢	$(175\sim216)\times10^3$	$(70\sim84)\times10^3$
铸铁	$(115\sim160)\times10^3$	45×10^3
青铜	$(105\sim115)\times10^3$	$(40\sim42)\times10^3$
硬质合金	71×10^3	27×10^3

同类金属的弹性模量相差不大，因此以昂贵的高强度合金钢代替普通碳钢来提高零件的刚度是不起作用的。

2. 结构对刚度的影响

（1）截面形状　当截面积相同时，中空截面比实心截面的惯性矩大，故零件的弯曲刚度和扭转刚度也大。

（2）支撑方式和位置　简支梁的挠度与支点距的三次方（集中载荷）或四次方（分布载荷）成正比，所以减小支点距能有效地提高梁的刚度。尽量避免采用悬臂结构，必须采用时，也应尽量减小悬臂长度。采用多支撑也能增加轴的刚度，如内燃机曲轴、某些机床主轴的多支撑结构，但增加了制造工艺的难度和装配的复杂性。

（3）加强肋　采用加强肋来提高零件和机架的刚度。设计加强肋应遵守下列原则：①承载的加强肋应在受压下工作，避免受拉情况；②三角肋必须延至外力的作用点处，如图 9.6 所示；③加强肋的高度不宜过低，否则会削弱截面的弯曲强度。

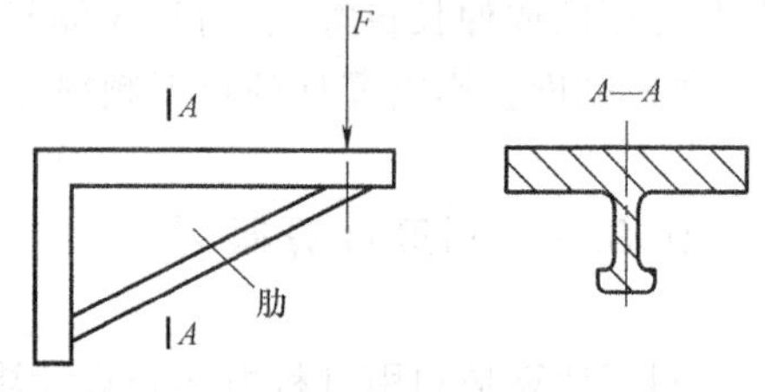

图 9.6　加强肋的结构

接触刚度是指接触表面层在载荷作用下抵抗弹性变形的能力。由于点接触副的变形与载荷呈非线性关系，故接触刚度将随着载荷的增大而迅速增大，所以采用预紧装配工艺，不仅能消除接触间隙，而且对提高接触刚度非常有利，但同时使接触面间的载荷增大。

9.4 机械零件的材料选择

9.4.1 机械零件的常用材料

在工程实际中，机械零件的常用材料主要有金属材料、非金属材料和复合材料几大类。其中金属材料尤其是钢铁的使用最为广泛，设计人员应对各种钢铁材料的性能特点、影响因素、工艺性及热处理性能等都有全面的了解。有色金属中的铜、铝及其合金具有各自独特的优点，应用也较多。机械零件使用的非金属材料主要是各种工程塑料和新型的陶瓷材料，它

们各自具有金属材料所不具备的一些优点，如强度高、刚度大、耐磨、耐腐蚀、耐高温、耐低温、密度低等，常常被应用在工作环境较为特殊的场合。复合材料是由两种或两种以上具有不同的物理和力学性能的材料复合制成的，可以获得单一材料难以达到的优良性能。由于复合材料的价格比较高，目前主要应用于航空、航天等高科技领域。机械零件的常用材料绝大多数已标准化，可查阅有关的国家标准、设计手册等资料，了解它们的性能特点和使用场合，以备选用。在后面的有关章节中也将对具体零件的适用材料分别加以介绍。

9.4.2 机械零件材料的选用原则

材料的选择是机械零件设计中非常重要的环节，特别是随着工程实际对现代机器及零件要求的不断提高，以及各种新材料的不断出现，合理选择零件材料已成为提高零件质量和降低成本的重要手段。通常，零件材料选择的一般原则是满足使用要求、工艺要求和经济性要求。

1. 使用要求

满足使用要求是选择零件材料的最基本要求。使用要求一般包括：①零件的受载情况，即载荷、应力的大小和性质；②零件的工作情况，主要是指零件所处的环境、介质、工作温度、摩擦、磨损等情况；③对零件尺寸和质量的限制；④零件的重要程度；⑤其他特殊要求，如需要绝缘、抗磁等。在考虑使用要求时，要抓住主要问题，兼顾其他方面。

2. 工艺要求

工艺要求是指所选用材料的冷、热加工性能要好。为了使零件便于加工制造，选择材料时应考虑零件结构的复杂程度、尺寸大小和毛坯类型。对于外形复杂、尺寸较大的零件，若考虑采用铸造毛坯，则需要选择铸造性能好的材料；若考虑采用焊接毛坯，则应选择焊接性能好的低碳钢。对于外形简单、尺寸较小、批量较大的零件，适合冲压或模锻，应选择塑性较好的材料；对于需要热处理的零件，材料应具有良好的热处理性能。此外，还应考虑材料的易切削性及热处理后的易切削性。

3. 经济性要求

材料的经济性不仅指材料本身的价格，还包括加工制造费用、使用维护费用等。提高材料经济性可从以下几个方面加以考虑。

1）材料本身的价格。与铸铁相比，合金钢的价格可高达十多倍，铜材更是高达三十多倍，因此在满足使用要求和工艺要求的条件下，应尽可能地选择价格低廉的材料，特别是对生产批量大的零件更为重要。

2）采用热处理或表面强化（如喷丸、碾压等）工艺，充分发挥和利用材料潜在的力学性能。

3）合理采用表面镀层（如镀铬、镀铜、发黑、发蓝等）方法，以减轻腐蚀或磨损的程度，延长零件的使用寿命。

4）改善工艺方法，提高材料利用率，降低制造费用。如采用无切削、少切削工艺（冷墩、碾压、精铸、模锻、冷拉工艺等），可减少材料的浪费，缩短加工工时，还可使零件内部金属流线连续，从而提高强度。

5）节约稀有材料。如采用我国资源较丰富的锰硼系合金钢代替资源较少的铬镍系合金钢，采用铝青铜代替锡青铜等。

6）采用组合式结构，节约价格较高的材料。如直径较大的蜗轮齿圈采用减摩性较好但价高的锡青铜，可得到较高的啮合效率，而轮芯采用价廉的铸铁，可显著地降低成本。

7）根据材料的供应情况，选择本地现有且便于供应的材料，以降低采购、运输、储存的费用。

此外，应尽可能地减少材料的品种和规格，以简化供应和管理，同时应使加工及热处理方法更容易被掌握和控制，从而提高制造质量，减少废品，提高劳动生产率。

9.5 机械零件的工艺性及标准化

9.5.1 机械零件的结构工艺性

在一定的生产条件和生产规模下，花费最少的劳动量和最低的生产成本，把零件制造和装配出来，这样的零部件就被认为具有良好的结构工艺性。因此，零件的结构形状除了要满足功能上的要求外，还应该有利于零件在强度、刚度、加工、装配、调试、维护等方面的要求。零件的结构工艺性贯穿于生产过程的各个阶段之中，涉及面很广，包括材料选择、毛坯制作、热处理、切削加工、机器装配及维修等。应该注意，生产规模的不同将对结构工艺性好坏的评定方法产生很大的影响。在单件、小批量生产中被认为工艺性好的结构，在大量生产中却往往显得不好；反之亦然。如外形复杂、尺寸较大的零件，单件或少量生产时，宜采用焊接毛坯，可节省费用；大批量生产时，应该采用铸造毛坯，可提高生产率。同样，不同的生产条件（生产设备、工艺装配、技术力量等）也会对结构工艺性产生较大的影响，一般应根据具体的生产条件研究零件的结构工艺性问题。

设计零件的结构时，要使零件的结构形状与生产规模、生产条件、材料、毛坯制作、工艺技术等相适应，一般可从以下几个方面加以考虑。

1. 零件形状简单合理

一般来讲，零件的结构和形状越复杂，制造、装配和维修将越困难，成本也越高。所以，在满足使用要求的情况下，零件的结构形状应尽量简单，应尽可能地采用平面和圆柱面及其组合，各面之间应尽量相互平行或垂直，避免倾斜、突变等不利于制造的形状。

2. 合理选用毛坯类型

例如，根据尺寸大小、生产批量的多少和结构的复杂程度来确定齿轮的毛坯类型：尺寸小、结构简单、批量大时采用模锻件；结构复杂、批量大时，采用铸件；单件或少量生产时，采用焊接件。

3. 铸件的结构工艺性

铸造毛坯的采用较为广泛，设计其结构时首先应使铸件的最小壁厚满足液态金属的流动性要求，要注意壁厚均匀，过渡平缓，以防产生缩孔和裂纹，保证铸造质量；要有适当的结构斜度及起模斜度，以便于起模；铸件各个面的交界处要采用圆角过渡；为了加强刚度，应设置必要的加强肋。

4. 零件的切削加工工艺性

对于切削加工的零件要考虑加工的可能性，尽可能减小加工的难度。在机床上加工零件时，要有合适的基准面，要便于定位与夹紧，要尽量减少工件的装夹次数。在满足使用要求的条件下，应减少加工面的数量和减小加工面积；加工面要尽量布置在同一个平面或同一条母线上；应尽量采用相同的形状和元素，如相同的齿轮模数、螺纹、键、圆角半径、退刀槽等；结构尺寸应便于测量和检查；应选择适当的精度公差等级和表面粗糙度，过高的精度和过低的表面粗糙度值要求，将极大地增加加工成本和装配难度。

5. 零部件的装配工艺性

装配工艺性是指零件组装成部件或机器时，相互连接的零件不需要再加工或只需要少量加工就能顺利地装上或拆卸，并达到技术要求。结构设计时要注意以下几点：①要有正确的装配基准面，保证零件间相对位置的固定；②配合面大小要合适；③定位销位置要合理，不致产生错装；④装配端面要有倒角或引导锥面；⑤绝对不允许出现装不上或拆不下的现象。

6. 零部件的维修工艺性

良好的维修工艺性体现在以下几个方面：①可达性，是指容易接近维修处，并易于观察到维修的部位；②易于装拆；③便于更换，为此应尽量采用标准件或模块化设计；④便于修理，即对损坏部分容易修配或更换。

9.5.2　机械零件设计中的标准化

机械零件的标准化就是对零件尺寸、规格、结构要求、材料性能、检验方法、设计方法、制图要求等，制定出各种相应的标准，供设计制造时大家共同遵照使用。贯彻标准化是一项重要的技术经济政策和法规，同时也是进行现代化生产的重要手段。目前，标准化程度的高低已成为评定设计水平及产品质量的重要指标之一。

标准化工作实际上包括三方面的内容，即标准化、系列化和通用化，简称为机械产品的“三化”。系列化是指在同一基本结构下，规定若干个规格尺寸不同的产品，形成产品系列，用较少的品种规格满足对多种尺寸的性能指标的广泛需要，如圆柱齿轮减速器系列。通用化是指在同类型机械系列产品内部或在跨系列的产品之间，采用同一结构和尺寸的零部件，使有关的零部件特别是易损件，最大限度地实现通用互换性。

国家标准化法规规定，我国实行的标准分国家标准（GB）、行业标准、地方标准和企业标准，国际标准化组织还制定了国际标准（ISO）。

机械零件设计中贯彻标准化的重要意义是：①减小设计工作量，缩短设计周期，降低设计费用，有利于设计人员将主要精力用于关键零部件的设计；②便于建立专门工厂，采用最先进的技术，大规模地生产标准零部件，有利于合理地使用原材料，节约能源，降低成本，提高质量和可靠性，提高劳动生产率；③增强互换性，便于维修；④便于产品改进，增加产品品种；⑤采用与国际标准一致的国家标准，有利于产品走向国际市场。因此，在机械零件的设计中，设计人员必须了解和掌握有关的各项标准并认真地贯彻执行，不断提高设计产品的标准化程度。此外，随着科学技术的不断发展，现有的标准还在不断地更新，设计人员必须密切予以关注。

习　题

9.1　试述零件的静应力与变应力是在何种载荷作用下产生的？

9.2　什么是名义载荷？什么是计算载荷？

9.3　稳定变应力有哪几种类型，它们的变化规律如何？

9.4　零件的寿命疲劳曲线与材料试件的寿命疲劳曲线是否相同？

9.5　机械零件上的哪些位置易产生应力集中？举例说明。如果零件一个截面有多种产生应力集中的结构，哪些是有效应力集中？

9.6　两零件的材料和几何尺寸都不相同，以曲面接触受载时，两者的接触应力是否相同？

9.7　零件的材料选用原则是什么？

9.8　什么是标准化、系列化和通用化？标准化的重要意义是什么？

Chapter 10

第10章 螺纹连接

任何一部机器都是由许多零部件组合而成的。组成机器的所有零部件都不能孤立地存在，它们必须通过一定的方式连接起来，称为机械连接。被连接件间相互固定、不能作相对运动的称为机械静连接；能按一定运动形式作相对运动的称为机械动连接，如各种运动副。本章所指的连接为机械静连接，按连接是否可拆卸，机械静连接可分为：可拆连接和不可拆连接。可拆连接是指连接拆开时，不破坏连接中的零件，重新安装后，即可继续使用的连接。属于这类连接的有螺纹连接、键连接、销连接和成形连接等。不可拆连接是指连接拆开时，要破坏连接中的零件，不能继续使用的连接。属于这类连接的有铆钉连接、焊接连接和胶粘连接等。过盈配合连接介于可拆与不可拆之间，视配合表面间过盈量的大小而定，一般宜用作不可拆连接。

按零件的个数计算，在各种机械中，连接件是使用最多的零件，一般占机器总零件数的20%~50%，也是在近代机械设计中发明创造最多的一类机械零件。在机器不能正常工作的情况中，许多是由于连接失效造成的。因此，连接在机械设计与使用中占有重要地位。

10.1 螺纹连接的主要类型、材料和精度

螺纹连接是应用最广泛的连接类型之一。图10.1所示的是减速器上的部分螺纹连接件。

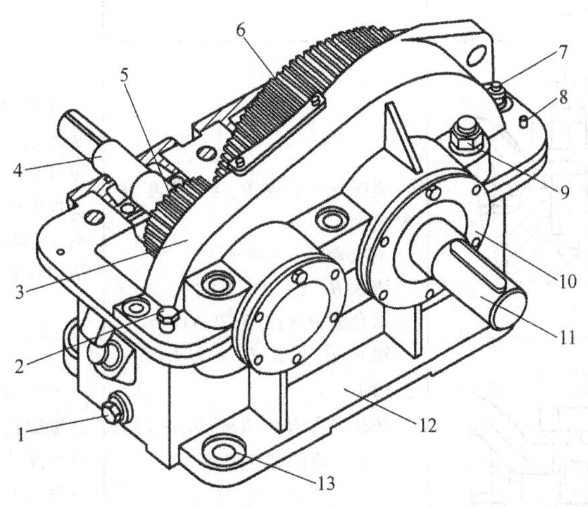

图 10.1 减速器

1—油塞 2—起盖螺钉 3—箱盖 4—高速轴 5—小齿轮 6—大齿轮 7—箱盖连接螺栓 8—定位销 9—轴承旁连接螺栓 10—轴承端盖 11—低速轴 12—箱座 13—地脚螺孔

其中有用于减速器箱盖、轴承旁的连接螺栓，用于轴承端盖的连接螺钉，以及与地基连接的地脚螺栓等。

10.1.1 螺纹连接的主要类型

螺纹连接的主要类型有螺栓连接、双头螺柱连接、螺钉连接和紧定螺钉连接。它们的构造、主要尺寸关系、特点及应用见表 10.1。

表 10.1 螺纹连接的主要类型、构造、主要尺寸关系、特点及应用

类型	构造	主要尺寸关系	特点、应用
螺栓连接	普通螺栓连接 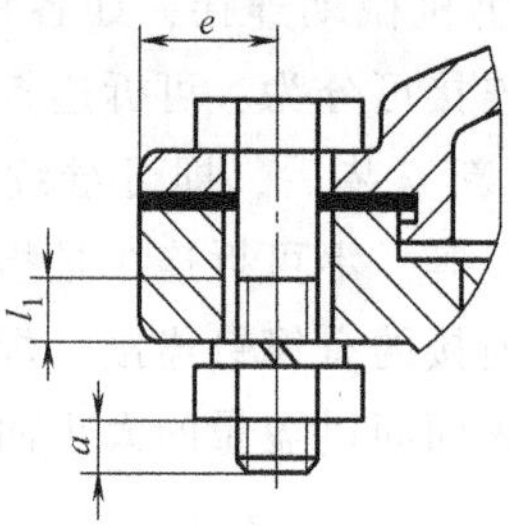	螺纹余留长度 l_1 普通螺栓连接 静载荷 $l_1 \geqslant (0.3\sim0.5)d$ 变载荷 $l_1 \geqslant 0.75d$ 冲击、弯曲载荷 $l_1 \geqslant d$ 铰制孔用螺栓连接 l_1 尽可能小 螺纹伸出长度 $a \approx (0.2\sim0.3)d$ 螺栓轴线到边缘的距离 $e = d+(3\sim6)\,\text{mm}$	被连接件的通孔中不切制螺纹，通孔与螺栓杆间有间隙，螺栓杆受拉。通孔加工精度低，构造简单，装拆方便，适用于通孔并能从连接的两边进行装配的场合
	铰制孔螺栓连接 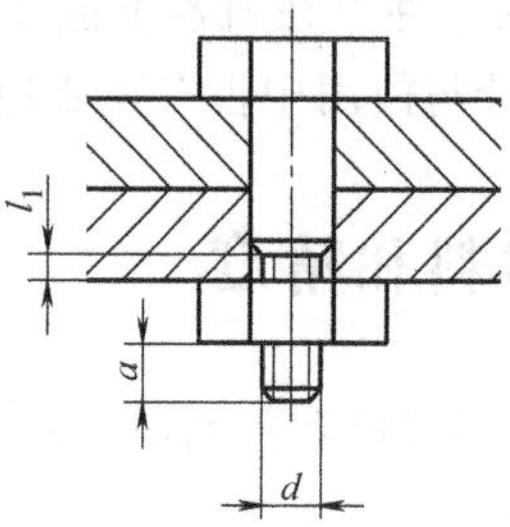		螺杆外径与螺栓孔（精度较高）的内径具有同一基本尺寸，多采用过渡配合，可精确固定两被连接件的相对位置，螺栓杆受剪，主要用来承受横向载荷
双头螺柱连接	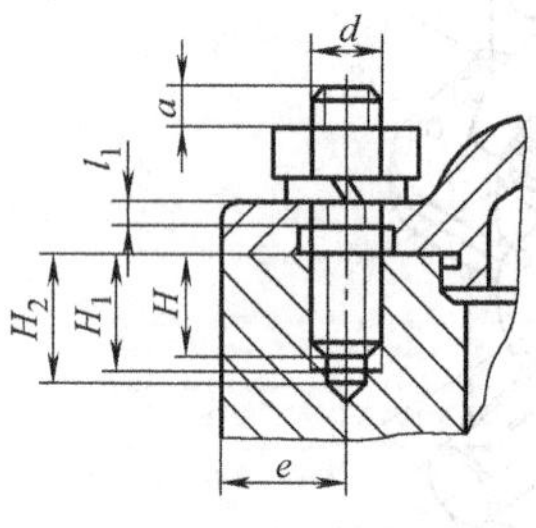	座端拧入深度 H，当螺孔零件材料为 钢或青铜 $H \approx d$ 铸铁 $H \approx (1.25\sim1.5)d$ 铝合金 $H \approx (1.5\sim2.5)d$ 螺纹孔深度 $H_1 \approx H+(2\sim2.5)d$ 钻孔深度 $H_2 \approx H_1+(0.5\sim1)d$ l_1、a、e 值同螺栓连接	双头螺柱的两端都有螺纹，其一端紧固地旋入厚件螺纹孔内，另一端与螺母旋合，将被连接件（薄件和厚件）进行连接。适用于不能用螺栓连接的地方（如被连接零件之一太厚）或希望结构较紧凑的场合
螺钉连接	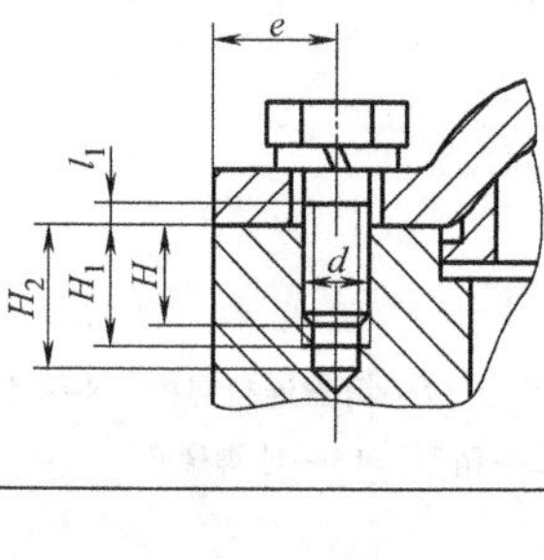		不用螺母，螺钉直接旋入被连接件的螺纹孔中，质量较轻，在钉尾一端的被连接件外部应有光整的外露表面。应用与双头螺柱相似，但不适用于经常拆卸的连接，以免损坏被连接件的螺纹孔

（续）

类型	构造	主要尺寸关系	特点、应用
紧定螺钉连接		$d\approx(0.2\sim0.3)d_s$ 转矩大时取大值	旋入被连接件之一的螺纹孔中，其末端顶住另一被连接件的表面或顶入相应的坑中，以固定两零件的相对位置，可传递不大的力和转矩

螺钉除用于连接和紧定外，还可用于调整零件位置，如机器、仪器的调节螺钉等。

螺纹连接除上述四种主要类型外，还有一些特殊结构的连接。例如，用于固定机座或机架的地脚螺栓连接（图 10.2），用于工装设备（机床工作台等）中的 T 形槽螺栓连接（图 10.3），装在机器或大型零部件顶盖或外壳上起吊用的吊环螺钉连接（图 10.4）等。

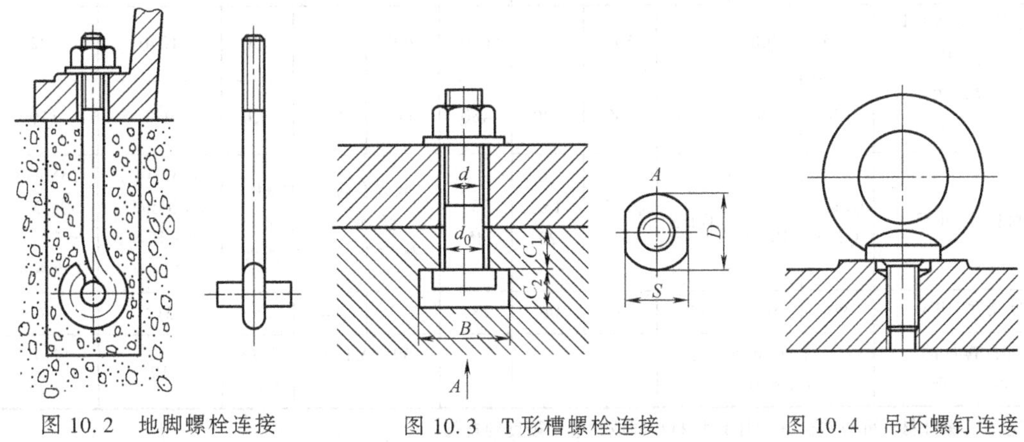

图 10.2 地脚螺栓连接　　图 10.3 T 形槽螺栓连接　　图 10.4 吊环螺钉连接

标准螺纹连接件的特性与应用，及其具体尺寸和选用可查机械设计手册或机械工程手册。

10.1.2 螺纹连接的常用材料和许用应力

1. 常用材料及其力学性能

螺纹连接件常用材料及其力学性能见表 10.2。按材料力学性能的不同，国家标准将螺栓、螺母的材料分成若干个强度等级，见表 10.3、表 10.4。重要的或者有特殊要求的螺纹连接件，才采用高等级的材料并应进行表面处理（如氧化、磷化、镀镉等）。

2. 许用应力

螺纹连接件的许用应力与载荷性质、装配情况以及连接件的材料、结构尺寸等因素有关。受拉螺栓连接的许用应力可按表 10.5 进行计算；受剪螺栓连接的许用应力可按表 10.6 进行计算。

由表 10.5 可知，当不控制预紧力时，螺栓直径越小所取安全系数越大。这是因为小直径螺栓拧紧时容易过载而断裂，为安全起见，将其安全系数适当定得高些。设计计算时，由

表 10.2 螺纹连接件常用材料的力学性能

（摘自 GB/T 700—2006、GB/T 699—2015、GB/T 3077—2015）

钢号	抗拉强度 σ_b/MPa	屈服极限 σ_s/MPa	疲劳极限	
			弯曲 σ_{-1}/MPa	拉压 σ_{-1T}/MPa
10	340～420	210	160～220	120～150
Q235	410～470	240	170～220	120～160
35	540	320	220～300	170～220
45	610	360	250～340	190～250
40Cr	750～900	650～900	320～440	240～340

注：螺栓直径 d 小时，取偏高值。

表 10.3 螺栓（螺柱、螺钉）的力学性能（摘自 GB/T 3098.1—2010）

性能等级	3.6	4.6	4.8	5.6	5.8	6.8	8.8		9.8	10.9	12.9
							≤M16	>M16			
最小抗拉强度极限 σ_{bmin}/MPa	330	400	420	500	520	600	800	830	900	1040	1220
最小屈服极限 σ_{smin}/MPa	190	240	340	360	420	480	640	660	720	940	1100
材料、热处理	Q215、Q235	Q215、10、15	Q235	Q235、35	15、25	35、45	低碳合金钢（如硼、锰、铬等）、中碳优质钢、淬火并回火			15MnVB、20CrMnTi、40Cr 等淬火并回火	15MnVB、30CrMnTi 等合金钢，淬火并回火
最低硬度 HBW_{min}	90	109	113	134	140	181	232	248	269	312	365
相配螺母的性能等级	4（d>M16）5（d≤M16）			5		6	895（M16<d≤M39）		9（d≤M16）	10	12（d≤M39）

注：1. 螺母材料可与螺栓（螺柱）材料相同或稍差，硬度则略低。

2. 规定性能等级的螺栓、螺母在图样中只标出性能等级，不应标出材料牌号。

螺母的性能等级分为七级，见表 10.4，从 4～12 粗略表示螺母保证（能承受的）最小应力 σ_{min} 的 1/100（σ_{min}/100）。选用时，须注意所用螺母的性能等级不低于与其相配螺栓的性能等级（螺母应比螺栓较经济）。

表 10.4 螺母的力学性能（摘自 GB/T 3098.2—2015）

性能等级（标记）	4	5	6	8	9	10	12
螺母保证最小应力 σ_{min}/MPa	510	520	600	800	900	1040	1150
	（d≥16～39）	（d≥3～4）					
推荐材料	易切削钢，低碳钢		低碳钢或中碳钢	中碳钢		中碳钢，低、中碳合金钢，淬火并回火	
相配螺栓的性能等级	3.6，4.6，4.8（d>16）	3.6，4.6，4.8（d≤16）；5.6，5.8	6.8	8.8	8.8（d>16～39）9.8（d≤16）	10.9	12.9

注：1. 均指粗牙螺纹螺母。

2. 性能等级为 10、12 的硬度最大值为 38HRC，其余性能等级的硬度最大值为 30HRC。

于螺栓直径 d 和许用应力均未知，需采用试算法，即先初定一螺栓直径 d，选取相应的安全系数 S 求出，若由强度公式求得的直径 d 与原初定值相符，则计算有效。否则，重定螺栓直径 d，再进行计算，直至合乎要求。

表 10.5 受拉普通螺栓连接的许用应力和安全系数 S

<table>
<tr><td rowspan="2">载荷情况</td><td rowspan="2">许用应力</td><td colspan="8">不控制预紧力时 S</td><td colspan="4">控制预紧力时 S</td></tr>
<tr><td>直径</td><td colspan="2">M6~M16</td><td colspan="2">M16~M30</td><td colspan="3">M30~M60</td><td colspan="4">不同直径</td></tr>
<tr><td rowspan="2">静载</td><td rowspan="2">$[\sigma]=\sigma_S/S$</td><td>碳钢</td><td colspan="2">4~3</td><td colspan="2">3~2</td><td colspan="3">2~1.3</td><td colspan="4" rowspan="4">1.2~1.5</td></tr>
<tr><td>合金钢</td><td colspan="2">5~4</td><td colspan="2">4~2.5</td><td colspan="3">2.5</td></tr>
<tr><td rowspan="9">变载</td><td rowspan="2">$[\sigma]=\sigma_S/S$</td><td>碳钢</td><td colspan="2">10~6.5</td><td colspan="2">6.5</td><td colspan="3" rowspan="2"></td></tr>
<tr><td>合金钢</td><td colspan="2">7.5~5</td><td colspan="2">5</td></tr>
<tr><td rowspan="7">$[\sigma_a]=\dfrac{\varepsilon\sigma_{-1T}}{S_a k_\sigma}$</td><td colspan="8">$S_a=2.5\sim4$</td><td colspan="4">1.5~2.5</td></tr>
<tr><td colspan="12">尺寸系数 ε</td></tr>
<tr><td>d/mm</td><td><12</td><td>16</td><td>20</td><td>24</td><td>32</td><td>40</td><td>48</td><td>56</td><td>64</td><td>72</td><td>80</td></tr>
<tr><td>ε</td><td>1</td><td>0.87</td><td>0.81</td><td>0.76</td><td>0.68</td><td>0.63</td><td>0.60</td><td>0.57</td><td>0.54</td><td>0.51</td><td>0.50</td></tr>
<tr><td colspan="8">车制螺纹有效应力集中系数 κ_σ</td><td colspan="4" rowspan="3">辗压螺纹的
κ_σ 应降低
20%~30%</td></tr>
<tr><td colspan="2">抗拉强度 σ_b/MPa</td><td colspan="2">400</td><td>600</td><td colspan="2">800</td><td>1000</td></tr>
<tr><td colspan="2">κ_σ</td><td colspan="2">3</td><td>3.9</td><td colspan="2">4.8</td><td>5.2</td></tr>
</table>

表 10.6 受剪螺栓连接的许用应力

静载荷		变载荷	
许用切应力$[\tau]$	$[\tau]=\sigma_s/S_\tau, S_\tau=2.5$	许用切应力$[\tau]$	$[\tau]=\sigma_s/S_\tau, S_\tau=3.5\sim5$
许用挤压应力$[\sigma_p]$	钢$[\sigma_p]=\sigma_s/S_P, S_P=1\sim1.25$	许用挤压应力$[\sigma_p]$	钢$[\sigma_p]=\sigma_s/S_P, S_P=1.6\sim2$
	铸铁$[\sigma_p]=\sigma_b/S_P, S_P=2\sim2.5$		铸铁$[\sigma_p]=\sigma_b/S_P, S_P=2.5\sim3.5$

10.2 螺纹连接的预紧和防松

10.2.1 螺纹连接的预紧

实际应用上绝大多数螺纹连接装配时都必须拧紧，使连接在承受工作载荷之前，预先受到力的作用，这个预加的作用力称为预紧力。预紧的目的在于增强连接的可靠性、紧密性和防松能力，防止受载后被连接件间出现缝隙或发生相对滑移。适当选用较大的预紧力，对提高螺纹连接的可靠性以及连接件的疲劳强度都是有利的。但过大的预紧力也会导致整个连接件的结构尺寸增大，甚至在装配或偶然过载时拉断。因此，为了保证连接所需的预紧力，又不使连接件过载，对重要的螺纹连接，如气缸盖、压力容器盖、管路凸缘等的连接，装配时要控制预紧力。

拧紧螺母时，螺栓和被连接件都受到预紧力 F_0 的作用，拧紧螺母需要的预紧力矩 T，是螺纹副的阻力矩 T_1 和螺母与支撑面间的摩擦力矩 T_2 的和，即 $T=T_1+T_2$。

如图 10.5 所示，用扳手拧紧螺母装配螺栓连接。设施加于扳手的力为 F，施力点至螺栓轴线的距离为 L（一般标准扳手的长度 $L=15d$，d 为螺栓大径），则扳手拧紧力矩 $T=FL=15Fd$。由于扳手拧紧螺母时需克服螺纹副间的摩擦力矩 T_1 和螺母与被连接件支撑面间的摩擦力矩 T_2，故有

$$T=FL=15Fd=T_1+T_2 \tag{10.1}$$

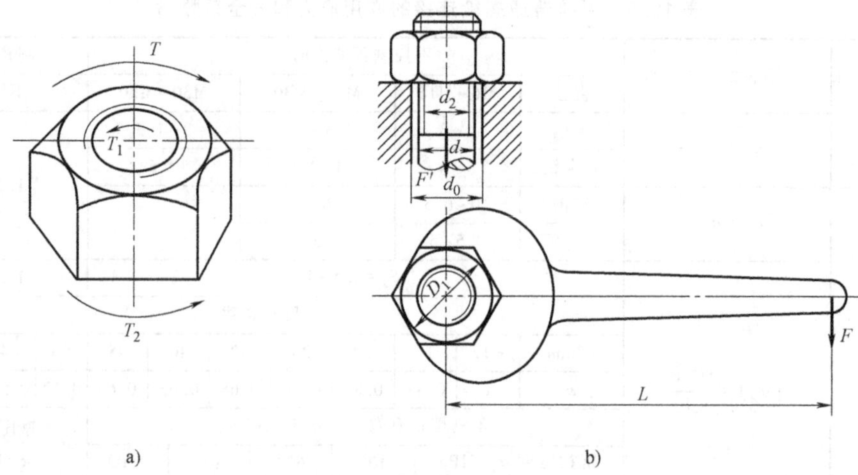

图 10.5　用扳手拧紧螺纹连接

一般情况下，预紧力是施加在扳手上的力 F 的 75 倍。假设 $F=200\text{N}$，则 $F_0=15000\text{N}$。如果用这个预紧力拧紧直径较小的普通螺栓，就有可能过载而拧断。因此，对于无法控制预紧力的连接不宜采用小于 M12 ~ M16 的螺栓；对于重要的螺栓连接，必须准确控制拧紧力矩。例如，采用测力矩扳手（图 10.6a）或定力矩扳手（图 10.6b）控制预紧力的方法，操作简便，但准确性较差（因摩擦系数变动较大），特别是对于大型的螺栓连接更难控制。为此，可采用测量螺栓伸长量的方法来控制预紧力，如图 10.7 所示。所需的伸长量可根据预紧力的规定值计算。

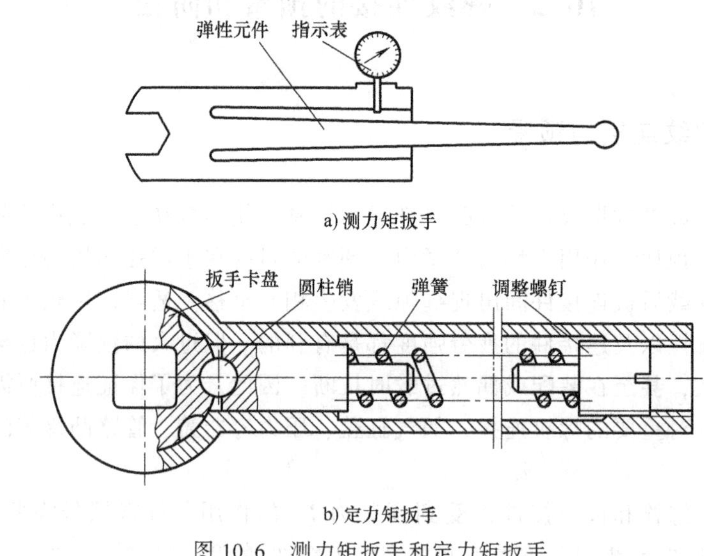

图 10.6　测力矩扳手和定力矩扳手

10.2.2　螺纹连接的防松

螺纹连接一般采用具有自锁性较好的单线普通螺纹。此外，拧紧以后螺母和螺栓头部等支撑面上的摩擦力也有防松作用，所以在静载荷和工作温度变化不大时，螺纹连接不会自动

松脱。但在冲击、振动或变载荷的作用下，螺纹副间及螺母、螺栓头与支撑面间的摩擦阻力可能减小或瞬间消失。这种现象多次重复后，就会使连接松动甚至松脱。在高温或温度变化较大的情况下，由于螺纹连接件和被连接件的材料发生蠕变和应力松弛，也会使连接中的预紧力和摩擦力逐渐减小，最终将导致连接失效。

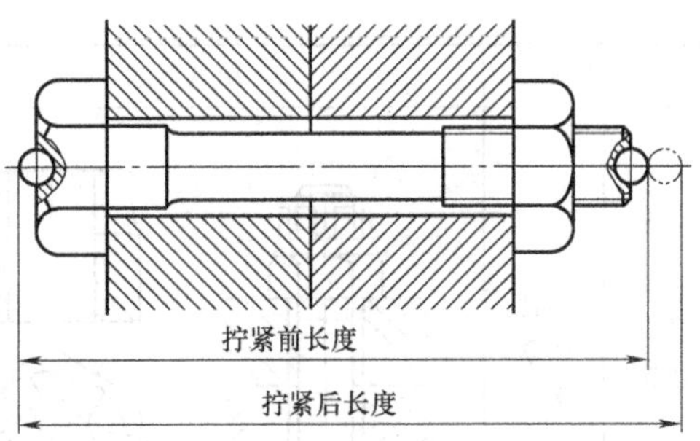

图 10.7　测量螺栓伸长量的方法

螺纹连接一旦出现松脱，轻者会影响机器的正常运转，重者会造成严重事故。因此，为了防止连接松脱，保证连接安全可靠，设计时必须采取有效的防松措施。

防松的根本问题在于防止螺纹副在受载时发生相对转动。防松的方法很多，按其工作原理可分为三类：①摩擦防松：在螺纹副中产生正压力，以形成阻止螺纹副相对运动的摩擦力；②机械防松：采用止动元件，约束螺纹副之间的相对转动；③永久防松：采用某种措施使螺纹副变为非螺纹副。

一般说来，摩擦防松简单、方便，但没有机械防松可靠，适用于机械外部静止构件的连接以及防松要求不严格的场合；机械防松方法可靠，但拆卸麻烦，适用于机器内部的不易检查的连接，以及防松要求较高的场合。常用的防松方法见表 10.7。

表 10.7　螺纹连接常用的防松方法

防松方法		结构形式	特点、应用
摩擦防松	对顶螺母		两螺母对顶拧紧后，使旋合螺纹间始终受到附加的压力和摩擦力的作用。工作载荷有变动时，该摩擦力仍然存在。旋合螺纹间的接触情况如图所示，下螺母螺纹牙受力较小，其高度可小些，但为了防止装错，两螺母结构的高度取成相等为宜 结构简单，适用于平稳、低速和重载的固定装置上的连接
	弹簧垫圈		弹簧垫圈的材料为高强度锰钢，装配后弹簧垫圈被压平，其反弹力使螺纹间保持压紧力和摩擦力，且垫圈切口处的尖角也能阻止螺母转动松脱 结构简单，使用方便，但垫圈弹力不均，因而不十分可靠，多用于不甚重要的连接

（续）

防松方法		结构形式	特点、应用
摩擦防松	弹性锁紧螺母	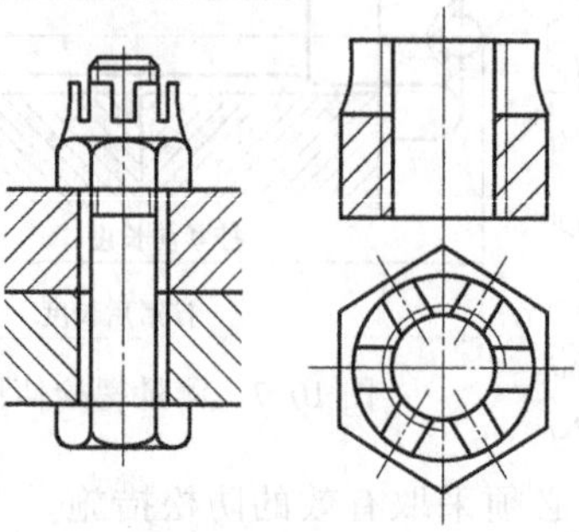	在螺母的上部做成有槽的弹性结构，装配前这一部分的内螺纹尺寸略小于螺栓的外螺纹。装配时利用弹性，使螺母稍有扩张，螺纹之间得到紧密的配合，保持经常的表面摩擦力。结构简单，防松可靠，可多次装拆而不降低防松性能
	尼龙圈锁紧螺母	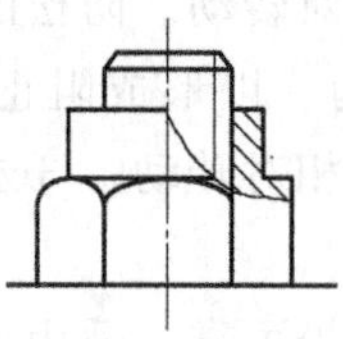	利用螺母末端的尼龙圈箍紧螺栓，横向压紧螺纹，防松效果好。用于工作温度小于100℃的连接
机械防松	开口销与六角开槽螺母	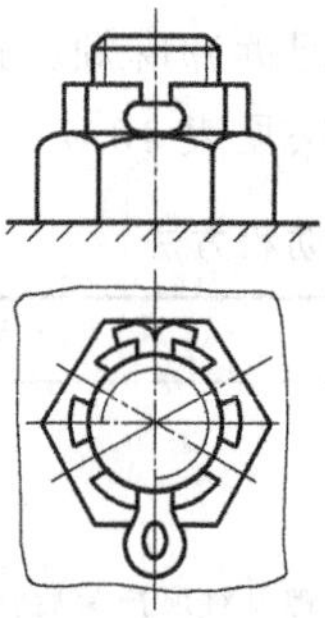	槽形螺母拧紧后，用开口销穿过螺栓尾部小孔和螺母的槽，也可以用普通螺母拧紧后再配钻开口销孔
	圆螺母加带翅垫片	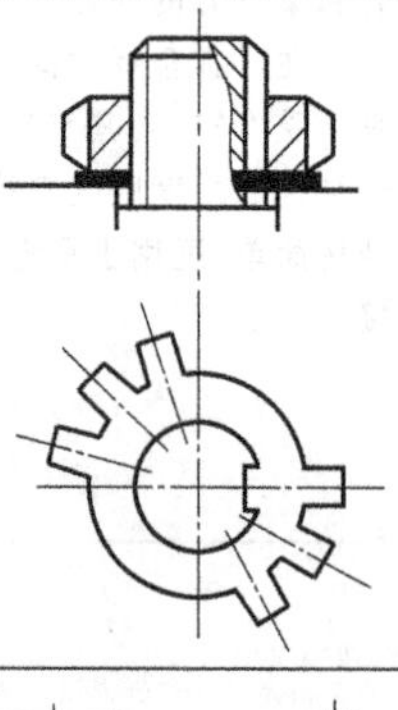	使垫片嵌入螺栓（轴）的槽内，拧紧螺母后外翅之一折嵌于螺母的一个槽内
	止动垫圈	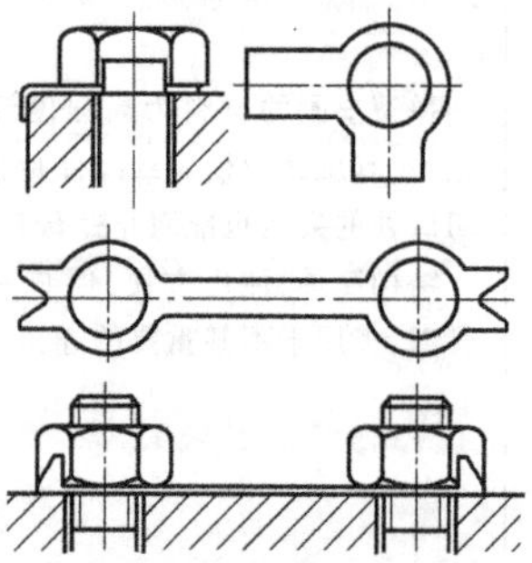	螺母拧紧后，将单耳或双耳止动垫圈分别向螺母和被连接件的侧面折弯贴紧，即可将螺母锁住。若两个螺栓需要锁紧时，可采用双联止动垫圈，使两个螺母相互制动 结构简单，使用方便，防松可靠

（续）

防松方法		结构形式	特点、应用
机械防松	串联钢丝	a) 正确 b) 错误	用低碳钢丝穿入各螺钉头部的孔内，将各螺钉串联起来，使其相互制动。使用时必须注意钢丝的穿入方向（图a正确，图b错误） 适用于螺钉组连接，防松可靠，但装拆不便
永久防松	冲点防松	$1\sim1.5P$ 冲点法防松　用冲头冲2～3点	永久防松有冲点、粘接、铆接及焊接防松等，防松可靠，但拆卸后螺纹副一般不可再使用，故一般用于装配后不再拆卸的连接
	粘合剂防松	涂粘合剂 粘合剂防松	

10.3 螺栓组连接的设计和受力分析

螺纹连接多数成组使用，称为螺栓组连接。螺栓组连接的设计，包括连接结构的设计、连接的受力分析和螺栓强度计算三部分内容，本节介绍前两部分内容。

10.3.1 螺栓组连接的结构设计

螺栓组连接结构设计的主要目的，在于合理地确定连接接合面的几何形状和螺栓的数目及布置形式，力求各螺栓和连接接合面间受力均匀，便于加工和装配。设计时主要考虑以下几点。

1. 连接接合面的几何形状应尽量简单

连接接合面的几何形状通常都设计成轴对称的简单几何形状，如圆形、环形、矩形、框形、三角形等。这样不但便于加工制造，而且便于对称布置螺栓，使螺栓组的对称中心和连接接合面的形心重合，从而保证连接接合面受力比较均匀。以方便加工、简化计算，如图10.8所示。

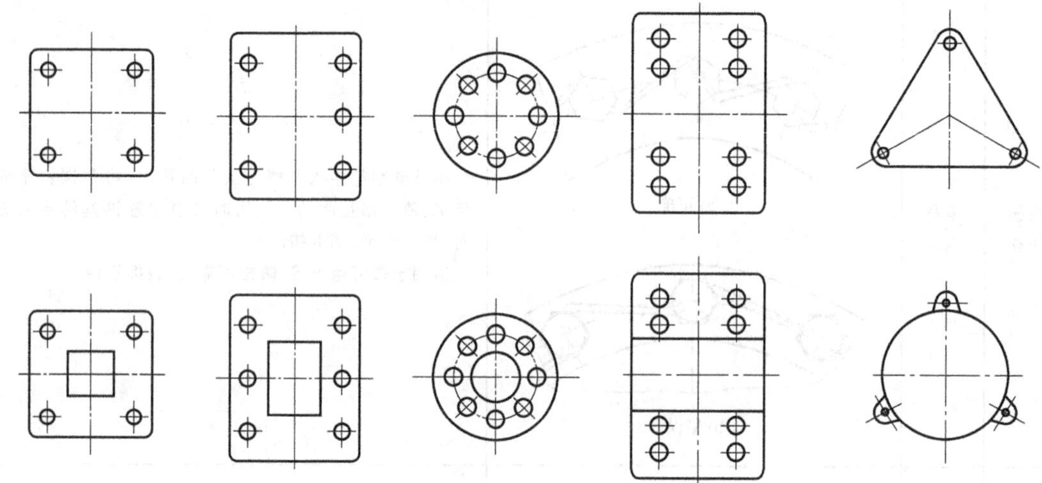

图 10.8　螺栓组连接接合面的形状

2. 螺栓的布置应使各螺栓的受力合理

对于铰制孔用螺栓组连接，不应在平行于工作载荷的方向上成排地布置8个以上的螺栓，以免载荷分布过于不均。当螺栓组连接承受弯矩或转矩时，应使螺栓的位置适当地靠近接合面边缘（图10.8），以减小螺栓的受力。受较大横向载荷的螺栓组连接应采用铰制孔用螺栓或采用减荷装置，如图10.9所示。

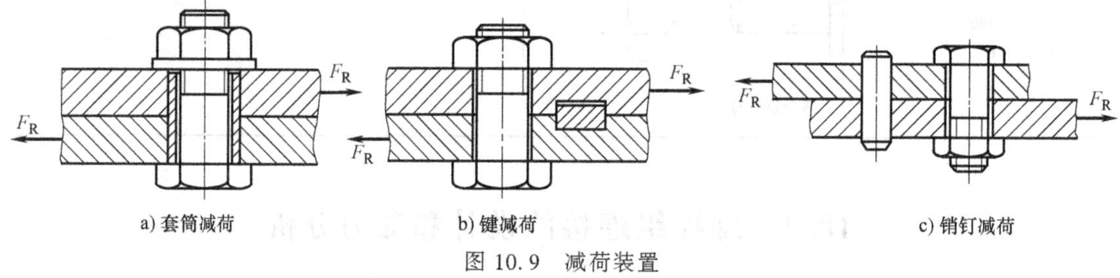

a) 套筒减荷　　b) 键减荷　　c) 销钉减荷

图 10.9　减荷装置

3. 螺栓排列应有合理的边距和间距

布置螺栓时，螺栓轴线与机体壁面间的最小距离，应根据扳手所需活动空间的大小来决定，如图10.10所示。有紧密性要求的重要螺栓组连接，螺栓的间距 t_0 不得大于表10.8中的推荐值，但也不得小于扳手所需的最小活动空间尺寸。

4. 同一圆周上螺栓的数目

应尽量取4、6、8等偶数，便于加工时分度和画线。同一螺栓组中螺栓的直径、长度及材料均应相同。

5. 避免螺栓承受附加弯曲载荷

被连接件上螺母和螺栓头部的支撑面应平整并与螺栓轴线垂直。在铸件、锻件等粗糙表面上安装螺栓的部位应做出凸台或沉头座，如图10.11所示。支撑面为倾斜面时，应采用斜面垫圈，如图10.12所示。

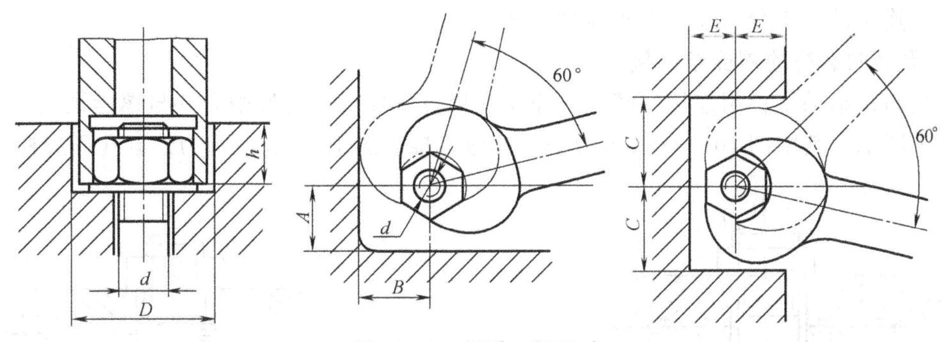

图 10.10　扳手空间尺寸

表 10.8　螺栓间距 t_0

	工作压力/MPa					
	≤1.6	1.6~4	4~10	10~16	16~20	20~30
	t_0/mm					
	7d	5.5d	4.5d	4d	3.5d	3d

注：表中 d 为螺纹公称直径。

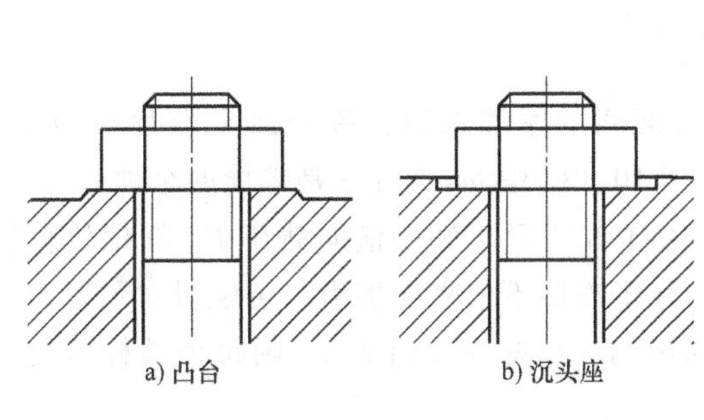

a) 凸台　　b) 沉头座

图 10.11　凸台与沉头座的应用

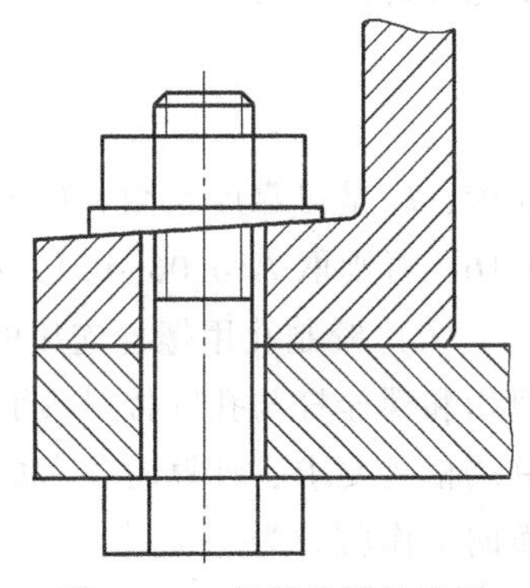

图 10.12　斜面垫圈的应用

螺栓组的结构设计，除应综合考虑以上各点外，还应根据连接的工作条件合理地选择螺栓组的防松装置。

10.3.2　螺栓组连接的受力分析

螺栓组连接受力分析的目的，是根据连接的结构和受载情况，求出受力最大的螺栓及其所受力的大小，以便进行螺栓连接的强度计算。

为简化计算，分析螺栓组连接的受力时，一般假设：①螺栓组中所有螺栓的材料、直径、长度和预紧力都相同；②螺栓组的对称中心与连接接合面的形心重合；③受载后连接接合面仍保持为平面；④螺栓的应变没有超出弹性范围。根据连接的结构形式及受力特征，可将螺栓组连接的受力分为以下四种典型形式。

1. 受横向载荷的螺栓组连接

受横向载荷的螺栓组连接，载荷的作用线通过螺栓组的对称中心并与螺栓轴线垂直，如图 10.13 所示。其中图 10.13a 所示为普通螺栓连接，图 10.13b 所示为铰制孔用螺栓连接。

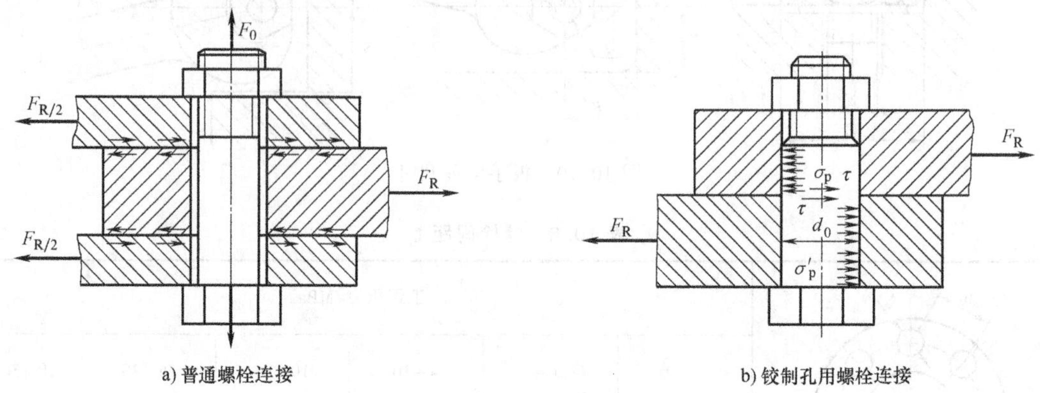

图 10.13 受横向载荷的螺栓组连接

（1）普通螺栓连接的受力分析　由图 10.13a 所示可知，横向载荷 F_R 靠接合面间的摩擦力来平衡。由力的平衡条件可得

$$fF_0mz=k_fF_R$$

则螺栓的预紧力为

$$F_0=\frac{k_fF_R}{fmz} \tag{10.2}$$

式中，k_f 是可靠度系数，$k_f=1.1\sim1.3$；f 是接合面间的摩擦系数，接合面干燥时 $f=0.1\sim0.16$，否则取 $f=0.06\sim0.1$；m 是接合面数目（图 10.13a 中 $m=2$）；z 是螺栓的个数。

（2）铰制孔用螺栓连接的受力分析　由图 10.13b 所示可知，横向载荷 F_R 靠螺栓杆抗剪切和螺栓杆与孔壁接触表面间的挤压来平衡。由于连接不依靠摩擦力，装配时对预紧力没有严格的要求，计算时不考虑预紧力和摩擦力的影响。设螺栓数目为 z，则每个螺栓所受的横向工作剪力为

$$F_\tau=\frac{F_R}{z} \tag{10.3}$$

2. 受旋转力矩作用的螺栓组连接

如图 10.14 所示，转矩 T 作用在连接的接合面内，底板将绕通过螺栓组对称中心 O 并与接合面垂直的轴线转动。为防止底板转动，可用普通螺栓连接，也可用铰制孔用螺栓连接。它们的受力方式与受横向载荷的螺栓组连接类似。

（1）普通螺栓连接　如图 10.14a 所示，旋转力矩 T 靠连接预紧后作用在接合面上的摩擦力矩来传递。假设各螺栓的预紧力相同，各螺栓连接处的摩擦力 fF_0 集中作用在螺栓杆的中心并垂直于各自的旋转半径 r_i。由平衡条件可得

$$fF_0r_1+fF_0r_2+\cdots+fF_0r_z\geqslant k_fT$$

各螺栓的预紧力

$$F_0 = \frac{k_f T}{f \sum_{i=1}^{z} r_i} \tag{10.4}$$

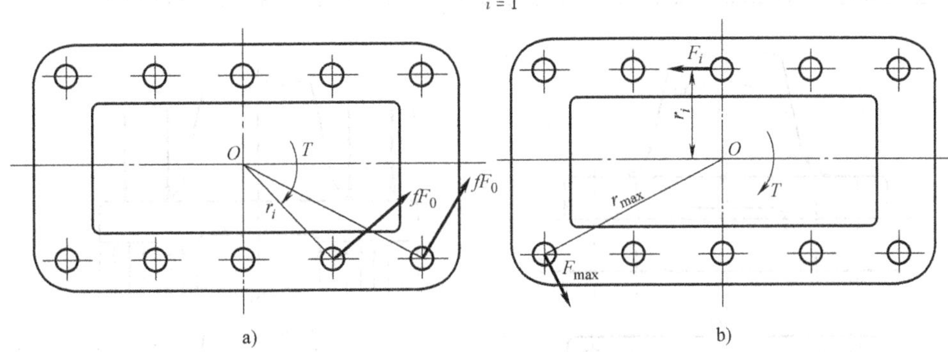

图 10.14　受旋转力矩的螺栓组连接

（2）铰制孔用螺栓连接　如图 10.14b 所示，旋转力矩 T 由各个螺栓所受剪力 F 对转动中心 O 的力矩的和来平衡，即

$$F_1 r_1 + F_2 r_2 + \cdots + F_z r_z = T \tag{10.5}$$

根据螺栓的变形协调条件，各螺栓的剪切变形量与螺栓杆中心到旋转中心 O 的距离成正比。由于各螺栓的剪切刚度相同，所以各螺栓受到的横向工作剪力也与这个距离成正比。即

$$\frac{F_1}{r_1} = \frac{F_2}{r_2} = \cdots = \frac{F_z}{r_z} = \frac{F_{max}}{r_{max}} \tag{10.6}$$

联立式（10.5）和式（10.6），即可求得受力最大螺栓所受的最大剪切力

$$F_{max} = \frac{T r_{max}}{\sum_{i=1}^{z} r_i^2} \tag{10.7}$$

3. 受轴向载荷的螺栓组连接

如图 10.15 所示的气缸盖螺栓组连接，载荷通过螺栓组的中心，计算时假定各螺栓平均受载。设螺栓组的螺栓数目为 z，则每个螺栓上所受到的轴向载荷为

$$F = \frac{F_\Sigma}{z} \tag{10.8}$$

式中，F_Σ 为气缸盖上的总拉力。

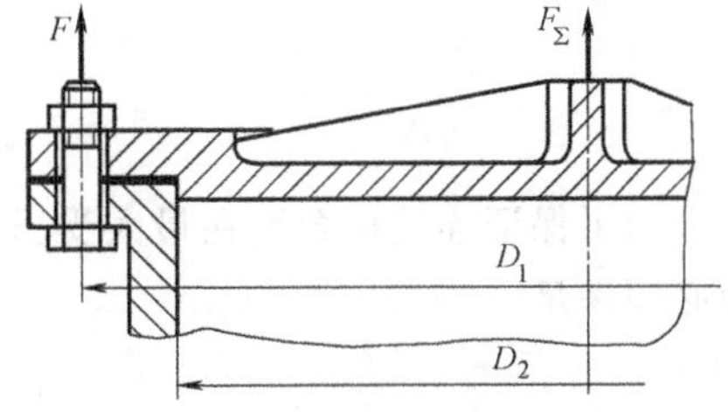

图 10.15　受轴向载荷的螺栓组连接

由于受到螺栓及被连接件弹性变形的影响，每个连接螺栓实际所受轴向总拉力并不等于轴向工作载荷 F 与预紧力 F_0 之和。

4. 受翻转力矩的螺栓组连接

图 10.16a 所示为受翻转力矩的底板螺栓组连接。翻转力矩 M 作用在通过 x—x 轴并垂直于连接接合面的对称平面内。螺栓需要预紧，每个螺栓的预紧力都为 F_0，故有相同的伸长量。在各螺栓预紧力 F_0的作用下，假定地基受到均匀压缩，地基对底板的均匀约束反力如

图 10.16b 所示。当连接受到翻转力矩 M 的作用后，底板有绕轴线 $O—O$ 发生倾转的趋势。假设底板在倾转过程中始终保持为平面，则轴线左边的螺栓 i 受到轴向工作拉力 F_i 的作用，右边的地基被进一步压缩，使右边螺栓的受力减小。由静力平衡条件可以得到

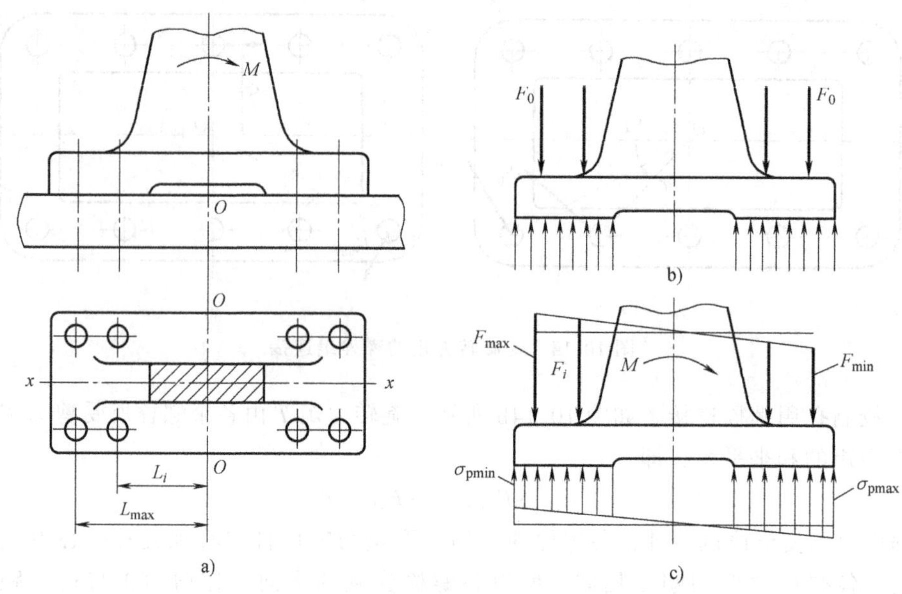

图 10.16　受翻转力矩的螺栓组连接

$$F_1L_1+F_2L_2+\cdots+F_zL_z=M \tag{10.9}$$

根据螺栓的变形协调条件，各螺栓的拉伸变形量与其中心至底板翻转轴线的距离成正比。又各螺栓的拉伸刚度相同，所以左边螺栓所受工作拉力和右边地基座上螺栓处所受的压力，都与这个距离成正比，即

$$\frac{F_1}{L_1}=\frac{F_2}{L_2}=\cdots=\frac{F_z}{L_z}=\frac{F_{max}}{L_{max}} \tag{10.10}$$

联立式（10.9）、式（10.10），便可求得受力最大螺栓上所受的最大工作拉力

$$F_{max}=\frac{ML_{max}}{\sum_{i=1}^{z}L_i^2} \tag{10.11}$$

为了保证连接接合面在最大受压处不被压溃和最小受压处不至于出现缝隙，接合面的压力必须满足

$$\begin{cases}\sigma_{pmax}\approx\dfrac{zF_0}{A}+\dfrac{M}{W}\leqslant[\sigma_p]\\[2ex]\sigma_{pmin}\approx\dfrac{zF_0}{A}-\dfrac{M}{W}>0\end{cases} \tag{10.12}$$

式中，W 是承压面的抗弯截面系数；$[\sigma_p]$ 是接合材料的许用压应力：钢：$[\sigma_p]=0.8\sigma_s$；铸铁：$[\sigma_p]=(0.4\sim0.5)\sigma_s$；混凝土：$[\sigma_p]=2.0\sim3.0$MPa；砖：$[\sigma_p]=1.5\sim2.0$MPa。接合面材料不同时，应按强度较弱的一种进行计算。

10.4　螺栓连接的强度计算

10.4.1　螺纹连接的失效形式和设计准则

在螺栓组连接中，单个连接螺栓的受力形式为轴向力、轴向力与扭矩的联合作用力、横向剪切力及挤压力四种。普通螺栓在轴向静拉力（包括预紧力）或轴向力与扭矩的作用下，螺栓产生拉伸或拉扭组合变形，主要失效形式是螺栓杆或螺纹部分的塑性变形和过载断裂。据螺栓失效统计分析，螺栓在轴向变载荷作用下，其失效形式多为螺栓杆部的疲劳断裂，常发生在螺纹根部及有应力集中的部位，各部分断裂的比例大致如图 10.17 所示。因此，普通螺栓连接的设计准则是保证螺栓有足够的受静力拉伸或疲劳拉伸的强度条件。

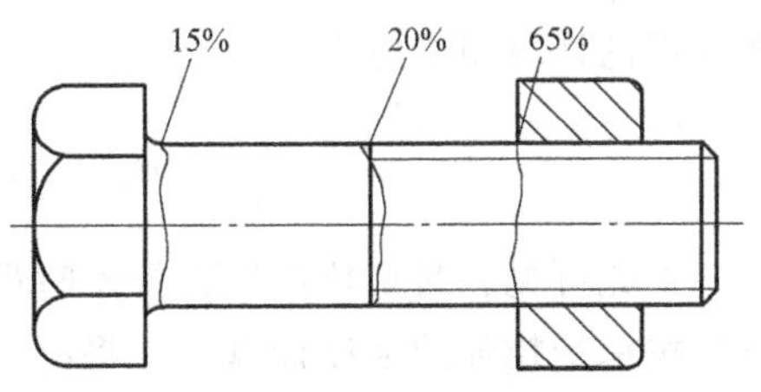

图 10.17　受拉螺栓疲劳破坏统计

铰制孔用螺栓主要承受剪切和挤压，其主要失效形式是螺栓杆被剪断，螺栓杆或被连接件孔壁被压溃，其设计准则是保证螺栓的承受剪切和连接挤压的强度条件，其中承受连接挤压的强度对连接的可靠性常常起决定作用。

10.4.2　普通螺栓连接的强度计算

螺栓连接的强度计算，主要是根据连接的类型、连接的装配情况（预紧或不预紧）、载荷状态等条件，确定螺栓的受力，然后按相应的强度条件计算螺栓危险截面的直径（螺纹小径），并据此确定螺栓的公称直径 d。螺栓的其他部分（螺纹牙、螺栓头、光杆）和螺母、垫圈的结构尺寸，都是根据等强度原则及使用经验确定的，一般不需进行强度计算，设计时按螺栓的公称直径由标准中选定。

1. 松螺栓连接

松螺栓连接装配时，螺母不需要拧紧。在承受工作载荷之前，螺栓不受力，工作时螺栓只承受轴向拉力。这种连接应用范围有限，如图 10.18 所示，起重机吊钩尾部的螺纹连接就是松螺栓连接的典型实例。设吊钩受力 F，则吊钩螺栓的强度条件为

$$\sigma = \frac{F}{\pi d_1^{\ 2}/4} \leqslant [\sigma] \tag{10.13}$$

或

$$d_1 \geqslant \sqrt{\frac{4F}{\pi[\sigma]}} \tag{10.14}$$

式中，σ 是螺栓的拉应力，单位为 MPa；d_1 是螺栓危险截面处螺纹小径，单位为 mm，算得后查标准确定公称直径；$[\sigma]$ 是螺

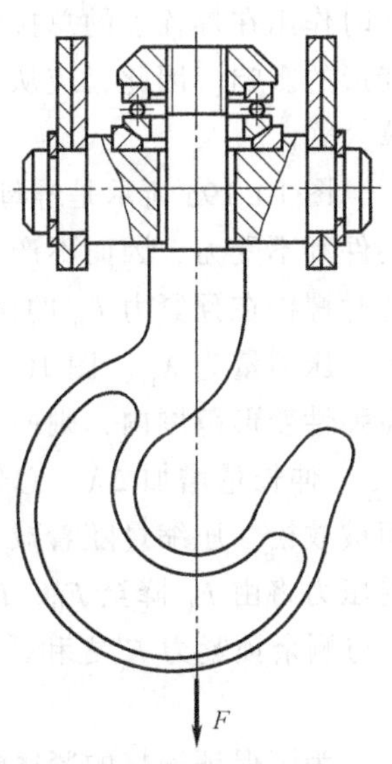

图 10.18　松螺栓连接

栓材料的许用拉应力，单位为 MPa。

2. 紧螺栓连接

紧螺栓连接装配时，螺母需要拧紧，此时螺栓受预紧力 F_0 和螺纹副间摩擦力矩 T_1 的联合作用，在螺栓小径危险截面上分别产生拉伸应力 $\sigma=\dfrac{F_0}{\pi d_1^2/4}$和扭转切应力 $\tau_T=\dfrac{T_1}{W_T}=\dfrac{16T_1}{\pi d_1^3}\approx 0.48\dfrac{4F_0}{\pi d_1^2}$。因螺栓均为塑性材料，对于标准三角形螺纹及在通常的精度条件下可根据第四强度理论计算当量应力

$$\sigma_{ca}=\sqrt{\sigma^2+3\tau_T^2}=1.3\sigma=\frac{1.3F_0}{\pi d_1^2/4} \tag{10.15}$$

由此可见，紧螺栓连接在拧紧时虽是同时承受拉伸和扭转的联合作用，但在计算时，可以只按承受拉伸的强度计算，并将所受的拉力（预紧力）增大 30%来考虑扭转的影响。

（1）只受预紧力作用的紧螺栓连接　用普通螺栓连接承受横向载荷时，是由预紧力在接合面间产生的正压力所引起的摩擦力来抵抗工作载荷的。这时，螺栓仅承受预紧力的作用，而且预紧力不受工作载荷的影响，在连接承受工作载荷后保持不变。

螺栓承受拉伸的强度条件为

$$\sigma=\frac{1.3F_0}{\pi d_1^2/4}\leqslant[\sigma] \tag{10.16}$$

或

$$d_1\geqslant\sqrt{\frac{1.3\times4F_0}{\pi[\sigma]}} \tag{10.17}$$

（2）受预紧力和轴向工作载荷共同作用的紧螺栓连接　气缸盖和压力容器盖等的螺栓连接，就属于受预紧力和轴向工作载荷共同作用的紧螺栓连接。螺栓预紧后充入压力为 p 的气体或液体，螺栓连接承受预紧力 F_0 和轴向工作拉力 F。由于螺栓和被连接件的弹性变形，此时作用在螺栓上的总拉力 $F_\Sigma\neq F+F_0$，原因在于螺栓总拉力还将受到螺栓和被连接件弹性变形的影响。因此，应从分析螺栓连接的受力与变形的关系入手，确定螺栓所受总拉力的计算公式。

图 10.19a 所示是螺母刚好拧到与被连接件相接触但尚未拧紧的情况，此时螺栓和被连接件都不受力，因而不产生变形。图 10.19b 所示是螺母已拧紧但尚未承受工作载荷的情况，此时螺栓在预紧力 F_0 的作用下伸长量为 λ_b，而被连接件在预紧力 F_0 的作用下产生压缩变形，压缩量为 λ_m。图 10.19c 所示是承受工作载荷时的情况，此时若螺栓和被连接件的材料在弹性变形范围内，则两者的受力和变形的关系符合胡克定律。螺栓所受的拉力由 F_0 增至 F_Σ，伸长量增加 $\Delta\lambda$，总伸长量为 $\lambda_b+\Delta\lambda$。与此同时，原来被压缩的被连接件因螺栓伸长而被放松，压缩量随着减小了 $\Delta\lambda$。根据变形协调条件，被连接件的总压缩量为 $\lambda_m-\Delta\lambda$，所受压力将由 F_0 降至 F_0'，F_0'称为剩余预紧力。由此可知，螺栓所受总拉力 F_Σ 等于工作拉力 F 与剩余预紧力 F_0'之和，即

$$F_\Sigma=F+F_0' \tag{10.18}$$

为了保证连接的紧密性，防止连接受载后接合面间产生缝隙，应使 $F_0'>0$。剩余预紧力

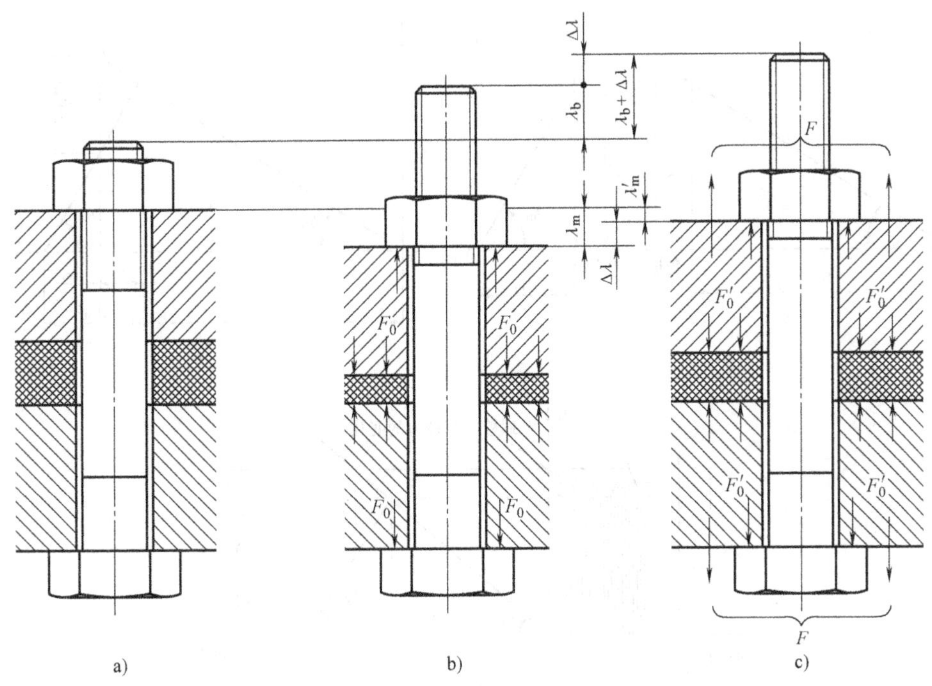

图 10.19 紧螺栓连接的受力和变形

的推荐值为：对于有紧密要求的连接 $F_0'=(1.5\sim1.8)F$；对于一般连接，工作载荷稳定时，$F_0'=(0.2\sim0.6)F$，工作载荷不稳定时，$F_0'=(0.6\sim1.0)F$；对于地脚螺栓连接，$F_0'\geqslant F$。选定了剩余预紧力 F_0'，即可按式（10.18）求出螺栓所受的总载荷 F_Σ。

螺栓和被连接件的受力与变形关系，也可以用螺栓连接的力-变形图来表述，图 10.20a、b 所示分别为螺栓和被连接件的受力与变形的关系。由图可见，在连接尚未承受工作拉力 F 时，螺栓的拉力和被连接件的压缩力都等于预紧力；图 10.20c 所示为承受工作载荷后螺栓连接的力-变形图。

设螺栓刚度为 c_1，被连接件的刚度为 c_2，则

$$\begin{cases} c_1=\dfrac{F_0}{\lambda_b}=\tan\theta_b \\ c_2=\dfrac{F_0}{\lambda_m}=\tan\theta_m \end{cases} \tag{10.19}$$

设施加工作载荷后，螺栓的拉力增量为 ΔF，由图 10.20b 所示可知

$$\frac{\Delta F}{\Delta\lambda}=c_1 \tag{10.20}$$

$$\frac{(F-\Delta F)}{\Delta\lambda}=c_2 \tag{10.21}$$

由式（10.20）、式（10.21）可得

$$\Delta F=\frac{c_1}{c_1+c_2}F \tag{10.22}$$

由图可知，螺栓总拉力的又一表达式

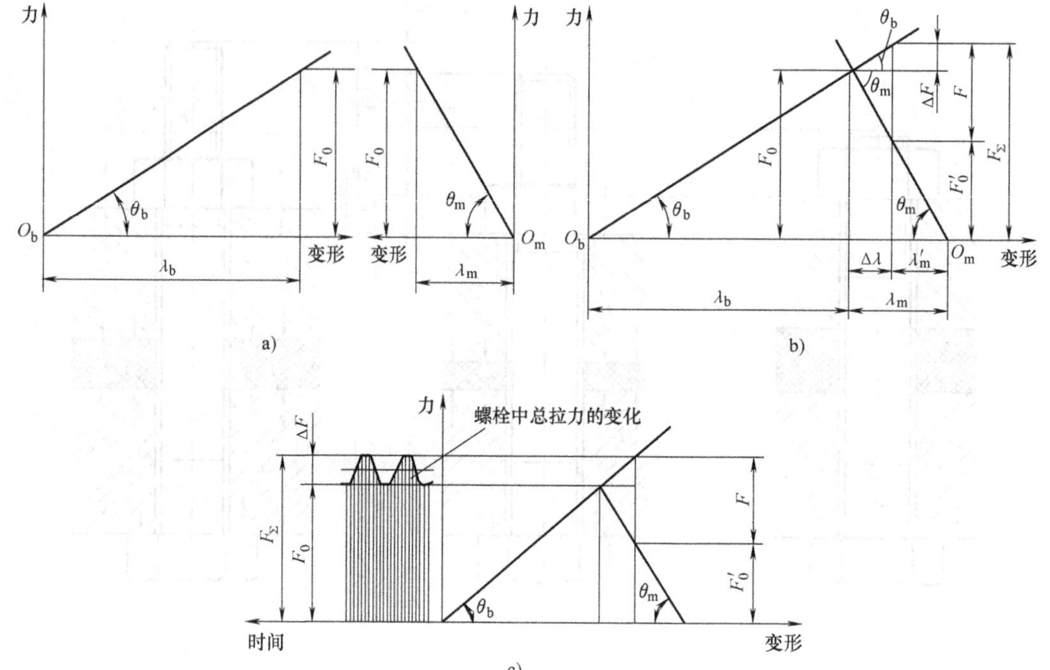

图 10.20　紧螺栓连接的力-变形图

$$F_\Sigma = F_0 + \Delta F = F_0 + \frac{c_1}{c_1+c_2}F \qquad (10.23)$$

$$F_0 = F_0' + \frac{c_2}{c_1+c_2}F \qquad (10.24)$$

式（10.24）中$\frac{c_1}{c_1+c_2}$称为螺栓的相对刚度系数，其大小与螺栓和被连接件及垫片的材料、结构尺寸以及载荷的作用位置等有关，其值在 0~1 之间变动。为了降低螺栓的受力，提高螺栓连接的承载能力，应使$\frac{c_1}{c_1+c_2}$值尽量小些。$\frac{c_1}{c_1+c_2}$值可通过计算或实验确定。一般设计时，可参考表 10.9 推荐的数据选取。

表 10.9　螺栓的相对刚度

被连接钢板间所用垫片	$\frac{c_1}{c_1+c_2}$	被连接钢板间所用垫片	$\frac{c_1}{c_1+c_2}$
无垫片	0.2~0.3	铜皮石棉垫片	0.8
金属垫片	0.7	橡胶垫片	0.9

设计时，可先根据连接的受载情况，求出螺栓的工作拉力 F；再根据连接的工作要求选取 F_0'值；然后按式（10.18）计算螺栓的总拉力 F_Σ。求得 F_Σ 值后即可进行螺栓强度计算。考虑到工作中可能有补充拧紧的情况，此时螺栓受总拉力和相应的螺纹副摩擦力矩的复合作用，则强度条件为

$$\sigma=\frac{1.3F_{\Sigma}}{\pi d_1^{\ 2}/4}\leqslant[\sigma] \tag{10.25}$$

或

$$d_1\geqslant\sqrt{\frac{1.3\times4F_{\Sigma}}{\pi[\sigma]}} \tag{10.26}$$

式中各符号的意义同前。

若螺栓的轴向工作载荷是频繁变化的，如内燃机缸盖螺栓，由图 10.20c 所示可知，当螺栓的工作拉力在 0~F 间变化时，螺栓的总拉力在 F_0~F_{Σ} 间变化，总拉力的变化幅为

$$\frac{\Delta F}{2}=\left(\frac{c_1}{c_1+c_2}\right)\frac{F}{2}$$

这时除按式（10.25）进行静强度计算外，还应验算应力幅 σ_a，即应满足疲劳强度条件

$$\sigma_a=\frac{c_1}{c_1+c_2}\cdot\frac{2F}{\pi d_1^2}\leqslant[\sigma_a] \tag{10.27}$$

式中，$[\sigma_a]$ 是变载荷时的许用应力幅，单位为 MPa，其计算方法见表 10.5。

10.4.3 铰制孔用螺栓连接的强度计算

铰制孔用螺栓连接受横向力作用时，螺栓在连接接合面处受到剪切，并与被连接件的孔壁相互挤压，如图 10.21 所示。忽略预紧力和摩擦力的影响，铰制孔用连接螺栓受剪切的强度条件为

$$\sigma_p=\frac{F_R}{d_s h}\leqslant[\sigma_p] \tag{10.28}$$

$$d_s\geqslant\frac{F_R}{h[\sigma_p]} \tag{10.29}$$

螺栓杆受剪切的强度条件为

$$\tau=\frac{4F_R}{m\pi d_s^{\ 2}}\leqslant[\tau] \tag{10.30}$$

$$d_s\geqslant\sqrt{\frac{4F_R}{m\pi[\tau]}} \tag{10.31}$$

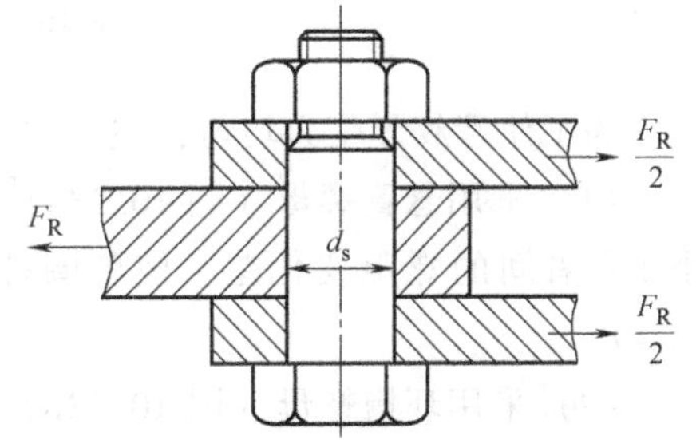

图 10.21 受剪螺栓的受力分析

式中，F_R 是螺栓所受的横向工作剪力，单位为 N；d_s 是螺栓剪切面的直径，单位为 mm；h 是螺栓杆与孔壁挤压面的最小高度，单位为 mm；$[\sigma_p]$ 是螺栓或孔壁材料的许用压应力，单位为 MPa，见表 10.6；m 是螺栓剪切面个数；$[\tau]$ 是螺栓材料的许用切应力，单位为 MPa，见表 10.6。

10.5 提高螺栓连接强度的措施

螺纹连接的强度主要取决于连接螺栓的强度。影响螺栓强度的因素很多，除了前面已经

涉及的材质、尺寸参数、制造和装配工艺外，还有螺纹牙间的载荷分布、应力变化幅度、附加弯曲应力和应力集中等。

10.5.1 改善螺纹牙间的载荷分布

理论和实验证明，采用普通结构的螺母，连接受载时由于螺栓与螺母的变形性质不同，螺栓受拉，外螺纹的螺距增大；螺母受压，内螺纹的螺距减小。而两者螺纹始终是旋合贴紧的，因此，这种螺距变化差主要靠旋合各圈螺纹牙的变形来补偿。因此，轴向载荷在旋合的螺纹各圈间的分布是不均匀的，如图 10.22 所示，内、外螺纹螺距的变化差以螺母支撑面起第一圈螺纹牙处最大，约占螺栓所受总拉力的 30%，以后各圈依次递减，第八圈以后的螺纹牙几乎不承受载荷，所以采用旋合圈数多的厚螺母并不能提高连接的强度。

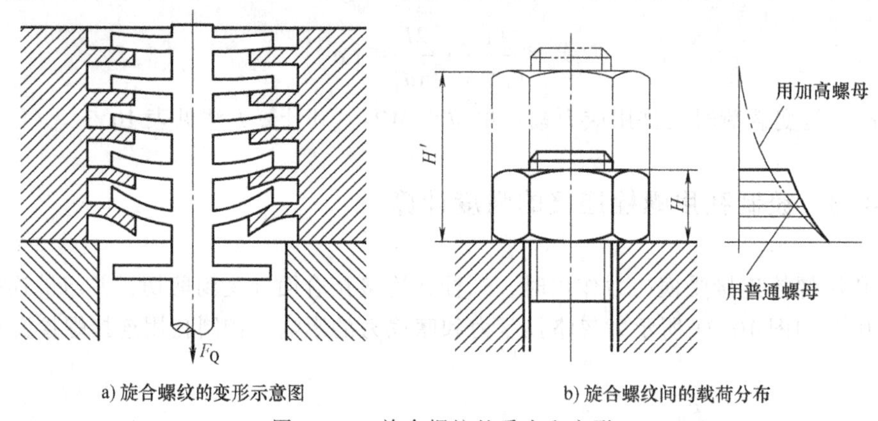

图 10.22 旋合螺纹的受力和变形

为了使螺纹牙受力均匀，主要方法有以下几种：

（1）采用悬置螺母（图 10.23a） 螺母的旋合部分全部受拉，变形与螺栓相同，从而减小了两者间的螺距变化差，使各圈螺纹牙上的载荷分配趋于均匀，可提高螺栓疲劳强度约 40%。

（2）采用环槽螺母（图 10.23b） 螺母割开凹槽后，螺母内缘下端（与螺栓旋合部分）局部受拉，其作用与悬置螺母相似，但效果不如悬置螺母好。

（3）采用内斜螺母（图 10.23c） 螺母上螺栓旋入端内斜 10°~15°，使受力较大的下面几圈螺纹牙上的受力点外移，螺栓上螺纹牙刚度减小，受载后易于变形，导致载荷向上转移

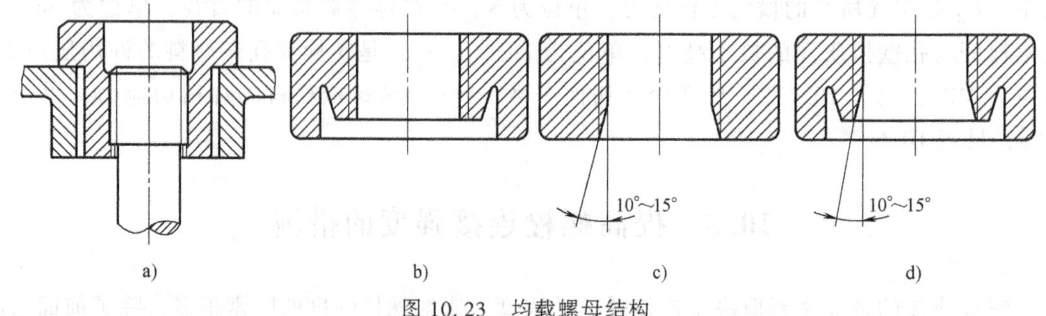

图 10.23 均载螺母结构

使载荷分配趋于均匀，可提高螺栓疲劳强度 20%。

（4）采用特殊结构螺母（图 10.23d）　这种螺母兼有环槽螺母和内斜螺母的作用，均匀载荷效果更明显。但螺母的加工比较困难，所以只用于重要的或大型的连接。

（5）采用钢丝螺套（图 10.24）　钢丝螺套装于内、外牙间，有减轻各圈螺纹牙受力分配不均和减小冲击振动的作用，可使螺钉或螺栓的疲劳强度提高达 30%。若螺套材料为不锈钢并具有较高的硬度和较小的表面粗糙度值，还能提高连接的抗微动磨损和抗腐蚀的能力。

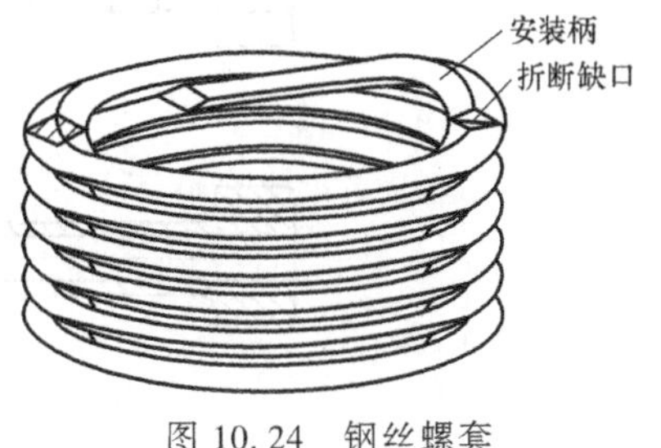

图 10.24　钢丝螺套

10.5.2　减小螺栓的应力幅

理论与实践表明，受轴向变载荷的紧螺栓连接，在最大应力不变的条件下，应力幅越小，则螺栓越不容易发生疲劳破坏，连接的可靠性越高。由应力幅的计算公式可知，减小螺栓刚度或增大被连接件的刚度，均能在工作拉力和剩余预紧力不变的情况下使应力幅减小，如图 10.25 所示。但在给定预紧力 F_0 的条件下，减小螺栓刚度或增大被连接件刚度都将引起剩余预紧力的减小，从而降低了连接的紧密性。因此，在减小螺栓刚度或增大被连接件刚度的同时，适当增加预紧力，可使剩余预紧力不至于减小得太多或者保持不变。但预紧力也不宜增加太多，以免因螺栓总拉力过大而降低螺栓强度。

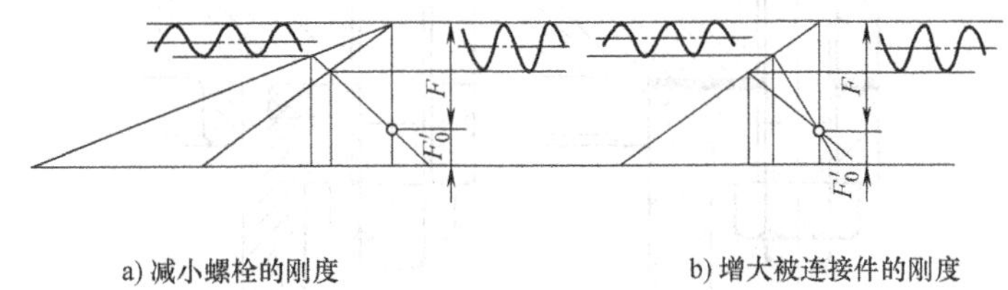

图 10.25　改变刚度以减小螺栓应力幅

减小螺栓刚度的方法有：增加螺栓长度；减小螺栓无螺纹部分的截面积，即采用腰状杆螺栓（图 10.26a）或空心螺栓（图 10.26b），以及在螺母下面安装弹性元件，如图 10.26c 所示，均可减小螺栓的刚度。无垫片或采用刚度较大的垫片，均可减小螺栓的相对刚度。

增大被连接件刚度的方法，主要是不宜采用刚度小的软密封垫片，而采用刚性垫片，如图 10.27a 所示；对有密封性要求的连接，采用密封环为佳，如图 10.27b 所示。

10.5.3　避免附加弯曲应力

螺纹牙根部对弯曲十分敏感，故附加弯曲应力是螺栓断裂的重要因素。图 10.28 所示为几种常见的产生附加弯曲应力的结构，其中钩头螺栓引起的弯曲应力最大，应尽量少用。

为避免产生或减小附加弯曲应力，应从工艺和结构上采取措施，如规定螺纹紧固件和被连接件支撑面必要的加工精度和要求；在粗糙表面上采用凸台（图 10.11a）或沉头座

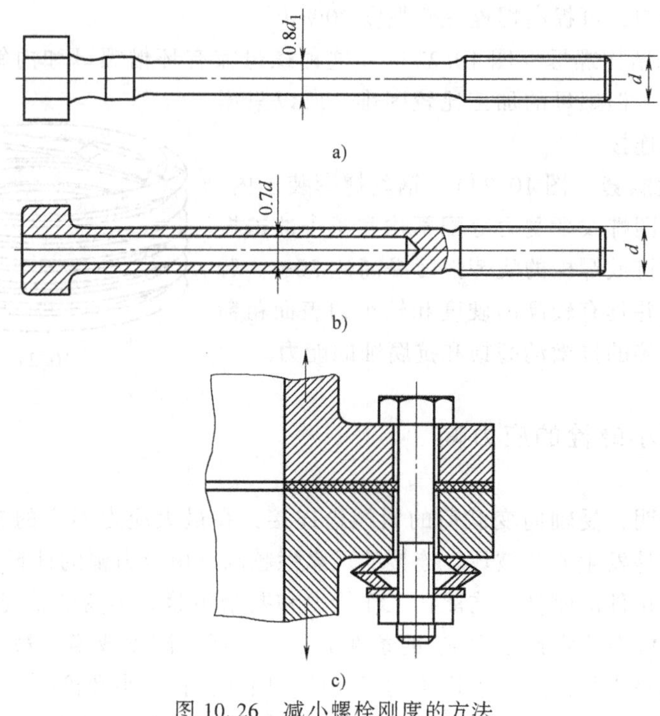

图 10.26　减小螺栓刚度的方法

a) 垫片密封　　b) 密封环密封

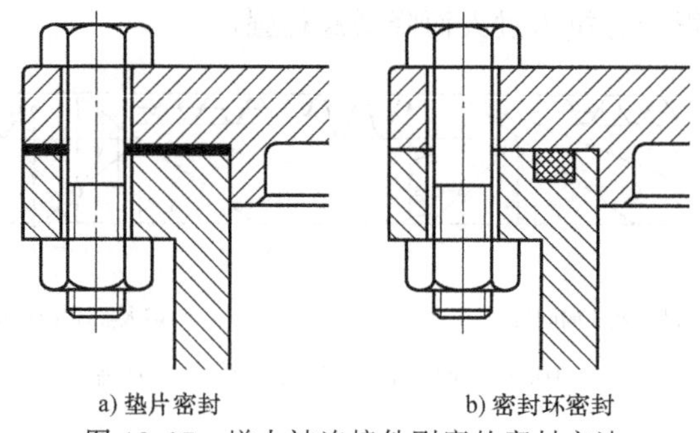

图 10.27　增大被连接件刚度的密封方法

a) 支撑面不平　　b) 螺栓孔不正　　c) 被连接件刚度小　　d) 钩头螺栓

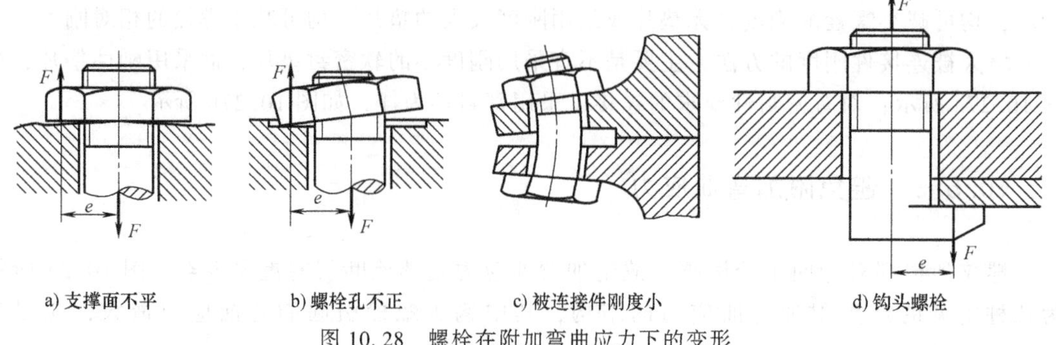

图 10.28　螺栓在附加弯曲应力下的变形

(图 10.11b)，经切削加工获得与螺栓轴线垂直的平整支撑面；采用球面垫片（图 10.29a）或环腰结构（图 10.29b）等。

10.5.4　避免应力集中

螺栓上的螺纹牙部分、螺纹收尾处、螺栓头、螺栓杆的圆角过渡处及螺杆横截面变化处，都会产生应力集中，其中螺纹牙根部的应力集中对螺栓的疲劳强度影响较大。为减小应力集中的程度，可采用较大的过渡圆角或设置卸载结构，如图10.30所示，同时应在螺纹收尾处加工出螺纹退刀槽。

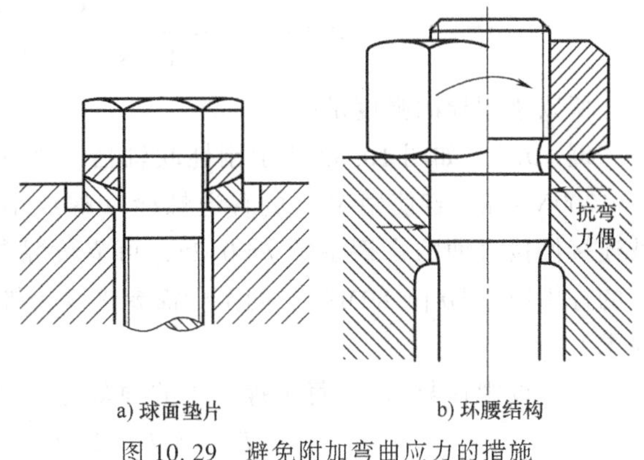

图 10.29　避免附加弯曲应力的措施

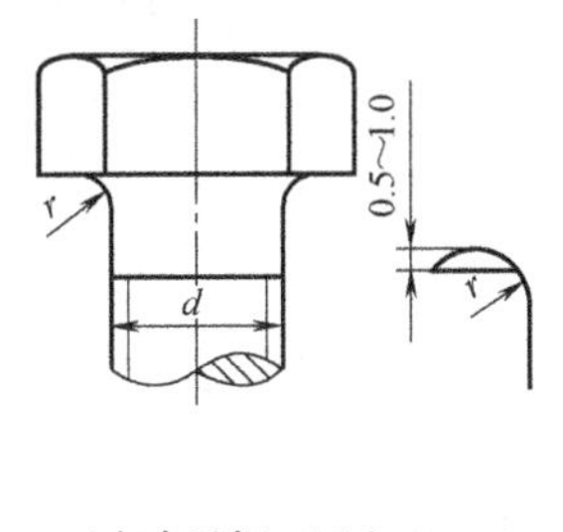

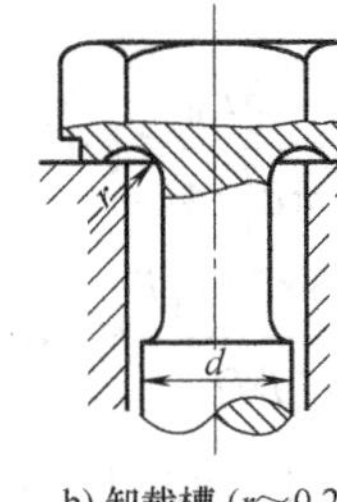

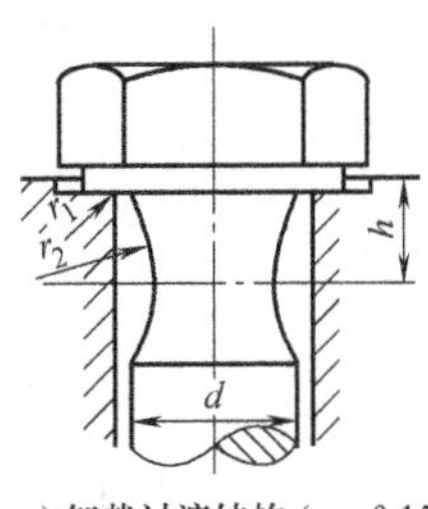

图 10.30　圆角和卸载结构

10.5.5　采用合理的制造工艺

制造工艺对螺栓疲劳强度影响很大，尤其是对于高强度的钢制螺栓，影响更为明显。加工时在螺纹表面层中产生的残余应力，是影响螺栓疲劳强度的重要因素。采用合理的制造方法和加工方式，控制螺纹表面层的物理和力学性能，可显著提高螺栓的疲劳强度。

辗制螺纹材料纤维连续、金属流线合理，且表面因加工硬化而存留有残余应力，其疲劳强度较车制螺纹可提高30%~40%。热处理后再滚压则效果更好。碳氮共渗、氮化、喷丸等表面处理，对提高螺栓疲劳强度也都十分有效。

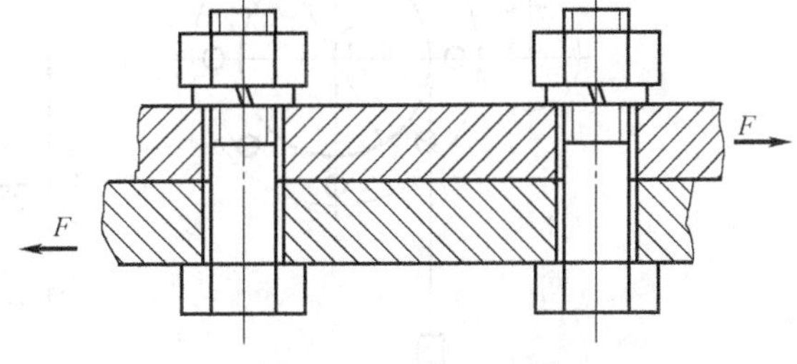

图 10.31　例 10.1 图

例 10.1　如图10.31所示，两平板用两个M20的普通螺栓连接，承受横向载荷 $F=6000\text{N}$，若取接合面间的摩擦系数 $f=0.2$，可靠度系数 $k_f=1.2$，螺栓材料的许用应力 $[\sigma]=120\text{N/mm}^2$，螺栓的小径 $d_1=17.294\text{mm}$。试校核螺栓的强度。

解： $fmzF_0 \geqslant k_f F$

$$F_0=\frac{k_f F}{fmz}=\frac{1.2\times6000}{0.2\times1\times2}=18000\text{N}$$

$$\sigma = \frac{1.3F_0}{1/4\pi d_1^2} = \frac{1.3\times18000}{1/4\times3.14\times17.294^2} = 99.67 \leqslant [\sigma]$$

所以该螺栓的强度足够。

例 10.2 如图 10.32 所示刚性联轴器，螺栓孔分布圆直径 $D=160\text{mm}$，其传递的转矩 $T=1200\text{N}\cdot\text{m}$，若使用 M16 的普通螺栓（螺纹小径 $d_1=13.84\text{mm}$），被连接件接合面的摩擦系数 $f=0.25$，可靠度系数 $k_f=1.2$，螺栓材料的许用应力 $[\sigma]=80\text{MPa}$，问至少需要多少个螺栓才能满足连接的要求？

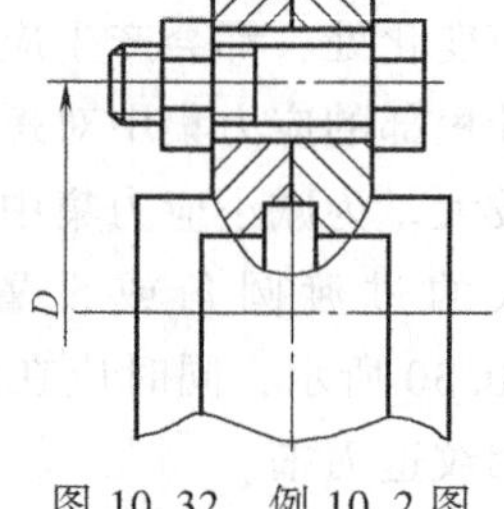

图 10.32 例 10.2 图

解：设螺栓数为 z，每个螺栓受的预紧力 F_0 由式（10.4）得

$$F_0 = \frac{k_f T}{f\sum_{i=1}^{z} r_i} = \frac{k_f T}{fzr} = \frac{2k_f T}{fzD}$$

强度条件

$$\sigma = \frac{1.3F_0}{\pi d_1^2/4} \leqslant [\sigma]$$

$$\frac{4\times1.3\times2\times k_f T}{\pi d_1^2 fzD} \leqslant [\sigma]$$

$$z \geqslant \frac{4\times1.3\times2\times k_f T}{\pi d_1^2 fD[\sigma]} = \frac{4\times1.3\times2\times1.2\times1200\times10^3}{\pi\times13.84^2\times0.25\times160\times80} = 7.77$$

至少需 8 个螺栓。

习　题

10.1 如图 10.33 所示起重卷筒与大齿轮间用双头螺柱连接，起重钢索拉力 $F_Q=50\text{kN}$，卷筒直径 $D=400\text{mm}$，八个螺柱均匀分布在直径 $D_0=500\text{mm}$ 的圆周上，螺栓性能等级 4.6 级，接合面摩擦系数 $f=0.12$，可靠度系数 $k_f=1.2$。试确定双头螺柱的直径。

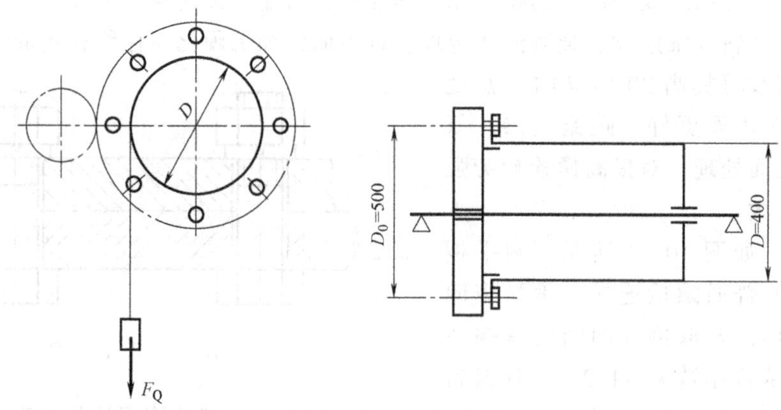

图 10.33 题 10.1 图

10.2 如图 10.34 所示气缸盖连接中，已知气缸内压力 p 在 0~2MPa 之间变化，气缸内径 $D=500\text{mm}$，螺栓分布在直径 $D_0=650\text{mm}$ 的圆周上，为保证气密性要求，剩余预紧力 $F_0'=$

1.8F。试设计此螺栓组连接。

10.3 如图10.35所示凸缘联轴器，用六个普通螺栓连接，螺栓分布在$D=100$mm的圆周上，接合面摩擦系数$f=0.16$，可靠度系数$k_f=1.2$，若联轴器传递转矩为150N·m，试求螺栓螺纹小径。(螺栓$[\sigma]=120$MPa)

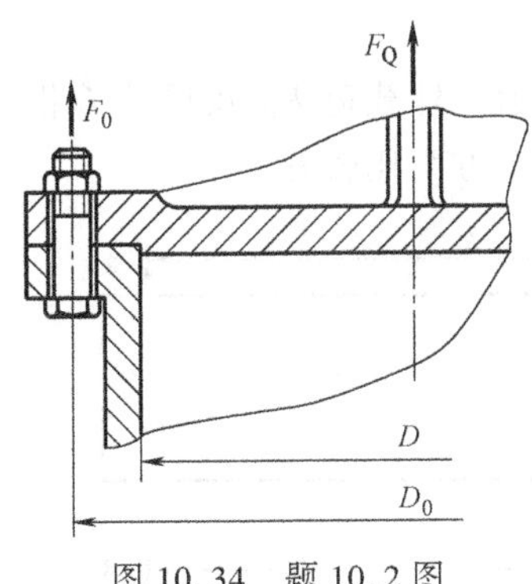

图10.34 题10.2图

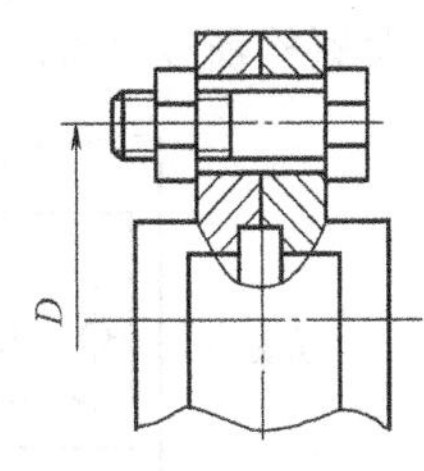

图10.35 题10.3图

10.4 如图10.36所示螺栓组连接，用两个螺栓将三块板连接起来，螺纹规格为M20，螺纹小径$d_1=17.294$mm，螺栓材料的许用拉应力$[\sigma]=160$MPa，被连接件接合面之间的摩擦系数$f=0.2$，可靠度系数$k_f=1.2$，试计算该连接能承受的最大横向载荷R。

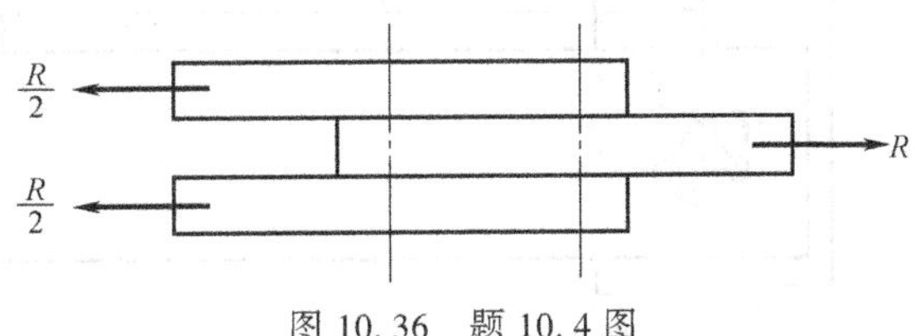

图10.36 题10.4图

10.5 如图10.37所示为一圆盘锯，锯片直径$D=500$mm，用螺母将其压紧在压板中间。如锯片外圆的工作阻力$F_t=400$N，压板和锯片间的摩擦系数$f=0.15$，压板的平均直径$D_1=150$mm，取可靠度系数$k_f=1.2$，轴的材料为45钢，屈服极限$\sigma_S=360$MPa，安全系数$S=1.5$，确定轴端的螺纹直径。

10.6 如图10.38所示螺栓连接，四个普通螺栓呈矩形分布，已知螺栓所受载荷$R=4000$N，$L=300$mm，$r=100$mm，接合面数$m=1$，接合面间的摩擦系数$f=0.15$，可靠度系数$K_f=1.2$，螺栓的许用应力为$[\sigma]=240$MPa，试求：所需螺栓的直径(d_1)。

10.7 有一受轴向力的紧螺栓连接，已知螺栓刚度$C_1=0.5\times10^6$N/mm，被连接件刚度

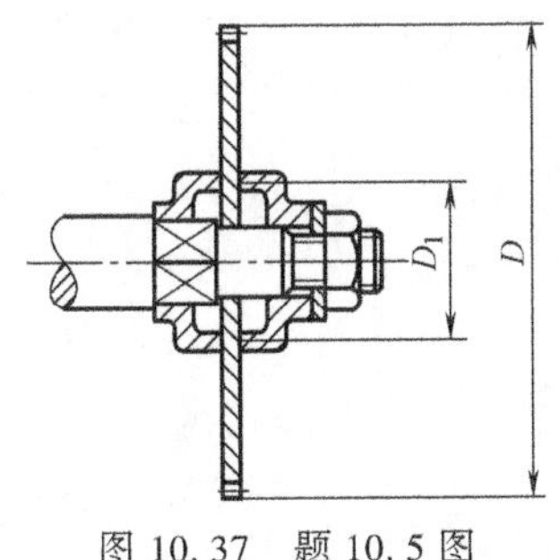

图10.37 题10.5图

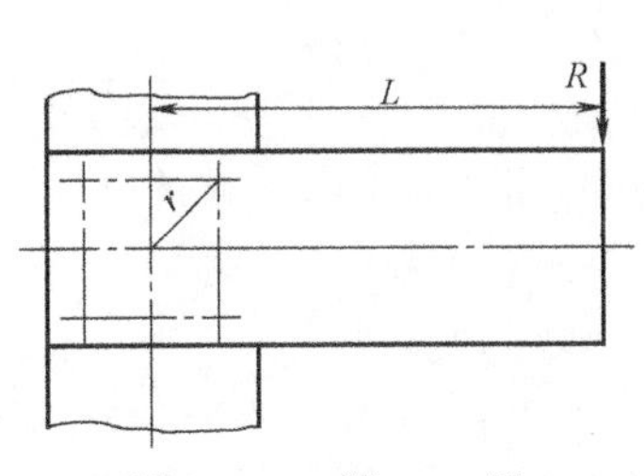

图10.38 题10.6图

$C_2=2\times10^6\text{N/mm}$，预紧力 $F_0=9000\text{N}$，螺栓所受工作载荷 $F=5400\text{N}$。要求：

1）按比例画出螺栓与被连接件的受力与变形关系线图。

2）在图上量出螺栓所受总拉力 F_Σ 及剩余预紧力 F_0'，并用计算法验证。

3）若工作载荷在 0~5400N 之间变化，螺栓危险截面的面积为 110mm^2，求螺栓的应力幅。

10.8　螺栓组连接的三种方案如图 10.39 所示，外载荷 F_R 及尺寸 L 相同，试分析确定各方案中受力最大螺栓所受力的大小，并指出哪个方案比较好。

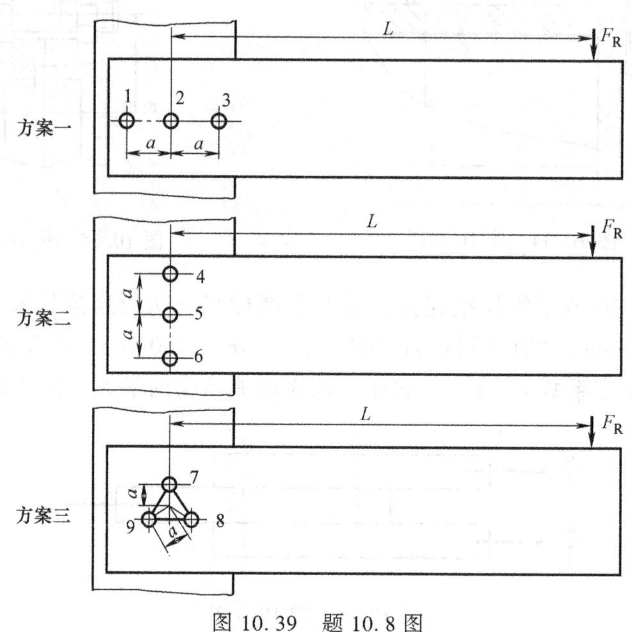

图 10.39　题 10.8 图

Chapter 11

第11章 键、花键、销连接

键和花键主要用于轴和带毂零件（如齿轮、蜗轮等）实现周向固定以传递转矩。其中有些还能实现轴向固定以传递轴向力；有些则能构成轴向动连接。销主要用来固定零件的相互位置。销连接通常只传递少量载荷，销还可用作安全装置。

11.1 键 连 接

11.1.1 键连接的功能、分类、结构形式及应用

键是一种标准零件，通常用来实现轴与轮毂之间的周向固定以传递转矩，有的还能实现轴上零件的轴向固定或轴向滑动的导向。键连接的主要类型有：平键连接、半圆键连接、楔键连接和切向键连接。

1. 平键连接

图 11.1a 所示为普通平键连接的结构形式。键的两侧面是工作面，工作时，靠键同键槽侧面的挤压来传递转矩。键的上表面和轮毂的键槽底面间则留有间隙。平键连接具有结构简单、装拆方便、对中性较好等优点，因而得到广泛应用。这种键连接不能承受轴向力，因而对轴上的零件不能起到轴向固定的作用。

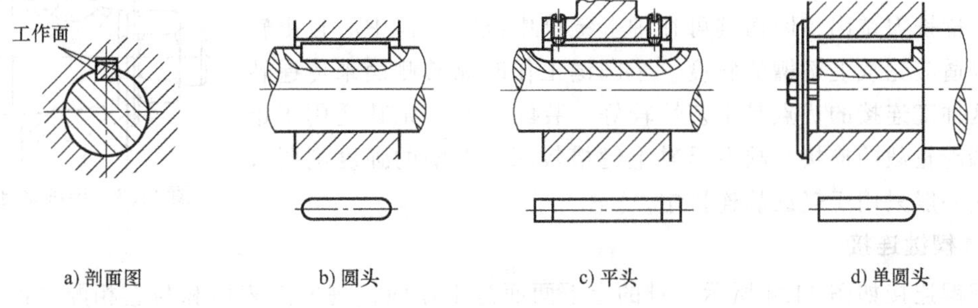

a) 剖面图　b) 圆头　c) 平头　d) 单圆头

图 11.1 普通平键连接

根据用途的不同，平键分为普通平键、薄型平键、导向平键和滑键四种。其中普通平键和薄型平键用于静连接，导向平键和滑键用于动连接。

普通平键按构造分：有圆头（A 型）、平头（B 型）及单圆头（C 型）三种。圆头平键（图 11.1b）宜放在轴上用键槽铣刀铣出的键槽中，键在键槽中轴向固定良好。缺点是键的

头部侧面与轮毂上的键槽并不接触，因而键的圆头部分不能充分利用，而且轴上键槽端部的应力集中较大。平头平键（图 11.1c）是放在用盘铣刀铣出的键槽中，因而避免了上述缺点，但对于尺寸大的键，宜用紧定螺钉固定在轴上的键槽中，以防松动。单圆头平键（图 11.1d）则常用于轴端与带毂类零件的连接。

薄型平键与普通平键的主要区别是键的高度约为普通平键的 60%~70%，也分圆头、平头和单圆头三种形式，但传递转矩的能力较低，常用于薄壁结构、空心轴及一些径向尺寸受限制的场合。

当被连接的带毂类零件在工作过程中必须在轴上作轴向移动时（如变速器中的滑移齿轮），则须采用导向平键或滑键。导向平键（图 11.2a）是一种较长的平键，用螺钉固定在轴上的键槽中，为了便于拆卸，键上制有起键螺孔，以便拧入螺钉使键退出键槽。轴上的传动零件则可沿键作轴向滑移。当零件需滑移的距离较大时，因所需导向平键的长度过大，制造困难，故宜采用滑键（图 11.2b）。滑键固定在轮毂上，轮毂带动滑键在轴上的键槽中作轴向滑移。这样，可将键做得较短，只需在轴上铣出较长的键槽即可，从而降低加工难度。

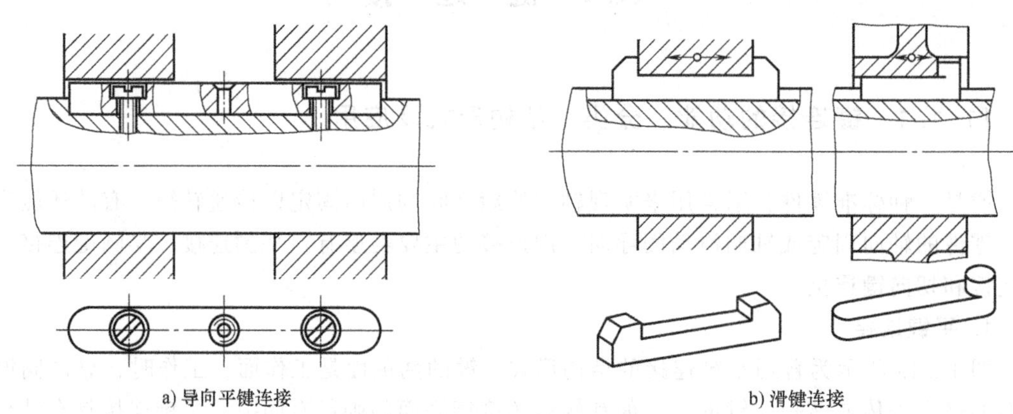

a) 导向平键连接　　b) 滑键连接

图 11.2　导向平键连接和滑键连接

2. 半圆键连接

半圆键连接如图 11.3 所示。轴上键槽用尺寸与半圆键相同的半圆键槽铣刀铣出，因而键可在轴上键槽中绕其几何中心自由转动，以适应轮毂上键槽的斜度。半圆键工作时靠其侧面来传递转矩。这种键连接的优点是工艺性较好，装配方便，尤其适用于锥形轴端与轮毂的连接。缺点是轴上键槽较深，对轴的强度削弱较大，故一般只用于轻载静连接中。

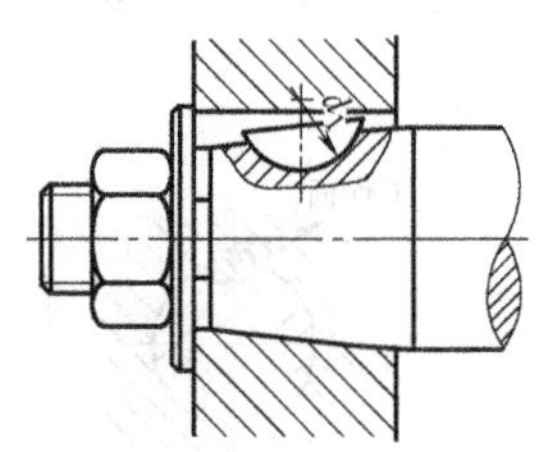

图 11.3　半圆键连接

3. 楔键连接

楔键连接如图 11.4 所示。键的上下两面是工作面，键的上表面和与它相配合的轮毂键槽底面均具有 1∶100 的斜度。装配后，键即楔紧在轴和轮毂的键槽里。工作时，靠键的楔紧作用来传递转矩，同时还可以承受单向的轴向载荷，对轮毂起到单向的轴向固定作用。楔键的侧面与键槽侧面间有很小的间隙，当转矩过载而导致轴与轮毂发生相对转动时，键的侧面能像平键那样参加工作。因此，楔键连接在传递有冲击和振动的较大转矩时仍能保证连接的可靠性。楔键连接的缺点是键楔紧后，轴和轮毂的配合产生偏心和偏斜。因此主要用于带

毂类零件的定心精度要求不高和低转速的场合。

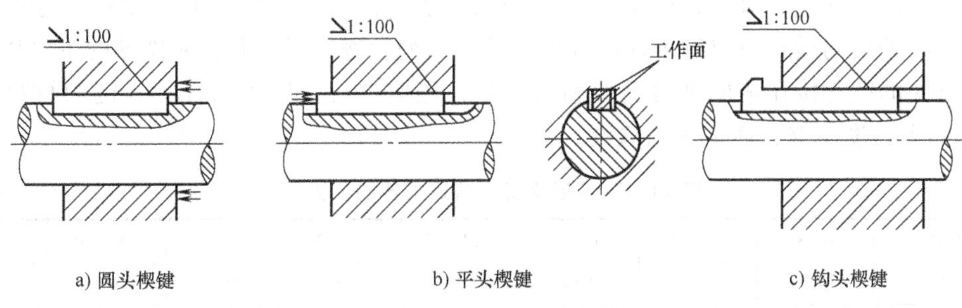

图 11.4　楔键连接

楔键分为普通楔键和钩头楔键，普通楔键有圆头、平头和单圆头三种形式。装配圆头楔键时，要先将键放入轴上键槽中，然后打紧轮毂（图 11.4a）。而装配平头、单圆头和钩头楔键时，则是在轮毂装好后才将键放入键槽并打紧。钩头楔键的钩头供拆卸用，安装在轴端时，应注意加装防护罩。

4. 切向键连接

切向键连接如图 11.5 所示。将一对斜度为 1：100 的楔键分别从轮毂两端打入，从而得到切向键，拼合而成的切向键就沿轴的切线方向楔紧在轴与轮毂之间。其工作面就是拼合后相互平行的两个窄面，工作时就靠这两个窄面上的挤压力和轴与轮毂间的摩擦力来传递转矩。须注意的是，用一个切向键只能传递单向转矩，若用两个切向键则可传递双向转矩，且两者间的夹角为 120°~130°。考虑到切向键的键槽对轴的削弱较大，因此常用于直径大于 100mm 的轴上。例如，用于大型带轮，大型飞轮，矿山用大型绞车的卷筒及齿轮等与轴的连接。

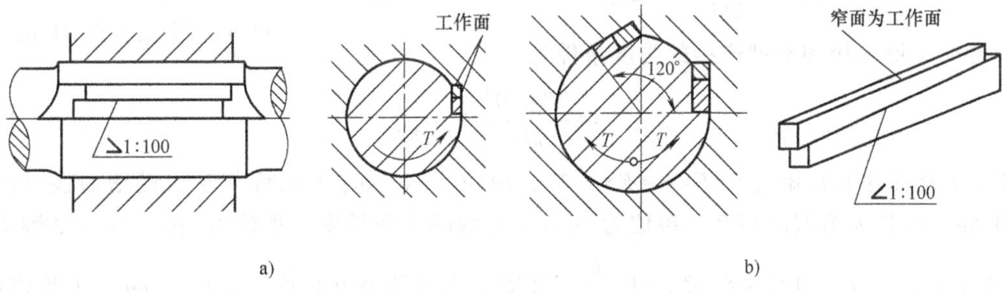

图 11.5　切向键连接

11.1.2　键的选择和键连接强度计算

1. 键的选择

键的选择包括类型选择和尺寸选择两个方面。键的类型应根据键连接的结构特点、使用要求和工作条件来选择，键的尺寸则按符合标准规格和强度要求来确定。键的主要尺寸为其截面尺寸（一般以键宽 b×键高 h 表示）和键长 L。键的截面尺寸 $b×h$ 按轴的直径 d 由标准中选定，键的长度 L 一般可按轮毂的长度而定，即键长比轮毂的长度短 5~10mm，而导向平键则按轮毂的长度及其滑动距离而定。一般轮毂的长度可取为 $L'=(1.5\sim2)d$，这里 d 为轴的直径。所选定的键长也应符合标准规定的长度系列，普通平键和普通楔键的主要尺寸见表 11.1。重要的键连接在选出键的类型和尺寸后，还应进行强度校核计算。键的材料通常用 45 钢，如果强度不够，通常采用双键。

表 11.1 普通平键和普通楔键的主要尺寸 （单位：mm）

轴的直径 d	6~8	>8~10	>10~12	>12~17	>17~22	>22~30	>30~38	>38~44
键宽 b×键高 h	2×2	3×3	4×4	5×5	6×6	8×7	10×8	12×8
轴的直径 d	>44~50	>50~58	>58~65	>65~75	>75~85	>85~95	>95~100	>100~130
键宽 b×键高 h	14×9	16×10	18×11	20×12	22×14	25×14	28×16	32×18
键的长度系列 L	6,8,10,12,14,16,18,20,22,25,28,32,36,40,45,50,56,63,70,80,90,100,110,125,140,180,200,220,250,…							

2. 键连接强度计算

图 11.6 所示为平键连接传递转矩时，连接中各零件的受力情况。普通平键连接（静连接）的主要失效形式是工作面被压溃，如果键没有严重过载，一般不会出现键的剪断（图 11.6 中所示沿 $a—a$ 面剪断），因此，通常只按工作面上的挤压应力进行强度校核计算。导向平键连接和滑键连接（动连接）的主要失效形式是工作面的过度磨损，通常按工作面上的压力进行强度校核计算。

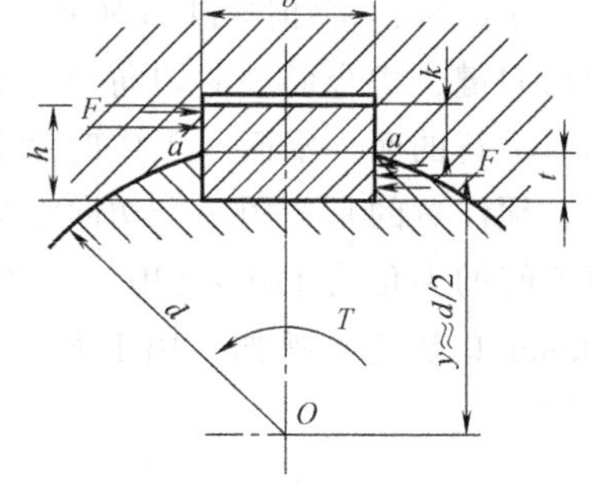

图 11.6 平键连接受力情况

普通平键连接的强度条件为

$$\sigma_p=\frac{2T\times10^3}{kld}\leqslant[\sigma_p] \tag{11.1}$$

导向平键连接和滑键连接的强度条件为

$$p=\frac{2T\times10^3}{kld}\leqslant[\sigma_p] \tag{11.2}$$

式中，T 是传递的转矩（$T=F\times y\approx F\times d/2$），单位为 N·m；$k$ 是键与轮毂键槽的接触高度，$k=0.5h$，此处 h 为键的高度，单位为 mm；l 是键的工作长度，单位为 mm；圆头平键 $l=L-b$，平头平键 $l=L$，单圆头平键 $l=1-\frac{b}{2}$，这里 L 为键的公称长度，单位为 mm；b 为键的宽度，单位为 mm；d 是轴的直径，单位为 mm；$[\sigma_p]$ 是键、轴、轮毂三者中最弱材料的许用

表 11.2 键连接的许用挤压应力、许用压力值 （单位：MPa）

许用挤压应力、许用压力	连接工作方式	键或毂、轴的材料	载荷性质		
			静载荷	轻微冲击	冲击
$[\sigma_p]$	静连接	钢	120~150	100~120	60~90
		铸铁	70~80	50~60	30~45
$[p]$	动连接	钢	50	40	30

注：如与键有相对滑动的被连接件表面经过淬火，则动连接的许用压力 $[p]$ 可提高 2~3 倍。

挤压应力，单位为 MPa，见表 11.2；［p］是键、轴、轮毂三者中最弱材料的许用压力，单位为 MPa，见表 11.2。

例 11.1 已知某蜗轮传递的功率 $P=5\text{kW}$，转速 $n=90\text{r/min}$，载荷有轻微冲击；轴径 $d=60\text{mm}$，轮毂长 $L'=100\text{mm}$；轮毂材料为铸铁，轴材料为 45 钢。试设计此蜗轮与轴的键连接。

解：（1）选择键的类型　考虑到蜗轮工作时有较高的对中性要求，故选用普通平键；蜗轮安装在轴的中段（即在两轴颈之间），可选用 A 型平键。

（2）确定键的尺寸　由轴的直径 $d=60\text{mm}$，查表 11.1 得键的截面尺寸为 $b\times h=18\times11$，即键宽 $b=18\text{mm}$，键高 $h=11\text{mm}$，由轮毂长 $L'=100\text{mm}$，取较为接近的标准键长 $L=90\text{mm}$。

（3）计算工作转矩

$$T=\frac{9.55\times10^6P}{n}=\frac{9.55\times10^6\times5}{90}=5.31\times10^5\text{N}\cdot\text{mm}$$

（4）校核挤压强度　轴和键为钢制，则连接中较弱的为铸铁轮毂，按照载荷有轻微冲击，查表 11.2 得铸铁的许用挤压应力［σ_p］$=50\sim60\text{MPa}$。

键的工作长度

$$l=L-b=90-18=72\text{mm}$$

挤压面的高度

$$k=\frac{h}{2}=\frac{11}{2}=5.5\text{mm}$$

挤压应力

$$\sigma_p=\frac{2T}{kld}=\frac{2\times5.31\times10^5}{5.5\times72\times60}=44.66\text{MPa}<[\sigma_p]$$

由设计结果可见，此设计合适。

11.2 花键连接

11.2.1 花键连接的类型、结构和特点

花键连接由外花键（图 11.7a）和内花键（图 11.7b）组成。

按齿形不同，花键连接可分为矩形花键连接和渐开线花键连接，均已标准化。

1. 矩形花键连接

图 11.8 所示为矩形花键连接，键齿的两侧面为平面，形状较为简单，加工方便。花键通常要进行热处理，表面硬度应高于 40HRC。矩形花键连接的定心方式为小径定心，外花键和内花键的小径为配合面。由于制造时轴和毂上的接合面都要经过磨削，因此能消除热处理引起的变形，具有定心精度高、定心稳定性好、应力集中较小、承载能力较大的特点，故应用广泛。

2. 渐开线花键连接

渐开线花键的分度圆压力角有 30°（图 11.9a）和 45°（图 11.9b）两种。渐开线花键可

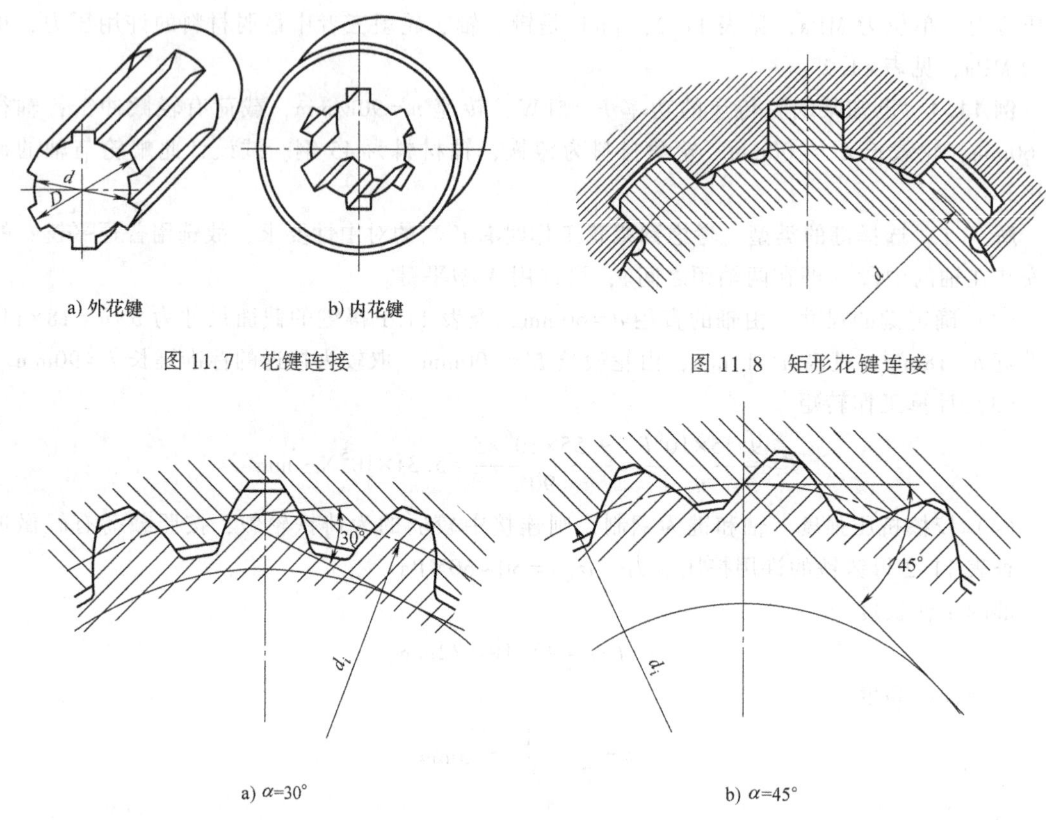

图 11.7　花键连接

图 11.8　矩形花键连接

图 11.9　渐开线花键连接

以用制造齿轮的方法来加工，工艺性较好，制造精度也较高，花键齿的根部强度高，应力集中小，易于定心。当传递的转矩较大且轴径也大时，宜采用渐开线花键连接。压力角为 45°的渐开线花键，由于齿形钝而短，与压力角为 30°的渐开线花键相比，对连接件的削弱较少，但齿的工作面高度较小，故承载能力较低。多用于载荷较轻，直径较小的静连接，特别适用于薄壁零件的轴毂连接。

11.2.2　花键连接强度计算

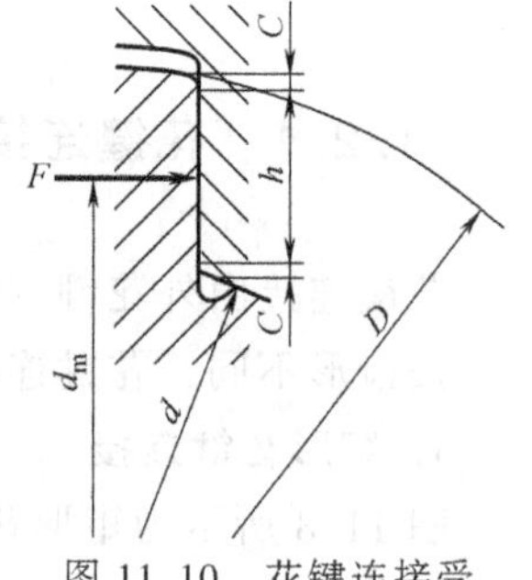

图 11.10　花键连接受力情况

花键连接的受力情况如图 11.10 所示。静连接主要失效形式是工作面被压溃，通常按工作面上的挤压应力进行强度计算。动连接主要失效形式是工作面过度磨损，通常按工作面上的压力进行条件性的强度计算。

假定载荷均匀分布在键的工作面上，每个齿工作面上压力的合力 F 作用在平均直径 d_m 处（图 11.10），此时传递的转矩 $T=zFd_m/2$，考虑实际载荷在各花键齿上分配不均的影响，引入系数 K，则花键连接的强度条件为

静连接

$$\sigma_p=\frac{2T\times10^3}{Kzhld_m}\leqslant[\sigma_p] \tag{11.3}$$

动连接
$$p=\frac{2T\times10^3}{Kzhld_m}\leqslant[p] \tag{11.4}$$

式中，K 是载荷分配不均系数，通常取 $K=0.7\sim0.8$，齿数多时取偏小值；z 是花键齿数；l 是齿的工作长度，单位为 mm；h 是齿侧面工作高度，矩形花键：$h=(D-d)/2-2C$，D 为外花键的大径，d 为内花键的小径，C 为倒角尺寸，单位均为 mm；渐开线花键：$\alpha=30°$，$h=m$；$\alpha=45°$，$h=0.8m$，m 为模数；d_m 是花键的平均直径，矩形花键，$d_m=\frac{D+d}{2}$；渐开线花键，$d_m=d_i$，d_i 为分度圆直径，单位为 mm；$[\sigma_p]$ 是花键连接的许用挤压应力，单位为 MPa，见表 11.3；$[p]$ 是花键连接的许用压力，单位为 MPa，见表 11.3。

表 11.3　花键连接的许用挤压应力和许用压力　　（单位：MPa）

许用挤压应力、许用压力	工作方式	使用和制造情况	齿面未经热处理	齿面经热处理
$[\sigma_p]$	静连接	不良	35~50	40~70
		中等	60~100	100~140
		良好	80~120	120~200
$[p]$	空载下移动的动连接	不良	15~20	20~35
		中等	20~30	30~60
		良好	25~40	40~70
	在载荷下移动的动连接	不良		3~10
		中等		3~15
		良好		10~20

注：1. 使用和制造情况不良是指受变载荷，双向冲击载荷，振动频率高和振幅大，润滑不良（对动连接），材料硬度不高或精度不高等情况。
2. 相同情况下 $[\sigma_p]$ 或 $[p]$ 的较小值用于工作时间长和较重要的场合。

11.3　销　连　接

销主要用来固定零件之间的相对位置，称为定位销，如图 11.11 所示，它是组合加工和装配时的重要辅助零件；也可用于连接，称为连接销，如图 11.12 所示，可传递不大的载荷；还可作为安全装置中的过载剪断元件，称为安全销，如图 11.13 所示。

销有圆柱销、圆锥销、槽销、销轴和开口销等多种类型，均已标准化。

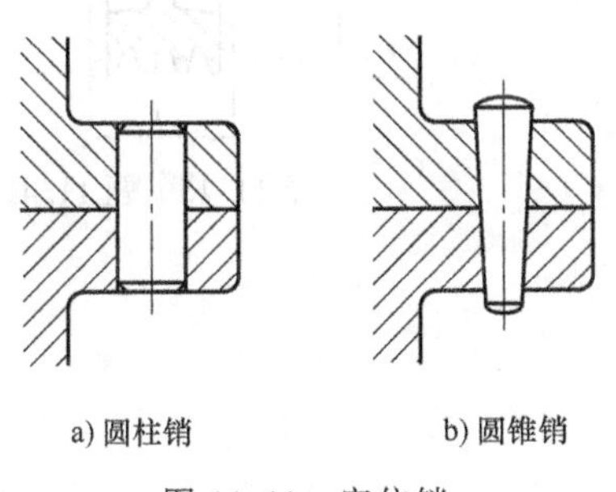

a) 圆柱销　　b) 圆锥销

图 11.11　定位销

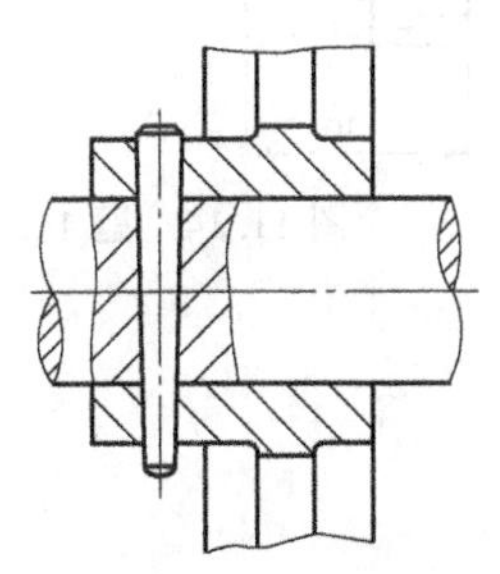

图 11.12　连接销

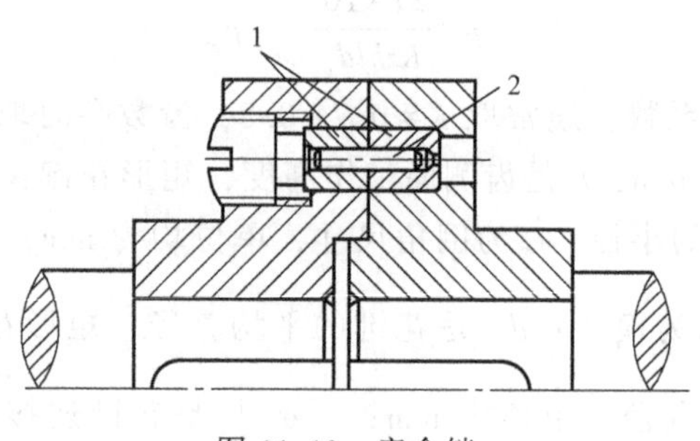

图 11.13 安全销

1—销套 2—安全销

习 题

11.1 一齿轮装在轴上，采用 A 型普通平键连接，齿轮、轴、键均用 45 钢，轴径 d=80mm，轮毂长度 L=150mm，传递转矩 T=2000N·m，工作中有轻微冲击，试确定平键尺寸和标记并验算连接的强度。

11.2 某键连接，已知轴径 d=35mm，选择 A 型普通平键（圆头平键），键的尺寸为 $b\times h\times L$=10mm×8mm×50mm，键连接的许用挤压应力 $[\sigma_p]$=100MPa，传递的转矩 T=200N·m，试校核键的强度。

11.3 如图 11.14 所示凸缘半联轴器及圆柱齿轮，分别用键与减速器的低速轴相连接。试选择两处键的类型及尺寸，并校核其连接强度。已知轴的材料为 45 钢，传递的转矩 T=1000N·m，齿轮用锻钢制造，半联轴器用灰铸铁制成，工作时有轻微冲击。

11.4 如图 11.15 所示的灰铸铁 V 带轮，安装在直径 d=45mm 的轴端，带轮的基准直径 d_d=250mm，工作时的有效拉力 F=2kN，轮毂宽度 L=65mm，工作时有轻微振动。设采用钩头楔键连接，试选择该楔键的尺寸，并校核连接的强度。

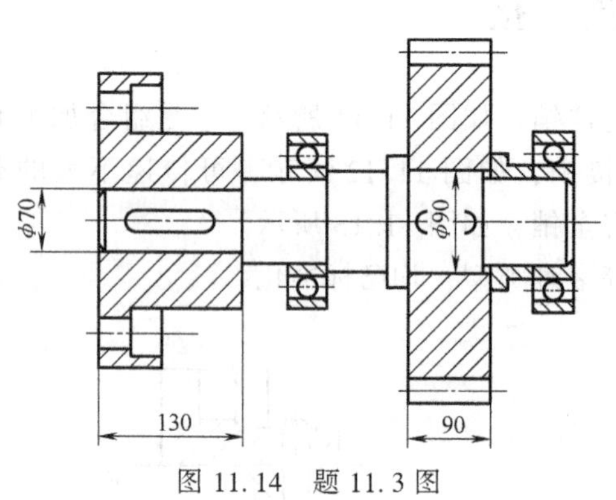

图 11.14 题 11.3 图

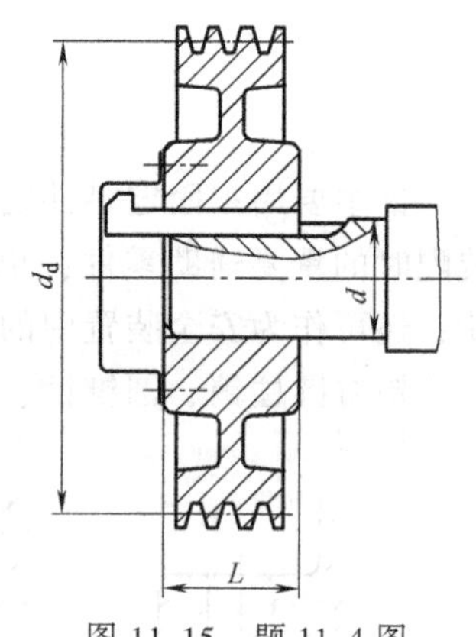

图 11.15 题 11.4 图

第12章

带传动和链传动

12.1　带传动的类型

带传动由主动带轮、从动带轮和挠性带组成，通过带与带轮之间的摩擦或啮合，将主动轮的运动和动力传递给从动轮，如图 12.1 所示。

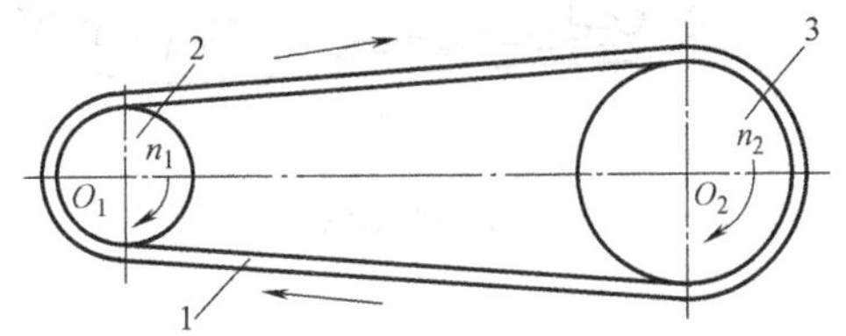

图 12.1　带传动示意图

1—挠性带　2—主动轮　3—从动轮

根据工作原理不同，带传动可分为摩擦带传动和啮合带传动两类。

1. 摩擦带传动

摩擦带传动是依靠带与带轮之间的摩擦力传递运动的。按带的横截面形状不同可分为四种类型，如图 12.2 所示。

（1）平带传动　平带结构简单，挠曲性好，易于加工。平带的横截面为扁平矩形（图 12.2a），内表面与轮缘接触为工作面。常用的平带有普通平带（胶帆布带）、皮革平带和棉布带等，在高速传动中常使用麻织带和丝织带，其中以普通平带应用最广。平带可适用于平行轴交叉传动和交错轴的半交叉传动。

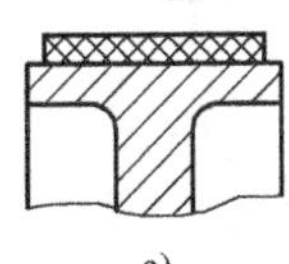

a)

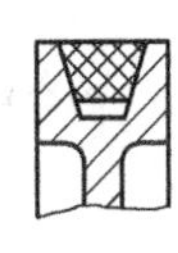
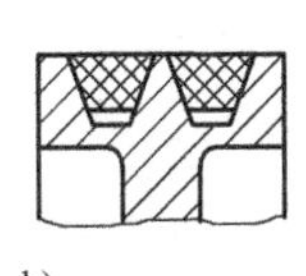

b)

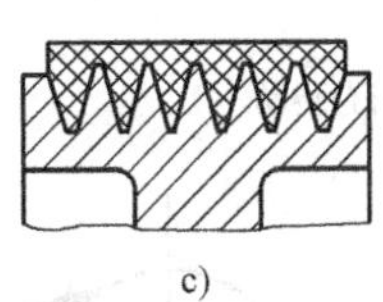

c)

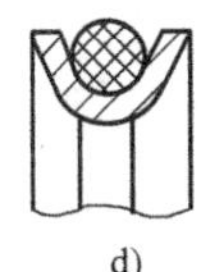

d)

图 12.2　带传动的类型

（2）V 带传动　V 带的横截面为等腰梯形，两侧面为工作面，如图 12.2b 所示。工作时 V 带与带轮槽两侧面接触，带与轮槽底面不接触。由于轮槽的楔形结构，在同样压力的作用下，V 带传动的摩擦力约为平带传动的三倍，故能传递较大的载荷，在一般机械中应用最广。

（3）多楔带传动　多楔带兼有平带柔性好和 V 带摩擦力大的优点。多楔带是若干 V 带的组合（图 12.2c），可避免多根 V 带传动时由于各条 V 带长度误差造成的各带受力不均匀的缺点。多楔带适用于结构紧凑，传递功率较大的场合。

（4）圆形带传动　横截面为圆形，如图 12.2d 所示，常用皮革或棉绳制成，仅用于小功率传动。

2. 啮合带传动

啮合带传动依靠带轮上的齿与带上的齿或孔啮合传递运动。啮合带传动有两种类型，如图 12. 3 所示。

(1) 同步带传动　利用带的齿与带轮上的齿相啮合传递运动和动力，带与带轮间为啮合传动没有相对滑动，可保持主、从动轮线速度同步，如图 12. 3a 所示。

(2) 齿孔带传动　带上的孔与轮上的齿相啮合，同样可避免带与带轮之间的相对滑动，使主、从动轮保持同步运动，如图 12. 3b 所示。

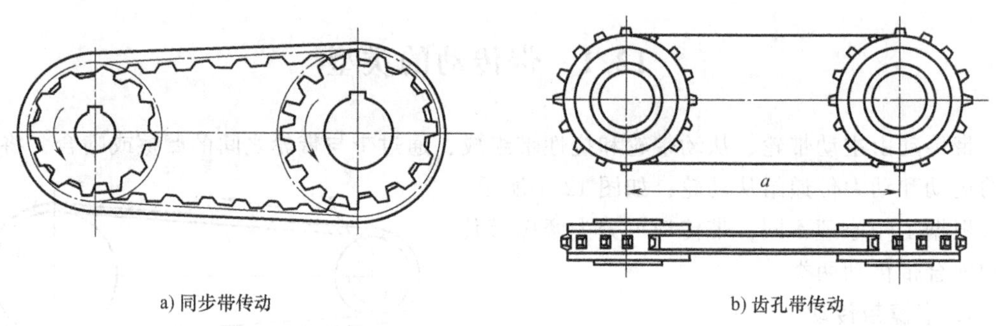

a) 同步带传动　　b) 齿孔带传动

图 12. 3　啮合带传动

按带轮轴线的相对位置和转动方向，带传动还分为开口、交叉和半交叉三种转动形式，如图 12. 4 所示。交叉和半交叉只适用于平带和圆形带传动。

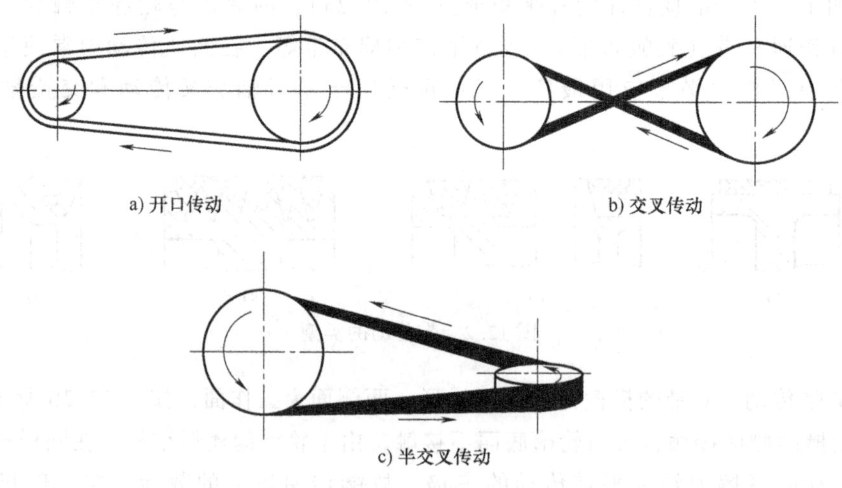

a) 开口传动　　b) 交叉传动

c) 半交叉传动

图 12. 4　带传动形式

在一般机械传动中，应用最广的是 V 带传动，习惯上，通常所讲的带传动，仅指摩擦带传动。

V 带的横截面呈等腰梯形，带轮上也做出相应的轮槽，传动时，V 带只和轮槽的两个侧面接触，即以两侧面为工作面（图 12. 2b）。V 带传动与平带传动相比，根据槽面摩擦的原理，在同样的张紧力下，V 带传动较平带传动能产生更大的摩擦力，如图 12. 5 所示。这是

V 带传动性能上的最主要优点，加之 V 带已标准化并大量生产，因此 V 带传动得到广泛的应用。本章主要介绍普通 V 带传动的设计计算方法。

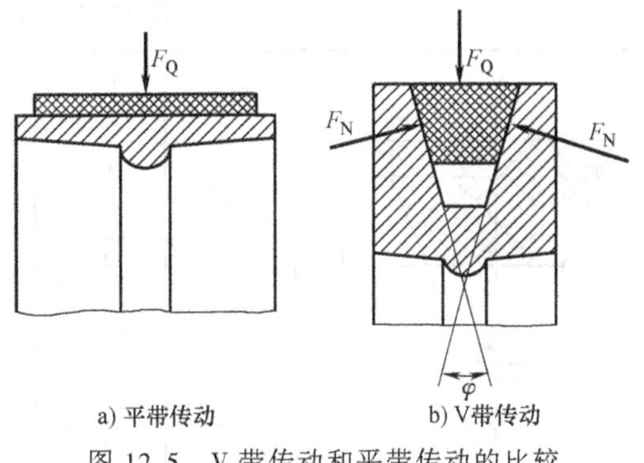

图 12.5　V 带传动和平带传动的比较

带传动具有以下特点：①结构简单，适宜用于两轴中心距较大的场合。②橡胶带富有弹性，能缓冲吸振，传动平稳无噪声。③过载时可产生打滑，能防止薄弱零件的损坏，起安全保护作用。但不能保持准确的传动比。④传动带需张紧在带轮上，对轴和轴承的压力较大。⑤外廓尺寸大，传动效率低（一般 0.94～0.96）。

根据上述特点，带传动多用于：①中、小功率传动（通常不大于 100kW）；②原动机输出轴的第一级传动（工作速度一般为 5～25m/s）；③传动比要求不十分准确的机械。

12.2　V 带和带轮

12.2.1　V 带的构造和类型

V 带有普通 V 带、窄 V 带、联组 V 带、齿形 V 带、大楔角 V 带、宽 V 带等多种类型，其中普通 V 带应用最广，近年来窄 V 带也得到广泛的应用。

标准 V 带都制成无接头的环形，其横截面由抗拉体 1、顶胶 2、底胶 3 和包布 4 构成，如图 12.6 所示。顶胶和底胶均由胶料组成，包布由胶帆布组成，抗拉体是承受载荷的主体，分为帘布结构（由胶帘布组成）和线绳结构（由胶线绳组成）两种。帘布结构抗拉强度高，一般用途的 V 带多采用这种结构。线绳结构比较柔软，弯曲疲劳强度较好，但抗拉强度低，常用于载荷不大，直径较小的带轮和转速较高的场合。V 带在规定张紧力下弯绕在带轮上时外层受拉伸变长，内层受压缩变短，两层之间存在一长度不变的中性层，沿中性层形成的面称为节面，见表 12.1。节面的宽度称为节宽 b_p。节面的周长为 V 带的基准长度 L_d。

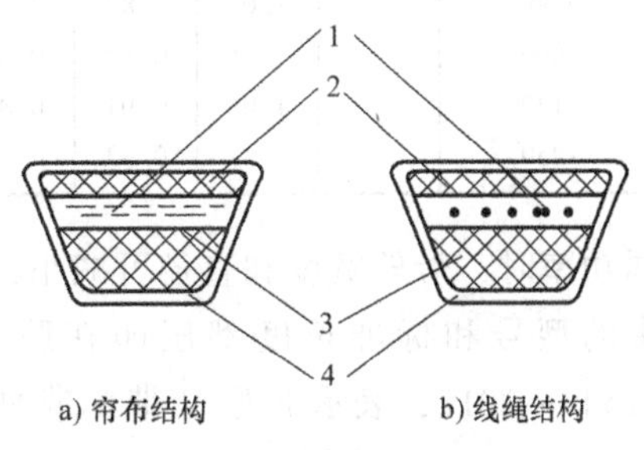

图 12.6　V 带横截面结构

1—抗拉体　2—顶胶　3—底胶　4—包布

普通 V 带已经标准化，按截面尺寸分为 Y、Z、A、B、C、D、E 七种，截面高度与节宽的比值为 0.7，V 带的楔角 $\theta=40°$；窄 V 带分为 SPZ、SPA、SPB、SPC 四种，截面高度与节宽的比值为 0.9。带的截面尺寸见表 12.1，基准长度系列见表 12.2。

窄 V 带的抗拉体采用高强度绳芯，能承受较大的预紧力，且可挠曲次数高，当带高与普通 V 带相同时，其带宽较普通 V 带小约 1/3，而承载能力可提高 1.5～2.5 倍。在传递相

表 12.1　普通 V 带的截面尺寸

截型	节宽 b_p/mm	顶宽 b /mm	高度 h/mm	质量 q /kg · m^{-1}	截面面积 A/mm^2	楔角 θ
Y	5.3	6	4	0.02	18	40°
Z	8.5	10	6	0.06	47	
A	11	13	8	0.10	81	
B	14	17	11	0.17	138	
C	19	22	14	0.30	230	
D	27	32	19	0.62	476	
E	32	38	25	0.90	692	

表 12.2　普通 V 带基准长度 L_d 及长度系数 K_L

基准长度 L_d/mm	K_L				基准长度 L_d/mm	K_L					
	Y	Z	A	B		Z	A	B	C	D	E
200	0.81				1400	1.14	0.96	0.90	0.83		
224	0.82				1600	1.16	0.99	0.92	0.86		
250	0.84				1800	1.18	1.01	0.95	0.88		
280	0.87				2000		1.03	0.98	0.91		
315	0.89				2240		1.06	1.00	0.93		
355	0.92				2500		1.09	1.03	0.95		
400	0.96	0.87			2800		1.11	1.05	0.97	0.83	
450	1.00	0.89			3150		1.13	1.07	0.99	0.86	
500	1.02	0.91			3550		1.17	1.09	1.02	0.89	
560		0.94			4000		1.19	1.13	1.04	0.91	
630		0.96	0.81		4500			1.15	1.07	0.93	0.90
710		0.99	0.83		5000			1.18	1.09	0.96	0.92
800		1.00	0.85		5600				1.12	0.98	0.95
900		1.03	0.87	0.82	6300				1.15	1.00	0.97
1000		1.06	0.89	0.84	7100				1.18	1.03	1.00
1120		1.08	0.91	0.86	8000				1.21	1.06	1.02
1250		1.11	0.93	0.88	9000					1.08	1.05

同功率时，带轮宽度和直径可减小，费用比普通 V 带降低 20%~40%，故应用日趋广泛。V 带的型号和标准长度都压印在胶带的外表面上，以供识别和选用。例如：B2240GB/T 11544—2012，表示 B 型 V 带，带的基准长度为 2240mm。

12.2.2　V 带轮的材料和结构

制造 V 带轮的材料可采用灰铸铁、钢、铝合金或工程塑料，以灰铸铁应用最为广泛。当带速 v 不大于 25m/s 时，常采用 HT150；v>25~30m/s 时，常采用 HT200。速度更高的带轮可采用球墨铸铁或铸钢，也可采用冲压钢板焊接带轮。小功率传动可采用铸铝或工程塑料。带轮的结构设计主要是根据带轮的基准直径选择结构形式。主要由轮缘、轮辐、轮毂三部分组成。

带轮基准直径 $d_d \leqslant (2.5\sim3)d_s$（$d_s$ 为带轮轴直径，单位为 mm）时，可采用实心结构，

如图 12.7a 所示；$d_d \leqslant 300$mm 时，可采用腹板式或孔板式结构，如图 12.7b、c 所示；$d_d >$ 300mm 时，可采用轮辐式结构，如图 12.7d 所示。

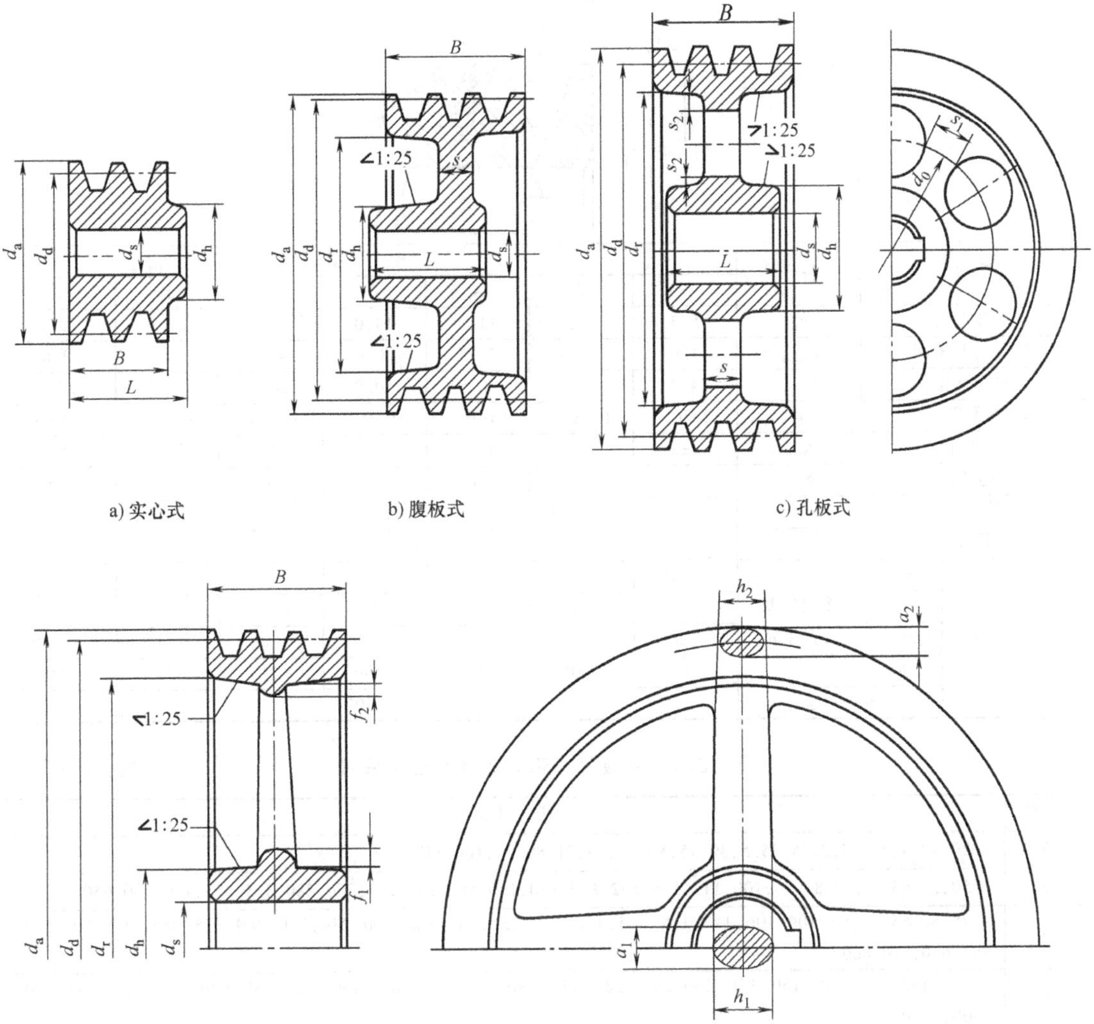

a) 实心式　　b) 腹板式　　c) 孔板式

d) 轮辐式

$d_h=(1.8\sim2)d_s$　　$d_f=d_a-2(h_a+h_f+\delta)$　　$h_1=290[P/(nz_a)]^{1/3}$

$h_2=0.8h_1$　　$d_0=(d_h+d_f)/2$　　$s=(0.2\sim0.3)B$　　$L=(1.5\sim2)d_s$

$s_1\geqslant1.5s$　　$s_2\geqslant0.5s$　　$a_1=0.4h_1$　　$a_2=0.8a_1$　　$f_1=f_2=0.2h_1$

h_a、h_f、δ、B 见表12.3；　d_s 为轴的直径；P为传递的功率(kW)；n为带轮的转速(r/min)；z_a 为辐条数

图 12.7　V 带轮的结构

带轮的轮槽尺寸见表 12.3。

表中 b_d 表示带轮轮槽的基准宽度，通常与 V 带的节面宽度 b_p 相等，即 $b_d=b_p$。基准宽度处带轮的直径称为基准直径 d_d，如表 12.3 中的插图所示。V 带轮的基准直径系列见表 12.4。带轮的轮槽尺寸要精细加工（表面粗糙度为 $Ra3.2$），以减小带的磨损；各槽的尺寸和角度应保持一定的精度，使载荷分布均匀。

表 12.3 普通 V 带带轮轮槽尺寸 （单位：mm）

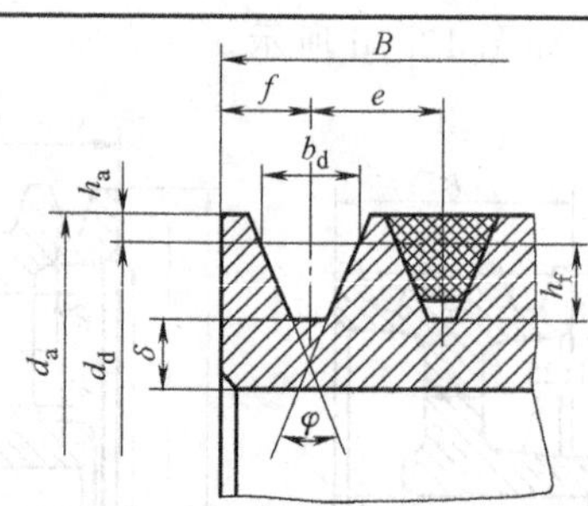

项目		符号	槽型						
			Y	Z	A	B	C	D	E
基准宽度		b_d	5.3	8.5	11.0	14.0	19.0	27.0	32.0
基准线上槽深		h_{amin}	1.6	2.0	2.75	3.5	4.8	8.1	9.6
基准线下槽深		h_{fmin}	4.7	7.0	8.7	10.8	14.3	19.9	23.4
槽间距		e	8±0.3	12±0.3	15±0.3	19±0.4	25.5±0.5	37±0.6	44.5±0.7
槽边距		f_{min}	7±1	8±1	10^{+2}_{-1}	12.5^{+2}_{-1}	17^{+2}_{-1}	23^{+3}_{-1}	29^{+4}_{-1}
结构尺寸		δ_{min}	5	5.5	6	7.5	10	12	15
带轮宽		B	计算用经验公式 $B=(z-1)e+2f$ z——轮槽数						
外径		d_a	$d_a=d_d+2h_a$						
轮槽角 φ	32°	相应的基准直径 d_d	≤60						
	34°			≤80	≤118	≤190	≤315		
	36°		>60					≤475	≤600
	38°			>80	>118	>190	>315	>475	>600
	偏差		±30′						

表 12.4 普通 V 带带轮的基准直径系列 （单位：mm）

带型	基准直径 d_d
Y	20,22.4,25,28,31.5,35.5,40,45,50,56,63,71,80,90,100,112,125
Z	50,56,63 71,75,80,90,100,112,125,132,140,150,160,180,200,224,250,280,315,355,400,500,630
A	75,80,85,90,95,100,106,112,118,125,132,140,150,160,180,200,224,250,280,315,355,400,450,500,560,630,710,800
B	125,132,140,150,160,170,180,200,224,250,280,315,355,400,450,500,560,630,710,750,800,900,1000,1120
C	200,212,224,236,250,265,280,300,315,335,355,400,450,500,560,600,630,710,750,800,900,1000,1120,1250,1400,1600,2000
D	355,375,400,425,450,475,500,560,600,630,710,750,800,900,1000,1060,1120,1250,1400,1500,1600,1800,2000
E	500,530,560,600,630,670,710,800,900,1000,1120,1250,1400,1500,1600,1800,2000,2240,2500

12.3 带传动的工作情况分析

12.3.1 带传动的受力分析

安装带传动时，传动带即以一定的预紧力 F_0 紧套在两个带轮上。由于 F_0 的作用，带和

带轮的接触面上就产生了正压力。带传动不工作时传动带两边的拉力相等，都等于 F_0，如图 12.8a 所示。

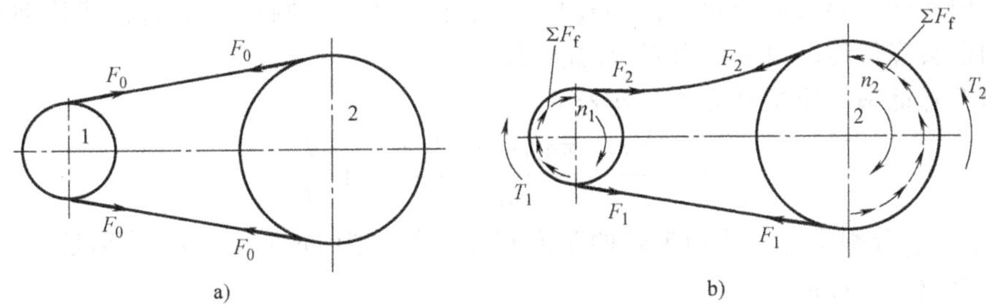

图 12.8　带传动的受力分析

带工作时：主动轮对带的摩擦力 F_f 的方向与带的运动方向一致，从动轮对带的摩擦力 F_f 的方向与带的运动方向相反，故带两边的拉力不再相等。带绕上主动轮的一边力增大，由 F_0 增至 F_1，该边称为紧边，F_1 则称为紧边拉力；另一边力减小，由 F_0 减至 F_2，称为松边，F_2 则称为松边拉力，如图 12.8b 所示。紧边与松边拉力的差值（F_1-F_2）为带传动中起传递力矩作用的拉力，称为有效拉力 F_e，即

$$F_e=F_1-F_2 \tag{12.1}$$

若带传递功率为 P（kW），带速为 v（m/s），有效拉力为 F_e（N），则

$$P=\frac{F_e v}{1000} \tag{12.2}$$

如果近似地认为工作前后环形带总长不变，则应有：带的紧边拉力增量应等于松边拉力的减少量，即 $F_1-F_0=F_0-F_2$，即

$$F_1+F_2=2F_0 \tag{12.3}$$

由式（12.1）、式（12.3）得

$$\begin{cases} F_1=F_0+F_e/2 \\ F_2=F_0-F_e/2 \end{cases} \tag{12.4}$$

12.3.2　带的弹性滑动和打滑

1. 弹性滑动

带是弹性体，受到拉力会产生弹性伸长，拉力越大，弹性伸长越大。如图 12.9 所示，当带绕上主动轮于点 A_1 时，带速和主动轮的圆周速度相等。在带由点 A_1 运动到点 B_1 的过程中，带受到的拉力由 F_1 逐步减小为 F_2。与此对应，带的伸长量也由点 A_1 处的最大逐渐减少到点 B_1 处的最小，带相对于带轮出现回缩，导致带速小于带轮的圆周速度，出现了带与带轮之间的相对滑动。在从动轮一侧，带由点 A_2 运动到点 B_2 的过程中，带的拉力由 F_2 逐渐增加到 F_1，带的弹性伸长也随之由最小值增加到最大，带相对于带轮出现向前拉伸，导致带速大于带轮的圆周速度，使带与带轮之间产

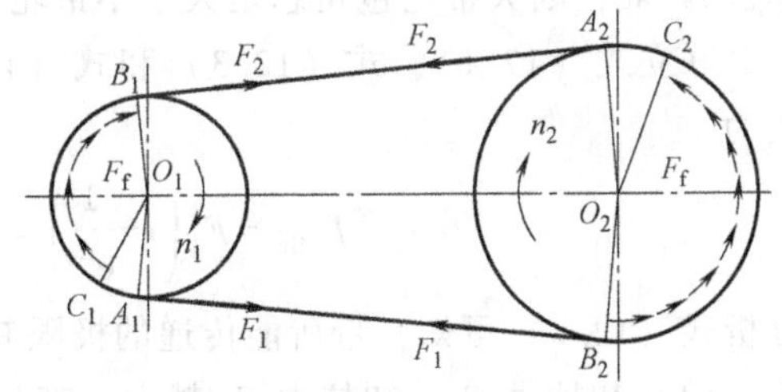

图 12.9　带传动的弹性滑动

生相对滑动。所以，由于带的紧边拉力与松边拉力不等，因而弹性变形量也不等，将造成带在带轮上微量滑动，这种微量的滑动现象称为弹性滑动。弹性滑动造成带的线速度 v 略低于带轮的圆周速度，导致从动轮的圆周速度 v_2 低于主动轮的圆周速度 v_1，使传动比不准确。弹性滑动也会降低传动效率，引起带的磨损。

其速度降低率可用相对滑动率 ε 表示。

$$\varepsilon=\frac{v_1-v_2}{v_1}=\frac{\pi d_{d1}n_1-\pi d_{d2}n_2}{\pi d_{d1}n_1}=1-\frac{d_{d2}n_2}{d_{d1}n_1} \tag{12.5}$$

式中，d_{d1}、d_{d2}分别是主、从动带轮的基准直径，单位为 mm；n_1、n_2 分别是主、从动带轮的转速，单位为 r/min。

此时传动比计算公式为

$$i=\frac{n_1}{n_2}=\frac{d_{d2}}{(1-\varepsilon)d_{d1}}\approx\frac{d_{d2}}{d_{d1}} \tag{12.6}$$

相对滑动率 $\varepsilon=0.01\sim0.02$，故在一般计算中可不考虑。

2. 打滑

当外载荷较小时，弹性滑动只发生在带即将由主、从动轮离开的一段弧上，如图 12.9 中所示 C_1B_1 和 C_2B_2。传递外载荷增大时，有效拉力随之加大，弹性滑动区域也随之扩大。当有效拉力达到或超过某一极限值时，带与小带轮在整个接触弧上的摩擦力达到极限，若外载荷继续增加，带将沿整个接触弧滑动，这种现象称为打滑。此时主动轮还在转动，但从动轮转速急剧下降，带迅速磨损、发热而损坏，使传动失效。所以，带传动正常工作时必须避免打滑。

12.3.3 带的极限有效拉力 F_{eLim} 及其影响因素

在其他条件不变预紧力 F_0 一定时，带和带轮接触面上的摩擦力 $\sum F_f$ 有一个极限值，即最大摩擦力（或最大有效拉力 F_{emax}），也称带的极限有效拉力 F_{eLim}。该极限值限制了带传动的传动能力。若需要传递的有效拉力 F_e 超过极限值 F_{eLim}，则带将在带轮上打滑，这时传动失效。

当带处于将要打滑而未打滑的临界状态时，紧边拉力 F_1 和松边拉力 F_2 的关系可由柔韧体摩擦的欧拉公式给出，即

$$F_1=F_2e^{f\alpha} \tag{12.7}$$

式中，e 为自然对数的底，e=2.718…；f 为摩擦系数，V 带用当量摩擦系数 f_v 代替 f，$f_v=f/\sin(\varphi/2)$，φ 为带轮的楔角（见表 12.3）；α 为包角，即带与带轮接触弧对应的中心角，单位为 rad，因大带轮包角总是大于小带轮包角，故这里应取 α 为小带轮包角。

联立式（12.1）、式（12.3）和式（12.7），经整理可得到极限有效拉力 F_{elim} 的表达式为

$$F_{elim}=F_1\left(1-\frac{1}{e^{f\alpha}}\right)=2F_0\frac{e^{f\alpha}-1}{e^{f\alpha}+1}=2F_0\left(1-\frac{2}{1+e^{f\alpha}}\right) \tag{12.8}$$

分析式（12.8）可知，带所能传递的极限有效拉力 F_{eLim} 与下列因素有关：

（1）初拉力 F_0 初拉力 F_0 越大，带与带轮间的正压力越大，最大有效拉力 F_{eLim} 越大。

但当 F_0 过大时，将导致带的磨损加剧，带的使用寿命缩短；当 F_0 过小时，带的工作能力将不足，工作时易打滑。

（2）包角 α　最大有效拉力 F_{eLim} 随包角 α 的增大而增大。为保证带的传动能力，一般要求 $\alpha_{min} \geqslant 120°$。

（3）摩擦系数 f　摩擦系数 f 越大，最大有效拉力 F_{eLim} 越大。f 与带及带轮材料、表面状况及工作环境等有关。

此外，欧拉公式是在忽略离心力影响下导出的，若 v 较大，带产生的离心力就大，这将减小带与带轮间的正压力，因而使 F_{eLim} 减小。

12.3.4　带传动的应力分析

带在工作过程中主要承受拉应力、离心应力和弯曲应力三种应力。

1. 拉应力

当带传动工作时，紧边产生的拉应力 σ_1 和松边产生的拉应力 σ_2 分别为

紧边拉应力

$$\sigma_1 = \frac{F_1}{A} \tag{12.9}$$

松边拉应力

$$\sigma_2 = \frac{F_2}{A} \tag{12.10}$$

式中，A 为带的横截面面积，单位为 mm^2；σ 单位为 MPa。

2. 离心应力

带在绕过带轮时作圆周运动，从而产生离心力，并在带中产生离心应力。离心应力作用于带长的各个截面上，且大小相等。离心应力 σ_c 可由下式计算

$$\sigma_c = \frac{qv^2}{A} \tag{12.11}$$

式中，σ_c 为离心应力，单位为 MPa；q 为带单位长度的质量，单位为 kg/m，查表 12.1；v 为带的线速度，单位为 m/s。

3. 弯曲应力

当带绕过带轮时，因弯曲而产生弯曲应力，弯曲应力只产生在带绕上带轮的部分。根据材料力学有

$$\sigma_b = E\,\frac{2h_a}{d_d} \tag{12.12}$$

式中，σ_b 为弯曲应力，单位为 MPa；E 为带的弹性模量，单位为 MPa；h_a 为带的最外层到中性层的距离，单位为 mm；d_d 为带轮的基准直径，单位为 mm。

在带的高度 h 一定的情况下，d_d 越小带的弯曲应力就越大，为防止过大的弯曲应力，对各种型号的 V 带都规定了最小带轮直径 d_{min}，见表 12.5。

带在传动时，作用在带上某点的应力，随它所处的位置不同而变化。当带回转一周时，应力变化一个周期。当应力循环一定次数时，带将疲劳断裂。图 12.10 所示为带上各个截面的应力分布情况，其中，最大应力发生在紧边绕入小带轮处，其值为

$$\sigma_{max}=\sigma_1+\sigma_{b1}+\sigma_c \tag{12.13}$$

表 12.5 V 带轮的最小基准直径

型　号	Y	Z	A	B	C	D	E
d_{min}/mm	20	50	75	125	200	355	500

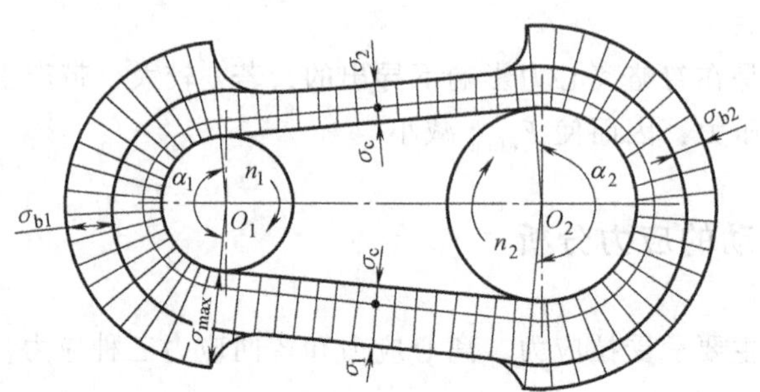

图 12.10　带上各截面的应力分布

12.3.5　带传动的主要失效形式

带传动主要失效形式为：①打滑；②带的疲劳破坏。由图 12.10 所示可以看出，带的任意横截面上的应力，将随着带的运转而循环变化。当应力循环达到一定次数，即带使用一段时间后，传动带的局部将出现帘布（或线绳）与橡胶脱离，造成该处松散甚至断裂，从而发生疲劳破坏，丧失传动能力。

12.4　V 带传动的设计计算

12.4.1　设计准则和单根 V 带的额定功率

1. 设计准则

根据带传动的主要失效形式，带传动的设计准则是：在保证不打滑的前提下，最大限度地发挥带传动的工作能力，同时保证带具有一定的疲劳强度和使用寿命。

2. 单根 V 带所能传递的额定功率

不打滑、不疲劳的有效圆周力应满足

$$F_e=\frac{1000P}{v}\leqslant F_{eLim} \tag{12.14}$$

带处于开始打滑的临界状态时，带的最大有效拉力 F_{max} 及带的紧边拉力 F_1 应满足

$$F_{eLim}=F_1\left(1-\frac{1}{e^{f_v\alpha}}\right) \tag{12.15}$$

带的疲劳强度条件为

$$\sigma_{max}=\sigma_1+\sigma_{b1}+\sigma_c\leqslant[\sigma] \tag{12.16}$$

当带不发生疲劳破坏且最大应力 σ_{max} 达到许用应力 $[\sigma]$ 时，紧边拉应力为

$$\sigma_1=[\sigma]-\sigma_{b1}-\sigma_c \tag{12.17}$$

由式（12.2）、式（12.9）、式（12.15）和式（12.17）经推导可得单根 V 带所能传递的额定功率为

$$P_0=\frac{F_e v}{1000}=\frac{([\sigma]-\sigma_{b1}-\sigma_c)(1-1/e^{f_v\alpha})Av}{1000} \tag{12.18}$$

式中，v 为带速，单位为 m/s；A 为带的截面面积，单位为 mm^2。

许用应力 $[\sigma]$ 和 V 带的型号、材料、长度及预期寿命等因素有关，由实验结果得出，在 $10^8\sim10^9$ 次循环应力条件下，许用应力 $[\sigma]$ 为

$$[\sigma]=\sqrt[11.1]{\frac{CL_d}{3600mvT_h}} \tag{12.19}$$

式中，m 为带轮数目；v 为 V 带的速度，单位为 m/s；T 为 V 带的使用寿命，单位为 h；L_d 为 V 带的基准长度，单位为 m；C 为由 V 带材料及结构决定的实验系数。

在特定带长、使用寿命、传动比（$i=1$、$\alpha=180°$）以及在载荷平稳条件下，通过疲劳试验测得带的许用应力 $[\sigma]$ 后，代入式（12.18）便可求出特定条件下的 P_0 值，见表 12.6。

表 12.6　包角 $\alpha=180°$、特定带长、工作平稳情况下，单根 V 带的额定功率 P_0

（单位：kW）

型号	小带轮直径 d_{d1}/mm	小带轮转速 n_1/r·min^{-1}												
		200	400	730	800	980	1200	1460	1600	2000	2400	2800	3200	3600
Z	50	0.04	0.06	0.09	0.10	0.12	0.14	0.16	0.17	0.20	0.22	0.26	0.28	0.30
	63	0.05	0.08	0.13	0.15	0.18	0.22	0.25	0.27	0.32	0.37	0.41	0.45	0.47
	71	0.06	0.09	0.17	0.20	0.23	0.27	0.31	0.33	0.39	0.46	0.50	0.54	0.58
	80	0.10	0.14	0.20	0.22	0.26	0.30	0.36	0.39	0.44	0.50	0.56	0.61	0.64
	90	0.10	0.14	0.22	0.24	0.28	0.33	0.37	0.40	0.48	0.54	0.60	0.64	0.68
A	75	0.16	0.27	0.42	0.45	0.52	0.60	0.68	0.73	0.84	0.92	1.00	1.04	1.08
	90	0.22	0.39	0.63	0.68	0.79	0.93	1.07	1.15	1.34	1.50	1.64	1.75	1.83
	100	0.26	0.47	0.77	0.83	0.97	1.14	1.32	1.42	1.66	1.87	2.05	2.19	2.28
	112	0.31	0.56	0.93	1.00	1.18	1.39	1.62	1.74	2.04	2.30	2.51	2.68	2.78
	125	0.37	0.67	1.11	1.19	1.40	1.66	1.93	2.07	2.44	2.74	2.98	3.16	3.26
	140	0.43	0.78	1.31	1.41	1.66	1.96	2.29	2.45	2.87	3.22	3.48	3.65	3.72
	160	0.51	0.94	1.56	1.69	2.00	2.36	2.74	2.94	3.42	3.80	4.06	4.19	4.17
B	125	0.48	0.84	1.34	1.44	1.67	1.93	2.20	2.33	2.64	2.85	2.96	2.94	2.80
	140	0.59	1.05	1.69	1.82	2.13	2.47	2.83	3.00	3.42	3.70	3.85	3.83	3.63
	160	0.74	1.32	2.16	2.32	2.72	3.17	3.64	3.86	4.40	4.75	4.89	4.80	4.46
	180	0.88	1.59	2.61	2.81	3.30	3.85	4.41	4.68	5.30	5.67	5.76	5.52	4.92
	200	1.02	1.85	3.06	3.30	3.86	4.50	5.15	5.46	6.13	6.47	6.43	5.95	4.98
	224	1.19	2.17	3.59	3.86	4.50	5.26	5.99	6.33	7.02	7.25	6.95	6.05	4.47

型号	小带轮直径 d_1/mm	小带轮转速 n_1/r·min^{-1}												
		100	200	300	400	500	600	730	980	1200	1460	1600	1800	2000
C	200		1.39	1.92	2.41	2.87	3.30	3.80	4.66	5.29	5.86	6.07	6.28	6.34
	224		1.70	2.37	2.99	3.58	4.12	4.78	5.89	6.71	7.47	7.75	8.00	8.05
	250		2.03	2.85	3.62	4.33	5.00	5.82	7.18	8.21	9.06	9.38	9.63	9.62
	280		2.42	3.40	4.32	5.19	6.00	6.99	8.65	9.81	10.74	11.06	11.22	11.04
	315		2.86	4.04	5.14	6.17	7.14	9.34	10.23	11.53	12.48	12.72	12.67	12.14
	400		3.91	5.54	7.06	8.52	9.82	11.52	13.67	15.04	15.51	15.24	14.08	11.95

（续）

型号	小带轮直径 d_1/mm	小带轮转速 n_1/r·min^{-1}												
		100	200	300	400	500	600	730	980	1200	1460	1600	1800	2000
D	355	3.01	5.31	7.35	9.24	10.90	12.39	14.04	16.30	17.25	16.70	15.63	12.97	
	400	3.66	6.52	9.13	11.45	13.55	15.42	17.58	20.25	21.20	20.03	18.31	14.28	
	450	4.37	7.90	11.02	13.85	16.40	18.67	21.12	24.16	24.84	22.42	19.59	13.34	
	500	5.08	9.21	12.88	16.20	19.17	21.78	24.52	27.60	27.61	23.28	18.88	9.59	
	560	5.91	10.76	15.07	18.95	22.38	25.32	28.28	31.00	29.67	22.08	15.13		
E	500	6.21	10.86	14.96	18.55	21.65	24.21	26.62	28.52	25.53	16.25			
	560	7.32	13.09	18.10	22.49	26.25	29.30	32.02	33.00	28.49	14.52			
	630	8.75	15.65	21.69	26.95	31.36	34.83	37.64	37.14	29.17				
	710	10.31	18.52	25.69	31.83	36.85	40.58	43.07	39.56	25.91				
	800	12.05	21.70	30.05	37.05	42.53	46.26	47.79	39.08	16.46				

在传动比 $i>1$ 时，带传动的工作能力有所提高，即单根 V 带有一定的功率增量 ΔP_0，其值见表 12.7，这时单根 V 带所能传递的功率为 $P_0+\Delta P_0$。

表 12.7 考虑 $i>1$ 时，单根 V 带的额定功率增量 ΔP_0 （单位：kW）

型号	传动比 i	小带轮转速 n_1/r·min^{-1}												
		200	400	730	800	980	1200	1460	1600	2000	2400	2800	3200	3600
Z	1.00~1.01		0.00	0.00	0.00	0.00	0.00	0.00	0.00	0.00	0.00	0.00	0.00	0.00
	1.02~1.04		0.00	0.00	0.00	0.00	0.00	0.00	0.00	0.00	0.00	0.00	0.00	0.02
	1.05~1.08		0.00	0.00	0.00	0.00	0.00	0.00	0.00	0.00	0.00	0.00	0.00	0.00
	1.09~1.12		0.00	0.00	0.00	0.00	0.00	0.00	0.00	0.00	0.00	0.00	0.00	0.00
	1.13~1.18		0.00	0.00	0.00	0.00	0.00	0.00	0.00	0.00	0.00	0.00	0.00	0.00
	1.19~1.24		0.00	0.00	0.00	0.00	0.01	0.00	0.00	0.00	0.00	0.00	0.00	0.00
	1.25~1.34		0.00	0.00	0.00	0.00	0.00	0.00	0.00	0.00	0.00	0.03	0.00	0.00
	1.35~1.51		0.00	0.00	0.00	0.00	0.00	0.02	0.00	0.00	0.00	0.00	0.00	0.00
	1.52~1.99		0.00	0.00	0.00	0.00	0.00	0.00	0.00	0.00	0.00	0.04	0.00	0.05
	≥2.0		0.00	0.00	0.00	0.00	0.00	0.00	0.00	0.00	0.00	0.00	0.00	0.00
A	1.00~1.01	0.00	0.00	0.00	0.00	0.00	0.00	0.00	0.00	0.00	0.00	0.00	0.00	0.00
	1.02~1.04	0.00	0.00	0.10	0.00	0.00	0.02	0.02	0.02	0.03	0.03	0.04	0.04	0.05
	1.05~1.08	0.00	0.01	0.02	0.02	0.03	0.03	0.04	0.04	0.06	0.07	0.08	0.09	0.10
	1.09~1.12	0.00	0.02	0.03	0.03	0.04	0.05	0.06	0.06	0.08	0.10	0.11	0.13	0.15
	1.13~1.18	0.00	0.02	0.04	0.04	0.05	0.07	0.08	0.09	0.11	0.13	0.15	0.17	0.19
	1.19~1.24	0.00	0.03	0.05	0.05	0.06	0.08	0.09	0.11	0.13	0.16	0.19	0.22	0.24
	1.25~1.34	0.02	0.03	0.06	0.06	0.07	0.10	0.11	0.13	0.16	0.19	0.23	0.26	0.29
	1.35~1.51	0.02	0.04	0.07	0.08	0.08	0.11	0.13	0.15	0.19	0.23	0.26	0.30	0.34
	1.52~1.99	0.02	0.04	0.08	0.09	0.10	0.13	0.15	0.17	0.22	0.26	0.30	0.34	0.39
	≥2.0	0.03	0.05	0.09	0.10	0.11	0.15	0.17	0.19	0.24	0.29	0.34	0.39	0.44
B	1.00~1.01	0.00	0.00	0.00	0.00	0.00	0.00	0.00	0.00	0.00	0.00	0.00	0.00	0.00
	1.02~1.04	0.01	0.01	0.02	0.03	0.03	0.04	0.05	0.06	0.07	0.08	0.10	0.11	0.13
	1.05~1.08	0.01	0.03	0.05	0.06	0.07	0.08	0.10	0.11	0.14	0.17	0.20	0.23	0.25
	1.09~1.12	0.02	0.04	0.07	0.08	0.10	0.13	0.15	0.17	0.21	0.25	0.29	0.34	0.38
	1.13~1.18	0.03	0.06	0.10	0.11	0.13	0.17	0.20	0.23	0.28	0.34	0.39	0.45	0.51
	1.19~1.24	0.04	0.07	0.12	0.14	0.17	0.21	0.25	0.28	0.35	0.42	0.49	0.56	0.63
	1.25~1.34	0.04	0.08	0.15	0.17	0.20	0.25	0.31	0.34	0.42	0.51	0.59	0.68	0.76
	1.35~1.51	0.05	0.10	0.17	0.20	0.23	0.30	0.36	0.39	0.49	0.59	0.69	0.79	0.89
	1.52~1.99	0.06	0.11	0.20	0.23	0.26	0.34	0.40	0.45	0.56	0.68	0.79	0.90	1.01
	≥2.0	0.06	0.13	0.22	0.25	0.30	0.38	0.46	0.51	0.63	0.76	0.89	1.01	1.14

（续）

型号	传动比 i	小带轮转速 n_1/r · min^{-1}												
		100	200	300	400	500	600	730	980	1200	1460	1600	1800	2000
C	1.00~1.01		0.00	0.00	0.00	0.00	0.00	0.00	0.00	0.00	0.00	0.00	0.00	0.00
	1.02~1.04		0.02	0.03	0.04	0.05	0.06	0.07	0.09	0.12	0.14	0.16	0.18	0.20
	1.05~1.08		0.04	0.06	0.08	0.10	0.12	0.14	0.19	0.24	0.28	0.31	0.35	0.39
	1.09~1.12		0.06	0.09	0.12	0.15	0.18	0.21	0.27	0.35	0.42	0.47	0.53	0.59
	1.13~1.18		0.08	0.12	0.16	0.20	0.24	0.27	0.37	0.47	0.58	0.63	0.71	0.78
	1.19~1.24		0.10	0.15	0.20	0.24	0.29	0.34	0.47	0.59	0.71	0.78	0.88	0.98
	1.25~1.34		0.12	0.18	0.23	0.29	0.35	0.41	0.56	0.70	0.85	0.94	1.06	1.17
	1.35~1.51		0.14	0.21	0.27	0.34	0.41	0.48	0.65	0.82	0.99	1.10	1.23	1.37
	1.52~1.99		0.16	0.24	0.31	0.39	0.47	0.55	0.74	0.94	1.14	1.25	1.41	1.57
	≥2.0		0.18	0.26	0.35	0.44	0.53	0.62	0.83	1.06	1.27	1.41	1.59	1.76
D	1.00~1.01	0.00	0.00	0.00	0.00	0.00	0.00	0.00	0.00	0.00	0.00	0.00	0.00	
	1.02~1.04	0.03	0.07	0.10	0.14	0.17	0.21	0.24	0.33	0.42	0.51	0.56	0.63	
	1.05~1.08	0.07	0.14	0.21	0.28	0.35	0.42	0.49	0.66	0.84	1.01	1.11	1.24	
	1.09~1.12	0.10	0.21	0.31	0.42	0.52	0.62	0.73	0.99	1.25	1.51	1.67	1.88	
	1.13~1.18	0.14	0.28	0.42	0.56	0.70	0.83	0.97	1.32	1.67	2.02	2.23	2.51	
	1.19~1.24	0.17	0.35	0.52	0.70	0.87	1.04	1.22	1.60	2.09	2.52	2.78	3.13	
	1.25~1.34	0.21	0.42	0.62	0.83	1.04	1.25	1.46	1.92	2.50	3.02	3.33	3.74	
	1.35~1.51	0.24	0.49	0.73	0.97	1.22	1.46	1.70	2.31	2.92	3.52	3.89	4.98	
	1.52~1.99	0.28	0.56	0.83	1.11	1.39	1.67	1.95	2.64	3.34	4.03	4.45	5.01	
	≥2.0	0.31	0.63	0.94	1.25	1.56	1.88	2.19	2.97	3.75	4.53	5.00	5.62	
E	1.00~1.01	0.00	0.00	0.00	0.00	0.00	0.00	0.00	0.00	0.00	0.00			
	1.02~1.04	0.07	0.14	0.21	0.28	0.34	0.41	0.48	0.65	0.80	0.98			
	1.05~1.08	0.14	0.28	0.41	0.55	0.64	0.83	0.97	1.29	1.61	1.95			
	1.09~1.12	0.21	0.41	0.62	0.83	1.03	1.24	1.45	1.95	2.40	2.92			
	1.13~1.18	0.28	0.55	0.83	1.00	1.38	1.65	1.93	2.62	3.21	3.90			
	1.19~1.24	0.34	0.69	1.03	1.38	1.72	2.07	2.41	3.27	4.01	4.88			
	1.25~1.34	0.41	0.83	1.24	1.65	2.07	2.48	2.89	3.92	4.81	5.85			
	1.35~1.51	0.48	0.96	1.45	1.93	2.41	2.89	3.38	4.58	5.61	6.83			
	1.52~1.99	0.55	1.10	1.65	2.20	2.76	3.31	3.86	5.23	6.41	7.80			
	≥2.0	0.62	1.24	1.86	2.48	3.10	3.72	4.34	5.89	7.21	8.78			

如果实际情况下包角不等于 180°，当 V 带长度与特定带长不相等时，引入包角系数 K_α 和长度系数 K_L（分别见表 12.8 和表 12.2），对单根 V 带所能传递的功率进行修正。在实际情况下，单根 V 带所能传递的功率为

$$P_0' = (P_0 + \Delta P_0) K_\alpha K_L \tag{12.20}$$

表 12.8 小带轮的包角修正系数 K_α

包角 α_1	180°	175°	170°	165°	160°	155°	150°	145°	140°	135°	130°	125°	120°	110°	100°	90°
K_α	1	0.99	0.98	0.96	0.95	0.93	0.92	0.91	0.89	0.88	0.86	0.84	0.82	0.78	0.74	0.69

12.4.2 带传动设计步骤和参数选择

设计 V 带传动的原始数据为带传递的功率 P，转速 n_1、n_2（或传动比 i）以及外廓尺寸的要求等。

设计内容有：确定带的型号、长度、根数、传动中心距、带轮直径以及带轮结构尺寸等。设计步骤一般为：

1. 确定计算功率 P_{ca}

$$P_{ca}=K_A P \tag{12.21}$$

式中，P 为带传递的额定功率，单位为 kW；K_A 为工况系数，见表 12.9。

表 12.9 工况系数 K_A

载荷性质	工作机	原动机：空、轻载起动，每天工作小时数/h <10	空、轻载起动 10~16	空、轻载起动 >16	重载起动 <10	重载起动 10~16	重载起动 >16
载荷变动微小	液体搅拌机，通风机和鼓风机（≤7.5kW），离心式水泵和压缩机，轻型输送机	1.0	1.1	1.2	1.1	1.2	1.3
载荷变动小	带式输送机（不均匀负荷），通风机（>7.5kW），旋转式水泵和压缩机（非离心式），发电机，金属切削机床、旋转筛、锯木机和木工机械	1.1	1.2	1.3	1.2	1.3	1.4
载荷变动较大	制砖机，斗式提升机，往复式水泵和压缩机，起重机，磨粉机，冲剪机床，旋转筛，纺织机械，重载输送机	1.2	1.3	1.4	1.4	1.5	1.6
载荷变动很大	破碎机（旋转式、颚式等），磨碎机（棒磨、球磨、管磨）	1.3	1.4	1.5	1.5	1.6	1.8

注：1. 空、轻载起动：电动机（交流起动、三角起动、直流并励）、四缸以上的内燃机、装有离心式离合器、液力联轴器的动力机。

2. 重载起动：电动机（联机交流起动、直流复励或串励）、四缸以下的内燃机。

3. 反复起动、正反转频繁、工作条件恶劣等场合，K_A 应乘以 1.2。

2. 选择 V 带的型号

根据计算功率 P_{ca} 和主动轮转速 n_1 由图 12.11 选择带的型号。

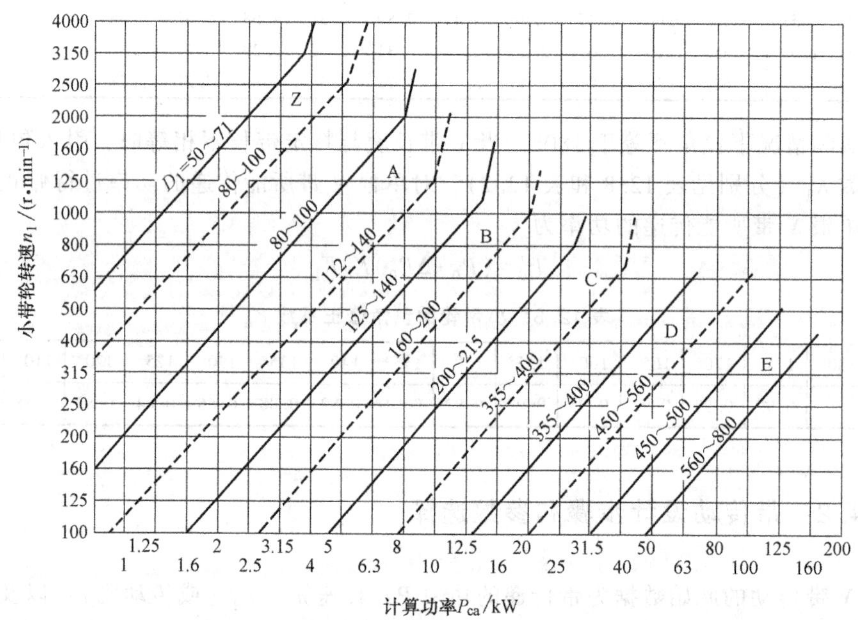

图 12.11 普通 V 带选型图

3. 确定带轮的基准直径 d_{d1} 和 d_{d2}

小带轮直径 d_{d1} 应大于或等于表 12.5 中所列的最小直径 d_{dmin}。d_{d1} 过小则带的弯曲应力较大，反之又使外廓尺寸增大。一般在工作位置允许的情况下，小带轮直径取得大些可减小弯曲应力，提高承载能力和延长带的使用寿命。由式（12.6）得

$$d_{d2}=\frac{n_1}{n_2}d_{d1} \tag{12.22}$$

d_{d1}、d_{d2} 均应符合带轮直径系列尺寸，见表 12.4。

4. 验算带速 v

$$v=\frac{\pi d_{d1}n_1}{60\times1000} \tag{12.23}$$

带速太高离心力增大，使带与带轮间的摩擦力减小，容易打滑；带速太低，传递功率一定时所需的有效拉力过大，也会打滑。一般应使

普通 V 带　　$5\mathrm{m/s}<v<25\mathrm{m/s}$

窄 V 带　　$5\mathrm{m/s}<v<35\mathrm{m/s}$

否则应重选 d_{d1}。

5. 确定中心距 a 和带的基准长度 L_d

在无特殊要求时，可按下式初选中心距 a_0

$$0.7(d_{d1}+d_{d2})\leqslant a_0\leqslant 2(d_{d1}+d_{d2}) \tag{12.24}$$

由带传动的几何关系，可得带的基准长度计算公式

$$L_0=2a_0+\frac{\pi}{2}(d_{d1}+d_{d2})+\frac{(d_{d2}-d_{d1})^2}{4a_0} \tag{12.25}$$

按 L_0 查表 12.2 得相近的 V 带的基准长度 L_d，再按下式近似计算实际中心距

$$a\approx a_0+\frac{L_d-L_0}{2} \tag{12.26}$$

当采用改变中心距方法进行安装调整和补偿初拉力时，其中心距的变化范围为

$$\begin{cases}a_{max}=a+0.030L_d\\ a_{min}=a-0.015L_d\end{cases} \tag{12.27}$$

6. 验算小带轮包角 α_1

$$\alpha_1\approx180^\circ-\frac{d_{d2}-d_{d1}}{a}\times57.3^\circ\geqslant120^\circ \tag{12.28}$$

α_1 与传动比 i 有关，i 越大（$d_{d2}-d_{d1}$）差值越大，则 α_1 越小。所以 V 带传动的传动比一般小于 7，推荐值为 2~5。传动比不变时，可用增大中心距 a 的方法增大 α_1。

7. 确定 V 带根数 z

$$z\geqslant\frac{P_{ca}}{P_0'}=\frac{P_{ca}}{(P_0+\Delta P_0)K_\alpha K_L} \tag{12.29}$$

式中，P_{ca} 为设计功率，按式（12.21）计算；P_0 为特定条件下单根 V 带所能传递的功率，单位为 kW，查表 12.6；ΔP_0 为考虑 $i\neq1$ 时传动功率的增量，单位为 kW，（因 P_0 是按 $\alpha_1=$

$\alpha_2=180°$的条件得到的，当 $i\neq1$ 时，从动轮直径比主动轮直径大，带绕过大带轮时的弯曲应力较绕过小带轮时小，故其传动能力有所高)，普通 V 带查表 12.7；K_α 为包角系数，考虑不是特定长度时，对传动能力的影响查表 12.8；K_L 查表 12.2。

8. 确定单根 V 带初拉力 F_0

初拉力的大小是保证传动正常工作的重要因素。张紧力过小，摩擦力小，容易发生打滑；张紧力过大，则带使用寿命低，轴和轴承受力大。对于 V 带传动，既能保证传动功率又不出现打滑时的单根传动带最合适的张紧力 F_0 可由下式计算

$$F_0=\frac{500P_{ca}}{zv}\left(\frac{2.5}{K_\alpha}-1\right)+qv^2 \tag{12.30}$$

9. 计算带对轴的压力 F_Q

为了设计带轮的轴和轴承，需先知道带传动作用在轴上的载荷 F_Q，可近似地（误差不大）由下式确定（图 12.12）

$$F_Q=2zF_0\sin(\alpha_1/2) \tag{12.31}$$

式中，F_0 是带的张紧力；z 是带的根数。带初装上时张紧力要比合适的张紧力大很多，所以常将载荷 F_Q 增大 50 %，自动张紧的可以不加。

为使带拉力不作用在轴上以减小轴的挠度和提高轴的旋转精度，可以采用卸载带轮，如图 12.13 所示。图中带拉力由安装在砂轮架后盖上的滚动轴承承受，转矩则通过一对相互啮合的内齿和外齿齿轮使砂轮主轴旋转。传递功率不太大时，装在轴上的齿轮可用塑料制造，有利于缓冲、减振作用。

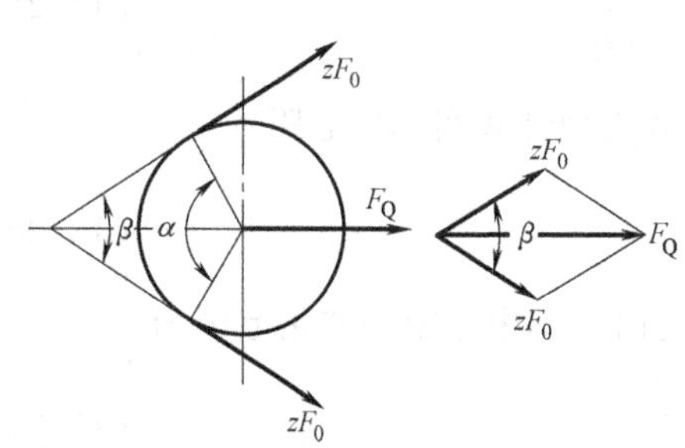

图 12.12 带轮轴上载荷的计算简图

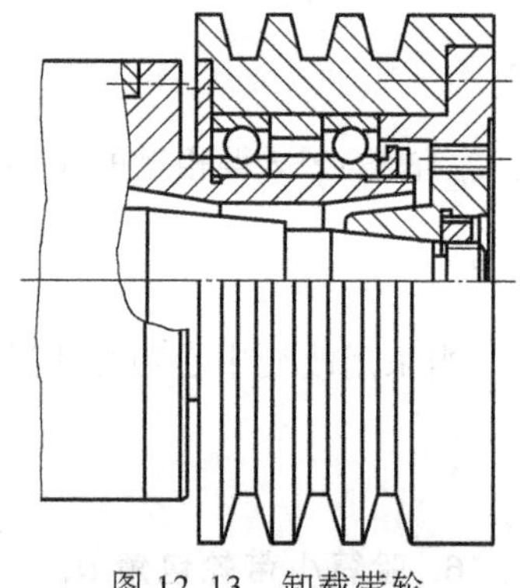

图 12.13 卸载带轮

例 12.1 设计某机床上电动机与主轴箱的 V 带传动。已知：电动机额定功率 $P=7.5\text{kW}$，转速 $n_1=1440\text{r/min}$，传动比 $i_{12}=2$，中心距 a 为 800mm 左右，三班制工作，开式传动。

解：（1）确定计算功率 P_{ca}　由表 12.9 取 $K_A=1.3$ 得

$$P_{ca}=1.3\times7.5=9.75\text{kW}$$

（2）选择带型号　根据 $P_{ca}=9.75\text{kW}$，$n_1=1440\text{r/min}$，由图 12.11 选 A 型 V 带。

（3）确定小带轮基准直径　查表 12.4、表 12.5 取 $d_{d1}=140\text{mm}$。

（4）确定大带轮基准直径

$$d_{d2}=i_{12}d_{d1}=2\times140=280\text{mm}$$

由表 12.4 取 $d_{d2}=280\text{mm}$。

（5）验算带速 v

$$v=\pi d_{d1}n_1/(60\times1000)=3.14\times140\times1440/(60\times1000)=10.55\text{m/s}$$

$5\text{m/s}<v<25\text{m/s}$ 符合要求。

（6）初定中心距 a_0　按要求取 $a_0=800\text{mm}$。

（7）确定带的基准长度 L_d

$$L_0=2a_0+\pi(d_{d1}+d_{d2})/2+(d_{d2}-d_{d1})^2/4a_0=2\times800+\pi(140+280)/2+(280-140)^2/(4\times800)$$
$$=2265.53\text{mm}$$

由表 12.2 取 $L_d=2240\text{mm}$。

（8）确定实际中心距 a

$$a\approx a_0+(L_d-L_0)/2=800+(2240-2265.53)/2=787.24\text{mm}$$

中心距变动调整范围

$$a_{max}=a+0.03L_d=787.24+0.03\times2240=854.44\text{mm}$$

$$a_{min}=a-0.015L_d=787.24-0.015\times2240=753.64\text{mm}$$

（9）验算小带轮包角 α_1

$$\alpha_1=180^\circ-\frac{d_{d2}-d_{d1}}{a}\times57.3^\circ=180^\circ-\frac{280-140}{787.24}\times57.3^\circ=169.81^\circ>120^\circ$$

合适。

（10）确定单根 V 带的额定功率 P_0　根据 $d_{d1}=140\text{mm}$，$n_1=1440\text{r/min}$，由表 12.6 查得 A 型带 $P_0=2.27\text{kW}$。

（11）确定额定功率增量 ΔP_0　由表 12.7 查得：$\Delta P_0=0.17\text{kW}$。

（12）确定 V 带根数 z

$$z\geqslant\frac{P_{ca}}{(P_0+\Delta P_0)}K_\alpha K_L$$

由表 12.8 查得：$K_\alpha\approx0.98$，由表 12.2 查得：$K_L=1.06$。

$$z\geqslant\frac{9.75}{(2.27+0.17)\times0.98\times1.06}=3.85$$

取 $z=4$ 根。

（13）确定单根 V 带的初拉力 F_0

$$F_0=500\frac{P_{ca}}{zv}\left(\frac{2.5}{K_\alpha}-1\right)+qv^2=500\frac{9.75}{4\times10.55}\left(\frac{2.5}{0.98}-1\right)+0.11\times10.55^2$$
$$\approx191.42\text{N}$$

（14）计算带对轴的压力 F_Q

$$F_Q=2zF_0\sin(\alpha_1/2)=2\times4\times191.42\sin(169.81/2)\approx1525.31\text{N}$$

（15）带轮的结构设计（略）。

12.5 带传动的张紧与维护

带传动的张紧程度对其传动能力、使用寿命和轴压力都有很大的影响。V带传动初拉力的测定可在带与带轮两切点中心加一垂直于带的载荷F，使每100mm跨距产生1.6mm的挠度，此时传动带的初拉力F_0是合适的（即总挠度$y=1.6a/100$），如图12.14所示。

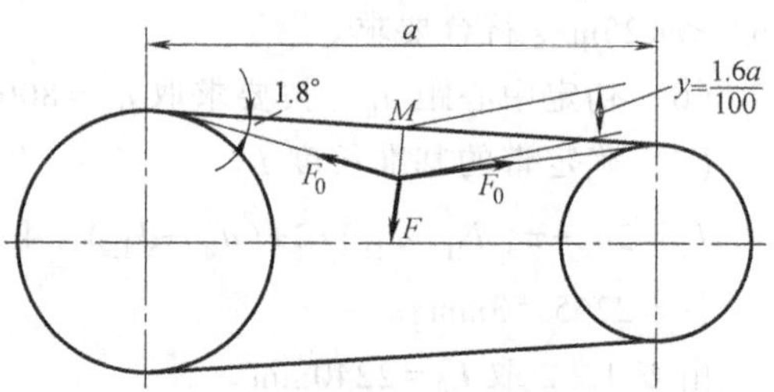

图12.14 初拉力的测定

对于普通V带传动，施加于跨度中心的垂直力F可查表12.10。

带传动工作一段时间后会由于塑性变形而松弛，使初拉力减小，传动能力下降，此时在规定载荷F作用下总挠度y变大，需要重新张紧。常用张紧方法有以下几种。

表12.10 载荷F值 （单位：N/根）

带型		小带轮直径 d_{d1}/mm	带速 v/m·s^{-1}		
			0~10	10~20	20~35
普通V带	Z	50~100	5~7	4.2~6	3.5~5.5
		>100	7~10	6~8.5	5.5~7
	A	75~140	9.5~14	8~12	6.5~10
		>140	14~21	12~18	10~15
	B	125~200	18.5~28	15~22	12.5~18
		>200	28~42	22~33	18~27
	C	200~400	36~54	30~45	25~38
		>400	54~85	45~70	38~56

1. 调整中心距法

（1）定期张紧 如图12.15所示，将装有带轮的电动机1装在滑道2上，旋转调节螺钉3以增大或减小中心距，从而达到张紧或松开的目的。图12.16所示为把电动机1装在一摆动底座2上，通过调节螺钉3调节中心距达到张紧的目的。

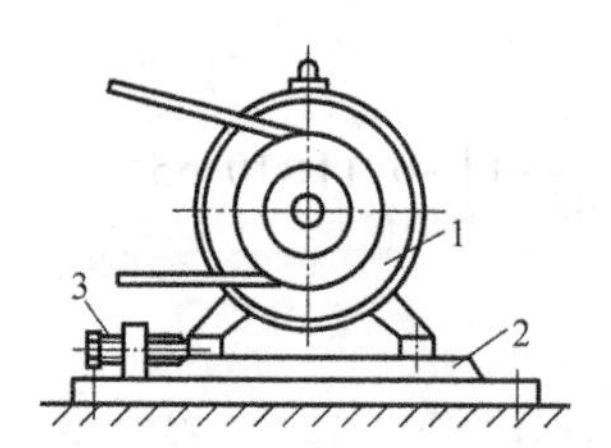

图12.15 水平传动定期张紧装置

1—电动机 2—滑道 3—调节螺钉

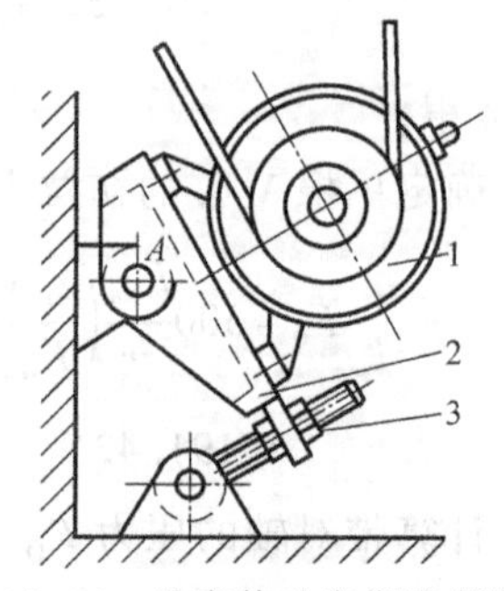

图12.16 垂直传动定期张紧装置

1—电动机 2—摆动底座 3—调节螺钉

（2）自动张紧　把电动机 1 装在如图 12.17 所示的摇摆架 2 上，利用电动机的自重，使电动机轴心绕点 A 摆动，拉大中心距达到自动张紧的目的。

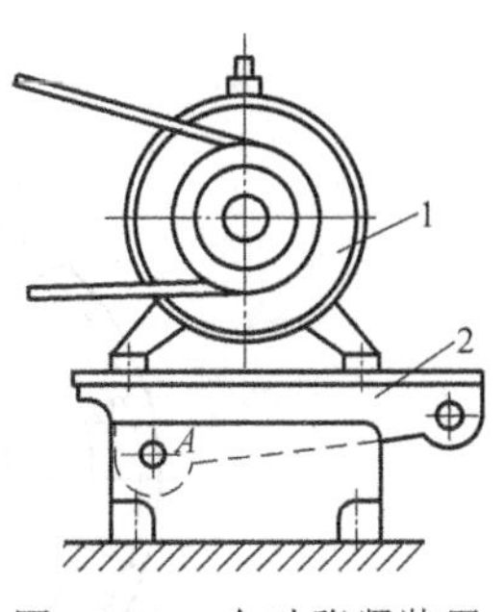

图 12.17　自动张紧装置
1—电动机　2—摇摆架

2. 张紧轮法

带传动的中心距不能调整时，可采用张紧轮法。图 12.18a 所示为定期张紧装置，定期调整张紧轮的位置可达到张紧的目的。图 12.18b 所示为摆锤式自动张紧装置，依靠摆锤重力可使张紧轮自动张紧。

V 带和同步带张紧时，张紧轮一般放在带的松边内侧并应尽量靠近大带轮一边，这样可使带只受单向弯曲，且小带轮的包角不致过分减小。如图 12.18a 所示定期张紧装置。

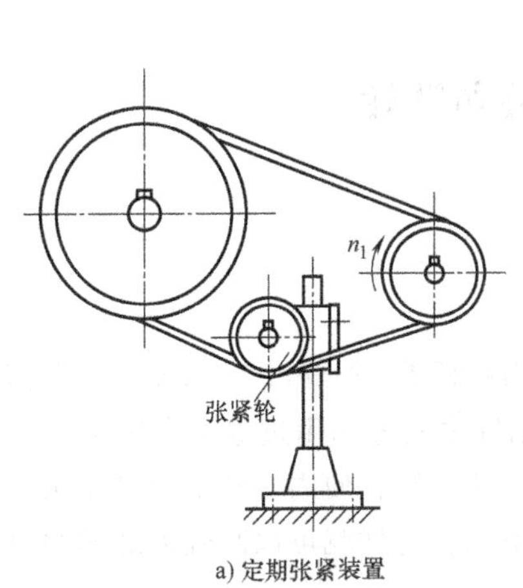

a) 定期张紧装置

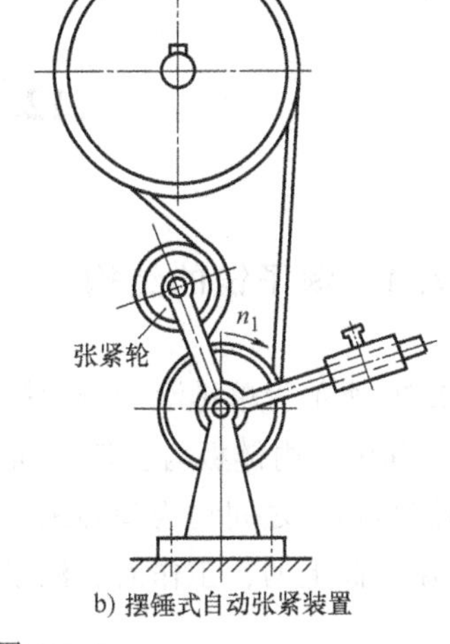

b) 摆锤式自动张紧装置

图 12.18　张紧轮的装置

平带传动时，张紧轮一般应放在松边外侧，并要靠近小带轮处。这样小带轮包角可以增大，提高了平带的传动能力。如图 12.18b 所示摆锤式自动张紧装置。

12.6　链传动的特点和应用

链传动由装在平行轴上的主、从动链轮和绕在链轮上的环形链条所组成（图 12.19），以链作中间挠性件，靠链与链轮轮齿的啮合来传递动力。

与带传动相比，链传动没有弹性滑动和打滑，能保持准确的平均传动比；需要的张紧力小，作用在轴上的压力也小，可减少轴承的摩擦损失，结构紧凑，能在温度较高、有油污等恶劣环境条件下工作。与齿轮传动相比，链传动的制造和安装精度要求较低；中心距较大时其传动结构简单。链传动的主要缺点是：瞬时链速和瞬时传动比不是常数，因此传动平稳性较差，工作中有一定的冲击和噪声。

通常，链传动的传动比 $i \leqslant 8$；中心距 $a = 5 \sim 6\text{m}$；传递功率 $P \leqslant 100\text{kW}$，圆周速度 $v \leqslant 15\text{m/s}$；传动效率约为 0.95~0.98。链传动广泛应用于矿山机械、农业机械、石油机械、机

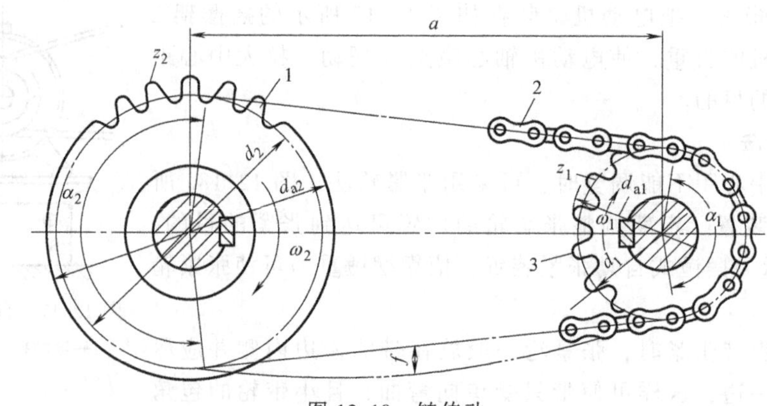

图 12.19 链传动

1—从动链轮 2—链条 3—主动链轮

床及摩托车中。

12.7 滚子链和链轮

12.7.1 滚子链的结构

图 12.20 所示为单排滚子链的链结构，它由内链板 1、外链板 2、销轴 3、套筒 4 和滚子 5 所组成。其中，内链板与套筒之间、外链板与销轴之间分别用过盈配合固连。滚子与套筒之间、套筒与销轴之间均为间隙配合，这样形成一个铰链，使内、外链板可以相对转动。滚子是活套在套筒上的，工作时，滚子沿链轮齿廓滚动，这样就可以减轻齿廓的磨损。另外在

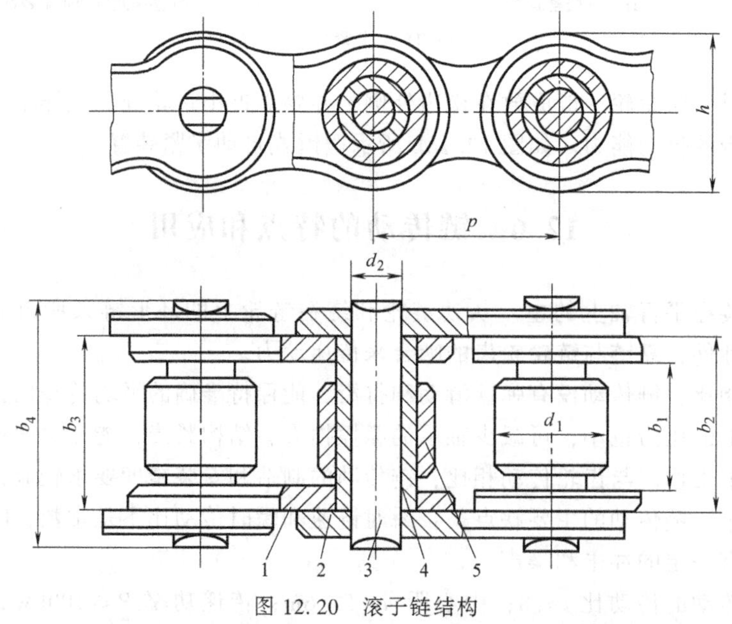

图 12.20 滚子链结构

1—内链板 2—外链板 3—销轴 4—套筒 5—滚子

内、外链板间应留有少许间隙，以便润滑油渗入套筒与销轴的摩擦面间。为了减轻链条质量和保持链条各横截面的强度大致相等，内、外链板通常制成“8”字形。一般链条各元件由碳钢或合金钢制成，并进行热处理以提高其强度和耐磨性。

在链条中，相邻两销轴中心之间的距离称为链的节距，用 p 表示（图 12.20），它是链条的主要参数之一。一般链条的节距 p 越大，链条的几何尺寸越大，承载能力越高。

组成环形链时，滚子链的接头形式如图 12.21 所示。当链节数为偶数时，内链节与外链节首尾相接，可以用开口销（图 12.21a）或弹簧卡（图 12.21b）将销轴锁紧。当链节数为奇数时，需要用一个过渡链板连接，如图 12.21c 所示。工作时，过渡链板将受到附加弯曲应力作用，应尽量避免采用。因此在进行链传动设计时，链节数最好取为偶数。

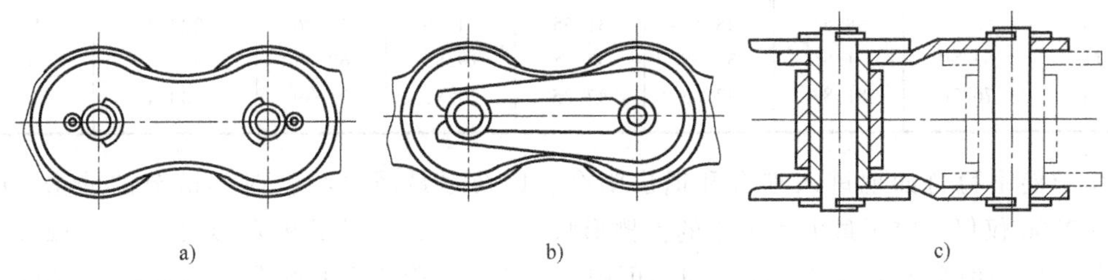

图 12.21 链板的连接方式

12.7.2 滚子链的基本参数和尺寸

滚子链已标准化（GB/T 1243—2006），分为 A、B 两个系列。常用 A 系列滚子链的主要参数、尺寸和抗拉载荷见表 12.11。相邻销轴中心之间的距离为链的节距 p，它是链的基本特性参数，也是链传动设计计算的基本参数。节距越大，链的各部分尺寸相应增大，承载能力也越大，但质量也随之增加。表 12.11 中的链号与相应的国际标准链号一致，链号数乘以 25.4/16mm 即为节距值 p。

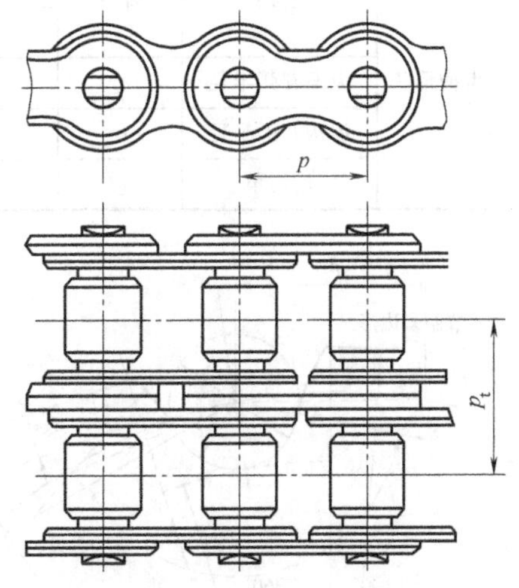

图 12.22 双排滚子链结构

滚子链分为单排链（图 12.20）、双排链（图 12.22）和多排链。排数越多承载能力越大，但各排受力也越不均匀，故一般不超过三排。当载荷大而要求排数多时，可采用两根或两根以上的双排链或三排链。

滚子链的标记方法规定如下：链号-排数-链节数-标准编号。例如，A 系列、节距为 12.7mm、单排、86 节的滚子链，其标记为：08A-1-86 GB/T 1243—2006。

12.7.3 滚子链链轮

1. 链轮的齿形

链传动属于非共轭啮合传动，链轮齿形有较大灵活性，主要考虑便于加工、不易脱链、

表 12.11　滚子链规格和主要参数（摘自 GB/T 1243—2006）

ISO 链号	节距 p	排距 p_t	滚子外径 d_{1max}	内链节内宽 b_{1min}	销轴直径 d_{2max}	内链板高度 h_{2max}	拉伸载荷（单排）F_{Qlim}/kN	每米质量 q（单排）/kg · m^{-1}
	mm							
08A	12.70	14.38	7.95	7.85	3.98	12.07	13.8	0.60
10A	15.878	18.11	10.16	9.40	5.09	15.09	21.8	1.00
12A	19.05	22.78	11.91	12.57	5.96	18.08	31.1	1.50
16A	25.40	29.29	15.88	15.75	7.94	24.13	55.6	2.60
20A	31.75	35.76	19.05	18.90	9.54	30.18	86.7	3.80
24A	38.10	45.44	22.23	25.22	11.11	36.20	124.6	5.60
28A	44.45	48.87	25.40	25.22	12.71	42.24	169.0	7.50
32A	50.80	58.55	28.58	31.55	14.29	48.26	222.4	10.10
40A	63.50	71.55	39.68	37.85	19.85	60.33	347.0	16.10
48A	76.20	81.83	47.63	47.35	23.81	72.39	500.4	22.60

保证链节能平稳自如地进入啮合和退出啮合，以及尽量减少啮合时与链节的冲击。GB/T 1243—2006 仅仅规定了最大和最小的齿槽形状（图 12.23）及其极限参数，见表 12.12。实际齿槽形状在两个极限齿槽形状之间均可用。链轮轮齿用相应的标准刀具加工，故链轮端面齿形不必在工作图上画出，只要在图上注明“齿形按 GB/T 1243—2006 规定制造”即可。而链轮轮齿的轴面齿廓则应在工作图中画出，轴面齿廓形状如图 12.24 所示，几何尺寸计算可查相关设计手册。

表 12.12　滚子链链轮齿槽主要参数及计算公式

	名称	符号	计算公式	
			最大齿槽形状	最小齿槽形状
齿槽形状	齿面圆弧半径	r_e	$r_{emax}=0.008d_1(z^2+180)$	$r_{emin}=0.12d_1(z+2)$
	齿沟圆弧半径	r_i	$r_{imax}=0.505d_1+0.069d_1^{1/3}$	$r_{imin}=0.505d_1$
	齿沟角	α	$\alpha_{max}=120°-90°/z_1$	$\alpha_{max}=140°-90°/z_1$

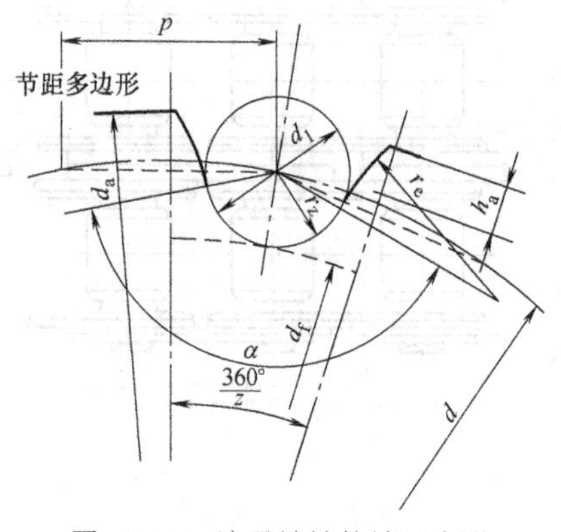

图 12.23　滚子链链轮端面齿形

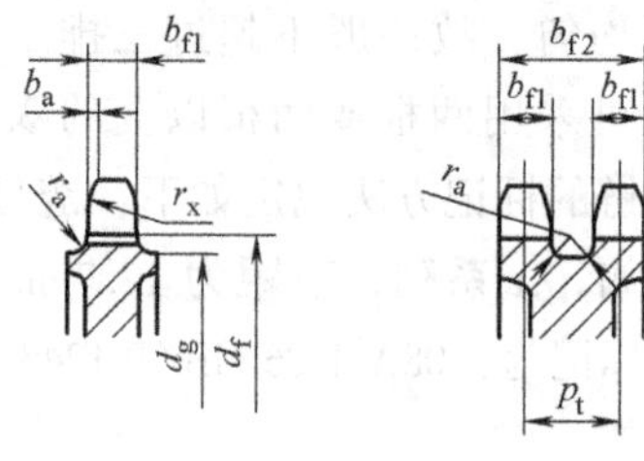

图 12.24　滚子链链轮轮齿的轴面齿廓

2. 链轮的基本参数和尺寸

链轮的基本参数和主要尺寸见表 12.13。

表 12.13　滚子链链轮的基本参数和主要尺寸

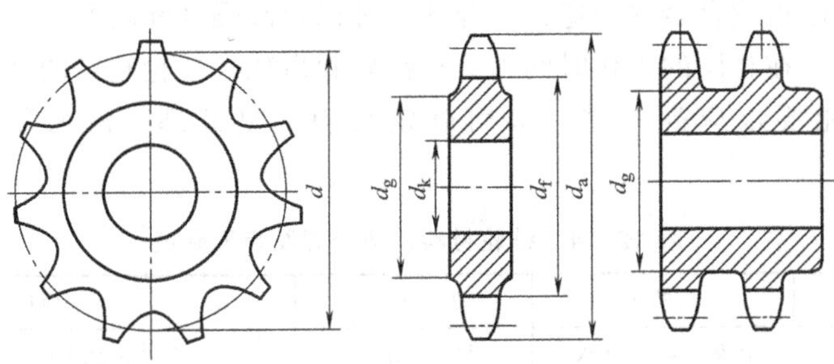

名　称		符号	计算公式及说明
基本参数	链轮齿数	z	
	链节距	p	与配用链条相同
	配用链条的滚子外径	d_1	
	排数	p_t	与配用链条相同
主要尺寸	分度圆直径	d	$d=\dfrac{p}{\sin(180°/z_1)}$
	齿顶圆直径	d_a	$d_{amax}=d+1.25p-d_1$ $d_{amin}=d+(1-1.6/z_1)p-d_1$
	齿根圆直径	d_f	$d_f=d-d_1$
	分度圆弦齿高(节距多边形以上齿高),如图 12.23 所示	h_a	$h_{amax}=(0.625+0.8/z_1)p+0.5d_1$ $h_{amin}=0.5(p-d_1)$
	齿侧凸缘(或排间槽)直径	d_g	$d_g \leqslant p\cot(180°/z_1)-1.04h_2-0.76$ h_2 为内链板高度,见表 12.11

3. 链轮的结构

链轮的结构如图 12.25 所示，有整体式、腹板式、孔板式以及装配式。直径较小的链轮制成整体式，如图 12.25a 所示；大、中直径的链轮可以铸造成腹板式或孔板式，如图 12.25b 所示。除此之外，由于链轮主要失效形式是链齿的磨损，所以可采用装配式齿圈结构，便于齿圈磨损后更换，齿圈与轮毂可用焊接连接（图 12.25c）或螺栓连接（图 12.25d）。

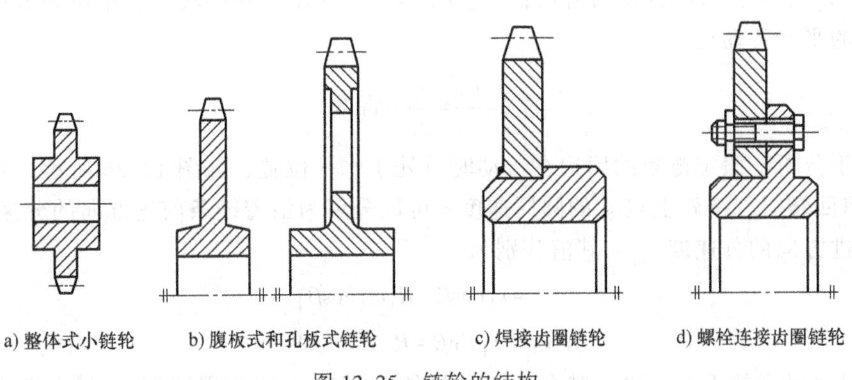

a) 整体式小链轮　b) 腹板式和孔板式链轮　c) 焊接齿圈链轮　d) 螺栓连接齿圈链轮

图 12.25　链轮的结构

4. 链传动的材料

链条各零件由碳钢或合金钢制造，并经热处理以提高强度和耐磨性。链轮材料应保证足够的强度和耐磨性。在相同的工作时间内，小链轮轮齿比大链轮轮齿的啮合次数要多，所以对小链轮材料性能要求应高一些。常用链轮材料、热处理、齿面硬度及应用范围见表 12.14。

表 12.14 链轮材料、热处理及齿面硬度

材料牌号	热处理	齿面硬度	应用范围
15、20	渗碳、淬火、回火	50~60HRC	$z<25$，有冲击载荷的链轮
35	正火	160~200HBW	$z>25$ 的主、从动链轮
45、50 45Mn、ZG310-570	淬火、回火	40~50HRC	无剧烈冲击振动和要求耐磨的主、从动链轮
15Cr 20Cr	渗碳、淬火、回火	55~60HRC	$z<30$，传递较大功率的重要链轮
40Cr、35SiMn、35CrMn	淬火、回火	40~50HRC	要求强度较高和耐磨的链轮
Q235、Q255	焊接后退火	≈140HBW	中、低速，功率不大，直径较大的链轮
不低于 HT200 的灰铸铁	淬火、回火	200~280HBW	$z>50$ 的从动链轮以及外形复杂或强度要求一般的链轮
夹布胶木			$P<6$kW，速度较高，要求传动平稳、噪声小的链轮

12.8 滚子链传动的运动特性及受力分析

12.8.1 传动比、链速和速度不均匀性

由链条和链轮的结构可知，当链条与链轮啮合后便形成折线，因此链传动实质上相当于两个正多边形间的传动，如图 12.26 所示。这个正多边形的边长即为链条节距 p，边数为链轮的齿数 z。链轮每转动一周，链条移动的距离为 zp，则链条的平均速度 v 为

$$v=\frac{z_1pn_1}{60\times1000}=\frac{z_2pv_2}{60\times1000}\text{m/s} \tag{12.32}$$

式中，z_1、z_2 是主、从动链轮的齿数；n_1、n_2 是主、从动链轮的转速，单位为 r/min。

链条的平均传动比为

$$i=\frac{n_1}{n_2}=\frac{z_2}{z_1}=\text{常数} \tag{12.33}$$

为便于分析，假定链条的紧边在传动时总处于水平位置，如图 12.26 所示。当主动链轮以 ω_1 等速回转时，链轮上点 A 的圆周速度 v 可以分解为沿着链条前进方向的分速度 v_x 和垂直链条前进方向的分速度 v_{y_1}，其值分别为

$$\left.\begin{aligned}v_x&=v_1\cos\beta=R_1\omega_1\cos\beta\\v_{y_1}&=v_1\sin\beta=R_1\omega_1\sin\beta\end{aligned}\right\} \tag{12.34}$$

式中，β 是主动链轮上最后进入啮合的链节铰链的销轴 A 的圆周速度 v_1 与水平方向间的夹

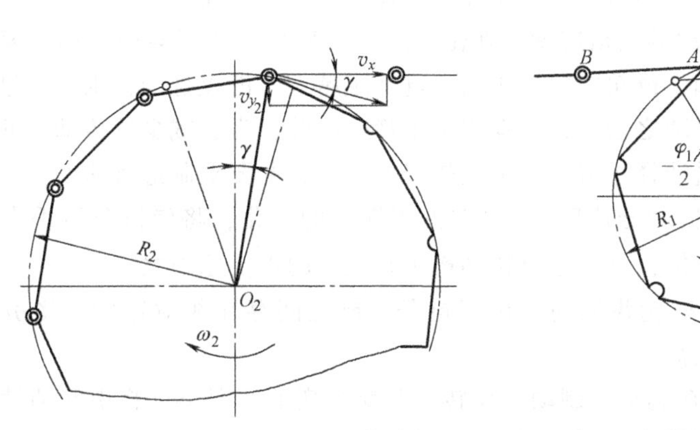

图 12.26　链传动的平均速度和瞬时速度分析

角，它也是啮合过程中，链节铰链在主动链轮上的相位角。从销轴 A 进入铰链啮合位置到销轴 B 也进入铰链啮合位置为止，β 角是从 $-\varphi_1/2 \sim +\varphi_1/2$ 变化的，其中 $\varphi_1=360°/z_1$。当 $\beta=\pm\frac{\varphi_1}{2}$ 时，

$$v_x=v_{x\min}=R_1\omega_1\cos\frac{180°}{z_1}$$

$$v_{y_1}=v_{y_1\max}=R_1\omega_1\sin\frac{180°}{z_1}$$

当 $\beta=0$ 时，

$$v_x=v_{x\max}=R_1\omega_1$$

$$v_{y_1}=v_{y_1\min}=0$$

由此可知，主动链轮虽然作等速转动，而链条前进的瞬时速度 v_x 却周期性地由小变大，又由大变小。每转过一个链节，链速的变化就重复一次。链轮的节距越大，齿数越少，β 角的变化范围就越大，链速的变化也就越大。与此同时，铰链销轴作上下运动的垂直分速度 v_{y_1} 也在作周期性地变化，导致链条沿垂直方向产生有规律的振动。同前理，每一链节在与从动链轮轮齿啮合的过程中，链节铰链在从动链轮上的相位角 γ 也不断地在 $\pm180°/z_2$ 的范围内变化（图 12.26），所以从动链轮的角速度为

$$\omega_2=\frac{v_x}{R_2\cos\gamma}=\frac{R_1\omega_1\cos\beta}{R_2\cos\gamma} \tag{12.35}$$

由式（12.35）可知，链传动的瞬时传动比为

$$i'=\frac{\omega_1}{\omega_2}=\frac{R_2\cos\gamma}{R_1\cos\beta} \tag{12.36}$$

由式（12.36）可知，随着 γ 角和 β 角的不断变化，链传动的瞬时传动比也是不断变化的。当主动链轮作等速转动时，从动链轮的角速度将作周期性变化，这种特性称为链传动的多边形效应。只有在 $z_1=z_2$（即 $R_1=R_2$），且传动中心距恰好为节距 p 的整数倍时（这时 β 角和 γ 角的变化才会时时相等），传动比才能在全部啮合过程中保持不变，即恒为 1。

链传动时，引起动载荷的因素较多，主要体现在如下几个方面。

1）由于链条速度和从动链轮角速度都在做周期性的变化，从而会产生加速度，引起动载荷。通过上面的分析可知，链轮的转速越高、链节距越大、齿数越少，则传动过程中的动载荷也越大，冲击和噪声也随之增大，传动越不平稳。因此，为了减少链传动的冲击、振动和噪声，在设计中要求尽量选择小节距、齿数较多的链轮，并要限制链条速度。

2）由于链条沿垂直方向的分速度 v_{y_1} 也在做周期性的变化，将使链条沿垂直方向产生有规律的振动，甚至发生共振，这也是链传动产生动载荷的重要原因之一。

3）当链条的铰链啮入链轮齿间时，由于链条、链轮间存在相对速度，将引起啮合冲击，从而使链传动产生动载荷。

4）若链条过度松弛，在起动、制动、反转、载荷突变的情况下，将引起惯性冲击，从而使链传动产生较大的动载荷。

12.8.2 链传动的受力分析

链传动工作时，紧边和松边的拉力不相等。若不考虑动载荷，则紧边所受的拉力 F_1 为工作拉力 F、离心拉力 F_c 和悬垂拉力 F_y 之和，如图 12.27 所示。

$$F_1=F+F_c+F_y \quad (\mathrm{N}) \tag{12.37}$$

松边拉力为

$$F_2=F_c+F_y \quad (\mathrm{N}) \tag{12.38}$$

工作拉力为

$$F=\frac{1000P}{v} \quad (\mathrm{N}) \tag{12.39}$$

式中，P 为链传动传递的功率，单位为 kW；v 为链速，单位为 m/s。

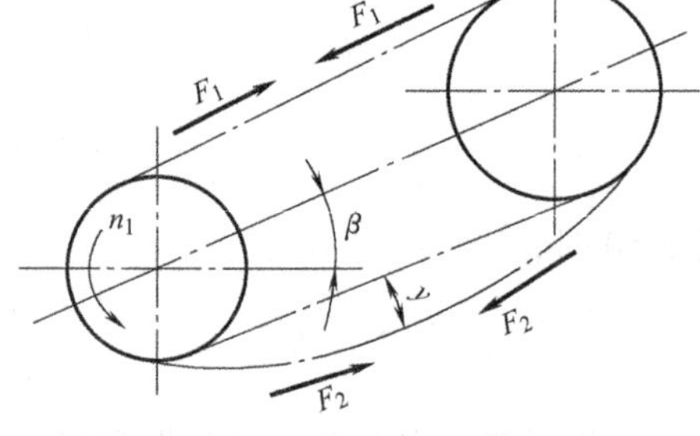

图 12.27　作用在链上的力

离心拉力为

$$F_c=qv^2 \quad (\mathrm{N}) \tag{12.40}$$

式中，q 为每米链的质量，单位为 kg/m，见表 12.11。

悬垂拉力为

$$F_y=K_yqga \quad (\mathrm{N}) \tag{12.41}$$

式中，a 为链传动的中心距，单位为 m；g 为重力加速度，$g=9.81\mathrm{m/s^2}$；K_y 为下垂度 $y=0.02a$ 时的垂度系数。K_y 值与两链轮轴线所在平面与水平面的倾斜角 β 有关。垂直布置时 $K_y=1$，水平布置时 $K_y=7$，对于倾斜布置的情况，$\beta=30°$时 $K_y=6$，$\beta=60°$时 $K_y=4$，$\beta=75°$时 $K_y=2.5$。

链作用在轴上的压力 F_Q 可近似取为

$$F_Q=(1.2\sim1.3)F \tag{12.42}$$

有冲击和振动时取大值。

12.9　滚子链传动的设计计算

12.9.1　链传动的失效形式

在正常安装和润滑情况下，根据链传动的运动特点，其主要失效形式有以下几种。

(1) 链条的疲劳破坏　闭式链传动中，链条受循环应力作用，经过一定的循环次数，链板发生疲劳断裂，滚子与套筒发生冲击疲劳破坏。其中链板的疲劳破坏是链传动的主要失效形式之一。

(2) 链条铰链的磨损　在工作过程中，由于铰链的销轴和套筒间承受较大的压力，传动时彼此间又产生相对转动而发生磨损，当润滑密封不良时，其磨损加剧。铰链磨损后链节变长，在工作中易出现跳齿或脱链的现象。磨损是开式链传动的主要失效形式。

(3) 冲击疲劳破坏　若链传动频繁地起动、制动及反转，滚子、套筒和销轴间将引起重复冲击载荷，当这种应力的循环次数超过一定数值后，滚子、套筒和销轴间将发生冲击疲劳破坏。

(4) 链条铰链的胶合　当润滑不良、速度过高或载荷过大时，链节啮入时受到的冲击能量增大，销轴与套筒间润滑油膜被破坏，使两者的工作表面在很高温度和压力下直接接触，从而导致胶合。因此，胶合在一定程度上限制了链传动的极限转速。

(5) 链条的静力拉断　在低速 ($v<0.6$m/s)、重载或过载的传动中，若载荷超过链条的静力强度，链条就会被拉断。

12.9.2　额定功率曲线

在一定使用寿命和润滑良好条件下，链传动的各种失效形式的额定功率曲线如图 12.28 所示。润滑不良、工作环境恶劣的链传动，它所能传递的功率要比润滑良好的链传动低得多。

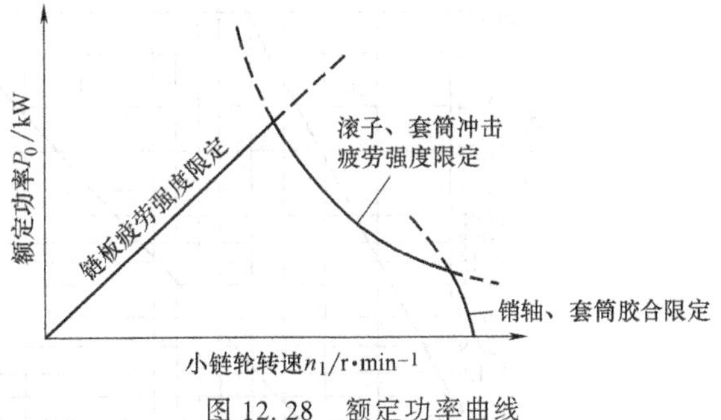

图 12.28　额定功率曲线

12.9.3　设计准则和链的额定功率曲线

根据链传动的主要失效形式，链传动的设计准则是：①对链速 $v>0.6$m/s 的中、高速链传动，采用以抗疲劳破坏为主的防止多种失效形式的设计方法；②对链速 $v<0.6$m/s 的低速链传动，采用以防止过载拉断为主要失效形式的静强度设计方法。

图 12.29 所示为 A 系列常用滚子链的额定功率曲线图，该曲线根据特定实验条件下测得的数据绘制而成。特定实验条件指：两链轮轴心线在同一水平面上，两链轮保持共面，两链轮齿数 $z_1=z_2=19$，链节数 $L_p=100$ 节，单排链传动，载荷平稳，按图 12.30 所示的推荐润滑方式润滑，使用寿命 15000h，链条因磨损而产生的相对伸长量不超过 3%。当实际工作

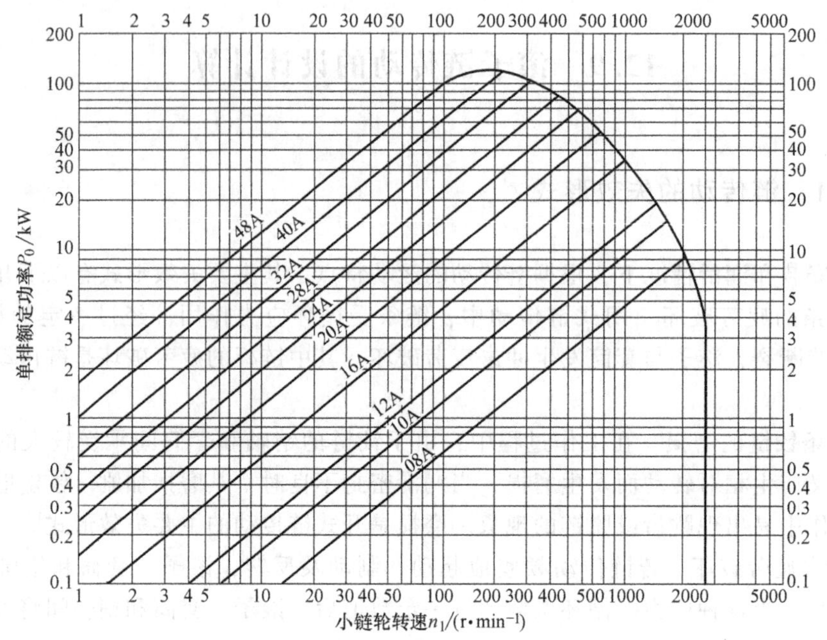

图 12.29 A 系列常用滚子链的额定功率曲线（v>0.6m/s）

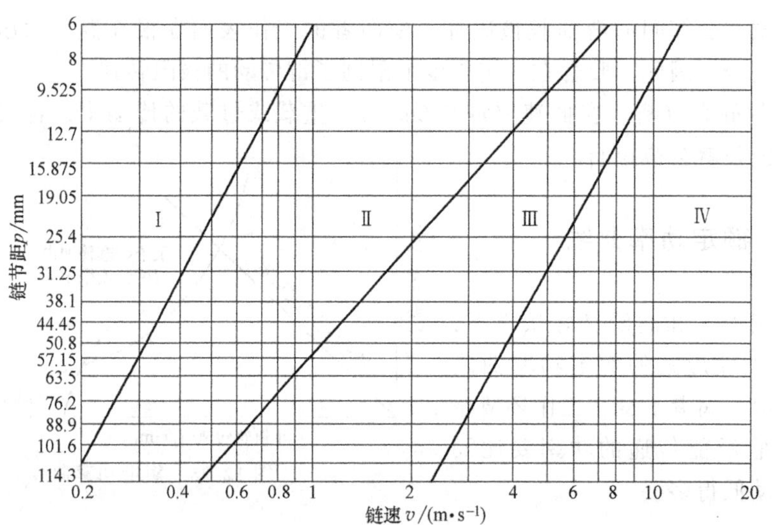

Ⅰ—用油刷或油壶人工定期润滑 Ⅱ—滴油润滑 Ⅲ—油浴或飞溅润滑 Ⅳ—喷油润滑

图 12.30 润滑方式的选择

条件与上述特定实验条件不符时，应加以修正。

12.9.4 链传动的设计计算及主要参数的选择

设计链传动时的已知条件一般为：所需传递的功率 P、传动用途、载荷性质、小链轮转速 n_1、大链轮转速 n_2（或传动比 i_{12}）和原动机种类等。设计内容包括：确定链轮齿数 z_1、z_2、链节距 p、排数 m、链节数 L_p、中心距 a 及润滑方式等。下面根据上述设计准则，分中

高速链传动和低速链传动两种情况，介绍设计内容及设计步骤，并讨论主要参数的选择。

1. 中高速链传动的设计计算

按设计准则①进行。

（1）传动比和链轮齿数　链传动的传动比一般为 $i \leqslant 7$，推荐传动比 $i=2 \sim 3.5$。若传动比 i 过大，传动尺寸会增大，链在小链轮上的包角就会减小，小链轮上同时参加啮合的齿数减少，轮齿磨损加重。

确定链轮齿数时，首先应合理选择小链轮齿数 z_1。小链轮的齿数 z_1 不宜过少也不宜过多。过少时，多边形效应显著，将增加传动的不均匀性，增大动载荷及加剧链的磨损，使功率消耗增大，链的工作拉力增大。过多时，不仅使传动尺寸、质量增大，而且铰链磨损后容易发生跳齿和脱链现象，缩短链的使用寿命。

一般链轮的最少齿数 $z_{min}=17$，最多齿数 $z_{max} \leqslant 120$。设计时可根据传动比参考表 12.15 选择小链轮齿数 z_1，$z_2=iz_1$ 并圆整，允许转速误差控制在 5% 以内。

表 12.15　小链轮齿数 z_1 的推荐值

传动比 i	1~2	2.5~4	4.6~6	≥7
齿数 z_1	31~27	25~21	22~18	17

从限制大链轮齿数和减少传动尺寸考虑，传动比大的链传动建议选取较少的链轮齿数。当链速很低时，允许最少齿数为 9。

链轮齿数太多将缩短链的使用寿命。因为链节磨损后，套筒和滚子都被磨薄而且中心偏移，这时，链与轮齿实际啮合的节距将由 p 增至 $p+\Delta p$，链节势必沿着轮齿齿廓向外移，因而分度圆直径将由 d 增至 $d+\Delta d$，如图 12.31 所示。若 Δp 不变，则链轮齿数越多，分度圆直径的增量 Δd 就越大，所以链节越向外移，因而链从链轮上脱落下来的可能性也就越大，链的使用期限也就越短。因此，链轮最多齿数限制为 $z_{max}=120$。

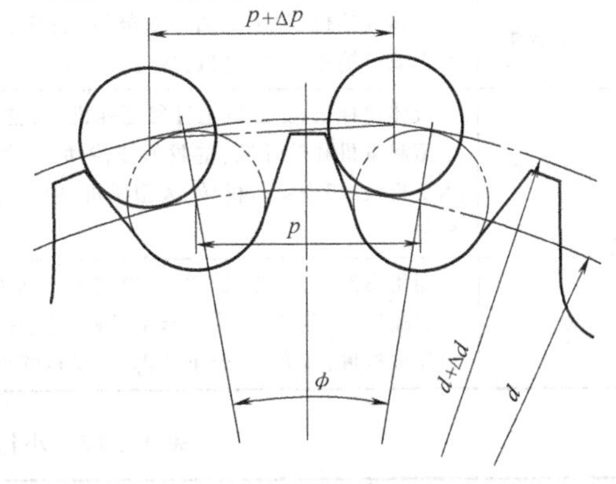

图 12.31　链节伸长对啮合的影响

为了使两链轮与链条磨损均匀，两链轮齿数 z_1、z_2 尽可能取奇数，且最好与链节数互为质数，一般链轮齿数优先选用以下数列值：17、19、21、23、25、38、57、76、95、114 等。

（2）初选中心距 a_0　中心距小，则结构紧凑。但中心距过小，链的总长缩短，单位时间内每一链节参与啮合的次数过多，链的使用寿命降低；而中心距过大，链条松边下垂量大，传动中松边上下颤动和拍击加剧。通常 $a_0=(30 \sim 50)p$，最大中心距 $a_{0max}=80p$。为保证链在小链轮上的包角大于 120°，且大、小链轮不会相碰，其最小中心距可由下面公式确定

$$i<4, \quad a_{0min}=0.2z_1(i+1)p \tag{12.43}$$

$$i \geqslant 4, \quad a_{0min}=0.33z_1(i-1)p \tag{12.44}$$

（3）确定链节数 L_p　首先按下式计算链节数 L'_p

$$L_p'=\frac{2a_0}{p}+\frac{z_1+z_2}{2}+\left(\frac{z_2-z_1}{2\pi}\right)^2\frac{p}{a_0} \tag{12.45}$$

计算链节数 L_p' 应圆整成整数，且最好取偶数作为实际链节数 L_p，以避免使用过渡链节。

（4）选定链的型号，确定链节距 p　节距 p 越大，链的承载能力越大，但传动的不平稳性、冲击、振动及噪声越严重。因此，设计时，在承载能力足够的条件下，应尽可能选用小节距链；高速重载时可采用小节距多排链；当速度较低、载荷较大、中心距和传动比小时，可选用大节距链。

实际工作情况大多与特定实验条件中规定的工作情况不同，因而应对其传递功率 P 进行修正，先求得计算功率 P_{ca}

$$P_{ca}=K_AP \tag{12.46}$$

要求

$$P_{ca}=K_AP\leqslant K_zK_LK_mP_0$$

由此可得链应传递的额定功率

$$P_0=\frac{K_AP}{K_zK_LK_m} \tag{12.47}$$

式中，K_A 是工作情况系数，查表 12.16；K_z 是小链轮齿数系数，查表 12.17；K_L 是链长系数，查表 12.18；K_m 是多排链排数系数，查表 12.19。

表 12.16　工作情况系数 K_A

载荷性质	工作机类型	输入动力种类		
		内燃机—液力传动	电动机或汽轮机	内燃机—机械传动
平稳载荷	液体搅拌机，中小型离心式鼓风机，离心式压缩机，谷物机械，均匀载荷输送机，发电机，均匀载荷不反转的一般机械	1.0	1.0	1.2
中等冲击	液体搅拌机，三缸以上往复压缩机，大型或不均匀负荷输送机，中型起重机和升降机，重载天轴传动，金属切削机床，食品机械，木工机械，印染织布机械，大型风机，中等脉动载荷不反转的一般机械	1.2	1.3	1.4
严重冲击	船用螺旋桨，制砖机，单、双缸往复压缩机，挖掘机，往复式、振动式输送机，破碎机，重型起重机械，石油钻井机械，锻压机械，线材拉拔机械，压力机，严重冲击、有反转的机械	1.4	1.5	1.7

表 12.17　小链轮齿数系数 K_z（K_z'）

z_1	9	10	11	12	13	14	15	16	17
K_z	0.446	0.500	0.554	0.609	0.664	0.719	0.775	0.831	0.887
K_z'	0.326	0.382	0.441	0.502	0.566	0.633	0.701	0.773	0.846
z_1	19	21	23	25	27	29	31	33	35
K_z	1.00	1.11	1.23	1.34	1.46	1.58	1.70	1.82	1.93
K_z'	1.00	1.16	1.33	1.51	1.69	1.89	2.08	2.29	2.50

注：工作在图 12.29 所示高峰值左侧时取 K_z；工作在图 12.29 所示高峰值右侧时取 K_z'。

根据额定功率 P_0 和小链轮转速 n_1，便可由图 12.29 选定合适的链型号和链节距 p。如图 12.29 所示，接近最大额定功率时的转速为最佳转速，功率曲线右侧竖线为允许的极限转速。

表 12.18　链长系数 K_L 和 K'_L

链节数 L_p	50	60	70	80	90	100	110	120	130	140	150	180	200	220
链长系数 K_L	0.835	0.87	0.92	0.945	0.97	1.00	1.03	1.055	1.07	1.10	1.135	1.175	1.215	1.265
链长系数 K'_L	0.70	0.76	0.83	0.90	0.96	1.00	1.055	1.10	1.15	1.175	1.26	1.34	1.415	1.50

注：工作在图 12.29 所示高峰值左侧时取 K_L；工作在图 12.29 所示高峰值右侧时取 K'_L。

表 12.19　多排链排数系数 K_m

排数	1	2	3	4	5	6
排数系数 K_m	1.0	1.7	2.5	3.3	4.0	4.6

坐标点（n_1，P_0）落在功率曲线顶点左侧范围内比较理想。

若实际润滑条件与图 12.30 所示的要求不符，则应将图 12.29 所示的额定功率 P_0 按以下推荐值降低：

1）当 $v \leqslant 1.5$m/s、润滑不良时，降至（0.3～0.6）P_0；无润滑时，降至 $0.15P_0$，且不能达到预期工作寿命 150000h。

2）当 1.5m/s<v≤7m/s、润滑不良时，降至（0.15～0.3）P_0。

3）当 v>7m/s、润滑不良时，则传动不可靠，故不宜选用。

（5）验算链速 v　链速由式（12.32）计算，一般不超过 12～15m/s。链速与小链轮齿数之间的关系推荐如下：v=0.6～3m/s，$z_1 \geqslant 17$；3m/s≤v≤8m/s，$z_1 \geqslant 21$；v>8m/s，$z_1 \geqslant 25$。

（6）确定实际中心距 a　可按下式计算理论中心距 a

$$a=\frac{p}{4}\left[\left(L_p-\frac{z_1+z_2}{2}\right)+\sqrt{\left(L_p-\frac{z_1+z_2}{2}\right)^2-8\left(\frac{z_2-z_1}{2\pi}\right)^2}\right] \tag{12.48}$$

为保证链传动的松边有一个合适的安装垂度（如图 12.19 中所示 f），实际中心距 a 应比按式（12.48）计算的中心距小 2～5mm。链传动的中心距应可以调节，以便在链节距增大、链条变长后调整链条的张紧程度。

（7）链条对轴的压力 F_Q　链传动属于啮合传动，不需要很大的张紧力，链通过链轮作用在轴上的压力可近似取为

$$F_Q=(1.2\sim1.3)F_e \tag{12.49}$$

式中，F_e 为链条的有效工作拉力，其大小为 $F_e=1000P_c/v$。

（8）链轮的结构设计　设计结构并绘制出链轮零件工作图。

2. 低速链传动（v<0.6m/s）的静强度设计

对于低速链传动（v<0.6m/s），其主要的失效形式是链条的过载拉断，所以应按静强度条件确定链条的链节距和排数。其静强度的安全系数 S 为

$$S=\frac{F_{Q\lim}K_m}{K_A F}\geqslant[S] \tag{12.50}$$

式中，$F_{Q\lim}$ 是单排极限抗拉载荷，见表 12.11；S 是静强度计算的安全系数；[S] 为许用静强度安全系数，通常 [S]=4～8。

例 12.2　设计一带动压缩机的链传动。已知，电动机的额定转速 n_1=970r/min，压缩机转速 n_2=330r/min，传递功率 P=9.7kW，两班制工作，载荷平稳。要求中心距 a 不大于

600mm，电动机可在滑轨上移动。

解：(1) 选择链轮齿数　查表 12.15，选取 $z_1=25$。传动比

$$i=\frac{n_1}{n_2}=\frac{970}{330}=2.94 \qquad z_2=iz_1=2.94\times25=73.5$$

取 $z_2=73$。实际传动比

$$i=z_2/z_1=73/25=2.92$$

验算传动比误差

$$|(2.92-i)/2.94|=0.68\%<5\%$$

合格。

(2) 确定计算功率 P_{ca}　由表 12.16 查得 $K_A=1.0$，计算功率为

$$P_{ca}=K_AP=1.0\times9.7=9.7\text{kW}$$

(3) 确定中心距 a_0 和链节数 L_p　初定中心距 $a_0=(30\sim50)p$，取 $a_0=30p$。由式 (12.45) 求 L_p'

$$L_p'=\frac{2a_0}{p}+\frac{z_1+z_2}{2}+\left(\frac{z_2-z_1}{2\pi}\right)^2\frac{p}{a_0}=\frac{2\times30p}{p}+\frac{25+73}{2}+\left(\frac{73-25}{2\pi}\right)^2\frac{p}{30p}=110.94$$

取 $L_p=110$。

(4) 确定链条型号和节距 p　首先确定系数 K_z、K_L、K_m。

根据链速估计链传动可能产生链板疲劳破坏，由表 12.17 查得小链轮齿数系数 $K_z=1.34$，由表 12.18 查得 $K_L=1.02$，考虑传递功率不大，故选单排链，由表 12.19 查得 $K_m=1$。所能传递的额定功率

$$P_0=\frac{P_{ca}}{K_zK_LK_m}=\frac{9.7}{1.34\times1.02\times1}=7.09\text{kW}$$

由图 12.29 选择滚子链型号为 10A，链节距 $p=15.875$mm，由图证实工作点落在曲线顶点左侧，主要失效形式为链板疲劳，前面假设成立。

(5) 验算链速 v　由式 (12.32)

$$v=\frac{z_1pn_1}{60\times1000}=\frac{25\times15.875\times970}{60\times1000}=6.41$$

与假定相符，合适。

(6) 计算理论中心距 a　由式 (12.48)

$$a=\frac{p}{4}\left[\left(L_p-\frac{z_1+z_2}{2}\right)+\sqrt{\left(L_p-\frac{z_1+z_2}{2}\right)^2-8\left(\frac{z_2-z_1}{2\pi}\right)^2}\right]$$

$$=\frac{15.875}{4}\left[\left(110-\frac{25+73}{2}\right)=\sqrt{\left(110-\frac{25+73}{2}\right)^2-8\left(\frac{73-25}{2\pi}\right)^2}\right]=468.47\text{mm}$$

(7) 求作用在轴上的力 F　工作拉力

$$F=1000\frac{P}{v}=1000\frac{9.7}{6.41}=1513\text{N}$$

因载荷平稳由式（12.49），取 $F_Q=1.2F=1.2\times1513=1815.6\text{N}$。

（8）选择润滑方式　根据链速 $v=6.41\text{m/s}$，节距 $p=15.875\text{mm}$，按图 12.30 选择油浴或飞溅润滑方法。

（9）链轮结构设计（略）。

12.10　链传动的布置、润滑和张紧

12.10.1　链传动的布置

链传动的布置应注意以下几点：

1）两链轮中心连线最好成水平（图 12.32a）或与水平面成 45°以下倾角（图 12.32b）。

2）两轮轴线在同一铅垂面内时，链的下垂量集中在下端，所以要尽量避免这种垂直或接近垂直的布置，否则会减少下面链轮的有效啮合齿数，降低传动能力。必须采用这种布置方式时，应采取以下措施：①上、下两轮错开，使其轴线不在同一铅垂面内（图 12.32c、d）；②中心距可调；③加设张紧装置；④尽可能将小链轮布置在上方（图 12.32d）。

3）无论两轮轴线在同一水平面上或不在同一水平面上，都应使松边布置在下面（图 12.32a、b），否则松边下垂量增大后，链条易与小链轮干涉或松边会与紧边相碰。此外，需经常调整中心距。

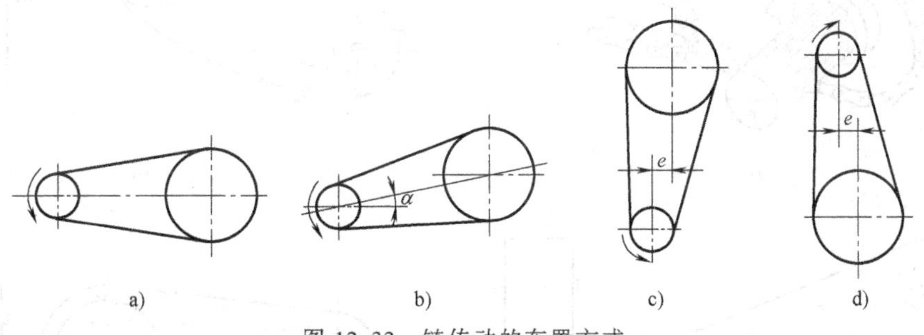

图 12.32　链传动的布置方式

12.10.2　链传动的张紧

链传动中，当松边垂度过大时，会引起啮合不良和链条颤动现象。链传动的张紧程度用松边垂度 f（图 12.19）表示，f 的推荐值为 $0.01a\sim0.02a$。对于重载、频繁起动、制动和反转及接近垂直布置的链传动，可适当减小松边垂度。

常用的张紧方法是：①调整中心距。对滚子链传动，中心距调整量可取为 $2p$。②缩短链长。操作时最好拆除成对的链节，必须拆除 1 个链节时要采用过渡链节。③采用如图 12.33 所示的张紧装置。装置中的张紧轮可以是链轮、辊轮或导板。导板适用于中心距较大的链传动，减振效果较好。

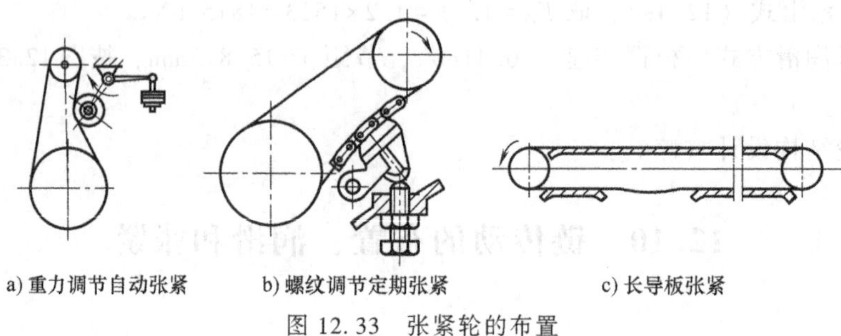

a) 重力调节自动张紧　　b) 螺纹调节定期张紧　　c) 长导板张紧

图 12.33　张紧轮的布置

12.10.3　链传动的润滑

链传动良好的润滑将会减少磨损、缓和冲击，提高承载能力，延长使用寿命，因此链传动应合理地确定润滑方式和润滑剂种类。

常用的润滑方式有：

(1) 人工定期润滑　用油壶或油刷供油（图 12.34a），每班注油一次，适用于链速 $v \leq 4\text{m/s}$ 的不重要传动。

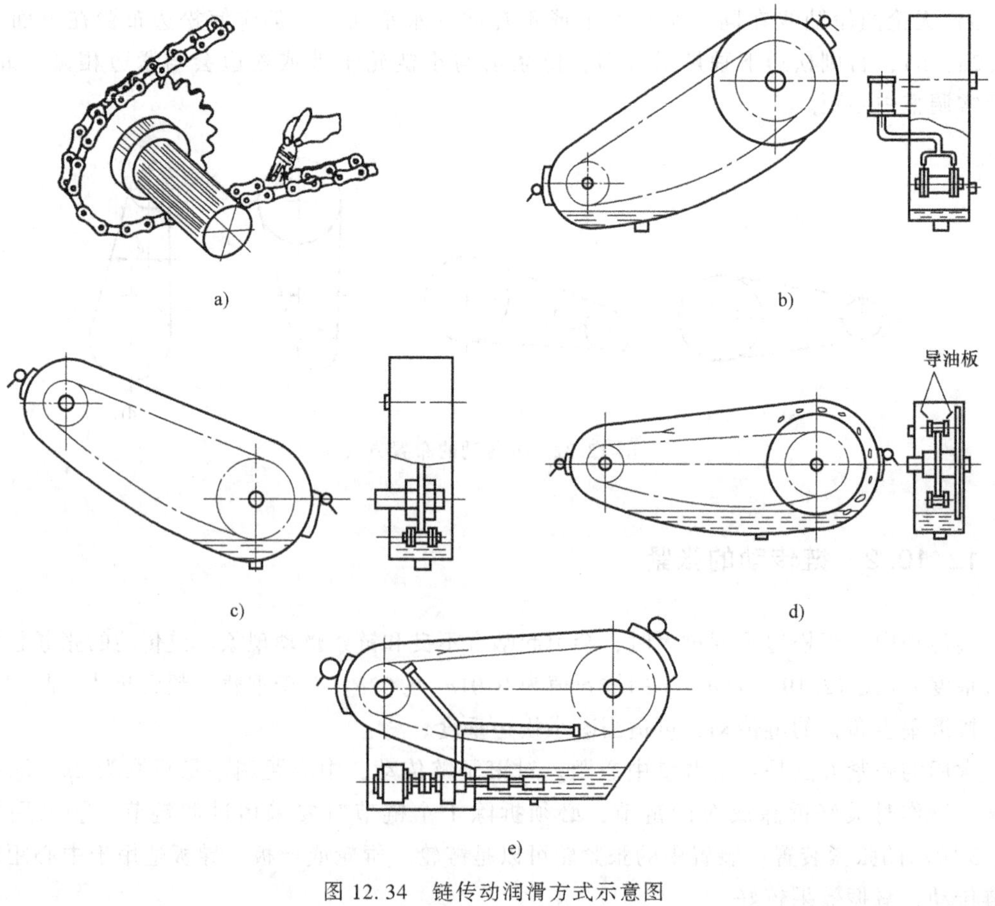

a)　　b)

导油板

c)　　d)

e)

图 12.34　链传动润滑方式示意图

（2）滴油润滑　用油杯通过油管向松边的内、外链板间隙处滴油，用于链速 $v \leq 10\text{m/s}$ 的传动（图 12.34b）。

（3）油浴润滑　链从密封的油池中通过，链条浸油深度以 6~12mm 为宜，适用于链速 $v = 6 \sim 12\text{m/s}$ 的传动（图 12.34c）。

（4）飞溅润滑　在密封容器中，用甩油盘将油甩起，经由壳体上的集油装置将油导流到链上。甩油盘速度应大于 3m/s，浸油深度一般为 12~15mm（图 12.34d）。

（5）压力油循环润滑　用液压泵将油喷到链上，喷口应设在链条进入啮合之处。适用于链速 $v \geq 8\text{m/s}$ 的大功率传动（图 12.34e）。

链传动常用的润滑油有 L-AN32、L-AN46、L-AN68、L-AN100 等全损耗系统用油。温度低时，黏度宜低；功率大时，黏度宜高。

习　题

12.1　V 带传动传递的功率 $P = 7.5\text{kW}$，平均带速 $v = 10\text{m/s}$，紧边拉力是松边拉力的两倍（即 $F_1 = 2F_2$），求紧边拉力 F_1，有效圆周力 F_e 及初拉力 F_0。

12.2　V 带传动的 $n_1 = 1450\text{r/min}$，带与带轮的当量摩擦系数 $f_v = 0.51$，包角 $\alpha_1 = 180°$，预紧力 $F_0 = 360\text{N}$。试问：

1）该传动所能传递的最大有效拉力为多少？

2）若 $d_{d1} = 100\text{mm}$，其传动的最大转矩是多少？

3）若传动的效率为 0.95，弹性滑动忽略不计，从动轮输出功率是多少？

12.3　某普通 V 带传动由电动机直接驱动，已知电动机转速 $n_1 = 1450\text{r/min}$，主动带轮基准直径 $d_{d1} = 160\text{mm}$，从动带轮直径 $d_{d2} = 400\text{mm}$，中心距 $a = 1120\text{mm}$，用两根 B 型 V 带传动，载荷平稳，两班制工作。试求该传动可传递的最大功率。

12.4　带传动主动轮转速 $n_1 = 1450\text{r/min}$，主动轮直径 $D_1 = 140\text{mm}$，从动轮直径 $D_2 = 400\text{mm}$，传动中心距 $a \approx 1000\text{mm}$，传递功率 $P = 10\text{kW}$，取工作载荷系数 $K_A = 1.2$。选带型号并求 V 带根数 z。

12.5　设计一普通 V 带传动。已知所需传递的功率 $P = 5\text{kW}$，电动机驱动，转速 $n_1 = 1440\text{r/min}$，从动轮转速 $n_2 = 340\text{r/min}$，载荷平稳，两班制工作。

12.6　某输送带由电动机通过三级减速传动系统来驱动，减速装置有：二级圆柱齿轮减速器，滚子链传动，V 带传动。试分析：三级减速装置应该采用什么排列次序？画出传动机构简图。

12.7　选择并验算一带式输送机的链传动。已知传递功率 $P = 22\text{kW}$，主动轮转速 $n_1 = 750\text{r/min}$，传动比 $i = 3$，工况系数 $K_A = 1.4$，中心距 $a \leq 800\text{mm}$（可调节）。

Chapter 13

第13章 齿轮传动

齿轮传动常用来传递运动和动力。因此，齿轮传动除要求运转平稳外，还必须具有足够的承载能力。有关齿轮机构的啮合原理、几何计算和切齿方法已在第 4 章论述。本章以上述知识为基础，着重论述标准齿轮传动的强度计算。

按照工作条件、齿轮传动可分为闭式传动和开式传动两种。闭式传动的齿轮封闭在刚性的箱体内，因而能保证良好的润滑和工作条件。重要的齿轮传动都采用闭式传动。开式传动的齿轮是外露的，不能保证良好的润滑，而且易落入灰尘、杂质，故齿面易磨损，只适用于低速传动。

13.1 齿轮传动的失效形式与设计准则

13.1.1 齿轮传动的失效形式

齿轮的失效形式主要有以下五种：

1. 轮齿折断

轮齿折断是指齿轮的一个或多个轮齿的整体或局部断裂，是齿轮最危险的失效形式。轮齿折断有多种形式，正常情况下主要是齿根弯曲疲劳折断。齿轮工作时，轮齿相当于悬臂梁，作用在轮齿上的载荷使齿根部分产生的弯曲应力最大，同时齿根过渡部分尺寸和形状的突变及加工刀痕等引起应力集中。当轮齿重复受载后，齿根处将会产生疲劳裂纹（图 13.1），并逐步扩展，最终导致轮齿的疲劳折断。另一种是由于突然产生严重过载或冲击载荷作用引起的过载折断，尤其是脆性材料（铸铁、淬火钢等）制成的齿轮更容易发生轮齿折断。两种折断均起始于轮齿受拉应力的一侧。

对直齿圆柱齿轮（简称直齿轮），疲劳裂纹一般从齿根沿齿向扩展，发生全齿折断（图 13.2a）。斜齿圆柱齿轮（简称斜齿轮）和人字齿轮，由于轮齿工作面上的接触线为一斜线，轮齿受载后，疲劳裂纹往往从齿根向齿顶扩展，发生局部折断。若齿轮制造或安装精度不高或轴的弯曲变形过大，使轮齿局部受载过大时，即使是直齿轮，也会发生局部折断（图 13.2b）。

2. 齿面点蚀

在润滑良好的闭式齿轮传动中，由于齿面啮合点处的接触应力是脉动循环应力，且应力值很大，因此齿轮工作一定时间后首先使节线附近的根部齿面产生细微的疲劳裂纹，润滑油

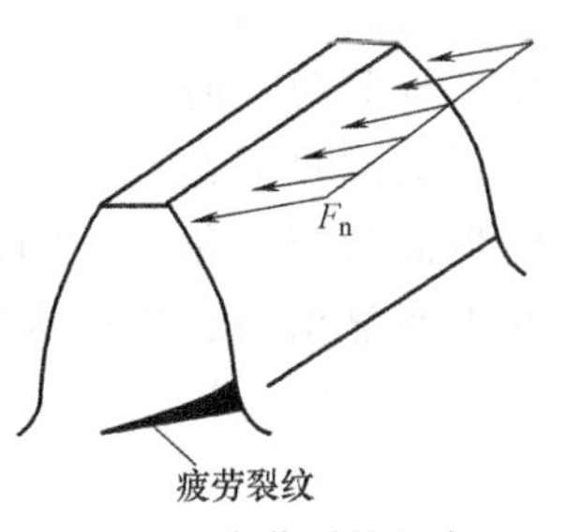

图 13.1 疲劳裂纹的产生

a) 整体折断

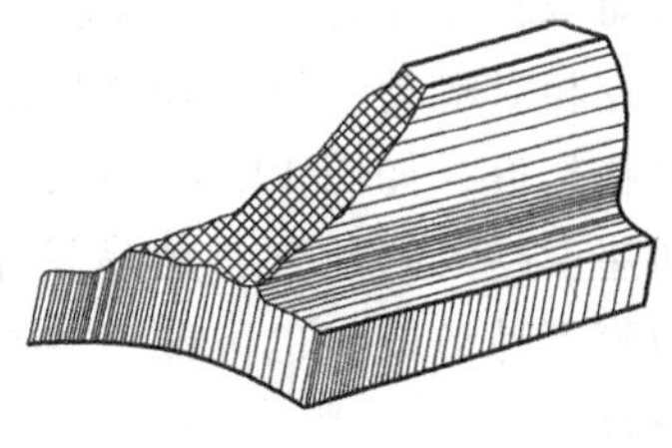

b) 局部折断

图 13.2 轮齿折断

的挤入又加速这些疲劳裂纹的扩展，导致金属微粒剥落，形成如图 13.3 所示的细小凹坑，这种现象称为点蚀。点蚀出现后，齿面不再是完整的渐开线曲面，从而影响轮齿的正常啮合，产生冲击和噪声，进而凹坑扩展到整个齿面而失效。

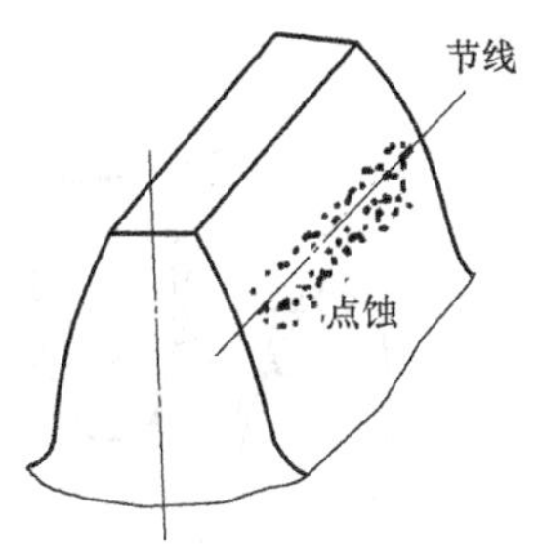

图 13.3 齿面点蚀

实践表明，点蚀通常首先出现在靠近节线的齿根面上，然后再向其他部位扩展。这是因为轮齿在啮合过程中，齿面间的相对滑动起着形成润滑油膜的作用，相对滑动速度愈高，越易在齿面间形成油膜，润滑也就越好。当轮齿在靠近节线处啮合时，由于相对滑动速度低，不易形成润滑油膜，同时啮合齿对数也少，特别是直齿轮传动，这时只有一对齿啮合，因此轮齿所受接触应力最大，所以节线附近最易产生疲劳点蚀。在开式齿轮传动中，由于轮齿表面磨损较快，点蚀未形成前已被磨掉，因而一般看不到点蚀破坏。

齿面点蚀的继续扩展会影响传动的平稳性，并产生振动和噪声，导致齿轮不能正常工作。

3. 齿面磨损

齿轮啮合传动时，两渐开线齿廓之间存在相对滑动，在载荷作用下，齿面间的灰尘硬屑粒会引起齿面磨损，如图 13.4 所示。严重的磨损将使齿面渐开线齿形失真，齿侧间隙增大，从而产生冲击和噪声，严重时导致轮齿过薄而折断。在开式传动中，特别在多灰尘场合，齿面磨损是轮齿失效的主要形式。

对于开式传动，应特别注意保持环境清洁，减少磨粒侵入。改用闭式传动是避免磨粒磨损最有效的方法。

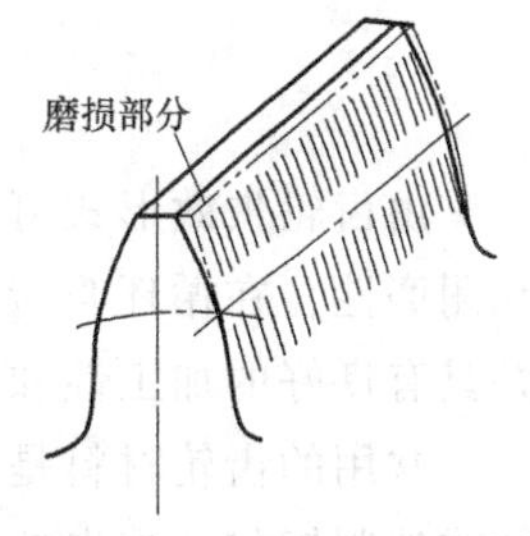

图 13.4 齿面磨损

4. 齿面胶合

润滑良好的啮合齿面间保持一层润滑油膜，在高速重载传动中，常因啮合区温度升高或因齿面的压力很大而导致润滑油膜破裂，使齿面金属直接接触。在高温高压条件下，相接触的金属材料熔粘在一起，并由于两齿面间存在相对滑动，导致较软齿面上的金属被撕下，从而在齿面上形成与滑动方向一致的沟槽状伤痕，如图 13.5 所示，这种现象称为齿面胶合。传动时齿面瞬时温度越高、相对滑动速度越大的地方，越易发生胶合。在低速重载齿轮传动中，因齿面的压力很大，润滑油膜不易形成，也可能产生胶合破坏，此时，齿面的瞬时温度并无明显增高，故称为冷胶合。

5. 齿面塑性变形

当齿轮材料较软而载荷及摩擦力较大时，啮合轮齿的相互滚压与滑动将引起齿轮材料的塑性流动，由于材料的塑性流动方向与齿面上所受的摩擦力方向一致，而齿轮工作时主动轮齿面受到的摩擦力方向背离节圆，从动轮齿面受到的摩擦力方向指向节圆，所以在主动轮轮齿上节线处被辗出沟槽，从动轮轮齿上节线处被挤出脊棱，使齿廓失去正确的齿形，瞬时传动比发生变化，引起附加动载荷，如图 13.6 所示。这种失效形式多发生在低速、重载和起动频繁的传动中。

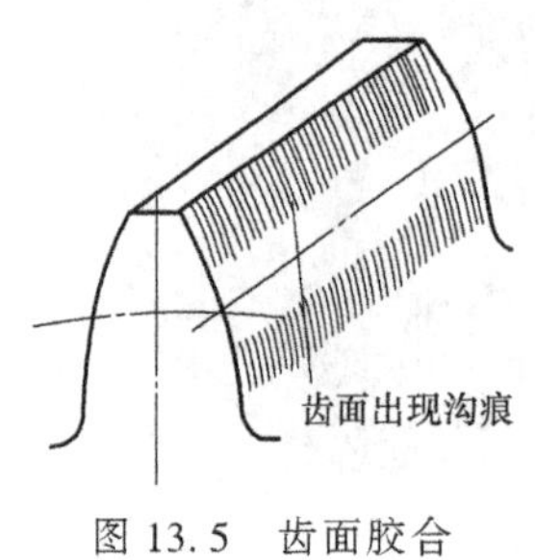

图 13.5　齿面胶合

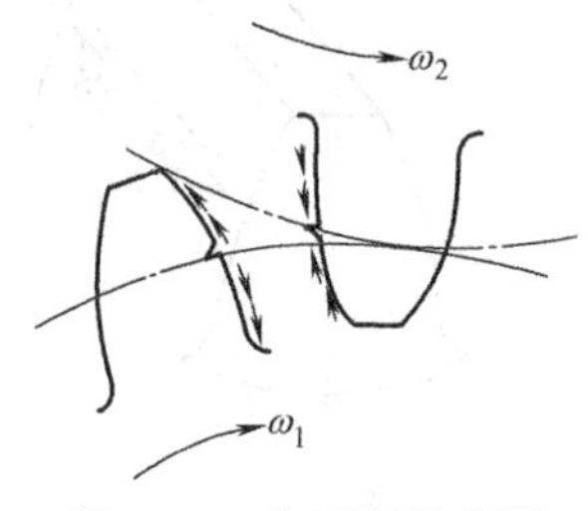

图 13.6　齿面塑性变形

13.1.2　设计准则

对于软齿面（硬度≤350HBW）的闭式齿轮传动，润滑条件良好，齿面点蚀将是主要的失效形式，在设计时，通常按齿面接触疲劳强度设计，再按齿根弯曲疲劳强度校核。

对于硬齿面（硬度>350HBW）的闭式齿轮传动，抗点蚀能力较强，轮齿折断的可能性大，在设计计算时，通常按齿根弯曲疲劳强度设计，再按齿面接触疲劳强度校核。

开式齿轮传动，主要失效形式是齿面磨损。但由于磨损的机理比较复杂，目前尚无成熟的设计计算方法，故只能按齿根弯曲疲劳强度计算，用增大模数 10%～20%的办法来考虑磨损的影响。

13.2　齿轮传动的材料、热处理

由齿轮失效形式可知，选择齿轮材料时，应考虑以下要求：轮齿的表面应有足够的硬度和耐磨性，在循环载荷和冲击载荷作用下，应有足够的弯曲强度。即齿面要硬，齿芯要韧，并具有良好的加工性和热处理性。

常用的齿轮材料是各种牌号的优质碳素钢、合金结构钢、铸钢和铸铁等，一般多采用锻件或轧制钢材。当齿轮较大（如直径>400～600mm）而轮坯不易锻造时，可采用铸钢；开

式低速传动可采用灰铸铁；球墨铸铁有时可代替铸钢。常用的齿轮材料及其热处理后的硬度等力学性能见表 13.1。

表 13.1 常用齿轮材料及其力学性能

材料牌号	热处理方法	硬度	接触疲劳极限 σ_{Hlim}/MPa	弯曲疲劳极限 σ_{FE}/MPa
45	正火	156~217HBW	350~400	280~340
	调质	197~286HBW	550~620	410~480
	表面淬火	40~50HRC	1120~1150	680~700
40Cr	调质	217~286HBW	650~750	560~620
	表面淬火	48~55HRC	1150~1210	700~740
40CrMnMo	调质	229~363HBW	680~710	580~690
	表面淬火	45~50HRC	1130~1150	690~700
35SiMn	调质	207~286HBW	650~760	550~610
	表面淬火	45~50HRC	1130~1150	690~700
40MnB	调质	241~286HBW	680~760	580~610
	表面淬火	45~50HRC	1130~1210	690~720
38SiMnMo	调质	241~286HBW	680~760	580~610
	表面淬火	45~55HRC	1130~1210	690~720
	氮碳共渗	57~63HRC	880~950	790
38CrMoAl	调质	255~321HBW	710~790	600~640
	渗氮	>850HV	1000	720
20CrMnTi	渗氮	>850HV	1000	720
	渗碳淬火,回火	56~62HRC	1500	850
20Cr	渗碳淬火,回火	56~62HRC	1500	850
ZG310-570	正火	163~197HBW	280~330	210~250
ZG340-640	正火	179~207HBW	310~340	240~270
ZG35SiMn	调质	241~269HBW	590~640	500~520
	表面淬火	45~53HRC	1130~1190	690~720
HT300	时效	187~255HBW	330~390	100~150
QT500-7	正火	170~230HBW	450~540	260~300
QT600-3	正火	190~270HBW	490~580	280~310

注：σ_{Hlim}、σ_{FE} 材料硬度呈线性正相关，表中的 σ_{Hlim}、σ_{FE} 数值，可根据 GB/T 3480.5—2008 提供的线图，依材料的硬度值查取，它适用于材质和热处理质量达到中等要求时。

齿轮常用的热处理方法有以下几种。

1. 表面淬火

表面淬火一般用于中碳钢和中碳合金钢，如 45 钢、40Cr 等。表面淬火后轮齿变形不大，可不磨齿，齿面硬度可达 52~56HRC。由于齿面接触强度高，耐磨性好，而齿芯部未淬硬仍有较高的韧性，故能承受一定的冲击载荷。表面淬火的方法有高频淬火和火焰淬火等。

2. 渗碳淬火

渗碳钢为碳含量 0.15%~0.25%的低碳钢和低碳合金钢，如 20 钢、20Cr 等。齿面硬度达 56~62HRC，齿面接触强度高，耐磨性好，齿芯韧性高，常用于受冲击载荷的重要传动。通常渗碳淬火后要磨齿。

3. 调质

调质一般用于中碳钢和中碳合金钢，如 45 钢、40Cr、35SiMn 等。调质处理后齿面硬度为 220~260HBW。因为硬度不高，故可在热处理后精切齿形，且在使用中易于跑合。

4. 正火

正火能消除内应力、细化晶粒、改善力学性能和切削性能。机械强度要求不高的齿轮可用中碳钢正火处理。大直径的齿轮可用铸钢正火处理。

5. 渗氮

渗氮是一种化学处理。渗氮后齿面硬度可达 60~62HRC。氮化处理温度低，轮齿变形小，适用于难以磨齿的场合，如内齿轮。材料为：38CrMoAl。

上述五种热处理中，调质和正火两种处理后的齿面硬度较低（≤350HBW），为软齿面；其工艺过程较简单，但因齿面硬度较低，故其接触疲劳极限和弯曲疲劳极限较低。其他三种处理后的齿面硬度较高，为硬齿面。硬齿面的接触疲劳极限和弯曲疲劳极限较高，故设计出来的传动尺寸较紧凑，但工艺过程较复杂。

当大、小齿轮都是软齿面时，考虑到小齿轮齿根较薄，弯曲强度较低，且受载次数较多，故在选择材料和热处理时，一般使小齿轮齿面硬度比大齿轮高 30~50HBW，以使小齿轮的弯曲疲劳极限稍高于大齿轮，大、小齿轮的弯曲强度相近。硬齿面齿轮的承载能力较高，但需专门设备磨齿，常用于要求结构紧凑或生产批量大的齿轮。当大、小齿轮都是硬齿面时，小齿轮的硬度应略高，也可和大齿轮相等。

13.3 标准直齿圆柱齿轮传动的强度计算

13.3.1 标准直齿圆柱齿轮传动的受力分析

为简化计算过程，通常按齿轮节圆柱面（对标准齿轮，即分度圆柱面）上受力进行分析计算，忽略齿面上摩擦力的影响，用作用在齿宽中点（即节点 P）的一个集中力（法向载荷）F_n 代表轮齿上全部的分布力。简化后标准直齿圆柱齿轮传动的力分析模型如图 13.7 所示，图中 F_n 可分解为两个相互垂直的分力：圆周力 F_t 和径向力 F_r（单位均为 N），即

$$\left.\begin{aligned} F_t &= \frac{2T_1}{d_1} \\ F_r &= F_t\tan\alpha \\ F_n &= \frac{F_t}{\cos\alpha} = \frac{2T_1}{d_1\cos\alpha} \end{aligned}\right\} \qquad (13.1)$$

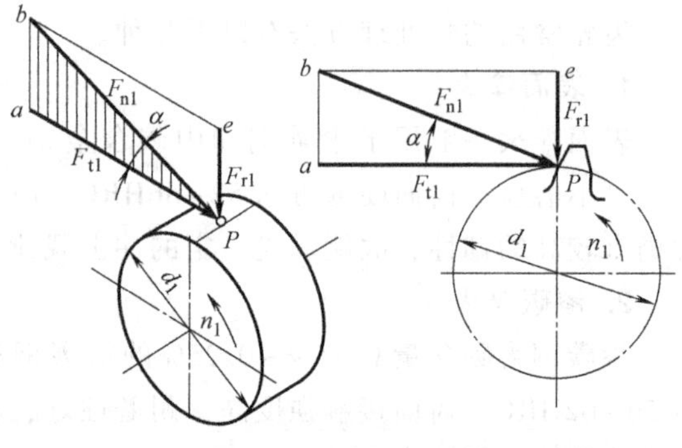

图 13.7 标准直齿圆柱齿轮轮齿受力分析模型

式中，T_1 是小齿轮传递的转矩，单位为 N · mm；d_1 是小齿轮的分度圆直径，单位为 mm；α 是压力角，$\alpha=20°$。

作用于主、从动齿轮上的各对力大小

相等、方向相反，即 $F_{r1}=-F_{r2}$，$F_{t1}=-F_{t2}$。主动轮所受圆周力是工作阻力，其方向与主动轮转向相反；从动轮所受的圆周力是驱动力，其方向与从动轮转向相同。径向力分别指向各轮中心（外啮合），内齿轮的径向力则背离轮中心。

13.3.2　计算载荷

上述的法向力 F_n 为名义载荷。理论上，F_n 应沿齿宽均匀分布，但由于轴和轴承的变形、传动装置的制造和安装误差等原因，载荷沿齿宽的分布并不是均匀的，即出现载荷集中现象。如图13.8所示，齿轮位置对轴承不对称时，由于轴的弯曲变形，齿轮将相互倾斜，这时轮齿右端载荷增大。轴和轴承的刚度越小，齿宽 b 越宽，载荷集中越严重。此外，由于各种原动机和工作机的特性不同，齿轮制造误差以及轮齿变形等原因，还会引起附加动载荷。精度越低，圆周速度越高，附加动载荷就越大。因此，计算齿轮强度时，通常用计算载荷 KF_n 代替名义载荷 F_n，以考虑载荷集中和附加动载荷的影响。K 为载荷系数，其值可由表13.2查取。

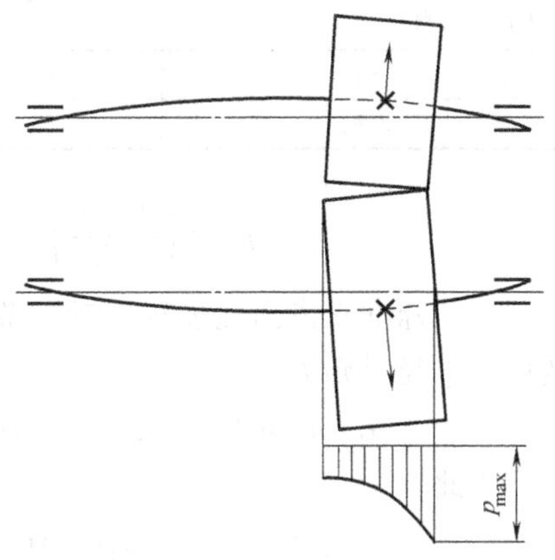

图13.8　轮齿所受的载荷分布不均

表13.2　载荷系数 K

原动机	工作机械的载荷特性		
	均匀	中等冲击	大的冲击
电动机	1~1.2	1.2~1.6	1.6~1.8
多缸内燃机	1.2~1.6	1.6~1.8	1.9~2.1
单缸内燃机	1.6~1.8	1.8~2.0	2.2~2.4

注：斜齿、圆周速度低、精度高、齿宽系数小时取小值，直齿、圆周速度高、精度低、齿宽系数大时取大值。齿轮在两轴承之间对称布置时取小值，齿轮在两轴承之间不对称布置及悬臂布置时取大值。

13.3.3　齿面接触疲劳强度计算

一对轮齿在任意点啮合，两轮齿廓接触点的曲率半径分别为 ρ_1、ρ_2，从啮合表面受力状态看，这相当于以 ρ_1、ρ_2 为半径的两圆柱体相接触，接触区内产生的最大接触应力可根据赫兹接触应力的基本公式计算

$$\sigma_H=Z_E\sqrt{\frac{p_{ca}}{\rho_\Sigma}}\leqslant[\sigma_H] \tag{13.2}$$

将式（13.2）用于齿轮传动，则单位长度上的计算载荷为

$$p_{ca}=\frac{F_{ca}}{L}=\frac{KF_n}{b}=\frac{KF_t}{b\cos\alpha}=\frac{2KT_1}{bd_1\cos\alpha}$$

式中，Z_E 为弹性系数，与材料有关，单位为$\sqrt{MPa}$，其值查表 13.3；p_{ca} 为单位接触线长度上的计算载荷；ρ_Σ 为两个圆柱体接触处的综合曲率半径。

由机械原理教材知，渐开线齿廓上各点的曲率（$1/\rho$）并不相同，计算齿面的接触应力时，应考虑不同啮合位置时综合曲率 ρ_Σ 的不同。为计算方便，通常以节点作为齿面接触强度的计算点（图 13.9）

表 13.3 齿轮材料弹性系数 Z_E （单位：$\sqrt{MPa}$）

小齿轮材料 \ 大齿轮材料	钢	铸钢	铸铁	球墨铸铁
钢	189.8	188.9	165.4	181.4
铸钢	188.9	188.0	161.4	180.5

$$\rho_\Sigma=\left(\frac{1}{\rho_1}\pm\frac{1}{\rho_2}\right)^{-1}$$

对于标准直齿圆柱齿轮传动，节点处两渐开线齿廓的曲率半径分别为

$$\rho_1=d_1\sin(\alpha/2),\ \rho_2=d_2\sin(\alpha/2)$$

因此

$$\rho_\Sigma=\left(\frac{1}{\rho_1}\pm\frac{1}{\rho_2}\right)^{-1}=\frac{d_1\cos\alpha\tan\alpha'}{2}\cdot\frac{\mu}{\mu\pm1}$$

式中，$\mu=z_2/z_1=d_2/d_1$，为齿数比；α'为一对齿轮的啮合角，即节圆上的压力角；对于标准齿轮标准安装有 $\alpha'=\alpha=20°$。“+”用于外啮合，“-”用于内啮合。可见在相同条件下，内啮合齿轮比外啮合齿轮的综合曲率半径 ρ_Σ 大。因此上式可改写为

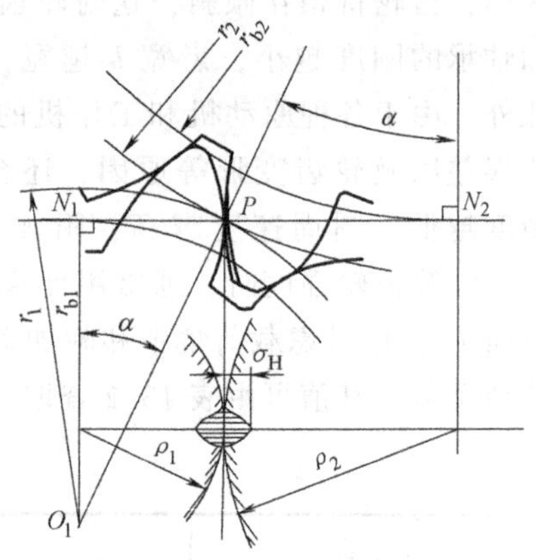

图 13.9 齿面上的接触应力

$$\rho_\Sigma=\frac{d_1\sin\alpha}{2}\cdot\frac{\mu}{\mu\pm1}$$

将 ρ_Σ、p_{ca} 代入式（13.2），可得标准直齿圆柱齿轮齿面接触疲劳强度的校核公式

$$\sigma_H=Z_EZ_H\sqrt{\frac{2KT_1(u\pm1)}{bd_1^{\ 2}u}}\leqslant[\sigma_H] \tag{13.3}$$

式中，$Z_H=\sqrt{\frac{2}{\sin\alpha\cos\alpha}}$为节点区域系数，是与节点区域的齿面形状有关的参数，对于标准齿轮，$\alpha=20°$，$Z_H=2.5$。

设齿宽系数 $\varphi_d=b/d_1$，将 $b=\varphi_d d_1$，代入式（13.3），可得齿面接触疲劳强度的设计公式

$$d_1=\sqrt[3]{\frac{2KT_1}{\varphi_d}\left(\frac{Z_EZ_H}{[\sigma_H]}\right)^2\frac{u\pm1}{u}} \tag{13.4}$$

$$[\sigma_H]=\frac{\sigma_{Hlim}}{S_H}\text{MPa}$$

式中，σ_{Hlim} 为试验齿轮失效概率为 1/100 时的接触疲劳强度极限，它与齿面硬度有关，见表 13.1；S_H 为安全系数，见表 13.4。

表 13.4　安全系数 S_H 和 S_F

安全系数	软齿面 HBW≤350	硬齿面 HBW>350	重要的传动、渗碳淬火齿轮或铸造齿轮
S_H	1.0~1.1	1.1~1.2	1.3
S_F	1.3~1.4	1.4~1.6	1.6~2.2

由式（13.4）可得为满足齿面接触强度所需的最小 d_1 值。

在齿面接触疲劳强度计算中，配对齿轮的接触应力是相等的。但两齿轮的许用接触应力 $[\sigma_{H1}]$ 和 $[\sigma_{H2}]$ 分别与各自齿轮的材料、热处理方法及应力循环次数有关，一般不相等。因此，在使用式（13.4）或式（13.3）时，应取 $[\sigma_{H1}]$ 和 $[\sigma_{H2}]$ 两者中的较小者代入计算，即取 $[\sigma_H]=\min\{[\sigma_{H1}],[\sigma_{H2}]\}$ 代入计算。

13.3.4　齿根弯曲疲劳强度计算

轮齿在受载时，齿根所受的弯矩最大，因此齿根处的弯曲疲劳强度最弱。当轮齿在齿顶处啮合时，处于双对齿啮合区，此时弯矩的力臂虽然最大，但力并不是最大，因此，弯矩并不是最大。根据分析，齿根所受的最大弯矩发生在轮齿啮合点位于单对齿啮合区最高点。因此，齿根弯曲强度也应按载荷作用于单对齿啮合区最高点来计算。由于这种算法比较复杂，通常只用于高精度的齿轮传动（如6级精度以上的齿轮传动）。对于制造精度较低的齿轮传动（如7，8，9级精度），由于制造误差大，实际上多由在齿顶处啮合的轮齿分担较多的载荷，为便于计算，通常按全部载荷作用于齿顶来计算齿根的弯曲强度。当然，采用这样的算法，齿轮的弯曲强度比较富裕。将轮齿看作宽度为 b 的悬臂梁，用切线法可确定齿根危险截面。如图 13.10 所示，作与轮齿对称线成30°角并与齿根过渡圆弧相切的两条切线，则过两切点并平行于齿轮轴线的截面即为齿根危险截面。作用于齿顶的法向力 p_{ca} 可分解为相互垂直的两个分力：切向分力 $p_{ca}\cos\gamma$ 和径向分力 $p_{ca}\sin\gamma$。切向分力使齿根产生弯曲应力和切应力，径向分力使齿根产生压应力。疲劳裂纹往往从齿根受拉一侧开始，其中切应力和压应力相对弯曲应力所起作用均很小。所以，计算齿根弯曲疲劳强度时一般只考虑弯曲应力，对切应力、压应力以及齿根过渡曲线处应力集中效应的影响，用应力修正系数 Y_{Sa} 予以修正，其值查表 13.5。由材料力学知，较低精度直齿轮传动齿根危险截面处的弯曲应力为

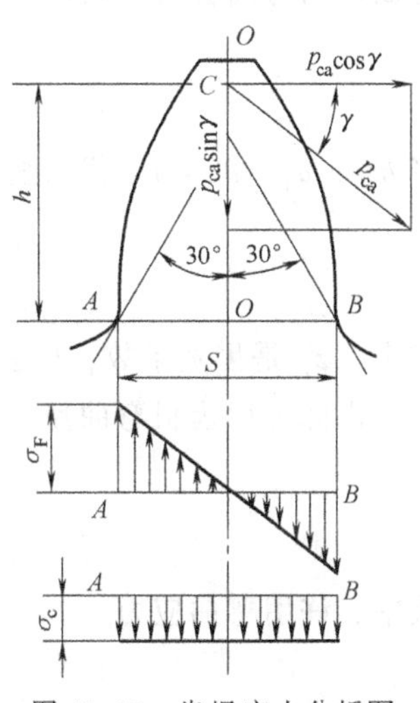

图 13.10　齿根应力分析图

$$\sigma_F=\frac{M}{W}=\frac{p_{ca}\cos\gamma\cdot h}{bS^2/6}=\frac{F_t}{b}\frac{6\cos\gamma\cdot h}{S^2\cos\alpha}Y_{Sa}=\frac{2KT_1}{bd_1m}\cdot\frac{6\frac{h}{m}\cos\gamma}{(S/m)^2\cos\alpha}Y_{Sa}$$

式中，h 是弯曲力臂，单位为 mm；S 是危险截面厚度，单位为 mm；γ 是载荷作用角，单位为（°）；K 是考虑到齿轮工作时附加载荷的影响计入的载荷系数。

表 13.5　齿形系数 Y_{Fa} 及应力修正系数 Y_{Sa}

$z(z_v)$	17	18	19	20	21	22	23	24	25	26	27	28	29
Y_{Fa}	2.97	2.91	2.85	2.80	2.76	2.72	2.69	2.65	2.62	2.60	2.57	2.55	2.53
Y_{Sa}	1.52	1.53	1.54	1.55	1.56	1.57	1.575	1.58	1.59	1.595	1.60	1.61	1.62
$z(z_v)$	30	35	40	45	50	60	70	80	90	100	150	200	∞
Y_{Fa}	2.52	2.45	2.40	2.35	2.32	2.28	2.24	2.22	2.20	2.18	2.14	2.12	2.06
Y_{Sa}	1.625	1.65	1.67	1.68	1.70	1.73	1.75	1.77	1.78	1.79	1.83	1.865	1.97

注：1. 标准齿形的参数为 $\alpha=20°$，$h_a^*=1$，$c^*=0.25$，过渡圆角半径 $\rho=0.38m$（m 为齿轮模数）。

2. 对内齿轮：当 $\alpha=20°$，$h_a^*=1$，$c^*=0.25$，$\rho=0.15m$ 时，齿形系数 $Y_{Fa}=2.65$，$Y_{Sa}=2.65$。

令

$$Y_{Fa}=\frac{6\frac{h}{m}\cos\gamma}{\left(\frac{S}{m}\right)^2\cos\alpha}$$

Y_{Fa} 为载荷作用于齿顶时的齿形系数，用以考虑齿廓形状对齿根弯曲应力 σ_F 的影响，是一个量纲系数。凡影响齿廓形状的参数（如 z、x、a 等）都影响 Y_{Fa}，而与模数无关。Y_{Fa} 值可由表 13.5 查取。Y_{Fa} 小的齿轮抗弯曲强度高。将 Y_{Fa} 代入上面的公式后，可得到齿根危险截面的弯曲疲劳的强度校核公式为

$$\sigma_F=\frac{2KT_1}{bd_1m}Y_{Fa}Y_{Sa}\leqslant[\sigma_F]$$

将 $b=\varphi_d d_1$，$d_1=mz_1$ 代入上式得弯曲疲劳强度的校核公式

$$\sigma_F=\frac{2KT_1}{bd_1m}Y_{Fa}Y_{Sa}=\frac{2KT_1}{\varphi_d m^3 z_1^2}Y_{Fa}Y_{Sa}\leqslant[\sigma_F] \tag{13.5}$$

式中，φ_d 是齿宽系数；b 是大齿轮宽度，单位为 mm。

由此可得齿根弯曲疲劳强度的设计公式

$$m\geqslant\sqrt[3]{\frac{2KT_1\cdot Y_{Fa}Y_{Sa}}{\varphi_d {z_1}^2\cdot[\sigma_F]}} \tag{13.6}$$

式中，许用弯曲应力

$$[\sigma_{FE}]=\frac{\sigma_{FE}}{S_F}\text{MPa}$$

式中，σ_{FE} 为试验齿轮失效概率为 1/100 时的齿根弯曲疲劳强度极限，它与齿面硬度有关，见表 13.1，若轮齿两面工作，应将表中的数值乘以 0.7；S_F 为安全系数，见表 13.4，因轮齿疲劳折断可能招致重大事故，所以 S_F 的取值较 S_H 大。

在齿根弯曲疲劳强度计算中，$z_1\neq z_2$，配对齿轮的齿形系数 Y_{Fa}、应力修正系数 Y_{Sa} 均不相等，所以 $\sigma_{F1}\neq\sigma_{F2}$，许用弯曲应力 $[\sigma_{F1}]$ 和 $[\sigma_{F2}]$ 也可能不相同，设计时取 $\frac{Y_{Fa1}Y_{Sa1}}{[\sigma_{F1}]}$、$\frac{Y_{Fa2}Y_{Sa2}}{[\sigma_{F2}]}$ 中大值代入公式计算。按式（13.5）校核验算时应该对大、小齿轮分别进行验算。

13.3.5 齿轮传动主要参数和传动精度的选择

1. 齿轮传动主要参数的选择

（1）齿数比 u　为了避免齿轮传动的尺寸过大，齿数比 u 不宜过大，一般取 $u \leqslant 7$。当要求传动比大时，可以采用两级或多级齿轮传动。

（2）压力角 α 的选择　由机械原理可知，增大压力角 α，轮齿的齿厚及节点处的齿廓曲率半径随之增加，可提高齿轮传动的弯曲疲劳强度及接触疲劳强度。我国对一般用途的齿轮传动规定标准压力角 $\alpha=20°$，航空用齿轮传动可取 $\alpha=25°$。

（3）模数 m 和小齿轮齿数 z_1　模数 m 直接影响齿根弯曲强度，而对齿面接触强度没有直接影响。用于传递动力的齿轮，一般应使 $m>1.5 \sim 2\text{mm}$，以防止过载时轮齿突然折断。齿数 z_1 对于软齿面的闭式传动，在满足弯曲疲劳强度的条件下，宜采用较多齿数，一般取 $z_1=20 \sim 40$。因为当中心距确定后，齿数多，则重合度大，可提高传动的平稳性。对于硬齿面的闭式传动，首先应具有足够大的模数以保证齿根弯曲强度，为减小传动尺寸，宜取较少齿数，但要避免发生根切，一般取 $z_1=17 \sim 20$。

标准直齿轮 $z_{\min} \geqslant 17$，若允许轻微根切或采用变位齿轮，$z_{\min}$ 可以少到 14 或更少。

在满足传动要求的前提下，应尽量使 z_1、z_2 互为质数，至少不要成整数比，以使所有轮齿磨损均匀并有利于减小振动。

（4）齿宽系数 φ_d　齿宽系数是大齿轮齿宽 b_2 和小齿轮分度圆直径 d_1 之比，增大齿宽系数，可减小齿轮传动装置的径向尺寸，降低齿轮的圆周速度。但是齿宽越大，载荷分布越不均匀。根据 d_1 和 φ_d 可计算齿宽 b（$b=\varphi_d d_1$），计算结果应加以圆整，小齿轮齿宽取 $b_1=b_2+(5 \sim 10)$，以便于补偿加工与装配误差。圆柱齿轮齿宽系数的推荐用值见表 13.6。

表 13.6　齿宽系数 $\varphi_d=b/d_1$

小齿轮相对轴承位置	φ_d	小齿轮相对轴承位置	φ_d
对称布置	0.9～1.4	悬臂布置	0.4～0.6
非对称布置	0.7～1.15		

注：直齿轮取较小值，斜齿轮取较大值；载荷稳定，轴刚度大时取较大值。

2. 齿轮精度的选择

渐开线圆柱齿轮标准（GB/T 10095.1—2008）中，规定了 12 个精度等级，第 1 级精度最高，第 12 级最低。一般机械中常用 6～9 级。高速、精度要求高的齿轮传动用 6 级，对精度要求不高的低速齿轮可用 9 级。根据误差特性及它们对传动性能的影响，齿轮每个精度等级的公差划分为三个公差组，即第 Ⅰ 公差组（影响运动准确性），第Ⅱ公差组（影响传动平稳性），第Ⅲ公差组（影响载荷分布均匀性）。一般情况下，可选三个公差组为同一精度等级，也可以根据使用要求的不同，选择不同精度等级的公差组组合。

常用的齿轮精度等级与圆周速度的关系及使用范围见表 13.7。

例 13.1　试设计带式输送机减速器的高速级齿轮传动。已知输入功率 $P_1=17\text{kW}$，小齿轮转速 $n_1=745\text{r/min}$，齿数比 $u=3.7$，由电动机驱动，带式输送机工作有中等冲击，采用软齿面。

表 13.7 齿轮传动精度等级（第Ⅱ公差组及其应用）

精度等级	齿面硬度 HBW	圆周速度 v/m·s^{-1}			应用举例
		直齿圆柱齿轮	斜齿圆柱齿轮	直齿锥齿轮	
6	≤350	≤18	≤36	≤9	高速重载的齿轮传动，如机床、汽车中的重要齿轮，分度机构的齿轮，高速减速器的齿轮等
	>350	≤15	≤30		
7	≤350	≤12	≤25	≤6	高速中载或中速重载的齿轮传动，如标准系列减速器的齿轮，机床和汽车变速器中的齿轮等
	>350	≤10	≤20		
8	≤350	≤6	≤12	≤3	一般机械中的齿轮传动，如机床、汽车和拖拉机中的一般齿轮，起重机械中的齿轮，农业机械中的重要齿轮等
	>350	≤5	≤9		
9	≤350	≤4	≤8	≤2.5	低速重载的齿轮，低精度机械中的齿轮等
	>350	≤3	≤6		

注：第Ⅰ、Ⅲ公差组的精度等级参阅有关手册，一般第Ⅲ公差等级不低于第Ⅱ公差组的精度等级。

解：（1）选择材料及确定许用应力　小齿轮用 40MnB 调质，齿面硬度 241~286HBW，$\sigma_{\mathrm{Hlim1}}=720\mathrm{MPa}$，$\sigma_{\mathrm{FE1}}=595\mathrm{MPa}$（表 13.1）；大齿轮用 ZG35SiMn 调质，齿面硬度为 241~269HBW，$\sigma_{\mathrm{Hlim2}}=615\mathrm{MPa}$，$\sigma_{\mathrm{FE2}}=510\mathrm{MPa}$（表 13.1）。由表 13.4，取 $S_{\mathrm{H}}=1.1$，$S_{\mathrm{F}}=1.25$，则

$$[\sigma_{\mathrm{H1}}]=\frac{\sigma_{\mathrm{Hlim1}}}{S_{\mathrm{H}}}=\frac{720}{1.1}\mathrm{MPa}=655\mathrm{MPa}$$

$$[\sigma_{\mathrm{H2}}]=\frac{\sigma_{\mathrm{Hlim2}}}{S_{\mathrm{H}}}=\frac{615}{1.1}\mathrm{MPa}=559\mathrm{MPa}$$

$$[\sigma_{\mathrm{F1}}]=\frac{\sigma_{\mathrm{FE1}}}{S_{\mathrm{F}}}=\frac{595}{1.25}\mathrm{MPa}=476\mathrm{MPa}$$

$$[\sigma_{\mathrm{F2}}]=\frac{\sigma_{\mathrm{FE2}}}{S_{\mathrm{F}}}=\frac{510}{1.25}\mathrm{MPa}=408\mathrm{MPa}$$

（2）按齿面接触疲劳强度设计　设齿轮按 8 级精度制造。取载荷系数 $K=1.5$（表 13.2），齿宽系数 $\varphi_{\mathrm{d}}=0.8$（表 13.6），小齿轮上的转矩

$$T_1=\frac{9.55\times10^6P_1}{n_1}=\frac{95.5\times10^5\times17}{745}\mathrm{N\cdot mm}=2.18\times10^5\mathrm{N\cdot mm}$$

查表 13.3 得 $Z_{\mathrm{E}}=188.9\sqrt{\mathrm{MPa}}$，已知 $u=3.7$，则

$$d_1\geqslant\sqrt[3]{\frac{2KT_1}{\varphi_{\mathrm{d}}}\left(\frac{Z_{\mathrm{E}}Z_{\mathrm{H}}}{[\sigma_{\mathrm{H}}]}\right)^2\frac{u\pm1}{u}}=\sqrt[3]{\frac{2\times1.5\times2.18\times10^5}{0.8}\left(\frac{188.9\times2.5}{559}\right)^2\frac{3.7+1}{3.7}}\mathrm{mm}=90.5\mathrm{mm}$$

齿数取 $z_1=23$，$z_2=3.7\times23=85$，故实际传动比 $i_{12}=85/23=3.696$。

模数 $$m=\frac{d_1}{z_1}=\frac{90.5}{23}\mathrm{mm}=3.935\mathrm{mm}$$

按表 4.1 取 $m=4\mathrm{mm}$，实际的 $d_1=mz_1=4\times23=92\mathrm{mm}$，$d_2=mz_2=4\times85=340\mathrm{mm}$，则

中心距 $$a=(d_1+d_2)/2=(92+340)/2=216.00\mathrm{mm}$$

齿宽 $b=\varphi_{\mathrm{d}}d_1=0.8\times92=73.6\mathrm{mm}$，取 $b_2=75\mathrm{mm}$，$b_1=80\mathrm{mm}$。

（3）验算齿轮的弯曲疲劳强度　查表 13.5，$Y_{Fa1}=2.69$，$Y_{Sa1}=1.575$，$Y_{Fa2}=2.21$，$Y_{Sa2}=1.775$，由式（13.5）得

$$\sigma_{F1}=\frac{2KT_1}{bd_1m}Y_{Fa1}Y_{Sa1}=\frac{2\times1.5\times2.18\times10^5\times2.69\times1.575}{75\times92\times4}\text{MPa}=100.39\text{MPa}\leqslant[\sigma_{F1}]=476\text{MPa}$$

$$\sigma_{F2}=\sigma_{F1}\frac{Y_{Fa2}Y_{Sa2}}{Y_{Fa1}Y_{Sa1}}=100.39\times\frac{2.21\times1.775}{2.69\times1.575}\text{MPa}=92.95\text{MPa}\leqslant[\sigma_{F2}]=408\text{MPa}$$

安全。

齿轮的圆周速度

$$v=\frac{\pi d_1n_1}{60\times1000}=\frac{3.14\times92\text{mm}\times745\text{r/min}}{60\times1000}=3.59\text{m/s}$$

对照表 13.7 可知选用 8 级精度是合适的。

其他计算从略。

13.4 标准斜齿圆柱齿轮传动的强度计算

13.4.1 标准斜齿圆柱齿轮传动的受力分析

图 13.11 所示为斜齿圆柱齿轮传动的受力情况。当主动齿轮上作用转矩 T_1 时，若忽略接触面的摩擦力，齿轮上的法向力 F_n 作用在垂直于齿面的法向平面，将 F_n 在分度圆上分解为相互垂直的三个分力，即圆周力 F_t、径向力 F_r 和轴向力 F_a，各力的大小为

$$\left.\begin{aligned}F_t&=2T_1/d_1\\F_r&=F_t\tan\alpha_n/\cos\beta\\F_a&=F_t\tan\beta\\F_n&=F_t/(\cos\alpha_n\cos\beta)\end{aligned}\right\}\tag{13.7}$$

式中，β 为分度圆螺旋角；α_n 为法向压力角，标准齿轮 $\alpha_n=20°$。

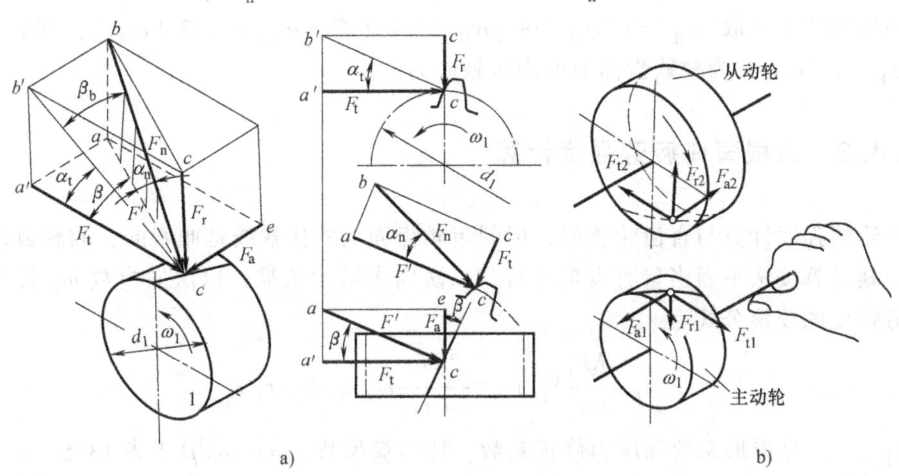

图 13.11　斜齿圆柱齿轮的受力分析

对标准斜齿圆柱齿轮传动而言，有 $F_{t1}=-F_{t2}$、$F_{a1}=-F_{a2}$、$F_{r1}=-F_{r2}$，圆周力和径向力方向的判断与直齿圆柱齿轮相同。轴向力 F_a 的方向取决于齿轮的回转方向和轮齿的旋向，可用“主动轮左、右手定则”来判断。即当主动轮是右旋时所受轴向力的方向用右手判断，四指沿齿轮旋转方向握轴，伸直大拇指，大拇指所指即为主动轮所受轴向力的方向。从动轮所受轴向力与主动轮的大小相等、方向相反，如图 13.11b 所示。

由式（13.7）可知，轮齿上的轴向力 F_a 与螺旋角 β 有关，β 越大，则 F_a 越大。为了避免支撑齿轮的轴承承受过大的轴向力，斜齿圆柱齿轮的螺旋角不宜选的过大，β 一般取 8°~20°，人字齿轮可大些，一般为 20°~40°。

13.4.2 齿面接触疲劳强度计算

斜齿圆柱齿轮传动的强度计算是按轮齿的法向进行分析的，即按其当量直齿圆柱齿轮进行分析推导的，但与直齿圆柱齿轮传动相比应注意以下几点：①节点处的曲率半径应在法向内计算，节点区域系数 z_H 的计算公式也不同于标准直齿圆柱齿轮传动；②斜齿圆柱齿轮啮合的接触线是倾斜的，有利于提高接触疲劳强度，故引进螺旋角系数 $z_\beta=\sqrt{\cos\beta}$，以考虑啮合接触线倾斜的影响。考虑以上不同点，由式（13.3）可推导出斜齿圆柱齿轮传动齿面接触疲劳强度的校核公式

$$\sigma_H=3.54Z_EZ_\beta\sqrt{\frac{KT_1(u\pm1)}{bd_1^{\ 2}u}}\leqslant[\sigma_H] \tag{13.8}$$

式中，Z_E 为弹性系数，查表 13.3。

将齿宽系数 $b=\varphi_d d_1$，$d_1=\dfrac{m_n z_1}{\cos\beta}$代入式（13.8）中，则有斜齿圆柱齿轮齿面接触疲劳强度的设计公式为

$$d_1\geqslant2.32\sqrt[3]{\frac{KT_1}{\varphi_d}\left(\frac{Z_EZ_\beta}{[\sigma_H]}\right)^2\frac{u\pm1}{u}} \tag{13.9}$$

因斜齿轮啮合的接触线是倾斜的，故其齿面接触疲劳强度应同时取决于大、小齿轮，传动的许用接触应力可取$[\sigma_H]=([\sigma_{H1}]+[\sigma_{H2}])/2$（若 $[\sigma_H]>1.23[\sigma_{H2}]$，则取 $[\sigma_H]=1.23[\sigma_{H2}]$，$[\sigma_{H2}]$ 为较软齿面的许用接触应力）。

13.4.3 齿根弯曲疲劳强度计算

斜齿轮的强度计算与直齿轮相似，但斜齿轮齿面上的接触线是倾斜的，故轮齿往往是局部折断，其计算按法平面当量直齿轮进行，以法向参数为依据，以法向模数 m_n 代替 m，则弯曲疲劳强度的校核公式为

$$\sigma_F=\frac{KF_t}{bm_n}Y_{Fa}Y_{Sa}=\frac{2KT_1}{bd_1m_n}Y_{Fa}Y_{Sa}\leqslant[\sigma_F] \tag{13.10}$$

式中，Y_{Fa}、Y_{Sa} 是齿形系数和应力修正系数，按当量齿数 $z_v=z/\cos^3\beta$ 查表 13.5。

将齿宽系数 $b=\varphi_d d_1$，$d_1=m_nz_1/\cos\beta$ 代入式（13.10）中，则有斜齿圆柱齿轮弯曲疲劳

强度的设计公式为

$$m_n \geqslant \sqrt[3]{\frac{2KT_1\cos^2\beta Y_{Fa}Y_{Sa}}{\varphi_d z_1^{\ 2}[\sigma_F]}} \tag{13.11}$$

例 13.2 设计两级斜齿圆柱齿轮减速器中的高速级齿轮传动。已知输入功率 $P=40\text{kW}$，小齿轮转速 $n_1=1470\text{r/min}$，齿数比 $u=3.3$，用电动机驱动，长期工作，双向传动，载荷有中等冲击，要求结构紧凑。试计算此齿轮传动。

解：（1）选择材料及确定许用应力 因要求结构紧凑故采用硬齿面的组合：小齿轮用 20CrMnTi 渗碳淬火，齿面硬度 56～62HRC，$\sigma_{\text{Hlim1}}=1500\text{MPa}$，$\sigma_{\text{FE1}}=850\text{MPa}$（表 13.1）；大齿轮用 20Cr 渗碳淬火，齿面硬度 56～62HRC，$\sigma_{\text{Hlim2}}=1500\text{MPa}$，$\sigma_{\text{FE2}}=850\text{MPa}$（表 13.1）。由表 13.4，取 $S_H=1$，$S_F=1.25$，则

$$[\sigma_{H1}]=[\sigma_{H2}]=\frac{\sigma_{\text{Hlim1}}}{S_H}=\frac{1500}{1}\text{MPa}=1500\text{MPa}$$

$$[\sigma_{F1}]=[\sigma_{F2}]=\frac{0.7\sigma_{\text{FE1}}}{S_F}=\frac{0.7\times850}{1.25}\text{MPa}=476\text{MPa}$$

（2）按齿根弯曲疲劳强度设计计算 设齿轮按 8 级精度制造。取载荷系数 $K=1.5$（表 13.2），齿宽系数 $\varphi_d=0.8$（表 13.6），小齿轮上的转矩

$$T_1=9.55\times10^6\frac{P_1}{n_1}=9.55\times10^6\times\frac{40}{1470}\text{N}\cdot\text{mm}=2.6\times10^5\text{N}\cdot\text{mm}$$

查表 13.3 得 $Z_E=189.8\sqrt{\text{MPa}}$，$u=3.3$。初选螺旋角 $\beta=15°$，齿数取 $z_1=19$，$z_2=3.3\times19=63$，故实际传动比 $i_{12}=63/19=3.32$。

当量齿数 $$z_{v1}=\frac{19}{\cos^3 15°}=21.08,\quad z_{v2}=\frac{63}{\cos^3 15°}=69.9$$

查表 13.5，$Y_{Fa1}=2.76$，$Y_{Sa1}=1.56$，$Y_{Fa2}=2.27$，$Y_{Sa2}=1.75$，因

$$\frac{Y_{Fa1}Y_{Sa1}}{[\sigma_{F1}]}=\frac{2.76\times1.56}{476}=0.009>\frac{Y_{Fa2}Y_{Sa2}}{[\sigma_{F2}]}=\frac{2.27\times1.75}{476}=0.008$$

故应对小齿轮进行弯曲强度计算。

$$m_n\geqslant\sqrt[3]{\frac{2KT_1\cos^2\beta}{\varphi_d z_1^{\ 2}}\cdot\frac{Y_{Fa}Y_{Sa}}{[\sigma_F]}}=\sqrt[3]{\frac{2\times1.3\times2.6\times10^5}{0.8\times19^2}\times0.009\times\cos^2 15°}\text{ mm}=2.75\text{mm}$$

按表 4.1 取 $m=3\text{mm}$，中心距

$$a=\frac{m_n(z_1+z_2)}{2\cos\beta}=\frac{3\times(19+63)}{2\times\cos15°}\text{mm}=127.34\text{mm}$$

取中心距 $a=130\text{mm}$。

确定螺旋角

$$\beta=\arccos\frac{m_n(z_1+z_2)}{2a}=\arccos\frac{3\text{mm}\times(19+63)}{2\times130\text{mm}}=18°53'16''$$

齿轮分度圆直径

$$d_1=\frac{m_n z_1}{\cos\beta}=\frac{3\text{mm}\times19}{\cos18°53'16''}=60.244\text{mm}$$

齿宽

$b=\varphi_d d_1=0.8\times60.244\text{mm}=48.2\text{mm}$，取 $b_2=50\text{mm}$，$b_1=55\text{mm}$。

(3) 验算齿面接触强度　将各参数代入式 (13.8) 得

$$\sigma_H=3.54Z_E Z_\beta\sqrt{\frac{KT_1(u\pm1)}{bd_1^{\,2}u}}=3.54\times189.8\times\sqrt{\cos18°53'16''}\sqrt{\frac{1.3\times2.6\times10^5}{50\times60.244^2}\times\frac{3.32+1}{3.32}}$$

$$=1017\text{MPa}<[\sigma_H]=1500\text{MPa}$$

(4) 齿轮的圆周速度

$$v=\frac{\pi d_1 n_1}{60\times1000}=\frac{3.14\times60.244\text{mm}\times1470\text{r/min}}{60\times1000}=4.6\text{m/s}$$

对照表 13.7 可知选用 8 级精度是合适的。

其他计算从略。

13.5　标准直齿锥齿轮传动的强度计算

如图 13.12 所示，直齿锥齿轮的轮齿沿齿宽方向各处截面大小不等，受力后不同截面的弹性变形不同，引起载荷分布不均，受力分析和强度计算都非常复杂。为简化计算，强度计算时，以齿宽中点处当量齿轮（称为强度当量齿轮）为计算依据。将强度当量齿轮的参数代入直齿圆柱齿轮的强度计算公式，即可得到直齿锥齿轮的强度计算公式。

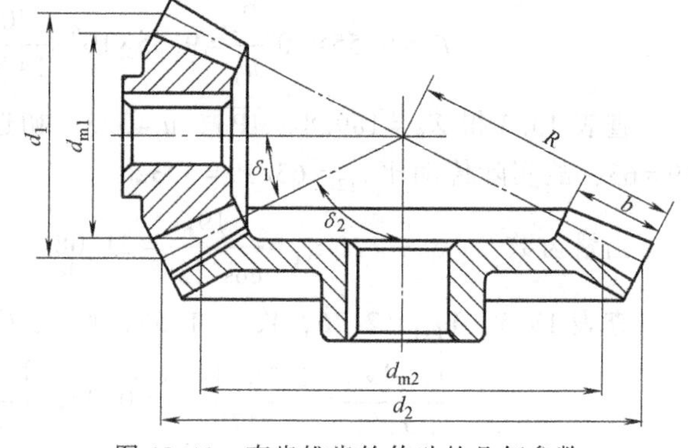

图 13.12　直齿锥齿轮传动的几何参数

13.5.1　标准直齿锥齿轮传动的受力分析

国家标准规定直齿锥齿轮以大端参数为标准，故强度计算公式中的几何参数应为大端参数。标准直齿锥齿轮的几何参数如下：

(1) 大端直径　$d=mz$

(2) 锥顶角　$\delta=\arctan z_1/z_2$

(3) 齿数比　$u=\dfrac{z_2}{z_1}=\dfrac{d_2}{d_1}=\tan\delta_2$

(4) 锥距　$R=\dfrac{1}{2}\sqrt{d_1^2+d_2^2}=\dfrac{d_1}{2}\sqrt{\mu^2+1}$

(5) 齿宽系数　$\varphi_R=\dfrac{b}{R}=0.2\sim0.35$

(6) 齿宽中点处分度圆直径　$d_m=d(1-0.5\varphi_R)$

(7) 齿宽中点处模数　$m_m=m(1-0.5\varphi_R)$

(8) 当量齿数 $z_v = z/\cos\delta$

(9) 当量齿数比 $u_v = z_{v2}/z_{v1} = u^2$

一对直齿锥齿轮啮合传动时，如果不考虑摩擦力的影响，轮齿间的作用力可以近似简化为作用于齿宽中点节线的集中载荷 F_n，其方向垂直于工作齿面。图 13.13 所示为直齿锥齿轮的受力情况，轮齿间的法向作用力 F_n 可分解为三个互相垂直的分力：圆周力 F_{t1}、径向力 F_{r1} 和轴向力 F_{a1}。各力的大小为

$$\left.\begin{aligned}
F_{t1} &= \frac{2T_1}{d_{m1}} \\
F_{r1} &= F'\cos\delta_1 = F_{t1}\tan\alpha\cos\delta_1 \\
F_{a1} &= F'\sin\delta_1 = F_{t1}\tan\alpha\sin\delta_1 \\
F_n &= \frac{F_{t1}}{\cos\alpha}
\end{aligned}\right\} \tag{13.12}$$

圆周力的方向在主动轮上与回转方向相反，在从动轮上与回转方向相同；径向力的方向分别指向各自的轮心；轴向力的方向分别指向大端。根据作用力与反作用力的原理得主、从动轮上三个分力之间的关系：$F_{t1} = -F_{t2}$、$F_{r1} = -F_{a2}$、$F_{a1} = -F_{r2}$，负号表示方向相反。

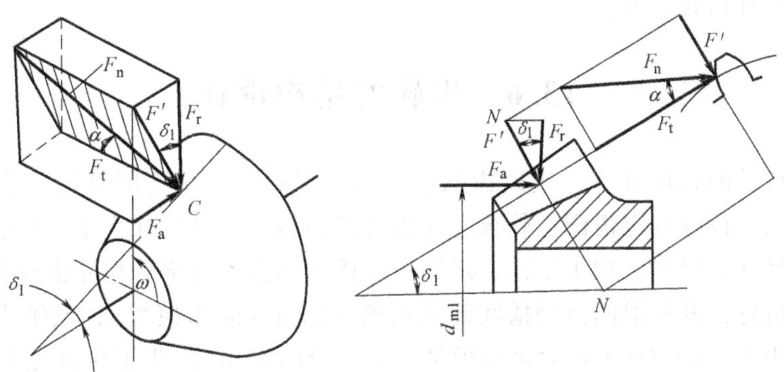

图 13.13 直齿锥齿轮的受力分析

13.5.2 齿面接触疲劳强度计算

直齿锥齿轮的失效形式及强度计算的依据与直齿圆柱齿轮基本相同，可近似按齿宽中点的一对当量直齿圆柱齿轮来考虑。将当量齿轮有关参数代入直齿圆柱齿轮齿面接触疲劳强度计算公式，则得锥齿轮齿面接触疲劳强度的计算公式分别为

$$\sigma_H = Z_E Z_H \sqrt{\frac{4KT_1}{\varphi_R(1-0.5\varphi_R)^2 d_1^3 u}} \leqslant [\sigma_H] \tag{13.13}$$

对于 $\alpha = 20°$ 的标准直齿锥齿轮传动，$Z_H = 2.5$，则上式为

$$\sigma_H = 5Z_E \sqrt{\frac{KT_1}{\varphi_R(1-0.5\varphi_R)^2 d_1^3 u}} \leqslant [\sigma_H]$$

$$d_1 \geqslant 2.92\sqrt[3]{\frac{4KT_1}{\varphi_R(1-0.5\varphi_R)^2 u}\left(\frac{Z_E}{[\sigma_H]}\right)^2} \tag{13.14}$$

式中，Z_E 为齿轮材料弹性系数，见表 13.3；Z_H 为节点区域系数，标准齿轮正确安装时 $Z_H=2.5$；$[\sigma_H]$ 为许用应力，确定方法与直齿圆柱齿轮相同。

13.5.3 齿根弯曲疲劳强度计算

将当量齿轮有关参数代入直齿圆柱齿轮齿根弯曲疲劳强度计算公式，则得锥齿轮齿根弯曲疲劳强度的计算公式为

$$\sigma_F = \frac{4KT_1}{\varphi_R(1-0.5\varphi_R)^2 z_1^2 m^3 \sqrt{u^2+1}} Y_{Fa} Y_{Sa} \leqslant [\sigma_F] \tag{13.15}$$

$$m \geqslant \sqrt[3]{\frac{4KT_1}{\varphi_R(1-0.5\varphi_R)^2 z_1^2 [\sigma_F]\sqrt{u^2+1}} Y_{Fa} Y_{Sa}} \tag{13.16}$$

式中，Y_{Fa}、Y_{Sa} 根据当量齿数 z_v（$z_v=z/\cos\delta$）由表 13.5 查得；$[\sigma_F]$ 为许用弯曲应力，确定方法与直齿圆柱齿轮相同。

13.6 齿轮的结构设计

通过齿轮传动的强度计算，确定齿数、模数、螺旋角、分度圆直径等主要参数和尺寸后，还要通过结构设计确定齿圈、轮辐、轮毂等的结构形式及尺寸大小。齿轮的结构形式主要依据齿轮的尺寸、材料、加工工艺、经济性等因素而定，各部分尺寸由经验公式求得。较小的钢制圆柱齿轮，其齿根圆至键槽底部的距离 $e \leqslant 2m$（m 为模数），或锥齿轮小端齿根圆至键槽底部的距离 $e \leqslant 1.6m$（m 为大端模数）时（图 13.14），为了保证轮毂键槽有足够的强度，齿轮和轴做成一体，称为齿轮轴，如图 13.15 所示。

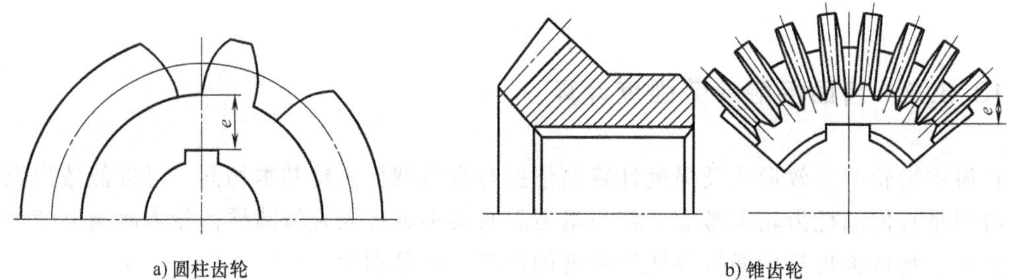

a) 圆柱齿轮　　b) 锥齿轮

图 13.14　齿轮结构尺寸

齿轮轴的刚度较好，但制造较复杂，齿轮损坏时轴将同时报废，故直径较大的齿轮应把齿轮和轴分开制造。当齿顶圆直径 $d_a \leqslant 160$mm，可以做成实心结构的齿轮，如图 13.16 所示。实心齿轮和齿轮轴可以用热轧型材或锻造毛坯加工。

齿顶圆直径 $d_a \leqslant 500$mm 的较大尺寸的齿轮，为减轻质量、节省材料，可做成腹板式的结构，如图 13.17 所示。腹板上开孔的数目按结构尺寸大小及需要而定。

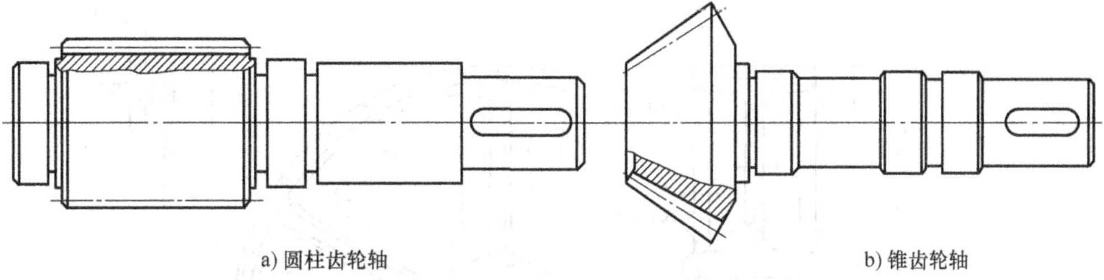

图 13.15　齿轮轴

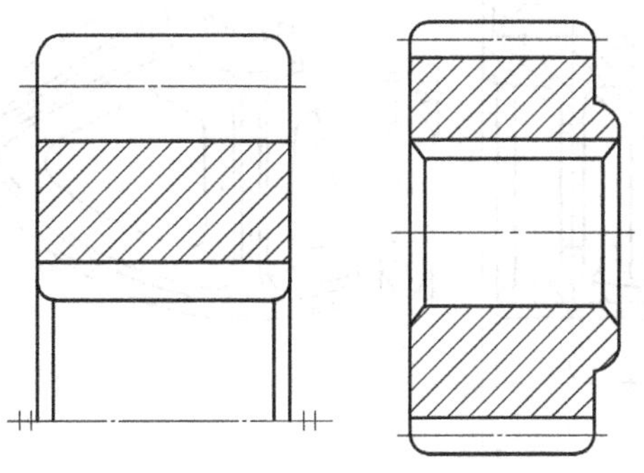

图 13.16　实心齿轮

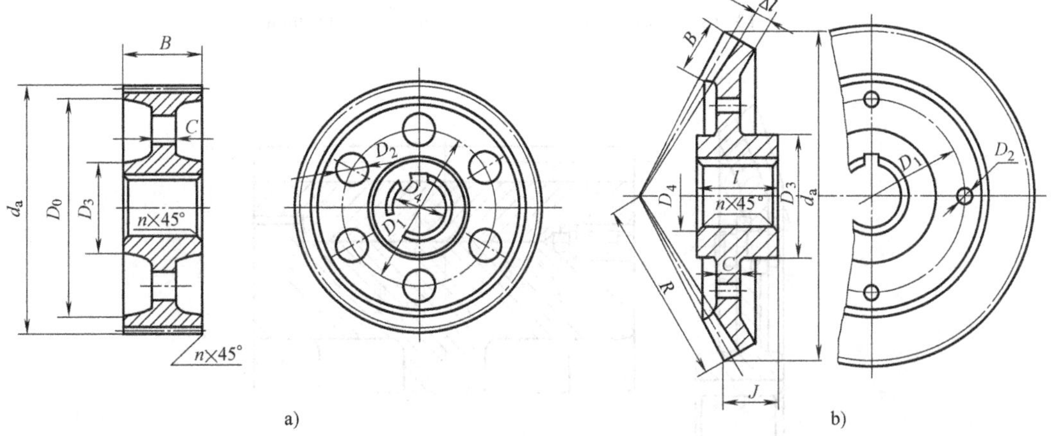

$D_1=(D_0+D_3)/2$；$D_2=(0.25\sim0.35)(D_0-D_3)$；$D_3=1.6D_4$（钢材）；$D_3=1.4D_4$（铸铁）；$n=0.5m_n$；未注过渡圆角半径$r$=5mm；

圆柱齿轮：$D_0=d_a-(10\sim14)m_n$；$C=(0.2\sim0.3)B$；锥齿轮：$l=(1\sim1.2)D_4$；$C=(3\sim4)m$

尺寸J由结构设计而定；$\Delta l=(0.1\sim0.2)B$；常用齿轮的C值不应小于10mm；航空用齿轮可取$C=(3\sim6)$mm

图 13.17　腹板式结构的齿轮（$d_a\leqslant500$mm）

当齿顶圆直径 400mm<d_a<1000mm 时，可采用轮辐式结构。受锻造设备的限制，轮辐式齿轮多为铸造齿轮。轮辐截面形状可采用椭圆形（轻载）、十字形（中载）及工字形（重载）等。图 13.18 所示为轮辐截面为十字形的轮辐式结构齿轮。

为了节省贵重钢材，便于制造、安装，直径很大的齿轮（d_a>600mm），常采用组装齿圈式结构，如图 13.19 所示。齿圈用钢制成，轮芯用铸铁或铸钢，再将齿圈与轮芯用过盈配合或螺栓连接装配在一起。

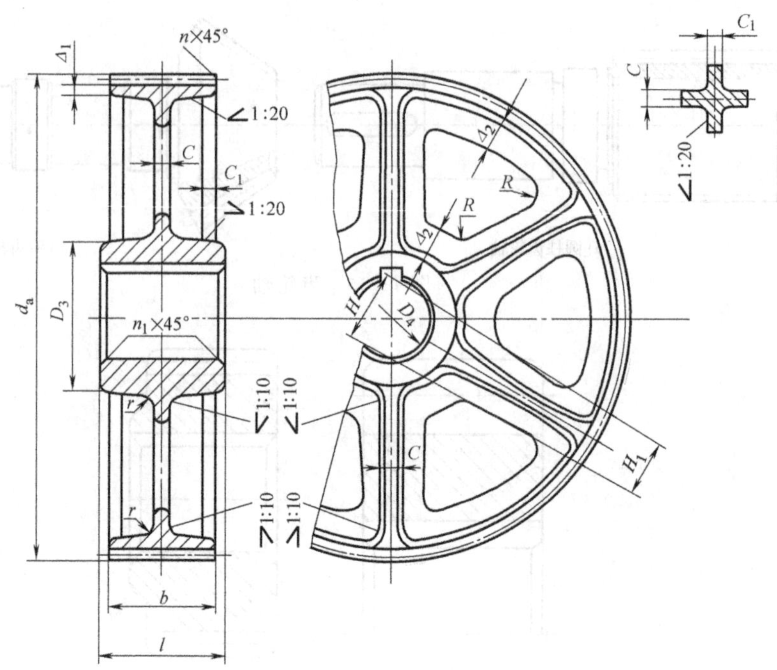

$b<240\text{mm}$；$D_3=1.6D_4$(钢材)；$D_3=1.7D_4$(铸铁)；$\Delta_1=(3\sim4)m_n$，但不应小于8mm；$\Delta_2=(1\sim1.2)\Delta_1$；
$H=0.8D_4$(铸钢)；$H=0.9D_4$(铸铁)；$H_1=0.8H$；$C=H/5$；$C_1=H/6$；$R=0.5H$；$D_4>l\geqslant b$；轮辐数常取为6

图 13.18　轮辐式结构的齿轮（$400\text{mm}<d_a<1000\text{mm}$）

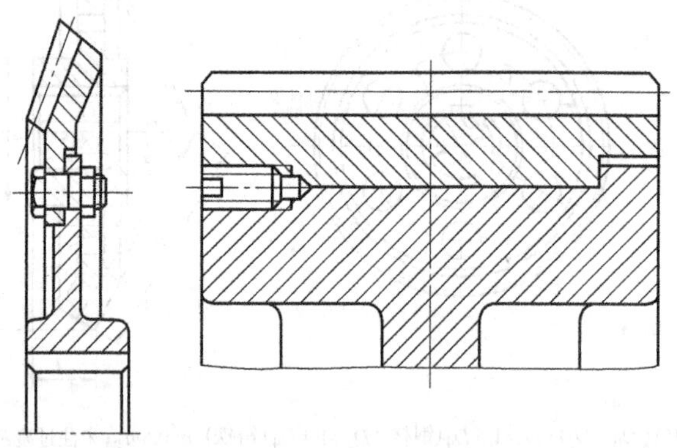

图 13.19　组装齿圈式结构

13.7　齿轮传动的润滑

齿轮啮合传动时，相啮合的齿面间既有相对滑动，又承受较高的压力，会产生摩擦和磨损，造成发热，影响齿轮的使用寿命。因此，必须考虑齿轮的润滑，特别是高速齿轮的润滑更应给予足够的重视。

良好的润滑可以避免轮齿啮合面之间金属直接接触，减小摩擦损失，提高效率，还可以起散热及防锈蚀等作用。因此，对齿轮传动进行适当的润滑，可以大为改善轮齿的工作情

况，确保齿轮在预期的寿命工作期内正常运转。

1. 齿轮传动的润滑方式

开式及半开式齿轮传动，或速度较低的闭式齿轮传动，通常用人工周期性加油润滑，所用润滑剂为润滑油或润滑脂。通用的闭式齿轮传动，其润滑方法根据齿轮的圆周速度大小而定。当齿轮的圆周速度 $v<12\text{m/s}$ 时，常将大齿轮的轮齿进入油池中进行浸油润滑，如图 13.20a 所示。这样，齿轮在传动时，就把润滑油带到啮合的齿面上，同时也将油甩到箱壁上，借以散热。齿轮浸入油中的深度可视齿轮的圆周速度大小而定，对圆柱齿轮通常不宜超过一个齿高，但一般也不应小于 10mm；对锥齿轮应浸入全齿宽，至少应浸入齿宽的一半。在多级齿轮传动中，可借带油轮将油带到未进入油池内的齿轮的齿面上，如图 13.20b 所示。

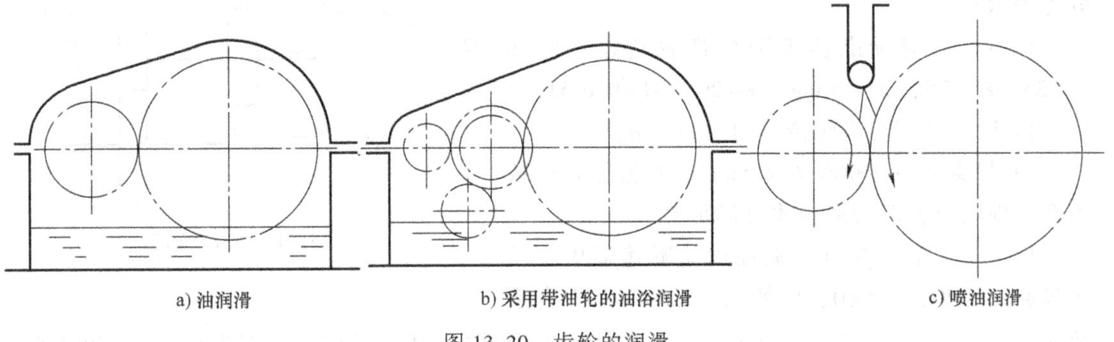

a) 油润滑　　b) 采用带油轮的油浴润滑　　c) 喷油润滑

图 13.20　齿轮的润滑

油池中的油量多少，取决于齿轮传递功率大小。对单级传动，每传递 1kW 的功率，需油量约为 0.35~0.7L。对于多级传动，需油量按级数成倍地增加。

当齿轮的圆周速度 $v>12\text{m/s}$ 时，应采用喷油润滑（图 13.20c），即由液压泵或中心油站以一定的压力供油，借喷嘴将润滑油喷到轮齿的啮合面上。当 $v\leqslant 25\text{m/s}$ 时，喷嘴位于轮齿啮入边或啮出边均可；当 $v>25\text{m/s}$ 时，喷嘴应位于轮齿啮出的一边，以便借润滑油及时冷却刚啮合过的轮齿，同时也对轮齿进行润滑。

2. 齿轮润滑油的选择

齿轮传动的润滑剂多采用润滑油，润滑油的黏度通常根据齿轮的承载情况和圆周速度来选取，见表 13.8。速度不高的开式齿轮也可采用脂润滑。按选定的润滑油黏度即可确定润滑油的牌号。

表 13.8　齿轮传动润滑油黏度选择　　（单位：mm^2/s）

齿轮材料	强度极限 σ_b /MPa	圆周速度 $v/\text{m}\cdot\text{s}^{-1}$						
		<0.5	0.5~1	1~2.5	2.5~5	5~12.5	12.5~25	>25
铸铁，青铜		320	320	150	100	68	46	
钢	450~1000	460	320	220	150	100	68	46
	1000~1250	460	460	320	220	150	100	68
	1250~1600	1000	460	460	320	220	150	100
渗碳或表面淬火钢								

习　题

13.1　有一对齿轮传动，$m=6\text{mm}$，$z_1=20$，$z_2=80$，$b=40\text{mm}$。为了缩小中心距，要改用 $m=4\text{mm}$ 的一对齿轮来代替它。设载荷系数为 K，齿数分别为 z_1、z_2，材料相同，试问为了保持原有接触强度，应取多大的齿宽 b？

13.2　如图 13.21 所示为两级斜齿轮传动，由电动机带动的齿轮 1 转向及轮齿旋向如图所示。如欲使轴Ⅱ上的传动件轴向力完全抵消，试确定：

1）斜齿轮 3、4 轮齿的旋向。

2）斜齿轮 3、4 螺旋角的大小。

3）用图表示轴Ⅱ上传动件的受力情况（用各分力表示）。

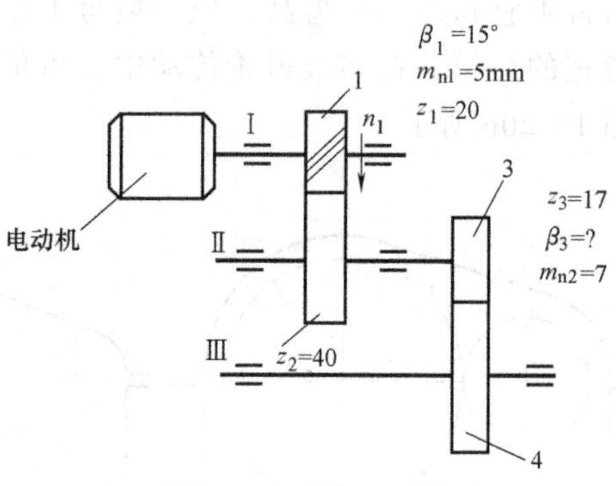

图 13.21　题 13.2 图

13.3　一对标准斜齿圆柱齿轮传动，已知 $z_1=25$，$z_2=75$，$m_n=5\text{mm}$，$\alpha=20°$，$\beta=9°6'51''$。

1）试计算该对齿轮传动的中心距 a；

2）若要将中心距改为 255mm，而齿数和模数不变，则应将 β 改为多少才可满足要求？

13.4　一个单级直齿圆柱齿轮减速器中，已知齿数 $z_1=20$，$z_2=60$，模数 $m=2.5\text{mm}$，齿宽系数 $\varphi_d=1.2$，小轮转速 $n_1=960\text{r/min}$，若主、从动轮的许用接触应力分别为 $[\sigma_{H1}]=700\text{MPa}$，$[\sigma_{H2}]=650\text{MPa}$，载荷系数 $K=1.6$，节点区域系数 $Z_H=2.5$，弹性系数 $Z_E=189.8\sqrt{\text{MPa}}$，试按接触疲劳强度，求该传动所能传递的功率。

13.5　一对标准直齿圆柱齿轮传动，已知：$Z_1=20$，$Z_2=40$，小齿轮材料为 40Cr，大齿轮材料为 45 钢，齿形系数 $Y_{Fa1}=2.8$，$Y_{Fa2}=2.4$，应力修正系数 $Y_{Sa1}=1.55$，$Y_{Sa2}=1.67$，许用应力 $[\sigma_{H1}]=600\text{MPa}$，$[\sigma_{H2}]=500\text{MPa}$，$[\sigma_{F1}]=179\text{MPa}$，$[\sigma_{F2}]=144\text{MPa}$。问：

1）哪个齿轮的接触强度弱？

2）哪个齿轮的弯曲强度弱？为什么？

13.6　受力分析题：如图 13.22 所示为锥-圆柱齿轮传动装置。齿轮 1 为主动轮，转向如图所示，齿轮 3、4 为斜齿圆柱齿轮。

1）齿轮 3、4 的螺旋方向应如何选择，才能使轴Ⅱ上两齿轮的轴向力相反？

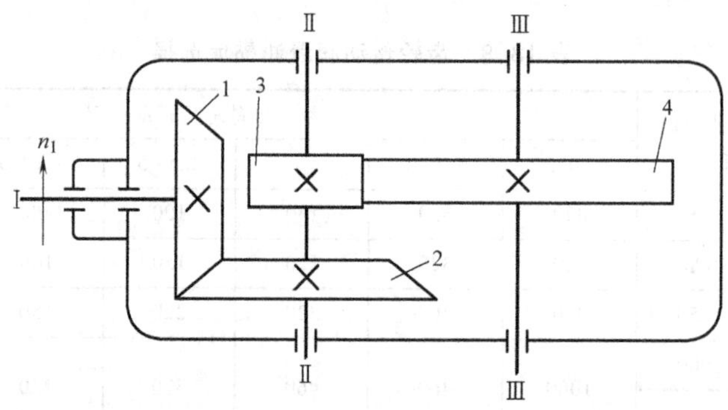

图 13.22　题 13.6 图　锥-圆柱齿轮传动装置

2）画出齿轮 2、3 所受各分力的方向。

13.7　设计一直齿圆柱齿轮传动，原用材料的许用接触应力为 $[\sigma_{H1}]=700MPa$，$[\sigma_{H2}]=600MPa$，求得中心距 $a=100mm$。现改用 $[\sigma_{H1}]=600MPa$，$[\sigma_{H2}]=400MPa$ 的材料，若齿宽和其他条件不变，为保证接触疲劳强度不变，试计算改用材料后的中心距。

13.8　一直齿圆柱齿轮传动，已知 $z_1=20$，$z_2=60$，$m=4mm$，$B_1=45mm$，$B_2=40mm$，齿轮材料为锻钢，许用接触应力 $[\sigma_{H1}]=500MPa$，$[\sigma_{H2}]=430MPa$，许用弯曲应力 $[\sigma_{F1}]=340MPa$，$[\sigma_{F2}]=280MPa$，弯曲载荷系数 $K_F=1.85$，接触载荷系数 $K_H=1.40$，求大齿轮所允许的输出转矩 T_2（不计功率损失）。

13.9　设计铣床中一对直齿圆柱齿轮传动。已知功率 $P_1=7.5kW$，小齿轮为主动轮，转速 $n_1=1450r/min$，齿数 $z_1=26$，$z_2=54$，双向传动，工作寿命 $L_h=12000h$。小齿轮对轴承非对称布置，轴的刚度较大，工作中受轻微冲击，7 级制造精度。

13.10　设计一斜齿圆柱齿轮传动。已知功率 $P_1=40kW$，转速 $n_1=2800r/min$，传动比 $i=3.2$，工作寿命 $L_h=1000h$，小齿轮作悬臂布置，工作情况系数 $K=1.25$。

13.11　设计由电动机驱动的闭式锥齿轮传动。已知功率 $P_1=9.2kW$，转速 $n_1=970r/min$，传动比 $i=3$，小齿轮悬臂布置，单向转动，载荷平稳，每日工作 8h，工作寿命为 5 年（每年 250 个工作日）。

Chapter 14

第14章 蜗杆传动

14.1 蜗杆传动的特点和类型

蜗杆传动由蜗杆和蜗轮组成（图 14.1），它用于传递交错轴之间的回转运动和动力，通常两轴交错角为 90°。传动中一般蜗杆是主动件，蜗轮是从动件。蜗杆传动广泛应用于各种机器和仪器中。

图 14.1 蜗杆与蜗轮

1—蜗杆 2—蜗轮

蜗杆传动的主要优点是能得到很大的传动比，结构紧凑，传动平稳和噪声较小等。在分度机构中其传动比 i 可达 1000；在动力传动中通常 $i=8\sim80$。蜗杆传动的主要缺点是传动效率较低；为了减摩、耐磨，蜗轮齿圈常需用青铜制造，成本较高。

按蜗杆齿的旋向分为左、右旋蜗杆（一般采用右旋）；按蜗杆齿的头数分为单头和多头；按蜗杆形状分为圆柱蜗杆传动（图 14.2a）、环面蜗杆传动（图 14.2b）和锥面蜗杆传动（图 14.2c）。

圆柱蜗杆按其螺旋面的形状又分为阿基米德圆柱蜗杆（ZA 蜗杆）和渐开线圆柱蜗杆（ZI 蜗杆）等。

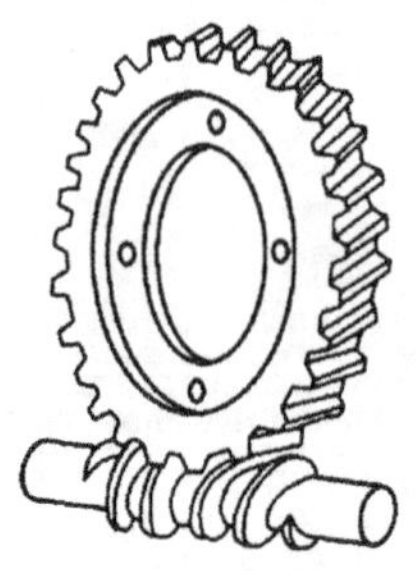

a) 圆柱蜗杆传动

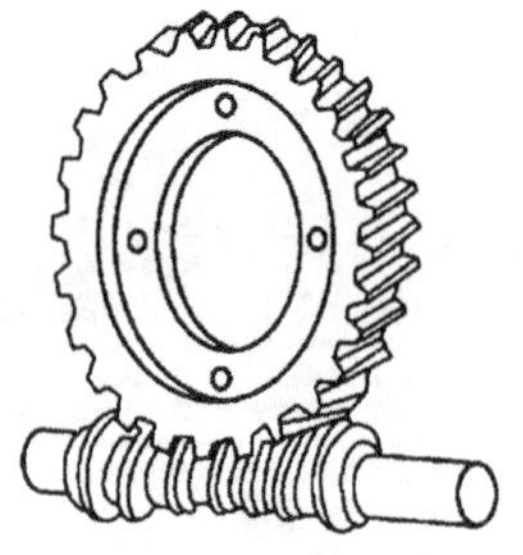

b) 环面蜗杆传动

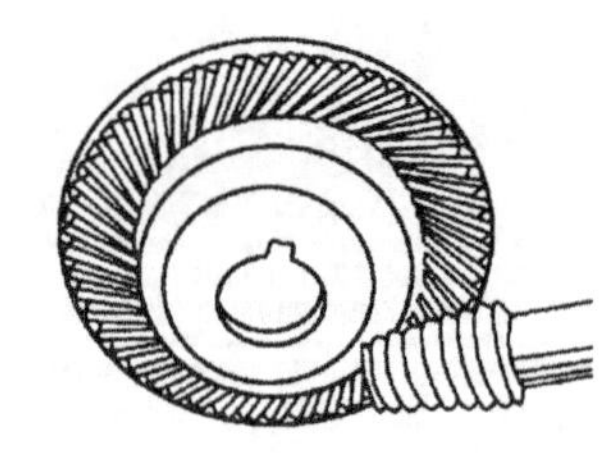

c) 锥面蜗杆传动

图 14.2 蜗杆传动类型

车制阿基米德蜗杆时，使刀刃顶平面通过蜗杆轴线，蜗杆在轴向剖面 I—I 内具有梯形齿条形的直齿廓，车刀切削刃夹角 $2\alpha=40°$；而在法向剖面 N—N 内齿廓外凸，在垂直于轴线的截面（端面）上，齿廓曲线为阿基米德螺旋线，如图 14.3 所示。因其加工和测量较方

便，一般用于导程角 γ 较小（一般 $\gamma \leqslant 15°$）、头数较少、载荷较小、低速或不太重要的传动。

车制渐开线蜗杆时，刀刃顶平面置于螺旋面的法向剖面 $N—N$ 内，切制出的蜗杆法向齿廓为直线，端面 $I—I$ 内的齿廓为延伸渐开线，如图 14.4 所示。该蜗杆加工简单，且可使车刀获得合理的前角和后角，又可用直母线砂轮磨齿，加工精度容易保证，常用于机床的多头精密蜗杆传动。

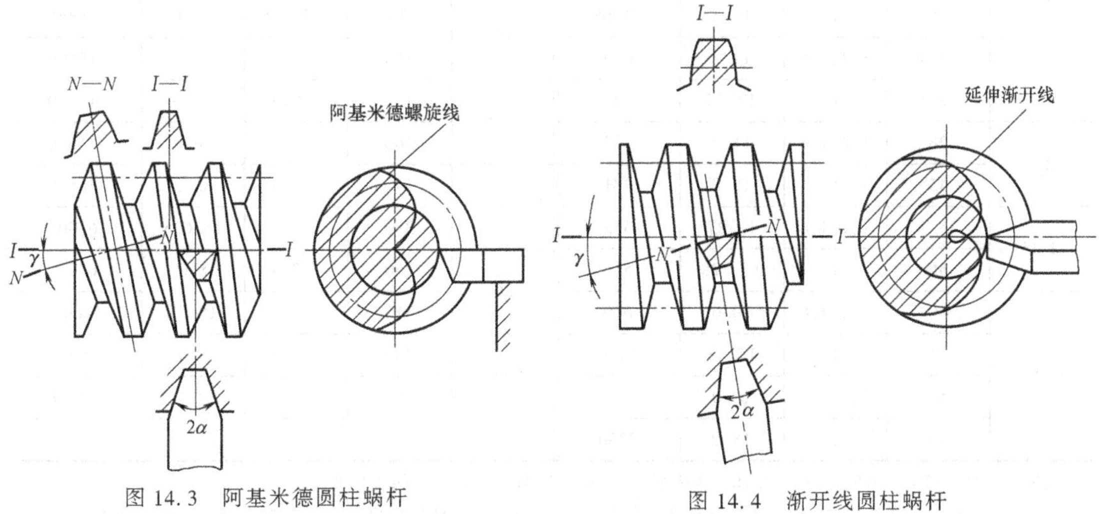

图 14.3　阿基米德圆柱蜗杆　　　图 14.4　渐开线圆柱蜗杆

对于一般动力传动，常按照 7 级精度（适用于蜗杆圆周速度 $v<7.5\text{m/s}$）、8 级精度（$v<3\text{m/s}$）和 9 级精度（$v<1.5\text{m/s}$）制造。

14.2　普通圆柱蜗杆传动的基本参数

正确选择和匹配参数是圆柱蜗杆传动设计的首要任务，它直接关系到承载能力和经济性。普通圆柱蜗杆传动的基本参数有模数 m、压力角 α、蜗杆头数 z_1、蜗轮齿数 z_2、蜗杆分度圆直径 d_1 和导程角 γ 等，相关的计算见第 4 章。圆柱蜗杆传动（$\Sigma=90°$）的基本参数及其匹配见表 14.1。

1. 传动比 i_{12}、蜗杆头数（齿数）z_1 和蜗轮齿数 z_2

传动比

$$i_{12}=\frac{n_1}{n_2}=\frac{z_2}{z_1} \tag{14.1}$$

蜗杆头数 z_1 主要是根据传动比和效率两个因素来选定。单头蜗杆的传动比大，易实现自锁，但效率低，多用于自锁蜗杆传动或分度传动。动力蜗杆传动可取 $z_1=2\sim6$，最多可至 $z_1=10$，以提高效率。z_1 常用 2、4、6，以便于分度。

蜗轮齿数根据传动比和蜗杆头数确定：$z_2=iz_1$。为保证传动的平稳性，避免根切和干涉，通常规定 $z_{2\min}\geqslant 28$（当压力角为 20°时）。z_2 过多会导致蜗杆跨度过长，降低蜗杆轴的刚度。当蜗轮直径一定时，增大 z_2 则使模数减小，削弱了轮齿的弯曲强度。对于动力蜗杆传动，一般取 $z_2=28\sim80$。具体可参考表 14.2 先选定 z_1，z_2 随后可定。

表 14.1 圆柱蜗杆的基本尺寸和参数

m/mm	d_1/mm	z_1	q	m^2d_1/mm^3	m/mm	d_1/mm	z_1	q	m^2d_1/mm^3
1	18	1	18.0	18	6.3	63	1,2,4,6	10.0	2500
1.25	20	1	16.0	31.25		112	1	17.778	4.445
	22.4	1	17.92	35	8	80	1,2,4,6	10.0	5120
1.6	20	1,2,4	12.5	51.2		140	1	17.5	8960
	28	1	17.5	71.68	10	90	1,2,4,6	9.0	9000
2	22.4	1,2,4,6	11.2	89.6		160	1	16.0	16000
	35.5	1	17.75	142	12.5	112	1,2,4	8.96	17500
2.5	28	1,2,4,6	11.2	175		200	1	16.0	31250
	45	1	18.0	281	16	140	1,2,4	8.75	35840
3.15	35.5	1,2,4,6	11.27	352		250	1	15.625	64000
	56	1	17.778	556	20	160	1,2,4	8.0	64000
4	40	1,2,4,6	10.0	640		315	1	15.75	126000
	71	1	17.75	1136	25	200	1,2,4	8.0	125000
5	50	1,2,4,6	10.0	1250		400	1	16.0	250000
	90	1	18.0	2250					

注：1. 本表摘自 GB/T 10085—2018，本表所列 d_1 数值为国家标准规定的优先使用值。

2. 表中同一模数有两个 d_1 值，当选取其中较大的 d_1 值时，蜗杆导程角 γ 小于 3°30′，有较好的自锁性。

表 14.2 i、z_1 和 z_2 推荐用关系值

传动比 i	5~6	7~10	11~13	14~24	25~27	28~40	>40
蜗杆头数 z_1	6	4	3~4	2~3	2~3	1~2	1
蜗轮齿数 z_2	30~36	28~40	33~52	28~72	50~81	28~80	>40

注：对分度传动，z_2 不受此表限制。

2. 蜗杆分度圆直径 d_1、蜗轮分度圆直径 d_2

蜗轮通常是用蜗轮滚刀加工的，蜗轮滚刀是蜗杆的模拟，因此，蜗轮滚刀与蜗杆的种类、规格是一一对应的。然而同一模数 m 之下可有各种不同的蜗杆分度圆直径 d_1，这就意味着对同一模数需配置很多把滚刀。为了减少蜗轮滚刀的数目，国家标准对每个模数规定了 1~4 种蜗杆分度圆直径 d_1 值，见表 14.1。

14.3 蜗杆传动的失效形式、材料选择和设计准则

14.3.1 蜗杆传动的失效形式和设计准则

蜗杆传动的失效形式与齿轮传动类似，主要是轮齿折断、齿面点蚀、齿面磨损及胶合失效等。

在蜗杆传动中，蜗杆蜗轮传递的是空间垂直交错轴运动，在啮合点蜗杆线速度 v_1 与蜗

轮线速度 v_2 方向垂直，引起沿齿向较大的相对滑动速度 v_s，如图 14.5 所示。

$$v_s=\frac{v_1}{\cos\gamma}=\frac{\pi d_1 n_1}{60\times1000\cos\gamma} \tag{14.2}$$

或
$$v_s=\sqrt{v_1^2+v_2^2}$$

式中，v_1 是蜗杆分度圆的圆周速度，单位为 m/s；v_2 是蜗轮线速度，单位为 m/s；v_s 是相对滑动速度，单位为 m/s。

由于蜗杆传动过程中齿面上沿齿高及齿向同时产生滑动摩擦，发热量大，效率低，故更易发生胶合和磨损失效。而蜗轮无论在材料的强度或结构方面均较蜗杆弱，所以失效多发生在蜗轮轮齿上，设计时一般只需对蜗轮进行承载能力计算。对于闭式传动，若齿面润滑不良，则增大了蜗轮轮齿胶合失效的可能性。而开式传动主要失效则是齿面磨损。

蜗杆传动的设计准则为：开式蜗杆传动以保证蜗轮齿根弯曲疲劳强度进行设计；闭式蜗杆传动以保证蜗轮齿面接触疲劳强度进行设计，校核齿根弯曲疲劳强度。此外因闭式蜗杆传动散热较困难，故需进行热平衡计算，当蜗杆轴细长且支撑跨距大时，还应进行蜗杆轴的刚度计算。

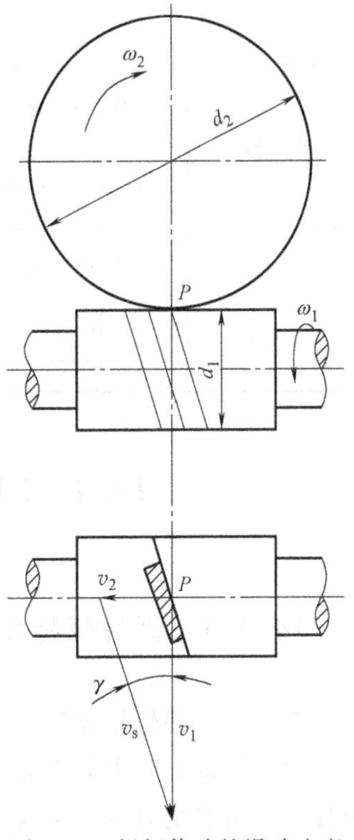

图 14.5　蜗杆传动的滑动速度

14.3.2　蜗杆传动的材料选择

根据蜗杆传动的失效形式可知，蜗杆和蜗轮的材料不仅要有足够的强度，而且要有良好的减摩性、耐磨性、跑合性和抗胶合性。此外，还需考虑蜗杆和蜗轮材料的组合问题。

蜗杆一般用优质碳素钢或合金钢制造。这是由于蜗杆齿数少、工作长度短、受力次数多等原因所致。一般经淬火或渗碳淬火等表面热处理，达到 45～50HRC 以上的硬度，磨削后有较低的表面粗糙度值，可提高承载能力。常用蜗杆材料见表 14.3。

表 14.3　常用蜗杆材料

材料牌号	热处理和齿面硬度	适用条件	齿面粗糙度
20,25	渗碳 55～62HRC	低速、高速、中小功率	Ra3.2～1.6 Ra0.8～0.4
40,45	调质<270HBW	不重要、低速、中小功率	Ra6.3
20Cr,18CrMnTi,12CrNi3A,20MnV 等	渗碳 56～62HRC	重要、高速、中大功率	Ra0.8～0.4
45,40Cr,42SiMn,37SiMn2MoV	表面淬火 45～55HRC	较重要、高速、中大功率	Ra0.8～0.4
HT150,HT200,HT250	<270HBW	不重要、低速、小功率、手动	Ra3.2～1.6

蜗轮的材料通常采用青铜或铸铁。锡青铜有良好的耐磨性，抗胶合性能好，用于滑动速度 $v_s>5$m/s 和连续工作的场合，但抗点蚀能力低，价格较贵。铝铁青铜机械强度较高，并耐冲击，价格便宜，但胶合及耐磨性能略差，适用于 $v_s\leqslant6$m/s 的场合。铸铁蜗轮也受齿面胶合的限制，适用于 $v_s\leqslant2$m/s 的场合。蜗轮常用材料见表 14.4。

表 14.4　蜗轮常用材料

材　料		铸造方法	适用滑动速度 v_s/m·s^{-1}	工况
锡青铜	ZCuSn10Pb1	砂模 金属模	≤12 ≤25	稳定轻、中、重载
	ZCuSn5Pb5Zn5	砂模 金属模	≤10 ≤12	重载，不大冲击载荷，稳定载荷
铝铁青铜	ZCuAl9Fe$_3$	砂模 金属模	≤6	重载，过载和较大冲击载荷
灰铸铁	HT150 HT200	砂模	≤2	稳定、无冲击、轻载

14.4　圆柱蜗杆传动的受力分析和强度计算

14.4.1　圆柱蜗杆传动的受力分析

为了计算蜗轮轮齿的强度，设计蜗杆轴及选用轴承，需要分析蜗杆蜗轮的受力情况。

蜗杆传动的受力分析沿用斜齿圆柱齿轮传动受力分析的方法。由于蜗杆传动的啮合摩擦损耗大，虽然受力分析时为简化分析暂不计摩擦力，但最后应以啮合效率 η_1（也可以传动效率 η）近似考虑该损耗。蜗杆传动的受力分析如图 14.6 所示。在蜗杆传动中作用在齿面上的法向压力 F_n 仍可分解为圆周力 F_t、径向力 F_r 和轴向力 F_a。显然，作用于蜗杆上的轴向力等于蜗轮上的圆周力，蜗杆上的圆周力等于蜗轮上的轴向力，蜗杆上的径向力则等于蜗轮上的径向力。这些对应力的数值相等，方向彼此相反。各力的计算公式及其方向的判定说明见表 14.5。

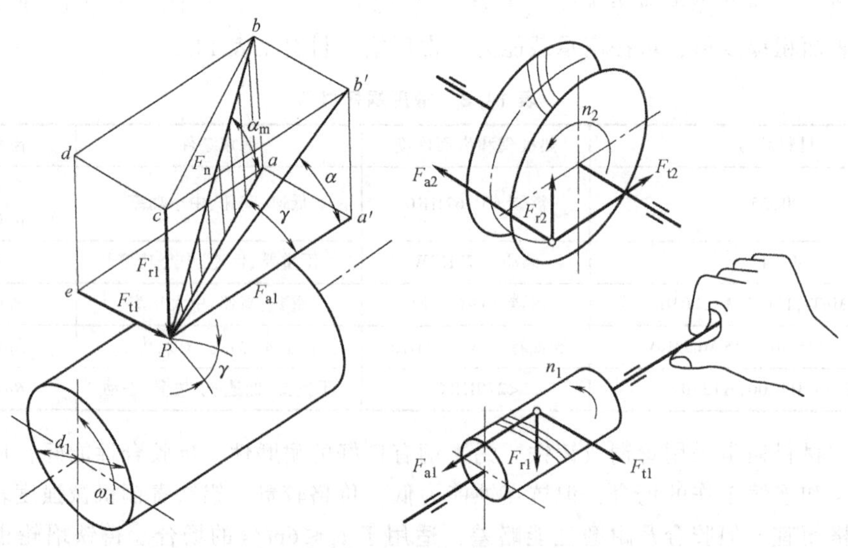

图 14.6　减速蜗杆传动的受力分析

表 14.5　减速蜗杆传动中力的计算公式和方向判定

力的名称	计算式	力的方向
蜗杆圆周力 F_{t1} （蜗轮轴向力 F_{a2}）	$F_{t1}=-F_{a2}=2T/d_1$	F_{t1} 的方向与蜗杆啮合处的转向相反 F_{t1} 与 F_{a2} 反向
蜗杆径向力 F_{r1} （蜗轮径向力 F_{r2}）	$F_{r1}=-F_{r2}=2T_2/d_2\tan\alpha$	F_{r1} 和 F_{r2} 指向各自的圆心
蜗杆轴向力 F_{a1} （蜗轮圆周力 F_{t2}）	$F_{a1}=-F_{t2}=2T_2/d_2$	当蜗杆为主动时，F_{a1} 的方向可用左（右）手定则来确定，即蜗杆为左旋用左手（蜗杆为右旋用右手），握住蜗杆轴线，四指代表蜗杆的运动方向，则大拇指的指向代表蜗杆所受轴向力 F_{a1} 的方向
蜗杆法向力 F_{n1} （蜗轮法向力 F_{n2}）	$F_{n1}=-F_{n2}\approx 2T_2/(d_2\cos\alpha_n\cos\gamma)$	F_{n1} 和 F_{n2} 沿法向啮合线指向各自本体

注：1. F_{n1}（F_{n2}）和 F_{r1}（F_{r2}）的计算公式中不计摩擦力的影响。
2. T_1 和 T_2 为蜗杆和蜗轮的转矩。

14.4.2　圆柱蜗杆传动的强度计算

1. 蜗轮齿面接触疲劳强度计算

蜗轮齿面接触疲劳强度的计算与斜齿圆柱齿轮相似，仍以赫兹应力公式为基础。因为普通蜗杆传动相当于齿条与斜齿圆柱齿轮的啮合，故可仿照斜齿圆柱齿轮传动来推导蜗轮齿面接触疲劳强度的计算公式，可得蜗轮齿面接触疲劳强度的校核公式为

$$\sigma_H = 3.25Z_E\sqrt{\frac{KT_2}{d_1 d_2^{\,2}}}\leqslant[\sigma_{H2}] \tag{14.3}$$

将式（14.3）代入 $d_2=mz_2$，整理后得蜗轮齿面接触疲劳强度的设计计算公式为

$$m^2 d_1 \geqslant KT_2\left(\frac{3.25Z_E}{[\sigma_{H2}]z_2}\right)^2 \tag{14.4}$$

式中，K 是载荷系数，用于考虑工作情况、载荷集中和动载荷的影响，查表 14.6；Z_E 是材料系数，查表 14.7；$[\sigma_{H2}]$ 是蜗轮材料的许用接触应力，单位为 MPa。

表 14.6　载荷系数 *K*

原动机	工作机		
	均匀	中等冲击	严重冲击
电动机、汽轮机	0.8~1.95	0.9~2.34	1.0~2.75
多缸内燃机	0.9~2.34	1.0~2.75	1.25~3.12
单缸内燃机	1.0~2.75	1.25~3.12	1.5~3.51

注：1. 小值用于每日间断工作，大值用于长期连续工作。
2. 载荷变化大、速度高、蜗杆刚度大时取大值。

蜗轮的失效形式因其材料的强度和性能的不同而不同，故许用接触应力的确定方法也不相同。通常分以下两种情况：

表 14.7　材料系数 Z_E　（单位：MPa）

蜗杆材料	蜗轮材料			
	铸锡青铜	铸铝青铜	灰铸铁	球墨铸铁
钢	155.0	156.0	162.0	181.4
球墨铸铁			156.6	173.9

1）蜗轮材料为锡青铜（σ_b<300MPa），因其良好的抗胶合性能，故传动的承载能力取决于蜗轮的接触疲劳强度，许用接触应力［σ_{H2}］与应力循环次数 N 有关

$$[\sigma_{H2}]=Z_N[\sigma_{0H2}] \tag{14.5}$$

式中，［σ_{0H2}］是基本许用接触应力，查表 14.8；Z_N 是寿命系数，计算方法见表 14.8 注。

表 14.8　锡青铜蜗轮的基本许用接触应力［σ_{0H2}］　（单位：MPa）

蜗轮材料	铸造方法	适用的滑动速度 v_s/m·s^{-1}	蜗杆齿面硬度	
			≤350HBW	>45HRC
ZCuSn10Pb1	砂模	≤12	180	200
	金属模	≤25	200	220
ZCuSn5Pb5Zn5	砂模	≤10	110	125
	金属模	≤12	135	150

注：锡青铜的基本许用接触应力为应力循环次数 $N=10^7$ 时的值，当 $N\neq10^7$ 时，需要将表中数值乘以寿命系数 Z_N。$Z_N=\sqrt[8]{10^7/N}$。当 $N>25\times10^7$ 时，取 $N=25\times10^7$；当 $N<2.6\times10^5$ 时，取 $N=2.6\times10^5$。（$N=60njL_h$，n 为齿轮的转速，单位为 r/min；j 为齿轮每转一周，同一侧齿面啮合的次数；L_h 为蜗轮在设计期限内的总工作时数，单位为 h）。

2）蜗轮材料为铝青铜或铸铁（σ_b>300MPa），因其抗点蚀能力强，蜗轮的承载能力取决于其抗胶合能力，许用接触应力［σ_{H2}］与滑动速度 v_s 有关而与应力循环次数 N 无关，其值直接由表 14.9 查取。

表 14.9　铝青铜及铸铁蜗轮许用接触应力［σ_{H2}］　（单位：MPa）

蜗轮材料	蜗杆材料	滑动速度 v_s/m·s^{-1}							
		0.5	1	2	3	4	5	6	8
ZCuAl10Fe3 ZCuAl10Fe3Mn2	淬火钢	250	230	230	210	180	160	120	90
HT150 HT200	渗碳钢	130	115	90					
HT150	调质钢	110	90	70					

注：蜗杆未经淬火时，需将表中［σ_{H2}］值降低 20%。

2. 蜗轮齿根弯曲疲劳强度计算

蜗轮类似斜齿轮，但蜗轮轮齿呈圆弧形，轮齿根部的截面是变化的，故齿形较复杂。此外，离中间平面越远的平行截面上轮齿越厚，故其齿根弯曲疲劳强度高于斜齿轮。欲精确计算蜗轮齿根弯曲疲劳强度较困难，通常按斜齿圆柱齿轮的计算方法近似计算。经推导得蜗轮齿根弯曲疲劳强度的校核公式为

$$\sigma_{F2}=\frac{1.7KT_2}{d_1d_2m}Y_{Fa2}Y_\beta\leqslant[\sigma_{F2}] \tag{14.6}$$

由此可推得其设计公式

$$m^2d_1\geqslant\frac{1.7KT_2}{z_2[\sigma_{F2}]}Y_{Fa2}Y_\beta \tag{14.7}$$

式中，Y_{Fa2} 是蜗轮轮齿的齿形系数，该系数综合考虑了齿形、磨损及重合度的影响，其值按当量齿数 $z_v=z_2/\cos^3\gamma$ 查图 14.7；Y_β 是螺旋角系数，$Y_\beta=1-\gamma/140°$；$[\sigma_{F2}]$ 是蜗轮材料的许用弯曲应力，单位为 MPa；$[\sigma_{F2}]=Y_N[\sigma_{0F2}]$，$Y_N$ 是寿命系数，其中应力循环次数 N 的计算方法同前；$[\sigma_{0F2}]$ 是基本许用弯曲应力，从表 14.10 中查取。

表 14.10　蜗轮材料的基本许用弯曲应力 $[\sigma_{0F2}]$　　（单位：MPa）

材料	铸造方法	σ_b	σ_s	蜗杆硬度<45HRC		蜗杆硬度≥45HRC	
				单向受载	双向受载	单向受载	双向受载
ZCuSn10Pb1	砂模	200	140	51	32	64	40
	金属模	250	150	58	73	40	50
ZCuSn5Pb5Zn5	砂模	180	90	37	29	46	36
	金属模	200	90	39	32	49	40
ZCuAl9Fe4NiMn2	砂模	400	200	82	64	103	80
	金属模	500	200	90	80	113	100
ZCuAl10Fe3	金属模	500	200	90	80	113	100
HT150	砂模	150	—	38	24	48	30
HT200	砂模	200	—	48	30	60	38

注：表中各种蜗轮材料的基本许用弯曲应力为应力循环次数 $N=10^6$ 时的值，当 $N\neq10^6$ 时，需将表中数值乘以 Y_N。$Y_N=\sqrt[8]{10^7/N}$，当 $N>25\times10^7$ 时，取 $N=25\times10^7$；当 $N<10^5$ 时，取 $N=10^5$（N 计算方法同表 14.8 注）。

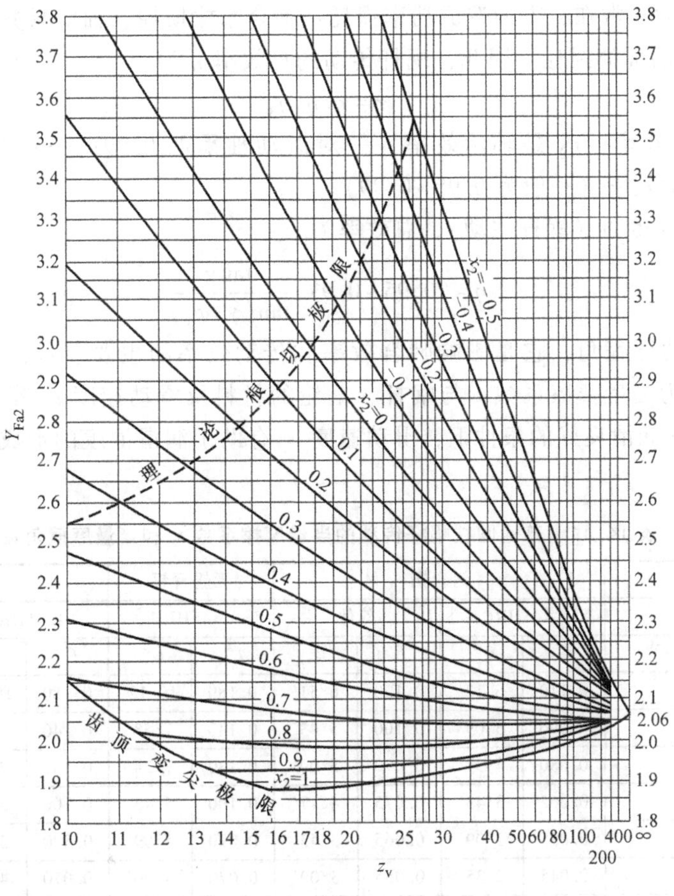

图 14.7　蜗轮的齿形系数 Y_{Fa2}（$\alpha=20°$，$h_a^*=1$，$\rho_0=0.3m_n$）

3. 蜗杆的刚度校核

为防止载荷集中，保证传动的正确啮合，对受力后会产生较大变形的蜗杆，还须进行蜗杆弯曲刚度校核。校核时通常是把蜗杆螺旋部分看作以蜗杆齿根圆直径为直径的轴段，采用条件性计算，其刚度条件为

$$y=\frac{\sqrt{F_{t1}^2+F_{r1}^2}}{48EI}L'^3\leqslant[y] \tag{14.8}$$

式中，y 是蜗杆弯曲变形的最大挠度，单位为 mm；E 是蜗杆材料的拉、压弹性模量，单位为 MPa；I 是蜗杆危险截面的惯性矩，$I=\pi d_{f1}{}^4/64$，单位为 mm^4，其中 d_{f1} 为蜗杆齿根圆直径，单位为 mm；L'是蜗杆两端支撑间的跨距，单位为 mm，视具体结构而定，初算时可取 $L'\approx 0.9d_2$；$[y]$ 是蜗杆许用最大挠度，$[y]=d_1/1000$；其他符号意义同前。

14.5 圆柱蜗杆传动的效率、润滑和热平衡计算

14.5.1 蜗杆传动的效率

闭式蜗杆传动通常在三方面造成功率损耗：啮合摩擦损耗、轴承摩擦损耗及油浴润滑时蜗杆（或蜗轮）的搅油损耗。因此，蜗杆传动的总效率 η 为

$$\eta=\eta_1\eta_2\eta_3$$

式中，η_1 是啮合效率；η_2 是轴承效率（一对滚动轴承取 0.99；一对滑动轴承取 0.98～0.99）；η_3 是搅油效率（一般为 0.98～0.99）。

对于减速蜗杆传动（蜗杆主动），总效率为

$$\eta=(0.95\sim0.97)\frac{\tan\gamma}{\tan(\gamma+\varphi_v)} \tag{14.9}$$

式中，γ 是蜗杆的导程角，它是影响啮合效率和传动效率的主要参数；φ_v 是当量摩擦角，$\varphi_v=\arctan f_v$，f_v 为当量摩擦系数，与蜗杆、蜗轮的材料及滑动速度 v_s 等有关，f_v、φ_v 的值可查表 14.11。在润滑良好的条件下，滑动速度 v_s 有助于润滑油膜的形成，从而降低 f_v 值，提高啮合效率。

表 14.11　普通圆柱蜗杆传动的当量摩擦系数 f_v 和当量摩擦角 φ_v

蜗轮齿圈材料	锡青铜				无锡青铜		灰铸铁			
蜗杆齿面硬度	≥45HRC		其他		≥45HRC		≥45HRC		其他	
滑动速度 v_s[①]/m·s^{-1}	f_v[②]	φ_v[②]	f_v	φ_v	f_v[②]	φ_v[②]	f_v[②]	φ_v[②]	f_v	φ_v
0.01	0.110	6°17′	0.120	6°51′	0.180	10°12′	0.180	10°12′	0.190	10°45′
0.05	0.090	5°09′	0.100	5°43′	0.140	7°58′	0.140	7°58′	0.160	9°05′
0.10	0.080	4°34′	0.090	5°09′	0.130	7°24′	0.130	7°24′	0.140	7°58′
0.25	0.065	3°43′	0.075	4°17′	0.100	5°43′	0.100	5°43′	0.120	6°51′
0.50	0.055	3°09′	0.065	3°43′	0.090	5°09′	0.090	5°09′	0.100	5°43′
1.0	0.045	2°35′	0.055	3°09′	0.070	4°00′	0.070	4°00′	0.090	5°09′
1.5	0.040	2°17′	0.050	2°52′	0.065	3°43′	0.065	3°43′	0.080	4°34′

（续）

蜗轮齿圈材料	锡青铜				无锡青铜		灰铸铁			
蜗杆齿面硬度	≥45HRC		其他		≥45HRC		≥45HRC		其他	
滑动速度 v_s[①]/m·s^{-1}	f_v[②]	φ_v[②]	f_v	φ_v	f_v[②]	φ_v[②]	f_v[②]	φ_v[②]	f_v	φ_v
2.0	0.035	2°00′	0.045	2°35′	0.055	3°09′	0.055	3°09′	0.070	4°00′
2.5	0.030	1°43′	0.040	2°17′	0.050	2°52′				
3.0	0.028	1°36′	0.035	2°00′	0.045	2°35′				
4	0.024	1°22′	0.031	1°47′	0.040	2°17′				
5	0.022	1°16′	0.029	1°40′	0.035	2°00′				
8	0.018	1°02′	0.026	1°29′	0.030	1°43′				
10	0.016	0°55′	0.024	1°22′						
15	0.014	0°48′	0.020	1°09′						
24	0.013	0°45′								

① 如滑动速度与表中数值不一致时，可用插入法求得 f_v 和 φ_v 值。

② 蜗杆齿面经磨削或抛光并仔细磨合，正确安装，以及采用黏度合适的润滑油进行充分润滑时。

由式（14.9）可知，效率 η 在一定范围内随 γ 的增大而增大，所以在动力传递中多采用多头蜗杆。在设计之初，为了近似地求出蜗轮轴上的转矩 T_2，η 值可按表 14.12 估取。

表 14.12　η 值的估取

蜗杆头数 z	1	2	4	6
总效率 η	0.7	0.8	0.9	0.95

14.5.2　蜗杆传动的润滑

为使蜗杆蜗轮相啮合齿面之间易于建立油膜，有利于降低齿面的工作温度，减少磨损和避免胶合失效，蜗杆传动常采用黏度大的矿物油进行润滑，为了提高其抗胶合能力，必要时可加入油性添加剂以提高油膜的黏度。但青铜蜗轮不允许采用活性大的油性添加剂，以免被腐蚀。

蜗杆传动的润滑主要考虑三方面问题：润滑油的黏度（与之对应的润滑油牌号）、供油方式和油量。一般根据载荷类型和相对滑动速度的大小选用润滑油的黏度和润滑方法，见表 14.13。

表 14.13　蜗杆传动的润滑油黏度及润滑方法（推荐用）

滑动速度 v_s/m·s^{-1}	<1	<2.5	<5	>5~10	>10~15	>15~25
工作条件	重载	重载	中载			
运动黏度 v(40℃)/mm^2·s^{-1}	1000	680	320	220	150	100
润滑方法	浸油润滑			浸油润滑或喷油润滑	喷油润滑	

采用油池浸油润滑，当 $v_s \leqslant 5$m/s 时，蜗杆下置（图 14.8a、b），浸油深度约为一个齿

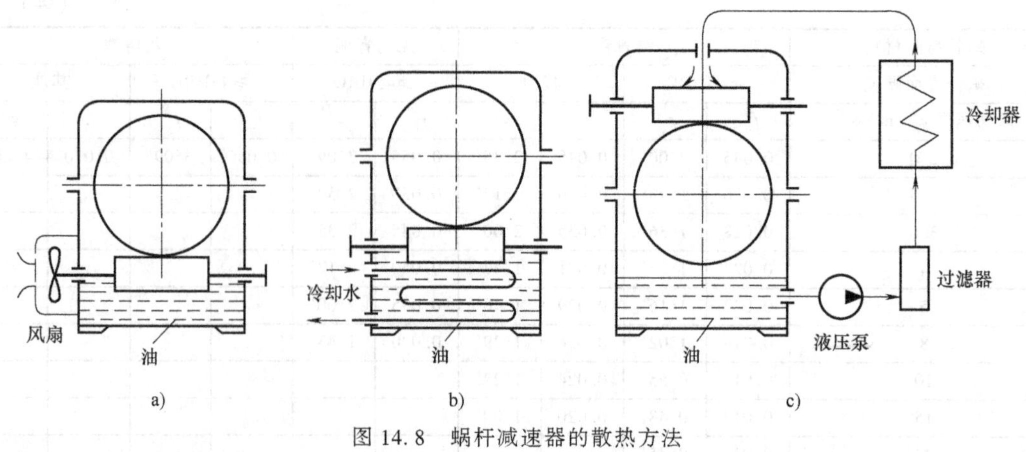

图 14.8　蜗杆减速器的散热方法

高，但油面不得超过蜗杆轴承的最低滚动体中心；当 v_s>5m/s 时，搅油阻力太大，一般蜗杆应上置（图 14.8c），油面允许达到蜗轮半径的 1/3 处。

14.5.3　蜗杆传动的热平衡计算

闭式蜗杆传动工作时产生大量的摩擦热，如果不及时散热，将导致润滑油温度过高，黏度下降，破坏传动的润滑条件，引起剧烈磨损，严重时发生胶合失效。故应进行热平衡计算，将润滑油的工作温度控制在许可范围内。热平衡状态下，单位时间内的发热量和散热量相等，即

$$\left.\begin{aligned} 1000P_1(1-\eta) &= K_sA(t_i-t_0) \\ t_i &= \frac{1000P_1(1-\eta)}{K_sA}+t_0 \end{aligned}\right\} \tag{14.10}$$

式中，P_1 是蜗杆轴传递的功率，单位为 kW；K_s 是箱体表面传热系数，单位为 W/(m^2·℃)。K_s=8.5~17.5W/(m^2·℃)，环境通风良好时取大值；t_0 是周围空气的温度，通常取 t_0=20℃；t_i 是热平衡时的油温，t_i≤70~80℃，一般限制在 65℃左右为宜；A 是箱体有效散热面积，单位为 m^2。

有效散热面积是指箱体内表面被油浸到或飞溅到且外表面直接与空气接触的箱体表面积。如果箱体有散热片，则有效散热面积按原面积的 1.5 倍估算，或者用近似公式 $A=0.33(a/100)^{1.75}$ 估算，a 为传动的中心距，单位为 mm。

当 t_i 超过允许值，说明散热面积不足，可采用下列降温措施：

（1）增加散热面积　采用带散热片的箱体。

（2）提高传热系数　蜗杆轴端装风扇通风（图 14.8a），可使 K_s 达到 25~35W/(m^2·℃)（转速高时取大值）。

（3）加冷却装置　若散热能力还不够，可在箱体油池内装蛇形水管，用循环水冷却（图 14.8b），或用循环油直接喷在啮合处，加强冷却（图 14.8c）。

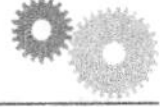

14.6　蜗杆蜗轮的结构

14.6.1　蜗杆的结构

多数蜗杆因直径不大，常与轴做成一体，称为蜗杆轴，结构如图 14.9 所示。根据加工方法的不同，其结构有两种：

1）铣制蜗杆如图 14.9a 所示，要求 $d_0>d_{f1}$。

2）车制蜗杆如图 14.9b 所示，要求 $d_0=d_{f1}-(2\sim4)\mathrm{mm}$。

当 $d_{f1}/d_0\geqslant1.7$ 时或工作中要求蜗杆能作轴向移动时，蜗杆的齿圈可与轴分开制造后再用键连接。

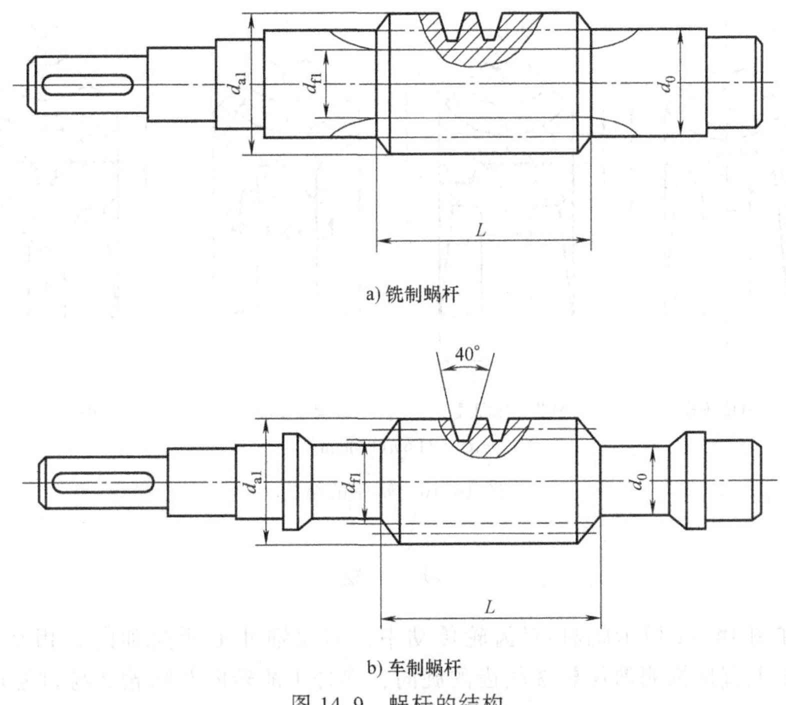

a) 铣制蜗杆

b) 车制蜗杆

图 14.9　蜗杆的结构

常用车削或铣削加工蜗杆。铣制蜗杆无退刀槽，且轴的直径 d_0 可大于蜗杆齿根圆直径 d_{f1}，所以其刚度较车制蜗杆大。车制的蜗杆要留退刀槽（槽宽大于导程的 1～1.2 倍）。螺纹部分长度：当 $z_1=1\sim2$ 时，$L\approx(13\sim16)\ m$；当 $z_1=4$ 时，$L\approx20m$（m 为模数）。L 最好是螺距的整数倍，以保证本身的平衡。若磨削蜗杆，考虑砂轮退刀时有振痕，螺纹部分应适当加长 25～30mm（$m<10$ 时）。

14.6.2　蜗轮的结构

蜗轮的结构可分为整体式和组合式，如图 14.10 所示。为了节省贵重金属材料，一般为组合式结构，齿圈用青铜，与轴连接的轮毂部分用铸铁或钢。

1. 整体式

如图 14.10a 所示。一般当蜗轮分度圆直径 $d_2 \leqslant 100\text{mm}$ 时采用，适用于铸铁蜗轮、铝合金蜗轮及小尺寸的青铜蜗轮。

2. 组合式

（1）齿圈压配式　如图 14.10b 所示。青铜齿圈用过盈配合（H7/s6，H7/r6）压装在铸钢的轮芯上，并在接缝处装置 4~5 个螺钉，以提高连接的可靠性。适用于中等尺寸及工作温度变化较小的蜗轮。

（2）螺栓连接式　如图 14.10c 所示。用普通螺栓或铰制孔用螺栓连接齿圈和轮芯，后者更好，适用于大尺寸蜗轮。

（3）拼铸式　如图 14.10d 所示。将青铜齿圈浇注在铸铁轮芯上，适用于中等尺寸、批量生产的蜗轮。

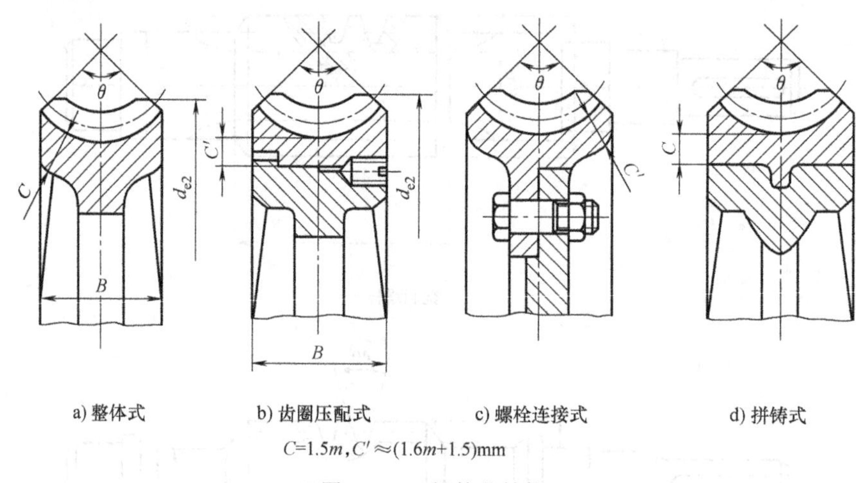

图 14.10　蜗轮的结构

习　　题

14.1　如图 14.11 所示蜗杆-斜齿轮传动中，为使轴Ⅱ上所受轴向力相互抵消一部分，试确定并在图上直接标明斜齿轮 3 轮齿的旋向，蜗杆 1 的转向及蜗轮 2 与斜齿轮 3 所受轴向力的方向。

14.2　如图 14.12 所示，1、2 是一对蜗杆蜗轮传动，3、4 是一对锥齿轮传动。已知蜗杆 1 为原动件，锥齿轮 4 为输出件，锥齿轮 4 转向如图所示。为了使中间轴上蜗轮 2 和锥齿轮 3 的轴向力互相抵消一部分，试

1）确定蜗杆 1、蜗轮 2 的旋向及蜗杆 1 转向。

2）在图上标出蜗轮 2 和锥齿轮 3 所受各力的方向。

14.3　已知一蜗杆减速器，$m=5\text{mm}$，$d_1=50\text{mm}$，$z_2=60$，蜗杆材料为 40Cr，高频淬火，表面磨光，蜗轮材料为 ZCuSn10Pb1，砂模铸造，蜗轮转速 $n_2=46\text{r/min}$，预计使用 15000h。试求该蜗杆减速器允许传递的最大转矩 T_2 和输入功率 P_1。

14.4　设计某运输机用的 ZA 蜗杆减速器。蜗杆轴输入功率 $P_1=7\text{kW}$，蜗杆转速 $n_1=$

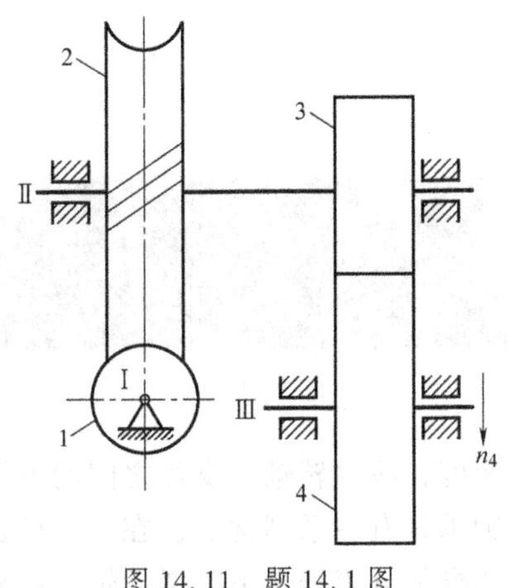

图 14.11 题 14.1 图

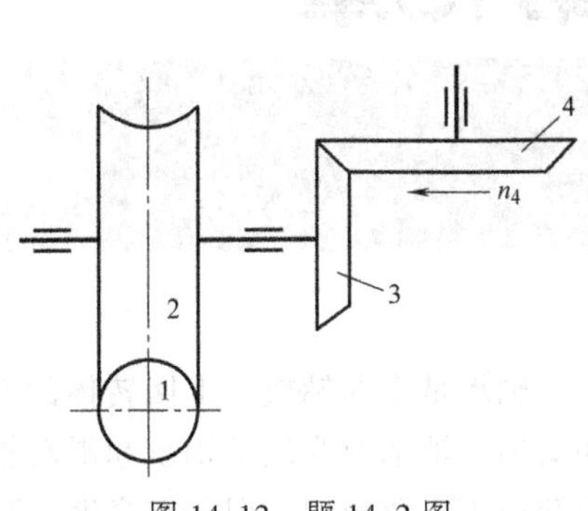

图 14.12 题 14.2 图

1440r/min（单向转动），蜗轮转速 $n_2=72\text{r/min}$，载荷平稳，使用寿命 12000h。

Chapter 15

第15章 滑动轴承

轴承是支撑轴或轴上回转体的部件，并保持轴的旋转精度，减少转轴与支撑之间的摩擦和磨损。轴承分为滚动轴承和滑动轴承两大类。虽然滚动轴承具有一系列优点，在一般机器中获得了广泛应用，但是在高速、高精度、重载、结构上要求剖分等场合下，滑动轴承就显示出它的优异性能。因而在汽轮机、离心式压缩机、内燃机、大型电动机中多采用滑动轴承。此外，在低速而带有冲击的机器中，如水泥搅拌机、滚筒清砂机、破碎机等也常采用滑动轴承。

15.1 摩擦状态

按表面润滑情况，将摩擦分为以下几种状态。

1. 干摩擦

当两摩擦表面间无任何润滑剂或保护膜时，即出现固体表面间直接接触的摩擦（图 15.1a），工程上称为干摩擦。此时，必有大量的摩擦功损耗和严重的磨损，在滑动轴承中则表现为强烈的升温，使轴与轴瓦产生胶合。所以，在滑动轴承中不允许出现干摩擦。

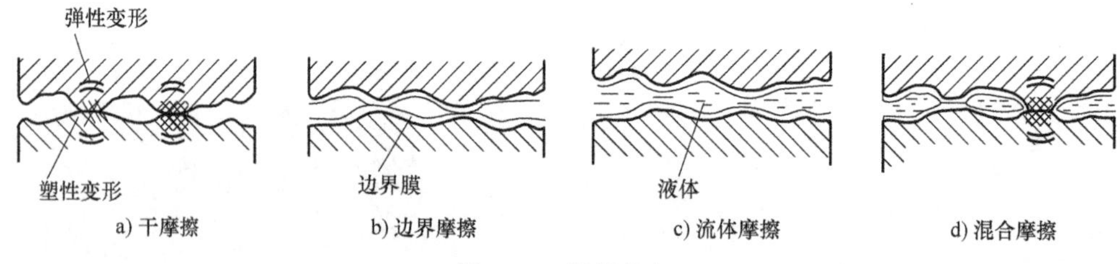

图 15.1 摩擦状态

2. 边界摩擦

两摩擦表面间有润滑油存在，由于润滑油中的极性分子与金属表面的吸附作用，因而在金属表面上形成极薄的边界油膜，如图 15.1b 所示。边界油膜不足以将两金属表面分隔开，所以相互运动时，两金属表面微观的高峰部分仍将互相搓削，这种状态称为边界摩擦。一般而言，金属表层覆盖一层边界油膜后，虽不能绝对消除表面的磨损，却可以起着减轻磨损的作用。这种摩擦状态的摩擦系数，$f=0.1\sim0.3$。

3. 流体摩擦

两摩擦表面被流体（液体或气体）膜完全隔开，摩擦性质取决于流体内部分子间黏性

阻力的摩擦，称为流体摩擦，如图 15.1c 所示。流体摩擦的摩擦阻力最小，理论上没有磨损，零件使用寿命最长，对滑动轴承来说是一种最为理想的摩擦状态。但流体摩擦必须在载荷、速度和流体黏度等合理匹配的情况下才能实现。

4. 混合摩擦

当摩擦面处于边界摩擦和流体摩擦的混合状态时，称为混合摩擦，如图 15.1d 所示。

15.2 径向滑动轴承的主要类型

常用的径向滑动轴承有整体式和剖分式两大类。

15.2.1 整体式轴承

图 15.2 所示是一种常见的整体式径向滑动轴承。整体式径向滑动轴承主要由整体式轴承座与整体轴套组成，轴承座材料常为铸铁，轴套用减摩材料制成。轴承座顶部设有安装油杯的螺纹孔及输送润滑油的油孔，轴承座用螺栓与机座连接固定。有时轴承座孔可在机器的箱壁上直接做成，其结构更为简单。整体式滑动轴承结构简单、易于制造、成本低廉，但在装拆时轴或轴承需要沿轴向移动，使轴从轴承端部装入或拆下，因而装拆不便。此外，在轴套工作表面磨损后，轴套与轴颈之间的间隙（轴承间隙）过大时无法调整，所以这种轴承多用于低速、轻载、间歇性工作并具有相应的装拆条件的简单机器中，如手动机械、某些农业机械等。

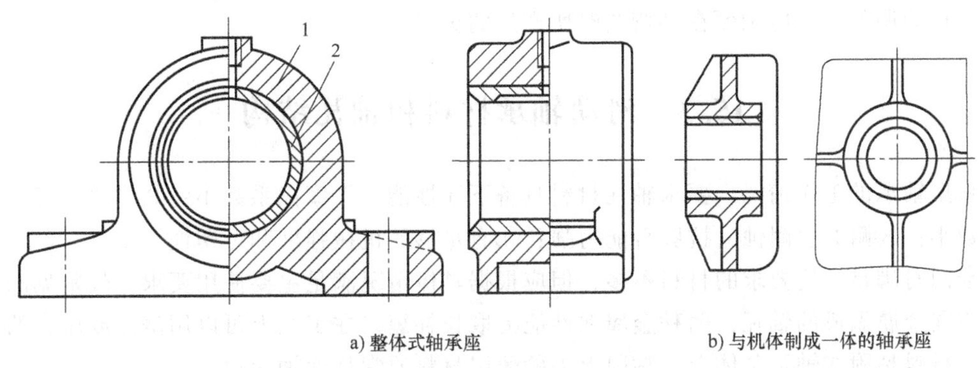

a) 整体式轴承座　　b) 与机体制成一体的轴承座

图 15.2　整体式径向滑动轴承

1—轴承座　2—整体式轴套

15.2.2 剖分式轴承

图 15.3 所示是剖分式轴承，由轴承座、轴承盖、剖分轴瓦、轴承盖连接螺柱等组成。轴瓦是轴承直接和轴颈相接触的零件。为了节省贵金属或其他需要，常在轴瓦内表面上贴附一层轴承衬。不重要的轴承也可以不装轴瓦。在轴瓦内壁不负担载荷的表面上开设油槽（图 15.10），润滑油通过油孔和油槽流进轴承间隙。剖分面最好与载荷方向接近于垂直。多

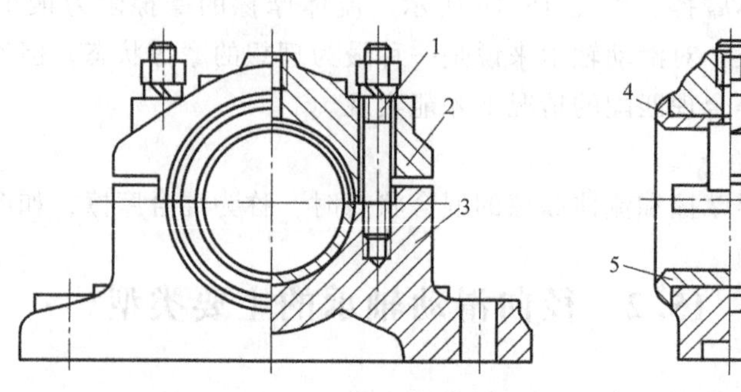

图 15.3　剖分式径向滑动轴承

1—座、盖连接螺柱　2—轴承盖　3—轴承座　4—上轴瓦　5—下轴瓦

数轴承的剖分面是水平的，也有倾斜的。轴承盖和轴承座的剖分面常作成阶梯形，以便定位和防止工作时错动。轴承座、轴承盖的剖分面间放有垫片，轴承磨损后，可用适当地调整垫片厚度和修刮轴瓦内表面的方法来调整轴承间隙，从而延长轴瓦的使用寿命。轴承座、轴承盖材料一般为铸铁，重载、冲击、振动时可用铸钢。对开式滑动轴承装拆方便，易于调整轴承间隙，应用很广泛。

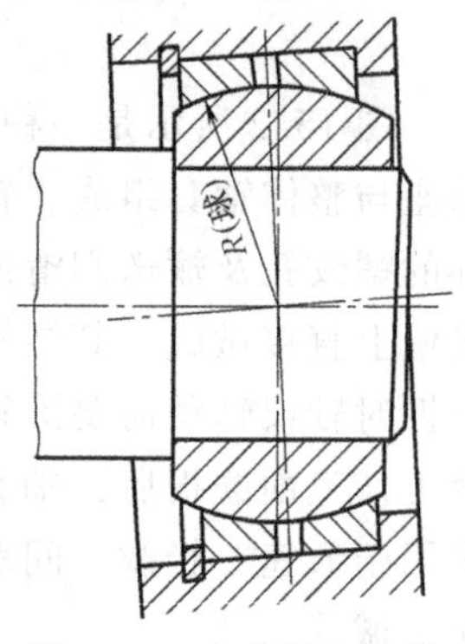

图 15.4　自动调心轴承

轴承宽度与轴颈直径之比（B/d）称为宽径比。对于 $B/d>1.5$ 的轴承，可以采用自动调心轴承（图 15.4）。其特点是：轴瓦外表面做成球面形状，与轴承盖及轴承座的球状内表面相配合，轴瓦可以自动调位以适应轴颈在轴弯曲时所产生的偏斜。

15.3　滑动轴承材料和轴瓦结构

根据轴承的工作情况，要求轴瓦材料具备下述性能：①摩擦系数小；②导热性好，热膨胀系数小；③耐磨、耐蚀、抗胶合能力强；④有足够的机械强度和可塑性。

能同时满足上述要求的材料不多，但应根据具体情况满足主要使用要求。较常见的是用两层不同金属做成的轴瓦，两种金属在性能上取长补短。在工艺上可以用浇注或压合的方法将薄层材料粘附在轴瓦基体上。粘附上去的薄层材料通常称为轴承衬。

15.3.1　常用轴承材料

1. 轴承合金

轴承合金（又称巴氏合金或白合金）有锡锑轴承合金和铅锑轴承合金两大类。

锡锑轴承合金的摩擦系数小，抗胶合性能良好，对油的吸附性强，耐蚀性好，易跑合，是优良的轴承材料，常用于高速、重载的轴承。但它的价格较高且机械强度较差，因此只能作为轴承衬材料而浇注在钢、铸铁或青铜轴瓦上，用青铜作为轴瓦基体是取其导热性良好的特性。这种轴承合金在 110℃ 开始软化，为了安全，在设计、运行中常将温度控制在 110℃

以下。

铅锑轴承合金的各方面性能与锡锑轴承合金相近，但这种材料较脆，不宜承受较大的冲击载荷，一般用于中速、中载的轴承。

2. 青铜

青铜的强度高，承载能力大，耐磨性与导热性都优于轴承合金。它可以在较高的温度下（250℃）工作。但它的可塑性差，不易跑合，与之相配的轴颈必须淬硬。

青铜可以单独做成轴瓦。为了节省有色金属，也可将青铜浇注在钢或铸铁轴瓦内壁上。用作轴瓦材料的青铜，主要有锡青铜、铅青铜和铝青铜。在一般情况下，它们分别用于中速重载、中速中载和低速重载的轴承上。

3. 具有特殊性能的轴承材料

用粉末冶金法（经制粉、成形、烧结等工艺）做成的轴承，其有多孔性组织，孔隙内可以贮存润滑油，常称为含油轴承。运转时，轴瓦温度升高，由于油的膨胀系数比金属大，因而自动进入摩擦表面起到润滑作用。含油轴承加一次油可以使用较长时间，常用于加油不方便的场合。

在不重要的或低速轻载的轴承中，也常采用灰铸铁或耐磨铸铁作为轴瓦材料。

橡胶轴承具有较大的弹性，能减轻振动使运转平稳，可以用水润滑，常用于潜水泵、砂石清洗机、钻机等有泥沙的场合。

塑料轴承具有摩擦系数小、可塑性、跑合性良好，耐磨、耐蚀，可以用水、油及化学溶液润滑等优点，但它的导热性差，膨胀系数较大，容易变形。为改善此缺陷，可将薄层塑料作为轴承衬材料粘附在金属轴瓦上使用。

常用轴瓦及轴承衬材料的［p］、［v］、［pv］等数据见表15.1。

表15.1 常用金属轴承材料及性能

<table>
<tr><th rowspan="2">材料及其代号</th><th rowspan="2" colspan="2">[p]/MPa</th><th rowspan="2">[v]/m·s⁻¹</th><th rowspan="2">[pv]
/MPa·m·s⁻¹</th><th colspan="2">硬度HBW</th><th rowspan="2">最高工作
温度/℃</th><th rowspan="2">轴颈硬度</th></tr>
<tr><th>金属型</th><th>砂型</th></tr>
<tr><td rowspan="2">铸造锡锑轴承合金
ZSnSb11Cu6</td><td>平稳</td><td>25</td><td>80</td><td>20</td><td colspan="2" rowspan="2">27</td><td rowspan="2">150</td><td rowspan="2">150HBW</td></tr>
<tr><td>冲击</td><td>20</td><td>60</td><td>15</td></tr>
<tr><td>铸造铅锑轴承合金
ZPbSb16Sn16Cu2</td><td colspan="2">15</td><td>12</td><td>10</td><td colspan="2">30</td><td>150</td><td>150HBW</td></tr>
<tr><td>铸造锡青铜
ZCuSn10Pb1</td><td colspan="2">15</td><td>10</td><td>15</td><td>90</td><td>80</td><td>280</td><td>45HRC</td></tr>
<tr><td>铸造锡锌青铜
ZCuSn5Pb5Zn5</td><td colspan="2">8</td><td>3</td><td>15</td><td>65</td><td>60</td><td>280</td><td>45HRC</td></tr>
<tr><td>铸造铝青铜
ZCuAl10Fe3</td><td colspan="2">15</td><td>4</td><td>12</td><td>110</td><td>100</td><td>280</td><td>45HRC</td></tr>
</table>

注：［pv］值为液体摩擦下的许用值。

15.3.2 轴瓦结构

轴瓦是滑动轴承中的重要零件，它的结构设计是否合理对轴承性能影响很大。有时为了节约贵重金属材料或者由于结构上的需要，常在轴瓦的内表面上浇注或轧制一层轴承合金，称为轴承衬。轴瓦应具有一定的强度和刚度，在轴承中定位可靠，便于输入润滑剂，易散热，并便于装拆和调整。为此，轴瓦应在外形结构、定位、油槽开设和配合等方面采用不同的形式以适应不同的工作要求。

1. 轴瓦的形式与构造

径向滑动轴承常用的轴瓦分整体式轴套和对开式轴瓦两种。

整体轴套（图 15. 5a、b）和卷制轴套（图 15. 5c）用于整体式轴承。除轴承合金外，其他金属材料、多孔质金属材料及轴承塑料、碳-石墨等非金属材料都可制成如图 15. 5a、b 所示的整体轴套。卷制轴套常用于双层或多层轴套的场合。

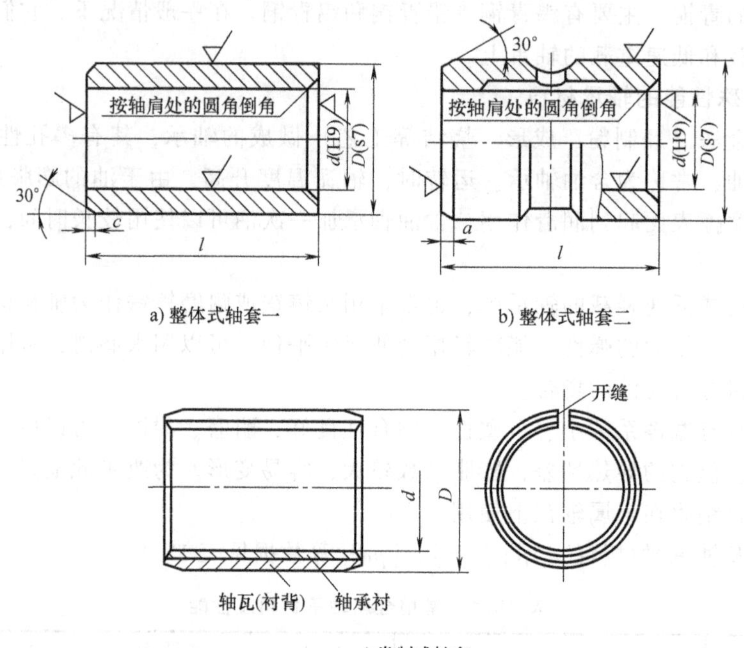

图 15. 5　整体式轴套和卷制式轴套

对开式轴瓦用于对开式轴承，分厚壁轴瓦（图 15. 6）和薄壁轴瓦（图 15. 7）两种。对开式轴瓦主要由上、下两半轴瓦组成，剖分面上开有轴向油槽，载荷由下轴瓦承受。轴瓦由单层材料或多层材料制成。双层轴瓦的轴承衬背具有一定的强度和刚度，减摩层具有较好的减摩、耐磨等性能。减摩层的厚度应随轴承直径的增大而增大，一般为十分之几毫米到 6mm。在双层轴瓦轴承衬表面上再镀上一层薄薄的铟、银等软金属，可制成三层轴瓦，其磨合性、顺应性、嵌入性等可得到进一步提高。此外，多层结构轴瓦可以显著节省价格较高的轴承合金等减摩材料。

厚壁轴瓦常用离心铸造法将轴承合金浇注在轴瓦的内表面上形成轴承衬。薄壁双层轴瓦

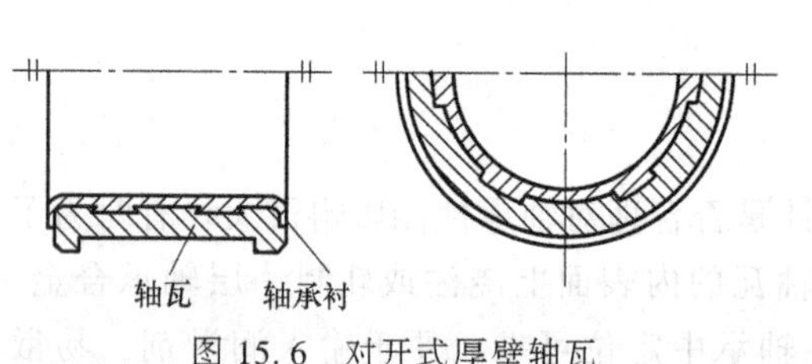

图 15. 6　对开式厚壁轴瓦

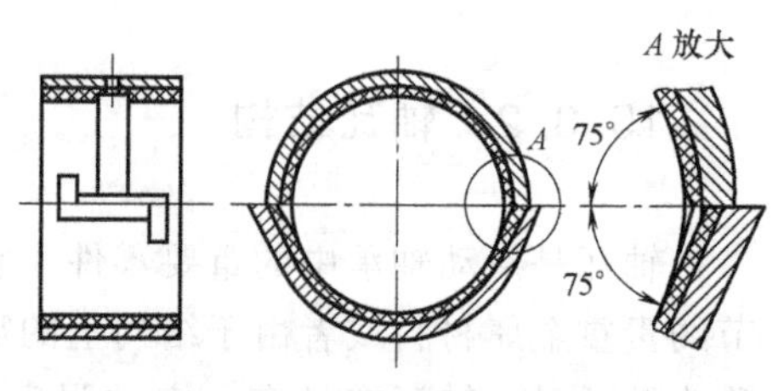

图 15. 7　对开式薄壁轴瓦

（双金属轴瓦）能采用连续轧制的工艺进行大批量生产，质量稳定，成本较低。但薄壁轴瓦的刚性小，装配后的形状完全取决于轴承座的形状，因此需对轴承座进行较精密的加工。在轴瓦对开处，工作表面常要局部削薄（图 15.7），以防止在轴承盖发生错动时出现对轴颈起刮压作用的锋缘。薄壁轴瓦在汽车发动机、柴油机中得到了广泛应用。

为使轴承减摩层与轴承衬背贴附牢固，可在轴承衬背上制出各种形式的沟槽，如图 15.8 所示。

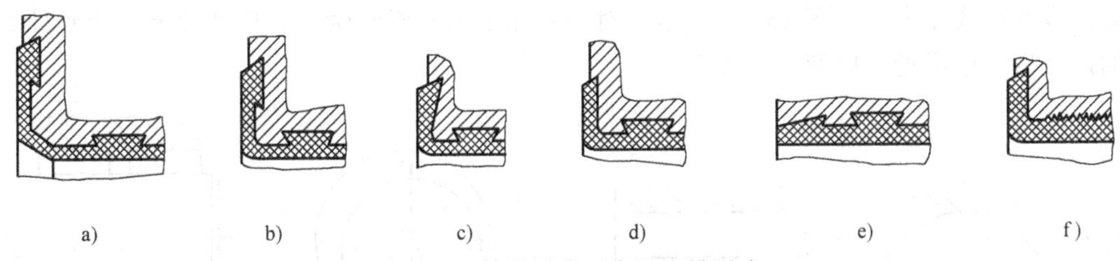

图 15.8　轴承衬背面常见沟槽形式

2. 轴瓦的定位与配合

轴承工作时轴瓦与轴承座之间不允许有相对移动。为了防止轴瓦在轴承座中沿轴向和周向移动，可将轴瓦两端做出凸缘（图 15.6）或定位唇（图 15.9a）用作轴向定位，或采用紧定螺钉（图 15.9b）、销钉（图 15.9c）将轴瓦固定在轴承座上。

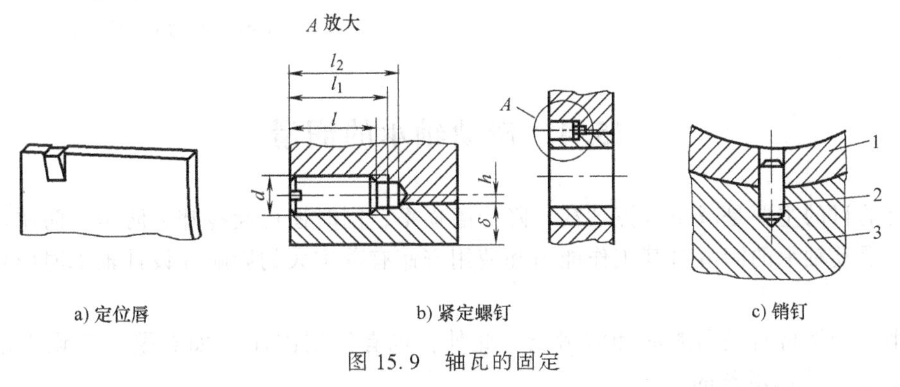

图 15.9　轴瓦的固定

1—轴瓦　2—圆柱销　3—轴承座

为了增强轴瓦的刚度和散热性能并保证轴瓦与轴承座的同轴度，轴瓦与轴承座应紧密配合，贴合牢靠。一般轴瓦与轴承座孔采用较小过盈量的配合，如 H7/s6，H7/r6 等。

3. 油孔、油槽和油腔的开设

为了向轴承的滑动表面供给润滑油，轴瓦上常开设有油孔、油槽和油腔。油孔用来供油，油槽用来输送和分布润滑油，油腔主要用作沿轴向均匀分布润滑油，并起贮油和稳定供油作用。

对于宽径比较小的轴承，只需开设一个油孔。对于宽径比大、可靠性要求较高的轴承，还需开设油槽或油腔。常见的油槽形式如图 15.10 所示。轴向油槽应较轴承宽度稍短，以免油从轴承端部大量流失。油腔一般开设于轴瓦的剖分处，其结构如图 15.11 所示。

油孔和油槽的位置及形状对轴承的工作能力和使用寿命影响很大。对液体动压滑动轴承，应将油孔和油槽开设在轴承的非承载区。若在承载油膜区内开设油孔和油槽，将会显著

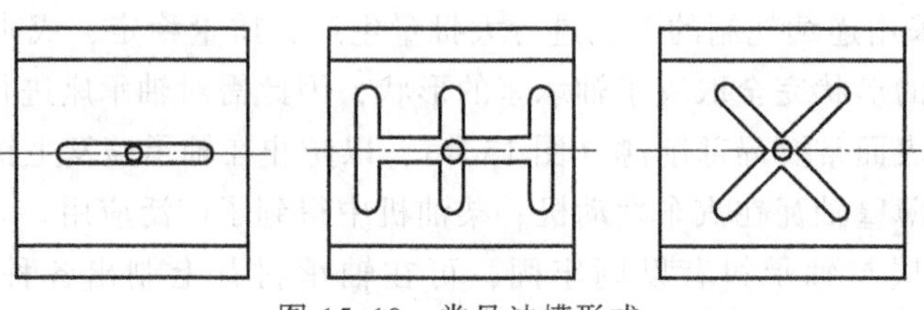

图 15.10　常见油槽形式

降低油膜的承载能力，如图 15.12 所示。对于不完全油膜滑动轴承，应使油槽尽量延伸到轴承的最大压力区附近，以便供油充分。

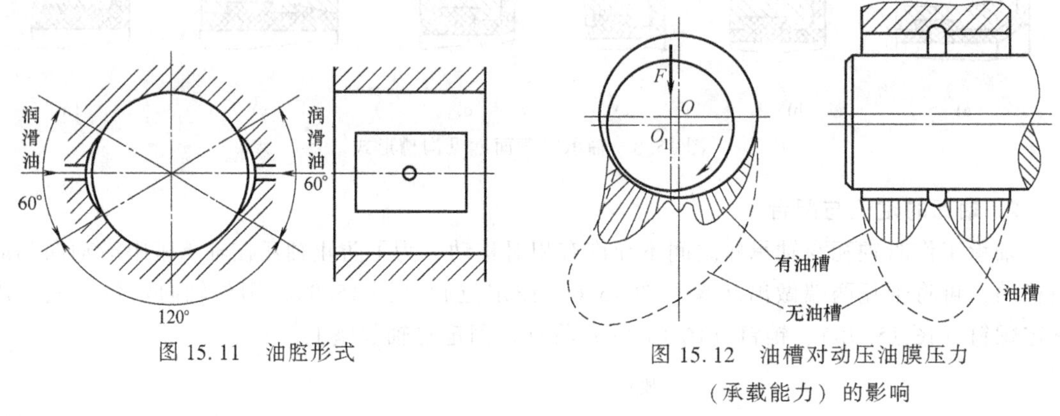

图 15.11　油腔形式

图 15.12　油槽对动压油膜压力（承载能力）的影响

15.4　滑动轴承的润滑

润滑的目的主要是减小摩擦功耗，降低磨损率，同时还可起冷却、防尘、防锈以及吸振等作用。滑动轴承的润滑对其工作能力和使用寿命有着重大的影响，设计轴承时应认真加以考虑。

常用的润滑材料是润滑油和润滑脂。此外，也有使用固体（如石墨、二硫化钼）或气体（如空气）作润滑剂的。

滑动轴承常用润滑油作润滑剂，轴颈圆周速度较低时可用润滑脂，速度特别高时可用气体润滑剂（如空气），工作温度特高或特低时可使用固体润滑剂（如石墨、二硫化钼等）。

1. 润滑油及其选择

选择润滑油主要考虑油的黏度和润滑性（油性），但润滑性尚无定量的理化指标，故通常只按黏度来选择。选择轴承用润滑油的黏度时，应考虑轴承压力、滑动速度、摩擦表面状况、润滑方式等条件。一般原则如下：

1）在压力大或冲击、变载等工作条件下，应选用黏度较高的油。

2）滑动速度高时，容易形成油膜，为了减小摩擦功耗，应采用黏度较低的油。

3）加工粗糙或未经跑合的表面，应选用黏度较高的油。

4）循环润滑、芯捻润滑或油垫润滑时，应选用黏度较低的油；飞溅润滑应选用高品质、能防止与空气接触而氧化变质或因激烈搅拌而乳化的油。

5）低温工作的轴承应选用凝点低的油。

液体动压润滑轴承的润滑油黏度可以通过计算和参考同类轴承的使用经验初步确定。例如，可在同一机器和相同工作条件下，对不同润滑油进行试验，功耗小而温升又较低的润滑油，其黏度较为相宜。具体可按轴承压强、滑动速度和工作温度参考表15.2选择。

表15.2　滑动轴承润滑油的选择（不完全油膜润滑、工作温度小于60℃）

轴颈圆周速度 $v/m \cdot s^{-1}$	轴承压强 $p<3MPa$	轴颈圆周速度 $v/m \cdot s^{-1}$	轴承压强 $p=3 \sim 7.5MPa$
<0.1	L-AN68、100、150	<0.1	L-AN150
0.1~0.3	L-AN68、100	0.1~0.3	L-AN100、150
0.3~2.5	L-AN46、68	0.3~0.6	L-AN100
2.5~5.0	L-AN32、46	0.6~1.2	L-AN68、100
5.0~9.0	L-AN15、22、32	1.2~2.0	L-AN68
>9.0	L-AN7、10、15		

2. 润滑脂及其选择

润滑脂主要用于工作要求不高、难以经常供油的不完全油膜滑动轴承的润滑。一般情况下，当轴颈速度小于1~2m/s的滑动轴承可以采用脂润滑。润滑脂是用矿物油与各种稠化剂（钙、钠、铝等金属皂）混合制成。它的稠度大，不易流失，承载力也较大，但物理和化学性质不如润滑油稳定，摩擦功耗大，不宜在温度变化大或高速下使用。选用润滑脂时主要考虑其稠度（针入度）和滴点。选用的一般原则是：

1）低速、重载时应选用针入度小的润滑脂，反之选用针入度大的润滑脂。

2）润滑脂的滴点一般应比轴承的工作温度高20~30℃或更高。

3）潮湿或淋水环境下应选用抗水性好的钙基脂或锂基脂。

4）温度高时应选用耐热性好的钠基脂或锂基脂。采用脂润滑时，要根据轴承的工作条件和转速定期补充润滑脂。

具体选用时可参考表15.3。采用脂润滑时，要根据轴承的工作条件和转速定期补充润滑脂。

表15.3　滑动轴承润滑脂的选择

压力 p/MPa	轴颈圆周速度 $v/m \cdot s^{-1}$	最高工作温度 t/℃	选用牌号
≤1.0	≤1	75	3号钙基脂
1.0~6.5	0.5~5	55	2号钙基脂
≥6.5	≤0.5	75	3号钙基脂
≤6.5	0.5~5	120	2号钠基脂
>6.5	≤0.5	110	1号钙钠基脂
1.0~6.5	≤1	100	锂基脂
>6	0.5	60	2号压延基脂

注：1. 在潮湿环境，温度75~120℃的条件下，应考虑用钙-钠基润滑脂。

2. 在潮湿环境，温度在75℃以下，没有3号钙基脂也可以用铝基脂。

3. 工作温度在110~120℃时可用锂基脂或钠基脂。

4. 集中润滑时，稠度要小些。

3. 固体润滑剂

选用石墨时应考虑环境对石墨摩擦性能的影响，空气中存在水分和蒸汽会进一步降低其摩擦系数，干燥、真空、宇航环境中其摩擦和磨损都将显著提高。石墨可成块镶嵌于摩擦副表面，也可作为填充材料掺于粉末冶金材料或聚合物中。二硫化钼是良好的润滑材料，其表面膜的承载能力优于石墨，但在有水蒸气的环境中吸潮后摩擦系数将提高，而在真空中却与在正常空气中相近，故适用于在宇航设备中使用。二硫化钼可用机械方法擦涂于摩擦件表面，或将粉状二硫化钼掺和到树脂等粘接剂中，然后用喷涂等方法覆于工件表面，还可以采用直流溅射、高频溅射等方法制备二硫化钼表面膜。

4. 润滑方法和润滑装置

为了获得良好的润滑，除了正确选择润滑剂，同时还要选择合适的润滑方法和润滑装置。

(1) 润滑油润滑　根据供油方式的不同，润滑油润滑可分为间断润滑和连续润滑。间断润滑只适用于低速轻载和不重要的轴承。需要可靠润滑的轴承应采用连续润滑。

(2) 人工加油润滑　在轴承上方设置油孔或油杯（图 15.13），用油壶或油枪定期向油孔或油杯供油。其结构最为简单，但不能调节供油量，只能起到间断润滑的作用，若加油不及时则容易造成磨损。

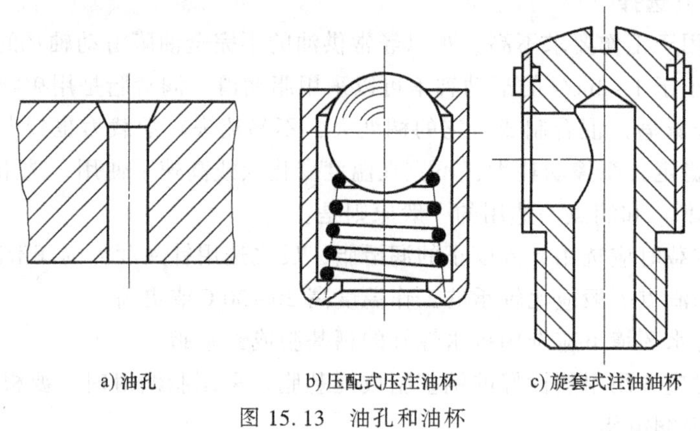

图 15.13　油孔和油杯

(3) 滴油润滑　依靠油的自重通过滴油油杯进行供油润滑。图 15.14 所示为针阀式滴油油杯，手柄卧倒时（图 15.14b）针阀受弹簧推压向下而堵住底部阀座油孔。手柄直立时（图 15.14c）便提起针阀打开下端油孔，油杯中润滑油流进轴承，处于供油状态。调节螺母可用来控制油的流量。定期提起针阀也可用作间断润滑。滴油润滑结构简单，使用方便，但供油量不易控制，如油杯中油面的高低及温度的变化、机器的振动等都会影响供油量。

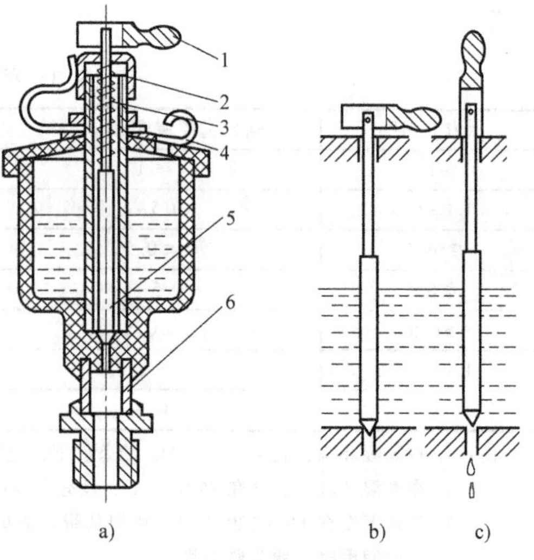

图 15.14　针阀式滴油油杯

1—手柄　2—调节螺母　3—弹簧　4—油孔遮盖　5—针阀杆　6—观察孔

(4) 油绳润滑　油绳润滑的润滑装置为油绳式油杯（图 15.15）。油绳的一端浸入油中，利用毛细管作用将润滑油引到轴颈表面。该结

构简单，油绳能起到过滤作用，比较适用于多尘的场合。由于其供油量少且不易调节，因而主要应用于小型或轻载轴承，不适用于大型或高速轴承。

（5）油环润滑　如图 15.16 所示，轴颈上套一油环，油环下部浸入油池内，靠轴颈摩擦力带动油环旋转，从而将润滑油带到轴颈表面。这种装置只适用于连续运转的水平轴轴承的润滑，并且轴的转速应在 50～3000r/min 的范围内。

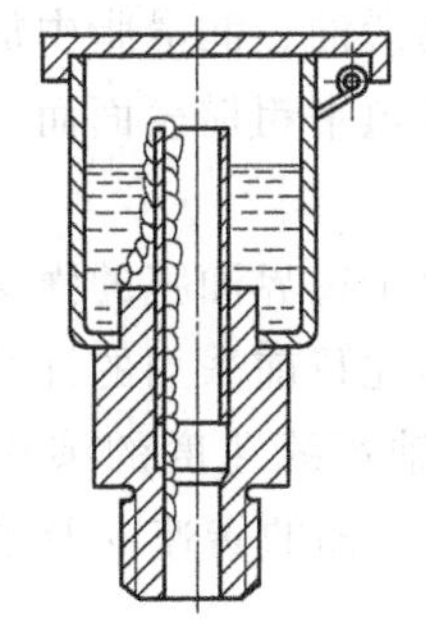

图 15.15　油绳式油杯

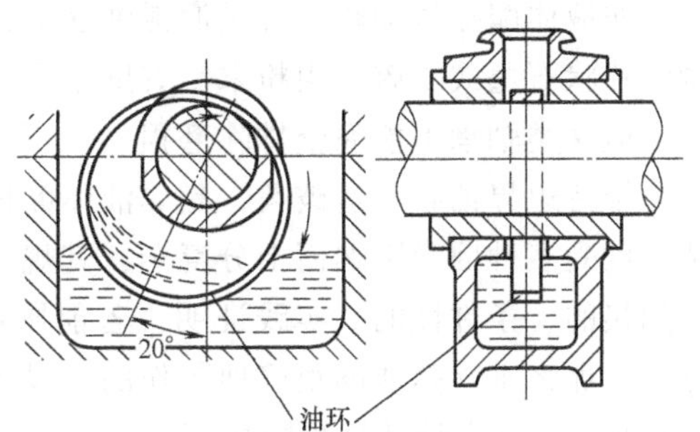

图 15.16　油环润滑

（6）飞溅润滑　飞溅润滑常用于闭式箱体内的轴承润滑，如图 15.17 所示。它利用浸入油池中的齿轮、曲轴等旋转零件或附装在轴上的甩油盘，将润滑油搅动并使之飞溅到箱壁上，再沿油沟进入轴承。为控制搅油功率损失和避免因油的严重氧化而降低润滑性，浸油零件的圆周速度不宜超过 12～14m/s（但圆周速度也不宜过低，否则会影响润滑效果），浸油也不宜过深。

（7）压力循环润滑　压力循环润滑利用液压泵供给充足的润滑油来润滑轴承，用过的油又流回油池，经过冷却和过滤后可循环使用。压力循环润滑方式的供油压力和流量都可调节，同时油可带走热量，冷却效果好，工作过程中润滑油的损耗极少，对环境的污染也较少，因而广泛应用于大型、重型、高速、精密和自动化的各种机械设备中。

（8）润滑脂润滑　润滑脂润滑一般为间断供应，常用旋盖式油杯（图 15.18）或黄油枪加脂，即定期旋转杯盖将杯内润滑脂压进轴承或用黄油枪通过压注油杯（图 15.13b）向轴承补充润滑脂。润滑脂润滑也可以集中供应，适用于多点润滑的场合，供脂可靠，但组成设备比较复杂。

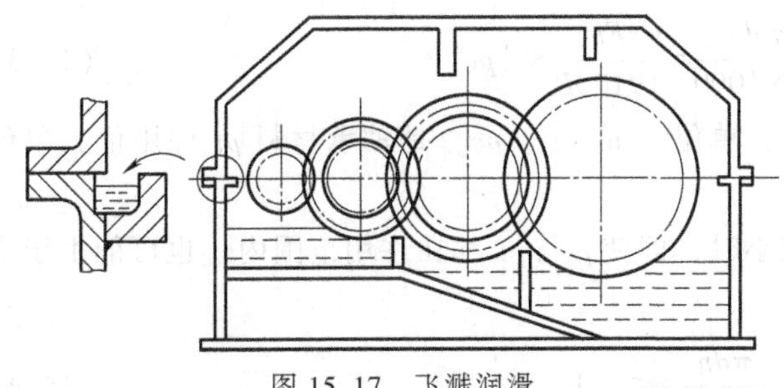

图 15.17　飞溅润滑

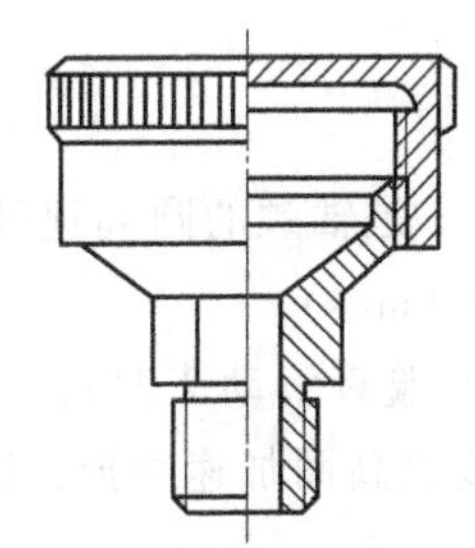

图 15.18　旋盖式油杯

滑动轴承的润滑方式可根据系数 k 选定

$$k=\sqrt{pv^3} \tag{15.1}$$

式中，$p=\dfrac{F}{dB}$是平均压力，单位为 MPa；v 是轴颈的线速度，单位为 m/s。

当 $k\leqslant 2$ 时用润滑脂，油杯润滑；$k=2\sim16$ 时，用针阀式注油油杯润滑；$k=16\sim32$ 时，用油环或飞溅润滑；$k>32$ 时，用压力循环润滑。

15.5 非液体摩擦滑动轴承的条件性计算

非液体摩擦滑动轴承可用润滑油润滑，也可用润滑脂润滑。在润滑油、润滑脂中加入少量鳞片状石墨或二硫化钼粉末，有助于形成更坚韧的边界油膜，且可填平粗糙表面而减少磨损。但这类轴承不能完全排除磨损。

维持边界油膜不遭破裂，是非液体摩擦滑动轴承的设计依据。由于边界油膜的强度和破裂温度受多种因素影响而十分复杂，其规律尚未完全被人们掌握。因此目前采用的计算方法是间接的、条件性的。实践证明，若能限制压力 $p\leqslant[p]$ 和压力与轴颈线速度的乘积 $pv\leqslant[pv]$，那么轴承是能够很好地工作的。设计时，一般已知轴颈直径 d、轴的转速 n 及轴承径向载荷 F。其设计计算步骤如下：

1）根据轴承使用要求和工作条件，确定轴承的结构形式，选择轴承材料。

2）选定轴承宽径比 B/d（轴承宽度与轴颈直径之比），确定轴承宽度。一般取 $B/d\approx0.7\sim1.3$。

3）验算轴承的工作能力。

① 验算轴承的平均压力 p。为防止轴承过度磨损，应限制轴承的单位面积压力

$$p=\frac{F}{dB}\leqslant[p] \tag{15.2}$$

式中，B 是轴承宽度，单位为 mm（根据宽径比确定）；$[p]$ 是轴承材料的许用压力，单位为 MPa。

对于低速（$v\leqslant0.1\text{m/s}$）或间歇工作的轴承，当其工作时间不超过停歇时间时，仅需进行轴承平均压力的验算。

② 验算轴承的 pv 值。轴承工作时摩擦发热量大、温升过高时，易发生胶合破坏。对于速度较高的轴承，常需限制 pv 值。轴承的发热量与其单位面积上表征摩擦功耗的 fpv 成正比，f（摩擦系数）可认为是常数，故限制 pv 值也就是限制轴承的温升，即

$$pv=\frac{F}{dB}\cdot\frac{\pi dn}{60\times1000}=\frac{Fn}{19100B}\leqslant[pv] \tag{15.3}$$

式中，v 是轴颈的圆周速度，即滑动速度，单位为 m/s；$[pv]$ 是轴承材料 pv 许用值，单位为 MPa(m/s)。

③ 验算滑动速度 v。当平均压力 p 较小时，即使 p 与 pv 都在许用范围内，也可能由于滑动速度过高而加速磨损，因而要求

$$v=\frac{\pi dn}{60\times1000}\leqslant[v] \tag{15.4}$$

若 p、pv 和 v 的验算结果超出许用范围，可加大轴颈直径和轴承宽度，或选用较好的轴承材料，使之满足工作要求。

例 15.1 某不完全液体润滑径向滑动轴承，已知：轴颈直径 $d=200\text{mm}$，轴承宽度 $B=200\text{mm}$，轴颈转速 $n=300\text{r/min}$，轴瓦材料为 ZCuAl10Fe3，试问它可以承受的最大径向载荷

是多少？

解：轴瓦的材料为 ZCuAl10Fe3，查表 15.1 其许用应力 $[p]=15\text{MPa}$，许用 $[pv]=12\text{MPa}\cdot(\text{m/s})$。

1）轴承的平均压力应满足式（15.2），据此可得

$$F\leqslant[p]dB=15\times200\times200\text{N}=6\times10^5\text{N}$$

2）轴承的 pv 应满足式（15.3），据此可得

$$F\leqslant\frac{[\rho v]\times19100B}{n}=\frac{12\times19100\times200}{300}\text{N}=1.526\times10^5\text{N}$$

综合考虑，可知最大径向载荷为 $1.526\times10^5\text{N}$。

15.6　液体动压润滑的基本原理

15.6.1　动压润滑的形成原理和条件

先分析两平行板的情况。如图 15.19a 所示，板 B 静止不动，板 A 以速度 V，向左运动，板间充满润滑油。当板上无载荷时两平行板之间液体各流层的速度呈三角形分布，板 A、B 之间带进的油量等于带出的油量，因此两板间油量保持不变，也即板 A 不会下沉。但若板 A 上承受载荷 F 时，则油向两侧挤出（图 15.19b），于是板 A 逐渐下沉，直到与板 B 接触。这就说明两平行板之间是不可能形成压力的。

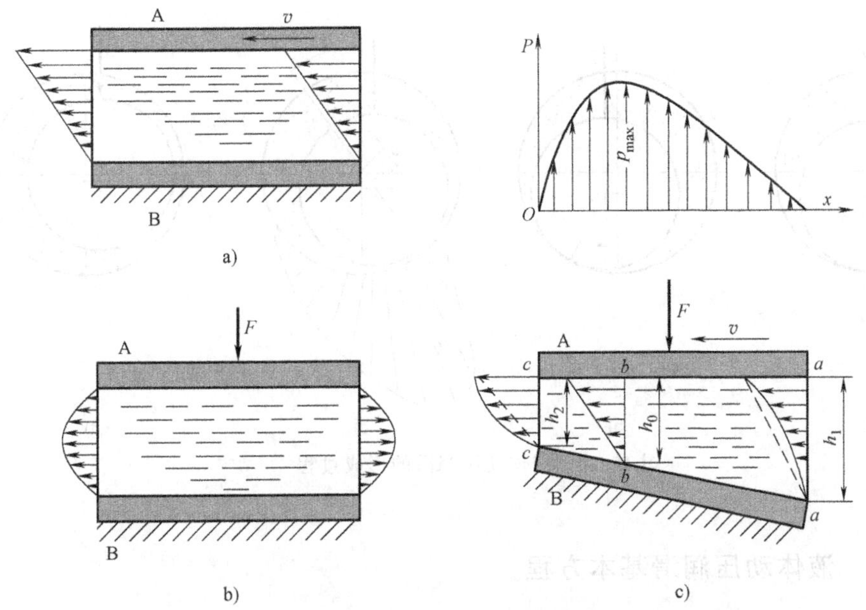

图 15.19　动压油膜承载机理

如果板 A 与板 B 不平行。板间的间隙沿运动方向由大到小呈收敛的楔形，并且板 A 上承受载荷 F，如图 15.19c 所示。当板 A 运动时，两端的速度若按照虚线所示的三角形分布，则必然进油多而出油少。由于液体实际上是不可压缩的，液体分子必将在间隙内“拥挤”

而形成压力，迫使进口端的速度曲线向内凹，出口端的速度曲线向外凸，不会再是三角形分布。

进口端间隙 h_1 大而速度曲线内凹，出口端 h_2 小而速度曲线外凸，于是有可能使带进油量等于带出油量。同时，间隙内形成的液体压力将与外载荷 F 平衡。这就说明在间隙内形成了压力油膜。这种借助相对运动而在轴承间隙中形成的压力油膜称为动压油膜。图 15.19c 所示还表明从截面 a—a 到截面 c—c 之间，各截面的速度图是各不相同的，但必有一截面 b—b，使油的速度呈三角形分布。

根据以上分析可知，形成动压油膜的基本条件为：①两相对滑动表面间必须形成收敛的楔形间隙；②两表面间必须具有一定的相对滑动速度，即 $v \neq 0$，且其相对运动方向必须使润滑油从大端流进，小端流出；③润滑油要有一定的黏度，且供油充分。黏度越大，承载能力也越大。

下面进一步分析滑动轴承形成动压油膜的过程。图 15.20a 所示为停车状态，轴颈沉在下部，轴颈表面与轴承孔表面构成了楔形间隙，这就满足了形成动压油膜的首要条件。开始起动时轴颈沿轴承孔内壁向上爬，如图 15.20b 所示。当转速继续增加时，楔形间隙内形成的油膜压力将轴颈抬起而与轴承脱离接触，如图 15.20c 所示。但此情况不能持久，因油膜内各点压力的合力有向左推动轴颈的分力存在，因而轴颈继续向左移动。最后，当达到机器的工作转速时，轴颈则处于图 15.20d 所示的位置。此时油膜内各点的压力其垂直方向的合力与载荷 F 平衡，其水平方向的压力左、右自行抵消，于是轴颈就稳定在此平衡位置上旋转。从图中可以明显看出，轴颈中心 O_1 与轴承孔中心 O 不重合，$OO_1=e$，称为偏心距。其他条件相同时，工作转速越高，e 值越小，即轴颈中心越接近轴承孔中心。

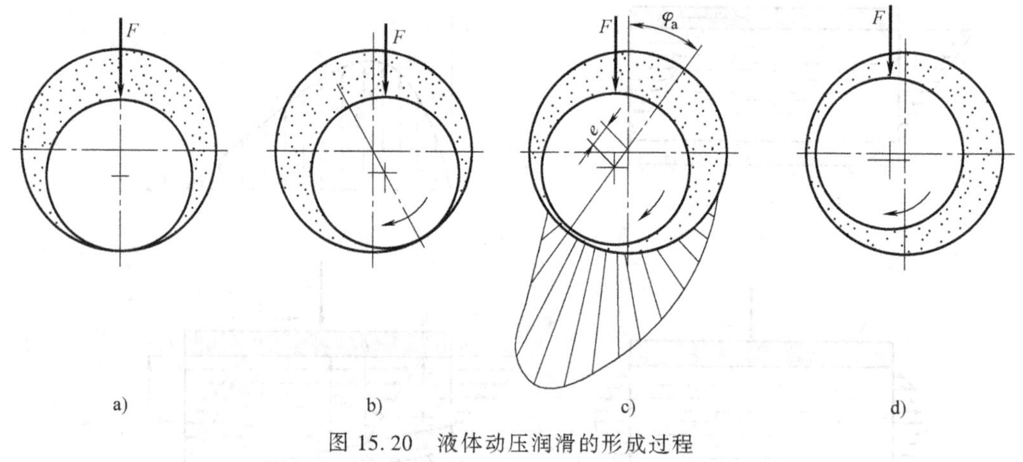

图 15.20 液体动压润滑的形成过程

15.6.2 液体动压润滑基本方程

如图 15.21 所示，假设①z 向无限长，润滑油在 z 向没有流动；② 压力 P 不随 y 值的大小而变化，即同一油膜截面上压力为常数（由于油膜很薄，故这样假设是合理的）；③润滑油黏度 η 不随压力而变化，并且忽略油层的重力和惯性；④润滑油是层流状态。

取微单元体进行分析，p 及 $p+\partial p/\partial x\mathrm{d}x$ 是作用在微单元体右、左两侧的压力，τ 及 $\tau+$

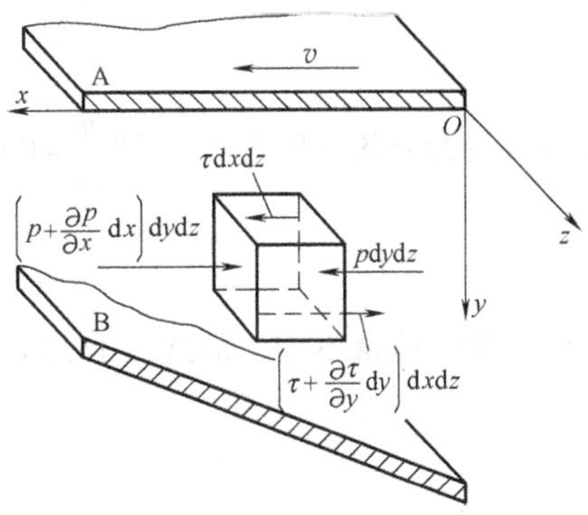

图 15.21　两相对运动平板间油膜的动压分析

$\partial\tau/\partial y\mathrm{d}y$ 是作用在微单元体上、下两面的切应力。根据 x 方向力系的平衡条件，得

$$p\mathrm{d}y\mathrm{d}z+\tau\mathrm{d}x\mathrm{d}z-\left(p+\frac{\partial p}{\partial x}\mathrm{d}x\right)\mathrm{d}y\mathrm{d}z-\left(\tau+\frac{\partial \tau}{\partial y}\mathrm{d}y\right)\mathrm{d}x\mathrm{d}z=0$$

整理后得

$$\frac{\partial p}{\partial x}=-\frac{\partial \tau}{\partial y}$$

将牛顿黏性流体定律 $\tau=-\eta\partial u/\partial y$ 代入上式整理后可得

$$\frac{\partial p}{\partial x}=\eta\frac{\partial^2 u}{\partial y^2}$$

将上式对 y 进行两次积分后得

$$u=\frac{1}{2\eta}\frac{\partial p}{\partial x}y^2+C_1y+C_2 \tag{15.5}$$

由图 15.21 所示可知，当 $y=0$ 时，$u=v$（随移动件移动）；$y=h$（油膜厚度）时，$u=0$（随静止件不动）。利用这两个边界条件可解出 C_1、C_2 为

$$C_1=\frac{h}{2\eta}\frac{\partial p}{\partial x}-\frac{v}{h}\quad C_2=v$$

代入式（15.5）后得两平板间油膜内各油层的速度分布方程

$$u=\frac{v}{h}(h-y)-\frac{(h-y)y}{2\eta}\frac{\partial p}{\partial y} \tag{15.6}$$

式中，η 是润滑油的动力黏度；$\partial p/\partial x$ 是油膜内油压沿 x 方向变化率。

由式（15.6）可知，两平板间各油层的速度 u 由两部分组成：式中前一项的速度呈线性分布，如图 15.22 中虚、实斜直线所示，这是直接在板 A 的运动下由各油层间的内摩擦力的剪切作用所引起的流动，称为剪切流；式中后一项的速度呈抛物线分布，如图 15.22a 中实线所示，这是由于油膜中压力沿 x 方向的变化所引起的流动，称为压力流。

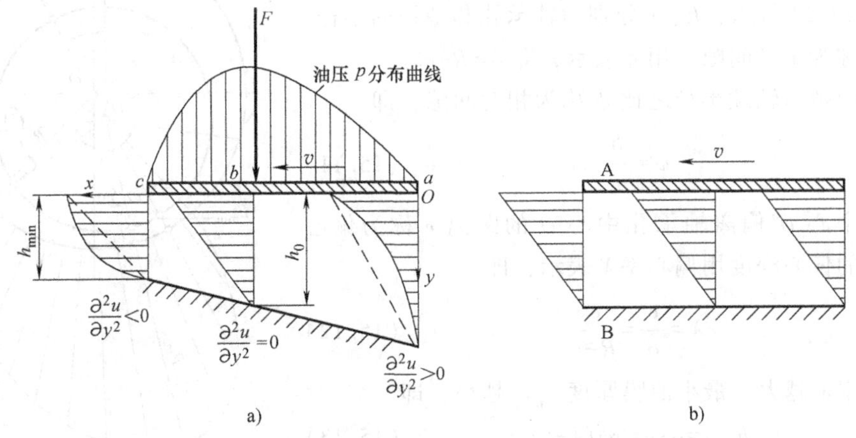

图 15.22　两相对运动平板间油膜中的速度分布和压力分布

再分析任何截面沿 x 方向的单位宽度流量

$$q_x = \int_0^h u\mathrm{d}y = \frac{v}{2}h - \frac{h^3}{12\eta}\frac{\partial p}{\partial x} \tag{15.7}$$

设油压最大处的间隙为 h_0，即$\frac{\partial p}{\partial x}=0$ 时，$h=h_0$，则

$$q_x = \frac{v}{2}h_0 \tag{15.8}$$

连续流动时流量不变，故式（15.7）等于式（15.8）。由此可得

$$\frac{\partial p}{\partial x} = 6\eta v \frac{h-h_0}{h^3} \tag{15.9}$$

式（15.9）即为流体动压润滑的基本方程，称为一维雷诺方程。它描述了两平板间油膜压力沿 x 方向的变化与润滑油黏度 η、相对滑动速度 v 及油膜厚度 h 之间的关系。如图 15.22a 所示。再求出油膜压力的合力便可确定油膜的承载能力。若再考虑润滑油沿 z 向的流动，则

$$\frac{\partial}{\partial x}\left(\frac{h^3}{\eta}\cdot\frac{\partial p}{\partial x}\right)+\frac{\partial}{\partial z}\left(\frac{h^3}{\eta}\cdot\frac{\partial p}{\partial z}\right) = 6v\frac{\partial h}{\partial x} \tag{15.10}$$

式（15.10）称为二维雷诺动压润滑方程式，是计算液体动压轴承的基本公式。

15.7 液体动压润滑径向滑动轴承的设计计算

上面分析了径向滑动轴承工作时形成液体动压油膜需要的条件，即是在轴颈与轴承之间形成具有一定厚度、并能承受外载荷的动压油膜，将轴颈与轴承的滑动表面完全隔开，从而实现滑动轴承工作时液体动压润滑。在径向滑动轴承设计时由以下几方面入手以形成其液体动压润滑。

15.7.1 向心动压轴承的几何关系

如图 15.23 所示，R、r 分别为轴承孔和轴颈的半径，两者之差称为半径间隙，用 δ 表示，即 $\delta=R-r$。

半径间隙与轴颈半径之比 ψ 称为相对间隙，即

$$\psi = \frac{\delta}{r} \tag{15.11}$$

轴颈中心 O' 偏离轴承孔中心 O 的距离 e 称为偏心距，轴颈的偏心程度用偏心率 χ 表示，即

$$\chi = \frac{e}{\delta} = \frac{e}{R-r} \tag{15.12}$$

偏心率 χ 越大，最小油膜厚度 $h_{\min}$ 越小，即

$$h_{\min} = \delta - e = r\psi(1-\chi) \tag{15.13}$$

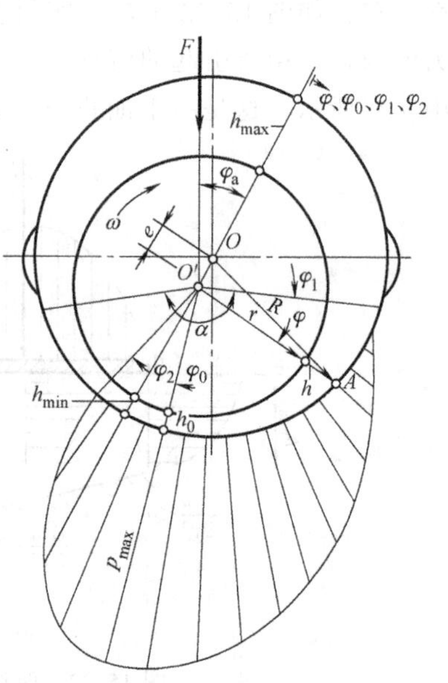

图 15.23　径向滑动轴承几何参数和油压分布

轴颈中心与轴承孔中心的连心线为 OO'，从 OO' 量起，任意 φ 角处的油膜厚度 h 为

$$h \approx R-r+e\cos\varphi=\delta(1+\chi\cos\varphi) \tag{15.14}$$

15.7.2 动压径向滑动轴承的承载量系数

如图 15.23 所示，α 为轴承包角，是轴瓦连续包围轴颈所对应的角度；φ_a 为偏位角，是轴承中心 O 与轴颈中心 O'的连线与载荷作用线之间的夹角，偏心距 e 不同，对应的偏位角 φ_a 也不同，轴颈在轴承中的平衡位置由 e 和 φ_a 决定。φ 为从 OO'连线起至任意油膜处的油膜角，φ_1 为油膜起始角，φ_2 为油膜终止角。$\varphi_1+\varphi_2$ 为承载油膜角，它只占轴承包角的一部分。最小油膜厚度 $h_{\min}$ 和最大轴承间隙都位于 OO'连线的延长线上。在 $\varphi=\varphi_0$ 处，油膜压力为最大，这时，油膜厚度为 $h_0=\delta(1+\chi\cos\varphi_0)$。

假设轴承为无限宽，则可认为润滑油沿轴向没有流动。这时，可利用式（15.9）（一维雷诺动压润滑方程式）进行计算。为改用极坐标，将 $\mathrm{d}x=r\mathrm{d}\varphi$，$v=r\omega$ 和 h、h_0 代入，得一维雷诺方程的极坐标形式

$$\mathrm{d}p=6\eta\frac{\omega}{\psi^2}\cdot\frac{\chi(\cos\varphi-\cos\varphi_0)}{(1+\chi\cos\varphi)^3}\mathrm{d}\varphi$$

将上式从压力油膜的起始角 φ_1 到任意角 φ 进行积分，得到任意角 φ 处的油膜压力为

$$p_\varphi=6\eta\frac{\omega}{\psi^2}\int_{\varphi_1}^{\varphi}\frac{\chi(\cos\varphi-\cos\varphi_0)}{(1+\chi\cos\varphi)^3}\mathrm{d}\varphi$$

压力 p_φ 在外载荷方向上的分量为

$$p_{\varphi y}=p_\varphi\cos[180°-(\varphi_a+\varphi)]=-p_\varphi\cos(\varphi_a+\varphi)$$

将上式从压力油膜的起始角 φ_1 到 φ_2 的区间内积分，就可得到轴承单位宽度上的油膜承载能力

$$\begin{aligned}p_y&=\int_{\varphi_1}^{\varphi_2}p_{\varphi y}r\mathrm{d}\varphi=-\int_{\varphi_1}^{\varphi_2}p_\varphi\cos(\varphi_a+\varphi)\,r\mathrm{d}\varphi\\&=6\frac{\eta\omega r}{\psi^2}\int_{\varphi_1}^{\varphi_2}\int_{\varphi_1}^{\varphi}\frac{\chi(\cos\varphi-\cos\varphi_0)}{(1+\chi\cos\varphi)^3}\mathrm{d}\varphi[-\cos(\varphi_a+\varphi)]\mathrm{d}\varphi\end{aligned} \tag{15.15}$$

若轴承为无限宽，油膜压力沿轴线方向将按直线分布，轴承理论上的承载能力只需将 p_y 乘以轴承宽度 B 即可得到。但实际上轴承的宽度是有限的，润滑油会从轴承两侧端面流出，故必须考虑端泄的影响。如图 15.24 所示，这时油膜压力沿轴承宽度呈抛物线分布，最大油膜压力随轴承宽度尺寸的减小而下降。因此实际轴承的油膜承载能力应乘以系数 C'，C'的值与宽径比 B/d 及偏心率 χ 有关。由此可得距轴承宽度为 z 处单位宽度上油膜压力的表达式为

$$p_y'=p_yC'[1-(2z/B)^2]$$

则有限宽轴承不考虑端泄时的油膜的总承载力 F 为

$$F=\frac{6\eta\omega r}{\psi^2}\int_{-\frac{B}{2}}^{\frac{B}{2}}\int_{\varphi_1}^{\varphi_2}\int_{\varphi_1}^{\varphi}\frac{\chi(\cos\varphi-\cos\varphi_0)}{(1+\chi\cos\varphi)^3}\mathrm{d}\varphi[-\cos(\varphi_a+\varphi)\,\mathrm{d}\varphi]\,C'\left[1-\left(\frac{2z}{B}\right)^2\right]\mathrm{d}z \tag{15.16}$$

将式（15.16）中积分部分用系数 C_p 表示，称为承载量系数，则式（15.16）改写为

$$F=\frac{\eta\omega Bd}{\psi^2}C_p \tag{15.17}$$

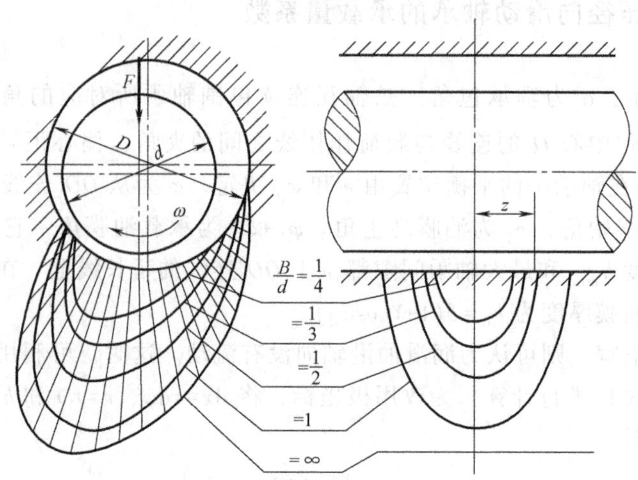

图 15.24　不同宽径比时沿轴承周向和轴向的压力分布

由式（15.17）可得

$$C_p=\frac{F\psi^2}{\eta\omega Bd}=\frac{F\psi^2}{2\eta vB} \tag{15.18}$$

式中，η 是润滑油在轴承平均工作温度下的动力黏度，单位为 N · s/m^2；B 是轴承宽度，单位为 m；v 是轴颈圆周速度，单位为 m/s；F 是轴承外载荷，单位为 N；C_p 是承载量系数。

承载量系数 C_p 为一无量纲的量，其数值与轴承包角 α、偏心率 χ 和宽径比 B/d 有关。工程上常可从相关数据表或线图查取。若轴承在非压力区内供油且包角 $\alpha=180°$，则其承载量系数 C_p 在不同偏心率 χ 和宽径比 B/d 下的数值见表 15.4。

表 15.4　有限宽轴承的承载量系数 C_p（轴承包角 $\alpha=180°$）

B/d	偏心率 χ													
	0.3	0.4	0.5	0.6	0.65	0.7	0.75	0.8	0.85	0.9	0.925	0.95	0.975	0.99
	承载量系数 C_p													
0.3	0.0522	0.0826	0.128	0.203	0.259	0.347	0.475	0.699	1.122	2.074	3.352	5.73	15.15	50.52
0.4	0.0893	0.141	0.216	0.339	0.431	0.573	0.776	1.079	1.775	3.195	5.055	8.393	21.00	65.26
0.5	0.133	0.209	0.317	0.493	0.622	0.819	1.098	1.572	2.428	4.261	6.615	10.706	25.62	75.86
0.6	0.182	0.283	0.427	0.655	0.819	1.070	1.418	2.001	3.036	5.214	7.956	12.64	29.17	83.21
0.7	0.234	0.361	0.538	0.816	1.014	1.312	1.720	2.399	3.580	6.029	9.072	14.14	31.88	88.9
0.8	0.287	0.439	0.647	0.972	1.199	1.538	1.965	2.754	4.053	6.721	9.992	15.37	33.99	92.89
0.9	0.339	0.515	0.754	1.118	1.371	1.745	2.248	3.067	4.459	7.294	10.753	16.37	35.66	96.35
1.0	0.391	0.589	0.853	1.253	1.528	1.929	2.469	3.372	4.808	7.772	11.38	17.18	37.00	98.95
1.1	0.440	0.658	0.947	1.377	1.669	2.097	2.664	3.580	5.106	8.186	11.91	17.86	38.12	101.15
1.2	0.487	0.723	1.033	1.489	1.796	2.247	2.838	3.787	5.364	8.533	12.35	18.43	39.04	102.9
1.3	0.529	0.784	1.111	1.59	1.912	2.379	2.990	3.968	5.586	8.831	12.73	18.91	39.81	104.42
1.5	0.610	0.891	1.248	1.763	2.099	2.600	3.242	4.266	5.947	9.304	13.34	19.68	41.07	106.84
2.0	0.763	1.091	1.483	2.07	2.446	2.981	3.671	4.778	6.565	10.091	14.34	20.97	43.11	110.79

实际的承载能力比式（15.17）低，这是由于端泄不可避免。因此，在实际计算中，常采用二维雷诺动压润滑方程式的数值解提供的线图进行计算。应该指出，上述一维雷诺方程式是在相应假设条件下建立的，现代机械的工况往往越过了这些条件，应用时务必注意。此外，现代流体动压润滑设计已完全可以针对具体结构在计算机上采用专业软件用差分法、有限元法等方法取得数值解，读者需要时可参阅有关资料。

15.7.3 最小油膜厚度 h_{min}

在流体动压润滑状态下，最小油膜厚度 h_{min} 是决定轴承工作性能好坏的一个重要参数。由式（15.13）可知，在其他条件不变时，h_{min} 越小偏心率 χ 越大。偏心率 χ 越大时承载量系数 C_p 越大，即轴承的承载能力越大。但是当最小油膜厚度 h_{min} 过小时，有可能使轴颈表面与轴承表面发生直接接触，从而破坏了液体摩擦状态。最小油膜厚度主要受到轴颈和轴承表面的加工粗糙度、轴的刚度、轴颈和轴承的几何形状误差等的限制，因此，为保证轴承工作于液体摩擦状态，必须使最小油膜厚度不小于许用油膜厚度，即

$$h_{min}=\delta-e=r\psi(1-\chi)\geqslant[h] \tag{15.19}$$

$$[h]=S(R_{z1}+R_{z2}) \tag{15.20}$$

式中，S 为安全系数，用来考虑表面几何形状误差和轴颈挠曲变形对许用油膜厚度的影响，常取 $S\geqslant2$；R_{z1}、R_{z2} 为轴颈和轴承孔表面微观不平度十点平均高度，单位为 μm。

R_z 的大小与加工方法有关。对一般的轴承，可取 R_{z1}、R_{z2} 的值分别为 3.2μm 和 6.3μm 或 1.6μm 和 3.2μm；对重要的轴承，可取为 0.8μm 和 1.6μm 或 0.2μm 和 0.4μm。

流体动压轴承除了承载量计算，设计时还需进行热平衡计算，以检验润滑油温升是否合适，该部分内容可参阅相关机械设计手册。

习　题

15.1　设计一蜗轮轴的不完全油膜径向滑动轴承。已知蜗轮轴转速 $n=60\text{r/min}$，轴颈直径 $d=80\text{mm}$，径向载荷 $F_r=7000\text{N}$，轴瓦材料为锡青铜，轴的材料为 45 钢。

15.2　有一不完全油膜径向滑动轴承，轴颈直径 $d=60\text{mm}$，轴承宽度 $B=60\text{mm}$，轴瓦材料为锡青铜 ZCuPb5Sn5Zn5。

1）验算轴承的工作能力。已知载荷 $F_r=36000\text{N}$、转速 $n=150\text{r/min}$。

2）计算轴的允许转速 n。已知载荷 $F_r=36000\text{N}$。

3）计算轴承能承受的最大载荷 F_{max}。已知转速 $n=900\text{r/min}$。

4）确定轴所允许的最大转速 n_{max}。

15.3　设计一机床用的液体动压径向滑动轴承，对开式结构，载荷垂直向下，工作情况稳定，工作载荷 $F_r=10000\text{N}$，轴颈直径 $d=200\text{mm}$，转速 $n=500\text{r/min}$。

Chapter 16

第16章 滚动轴承

16.1 概　　述

滚动轴承是依靠主要元件间的滚动接触来支撑转动零件的，其功能是在保证轴承有足够使用寿命的条件下用以支撑轴及轴上的零件，并与机座作相对旋转、摆动等运动，使转动副之间的摩擦尽量降低以获得较高传动效率。

滚动轴承是标准件，由轴承厂大批量生产，在机械设计中只需根据工作条件熟悉标准，选用合适的滚动轴承类型和代号，并在综合考虑定位、配合、调整、装拆、润滑和密封等因素情况下进行组合结构设计。因滚动轴承的支撑精度和传动效率高，互换性好，使用成本低，广泛应用于各类机电产品中。

16.1.1　滚动轴承的工作特点

与滑动轴承相比滚动轴承具有下列优点：

1）应用设计简单。产品已标准化，并由专业生产厂家进行大批量生产，具有优良的互换性和通用性。

2）起动摩擦力矩低，功率损耗小。滚动轴承效率（0.98~0.99）比混合润滑轴承高。

3）载荷、转速和工作温度的适应范围宽，工况条件的少量变化对轴承性能影响不大。

4）大多数类型的轴承能同时承受径向和轴向载荷，轴向尺寸较小。

5）易于润滑、维护及保养。

但是，滚动轴承也有下列缺点：

1）大多数滚动轴承径向尺寸较大。

2）在高速、重载荷条件下工作时，使用寿命短。

3）振动及噪声较大。

16.1.2　滚动轴承构造及常用材料

1. 滚动轴承构造

滚动轴承一般由内圈 1、外圈 2、滚动体 3 和保持架 4 四部分组成，如图 16.1 所示。内圈用来和轴颈装配，外圈用来和轴承座装配。通常内圈随轴颈回转，外圈固定，但也可用于

外圈回转而内圈不动，或是内、外圈同时回转的场合。当内、外圈相对转动时，滚动体即在内、外圈的滚道间滚动。保持架使滚动体分布均匀，减少滚动体的摩擦和磨损。

常用的滚动体如图 16.2 所示。有球（图 16.2a），圆柱滚子（图 16.2b），滚针（图 16.2c），圆锥滚子（图 16.2d），球面滚子（图 16.2e），非对称球面滚子（图 16.2f）等几种。轴承内、外圈上的滚道，有限制滚动体侧向位移的作用。滚动体均匀分布于内、外圈滚道之间，其形状、数量、大小的不同对滚动轴承的承载能力和极限转速有很大的影响。

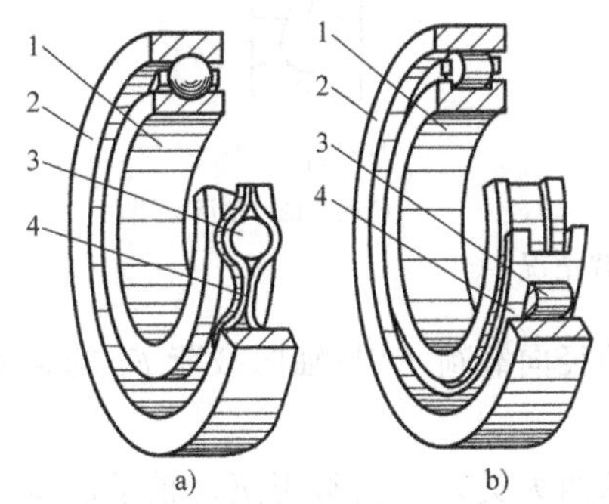

图 16.1 滚动轴承的基本结构

1—内圈 2—外圈 3—滚动体 4—保持架

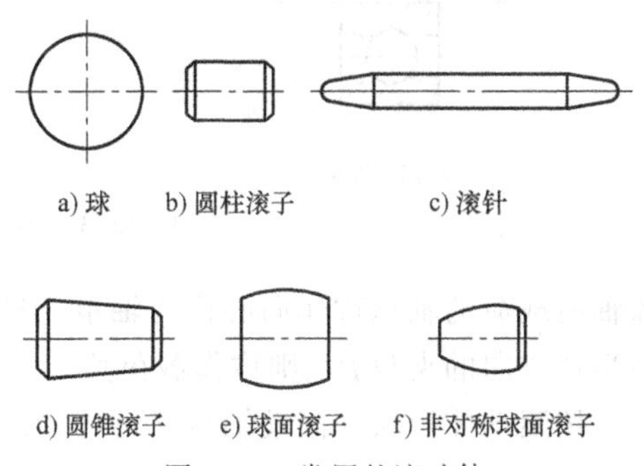

图 16.2 常用的滚动体

当滚动体是圆柱滚子或滚针时，为了减小轴承的径向尺寸，可以没有内圈、外圈或保持架，这时的轴颈或轴承座就要起到内圈或外圈的作用，因而工作表面应具备相应的硬度和表面粗糙度。此外，还有一些轴承，除了以上四种基本零件外，还增加有其他特殊零件，如在外圈上加止动环或带密封盖等。

保持架的主要作用是均匀地隔开滚动体。如果没有保持架，则相邻滚动体转动时将会由于接触处产生较大的相对滑动速度而引起磨损。保持架有冲压的（图 16.1a）和实体的（图 16.1b）两种。冲压保持架一般用低碳钢板冲压制成，它与滚动体间有较大的间隙。实体保持架常用铜合金、铝合金或塑料经切削加工制成，有较好的定心作用。

2. 常用材料

轴承滚动体与内外圈的材料要求有高的硬度和接触疲劳强度，良好的耐磨性和冲击韧性。常用材料有 GCr15、GCr15SiMn、GCr6、GCr9 等，经热处理后硬度可达 61~65HRC。保持架一般用低碳钢板冲压而成，高速轴承多采用有色金属（如黄铜）或塑料保持架。

16.2 滚动轴承的类型和选择

16.2.1 滚动轴承的主要类型、性能与特点

根据轴承承受的载荷的方向不同，滚动轴承可以概括地分为向心轴承、推力轴承和向心推力轴承三大类，图 16.3 所示为它们承载情况的示意图。主要承受径向载荷 F_r 的轴承称作向心轴承，其中有几种类型还可以承受不大的轴向载荷；只能承受轴向载荷 F_a 的轴承称为推力轴承，轴承中与轴颈紧套在一起的称轴圈，与机座相连的称座圈；能同时承受径向载荷

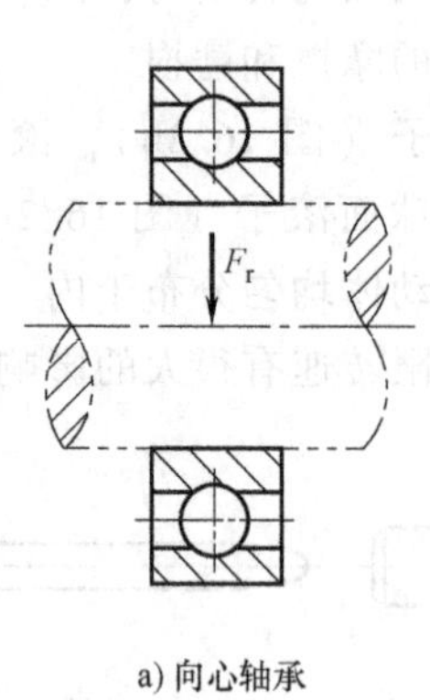

a) 向心轴承

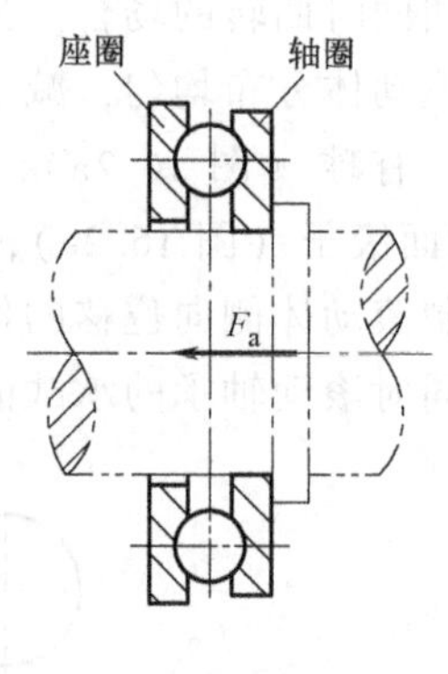

b) 推力轴承

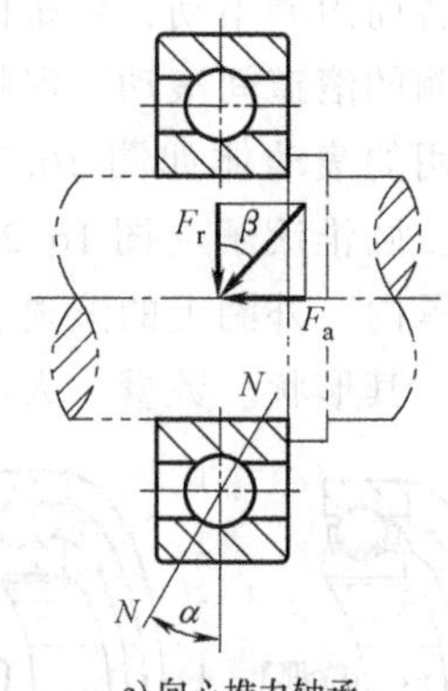

c) 向心推力轴承

图 16.3 不同类型的轴承的承载情况

和轴向载荷的轴承称作向心推力轴承。轴承实际所承受的径向载荷 F_r 与轴向载荷 F_a 的合力与半径方向的夹角 β，则称作载荷角。

按滚动体形状，滚动轴承又可分为球轴承与滚子轴承两大类。我国常用滚动轴承的基本类型、名称及代号见表 16.1。滚动轴承的类型很多，常用的各类滚动轴承的性能和特点见表 16.2。除了表 16.2 中介绍的滚动轴承之外，标准的滚动轴承还有双列深沟球轴承（类型代号 4），双列角接触球轴承（类型代号 0）以及各类组合轴承等。目前，国内外滚动轴承在品种规格方面越来越趋向轻型化、微型化、部件化和专用化。例如，现已开发出装有传感器的汽车轮毂轴承单元，从而可对轴承工况进行监测与控制。

表 16.1 常用滚动轴承的基本类型、名称及代号

类型代号	轴承类型	类型代号	轴承类型
0	双列角接触球轴承	6	深沟球轴承
1	调心球轴承	7	角接触球轴承
2	调心滚子轴承和推力调心滚子轴承	8	推力圆柱滚子轴承
3	圆锥滚子轴承	N	圆柱滚子轴承，双列或多列用“NN”表示
4	双列深沟球轴承	U	外球面球轴承
5	推力球轴承	QJ	4 点接触球轴承

表 16.2 滚动轴承的基本类型及特点

类型及代号	结构简图	载荷方向	允许偏位角	基本额定动载荷比[①]	极限转速比[②]	轴向承载能力	性能和特点	适用场合及举例
双列角接触球轴承 0			2′~10′		高	较大	可同时承受径向和轴向载荷。也可承受纯轴向载荷（双向），承载能力大	适用于刚性大、跨距大的轴（固定支撑），常用于蜗杆减速器、离心机等
调心球轴承 1			1.5°~3°	0.6~0.9	中	少量	不能承受纯轴向载荷，能自动调心	适用于多支点传动轴，刚性小的轴以及难以对中的轴

（续）

类型及代号	结构简图	载荷方向	允许偏位角	基本额定动载荷比①	极限转速比②	轴向承载能力	性能和特点	适用场合及举例
调心滚子轴承 2	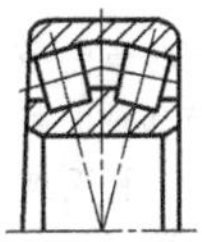		1.5°～3°	1.8～4	低	少量	承载能力最大，但不能承受纯轴向载荷，能自动调心	常用于其他种类轴承不能胜任的重负荷情况，如轧钢机、大功率减速器、破碎机、起重机走轮等
推力滚子轴承 2	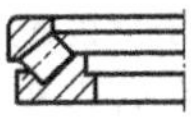		2°～3°	1～1.6	中	大	比推力轴承有更大轴向承载能力，且能承受少量径向载荷，极限转速高于5类轴承，能自动调心，价格高	适用于重载荷和要求调心性能好的场合，如大型立式水轮机主轴等
圆锥滚子轴承 3 31300 （α=28°48′39″）	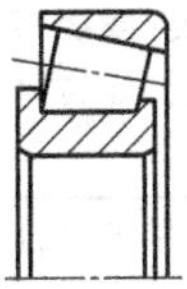		2′	1.1～2.1	中	很大	内、外圈可分离，游隙可调，摩擦系数大，常成对使用。31300型不宜承受纯径向载荷，其他型号不宜承受纯轴向载荷	适用于刚性较大的轴。应用很广，如减速器、车轮轴、轧钢机、起重机、机床主轴等
其他（α=10°～18°）				1.5～2.5	中	很大		
双列深沟球轴承 4	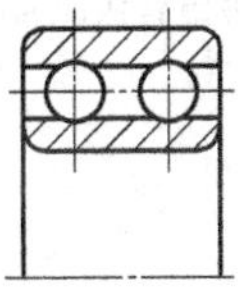		2′～10′	1.5～2	高	少量	当量摩擦系数小，高转速时可用来承受不大的纯轴向载荷	适用于刚性较大的轴，常用于中等功率电动机、减速器、运输机的托辊、滑轮等
推力球轴承 5	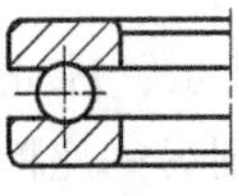		不允许	1	低	大	轴线必须与轴承座底面垂直，不适用于高转速	常用于起重机吊钩、蜗杆轴、锥齿轮轴、机床主轴等
双向推力轴承 5	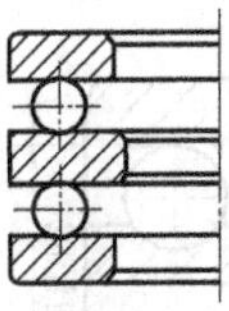							
深沟球轴承 6	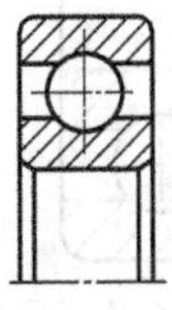		2′～10′	1	高	少量	当量摩擦系数最小，高转速时可用来承受不大的纯轴向载荷	适用于刚性较大的轴，常用于小功率电动机、减速器、运输机的托辊、滑轮等

（续）

类型及代号	结构简图	载荷方向	允许偏位角	基本额定动载荷比①	极限转速比②	轴向承载能力	性能和特点	适用场合及举例
角接触球轴承 70000C（$\alpha=15°$）			2′~10′	1~1.4	高	一般	可同时承受径向载荷和轴向载荷，也可承受纯轴向载荷	适用于刚性较大、跨距小的轴，及须在工作中调整游隙的轴，常用于蜗杆减速器、离心机、电钻、穿孔机等
70000AC（$\alpha=25°$）				1~1.3		较大		
70000B（$\alpha=40°$）				1~1.2		更大		
外圈无挡边圆柱滚子轴承 N			2′~4′	1.5~3	高	0	内外圈可分离，滚子用内圈凸缘定向，内外圈允许少量的轴向移动	适用于刚性很大，对中良好的轴，常用于大功率电动机、机床主轴、人字齿轮减速器等
滚针轴承 NA			不允许	—	低	0	径向尺寸最小，径向承载能力很大，摩擦系数较大，旋转精度低	适用于径向载荷很大而径向尺寸受限制的地方，如万向联轴器、活塞销、连杆销等

① 额定动载荷比：指同一尺寸系列各种类型和结构形式的轴承的额定动载荷与深沟球轴承（推力轴承则与推力球轴承）的额定动载荷之比。

② 极限转速比：指同一尺寸系列/P0 级精度的各种类型和结构形式的轴承，脂润滑时的极限转速与深沟球轴承脂润滑时的极限转速的约略比较。各种类型轴承极限转速之间采取下列比例关系：高，等于深沟球轴承极限转速的 90%~100%；中，等于深沟球轴承极限转速的 60%~90%；低，等于深沟球轴承极限转速的 60%以下。

16.2.2 滚动轴承的三个重要的结构特性

1. 滚动轴承的游隙

滚动轴承的内外圈与滚动体之间存在一定的间隙，如图 16.4 所示，因此，内外圈可以有相对位移，最大位移量称为轴承游隙。当轴承的一个座圈固定，则另一座圈沿径向的最大移动量称为径向游隙 Δr，沿轴向的最大移动量称为轴向游隙 Δa。游隙的大小对轴承的工作寿命、温升和噪声都有很大的影响。轴承标准中将径向游隙分为基本游隙组和辅助游隙组，应优先选用基本游隙组。轴向游隙可由径向游隙按一定的关系换算得到。对内、外套圈可分离的轴承（如圆锥滚子轴承），其游隙须由安装确定。

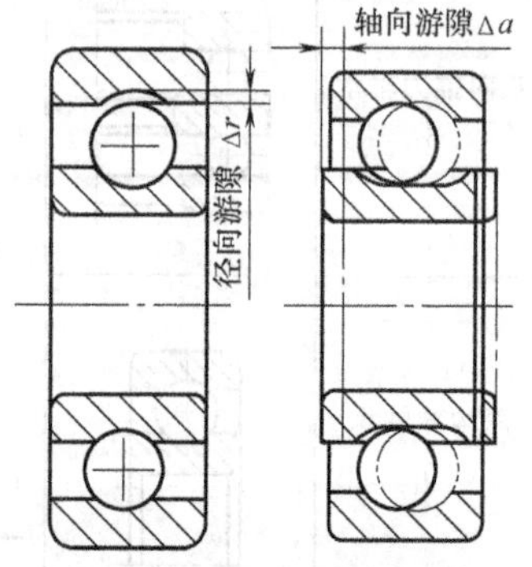

图 16.4 滚动轴承的游隙

2. 滚动轴承的公称接触角

滚动体与外圈接触处的法线 n—n 与轴承径向平面（垂直于轴承轴心线的平面）的夹角 α，称为滚动轴承的公称接触角（简称接触角）。公称接触角 α 的大小反映了轴承承受轴向载荷的能力的大小。公称接触角越大的轴承承受轴向载荷的

能力越大。各类轴承的公称接触角见表 16.3。

表 16.3　各类轴承的公称接触角

类型	向心轴承		推力轴承	
	径向接触轴承	角接触向心轴承	角接触推力轴承	轴接触轴承
公称接触角 α	$\alpha=0°$	$0°<\alpha\leqslant45°$	$45°<\alpha<90°$	$\alpha=90°$
图例		α	α	α

3. 角偏位和偏位角

如图 16.5 所示，滚动轴承内、外圈中心线间的相对倾斜称为角偏位，而轴承两中心线间允许的最大倾斜量（即图中锐角 θ）则称为偏位角。偏位角的大小反应了轴承对安装精度的不同要求。偏位角较大的轴承（如 1 类轴承）其自动调心功能较强，称为调心轴承。

θ

图 16.5　角偏位和偏位角

16.2.3　滚动轴承的类型选择

选用轴承时，首先是选择轴承类型。如前所述，我国常用的标准轴承的基本特点已在表 16.2 中说明，下面再归纳出正确选择轴承类型时所应考虑的主要因素。

1. 载荷的大小、方向和性质

(1) 按载荷的大小、性质选择　在外廓尺寸相同的条件下，滚子轴承比球轴承承载能力大，适用于载荷较大或有冲击的场合。球轴承适用于载荷较小、振动和冲击较小的场合。

(2) 按载荷方向选择　当承受纯径向载荷时，通常选用径向接触轴承或深沟球轴承；当承受纯轴向载荷时，通常选用推力轴承；当承受较大径向载荷和一定轴向载荷时，可选用角接触向心轴承；当承受较大轴向载荷和一定径向载荷时，可选用角接触推力轴承，或者将向心轴承和推力轴承进行组合，分别承受径向和轴向载荷。

2. 轴承的转速

一般情况下工作转速的高低并不影响轴承的类型选择，只有在转速较高时，才会有比较显著的影响。因此，轴承标准中对各种类型、各种规格尺寸的轴承都规定了极限转速 n_{lim} 值。

根据工作转速选择轴承类型时，可参考以下几点：①球轴承比滚子轴承具有较高的极限转速和旋转精度，高速时应优先选用球轴承；②为减小离心惯性力，高速时宜选用同一直径系列中外径较小的轴承。当用一个外径较小的轴承承载能力不能满足要求时，可再装一个相同的轴承，或者考虑采用宽系列的轴承。外径较大的轴承宜用于低速重载场合；③推力轴承的极限转速都很低，当工作转速高、轴向载荷不十分大时，可采用角接触球轴承或深沟球轴承替代推力轴承；④保持架的材料和结构对轴承转速影响很大。实体保持架比冲压保持架允许更高的转速。

3. 轴承的调心性能

当轴的中心线与轴承座中心线不重合而有角度误差时，或因轴受力而弯曲或倾斜时，会造成轴承的内外圈轴线发生偏斜。这时，应采用有一定调心性能的调心轴承或带座外球面球轴承，如图16.6所示。这类轴承在轴与轴承座孔的轴线有不大的相对偏斜时仍能正常工作。

圆柱滚子轴承和滚针轴承对轴承的偏斜最为敏感，这类轴承在偏斜状态下的承载能力可能低于球轴承。因此在轴的刚性和轴承座孔的支撑刚度较低时，应尽量避免使用这类轴承。

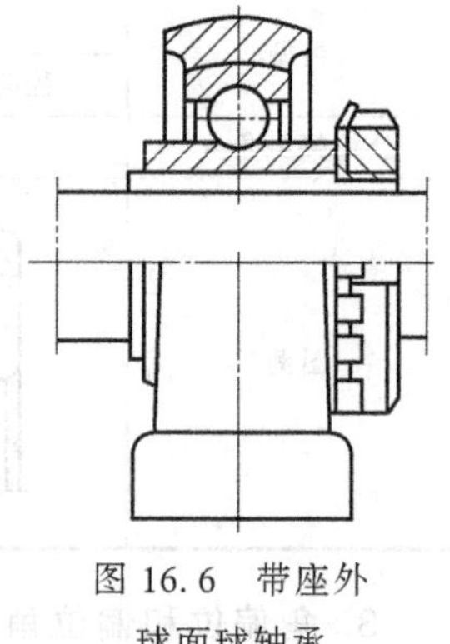

图 16.6 带座外球面球轴承

4. 轴承的安装和拆卸

便于装拆也是选择轴承类型时应考虑的一个因素。在轴承座为非剖分式而必须沿轴向安装和拆卸轴承部件时，应优先选用内、外圈可分离的轴承（N0000、NA0000、30000等）。轴承在长轴上安装时，为便于装拆，可选用内圈孔呈1∶12锥度的轴承安装在紧定衬套上。

5. 经济性

一般而言，球轴承比滚子轴承便宜；派生型轴承（如带止动槽、密封圈或防尘盖的轴承等）比其基本型轴承贵；同型号轴承，精度高一级价格将急剧增加。故在满足使用功能的前提下，应尽量选用低精度、价格便宜的轴承。

总之，选择轴承类型时，要全面衡量各方面的要求，拟定多种方案，通过比较选出最佳方案。

16.3 滚动轴承的代号

滚动轴承的规格、品种繁多，为了便于组织生产和选用，国家标准规定了统一的代号来表示轴承在结构、尺寸、精度、技术性能等方面的特点和差异。根据GB/T 272—2017的规定，我国滚动轴承的代号由基本代号、前置代号和后置代号组成，用字母或数字表示，其排列顺序见表16.4。其中基本代号是轴承代号的基础，前置代号和后置代号都是对轴承代号的补充，只有在对轴承结构、形状、材料、公差等级、技术要求等有特殊要求时才使用，一般情况下部分或全部可省略。

表 16.4 滚动轴承代号的构成

<table>
<tr><td>前置代号</td><td colspan="5">基本代号</td><td colspan="8">后置代号</td></tr>
<tr><td rowspan="3">轴承分部件代号</td><td>五</td><td>四</td><td>三</td><td>二</td><td>一</td><td>1</td><td>2</td><td>3</td><td>4</td><td>5</td><td>6</td><td>7</td><td>8</td></tr>
<tr><td rowspan="2">类型代号</td><td colspan="2">尺寸系列代号</td><td rowspan="2" colspan="2">内径代号</td><td rowspan="2">内部结构代号</td><td rowspan="2">密封与防尘结构代号</td><td rowspan="2">保持架及其材料代号</td><td rowspan="2">特殊轴承材料代号</td><td rowspan="2">公差等级代号</td><td rowspan="2">游隙代号</td><td rowspan="2">多轴承配置代号</td><td rowspan="2">其他代号</td></tr>
<tr><td>宽度系列代号</td><td>直径系列代号</td></tr>
</table>

1. 基本代号

基本代号表示轴承的基本类型、结构和尺寸，用来表明轴承的内径、直径系列、宽度系列和类型，分述如下。

（1）类型代号　用数字或字母表示，见表 16.1。

（2）尺寸系列代号　轴承的宽度系列（或高度系列）代号和直径系列代号的组合代号（表 16.5），宽（高）度系列在前，直径系列在后，宽度系列代号为“0”时可省略（调心滚子轴承和圆锥滚子轴承不可省略）。宽度系列是指结构、内径和直径系列都相同的轴承在宽度方面的变化系列；高度系列是指内径相同的轴向接触轴承在高度方面的变化系列；直径系列是指内径相同的同类型轴承在外径和宽度方面的变化系列。图 16.7 所示为轴承在直径系列的尺寸对比。

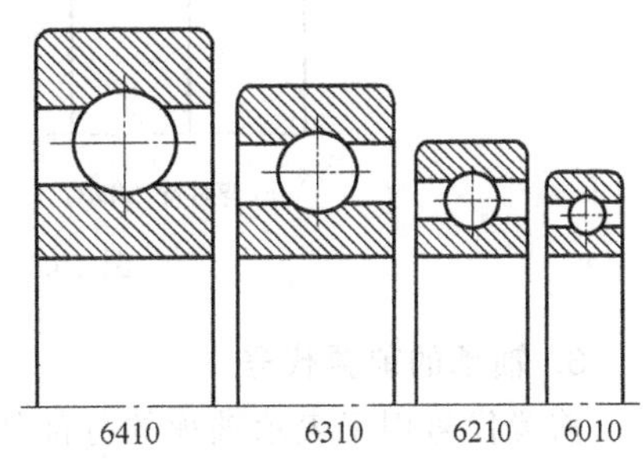

图 16.7　直径系列的尺寸对比

（3）内径代号　轴承内径用基本代号右起第一、二位数字表示。对常用内径 $d=20\sim480$mm 的轴承，内径一般为 5 的倍数，这两位数字表示轴承内径尺寸被 5 除得的商数，如 04 表示 $d=20$mm 的轴承，12 表示 $d=60$mm 等。对于内径为 10mm、12mm、15mm 和 17mm 的轴承，内径代号依次为 00、01、02 和 03。

表 16.5　向心轴承和推力轴承的常用尺寸系列代号

直径系列代号		向心轴承			推力轴承	
		宽度系列代号			高度系列代号	
		(0)	1	2	1	2
		窄	正常	宽	正常	
		尺寸系列代号				
0 1	特轻	(0)　0 (0)　1	10 8	0 1	0 8	—
2	轻	(0)　2	12	2	2	22
3	中	(0)　3	13	3	3	23
4	重	(0)　4	—	24	14	24

2. 后置代号

轴承的后置代号是用字母和数字等表示轴承的结构、公差及材料的特殊要求等。后置代号的内容很多，下面介绍几个常用的代号。

（1）内部结构代号　表示同一类型轴承的不同内部结构，用字母紧跟着基本代号表示。例如，接触角为 15°、25°和 40°的角接触球轴承分别用 C、AC 和 B 表示内部结构的不同。

（2）公差等级代号　轴承的公差等级分为 2 级、4 级、5 级、6x 级、6 级和 0 级，共六个级别，依次由高级到低级，其代号分别为/P2、/P4、/P5、/P6x、/P6 和/P0。公差等级中，6x 级仅适用于圆锥滚子轴承；0 级为普通级，在轴承代号中不标出。

（3）游隙代号　常用的轴承径向游隙系列分为 1 组、2 组、0 组、3 组、4 组和 5 组，共六个组别，径向游隙依次由小到大。0 组游隙是常用的游隙组别，在轴承代号中不标出，其余的游隙组别在轴承代号中分别用/C1、/C2、/C3、/C4、/C5 表示。

（4）配置代号　成对安装的轴承有三种配置形式，分别用三种代号表示：/DB 表示背对背安装；/DF 表示面对面安装；/DT 表示串联安装。简图及其代号如图 16.8 所示。

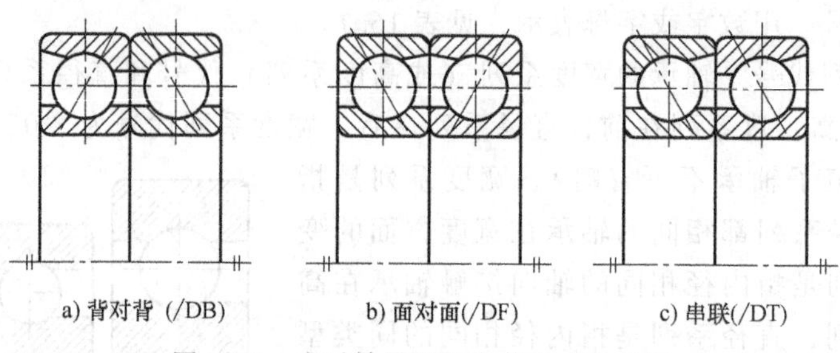

图 16.8　成对轴承配置安装形式及代号

3. 轴承的前置代号

前置代号用于表示轴承的分部件，用字母表示。如用“L”表示可分离轴承的可分离套圈；“K”表示轴承的滚动体与保持架组件等。

实际应用的滚动轴承类型是很多的，相应的轴承代号也是比较复杂的。以上介绍的代号是轴承代号中最基本、最常用的部分，熟悉了这部分代号，就可以识别和查选常用的轴承。关于滚动轴承详细的代号表示方法可查阅 GB/T 272—2017。

例 16.1　说明 6208、71210B、30208/P6x 等轴承代号的含义。

解：（1）6208　为深沟球轴承，尺寸系列（0）2（宽度系列 0，直径系列 2），内径 $d=8\times5\text{mm}=40\text{mm}$，公差等级 0 级。

（2）71210B　为角接触球轴承，尺寸系列 12（宽度系列 1，直径系列 2），内径 $d=10\times5\text{mm}=50\text{mm}$，接触角 $\alpha=40°$，公差等级 0 级。

（3）30208/P6x　3 表示圆锥滚子轴承；02 为尺寸系列，其中 0 为宽度系列代号，2 为直径系列代号；08 表示轴承内径 $d=8\times5\text{mm}=40\text{mm}$；/P6x 表示公差等级 6x 级。

16.4　滚动轴承的工作情况分析

16.4.1　受力分析

1. 滚动轴承工作时轴承元件的受载情形

滚动轴承只受轴向载荷作用时，可认为各滚动体受载均匀，但在承受径向载荷时，情况就有所不同。当向心轴承工作的某一瞬间，滚动体处于如图 16.9 所示的位置时，径向载荷 F_r 通过轴颈作用于内圈，位于上半圈的滚动体不受力，而由下半圈的滚动体将此载荷传到外圈上。如果假定内、外圈的几何形状并不改变，则由于它们与滚动体接触处共同产生局部接触变形，内圈将下沉一个距离 δ_0，也即在载荷 F_r 作用线上的接触变形量为 δ_0。按变形协调关系，不在载荷 F_r 作用线上的其他各点的径向变形量为 $\delta_i=\delta_0\cos(i\gamma)$，$i=1, 2, \cdots$。也就是说，真实的变形量的分布是中间最大，向两边逐渐减小，如图 16.9 所示。可以进一步判断，接触载荷也是在 F_r 作用线上的接触点处最大，向两边逐渐减小。各滚动体从开始受

力到受力终止所对应的区域称作承载区。由于轴承内存在游隙，故实际承载区的范围将小于180°。如果轴承在承受径向载荷的同时再作用有一定的轴向载荷，则可以使承载区扩大。

2. 轴承工作时轴承元件的应力分析

轴承工作时，由于内、外圈相对转动，滚动体与套圈的接触位置是时刻变化的。当滚动体进入承载区后，所受载荷及接触应力即由零逐渐增至最大值（在 F_r 作用线正下方），然后再逐渐减至零，其变化趋势如图 16.10a 中虚线所示。就滚动体上某一点而言，由于滚动体相对内、外套圈滚动，每自转一周，分别与内、外套圈接触一次，故它的载荷和应力按周期性不稳定脉动循环变化，如图 16.10a 中实线所示。

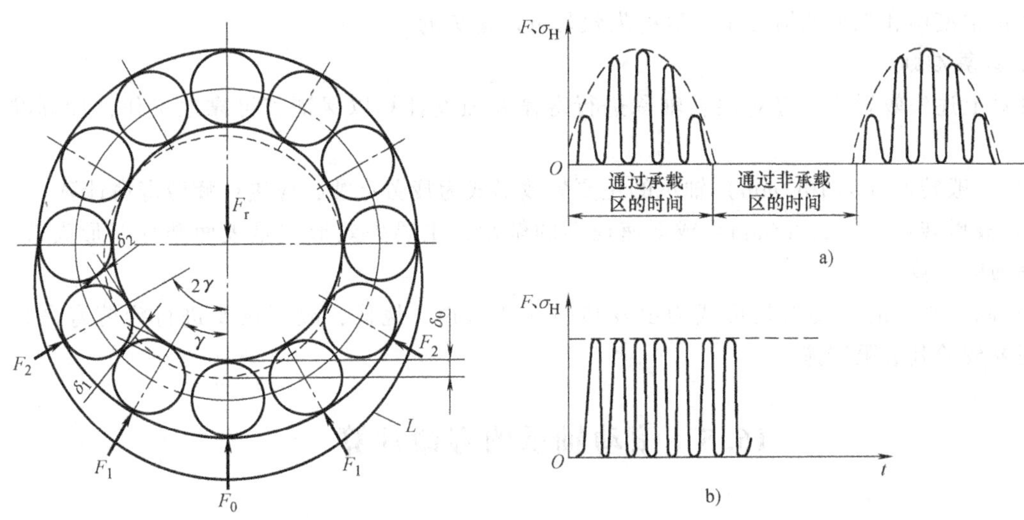

图 16.9 向心轴承中径向载荷的分布

图 16.10 轴承元件上的载荷及应力变化

对于固定的套圈（图 16.9 所示外圈），处于承载区的各接触点，按其所在位置的不同，承受的载荷和接触应力是不相同的。对于套圈滚道上的每一个具体点，每当滚动体滚过该点的一瞬间，便承受一次载荷，再一次滚过另一个滚动体时，接触载荷和应力是不变的。这说明固定套圈在承载区内的某一点上承受稳定脉动循环载荷，如图 16.10b 所示。

转动套圈上各点的受载情况，类似于滚动体的受载情况。就其滚道上某一点而言，处于非承载区时，载荷及应力为零。进入承载区后，每与滚动体接触一次就受载一次，且在承载区的不同位置，其接触载荷和应力也不一样，如图 16.10a 中实线所示，在 F_r 作用线正下方，载荷和应力最大。

总之，滚动轴承中各承载元件所受载荷和接触应力是周期性变化的。

16.4.2 失效形式和计算准则

1. 失效形式

（1）疲劳点蚀　轴承在安装、润滑、维护良好的条件下工作时，由于各承载元件承受周期性变应力的作用，各接触表面的材料将会产生局部脱落，这就是疲劳点蚀，它是滚动轴承主要的失效形式。轴承发生疲劳点蚀破坏后，通常在运转时会出现比较强烈的振动、噪声和发热现象，轴承的旋转精度将逐渐下降，直至机器丧失正常的工作能力。

（2）磨损　由于润滑不充分、密封不好或润滑油不清洁，以及工作环境多尘，一些金属屑或磨粒性灰尘进入了轴承的工作部位，轴承将会发生严重的磨损，导致轴承因内、外圈与滚动体间间隙增大，振动加剧及旋转精度降低而报废。

（3）塑性变形　在过大的静载荷或冲击载荷作用下，轴承承载元件间的接触应力超过了元件材料的屈服极限，接触部位发生塑性变形，形成凹坑，使轴承摩擦阻力矩增大，旋转精度下降且出现振动和噪声。这种失效多发生在低速重载或作往复摆动的轴承中。

除上述失效形式外，轴承还可能发生其他形式的失效。如装配不当而使轴承卡死，胀破内圈，挤碎滚动体和保持架；过热和过载时接触部位胶合撕裂；腐蚀性介质进入引起锈蚀等。在正常使用和维护的情况下，这些失效是可以避免的。

2. 计算准则

针对上述失效形式，应对滚动轴承进行寿命和强度计算以保证其可靠地工作，计算准则为：

1）一般转速（$n>10\text{r/min}$）轴承的主要失效形式为疲劳点蚀，应进行疲劳寿命计算。

2）极慢转速（$n\leqslant 10\text{r/min}$）或低速摆动的轴承，主要失效形式是表面塑性变形失效，应按静强度计算。

3）高速轴承的主要失效形式为由发热引起的磨损、烧伤，故不仅要进行疲劳寿命计算，还要校验其极限转速。

16.5　滚动轴承的寿命计算

16.5.1　滚动轴承的基本额定寿命

对于一个具体的轴承而言，轴承的寿命是指轴承中任何一个套圈或滚动体材料首次出现疲劳扩展之前，一个套圈相对于另一个套圈的转数或者在一定转速下的工作小时数。大量试验结果表明，一批型号相同的轴承（即结构、尺寸、材料、热处理及加工方法等都相同的轴承），即使在完全相同的条件下工作，它们的寿命也是极不相同的，其寿命差异最大可达几十倍。因此，不能以一个轴承的寿命代表同型号一批轴承的寿命。

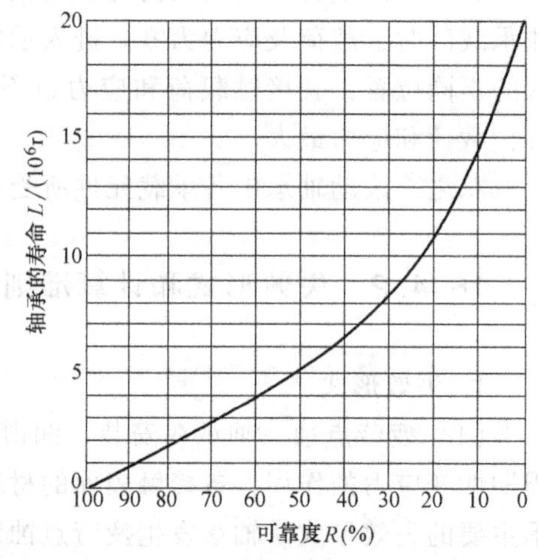

图 16.11　滚动轴承的寿命分布曲线

用一批同类型和同尺寸的轴承在同样工作条件下进行疲劳试验，得到轴承实际转数 L 与这批轴承中不发生疲劳破坏的百分率（即可靠度 R，其值等于某一转数时能正常工作的轴承数占投入试验的轴承总数的百分比）之间的关系曲线如图 16.11 所示。从图中可以看出，在一定的运转条件下，对应于某一转数，一批轴承中只有一定百分比的轴承能正常工作到该转数；转数增加，轴承的损坏率将增加，而能正常工作到该转数的轴承所占的百分比则

相应地减少。

对于一般机械中使用的滚动轴承，通常用基本额定寿命来表示其寿命。基本额定寿命是指一组在同一条件下运转的，近于相同的滚动轴承，10%的轴承发生点蚀破坏而90%的轴承未发生点蚀破坏前的转数或在一定转速下的工作小时数，以 L_{10}（单位为 10^6r）或 L_h（单位为h）表示。按基本额定寿命选用的一批同型号轴承，可能有10%的轴承发生提前破坏，有90%的轴承寿命超过其额定寿命，其中有些轴承甚至能再工作一个、两个或更多的额定寿命周期。对于一个具体的轴承而言，它的基本额定寿命可以理解为：能顺利地在额定寿命周期内正常工作的概率为90%，而在额定寿命期到达前就发生点蚀破坏的概率为10%。

在做轴承的寿命计算时，必须先根据机器的类型、使用条件及对可靠性的要求，确定一个恰当的预期计算寿命（即设计机器时所要求的轴承寿命，通常可参照机器的大修期限确定）。根据对机器的使用经验推荐的预期计算寿命值见表16.6，可供参考采用。

表16.6　轴承预期计算寿命 L'_h 推荐值

机器类型	预期计算寿命 L'_h/h
不经常使用的仪器或设备，如闸门开闭装置等	300～3000
短期或间断使用的机械，中断使用不致引起严重后果，如手动机械等	3000～8000
间断使用的机械，中断使用后果严重，如发动机辅助设备，流水线自动传送装置，升降机，车间起重机，不常使用的机床等	8000～12000
每日8h工作的机械（利用率不高），如一般的齿轮传动，某些固定电动机等	12000～20000
每日8h工作的机械（利用率较高），如金属切削机床，连续使用的起重机，木材加工机械，印刷机械等	20000～30000
24h连续工作的机械，如矿山升降机，纺织机械，泵，电动机等	40000～60000
24h连续工作的机械，中断使用后果严重，如纤维生产或造纸设备，发电站主发电机，矿井水泵，船舶螺旋桨轴等	100000～200000

除了点蚀以外，轴承还可能发生其他多种形式的失效。例如，润滑油不足使轴承烧伤；润滑油不清洁而使滚动体和滚道过度磨损。这些失效形式虽然是多种多样的，但一般都是可以而且应当避免的。所以不能根据这些失效形式来建立轴承的计算理论和公式。对于重要用途的轴承，可在使用中采取在线监测及故障诊断的措施，及时发现故障并更换失效的轴承。

16.5.2　基本额定动载荷

轴承的寿命与所受载荷的大小有关，工作载荷越大，引起的接触应力也就越大，因而在发生点蚀破坏前所能经受的应力变化次数也就越少，也即轴承的寿命越短。所谓轴承的基本额定动载荷，是指使轴承的基本额定寿命恰好为 10^6r（转）时，轴承所能承受的载荷值，用字母 C 代表。这个基本额定动载荷，对向心轴承，指的是纯径向载荷，并称为径向基本额定动载荷，常用 C_r 表示；对推力轴承，指的是纯轴向载荷，并称为轴向基本额定动载荷，常用 C_a 表示；对角接触球轴承或圆锥滚子轴承，是指使套圈间产生纯径向位移的载荷的径向分量。

不同型号的轴承有不同的基本额定动载荷值，它表征了不同型号轴承的承载特性。在轴承样本中对每个型号的轴承都给出了它的基本额定动载荷值，需要时可从轴承样本中查取。轴承的基本额定动载荷值是在大量的试验研究的基础上，通过理论分析而得出来的。

16.5.3 滚动轴承的当量动载荷

滚动轴承的基本额定动载荷是在一定的运转条件下确定的，例如载荷条件为：向心轴承仅承受纯径向载荷 F_r；推力轴承仅承受纯轴向载荷 F_a。实际上，轴承在许多应用场合，常常同时承受径向载荷 F_r 和轴向载荷 F_a。因此，在进行轴承寿命计算时，必须把实际载荷转换为与确定基本额定动载荷的载荷条件相一致的当量动载荷，用字母 P 表示。这个当量动载荷，对于以承受径向载荷为主的轴承，称为径向当量动载荷，常用 P_r 表示；对于以承受轴向载荷为主的轴承，称为轴向当量动载荷，常用 P_a 表示。当量动载荷 P（P_r 或 P_a）是一个假想的载荷，在它的作用下，滚动轴承具有与实际载荷作用时相同的寿命。当量动载荷 P 的计算方法如下

$$P=X\cdot F_r+Y\cdot F_a \tag{16.1}$$

1）对只能承受径向载荷 F_r 的径向接触轴承（如 N，NA 类轴承）

$$P=F_r \tag{16.2}$$

2）对只能承受轴向载荷 F_a 的推力轴承（如 5 类轴承）

$$P=F_a \tag{16.3}$$

3）对既能承受径向载荷 F_r 又能承受轴向载荷 F_a 的角接触向心轴承

$$P=P_r=X\cdot F_r+Y\cdot F_a \tag{16.4}$$

4）对既能承受轴向载荷 F_a 又能承受径向载荷 F_r 的角接触推力轴承

$$P=P_a=X\cdot F_r+Y\cdot F_a \tag{16.5}$$

式中，X、Y 为径向载荷系数和轴向载荷系数。其中式（16.4）中的 X、Y 见表 16.7，式（16.5）中的 X、Y 查有关手册。

表 16.7 中 e 为判别系数，是计算当量动载荷时判别是否计入轴向载荷影响的界限值。当 $F_a/F_r>e$ 时，表示轴向载荷影响较大，计算当量动载荷时，必须考虑 F_a 的作用。当 $F_a/F_r\leqslant e$ 时，表示轴向载荷影响小，计算当量动载荷时，在一些轴承中可以忽略 F_a 的影响。

16.5.4 寿命计算公式

轴承的寿命与所受载荷的大小有关，工作载荷越大，接触应力也就越大，承载元件所能经受的应力变化次数也就越少，轴承的寿命就越短。图 16.12 所示是轴承载荷与寿命关系曲线，即载荷-寿命曲线。该载荷曲线满足关系式

$$P^{\varepsilon}L_{10}=\text{常数} \tag{16.6}$$

式中，P 是轴承所受的当量动载荷；ε 是轴承的寿命指数，球轴承 $\varepsilon=3$，滚子轴 $\varepsilon=10/3$；L_{10} 是轴承的基本额定寿命，单位为 10^6r。

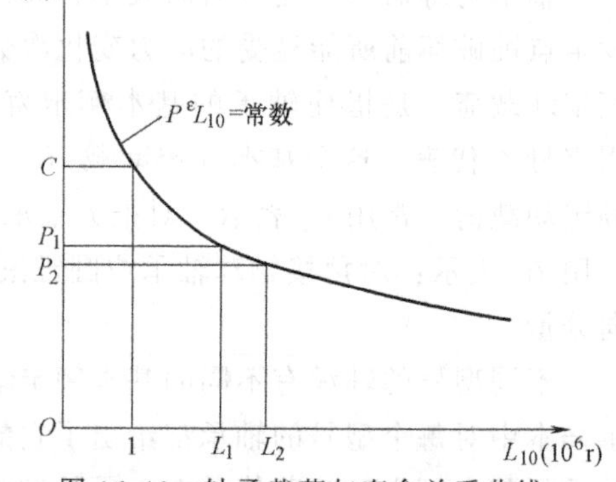

图 16.12 轴承载荷与寿命关系曲线

由图 16.12 所示可见，当 $L_{10}=1$ 时 $P=C$。所以有 $P^{\varepsilon}L_{10}=C^{\varepsilon}\times1$。同时考虑温度及载荷特性对轴承寿命的影响，可推得

表 16.7 径向载荷系数 X 和轴向载荷系数 Y

轴承类型		F_a/C_{0r}①	e	单列轴承 $F_a/F_r \leqslant e$		单列轴承 $F_a/F_r > e$		双列轴承 $F_a/F_r \leqslant e$		双列轴承 $F_a/F_r > e$	
				X	Y	X	Y	X	Y	X	Y
深沟球轴承		0.014	0.19				2.30				2.3
		0.028	0.22				1.99				1.99
		0.056	0.26				1.71				1.71
		0.084	0.28				1.55				1.55
		0.11	0.30				1.45				1.45
		0.17	0.34				1.31				1.31
		0.28	0.38	1	0	0.56	1.15	1	0	0.56	1.15
		0.42	0.42				1.04				1.04
		0.56	0.44				1.00				1
角接触球轴承	$\alpha = 15°$	0.015	0.38				1.47		1.65		2.39
		0.029	0.4				1.40		1.57		2.28
		0.058	0.43				1.30		1.46		2.11
		0.087	0.46				1.23		1.38		2
		0.12	0.47				1.19		1.34		1.93
		0.17	0.50				1.12		1.26		1.82
		0.29	0.55	1	0	0.44	1.02	1	1.14	0.72	1.66
		0.44	0.56				1.00		1.12		1.63
		0.58	0.56				1.00		1.12		1.63
	$\alpha = 25°$		0.68	1	0	0.41	0.87	1	0.92	0.67	1.41
	$\alpha = 40°$		1.14	1	0	0.35	0.57	1	0.55	0.57	0.93
双列角接触球轴承($\alpha = 30°$)			0.8					1	0.78	0.63	1.24
4点接触球轴承($\alpha = 35°$)			0.95	1	0.66	0.6	1.07				
圆锥滚子轴承			1.5 $\tan\alpha$②	1	0	0.4	0.4 $\cot\alpha$	1	0.45 $\cot\alpha$	0.67	0.67 $\cot\alpha$
调心球轴承			1.5 $\tan\alpha$					1	0.42 $\cot\alpha$	0.65	0.65 $\cot\alpha$
推力调心滚子轴承						1.2	1				

① 相对轴向载荷 F_a/C_{0r} 中的 C_{0r} 为轴承的径向基本额定静载荷，由手册查取。与 F_a/C_{0r} 中间值相对应的 e、Y 值可用线性内插法求得。

② 由接触角 α 确定的各项 e、Y 值，也可根据轴承型号从轴承手册中直接查得。

$$L_{10} = \left(\frac{C}{P}\right)^{\varepsilon} (10^6 \mathrm{r}) \tag{16.7}$$

工程实际中轴承寿命常用在某一转速 n（单位为 r/min）下工作的总的小时数表示，则轴承的寿命公式可改写为

$$L_h = \frac{10^6}{60n}\left(\frac{C}{P}\right)^{\varepsilon} \tag{16.8}$$

式中，L_h 的单位为 h。

当轴承在大于 120℃的温度下工作时，应该采用经过较高温度回火处理的高温轴承。由于在轴承样本中列出的基本额定动载荷值是对一般轴承而言的，因此，如果要将该数值用于

高温轴承，须乘以温度系数 f_t。当轴承承受到冲击、振动、变形等引起的附加载荷作用时，轴承实际受到的载荷比名义载荷大得多，并且难以精确确定，为了计及这些影响，可对当量动载荷乘上一个根据经验而定的载荷系数 f_P。故实际计算时，轴承的寿命计算公式为

$$L_{10h}=\frac{10^6}{60n}\left(\frac{f_t C}{f_P P}\right)^{\varepsilon}=\frac{16670}{n}\left(\frac{f_t C}{f_P P}\right)^{\varepsilon} \tag{16.9}$$

式中含有 C、P、n 和 L_{10h} 共四个参数，当已知其中的三个时，即可建立另一个参数的计算关系或校核关系。

若已知轴承的预期使用寿命 L'_{10h}，则寿命校核关系为 $L_{10h}\geqslant L'_{10h}$。

若已知轴承的当量动载荷 P、转速 n 和预期使用寿命 L'_{10h}，可由式（16.9）求得计算额定动载荷 C'（单位为 N）为

$$C'=\frac{f_P P}{f_t}\left(\frac{60n}{10^6}L'_{10h}\right)^{1/\varepsilon} \tag{16.10}$$

则额定动载荷校核关系为 $C\geqslant C'$。式中，f_t 为温度系数，见表 16.8；f_P 载荷系数，见表 16.9。

表 16.8 温度系数

轴承工作温度/℃	≤120	125	150	175	200	225	250	275	300
温度系数 f_t	1.0	0.95	0.9	0.85	0.80	0.75	0.70	0.6	0.5

表 16.9 载荷系数

载荷性质	f_P	举例
无冲击或轻微冲击	1.0~1.2	电动机，汽轮机，通风机，水泵等
中等冲击或中等惯性力	1.2~1.8	车辆，动力机械，起重机，造纸机，冶金机械，选矿机，卷扬机，机床等
强大冲击	1.8~3.0	破碎机，轧钢机，钻探机，振动筛等

16.5.5 角接触球轴承和圆锥滚子轴承的径向载荷与轴向载荷计算

角接触球轴承和圆锥滚子轴承都有一个接触角，当内圈承受径向载荷 F_r 作用时，承载区内各滚动体将受到外圈法向反力 F_{ni} 的作用，如图 16.13 所示。F_{ni} 的径向分量 F_{ri} 指向轴承的中心，它们的合力与 F_r 相平衡；轴向分量 F_{Si} 与轴承的轴线相平行，合力记为 F_S，称为轴承内部的派生轴向力，方向由轴承外圈的宽边一端指向窄边一端，有迫使轴承内圈与外圈脱开的趋势。F_S 要由轴上的轴向载荷来平衡，其大小可用力学方法由径向载荷 F_r 计算得到。当轴承在 F_r 作用下有半圈滚动体受载时，F_S 的计算公式见表 16.10。

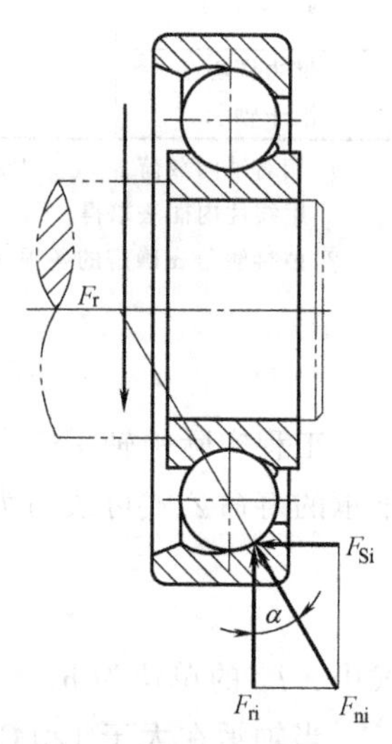

图 16.13 径向载荷生产

由于角接触球轴承和圆锥滚子轴承在受到径向载荷后会产生派生轴向力，所以，为了保证轴承的正常工作，这两类轴承一般都是成对使用。图 16.14 所示是角接触球轴承的两种安装方式。图 16.14a 所示为两端轴承外圈窄边相对，称为正装或面对面安装。它使支反力作用点 O_1、O_2 相互靠近，支撑跨距缩短。图 16.14b

所示为两端轴承外圈宽边相对，称为反装或背对背安装。这种安装方式使两支反力作用点（又称压力中心）O_1、O_2 相互远离，支撑跨距加大。精确计算时，支反力作用点 O_1、O_2 距其轴承端面的距离（图 16.14）可从轴承样本或有关标准中查得。一般计算中当跨距较大时，为简化计算可取轴承宽度的中点为支反力作用点。

表 16.10　角接触球轴承和圆锥滚子轴承的派生轴向力

轴承类型	角接触球轴承			圆锥滚子轴承
	7000C	7000AC	7000B	
派生轴向力 F_S	eF_r①	$0.68F_r$	$1.14F_r$	$F_r/(2Y$②$)$

① e 值查表 16.7。

② Y 值对应表 16.7 中 $F_a/F_r>e$ 时的值。

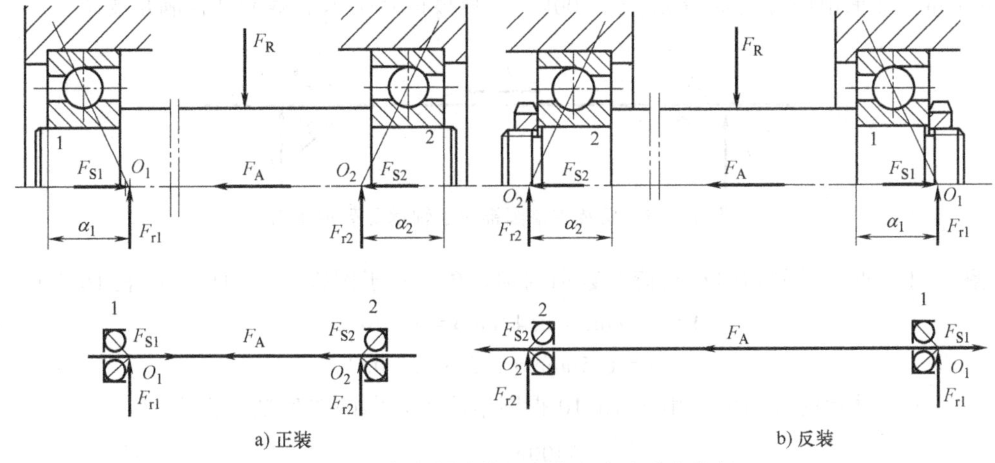

a) 正装　　b) 反装

图 16.14　角接触球轴承安装方式及受力分析

根据径向平衡条件，当已知作用在轴上的径向力 F_R 的大小和方位时，很容易求得轴承所承受的径向载荷 F_r。

计算成对安装的角接触球轴承和圆锥滚子轴承每一端轴承所承受的轴向载荷时，不能只考虑作用于轴上的轴向外载荷，还应考虑两端轴承上因径向载荷而产生的派生轴向力的影响。

设如图 16.14 所示轴与轴承受到的外界载荷分别为 F_R 和 F_A，分析计算过程如下。

1）以轴及与其配合的轴承内圈为分离体，作受力简图，判别两端轴承的派生轴向力 F_S 的方向，并给轴承编号：将 F_S 的方向与 F_A 方向一致的轴承标为 2，另一端轴承标为 1，如图 16.14a、b 所示。

2）由 F_R 计算径向载荷 F_{r1} 和 F_{r2}，再由 F_{r1}、F_{r2} 计算派生轴向力 F_{S1} 和 F_{S2}。

3）计算轴承的轴向载荷 F_{a1} 和 F_{a2}。

① 若 $F_A+F_{S2} \geqslant F_{S1}$，如图 16.14 所示，轴有向左窜动的趋势，轴承 1 被“压紧”，轴承 2 被“放松”。轴承 1 上轴承座或端盖必然产生阻止分离体向左移动的平衡力 F'_{S1}，即 $F'_{S1}+F_{S1}=F_{S2}+F_A$，由此推得作用在轴承 1 上的轴向力

$$F_{a1}=F_{S1}+F'_{S1}=F_A+F_{S2} \tag{16.11}$$

同时轴承 2 要保证正常工作，它所受的轴向载荷必须等于其派生轴向力，故有

$$F_{a2}=F_{S2} \tag{16.12}$$

② 若 $F_A+F_{S2}<F_{S1}$，如图 16.14 所示，轴有向右窜动的趋势，轴承 1 被“放松”，轴承 2 被“压紧”。同理可推得

$$F_{a2}=F_{S2}+F'_{S2}=F_{S1}-F_A \tag{16.13}$$

$$F_{a1}=F_{S1} \tag{16.14}$$

综上所述，计算轴向载荷的关键是判断哪个为压紧端轴承，哪个为放松端轴承。放松端轴承的轴向载荷等于其派生轴向力；压紧端轴承的轴向载荷等于外部轴向载荷与放松端轴承派生轴向力的代数和。

例 16.2 如图 16.15 所示，一工程机械传动装置中的锥齿轮轴采用一对圆锥滚子轴承反装支撑（装配结构可参考图 16.19d 所示）。已知：轴承参数为 $C_r=46.8\text{kN}$，$\tan\alpha=0.2$；载荷有轻微冲击，大小为 $F_{r1}=5400\text{N}$，$F_{r2}=3600\text{N}$，$F_A=900\text{N}$，方向如图所示；轴转速 $n=1500\text{r/min}$，轴承预期使用寿命 $L'_{10h}=8000\text{h}$。试校核该对轴承的寿命是否满足要求。

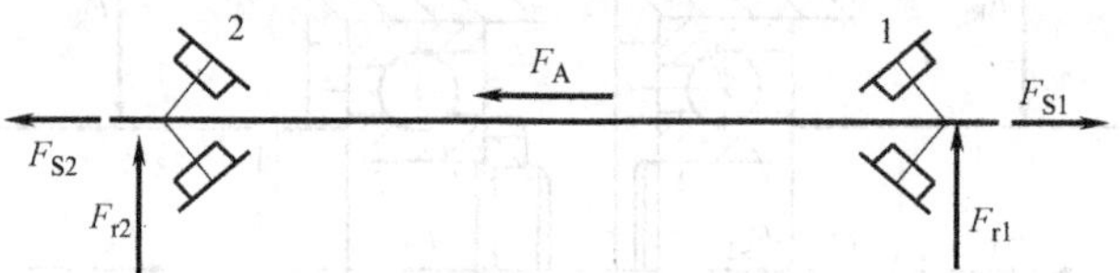

图 16.15 反装支撑圆锥滚子轴承受载示意图

解：(1) 求轴承的轴向动载荷系数和判别系数　对于圆锥滚子轴承，由表 16.7 得

$$Y=0.4\cot\alpha=0.4/\tan\alpha=0.4/0.2=2$$

$$e=1.5\tan\alpha=1.5\times0.2=0.3$$

(2) 求两轴承的轴向力　由表 16.10 得圆锥滚子轴承的派生轴向力为

$$F_{S1}=\frac{F_{r1}}{2Y}=\frac{5400\text{N}}{2\times2}=1350\text{N}\quad（向右）$$

$$F_{S2}=\frac{F_{r2}}{2Y}=\frac{3600\text{N}}{2\times2}=900\text{N}\quad（向左）$$

因为

$$F_{S2}+F_A=900+900=1800\text{N}>F_{S1}$$

所以轴有向左移动的趋势，根据反装支撑结构，可判断出右端轴承 1 被“压紧”，左端轴承 2 被“放松”。因此

$$F_{a1}=F_{S2}+F_A=1800\text{N},\quad F_{a2}=F_{S2}=900\text{N}$$

(3) 求当量动载荷　因为

$$\frac{F_{a1}}{F_{r1}}=\frac{1800\text{N}}{5400\text{N}}=0.33>e,\quad \frac{F_{a2}}{F_{r2}}=\frac{900\text{N}}{3600\text{N}}=0.25<e$$

由表 16.7 查得

$X_1=0.4$，$Y_1=0.4\cot\alpha=2$，$X_2=1$，$Y_2=0$；由式（16.1）得两轴承的当量动载荷为

$$P_1=X_1F_{r1}+Y_1F_{a1}=0.4\times5400\text{N}+2\times1800\text{N}=5760\text{N}$$

$$P_2=X_2F_{r2}+Y_2F_{a2}=1\times3600\text{N}+0\times900\text{N}=3600\text{N}$$

(4) 求轴承寿命　因为载荷有轻微冲击，根据表 16.8、表 16.9，取 $f_t=1$、$f_P=1.1$；

$P_1>P_2$，$P=P_1$；由式（16.9）求得两个轴承的寿命为

$$L_{10h}=\frac{10^6}{60n}\left(\frac{f_t C}{f_P P}\right)^{\varepsilon}=\frac{10^6}{60\times1500}\left(\frac{1\times46800}{1.1\times5760}\right)^{10/3}\text{h}=8720\text{h}>L'_{10h}$$

因此，两个轴承的寿命均满足预期使用要求。

由于 $P_1>P_2$，所以两个轴承的寿命由轴承 1 的载荷决定，故可只计算轴承 1 的寿命，并由其判断是否满足使用寿命的要求。

16.6　滚动轴承的组合结构设计

为保证轴承在机器中正常工作，除合理选择轴承类型、尺寸外，还应正确进行轴承的组合设计，处理好轴承与其周围零件之间的关系。也就是要解决轴承的轴向位置固定、轴承与其他零件的配合、间隙调整、装拆和润滑密封等一系列问题。

16.6.1　滚动轴承的定位和紧固

轴承的轴向定位与紧固是指轴承的内圈与轴颈、外圈与轴承座孔间的轴向定位与紧固。轴承轴向定位与紧固的方法很多，应根据轴承所受载荷的大小、方向、性质，转速的高低，轴承的类型及轴承在轴上的位置等因素，选择合适的轴向定位与紧固方法。单个支点处的轴承，其内圈在轴上和轴承外圈在轴承座孔内轴向定位与紧固的方法分别见表 16.11、表 16.12。

表 16.11　轴承内圈轴向定位与紧固的常用方法

名　称	图　例	说　明
轴肩定位		轴承内圈由轴肩实现轴向定位，是最常见的形式
弹簧挡圈与轴肩紧固		轴承内圈由轴用弹簧挡圈与轴肩实现轴向紧固，可承受不大的轴向载荷，结构尺寸小，主要用于深沟球轴承
轴端挡圈与轴肩紧固		轴承内圈由轴端挡圈与轴肩实现轴向紧固，可在高转速下承受较大的轴向力，多用于轴端切制螺纹有困难的场合

（续）

名　称	图　例	说　明
锁紧螺母与轴肩紧固	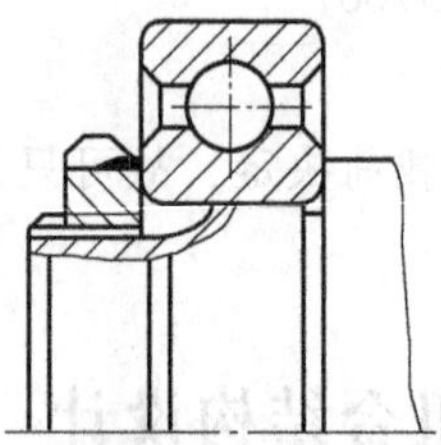	轴承内圈由锁紧螺母与轴肩实现轴向紧固，止动垫圈具有防松的作用，安全可靠，适用于高速、重载
紧定锥套紧固	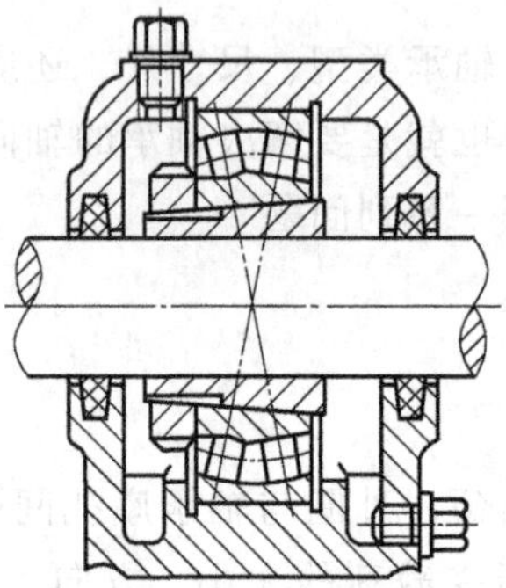	依靠紧定锥套的径向收缩夹紧实现轴承内圈的轴向紧固，用于轴向力不大、转速不高、内圈为圆锥孔的轴承在光轴上的紧固

表 16.12　轴承外圈轴向定位与紧固的常用方法

名　称	图　例	说　明
弹簧挡圈与凸肩紧固	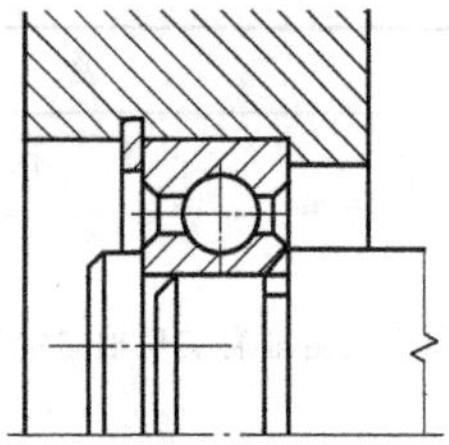	轴承外圈由弹性挡圈与轴承座孔内凸肩实现轴向紧固，结构简单、装拆方便、轴向尺寸小，适用于转速不高、轴向力不大的场合
止动卡环紧固	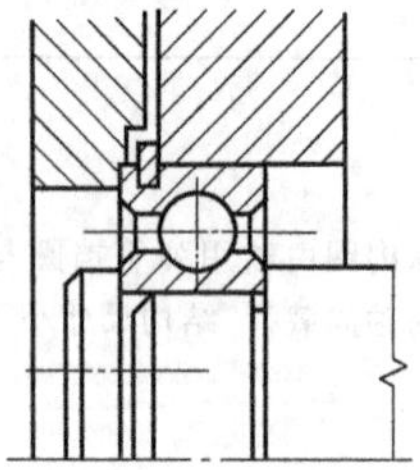	轴承外圈由止动卡环实现轴向紧固，用于带有止动槽的深沟球轴承。适用于轴承座孔内不便设置凸肩且轴承座为剖分式结构的场合
轴承端盖定位与紧固	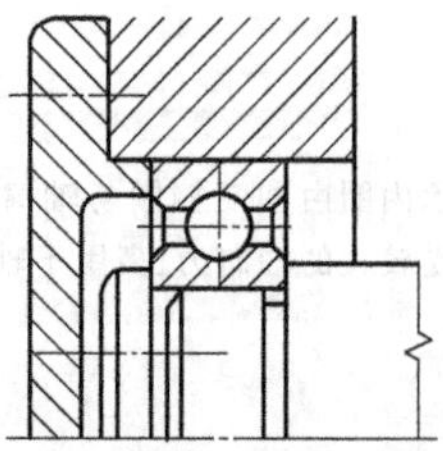	轴承外圈由轴承端盖实现轴向定位与紧固，用于高速及很大轴向力时的各类角接触向心轴承和角接触推力轴承

（续）

名　称	图　例	说　明
螺纹环定位与紧固	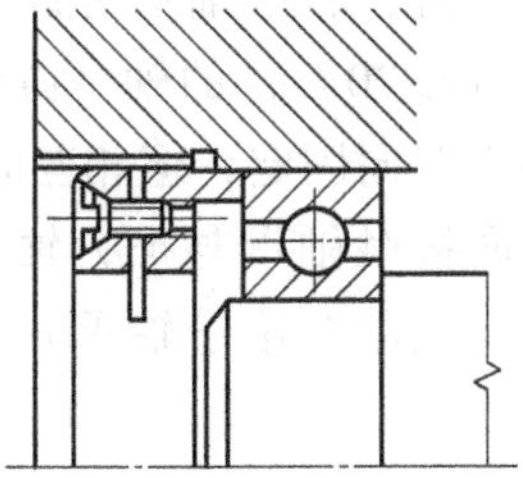	轴承外圈由螺纹环实现轴向定位与紧固，用于转速高、轴向载荷大且不便使用轴承端盖紧固的场合

16.6.2 滚动轴承的组合结构

通常一根轴需要两个支点，每个支点由一个或两个轴承组成。滚动轴承的支撑结构应考虑轴在机器中的正确位置，防止轴向窜动及轴受热伸长后将轴卡死等情况。径向接触轴承和角接触轴承的支撑结构有三种基本形式。

1. 两端单向固定

常温下工作的短轴（支撑跨距小于400mm），常采用深沟球轴承或反向安装的角接触球轴承、圆锥滚子轴承作为两端支撑，每一端轴承单向固定，各承受一个方向的轴向力，如图16.16所示。两端单向固定也是工程中轴承最常用的轴向固定形式。

图16.16a所示为深沟球轴承两端单向固定支撑，适用于受纯径向载荷或径向载荷与较小轴向载荷联合作用下的轴。为允许轴工作时有少量热膨胀，轴承安装时应留有0.25~0.4mm的轴向间隙（间隙很小，结构图上不必画出），通过调整端盖端面与轴承座之间的垫片厚度或调整螺钉来调节间隙的大小。由于轴向间隙的存在，这种支撑不能作精确轴向的定位。

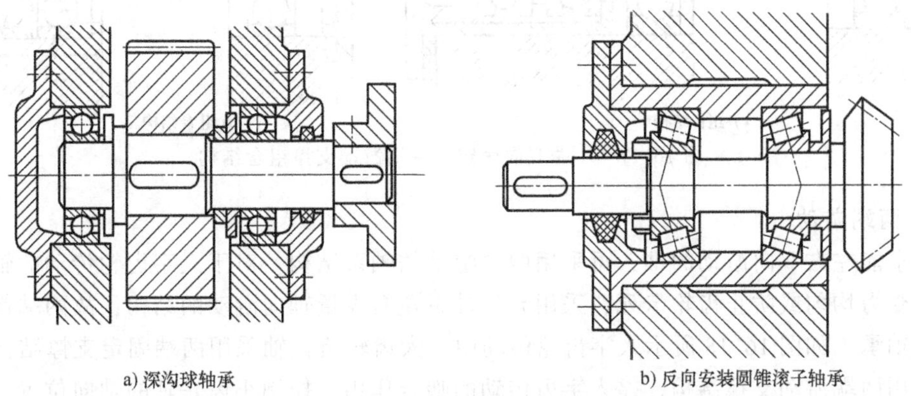

a) 深沟球轴承　　b) 反向安装圆锥滚子轴承

图16.16　轴承两端单向固定

2. 一端双向固定、一端游动

当轴较长或工作温度较高时，轴的热膨胀收缩量较大，宜采用一端双向固定、一端游动的支点结构。固定端由单个轴承或轴承组承受双向轴向力，而游动端则保证轴伸缩时能自由游动。作为双向固定支撑的轴承，因要承受双向轴向力，故内外圈在轴向都要固定。如图

16.17a 所示，轴的两端各用一个深沟球轴承支撑，左端轴承的内、外圈都为双向固定，而右端轴承的外圈在轴承座孔内没有轴向固定，内圈用弹性挡圈限定其在轴上的位置。工作时轴上的双向轴向载荷由左端轴承承受，轴受热伸长时，右端轴承可以在轴承座孔内自由游动。支撑跨距较大（$L>350$mm）或工作温度较高（$t>70$℃）的轴，游动端轴承采用圆柱滚子轴承更为合适，如图 16.17b 所示。内、外圈均作双向固定，但相互间可作相对轴向移动。当轴向载荷较大时，固定端可用深沟球轴承或径向接触轴承与推力轴承的组合结构，如图 16.17c 所示。固定端也可以用两个角接触球轴承（或圆锥滚子轴承）背对背或面对面组合在一起的结构，如图 16.17d 所示。

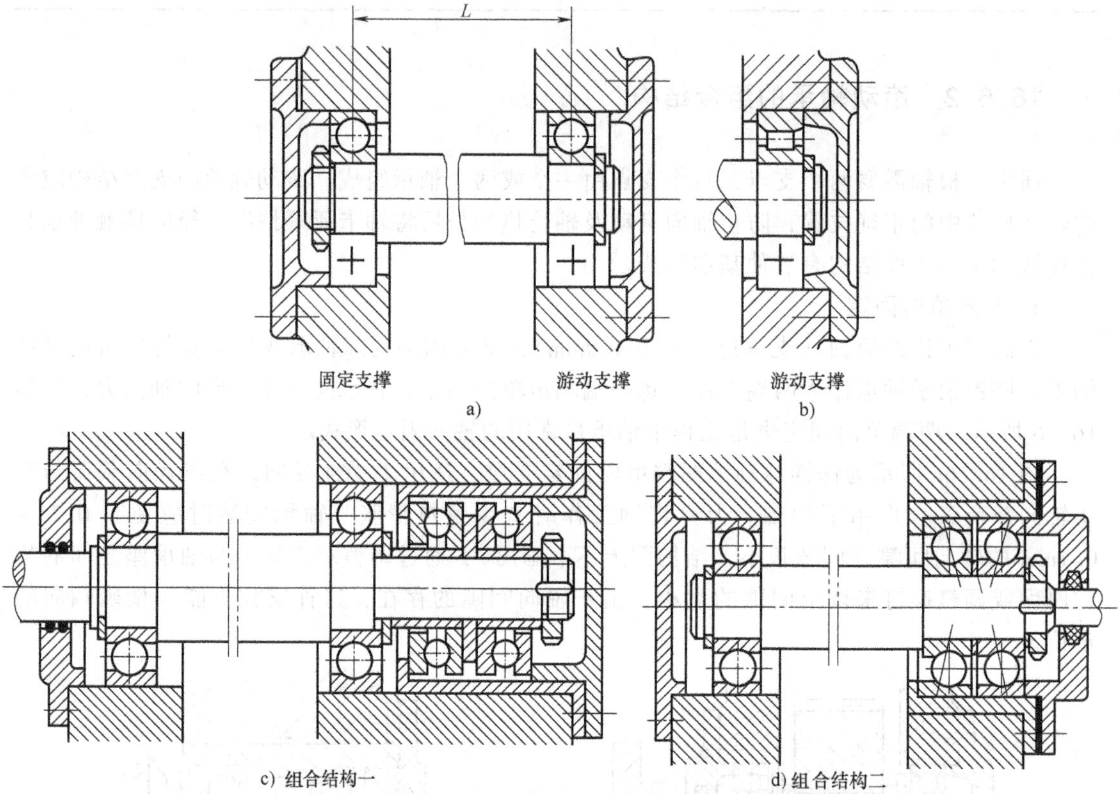

L

固定支撑　　游动支撑　　游动支撑

a)　　b)

c) 组合结构一　　d) 组合结构二

图 16.17　一端双向固定、一端游动支撑组合结构

3. 两端游动

要求能左右双向游动的轴，可采用两端游动的轴系结构。对于人字齿轮传动的轴，为了使轮齿受力均匀或防止齿轮卡死，采用允许轴系左右少量轴向游动的结构，故两端都选用圆柱滚子轴承。如图 16.18 所示人字齿轮传动中，大齿轮所在轴采用两端固定支撑结构，小齿轮轴采用两端游动支撑结构，靠人字齿传动的啮合作用，控制小齿轮轴的轴向位置，使传动顺利进行。

16.6.3　轴承游隙和轴承组合位置的调整

为使锥齿轮传动中的分度圆锥锥顶重合或使蜗轮蜗杆传动能于中间位置正确啮合，必须

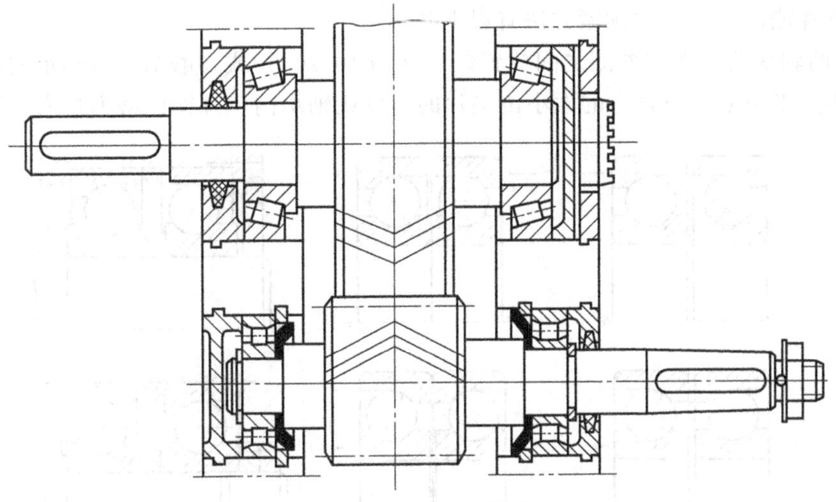

图 16.18 两端双游动

对其支撑轴系进行轴向位置调整，即进行轴承组合位置调整，如图 16.19a、b 所示。如图 16.19c、d 所示，整个支撑轴系放在一个套杯中，套杯的轴向位置（即整个轴系的轴向位置）通过改变套杯与机座端面间垫片的厚度来调节，从而使传动件处于最佳的啮合位置。

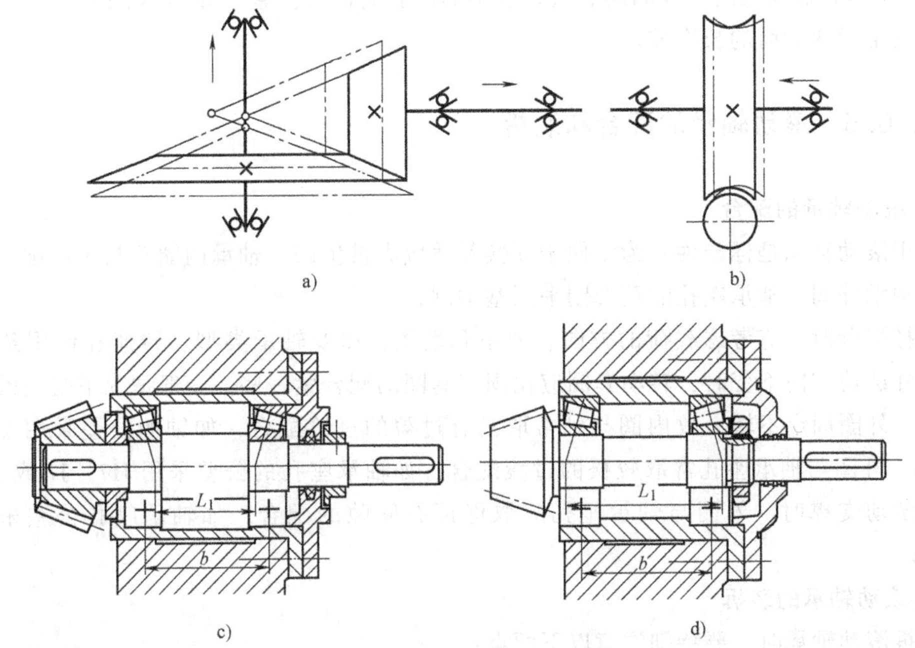

图 16.19 小锥齿轮轴支撑结构

16.6.4 滚动轴承的预紧

所谓轴承的预紧，就是在安装轴承时用某种方法在轴承中产生并保持一定的轴向力，以消除轴承的轴向游隙，并在滚动体与内、外圈滚道接触处产生弹性预变形，以提高轴承的旋转精度和支撑刚度。常用的预紧方法有以下几种。

1）在两轴承的内圈或外圈之间放置垫片（图 16.20a）或者磨窄一对轴承的内圈或外圈（图 16.20b）来预紧。预紧力的大小由垫片的厚度或轴承内、外圈的磨削量来控制。

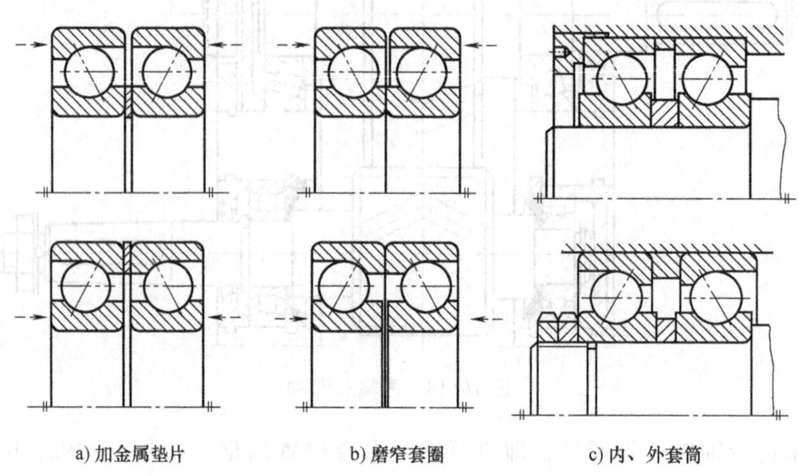

图 16.20　轴承预紧方法

2）在一对轴承的内、外圈间装入长度不等的套筒进行预紧，如图 16.20c 所示。预紧力的大小决定于两套筒的长度差。

16.6.5　滚动轴承的配合和装拆

1. 滚动轴承的配合

由于滚动轴承是标准件，为了便于互换及适应大量生产，轴承内圈孔与轴的配合采用基孔制，轴承外圈与轴承座孔的配合则采用基轴制。

选择配合时，应考虑载荷的方向、大小和性质，以及轴承类型、转速和使用条件等因素。当外载荷方向不变时，转动套圈应比固定套圈的配合紧一些。一般情况下是内圈随轴一起转动，外圈固定不转，故内圈与轴常取具有过盈的过渡配合，如轴的公差采用 k6、m6、n6、js6；外圈与轴承座孔常取较松的过渡配合，如轴承座孔的公差采用 H7、J7 或 JS7。当轴承作游动支撑时，外圈与轴承座孔应取保证有间隙的配合，如轴承座孔公差采用 G7、G8、G9。

2. 滚动轴承的装拆

装拆滚动轴承时，要特别注意以下两点：

1）不允许通过滚动体来传力，以免对滚道或滚动体造成损伤，图 16.21a、c 所示为错误的施力方式，图 16.21b、d 所示为正确的施力方式。

2）由于轴承的配合较紧，装拆时应使用专门的工具，如图 16.22 所示。若轴肩高度大于轴承内圈外径时，就难以放置拆卸工具的钩头。对外圈拆卸要求也是如此，应留出拆卸高度 h，如图 16.23a、b 所示，或在壳体上做出能放置拆卸螺钉的螺孔，如图 16.23c 所示。

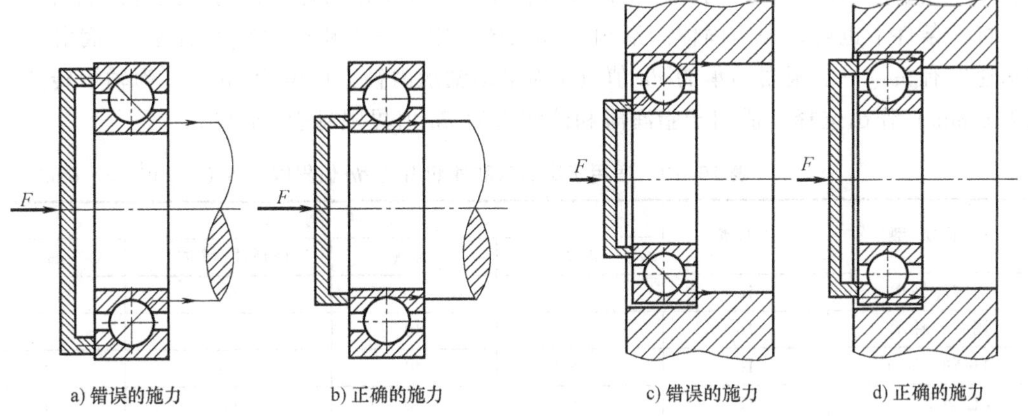

图 16.21　轴承安装过程中的施力方式

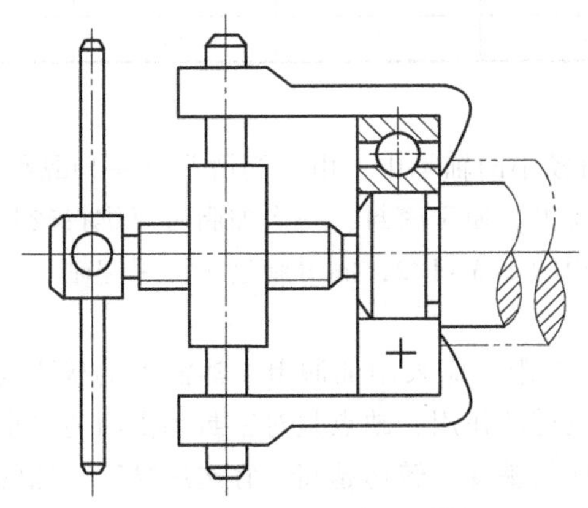
图 16.22　用钩爪器拆卸轴承

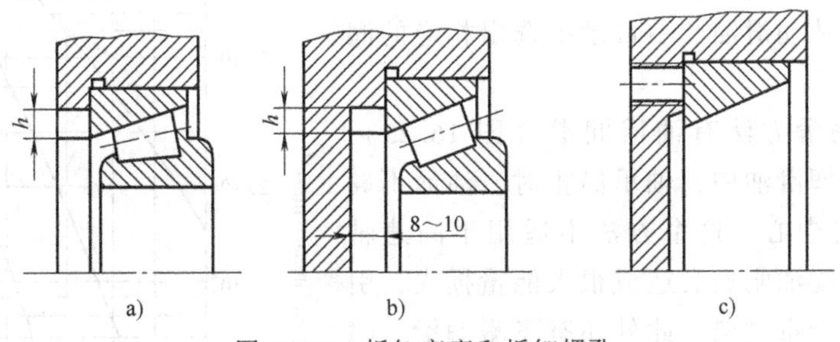

图 16.23　拆卸高度和拆卸螺孔

16.7　滚动轴承的润滑和密封

16.7.1　滚动轴承的润滑

润滑对于滚动轴承具有重要意义。轴承中的润滑剂不仅可以降低摩擦阻力，还具有散热、减小接触应力、吸收振动、防止锈蚀等作用。滚动轴承常用的润滑方式有油润滑和脂润滑。特殊条件下也可以采用固体润滑剂（如二硫化钼、石墨和聚四氟乙烯等）。润滑方式与轴承速度有关，一般根据轴承的 dn 值（d 为滚动轴承内径，单位为 mm；n 为轴承转速，单位为 r/min）作出选择。适用于脂润滑和油润滑的 dn 值界限见表 16.13。

表 16.13　适用于脂润滑和油润滑的 dn 值界限（单位：10^4mm · r/min）

轴承类型	脂润滑	油润滑			
		油浴	滴油	循环油(喷油)	油雾
深沟球轴承	16	25	40	60	>60
调心球轴承	16	25	40		
角接触球轴承	16	25	40	60	>60
圆柱滚子轴承	12	25	40	60	>60
圆锥滚子轴承	10	16	23	30	
调心滚子轴承	8	12		25	
推力球轴承	4	6	12	15	

1. 脂润滑

脂润滑一般用于 dn 值较小的轴承中。由于润滑脂是一种黏稠的胶凝状材料，故油膜强度高，承载能力大，不易流失，便于密封，一次加脂可以维持较长时间。润滑脂的填充量一般不超过轴承内部空间容积的 1/3~1/2，润滑脂过多会引起轴承发热，影响正常工作。

2. 油润滑

轴承的 dn 值超过一定界限，应采用油润滑。油润滑的优点是摩擦阻力小，润滑充分，且具有散热、冷却和清洗滚道的作用，缺点是对密封和供油的要求高。

润滑油的主要性能指标是黏度。转速越高，宜选用黏度较低的润滑油；载荷越大，宜选用黏度较高的润滑油。具体选用润滑油时，可根据工作温度和 dn 值，由图 16.24 先确定油的黏度，然后根据黏度值从润滑油产品目录中选出相应的润滑油牌号。

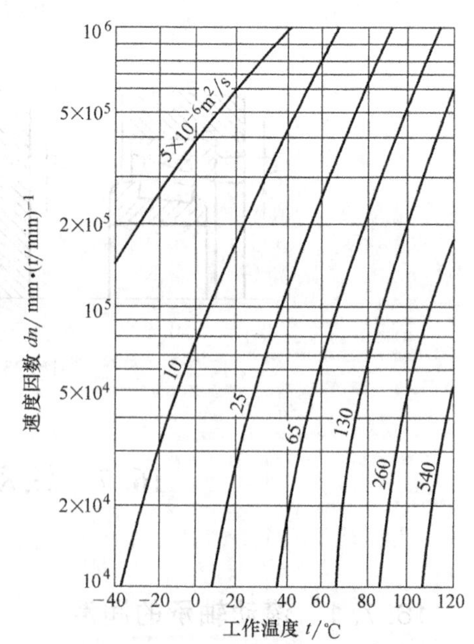

图 16.24　润滑油黏度选择

常用的油润滑方法有油浴润滑（图 16.25），把轴承局部浸入润滑油中，轴承静止时，油面不高于最低滚动体的中心。这个方法不适用于高速轴承，因为高速时搅油剧烈会造成很大能量损失，引起油液和轴承的严重过热。此外还有飞溅润滑、喷油润滑、滴油润滑等。

16.7.2　滚动轴承的密封

为了充分发挥轴承工作时的性能，润滑剂不允许很快流失，且外界灰尘、水分及其他杂物也不允许进入轴承，故应对轴承设置可靠的密封装置。密封装置可分为接触式和非接触式两类。

1. 非接触式密封

接触式密封必然在接触处产生摩擦，非接触式密封则可以避免此类缺点，故非接触式密封常用于速度较高的场合。

（1）间隙式（图 16.26a）　在轴与端盖间设置很小的径向间隙（0.1～0.3mm）而获得密封。间隙越小，密封效果越好。若同时在端盖上制出几个环形槽（图 16.26b），并填充润滑脂，可提高密封效果。这种密封结构适用于干燥、清洁环境脂润滑轴承。

图 16.26c 所示为利用挡油环和轴承之间的间隙实现密封的装置。工作时挡油环随轴一起转动，利用离心力甩去油和杂质。挡油环应凸出轴承座端面 $\Delta=1\sim2$mm。该结构常用于机箱内密封，如齿轮减速器内齿轮用油润滑，而轴承用脂润滑的场合。

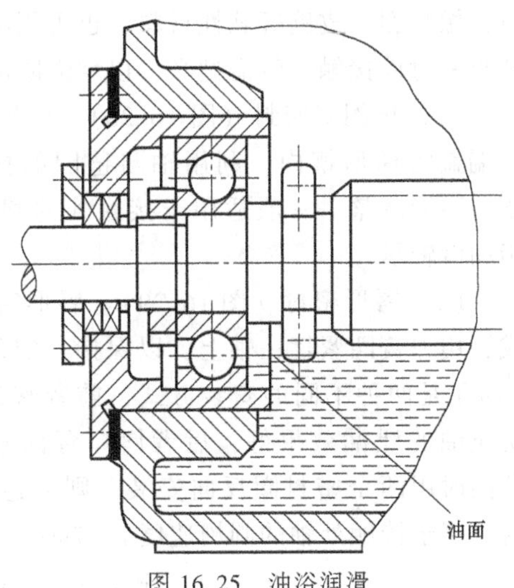

图 16.25　油浴润滑

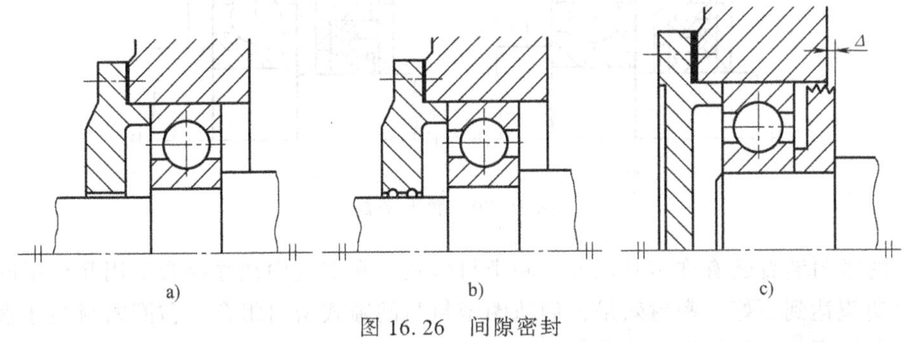

图 16.26　间隙密封

（2）迷宫式密封（图 16.27）　利用端盖和轴套间形成的曲折间隙获得密封。有径向迷宫式（图 16.27a）和轴向迷宫式（图 16.27b）两种。径向间隙取 0.1～0.2mm，轴向间隙取 1.5～2mm。应在间隙中填充润滑脂以提高密封效果。这种结构密封可靠，适用于比较脏的环境。

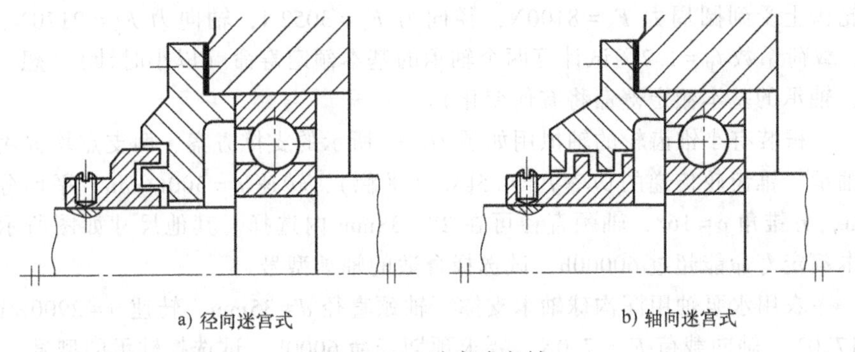

图 16.27　迷宫式密封

2. 接触式密封

通过轴承盖内部放置的密封件与转动轴表面的直接接触而起密封作用。密封件主要用毛毡、橡胶圈、皮碗等软性材料，也可用减摩性好的硬质材料，如石墨、青铜、耐磨铸铁等。轴与密封件接触部位需抛光，以增强防泄漏能力和延长密封件的使用寿命。

(1) 毡圈式密封（图 16.28） 将矩形截面的毡圈安装在端盖的梯形槽内，利用轴与毡圈的接触压力形成密封，压力不能调整。一般适用于接触处的圆周速度 $v \leqslant 5\mathrm{m/s}$ 的脂润滑轴承。

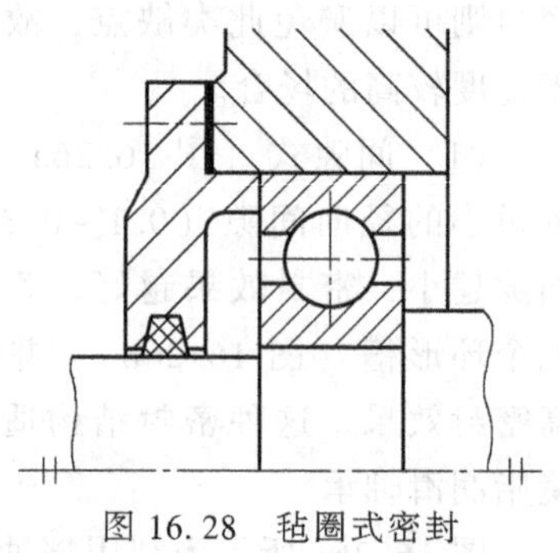

图 16.28 毡圈式密封

(2) 唇形密封（图 16.29） 唇形密封圈用耐油橡胶制成，用弹簧圈紧箍在轴上，以保持一定的压力。图 16.29a、b 所示是两种不同的安装方式，前者密封圈唇口面向轴承，防止油的泄漏效果好，后者唇口背向轴承，防尘效果好。若同时用两个密封圈反向安装，则可达到双重效果。该密封可用于接触处轴的圆周速度 $v \leqslant 7\mathrm{m/s}$，脂润滑或油润滑的轴承。

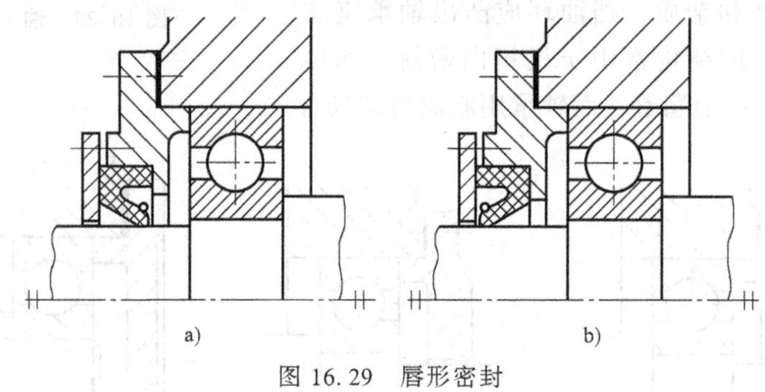

图 16.29 唇形密封

轴承的密封装置还有许多其他方法和密封形式，在工程中往往综合运用几种不同的密封形式，以期望达到更好的密封效果，如毡圈密封与间隙式密封组合，毡圈密封与迷宫式密封组合等。具体可参考机械设计手册选用。

习 题

16.1 如图 16.30 所示，轴上装有一斜齿圆柱齿轮，轴支撑在一对正装的 7209AC 轴承上。齿轮轮齿上受到圆周力 $F_t = 8100\mathrm{N}$，径向力 $F_r = 3052\mathrm{N}$，轴向力 $F_a = 2170\mathrm{N}$，转速 $n = 300\mathrm{r/min}$，载荷系数 $f_P = 1.2$。试计算两个轴承的基本额定寿命（以小时计）（想一想：若两轴承反装，轴承的基本额定寿命将有何变化）。

16.2 一根装有小锥齿轮的轴拟用如图 16.31 所示的支撑方案，两支点均选用轻系列的圆锥滚子轴承。锥齿轮传递的功率 $P = 4.5\mathrm{kW}$（平稳），转速 $n = 500\mathrm{r/min}$，平均分度圆半径 $r_m = 100\mathrm{mm}$，分锥角 $\delta = 16°$，轴颈直径可在 28～38mm 内选择。其他尺寸如图所示。若希望轴承的基本额定寿命能超过 60000h，试选择合适的轴承型号。

16.3 一农用水泵轴用深沟球轴承支撑，轴颈直径 $d = 35\mathrm{mm}$，转速 $n = 2900\mathrm{r/min}$，径向载荷 $F_r = 1770\mathrm{N}$，轴向载荷 $F_a = 720\mathrm{N}$，要求预期寿命 6000h，试选择轴承的型号。

16.4 某水泵选用向心球轴承 6307，所受径向载荷 $F_R = 2300\mathrm{N}$，轴向载荷 $F_A = 540\mathrm{N}$，该轴承的基本径向额定动载荷 $C_r = 26200\mathrm{N}$，基本径向额定静载荷 $C_{0r} = 17900\mathrm{N}$，载荷系数 $f_P = 1.1$，试计算该轴承所受的当量动载荷 P 值?

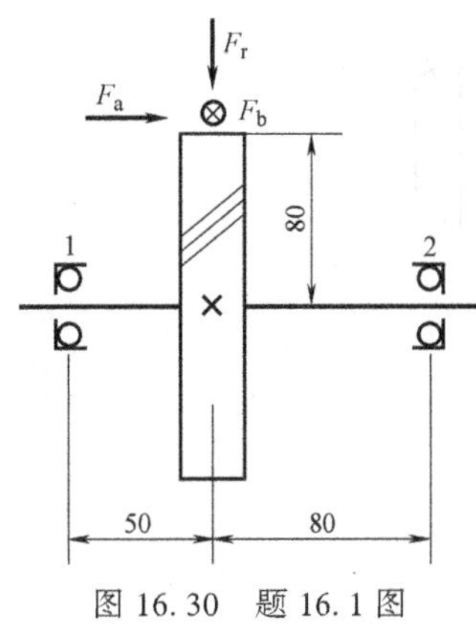

图 16.30 题 16.1 图

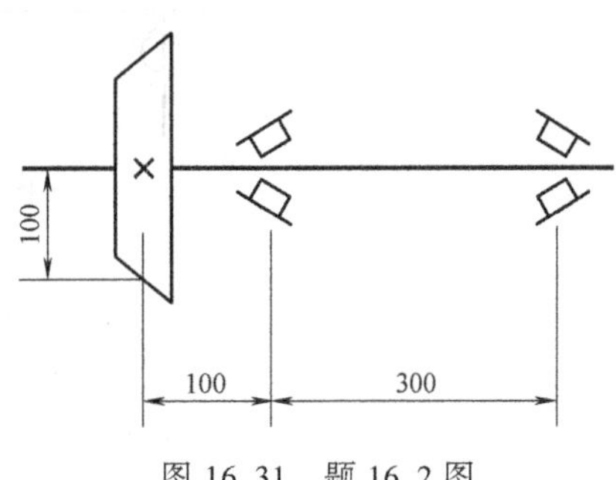

图 16.31 题 16.2 图

16.5 如图 16.32 所示为在轴两端各装一个圆锥滚子轴承的简图，其受力情况已在图中标出，且 $F_A=1000\text{N}$，$F_{r1}=2000\text{N}$，$F_{r2}=3000\text{N}$。已知该型号轴承的派生轴向力 $F_S=F_r/(2Y)$；F_R 为轴承所受径向载荷，$Y=1.6$。试确定：

1）两轴承的派生轴向力 F_{S1}，F_{S2}，并在图上标出其方向。

2）两轴承上所受的轴向力 F_{a1}、F_{a2}。

3）设载荷系数 $f_P=1$，求两轴承的当量载荷 P_1、P_2。

（所需参数如下：当 $F_a/F_r\leqslant0.34$ 时，$X=1$，$Y=0$；$F_a/F_r>0.34$ 时，$X=0.4$，$Y=1.6$）

16.6 某传动装置，根据工作条件决定采用一对角接触球轴承，如图 16.33 所示，暂定轴承型号为 7307AC。已知：轴承荷载 $F_{r1}=1000\text{N}$，$F_{r2}=2060\text{N}$，$F_A=880\text{N}$，转速 $n=5000\text{r/min}$，取载荷系数 $f_P=1.5$，预期寿命 $L_h'=15000\text{h}$。试问：所选轴承型号是否合适？

型号	数据						
	C /N	F_S /N	$F_a/F_r>e$		$F_a/F_r\leqslant e$		e
			X	Y	X	Y	
7307AC	33400	$0.7F_R$	0.41	0.85	1	0	0.70

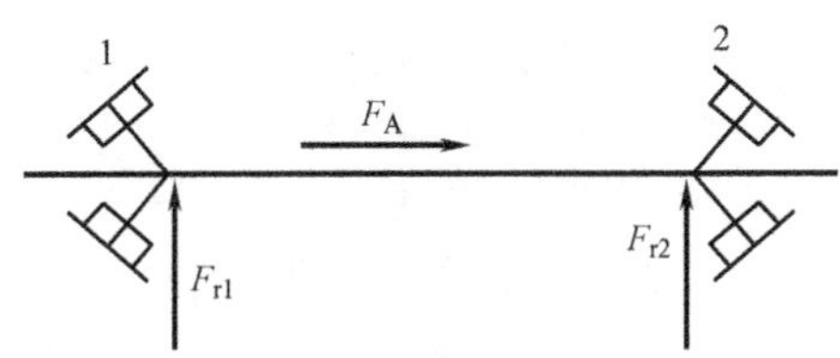

图 16.32 题 16.5 图

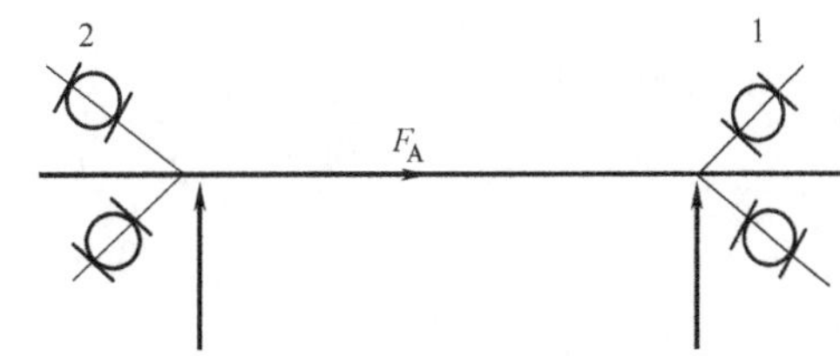

图 16.33 题 16.6 图

16.7 如图 16.34 所示为一对角接触球轴承在两个支点上的组合设计。试确定哪个轴承的寿命最短？为多少小时？已知：$F_{r1}=2500\text{N}$，$F_{r2}=1250\text{N}$，作用在锥齿轮 4 上的轴向力 $F_{A4}=500\text{N}$，作用在斜齿轮 3 上的轴向力 $F_{A3}=1005\text{N}$，要求两轴向力相抵消一部分，试确定其方向并画在图上。（轴承额定动载荷 $C=31900\text{N}$，$n=1000\text{r/min}$，$f_t=1$，$f_P=1.2$，$e=0.4$，当$\frac{F_a}{F_r}\leqslant e$，$X=1$，$Y=0$；派生轴向力 $F_S=0.4F_r$，$\frac{F_a}{F_r}>e$，$X=0.4$，$Y=1.6$）

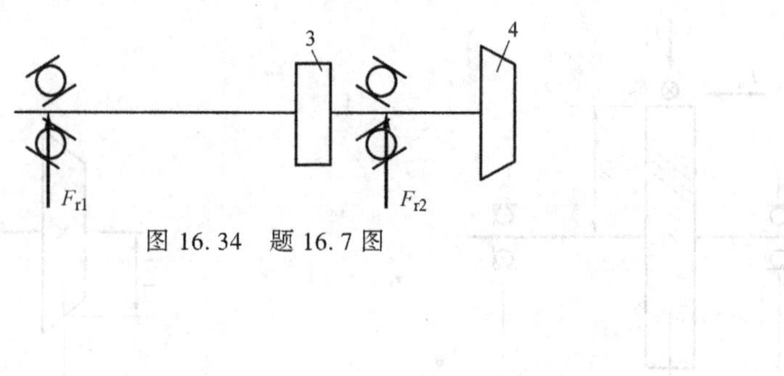

图 16.34　题 16.7 图

第17章 轴

17.1 轴的功用和类型

轴是机器中的重要零件之一，用来支持旋转的机械零件和传递转矩。根据承受载荷的不同，轴可分为转轴、传动轴和心轴三种。转轴既传递转矩又承受弯矩，如齿轮减速器中的轴（图 17.1）；传动轴只传递转矩而不承受弯矩或弯矩很小，如汽车的传动轴（图 17.2）；心轴则只承受弯矩而不传递转矩，如铁路车辆的轴（图 17.3）为转动心轴，自行车的前轴（图 17.4）则为固定心轴。

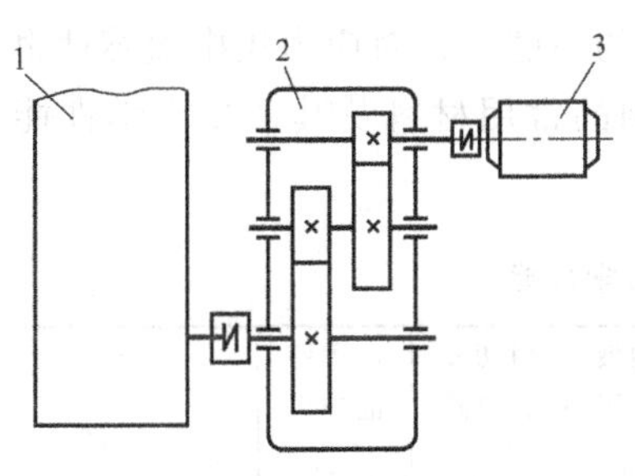

图 17.1 转轴

1—工作机 2—减速器 3—电动机

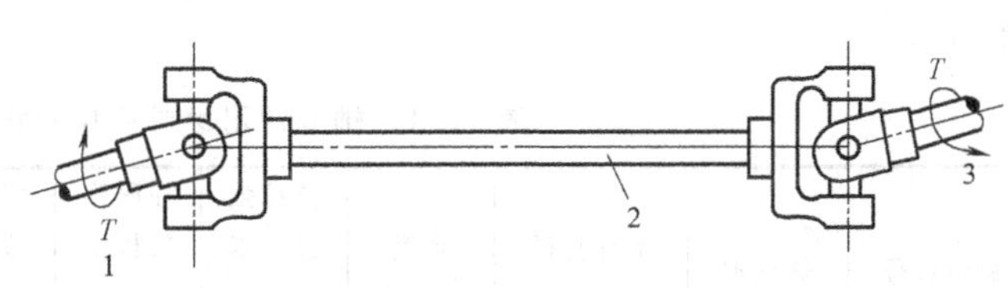

图 17.2 传动轴

1—发动机 2—转动轴 3—后桥

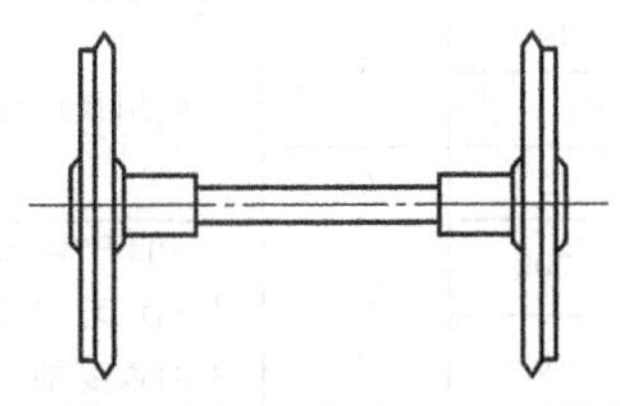
图 17.3 转动心轴

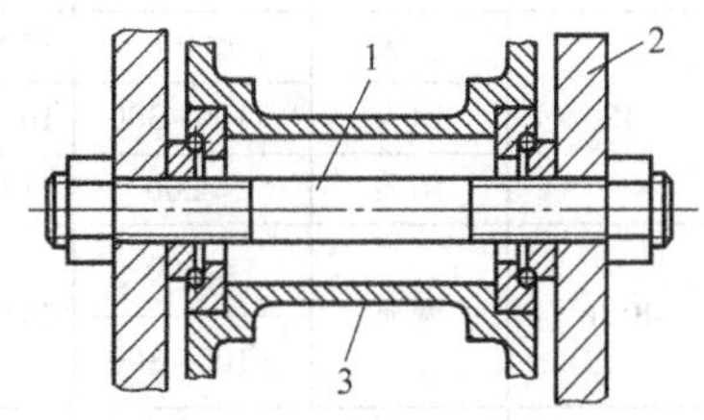

图 17.4 固定心轴

1—前轮轴 2—前叉 3—前轮轮毂

按轴线的形状，轴还可分为：直轴（图 17.1～图 17.4）、曲轴（图 17.5）和挠性轴（图 17.6）。曲轴常用于往复式机械中。挠性轴是由几层紧贴在一起的钢丝层构成的，可以把转矩和旋转运动灵活地传到任何位置，常用于振捣器等设备中。本章只研究直轴。

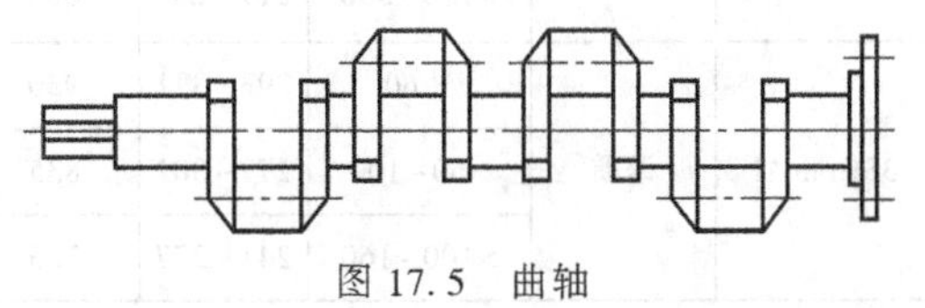
图 17.5 曲轴

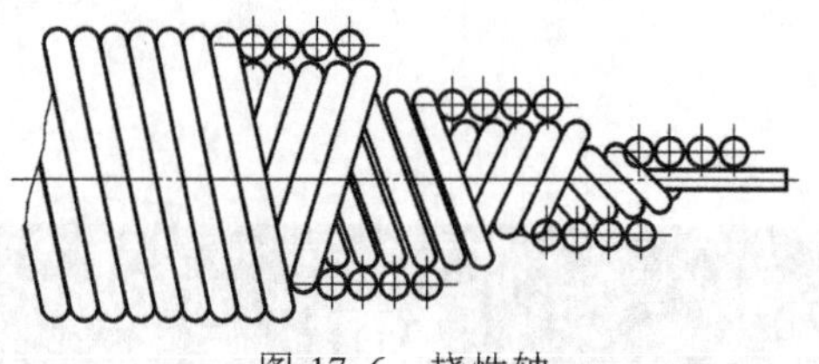

图 17.6　挠性轴

17.2　轴的材料

轴的材料主要采用碳素钢和合金钢。碳素钢比合金钢价廉，对应力集中的敏感性较小，所以应用较为广泛。常用的碳素钢有 30、35、40、45、50 钢，最常用的是 45 钢。为保证其力学性能，应进行调质或正火处理。不重要的或受力较小的轴以及一般传动轴可以使用 Q235、Q275 钢。

合金钢具有较高的机械强度，淬透性也较好，可以在传递大功率并要求减少质量和提高轴颈耐磨性时采用。常用的合金钢有 12CrNi2、12CrNi3、20Cr、40Cr 和 38SiMnMo 等。

轴的材料也可采用合金铸铁或球墨铸铁。轴的毛坯是铸造成形的，所以易于得到更合理的形状。这些材料吸振性较高，可用热处理方法获得所需的耐磨性，对应力集中敏感性也较低。因铸造品质不易控制，故可靠性不如钢制轴。几种轴的常用材料及其主要力学性能见表 17.1。

表 17.1　轴的常用材料及其主要力学性能

材料牌号	热处理	毛坯直径 /mm	硬度 /HBW	抗拉强度极限 σ_b /MPa	屈服强度极限 σ_s /MPa	弯曲疲劳极限 σ_{-1} /MPa	剪切疲劳极限 τ_{-1} /MPa	许用弯曲应力 $[\sigma_{-1}]$ /MPa	备注
Q235A	热轧	≤100		400~420	225	170	105	40	用于不重要及受载荷不大的轴
	锻后空冷	>100~250		375~390	215				
45	正火	≤100	170~217	590	295	225	140	55	应用最广泛
	回火	>100~300	162~217	570	285	245	135		
	调质	≤200	217~255	640	355	275	155	60	
40Cr	调质	≤100	241~286	735	540	355	200	70	用于载荷较大，而无很大冲击的重要轴
		>100~300		685	490	355	185		
40CrNi	调质	≤100	270~300	900	735	430	260	75	用于很重要的轴
		>100~300	240~270	785	570	370	210		
38SiMnMo	调质	≤100	229~286	735	590	365	210	70	用于重要的轴，性能接近于 40CrNi
		>100~300	217~269	685	540	345	195		
38CrMoAl	调质	≤60	293~321	930	785	440	280	75	用于要求高耐磨性，高强度且热处理(氮化)变形很小的轴
		>60~100	277~302	835	685	410	270		
		>100~160	241~277	785	590	375	220		

（续）

材料牌号	热处理	毛坯直径 /mm	硬度 /HBW	抗拉强度极限 σ_b /MPa	屈服强度极限 σ_s /MPa	弯曲疲劳极限 σ_{-1} /MPa	剪切疲劳极限 τ_{-1} /MPa	许用弯曲应力 $[\sigma_{-1}]$ /MPa	备注
20Cr	渗碳淬火回火	≤60	渗碳 56~62HRC	640	390	305	160	60	用于要求强度及韧性均较高的轴
3Cr13	调质	≤100	≥241	835	635	395	230	75	用于腐蚀条件下的轴

17.3 轴的结构设计

轴的结构设计包括定出轴的合理外形和全部结构尺寸。轴的结构主要取决于以下因素：轴在机器中的安装位置及形式；轴上安装的零件的类型、尺寸、数量以及和轴连接的方法；载荷的性质、大小、方向及分布情况；轴的加工工艺等。由于影响轴的结构的因素较多，且其结构形式又要随着具体情况的不同而异，所以轴没有标准的结构形式。设计时，必须针对不同情况进行具体的分析。但是，不论何种具体条件，轴的结构都应满足：轴和装在轴上的零件要有准确的工作位置；轴上的零件应便于装拆和调整；轴应具有良好的制造工艺性等。下面讨论轴在结构设计中的几个主要问题。

17.3.1 拟订轴上零件的装配方案

拟订轴上零件的装配方案是进行轴的结构设计的前提，它决定着轴的基本形式。所谓装配方案，就是预定出轴上主要零件的装配方向、顺序和相互关系。为了方便轴上零件的装拆，常将轴做成阶梯形。如图 17.7 所示的装配方案是：依次将齿轮、套筒、左端滚动轴承、轴承端盖和带轮从轴的左端安装，另一滚动轴承从右端安装。这样就对各轴段的粗细顺序作了初步安排。拟订装配方案时，一般应考虑多个方案，以进行分析比较与选择。

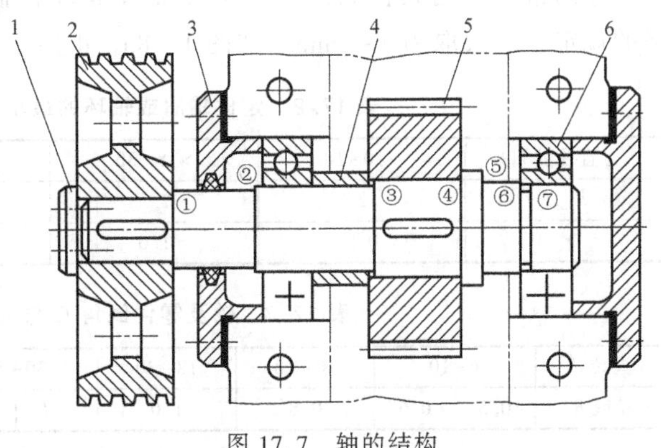

图 17.7 轴的结构

1—轴端挡圈 2—带轮 3—轴承端盖 4—套筒 5—齿轮 6—滚动轴承

17.3.2 零件轴向和周向定位

为了防止轴上零件受力时发生沿轴向或周向的相对运动，轴上零件除了有游动或空转的要求者外，都必须进行必要的轴向和周向定位，以保证其正确的工作位置。

1. 轴上零件的轴向固定

轴上零件的轴向定位是以轴肩、套筒、圆螺母、轴端挡圈和轴承端盖等来保证的。如图17.8所示。

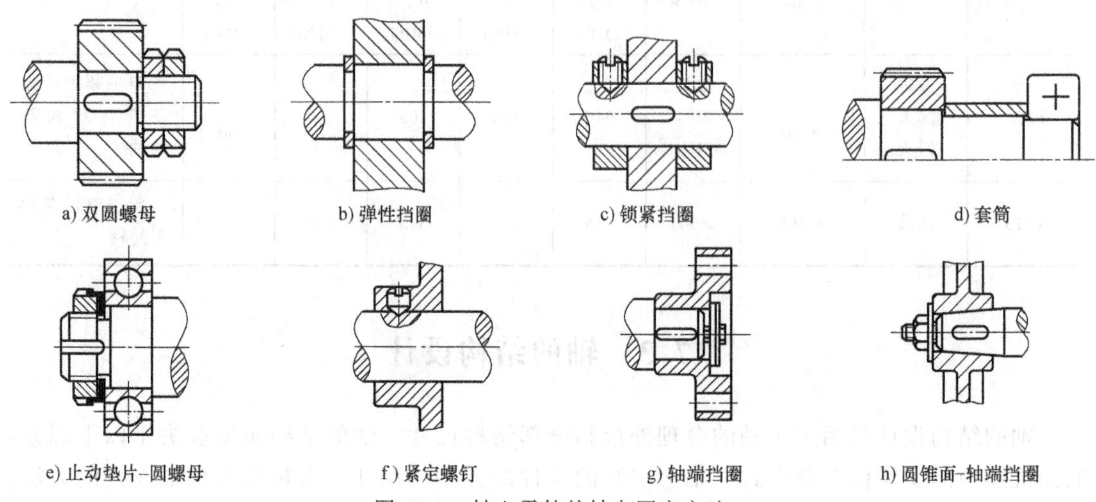

图 17.8 轴上零件的轴向固定方法

（1）轴肩 分为定位轴肩和非定位轴肩两类。利用轴肩定位是最方便可靠的方法，但采用轴肩就必然会使轴的直径加大，而且轴肩处将因截面突变会引起应力集中。另外，轴肩过多时也不利于加工。因此，轴肩定位多用于轴向力较大的场合。定位轴肩的高度 h，一般取为 $h=(0.07\sim0.1)d$，d 为与零件相配处的轴径尺寸，并应满足 $h \geq h_{min}$，h_{min} 查表 17.2。滚动轴承的定位轴肩高度必须低于轴承内圈端面的高度，以便拆卸轴承，轴肩的高度可查手册中轴承的安装尺寸。为了使零件能靠紧轴肩而得到准确可靠的定位，轴肩处的过渡圆角半径 r 必须小于与之相配的零件毂孔端部的圆角半径 R 或倒角尺寸 C。轴及零件上的倒角和圆角尺寸的常用范围见表 17.3。非定位轴肩是为了加工和装配方便而设置的，其高度没有严格的规定，一般取为 1~2mm。如图 17.8a、d、e、g 所示。

表 17.2 定位轴肩或轴环的最小高度 h_{min}、圆角半径 r （单位：mm）

直径 d	>10~18	>18~30	>30~50	>50~80	>80~100
h_{min}	2	2.5	3.5	4.5	5.5
r	0.8	1.0	1.6	2.0	2.5

表 17.3 轴及零件倒角 C 与圆角半径 R 的推荐值 （单位：mm）

直径 d	6~10		10~18	18~30	30~50		50~80	80~120	120~180
C 或 R	0.5	0.6	0.8	1.0	1.2	1.6	2.0	2.5	3.0

（2）套筒定位 结构简单，定位可靠，轴上不需开槽、钻孔和切制螺纹，因而不影响轴的疲劳强度，一般用于轴上两个零件之间的定位。如两零件的间距较大时，不宜采用套筒定位，以免增大套筒的质量及材料用量。因套筒与轴的配合较松，如轴的转速较高时，也不宜采用套筒定位。如图 17.8d 所示。

（3）圆螺母定位 可承受大的轴向力，但轴上螺纹处有较大的应力集中，会降低轴的疲劳强度，故一般用于固定轴端的零件。有双圆螺母和圆螺母加止动垫片两种形式。当轴上两零件间距离较大不宜使用套筒定位时，也常采用圆螺母定位。如图 17.8a、e 所示。

（4）轴端挡圈　适用于固定轴端零件，可以承受较大的轴向力。如图 17.8g 所示。

（5）轴承端盖　用螺钉或榫槽与箱体连接而使滚动轴承的外圈得到轴向定位。在一般情况下，整个轴的轴向定位也常利用轴承端盖来实现（见第 16 章滚动轴承部分）。利用弹性挡圈（图 17.8b）、紧定螺钉及锁紧挡圈（图 17.8c）等进行轴向定位，只适用于零件上的轴向力不大的情况。紧定螺钉和锁紧挡圈常用于光轴上零件的定位。此外，对于承受冲击载荷和同心度要求较高的轴端零件，也可采用圆锥面定位（图 17.8h）。

2. 轴上零件的周向固定

周向定位的目的是限制轴上零件与轴发生相对转动。常用的周向定位零件有键、花键、销、紧定螺钉以及过盈配合等，如图 17.9 所示，其中紧定螺钉只用在传力不大之处。

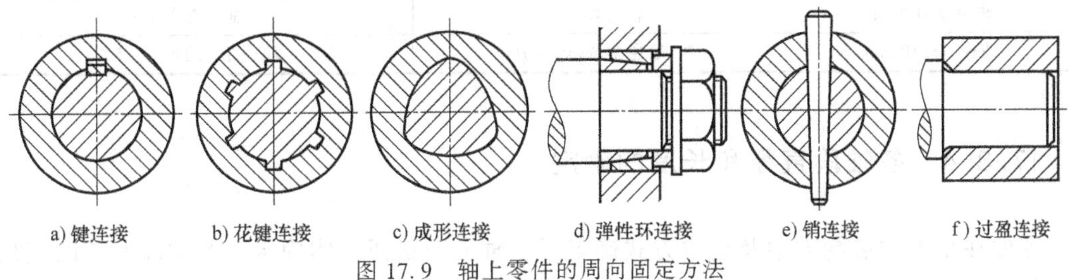

图 17.9　轴上零件的周向固定方法

17.3.3　轴的最小直径的估算

转轴受弯扭组合作用，在轴的结构设计前，其长度、跨距、支反力及其作用点的位置等都未知，尚无法确定轴上弯矩的大小和分布情况，因此也无法按弯扭组合强度来确定转轴上各轴段的直径。为此应先按扭转强度条件估算转轴上仅受转矩作用的轴段的直径——轴的最小直径 d_{min}，然后才能通过结构设计确定各轴段的直径。

对于传递转矩的圆截面轴，其强度条件为

$$\tau=\frac{T}{W_T}=\frac{9.55\times10^6P}{0.2d^3n}\leqslant[\tau] \tag{17.1}$$

式中，τ 为转矩 T（N·mm）在轴上产生的剪切应力，单位为 MPa；$[\tau]$ 为材料的许用剪切应力，单位为 MPa；W_T 为抗扭截面系数，单位为 mm^3，对圆截面轴 $W_T=\pi d^3/16\approx0.2d^3$；$P$ 为轴所传递的功率，单位为 kW；n 为轴的转速，单位为 r/min；d 为轴的直径，单位为 mm。

对于既传递转矩又承受弯矩的轴，也可用上式初步估算轴的直径，但必须把轴的许用剪切应力 $[\tau]$（见表 17.4）适当降低，以补偿弯矩对轴的影响。将降低后的许用应力代入式（17.1），并改写为设计公式

$$d\geqslant\sqrt[3]{\frac{9.55\times10^6}{0.2[\tau]}}\times\sqrt[3]{\frac{P}{n}}\geqslant C\sqrt[3]{\frac{P}{n}} \tag{17.2}$$

式中，C 是由轴的材料和承载情况确定的常数（见表 17.4）。应用式（17.2）求出的 d 值作为轴最细处的直径。

表 17.4 常用材料的 [τ] 值和 C 值

轴的材料	Q235,20	Q275,35	45	40Cr,35SiMn
[τ]/MPa	12~20	20~30	30~40	40~52
C	160~135	135~118	118~107	107~98

注：当作用在轴上的弯矩比转矩小或只传递转矩时，C 取最小值；否则取最大值。

此外，也可采用经验公式来估算轴的直径。例如，在一般减速器中，高速输入轴的直径可按与其相连的电动机轴的直径 D 估算，$d=(0.8\sim1.2)D$；各级低速轴的轴径可按同级齿轮中心距 a 估算，$d=(0.3\sim0.4)a$。

为了计及键槽对轴的削弱，可按表 17.5 中方式修正轴径。

表 17.5 轴径修正

	有一个键槽	有两个键槽
轴径 d>100mm	轴径增大 3%	轴径增大 7%
轴径 d≤100mm	轴径增大 5%~7%	轴径增大 10%~15%

17.3.4 各轴段直径和长度的确定

零件在轴上的装配方案及定位方式确定后，轴的形状便大体确定。各轴段所需的直径与轴上的载荷大小有关。初步确定轴的直径时，通常还不知道支反力的作用点，不能决定弯矩的大小和分布情况，因而还不能按轴所受的具体载荷及其引起的应力来确定轴的直径。但在进行轴的结构设计前，通常已能求得轴所受的转矩，因此，可按轴所受的转矩初步估算轴所需的直径。将初步求出的直径作为承受转矩的轴段的最小直径 d_{min}，然后再按轴上零件的装配方案和定位要求，从 d_{min} 处逐一确定各段的直径。在实际设计中，轴的直径也可凭设计者的经验取定，或参考同类机器用类比的方法确定。

1. 各轴段的直径

阶梯轴各轴段直径的变化应遵循下列原则：①配合性质不同的表面（包括配合表面与非配合表面），直径应有所不同；②加工精度、粗糙度要求不同的表面，一般直径也应有所不同；③应便于轴上零件的装拆。通常从初步估算的轴端最小直径 d_{min} 开始，考虑轴上配合零部件的标准尺寸、结构特点和定位、固定、装拆、受力情况等对轴结构的要求，依次确定各轴段（包括轴肩、轴环等）的直径。具体操作时还应注意以下几方面问题。

1）与轴承配合的轴颈，其直径必须符合滚动轴承内径的标准系列。

2）轴上螺纹部分必须符合螺纹标准。

3）与轴上传动零件配合的轴头直径，应尽可能圆整成标准直径尺寸系列（见表 17.6）或以 0、2、5、8 结尾的尺寸。

表 17.6 标准直径尺寸系列 （单位：mm）

10	12	14	16	18	20	22	24	25	26	28
30	32	34	36	38	40	42	45	48	50	53
56	60	63	67	71	75	80	85	90	95	100

4）非配合的轴段直径，可不取标准值，但一般应取成整数。

2. 各轴段的长度

各轴段的长度决定于轴上零件的宽度和零件固定的可靠性，设计时应注意以下几点：

1）轴颈的长度通常与轴承的宽度相同，滚动轴承的宽度查相关手册。

2）轴头的长度取决于与其相配合的传动零件轮毂的宽度，若该零件需轴向固定，则应使轴头长度较零件轮毂宽度小 2～3mm，以便将零件沿轴向夹紧，保证其固定的可靠性。

3）轴身长度的确定应考虑轴上各零件之间的相互位置关系和装拆工艺要求，各零件间的间距可查《机械设计手册》。

4）轴环宽度一般取 $b=(0.1\sim0.15)\ d$，或 $b\approx1.4h$，并圆整为整数。

17.3.5 结构工艺性要求

轴的形状，从满足强度和节省材料考虑，最好是等强度的抛物线回转体。但这种形状的轴既不便于加工，也不便于轴上零件的固定。从加工考虑，最好是直径不变的光轴，但光轴不利于轴上零件的装拆和定位。由于阶梯轴接近于等强度，而且便于加工及轴上零件的定位和装拆，所以实际上轴的形状多呈阶梯形。为了能选用合适的圆钢和减少切削加工量，阶梯轴各轴段的直径不宜相差太大，一般取 5～10mm。

为了使轴上零件与轴肩端面紧密贴合，应保证轴的圆角半径 r、轮毂孔的倒角高度 C（或圆角半径 R）、轴肩高度 h 之间满足：$r<C<h$ 和 $r<R<h$，如图 17.10 所示。与滚动轴承相配的轴肩尺寸应符合国标规定。

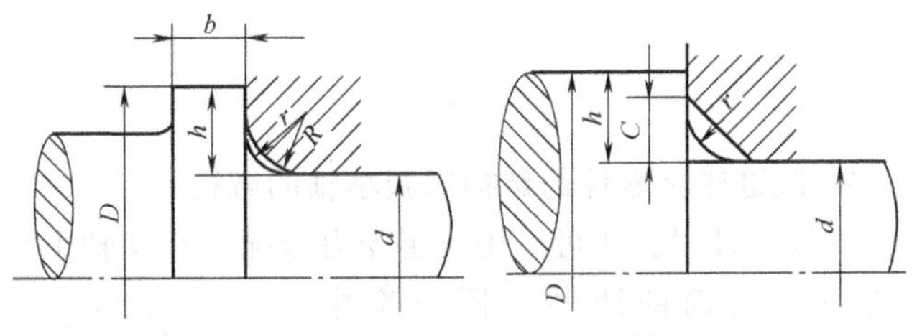

图 17.10 轴间的圆角和倒角

在采用套筒、螺母、轴端挡圈作轴向固定时，应把装零件的轴段长度做得比零件轮毂短 2～3mm，以确保套筒、螺母或轴端挡圈能靠紧零件端面。

为了便于切削加工，一根轴上的圆角应尽可能取相同的半径，退刀槽取相同的宽度，倒角尺寸相同；一根轴上各键槽应开在轴的同一母线上，若开有键槽的轴段直径相差不大时，尽可能采用相同宽度的键槽（图 17.11），以减少换刀的次数；需要磨削的轴段，应留有砂轮越程槽（图 17.12a），以便磨削时砂轮可以磨到轴肩的端部；需切削螺纹的轴段，应留有退刀槽，以保证螺纹牙均能达到预期的高度（图 17.12b）。为了便于加工和检验，轴的直径应取圆整值；与滚动轴承相配合的轴颈直径应符合滚动轴承内径标准；有螺纹的轴段直径应符合螺纹标准直径。为了便于装配，轴端应加工出倒角（一般为 45°），以免装配时把轴上零件的孔壁擦伤（图 17.12c）；过盈配合零件装入端常加工出导向锥面（图 17.12d），以使零件能较顺利地压入。

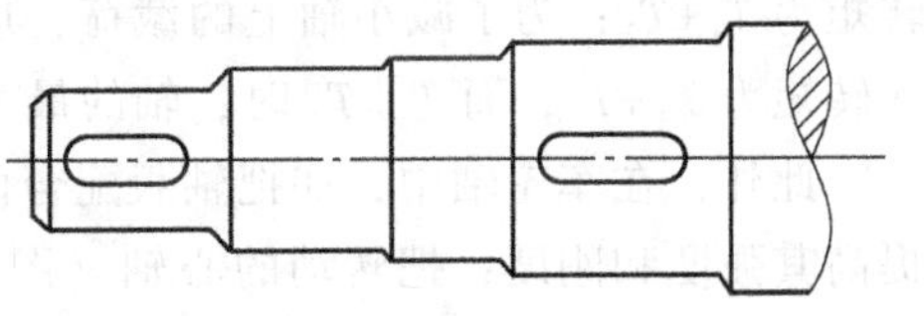

图 17.11 键槽应在同一母线上

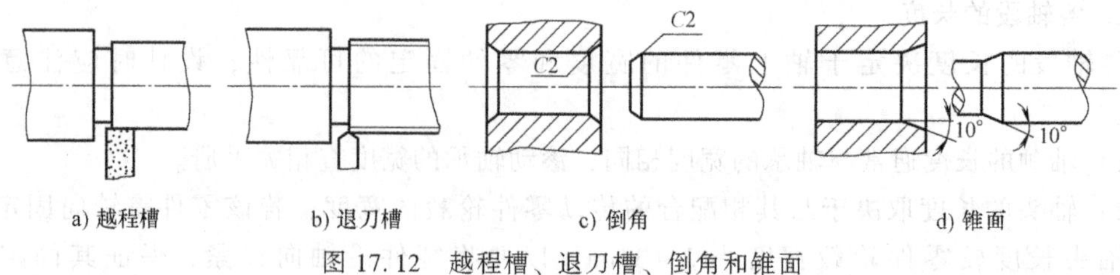

图 17.12 越程槽、退刀槽、倒角和锥面

17.3.6 提高轴的强度、刚度和减轻质量的措施

1. 合理布置轴上零件以减小轴的载荷

为了减小轴所承受的弯矩，传动件应尽量靠近轴承，并尽可能不采用悬臂的支撑形式，力求缩短支撑跨距及悬臂长度等。如图 17.13a、c 所示方案较图 17.13b、d 所示方案要好。

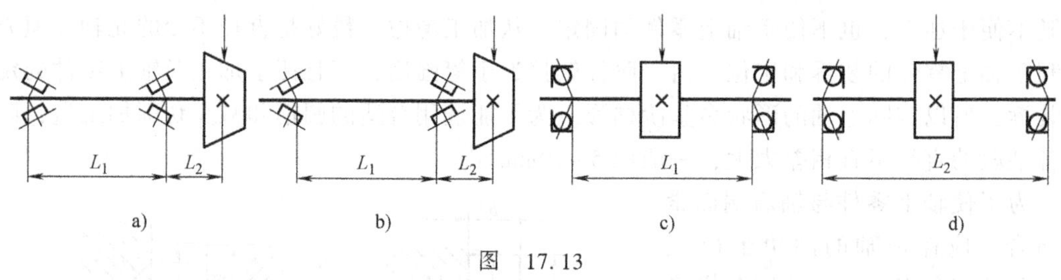

图 17.13

2. 改进轴上零件的结构以减小轴的载荷

结构设计时，还可以用改善受力情况、改变轴上零件位置等措施提高轴的强度。例如，在起重机卷筒的两种不同方案中（图 17.14），图 17.14a 所示的结构是大齿轮和卷筒联成一体，转矩经大齿轮直接传给卷筒，卷筒轴只受弯矩而不传递转矩；而图 17.14b 所示的方案是大齿轮将转矩通过轴传到卷筒，因而卷筒轴既受弯矩又受转矩。这样，起重同样载荷 Q 时，图 17.14a 所示轴的直径可小于图 17.14b 所示的结构。

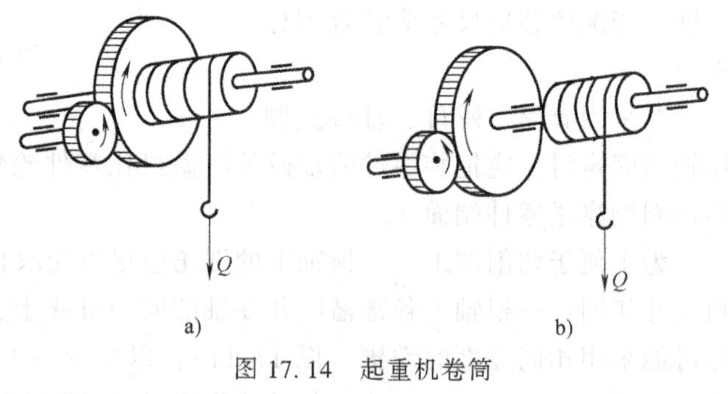

图 17.14 起重机卷筒

再如，当动力需从两个轮输出时，将输入轮放在一侧时，如图 17.15a 所示，轴的最大转矩为 T_1+T_2；为了减小轴上的载荷，应尽量将输入轮放在中间，如图 17.15b 所示，当输入转矩为 T_1+T_2，而 $T_1>T_2$ 时，轴的最大转矩为 T_1。

此外，在车轮轴中，如把轴毂配合面分为两段（图 17.16b），可以减小轴的弯矩，从而提高其强度和刚度；把转动的心轴（图 17.16a）改成不转动的心轴（图 17.16b），可使轴不承受交变应力。

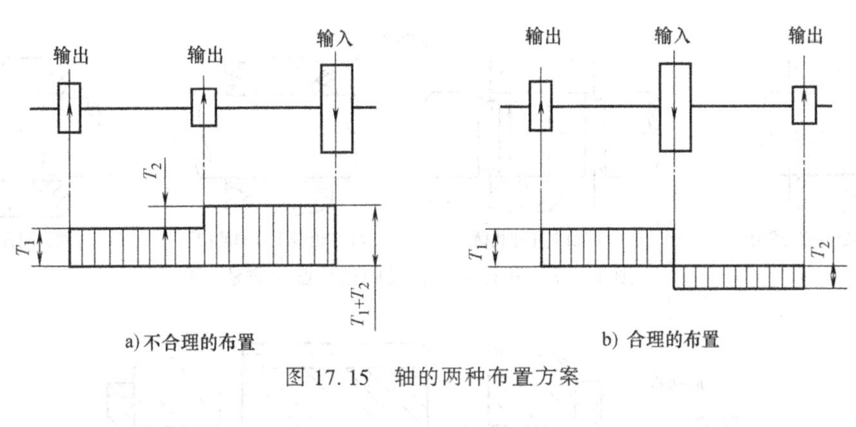

图 17.15 轴的两种布置方案

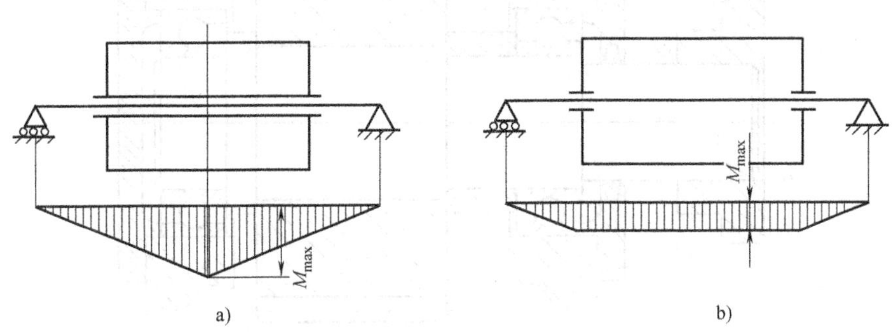

图 17.16 两种不同结构产生的轴弯矩

3. 改进轴的结构，减少应力集中

在零件截面发生变化处会产生应力集中现象，从而削弱材料的强度。因此，进行结构设计时，应尽量减小应力集中，特别是合金材料对应力集中比较敏感，应当特别注意。在阶梯轴的截面尺寸变化处应采用圆角过渡，且圆角半径不宜过小。另外，设计时尽量不要在轴上开横孔、切口或凹槽，必须开横孔须将边倒圆。在重要轴的结构中，可采用卸载槽 B（图 17.17a）、过渡肩环（图 17.17b）或凹切圆角（图 17.17c）增大轴肩圆角半径，以减小局部应力。在轮毂上做出卸载槽 B（图 17.17d），也能减小过盈配合处的局部应力。

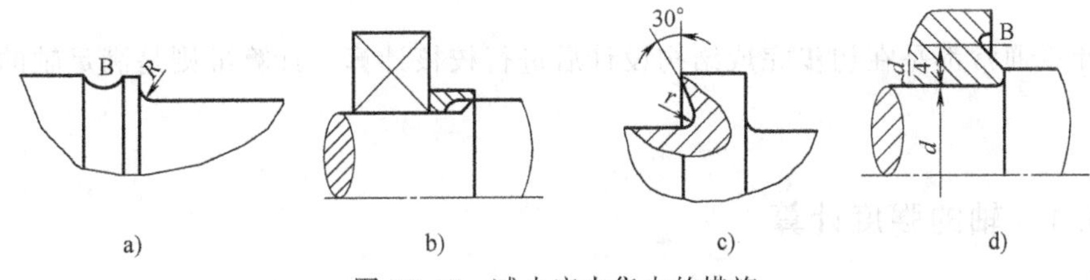

图 17.17 减小应力集中的措施

当轴上零件与轴为过盈配合时，也可采用各种结构（图 17.18），以减轻轴在零件配合处的应力集中。

例 17.1 图 17.19 所示轴的结构有哪些不合理的地方？用文字说明。

解：①联轴器左端无轴端挡圈。

②联轴器无周向固定（缺键）。

③联轴器右端无轴向固定。

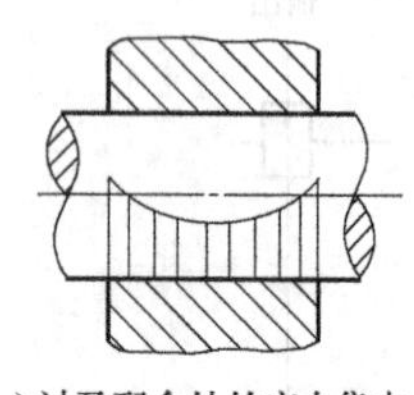
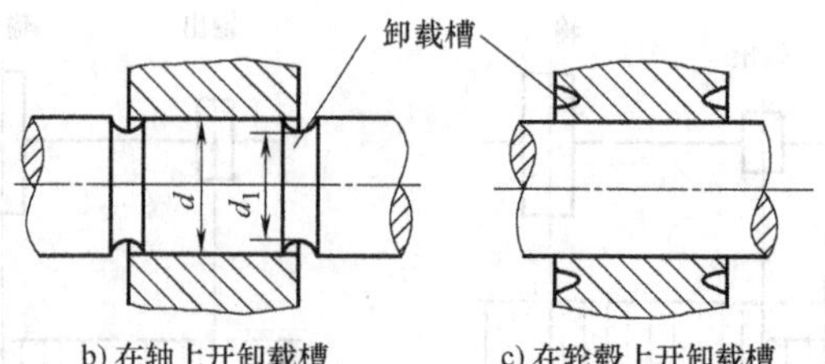

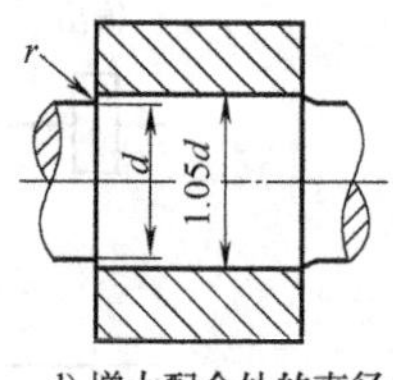

a) 过盈配合处的应力集中　b) 在轴上开卸载槽　c) 在轮毂上开卸载槽　d) 增大配合处的直径

图 17.18　几种轴与轮毂的过盈配合方法

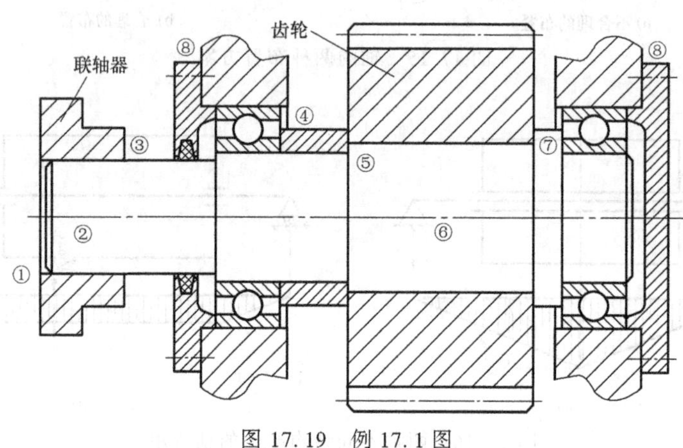

图 17.19　例 17.1 图

④套筒过高。

⑤轴头长度等于轮毂宽度。

⑥齿轮无周向固定（缺键）。

⑦定位轴肩过高。

⑧缺调整垫片。

17.4　轴的计算

轴的计算通常都是在初步完成结构设计后进行校核计算，计算准则是满足轴的强度和刚度要求。

17.4.1　轴的强度计算

轴的强度计算主要有三种方法：许用切应力计算、许用弯曲应力计算和安全系数校核计算。

许用切应力计算即扭转强度计算，主要用于传动轴的强度计算和初步估算轴的最小直径，计算公式见式（17.1）、式（17.2）。当轴上同时承受很小弯矩时，可通过降低许用切应力计及弯矩的影响。许用弯曲应力计算包括弯曲强度计算和弯扭合成强度计算，前者适用于只受弯矩的心轴的强度计算，后者适用于既受弯矩又受转矩的转轴的强度计算。心轴也可看成是转轴在扭转切应力为零时的一种特例。安全系数校核计算包括轴的疲劳强度安全系数校核计算和静强度安全系数校核计算。下面介绍转轴的弯扭合成强度计算。

1. 轴的受力分析及计算简图

轴所受的载荷是从轴上零件传来的。计算时，常将轴上的分布载荷简化为集中力，其作用点取为载荷分布段的中点。作用在轴上的转矩，一般从传动件轮毂宽度的中点算起。通常把轴当作置于铰链支座上的梁，支反力的作用点与轴承的类型与支反力有关。不同类型轴承及其不同的布置方式，其支反力作用点的位置可参考图 17.20 所示确定。图中 a 值可查滚动轴承样本或手册，e 值可根据滑动轴承的宽径比确定：$B/d \leqslant 1$ 时，$e=0.5B$；$B/d>1$ 时，$e=0.5d$，但不小于（0.25~0.35）B；调心轴承 $e=0.5B$。

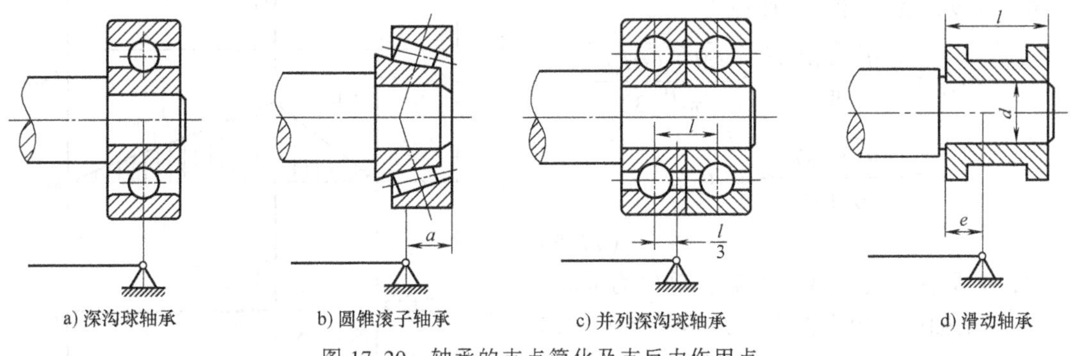

图 17.20　轴承的支点简化及支反力作用点

在作计算简图时，应先求出轴上受力零件的载荷，并将其分解为水平分力和垂直分力，然后求出各支撑处的水平反力 F_{NH} 和垂直反力 F_{NV}。

（1）轴上零件的载荷　首先要根据轴上受载零件具体的类型和特点，按照相应的理论求出作用在轴上的力的大小和方向（若为空间力系，应分解为圆周力、径向力和轴向力），然后画出受力图，如图 17.21a 所示。

（2）支反力　如图 17.21b、d 所示，将轴上所受载荷分解为水平分力和垂直分力，然后分别求出各支撑处的水平反力 F_{NH} 和垂直反力 F_{NV}。轴向力、轴向反力可表示在适当的面上，如将其表示在垂直面上（图 17.21d）。

（3）作弯矩图、扭矩图、计算弯矩图

1）弯矩图。根据上述简图，分别按水平面和垂直面计算各力产生的弯矩，并按计算结果分别作出水平面上的弯矩 M_H 图和垂直面上的弯矩 M_V 图，然后按式（17.3）计算总弯矩并作出 M 图

$$M=\sqrt{M_H^2+M_V^2} \tag{17.3}$$

合成弯矩 M 图如图 17.21f 所示。

2）扭矩图。如图 17.21g 所示。

3）计算弯矩图。根据已作出的总弯矩和扭矩图，求出计算弯矩 M_{ca}，并作出 M_{ca} 图，M_{ca} 的计算公式为

$$M_{ca}=\sqrt{M_1^2+(\alpha T)^2} \tag{17.4}$$

式中，α 是考虑扭转和弯矩的加载情况及产生应力的循环特征差异的系数。因通常由弯矩所产生的弯曲应力是对称循环的变应力，而扭转所产生的扭转切应力则常常不是对称循环的变

应力，故在计算弯矩时，必须计及这种循环特性差异的影响。即当扭转切应力为静应力时，取 $\alpha\approx0.3$；扭转切应力为脉动循环变应力时，取 $\alpha\approx0.6$；若扭转切应力也为对称循环变应力时，则取 $\alpha=1$。

（4）校核轴的强度　已知轴的计算弯矩后，即可针对某些危险截面（即计算弯矩大而直径可能不足的截面）作强度校核计算。按第三强度理论，计算弯曲应力

$$\sigma_{ca}=\frac{\sqrt{M^2+(\alpha T)^2}}{W}=\frac{\sqrt{M^2+(\alpha T)^2}}{\pi d^3/32}=\frac{\sqrt{M^2+(\alpha T)^2}}{0.1d^3}\leqslant[\sigma_{-1b}] \tag{17.5}$$

式中，W 是轴的抗弯截面系数，单位为 mm^3；$[\sigma_{-1b}]$ 是轴的许用弯曲应力，其值查表 17.7 选用。

由于心轴工作时只承受弯矩而不承受转矩，所以在应用式（17.5）时，应取 $T=0$，也即 $M_{ca}=M$。转动心轴的弯矩在轴截面上所引起的应力是对称循环变应力。对于固定心轴，考虑起动、制动等的影响，弯矩在轴截面上所引起的应力可视为脉动循环变应力，所以在应用式（17.5）时，其许用应力应为 $[\sigma_{0b}]$（$[\sigma_{0b}]$ 为脉动循环变应力时的许用弯曲应力），$[\sigma_{0b}]\approx1.7[[\sigma_{-1b}]$。

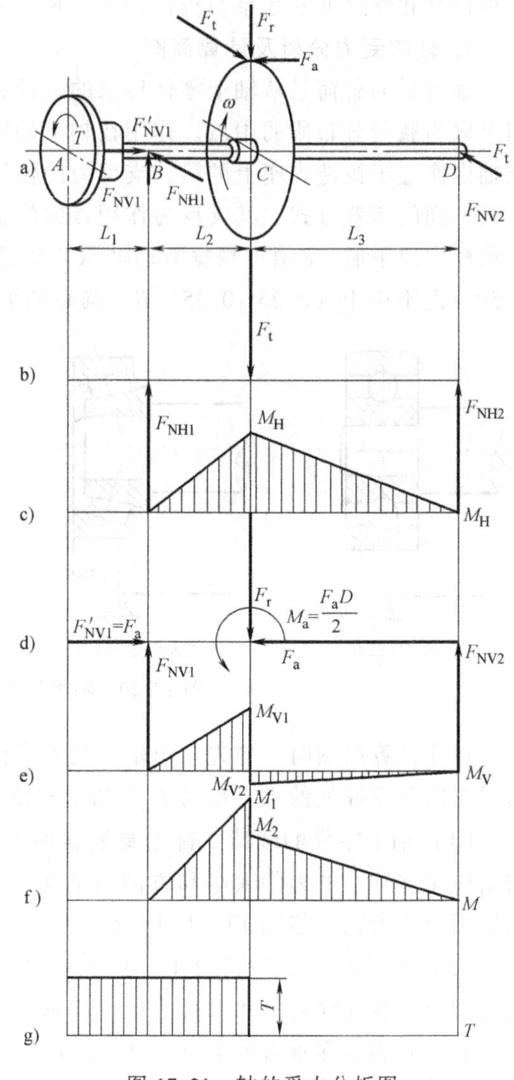

图 17.21　轴的受力分析图

计算轴的直径时，式（17.5）可写成

$$d\geqslant\sqrt[3]{\frac{M_{ca}}{0.1[\sigma_{-1b}]}} \tag{17.6}$$

表 17.7　轴的许用弯曲应力　（单位：MPa）

材料	σ_b	$[\sigma_{+1b}]$	$[\sigma_{0b}]$	$[\sigma_{-1b}]$
	MPa			
碳素钢	400	130	70	40
	500	170	75	45
	600	200	95	55
	700	230	110	65
合金钢	800	270	130	75
	900	300	140	80
	1000	330	150	90

（续）

材料	σ_b	$[\sigma_{+1b}]$	$[\sigma_{0b}]$	$[\sigma_{-1b}]$
	MPa			
铸钢	400	100	50	30
	500	120	70	40

若该截面有键槽，可将计算出的轴径加大4%。计算出的轴径还应与结构设计中初步确定的轴径相比较，若初步确定的直径较小，说明强度不够，结构设计要进行修改；若计算出的轴径较小，除非相差很大，一般就以结构设计的轴径为准。

17.4.2 轴的刚度计算

轴受弯矩作用会产生弯曲变形（图17.22），受转矩作用会产生扭转变形（图17.23）。如果轴的刚度不够，就会影响轴的正常工作。例如，电动机转子轴的挠度过大，会改变转子与定子的间隙而影响电动机的性能。又如机床主轴的刚度不够，将会影响加工精度。

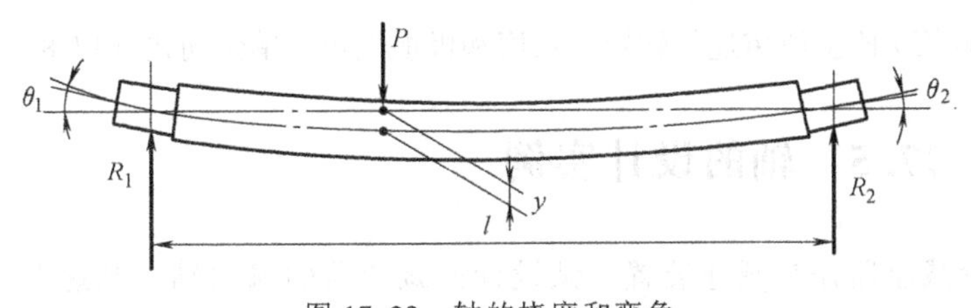

图 17.22 轴的挠度和弯角

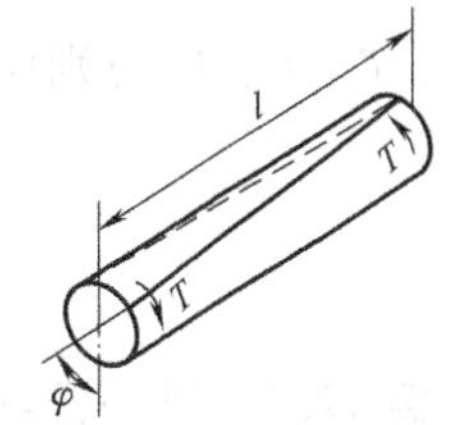

图 17.23 轴的扭转角

因此，为了使轴不致因刚度不够而失效，设计时必须根据轴的工作条件限制其变形量，即

挠度 $y \leqslant [y]$

偏转角 $\theta \leqslant [\theta]$ （17.7）

扭转角 $\varphi \leqslant [\varphi]$

式中，$[y]$、$[\theta]$、$[\varphi]$ 分别为许用挠度、许用偏转角和许用扭转角，其值见表17.8。

表17.8 轴的许用挠度 $[y]$、许用偏转角 $[\theta]$ 和许用扭转角 $[\varphi]$

变形种类	适用场合	许用值	变形种类	适用场合	许用值
挠度 y/mm	一般用途的轴	$(0.0003\sim0.0005)l$	偏转角 θ/rad	滑动轴承	<0.001
	刚度要求较高的轴	$<0.0002l$		径向球轴承	<0.05
	感应电动机轴	$<0.1\Delta$		调心球轴承	<0.05
	安装齿轮的轴	$(0.1\sim0.05)m_n$		圆柱滚子轴承	<0.0025
	安装蜗轮的轴	$(0.02\sim.05)m_t$		圆锥滚子轴承	<0.0016
	l——支撑间跨距 Δ——电动机定子与转子间的空隙 m_n——齿轮法向模数 m_t——蜗轮端面模数			安装齿轮处的截面	<0.001~0.002
			每米长的扭转角 φ(°/m)	一般传动	0.5~1
				较精密的传动	0.25~0.5
				重要传动	<0.25

1. 弯曲变形计算

计算轴在弯矩作用下所产生的挠度 y 和偏转角 θ 的方法很多，在材料力学课程中已介绍过两种：①按挠曲线的近似微分方程式积分求解；②变形能法。对于等直径轴，用前一种方法较简便，对于阶梯轴，用后一种方法较适宜。

2. 扭转变形的计算

等直径的轴受转矩 T 作用时，其扭转角 φ（rad）可按材料力学中的扭转变形公式求出，即

$$\varphi = \frac{Tl}{GI_{\mathrm{P}}} \tag{17.8}$$

式中，T 为转矩，单位为 N · mm；l 为轴受转矩作用的长度，单位为 mm；G 为材料的切变模量，单位为 MPa；I_{P} 为轴截面的极惯性矩，单位为 mm^4。

$$I_{\mathrm{P}} = \frac{\pi d^4}{32}$$

对阶梯轴，其扭转角 φ（rad）的计算式为

$$\varphi = \frac{1}{G}\sum_{i=1}^{n}\frac{T_i l_i}{I_{\mathrm{P}i}} \tag{17.9}$$

式中，T_i、l_i、$I_{\mathrm{P}i}$ 分别代表阶梯轴第 i 段上所传递的转矩、长度和极惯性矩，单位同式（17.8）。

17.5 轴的设计实例

例 17.2 某一锥-圆柱齿轮减速器作为减速装置，试设计该减速器的输出轴。减速器的装置简图（如图 17.24 所示）。输入轴与电动机相联，输出轴通过弹性柱销联轴器与工作机

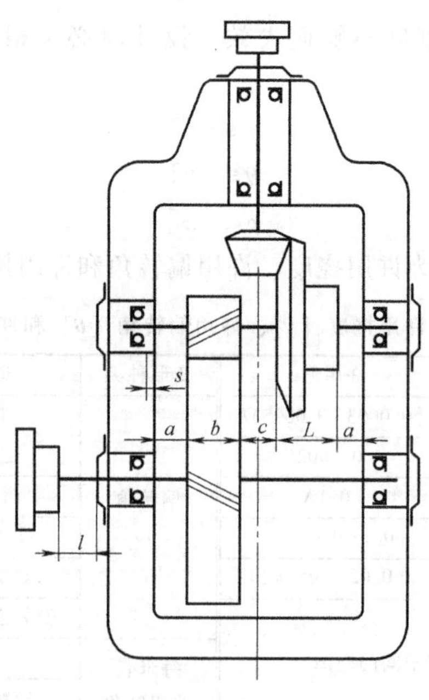

图 17.24　减速器的装置简图

相连，输出轴为单向旋转（从装有联轴器的一端看为顺时针方向）。已知电动机功率 $P=7.5\text{kW}$，转速 $n_1=970\text{r/min}$，齿轮机构的参数见表 17.9。

表 17.9 齿轮机构的参数

级别	z_1	z_2	m/mm	β	α	h_a^*	齿宽
高速级	20	75	3.5		20°	1	大锥齿轮轮毂长 $L=40\text{mm}$
低速级	23	95	4	8°06′34″	20°	1	$b_1=85\text{mm}, b_2=80\text{mm}$
输入参数	电动机功率 $P=7.5\text{kW}$，转速 $n_1=970\text{r/min}$，单向转动						

解：轴的材料选用 45 钢调质，设计过程列表进行。

设计项目	设计依据及内容	设计结果
1. 确定输出轴运动和动力参数		
(1)确定电动机额定功率 P 和满载转速 n_1	由已知条件得	$P=7.5\text{kW}$ $n_1=970\text{r/min}$
(2)确定相关件效率		
弹性柱销联轴器效率 η_1		$\eta_1=0.995$
锥齿轮啮合效率 η_2	8 级精度	$\eta_2=0.96$
圆柱齿轮啮合效率 η_3	8 度精度	$\eta_3=0.97$
一对滚动轴承的效率 η_4	三根轴均同时承受径向力和轴向力，转速不高，全部采用圆锥滚子轴承	$\eta_4=0.98$
电动机输出轴总效率 η	$\eta=\eta_1\eta_2\eta_3\eta_4^2=0.995\times0.96\times0.97\times0.98^2$	$\eta=0.89$
(3)输出轴的输入功率 P_3	$P_3=P\eta=7.5\times0.89\text{kW}$	$P_3=6.68\text{kW}$
(4)输出轴的转速 n_3	$n_3=n/i=970\times20\times23/(70\times95)\text{r/min}$	$n_3=67.10\text{r/min}$
(5)输出轴Ⅰ～Ⅲ轴段上转矩 T_3	$T_3=9.55\times10^6 P_3\eta_4/n_3=9.55\times10^6\times6.68\times0.98/67.10\ \text{N}\cdot\text{mm}$	$T_3=932000\text{N}\cdot\text{mm}$
2. 轴的结构设计		
(1)确定轴上零件的装配方案	如图 17.25 所示，齿轮可分别从轴的左右两端安装。但从右安装（图 17.25b）比从左安装（图 17.25a）多一个轴向定位的长套筒，导致零件增多，质量加大，故选择图 17.25a 所示方案。又如图 17.25a 所示，为方便表述，记轴的左端面为Ⅰ，并从左向右每个截面变化处依次标记为Ⅱ、Ⅲ、…，对应每轴段的直径和长度则分别记为 d_{12}、d_{23}、…和 L_{12}、L_{23}、…	选择图 17.25a 所示方案
(2)确定轴的最小直径 d_{min}	Ⅰ～Ⅲ轴段仅受转矩作用，直径最小	
1)估算轴的最小直径 d_{0min}	45 钢调质处理，查表 17.4 确定轴的 C 值。$d_{0min}=C\sqrt[3]{P/n}=112\sqrt[3]{6.68\times0.98/67.10}\text{mm}=51.56\text{mm}$，单键槽轴径应增大 5%～7%，即增大至 54.14～55.17mm	取 $C=112$ 取 $d_{0min}=55\text{mm}$
2)选择输出轴联轴器型号		
联轴器的计算转矩 T_{ca}	查表 18.1 确定工作情况系数 K $T_{ca}=KT_3=1.3\times932000\text{N}\cdot\text{mm}$	取 $K=1.3$ $T_{ca}=1212000\text{N}\cdot\text{mm}$

（续）

设计项目	设计依据及内容	设计结果
输出轴上联轴器型号	选择弹性柱销联轴器，按 $[T] \geqslant T_{ca}$ = 1212000N · mm $[n] \geqslant$ 67. 1r/min，查标准 GB/T 5014—2003	选用 HL4 型弹性柱销联轴器，$[T]$ = 1250000 N · mm，$[n]$ = 4000r/min
半联轴器长度 L		L = 112mm
与轴配合轮毂孔长度 L_1		L_1 = 84mm
半联轴器的孔径 d_2		d_2 = 55mm
3）确定轴的最小直径 d_{min}	应满足 $d_{min}=d_{12}=d_2 \geqslant d_{0min}$	取 d_{min} = 55mm
（3）确定各轴段的尺寸		
Ⅰ—Ⅱ段轴头的长度 L_{12}	为保证半联轴器轴向定位的可靠性，L_{12} 应略小于 L_1	取 L_{12} = 82mm
Ⅱ—Ⅲ段轴身的直径 d_{23}	Ⅱ处轴肩高 $h=(0.07\sim0.1)d=3.85\sim5.5$mm，但因该轴肩几乎不承受轴向力，故取 h = 3. 5mm，则 $d_{23}=d_{12}+2h=(55+2\times3.5)$mm	d_{23} = 62mm
确定 d_{34}、d_{78}，选择滚动轴承型号	取 $d_{34}=d_{78}=65>d_{23}$，查轴承样本，选用型号为 30313 的单列圆锥滚子轴承，其内径 d = 65mm，外径 D = 140mm，宽度 B = 36mm	$d_{34}=d_{78}$ = 65mm 选 30313 单列圆锥滚子轴承
Ⅳ—Ⅴ段轴头的直径 d_{45}	为方便安装，d_{45} 应略大于 d_{34}	取 d_{45} = 70mm
Ⅳ—Ⅴ段轴头的长度 L_{45}	为使套筒端面可靠地压紧齿轮，L_{45} 应略小于齿轮轮毂的宽度 b_2 = 80mm	取 L_{45} = 76mm
Ⅴ—Ⅵ段轴环的直径 d_{56}	齿轮的定位轴肩高度 $h=(0.07\sim0.1)d=4.9\sim7$mm，取 h = 6mm	d_{56} = 82mm
Ⅴ—Ⅵ段轴环的宽度 L_{56}	轴环宽度 $b \geqslant 1.4h$ = 8. 4mm	取 L_{56} = 12mm
Ⅵ—Ⅶ段轴身的直径 d_{67}	查轴承样本，轴承定位轴肩的高度 h = 6mm	d_{67} = 77mm
Ⅶ—Ⅷ段轴颈长度 L_{78}	取 $L_{78}=B$ = 36mm	L_{78} = 36mm
Ⅱ—Ⅲ段轴身的长度 L_{23}	参见图 17. 24 及图 17. 25a，轴承端盖的总厚度（由结构设计确定）为 20mm，为便于轴承端盖的拆卸及对轴承添加润滑剂，取端盖外端面与半联轴器右端面间的距离 l = 30mm，$L_{23}=l+$ 20mm = 50mm	L_{23} = 50mm
Ⅲ—Ⅳ轴段的长度 L_{34}	参见图 17. 24，a = 16mm，s = 8mm，则 $L_{34}=B+s+a+(b_2-l_{45})=[36+8+16+(80-76)]$mm	L_{34} = 64mm
Ⅵ—Ⅶ轴段的长度 L_{67}	参见图 17. 24，c = 20mm，则 $L_{67}=(L+c+a+s-L_{56})=(50+20+16+8-12)$mm	L_{67} = 82mm
（4）轴上零件的周向固定	齿轮、半联轴器与轴的周向固定均采用平键连接；轴承与轴的周向固定采用过渡配合	
齿轮处的平键选择	选 A 型普通平键，由 d_{45} 查设计手册，平键截面尺寸 $b \times h$ = 20mm×12mm，键长 63mm	GB/T 1096—2003 键 20×12×63
齿轮轮毂与轴的配合	为保证对中良好，采用较紧的过渡配合	配合为 H7/n6
半联轴器处的平键选择	选 A 型普通平键	GB/T 1096—2003 键 16×10×70
半联轴器与轴的配合	采用过渡配合	配合为 H7/n6

（续）

设计项目	设计依据及内容	设计结果
滚动轴承与轴颈的配合	采用较紧的过盈配合	轴颈尺寸公差为 m6
(5)确定倒角和圆角的尺寸		
轴两端的倒角	根据轴径查手册	取倒角为 $C2$
各轴肩处圆半径	考虑应力集中的影响，由轴段直径查手册	如图 17.26 所示
(6)绘制轴的结构装配草图		如图 17.26 所示

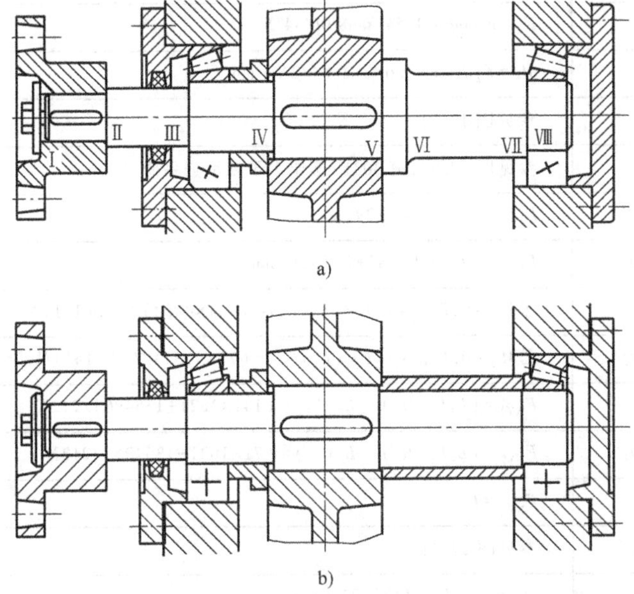

图 17.25 输出轴的两种结构方案

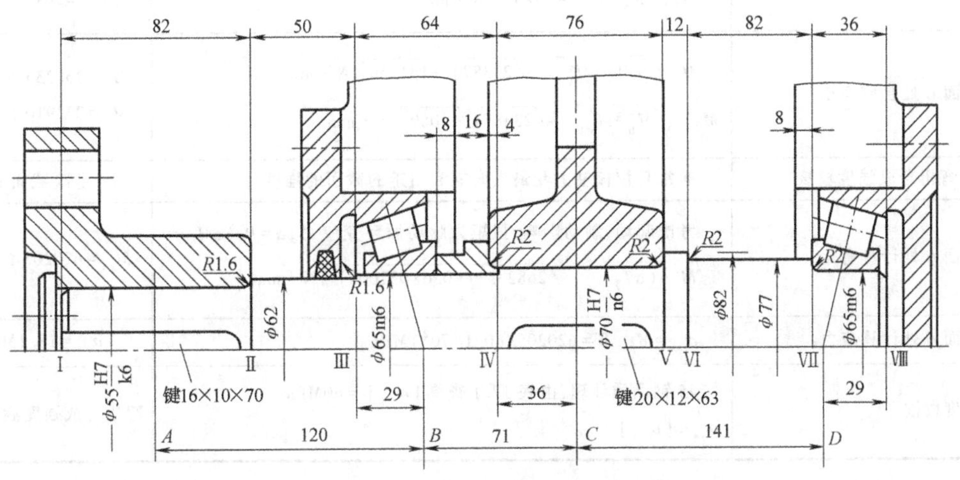

图 17.26 轴的结构与装配草图

例 17.3 根据例 17.2 中设计出的轴的结构与装配草图（图 17.26），试对该轴进行强度校核，并绘制其零件工作图。

解：强度校核过程列表进行。

设计项目	设计依据及内容	设计结果
1. 求轴上载荷		
1）计算齿轮受力	参见例 17.2 中齿轮参数表 17.9 及图 17.21	
齿轮的分度圆直径	$d_2=mz_2/\cos\beta=3.5\times95/\cos8°06'34''$mm	$d_2=383.84$mm
圆周力	$F_t=2T_3/d_2=2\times950730/383.84$N	$F_t=4954$N
径向力	$F_t=F_t\tan\alpha_n/\cos\beta=4954\times\tan20°/\cos8'06'34''$N	$F_t=1821$N
轴向力	$F_a=F_t\tan\beta=4954\times\tan8'06'34''$N	$F_a=706$N
F_a 对轴心产生的弯矩	$M_a=F_a d_2/2=706\times383.84/2$N·mm	$M_a=135496$N·mm
2）求支反力	参见图 17.21	
轴承的支点位置	参见图 17.20，由 30313 圆锥滚子轴承查手册	$a=29$mm
齿宽中点距左支点距离	$L_2=[(76/2+64)-29]$mm	$L_2=71$mm
齿宽中点距右支点距离	$L_3=[(76/2+12+82+36)-29]$mm	$L_3=141$mm
左支点水平面的支反力	$\sum M_D=0, F_{NH1}=L_3F_t/(L_2+L_3)=(141\times4954)/(71+141)$N	$F_{NH1}=3294$N
右支点水平面的支反力	$\sum M_B=0, F_{NH2}=L_2F_t/(L_2+L_3)=(71\times4954)/(71+141)$N	$F_{NH2}=1658$N
左支点垂直面的支反力	$F_{NV1}=(L_3F_t+M_a)/(L_2+L_3)=(141\times1821+135496)/212$N	$F_{NV1}=1850$N
右支点垂直面的支反力	$F_{NV2}=(L_2F_t-M_a)/(L_2+L_3)=(71\times1821-135496)/212$N	$F_{NV2}=-29$N
左支点的轴向支反力	$F'_{NV1}=F_a$	$F'_{NV1}=706$N
2. 绘制弯矩图和扭矩图	参见图 17.21	
截面 C 处水平面弯矩	$M_H=F_{NH1}L_2=3294\times71$N·mm	$M_H=233874$ N·mm
截面 C 处垂直面弯矩	$M_{V1}=F_{NV1}L_2=1869\times71$ N·mm $M_{V2}=F_{NV2}L_3=-29\times141$ N·mm	$M_{V1}=132699$ N·mm $M_{V2}=-4089$ N·mm
截面 C 处合成弯矩	$M_1=\sqrt{M_H^2+M_{V1}^2}=\sqrt{233874^2+131350^2}$ N·mm $M_2=\sqrt{M_H^2+M_{V2}^2}=\sqrt{233874^2+4089^2}$ N·mm	$M_1=268235$ N·mm $M_2=233910$ N·mm
3. 弯扭合成强度校核	通常只校核轴上受最大弯矩和扭矩的截面的强度	危险截面 C
截面 C 处计算弯矩	考虑起动、制动影响，扭矩为脉动循环变应力，$\alpha=0.6$，$M_{ca}=\sqrt{M_1^2+(\alpha T_3)^2}=\sqrt{268235^2+(0.6\times932000)^2}$ N·mm	$M_{ca}=620205$ N·mm
截面 C 处计算应力	$\sigma_{ca}=M_{ca}/W=620205/(0.1\times70^2)$MPa	$\sigma_{ca}=18.1$MPa
强度校核	45 钢调质处理，由表 17.1 查得 $[\sigma_{-1}]=60$MPa $\sigma_{ca}<[\sigma_{-1}]$	弯扭合成强度满足要求

轴的零件工作图如图 17.27 所示。

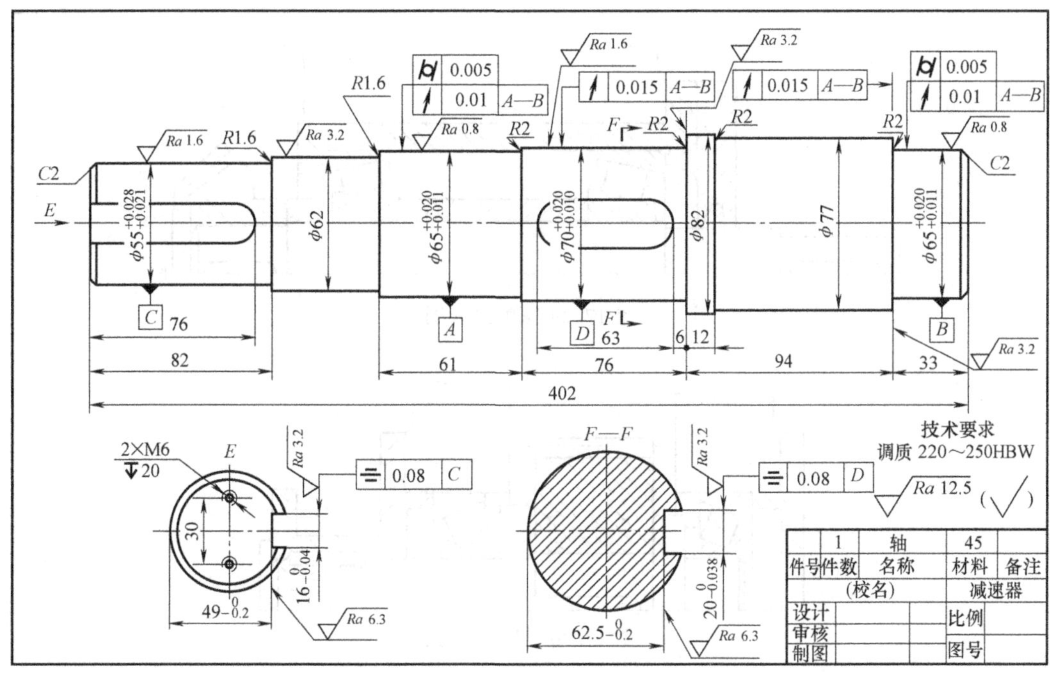

图 17.27 轴的零件工作图

习 题

17.1 已知一传动轴传递的功率 $P=37\text{kW}$，转速 $n=900\text{r/min}$，如果轴的材料为 45 钢，调质处理，求该轴的直径 d（mm）（注意：计算出轴径后，应取标准直径。必须列出公式、代入数据进行计算）。

17.2 已知一单级直齿圆柱齿轮减速器，用电动机直接驱动，电动机功率 $P=22\text{kW}$，转速 $n_1=1470\text{r/min}$，齿轮模数 $m=4\text{mm}$，齿数 $z_1=18$，$z_2=82$。若支撑间的跨距 $l=180\text{mm}$（齿轮位于跨距中间位置），轴的材料用 45 钢调质，试计算输出轴危险截面的直径。

17.3 如图 17.28 所示轴的结构 1～8 处有哪些不合理的地方？用文字说明。

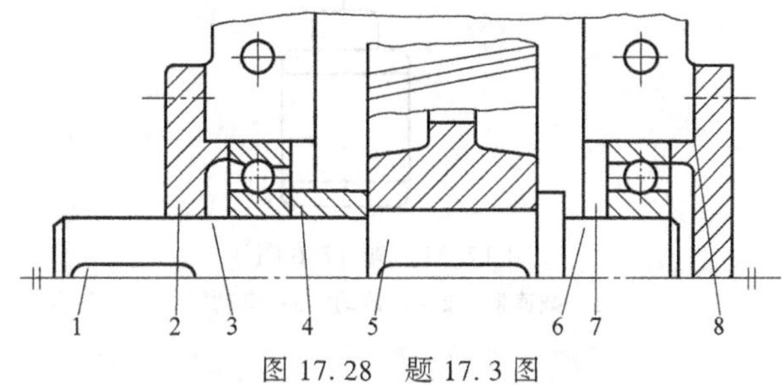

图 17.28 题 17.3 图

17.4 试指出图 17.29 所示小锥齿轮轴系中的错误结构，并画出正确的结构图。

17.5 试指出图 17.30 所示斜齿圆柱齿轮轴系中的错误结构，并画出正确结构图。

17.6 如图 17.31 所示为二级斜齿圆柱齿轮减速器。已知中间轴Ⅱ传递功率 $P=40\text{kW}$，转速 $n_2=200\text{r/min}$，齿轮 2 的分度圆直径 $d_2=688\text{mm}$，螺旋角 $\beta_2=12°50'$，齿轮 3 的分度圆

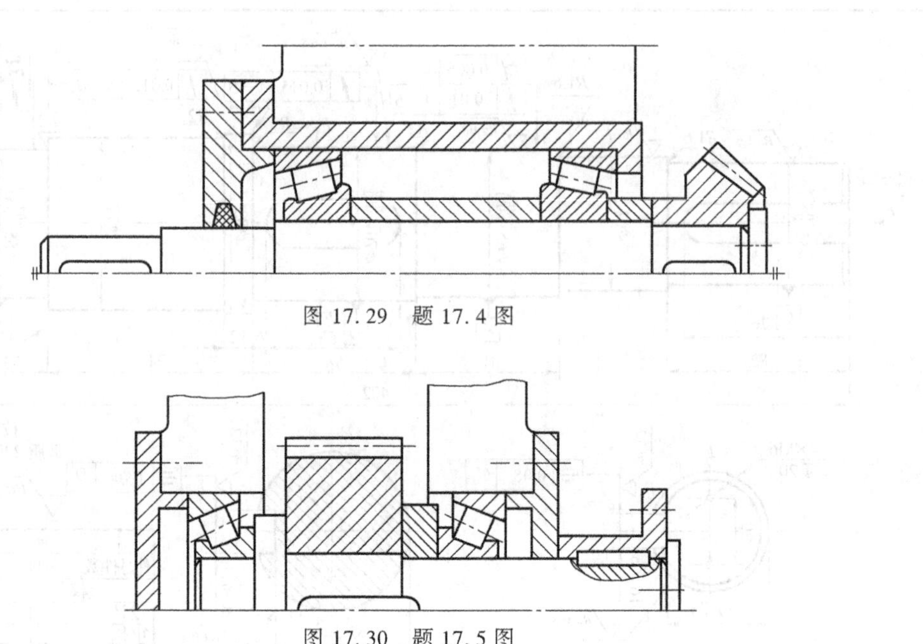

图 17.29　题 17.4 图

图 17.30　题 17.5 图

直径 $d_3=170\text{mm}$，螺旋角 $\beta_3=10°29'$，轴的材料用 45 钢调质，试按弯扭合成强度计算方法求轴Ⅱ的直径。画出轴的零件图。

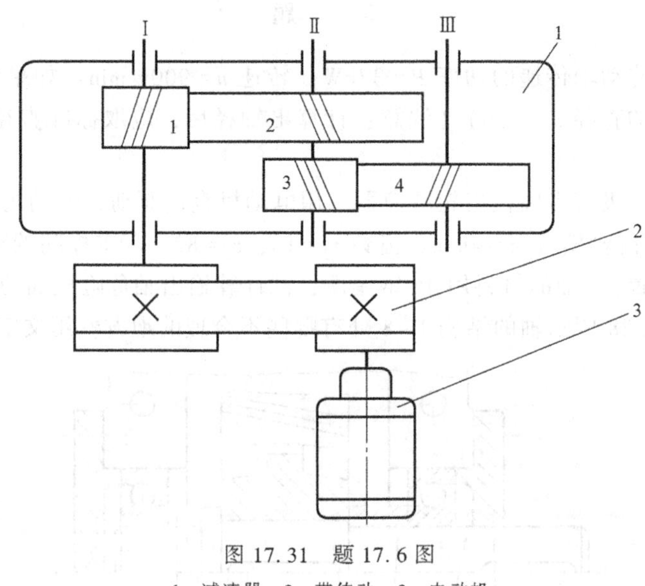

图 17.31　题 17.6 图

1—减速器　2—带传动　3—电动机

Chapter 18

第18章 联轴器和离合器

联轴器与离合器都是用来连接两轴、传递运动和转矩的。二者区别在于联轴器连接的两轴只有制动后，经拆卸才能分离，而离合器连接的两轴可在机器工作中方便地实现分离与接合。

18.1 联 轴 器

18.1.1 联轴器的类型和特点

联轴器根据其工作原理不同可分为：机械式联轴器、液力联轴器和电磁式联轴器。其中以机械式联轴器最为常用。机械式联轴器主要包括刚性联轴器和弹性联轴器两大类。

刚性联轴器是由刚性构件所组成。按是否可以补偿两轴的相对偏移，又可分为固定式和可移式。可移式刚性联轴器可以通过自身的结构来保证两轴一定的相对位移，而固定式则无法补偿两轴的相对偏移。

弹性联轴器包含有弹性元件，可以靠弹性元件的变形来补偿两轴相对位移，并且具有缓冲吸振的作用。

两轴的相对位移通常是由于制造及安装误差，或承载后的变形及温度变化的影响等因素所引起的两轴相对位置发生变化，致使不能保证严格的对中。如图 18.1 所示，两轴线之间的相对位移包括轴向位移 x（图 18.1a）、径向位移 y（图 18.1b）、角位移 α（图 18.1c）及由这些位移组合的综合位移（图 18.1d）。

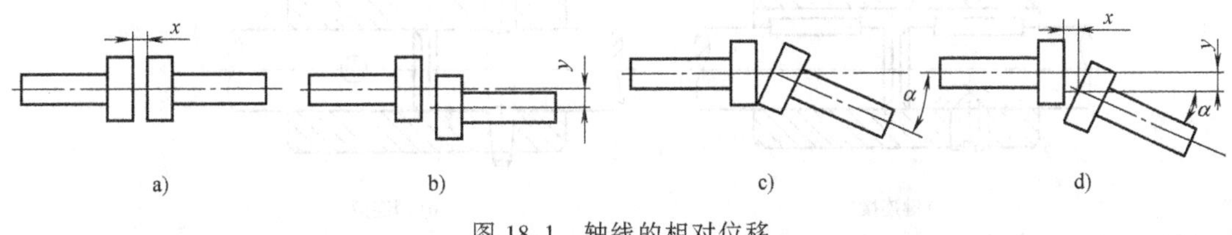

图 18.1 轴线的相对位移

18.1.2 固定式刚性联轴器

固定式刚性联轴器无法补偿两轴线相对位移偏差。故对两轴对中性的要求很高。当两轴有相对位移存在时，就会在机件内产生附加裁荷，使工作情况恶化，这是它的主要缺点。但由于它构造简单、成本低，通常可传递较大的转矩，所以当转速低、无冲击、轴的刚性大、对中性较好时常被采用。常见的结构形式有以下三种。

1. 凸缘联轴器

凸缘联轴器由两个带凸缘的半联轴器和连接螺栓组成，如图 18. 2 所示。两半联轴器分别用键与两轴连接，同时它们再用螺栓相互连接。凸缘联轴器有两种对中方式：一种是利用两个半联轴器接合端面上凸出的对中榫和凹入的榫槽相配合对中（图 18. 2a），其对中精度高，工作中靠预紧普通螺栓在两个半联轴器的接触面间产生的摩擦力来传递转矩，装拆时轴必须作轴向移动，不太方便，多用于不常装拆的场合。另一种是采用铰制孔用螺栓对中（图 18. 2b），工作中靠螺栓杆的剪切和螺栓杆与孔壁间的挤压来传递转矩，其传递转矩的能力较大。若传递转矩不大，可以一半采用铰制孔用螺栓，另一半采用普通螺栓，这种结构装拆时轴不需作轴向移动，只需拆卸螺栓即可，比较方便，可用于经常装拆的场合。

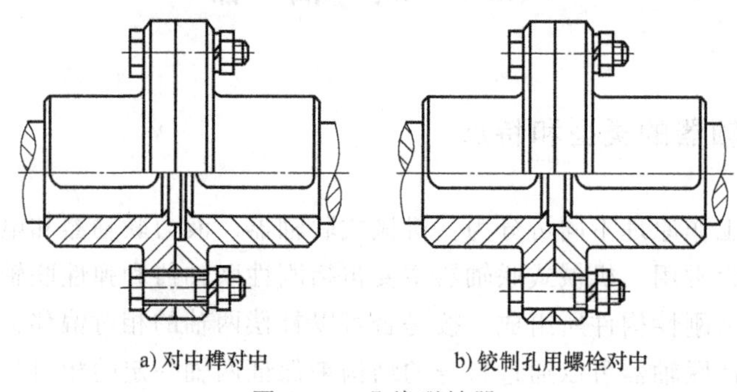

a) 对中榫对中　　b) 铰制孔用螺栓对中

图 18. 2　凸缘联轴器

制造凸缘联轴器的材料可采用 35、45 钢或 ZG310-570，当外缘圆周速度 $v \leq 30$m/s 时可采用 HT200。

2. 套筒联轴器

套筒联轴器通过一个公用套筒并采用键（图 18. 3a）、销（图 18. 3b）或花键等连接零件，使两轴相连接。

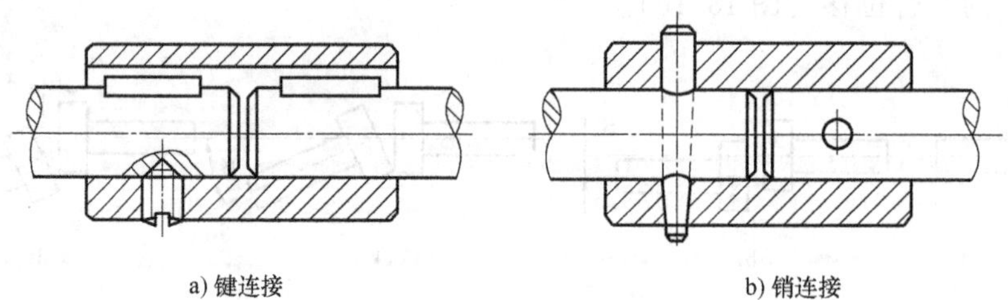

a) 键连接　　b) 销连接

图 18. 3　套筒联轴器

3. 夹壳式联轴器

如图 18. 4 所示，夹壳式联轴器由两个半圆筒形的夹壳及其连接螺栓所组成。靠夹壳与轴之间的摩擦力或键来传递转矩。由于是剖分结构，所以拆装方便。主要用于低速、工作平稳的场合。

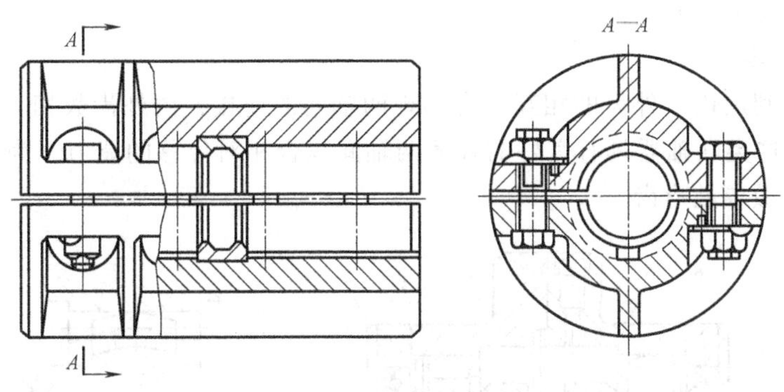

图 18.4 夹壳式联轴器

18.1.3 可移式刚性联轴器

可移式刚性联轴器的组成零件间构成的动连接，具有某一方向或几个方向的自由度，因此能补偿两轴的相对位移。常用的可移式刚性联轴器有以下几种。

1. 滑块联轴器

滑块联轴器由两个端面开有凹槽的半联轴器和一个方形滑块组成，有几种不同的结构形式。金属滑块联轴器（又称十字滑块联轴器）由两个端面上开有径向凹槽的半联轴器和一个两面带有相互垂直的凸牙的中间圆盘所组成，如图 18.5 所示。安装时中间圆盘两面的凸牙分别嵌入两个半联轴器的凹槽中，靠凹槽与凸牙的相互嵌合传递转矩。工作中中间圆盘的凸牙可以分别在两半联轴器的凹槽中滑动，故可补偿安装及运转中两轴间的相对径向位移，同时也可补偿一定的轴向位移。

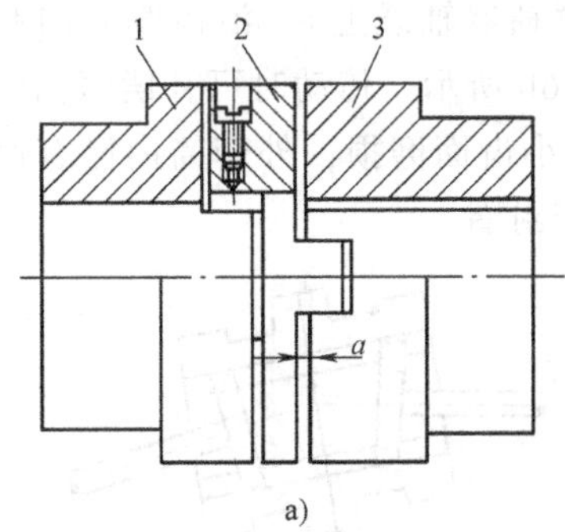

a)

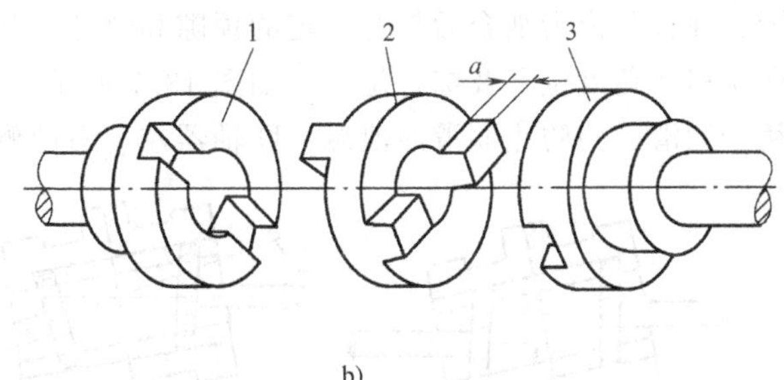

b)

图 18.5 金属滑块联轴器

1、3—半联轴器 2—中间圆盘

由于中间圆盘与两半联轴器间组成移动副，不会发生相对转动，所以工作时主动轴和从动轴角速度相等。当联轴器在两轴间有相对径向位移的情况下工作时，中间圆盘因相对滑动会产生较大的离心惯性力，从而增大了动载荷和磨损。因此选用时应注意使其工作转速不超过规定值。为了减轻质量，减小离心惯性力，应尽量限制其外径的大小，并常将中间圆盘制成中空的结构。滑块联轴器由于凸牙与凹槽工作面间的相对滑动，会引起一定的摩擦损失，其效率一般为 0.95~0.97。为了减小滑动副的摩擦和磨损，使用时应从中间圆盘的油孔中注油，以维持工作面的良好润滑。

2. 齿式联轴器

齿式联轴器利用内、外齿的相互啮合实现两轴间的连接，内外齿数相等，一般为 30~80 个（图 18.6）。这类联轴器具有良好的补偿两轴间综合相对位移的能力，为了增大位移的允许量，常将轮齿做成鼓形齿。

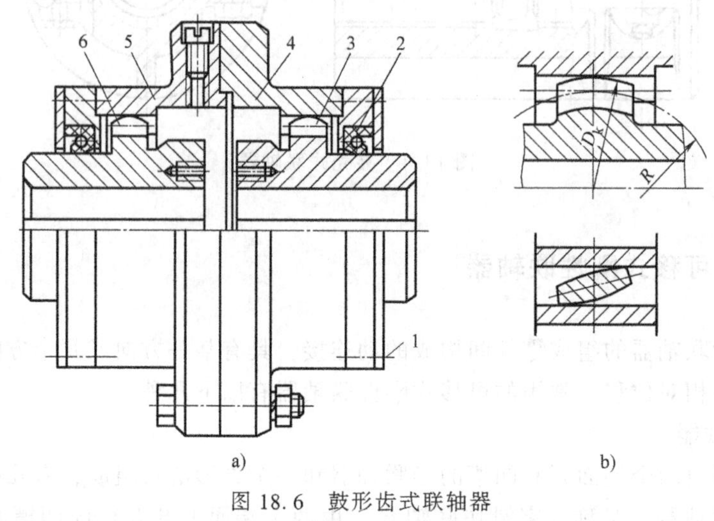

图 18.6 鼓形齿式联轴器

1—螺栓 2—密封圈 3、6—内套筒 4、5—外套筒

鼓形齿式联轴器（图 18.6a）由两个带有外齿的内套筒和两个带有内齿及凸缘的外套筒所组成。两个内套筒分别用键与两轴相连接，两个外套筒的凸缘用螺栓连成一体。内、外套筒上的齿数相等，工作时依靠内外齿相啮合传递转矩。内、外套筒上轮齿的齿廓曲线均为渐开线，啮合角常为 20°。外齿的齿顶制成球面（球心位于联轴器轴线上），沿齿厚方向制成鼓形，并且与内齿啮合后具有一定的顶隙和侧隙，如图 18.6b 所示。传动时可补偿两轴间的径向位移、角度位移及综合位移，如图 18.7 所示。为了减小齿面磨损，外套筒内储有润滑油用于润滑，为防止润滑油泄漏，联轴器左、右两侧装有密封圈。

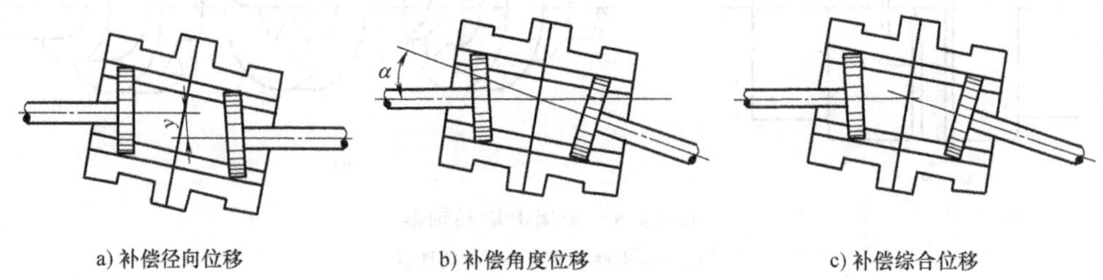

图 18.7 鼓形齿式联轴器工作时补偿位移的情况

3. 万向联轴器

万向联轴器的种类很多，其中十字轴万向联轴器（图 18.8）最为常用。十字轴万向联轴器由两个叉形半联轴器、一个十字轴及销钉、套筒、圆锥销等组成。销钉与圆锥销互相垂直，分别将两个半联轴器与十字轴连接起来，形成可动的连接。当主动轴作等速转动时，从动轴作周期性变速转动。

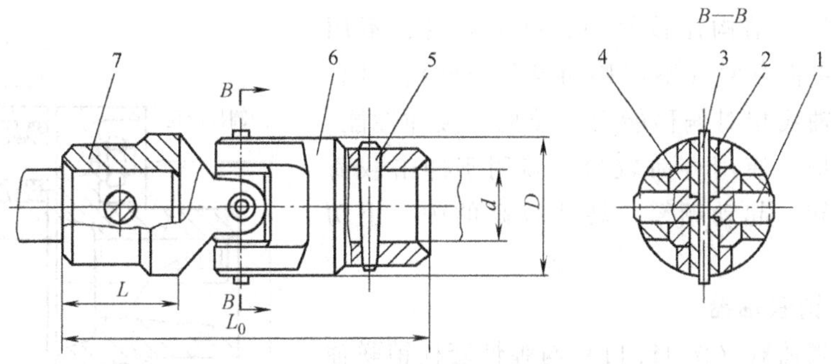

图 18.8 十字轴万向联轴器

1—圆柱销 2—套筒 3—销钉 4—十字轴 5—圆锥销 6、7—半联轴器

这种联轴器允许两轴间有较大的偏角位移，最大夹角可达 35°~45°，并允许工作中两轴间夹角发生变化。但随着两轴间夹角的增大，从动轴转动的不均匀性将增大，传动效率也显著降低。图 18.9a 所示为双十字轴万向联轴器，中间轴两端的叉形接头位于同一平面内（图 18.9b），用于连接两平行轴或相交轴，从动轴与主动轴的角速度相等。要求主动轴、从动轴及中间轴的轴线位于同一平面内，中间轴与主动轴、从动轴的夹角相等。

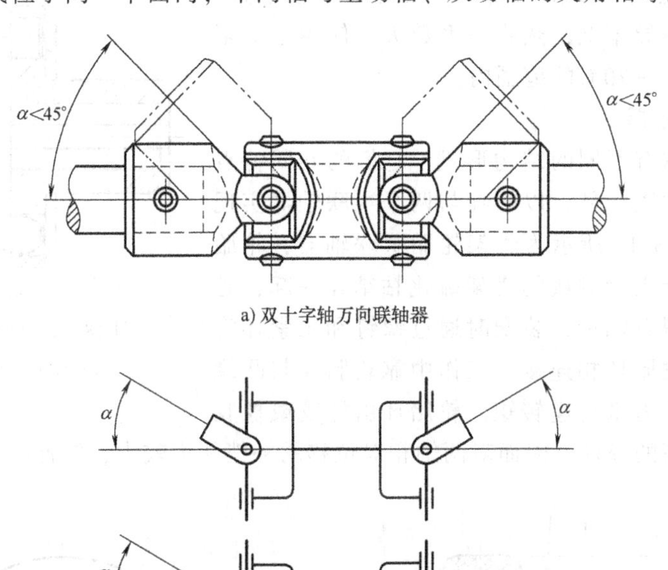

a) 双十字轴万向联轴器

b) 双十字轴万向联轴器的安装

图 18.9 双十字轴万向联轴器

18.1.4 弹性联轴器

1. 弹性套柱销联轴器

如图 18.10 所示，它的结构与凸缘联轴器相似，只是用套有弹性圈的柱销代替了连接螺

栓。这种联轴器，结构比较简单，制造容易，不用润滑，弹性圈更换方便（不用移动半联轴器），具有一定的补偿两轴线相对偏移能力和减振、缓冲性能。但弹性套易磨损，使用寿命较短，多用于冲击载荷小、经常正反转、起动频繁、转速较高的中、小功率传动。

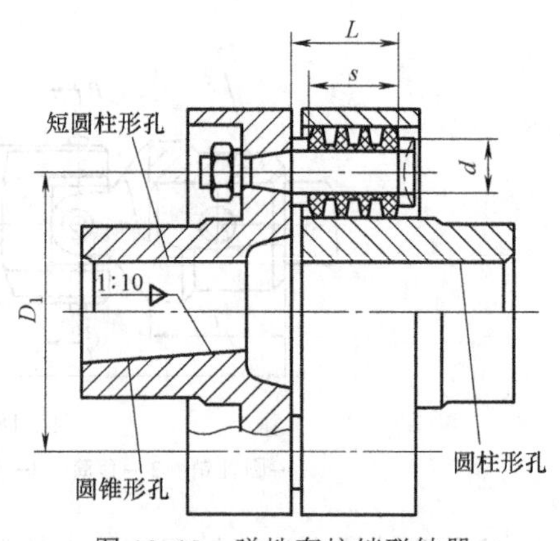

图 18.10 弹性套柱销联轴器

2. 弹性柱销联轴器

弹性柱销联轴器（图 18.11）与弹性套柱销联轴器很相似，但结构更为简单。柱销由尼龙制成，强度高于橡胶，具有较好的耐磨性，工作时靠柱销的剪切和挤压传递转矩，因而承载能力较大，工作寿命也较长。为了增大补偿量，可将柱销的一端制成鼓形。为防止柱销滑出，在两半联轴器的外侧设置有固定挡板。这种联轴器允许被连接的两轴间有一定的轴向位移以及少量的径向位移和偏角位移，适用于冲击载荷不大、轴向窜动较大、起动频繁、正反转多变的场合。因尼龙有吸水性，尺寸稳定性差，热导率低，热膨胀系数大，使用中应限制工作温度在-20~+70℃的范围内。

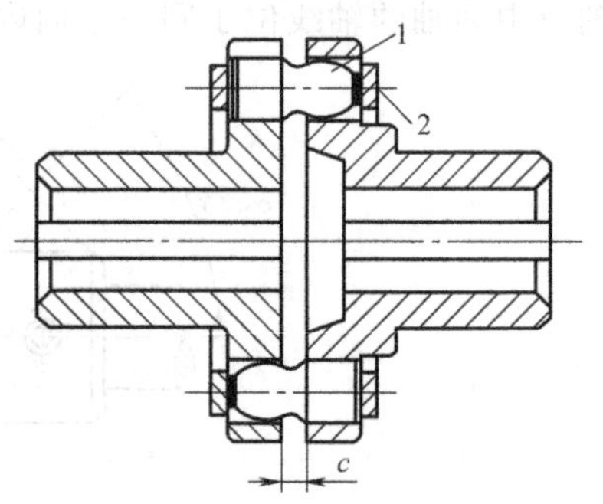

图 18.11 弹性柱销联轴器

1—柱销 2—固定挡板

3. 轮胎式联轴器

轮胎式联轴器有不同的结构形式，它们的共同特点都是利用轮胎状橡胶元件，以螺栓与两个半联轴器实现两轴的连接。图 18.12 所示为骨架轮胎式联轴器，轮胎环中的橡胶件与低碳钢制成的骨架硫化粘结在一起，骨架上在螺栓孔处焊有螺母，装配时通过螺钉和压紧环将两个半联轴器与轮胎环相连接。工作中靠轮胎环与凸缘端面间产生的摩擦力来传递转矩。轮胎环由橡胶或橡胶织物制成，具有高的弹性，因而对两轴相对位移的补偿能力较大，缓冲减振性能好，结构简

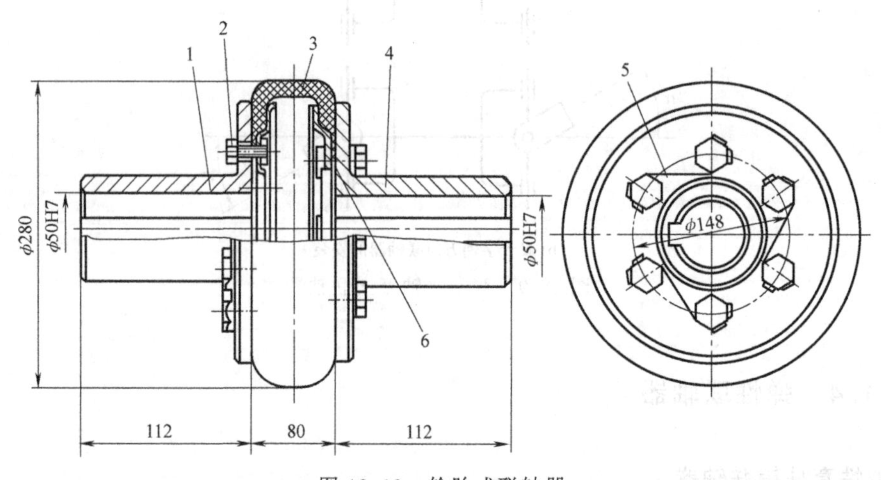

图 18.12 轮胎式联轴器

1、4—半联轴器 2—螺栓 3—轮胎环 5—止退垫板 6—骨架

单，不需润滑，装拆和维护都比较方便。但其承载能力不高，径向尺寸较大，工作时因轮胎环产生过大扭转变形会引起附加轴向力，从而加重轴承的负荷，缩短轴承的使用寿命。轮胎式联轴器主要用于有较大冲击、需频繁起动或换向、潮湿、多尘的场合。

4. 梅花形弹性联轴器

如图 18.13 所示，半联轴器与轴的配合可以做成圆柱形或圆锥形，中间的弹性元件形状似梅花，故得名。选用不同硬度的聚胺酯橡胶、尼龙等材料制造。工作温度：-35～+80℃，传递转矩：$T=16\sim25000\text{N}\cdot\text{m}$。

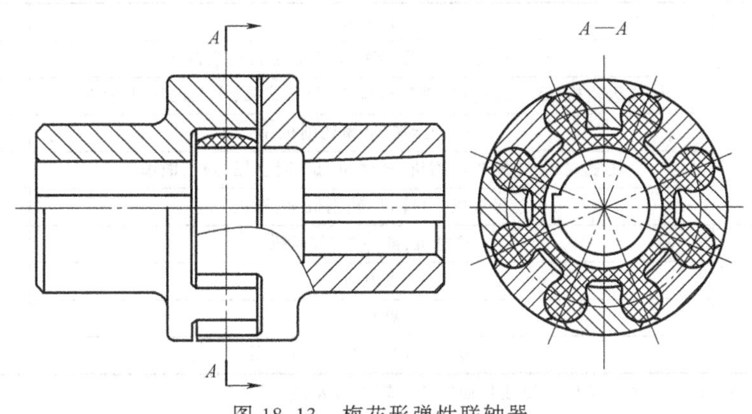

图 18.13 梅花形弹性联轴器

18.1.5 联轴器的选择

联轴器大多已标准化和系列化，其主要参数有：额定转矩、许用转速、位移补偿量和被连接轴的直径范围等。使用时通常是首先选择合适的类型，再根据轴的直径、传递转矩和工作转速等参数，由相关标准确定其型号和结构尺寸。

1. 联轴器的类型选择

根据使用要求和工作条件选择适当的联轴器类型，是选择联轴器的第一步，具体选择时可考虑以下几方面。

1）传递转矩的大小和性质以及对缓冲减振的要求。

2）工作转速的高低。一般不得超过相应联轴器的许用最高转速。

3）被连接两轴间的相对位移程度。难以保证两轴严格对中时应选挠性联轴器。

4）联轴器的制造、安装、维护及成本，工作环境，使用寿命等。

2. 联轴器的型号选择

选定合适类型后，再根据轴径、转速、所需传递的计算转矩、空间尺寸和性能要求等，从标准中确定联轴器的型号和结构尺寸。应使计算转矩不超过所选联轴器的许用转矩，必要时应对联轴器中的易损零件作强度验算。具体步骤如下：

（1）计算名义转矩 T

$$T=9.55\times10^{6}\frac{P}{n} \tag{18.1}$$

式中，T 为联轴器传递的名义转矩，单位为 $\text{N}\cdot\text{mm}$；P 为传递的名义功率，单位为 kW；n

为轴的转速，单位为 r/min。

(2) 确定计算转矩 T_{ca}　选择联轴器的型号时，必须考虑到机器起动、制动和工作中不稳定运转的动载荷影响，根据计算转矩 T_{ca} 进行选择。

$$T_{ca}=KT \tag{18.2}$$

式中，T_{ca} 为计算转矩，单位为 N·m；T 为联轴器传递的名义转矩，单位为 N·m；K 为联轴器的工作情况系数，见表 18.1。

表 18.1　工作情况系数 K

原动机	工作机	K
电动机	胶带运输机，鼓风机，连续运转的金属切削机床	1.25~1.5
	链式运输机，刮板运输机，螺旋运输机，离心式泵，木工机床，搅拌机	1.5~2.0
	往复运动的金属切削机床	1.5~2.5
	往复式泵，往复式压缩机，球磨机，破碎机，压力机，锻锤机	2.0~3.0
	起重机，升降机，轧钢机，压延机	3.0~4.0
涡轮机	发电机，离心泵，鼓风机	1.2~1.5
往复式发动机	发电机	1.5~2.0
	离心泵	3~4
	往复式工作机，如压缩机，泵	4~5

注：1. 刚性联轴器选用较大的 K 值，挠性联轴器选用较小的 K 值。
2. 被带动的工作机转动惯量小、载荷平稳时取较小值。
3. 牙嵌式离合器 $K\geqslant 2$，摩擦式离合器 $K=1.2\sim1.5$。

(3) 选择联轴器的型号　根据转速 n、计算转矩 T_{ca}、空间尺寸和性能要求以及经济成本，从手册或标准中选择适当的联轴器，所选的型号必须同时满足

$$T_{ca}\leqslant[T] \tag{18.3}$$

$$n\leqslant[n] \tag{18.4}$$

式中，$[T]$ 为许用最大转矩，单位为 N·m；$[n]$ 为许用最大转速，单位为 r/min。

例 18.1　电动机经减速器驱动水泥搅拌机工作。已知电动机功率 $P=11\text{kW}$，转速 $n_1=970\text{r/min}$，电动机轴的直径和减速器输入轴的直径均为 42mm，试选择电动机与减速器之间的联轴器。

解：(1) 选择联轴器的类型　为了缓和冲击和减轻振动，选用弹性套柱销联轴器。

(2) 计算转矩

$$T=\frac{9550P}{n}=9550\times\frac{11}{970}\text{N}\cdot\text{m}=108\text{N}\cdot\text{m}$$

由表 18.1 查得，工作机为水泥搅拌机时工作情况系数 $K=1.9$。故计算转矩 $T_{ca}=KT=1.9\times108\text{N}\cdot\text{m}=205\text{N}\cdot\text{m}$

(3) 确定型号　由设计手册选取弹性套柱销联轴器 LT6。它的公称转矩为 250N·m，半联轴器材料为钢时，许用转速为 3800r/min。允许的轴孔直径在 32~42mm 之间。以上数据均能满足本例的要求，故适用。

18.2 离　合　器

离合器是在机器运转过程中可使两轴随时接合或分离的装置。它的主要功能是：用来操

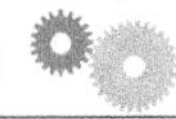

纵机器传动系统的断续，以便进行变速及换向等。对离合器的基本要求有：操纵方便而且省力，结合和分离迅速平稳，动作准确，结构简单，维修方便，使用寿命长等。

离合器按其工作原理可分为啮合式、摩擦式和电磁式三类。

离合器按操纵方式可分为外力操纵和自动式离合器。外力操纵式离合器需要借助于人力或其他动力（如液压、气压、电磁等）进行操纵，自动式离合器不需要外力操纵，可在一定条件下实现自动分离和接合。离合器的分类如图 18.14 所示。

- 离合器
  - 外力操纵（机械、气动、液压、电磁）
    - 啮合式，牙嵌离合器、齿轮离合器等
    - 摩擦式，圆盘离合器、圆锥离合器等
    - 电磁式，磁粉离合器
  - 自动式
    - 定向离合器，啮合式、摩擦式
    - 离心离合器，摩擦式
    - 安全离合器，啮合式，摩擦式

图 18.14 离合器的分类

18.2.1 牙嵌离合器

如图 18.15 所示，牙嵌离合器由端面有齿的两个半离合器 1、2 组成，通过其端面齿的啮合来传递转矩。半离合器 1 用平键 6 固定在主动轴上。另一半离合器 2 利用导向平键（或花键）3 安装在从动轴上。利用操纵机构移动滑环 4 使半离合器 2 作轴向移动，就可实现离合器的接合或分离。为便于两轴对中，在半离合器中装有对中环 5，用来保证两轴线同心。

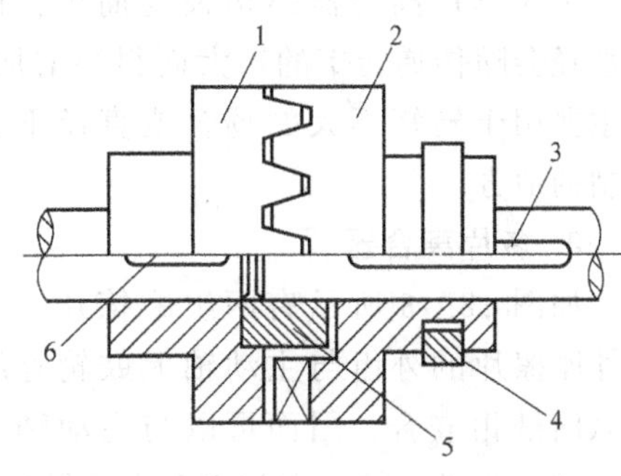

图 18.15 牙嵌式离合器

1、2—半离合器 3、6—平键

4—滑环 5—对中环

常用离合器牙形有：三角形、矩形、梯形和锯齿形（图 18.16）。三角形齿接合分离容易，但齿强度弱，多用于传递小转矩。梯形和锯齿形强度大，能传递较大的转矩，能自动补偿磨损产生的牙侧间隙。锯齿形齿只能单向工作，反转时工作面将受较大的轴向分力，会迫使离合器自行分离。矩形齿制造容易，但须在齿与槽对准时方能接合，因而接合困难，故应用较少。

牙嵌离合器结构简单，外廓尺寸小，接合后两半离合器没有相对滑动，但只宜在两轴的转速差较小或相对静止的情况下接合；否则，齿与齿会发生很大冲击，影响齿的工作寿命。

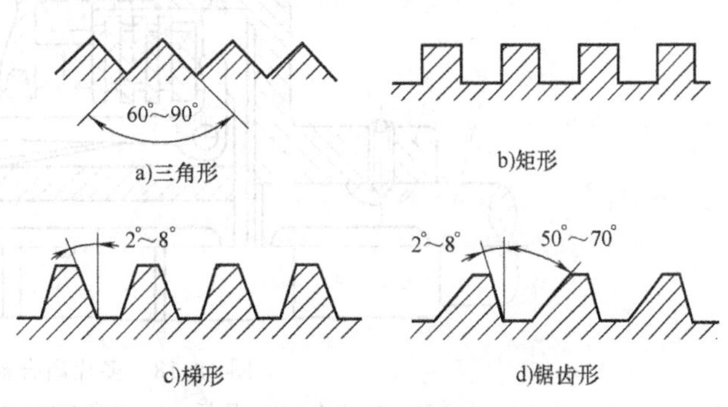

图 18.16 牙嵌式离合器沿柱面展开齿形

18.2.2 圆盘摩擦离合器

摩擦式离合器按其结构不同可

分为片式离合器、圆锥离合器、摩擦块式离合器和鼓式离合器等。与牙嵌式离合器相比，摩擦式离合器的优点是：接合或分离不受主、从动轴转速的限制，接合过程平稳，冲击、振动较小，过载时可发生打滑以保护其他重要零件不致损坏。其缺点是：在接合、分离过程中会发生滑动摩擦，故发热量较大，磨损较大，在接合产生滑动时不能保证被连接两轴精确同步转动，有时其外形尺寸较大。下面介绍应用最广泛的片式离合器。

片式离合器利用圆环片的端平面组成摩擦副，有单片式和多片式。为了散热和减少磨损，可将摩擦片浸入油中工作，称为湿式离合器。

1. 干式单片离合器

干式单片离合器（图 18.17）主要由分别与主、从动轴相连接的主、从动摩擦盘组成，操纵环可使从动摩擦盘沿从动轴移动，从而实现接合与分离。接合时以力将主、从动摩擦盘相互压紧，在接合面产生摩擦力矩来传递转矩。为了增大两接合面间的摩擦力并使两接合面具有更好的耐压、耐磨、耐油和耐高温性能，常在摩擦盘的表面加装摩擦片。

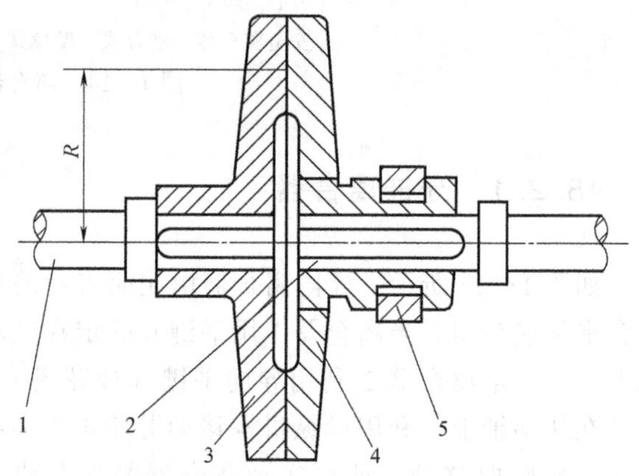

图 18.17　干式单片离合器

1—主动轴　2—从动轴　3—主动摩擦盘　4—从动摩擦盘　5—操纵环

干式单片离合器结构最为简单，但其直径会随传递转矩的增大而很快增加，故主要用于转矩不大的场合或直径不受限制的地方。

2. 多片离合器

如图 18.18 所示有两组摩擦片。一组外摩擦片的外齿与主动轴上鼓轮外缘的纵向槽相嵌合，因而可以与主动轴一起转动，并可在轴向力的推动下沿轴向移动；另一组内摩擦片以其内孔的凹槽与从动轴上套筒外缘的凸齿相嵌合，故内片可随从动轴一起转动，也可沿轴向移动。另外在套筒上的三个纵向槽中安置可绕销轴转动的曲臂压杆。当滑环向左移动时，曲臂压杆通过压板将所有内、

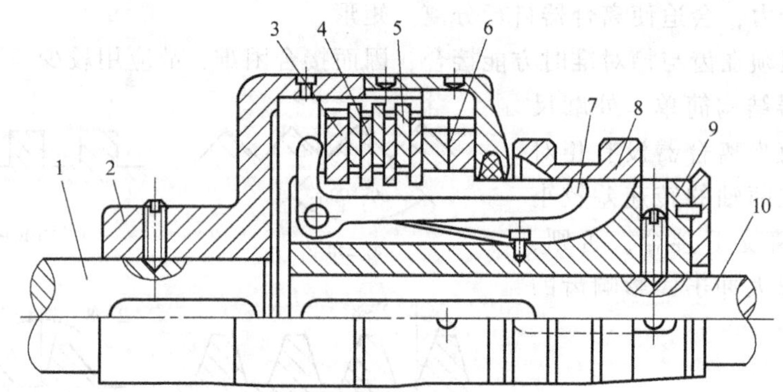

图 18.18　多片离合器

1—主动轴　2—鼓轮　3—压板　4—内摩擦片　5—外摩擦片　6—调节螺母
7—曲臂压杆　8—滑环　9—套筒　10—从动轴

外摩擦片压紧在调节螺母上，离合器即处于接合状态。当内、外摩擦片磨损后，调节螺母可用来调节内、外摩擦片之间的压力。内、外摩擦片的结构可查机械设计手册。

多片离合器的承载能力随内、外摩擦片间的接合面数的增加而增大，但接合面数过多时会影响离合器分离动作的灵活性，故对接合面数有一定限制。一般湿式的接合面数 $z=5\sim15$；干式的接合面数 $z\leqslant6$。通常限制内外片的总数不大于25~30。

多片离合器结构紧凑，径向尺寸小，便于调整，在机床和一些变速器中得到广泛应用。

摩擦式离合器的工作性能受接合面摩擦副材料的影响较大。摩擦副材料不仅要求有较大的摩擦系数，而且要耐磨、耐高温、耐高压。在润滑油中工作的摩擦副材料常用淬火钢与淬火钢或用淬火钢与青铜。润滑不完善的摩擦副材料可采用铸铁与铸铁或铸铁与钢。干摩擦下工作的摩擦副材料最好采用石棉基摩擦材料。

3. 电磁离合器

电磁离合器利用电磁原理实现接合与分离功能。图18.19所示为干式多片电磁离合器，平时该离合器的内、外摩擦片相互分离，不传递转矩。电流经过接线头进入线圈时产生电磁力，吸引衔铁向右移动将内、外摩擦片压紧，离合器处于接合状态。这种离合器可以实现远距离操纵，动作灵敏迅速，使用、维护比较方便，因而在起重机、包装机、数控机床中获得广泛应用。

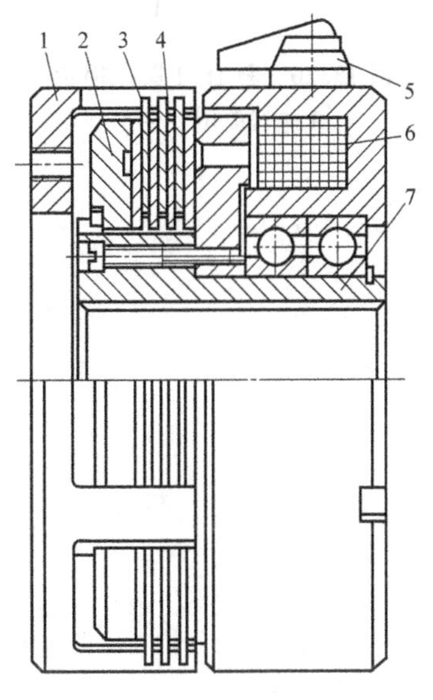

图18.19 干式多片电磁离合器

1—鼓轮 2—衔铁 3—外摩擦片 4—内摩擦片 5—电线接头 6—线圈 7—套筒

18.2.3 离合器的选择

绝大多数离合器已标准化，它们的选择方法与联轴器类似，通常是根据工作条件和使用者的需要，先确定离合器的类型，然后，通过分析比较，在已有的标准中选用适当的形式和型号。然后验算，应满足

$$T_{ca}\leqslant[T] \tag{18.5}$$

$$n\leqslant[n] \tag{18.6}$$

式中，T_{ca} 为计算转矩，$T_{ca}=KT$；T 为名义转矩，单位为N·m；K 为工作情况系数，见表18.1；n 为转速，单位为r/min。

习 题

18.1 如图18.20所示，选择蜗轮减速器输入轴与电动机轴和输出轴与滚筒轴之间的联轴器。已知减速器用于轻型起重机，输入功率 $P=10\text{kW}$，高速轴转速 $n_1=970\text{r/min}$，高速轴直径 $d_1=35\text{mm}$，低速轴直径 $d_2=95\text{mm}$，蜗轮减速器总效率 $\eta=0.8$，传动比 $i=25$，工作中负载起动。

18.2 设计如图18.21所示电动开门机构中的二级蜗轮减速器内的离合器。已知减速器输入轴Ⅰ转速 $n_1=1400\text{r/min}$，中间轴Ⅱ转速 $n_2=56\text{r/min}$，输出轴Ⅲ转速 $n_3=2\text{r/min}$，电动机功率 $P_1=0.5\text{kW}$，单级蜗轮减速器传动效率 $\eta=0.8$。

1）选择离合器的类型。

2）确定离合器安放的位置（要求放在减速器箱体内）。

3）选择离合器的型号。

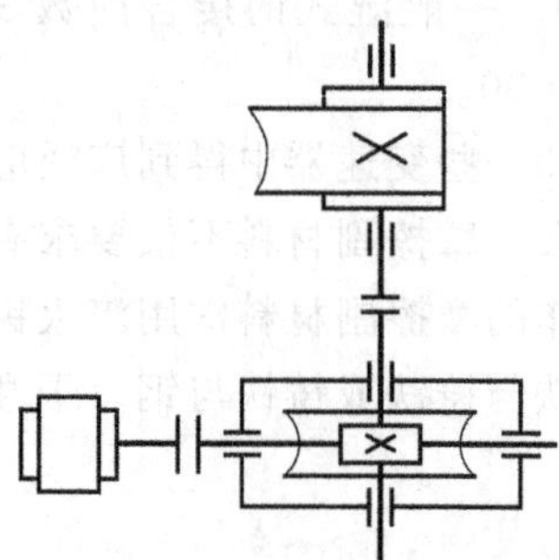

图 18.20　题 18.1 图　蜗轮减速器简图（一）

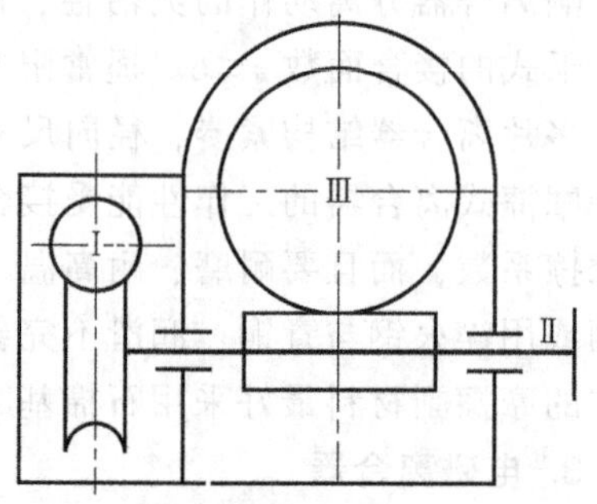

图 18.21　题 18.2 图　蜗轮减速器简图（二）

参考文献

[1] 黄秀琴. 机械设计 [M]. 北京：机械工业出版社，2018.
[2] 杨可桢，等. 机械设计基础 [M]. 北京：高等教育出版社，2018.
[3] 郭卫东. 机械原理 [M]. 2版. 北京：科学出版社，2013.
[4] 潘存云. 机械原理 [M]. 2版. 长沙：中南大学出版社，2012.
[5] 郑文纬，吴克坚，等. 机械原理 [M]. 7版. 北京：高等教育出版社，1997.
[6] 申永胜. 机械原理教程 [M]. 2版. 北京：清华大学出版社，2003.
[7] 杨昂岳. 机械原理典型题解析与实战模拟 [M]. 长沙：国防科技大学出版社，2002.
[8] 张春林. 机械原理 [M]. 北京：高等教育出版社，2006.
[9] 王继荣，师忠秀. 机械原理习题集及学习指导 [M]. 北京：机械工业出版社，2003.
[10] 陈立德. 机械设计基础 [M]. 2版. 北京：高等教育出版社，2008.
[11] 沈世德. 机械原理 [M]. 北京：机械工业出版社，2002.
[12] 于靖军. 机械原理 [M]. 北京：机械工业出版社，2013.
[13] 张春林. 机械原理 [M]. 北京：高等教育出版社，2007.
[14] 张策. 机械原理与机械设计 [M]. 3版. 北京：机械工业出版社，2019.
[15] 王德伦，高媛. 机械原理 [M]. 北京：机械工业出版社，2011.
[16] 王晶. 机械原理习题精解 [M]. 西安：西安交通大学出版社，2002.
[17] 华大年，华志宏. 连杆机构设计与应用创新 [M]. 北京：机械工业出版社，2008.
[18] 杨昂岳. 机械设计：典型题解析与实战模拟 [M]. 长沙：国防科技大学出版社，2002.
[19] 侯玉英，孙立鹏. 机械设计习题集 [M]. 北京：高等教育出版社，2002.
[20] 姜洪源. 机械设计试题精选与答题技巧 [M]. 哈尔滨：哈尔滨工业大学出版社，2003.
[21] 马保吉. 机械设计基础 [M]. 西安：西北工业大学出版社，2005.
[22] 郭仁生，魏宣燕. 机械设计基础 [M]. 北京：清华大学出版社，2005.
[23] 黄华梁，彭文生. 机械设计基础 [M]. 4版. 北京：高等教育出版社，2002.
[24] 成大先. 机械设计手册 [M]. 4版. 北京：化学工业出版社，2002.
[25] 陈东. 机械设计 [M]. 北京：电子工业出版社，2010.
[26] 师素娟. 机械设计 [M]. 北京：北京大学出版社，2012.
[27] 石永刚. 凸轮机构设计与应用创新 [M]. 北京：机械工业出版社，2007.
[28] 孙开元，骆素君. 常见机构设计及应用图例 [M]. 北京：化学工业出版社，2010.